图形图像处理
Photoshop CS6 实训教程

杨　鹏　杨志国　主编

合肥工業大學出版社

图书在版编目(CIP)数据

图形图像处理 Photoshop CS6 实训教程/杨鹏,杨志国主编.—合肥:合肥工业大学出版社,2018.12

ISBN 978-7-5650-4336-9

Ⅰ.①图…　Ⅱ.①杨…②杨…　Ⅲ.①图像处理软件—教材　Ⅳ.①TP391.413

中国版本图书馆 CIP 数据核字(2018)第 294595 号

图形图像处理 Photoshop CS6 实训教程

杨　鹏　杨志国　主编　　　　　　责任编辑　张　慧

出　版	合肥工业大学出版社	版　次	2018 年 12 月第 1 版
地　址	合肥市屯溪路 193 号	印　次	2019 年 1 月第 1 次印刷
邮　编	230009	开　本	787 毫米×1092 毫米　1/16
电　话	人文编辑部:0551-62903915	印　张	32.5
	市场营销部:0551-62903198	字　数	525 千字
网　址	www.hfutpress.com.cn	印　刷	安徽昶颉包装印务有限责任公司
E-mail	hfutpress@163.com	发　行	全国新华书店

ISBN 978-7-5650-4336-9　　　　定价:65.00 元

如果有影响阅读的印装质量问题,请与出版社市场营销部联系调换

前　言

本教程作为我校设计类专业的实训指导书，是本着“你做给我看，我做给你看，你再做给我看，我再做给你看，讨论与讲评”的实训理念与思路编写而成的。每个知识点都精挑细选，每个步骤都翔实到位，每种技能都通俗易懂，以知识点来带动案例进行学习，打造一本适合中职学生的实训好教程。

实训教程目的与任务

1. 以项目案例引领教学，以任务来驱动知识点的学习。

2. 通过练习，掌握各个知识点的使用技巧，快速上手。

3. 此教程为指导学生上机操作，不仅仅是单纯的步骤教学。

4. 结合学生作业情况进行具体到个人的分析和讲解，让学生能够对知识点有较为全面的认识和理解。

实训教程的要求

1. 既是一本实训教程，又可作为独立的授课教程。

2. 实训后达到的能力和技能要求：

(1)掌握色彩和图形图像处理的理论知识。

(2)熟悉正确的操作步骤。

(3)熟练掌握图形图像制作的基本技能。

(4)掌握处理图形图像的基本技能。

(5)掌握各类常用工具的使用与运用。

(6)掌握图层、通道、蒙版运用的技能技巧。

(7)具备综合运用图形图像处理设计的能力。

实训教程项目、内容和学时

此实训课程需配置专门的图形图像实训室进行教学，学时分配如下表所示。

图形图像处理 Photoshop CS6 实训教程学时分配表

章节	知识点	教学实训学时分配		合计
		讲解	实训	
第 1 章　需要先知道的软件知识		1		1

第 2 章　需要先掌握的技能知识

章节	知识点	说明	讲解	实训	合计
1	颜色模式	此部分内容为 Photoshop CS6 实训教程的基本入门知识点，需强调理解知识点概念和掌握相关的技能。根据实训与作业做好分解与强化	1	2	10＋16
2	直方图		1	2	
3	参考线与网格		1	2	
4	调整工作区		1	1	
5	用 Adobe Bridge 看图		1	1	
6	Adobe Camera Raw		1	1	
7	动作		1	2	
8	相片润饰		1	2	
9	图画绘制		1	2	
10	智能对象		1	1	

第 3 章　必须要学会的软件技能

		讲解	实训	说明			讲解	实训	合计
1	图层	1	2	学生参阅制作，教师以巡讲方式讲解要点并示范	14	调整色调	1	2	26＋50
2	混合模式	1	2		15	混合颜色带	1	2	
3	图层样式	1	2		16	通道混合	1	2	
4	调整图层	1	2		17	图层蒙版	1	2	
5	选区加减	1	2		18	剪贴蒙版	1	2	
6	魔棒抠图	1	2		19	矢量蒙版	1	2	
7	选区抠图	1	2		20	通道抠图	1	2	
8	形状工具	1	2		21	路径文字	1	2	
9	钢笔	1	2		22	文字排版	1	2	
10	修图	1	2		23	文字特效	1	2	
11	填充	1	2		24	滤镜效果	1	2	
12	渐变色	1	2		25	动画	1	2	
13	明暗关系	1	2		26	整理快捷键	1		

第 4 章　实训必达之能力

1～2	抠像合成	调修图像	8	16
3～4	装饰图像	图像处理	8	

第 5 章　实力提升与拓展

1～2	2 节讲解 4 节实训	班级主页	校园文化艺术节节目单	12	24
3～4	2 节讲解 4 节实训	校际交流宣传设计	学校运动会风采	12	

学时总计：143	讲解总学时	49	实训总学时	94

备注：(1)知识点讲解时间可根据学生情况调整，在实训过程中也可以对重难点进行细节强调和指导。

(2)必须通过大量的上机实例操作才能熟练掌握所学的知识，实训过程必须保证学生上机时间。

本书配套的文件夹中包含了书中所有案例的素材和效果文件，绝大部分为编写老师的原创作品。任课教师和学生可以通过登录合肥工业学校网站（http://www.hfgyxx.com）上的经管与信息技术学部的资源中心下载。

本书由合肥工业学校杨鹏、杨志国任主编，参与编写工作的还有王萍、董田雨、刘欣、齐凯琴、李琛老师和合肥经贸旅游学校的李晓丹老师。

由于时间仓促，加之编者水平有限，书中难免存在错误和不妥之处，敬请广大老师、学生批评指正。

编　者

2018年8月

目　录

第 1 章　需要先知道的软件知识

1.1　什么是 Photoshop

Photoshop 是由 Adobe Systems 开发和发行的一款主要用于图形图像处理的软件，全称 Adobe Photoshop，简称“PS”。本书内容主要以 Adobe Photoshop CS6 为教学软件，其中“CS6”代表的是版本号，于 2012 年 4 月正式发布。如今，PS 的版本已发展为“CC 2019”了。

当代很多手机软件都带有美颜功能，所以外行人把这种美颜和美化相片的方法或结果称为“PS”，这和我们要学的 Photoshop 有着本质的不同，美颜只是对照片进行加工，而 PS 需要投入设计者的创意，是一种技术。

这款软件是目前全世界公认的通用平面设计、图形图像处理软件，性能稳定，功能完善，虽然此工具软件需经过一段时间的学习才能掌握，但掌握之后就像是在开车，短暂的辛苦训练换来的是今后驾驶的快感与乐趣。这大概也就是学过的人都爱它的原因吧。

PS 的功能非常强大，除了在平面设计方面，在三维动画设计和影视剪辑中也有其身影。这又像是在学开车，大多数人只要会开就行了，修车的事交给专业的人吧！当然如果你也能了解一些车子的基本常识，会更好地辅助你开车。

对于中职生而言，根据自己所学专业的不同，对 PS 的技能掌握也略有不同。而本实训教程主要是针对我校的平面设计专业，我们学习的重点也定位在掌握 PS 的图像处理功能和绘图功能上。根据多年的教学经验和历届毕业学生的反馈，中职期间的认真学习对今后的就业和职业成长有很大的帮助。有很多与设计类相关专业的中职学生，因为在学习期间就掌握了该软件的使用技巧，他们在企业实践或实际岗位中会随着自己的实际情况和工作要求更主动地去学习新的知识技能，甚至有些同学以此为基础学习了其他的专业工具软件。

我们更不要把重点放在学习 PS 的哪一个版本上，PS 的任何版本的使用方法都一样，只是 PS 的版本越高越新，它的功能就越智能化，也就是说高版本的反而简化了很多人工操作的步骤。从这个角度上说，建议同学们从 CS6 学起，可以更好地掌握一些基本的技能，同时这个版本对电脑的要求也不是太高。

但请记住，PS 再优秀也只是一个软件、一种工具，关键是使用它的那个人。不管是在哪一行，拼到最后的都是文化，没有文化的任何技能就像是无源之水。中职生是社会的中流砥柱，所以请同学们在进行技能技巧学习时注重文化知识的学习，多看书，多欣赏别人的作品，提升自己的审美才能走得更远。

1.2　我学 Photoshop 能做什么

今天的 PS 已经完全渗透到了平面广告、包装、海报、印刷、装帧的各个环节中了，现在各种电脑软件、手机软件、智能家电的界面设计大都也是用 PS 来完成的。对于传统的插画与插图，设计师们也早已经习惯了 PS 的使用。网络时代的 PS 也完全担当了设计和制作网页的角色。又因为它自身的图像编辑功能，可以更容易地做出梦幻、广阔的作品，更不用说在动画、CG 设计和数码摄影后期处理中的应用了。

而作为学生的你可以先从简单的平面设计入手，处理好自己的摄影作品，也可以为他人、为自己建个网上店铺，用所学进行网店的装修与标识的设计。当然，你更可以用其来进行绘画，让稍纵即逝的灵感变成自己长远的现实，更是可以在今后的延续学习中处理三维贴图和软件的界面设计。

在学校你可以为自己的班级设计网页，在生活中你可以对婚纱相片进行创意设计，你可以设计出自己的名片和 LOGO，可以为家人制作影像创意，为父母献上贺卡，为自己的爷爷奶奶修复相片，找回他们从前的记忆。

现代智能化的生活也更是离不开 PS，小到手机的屏保、电脑的背景贴图和微信、QQ 的头像，甚至发个朋友圈也需要对图像进行处理，更不用说在这个缤纷的世界里如何更好地展示个性了。

PS 完美地集合了图片的处理、美化、加工等功能，让越来越多的爱好者也加入其中。我们在利用技能点缀别人的同时也点亮了自己的人生。

人们常说，一个人最大的幸福，就是能在他最热爱的工作上充分施展自己的才华。如果这个最热爱的工作又恰是自己最喜欢的事情，那这可真的就是世界上最最幸福的人了，而学习 PS 就可以让你成为这样的人。

所以当我们在进入本实训教程的学习时，先不要问自己学了它有什么用，而是先问自己该如何才能更好地掌握它。

1.3 如何学好 Photoshop

第一步当然是要学好基础知识，学习的过程是没有捷径可走的，该理解的一定要理解，该会的一定要会，多问多请教。现在网络很发达，可以上网络课堂学习。千万不能机械地硬背步骤，这种方法是非常不可取的。

第二步是通过多练习去掌握技能技巧，比如快捷键和左右手的配合是需要长期的训练才能达到协调的。练习案例的目的也是消化理解知识点，是思考的延伸。

第三步就是要多看、多想、多交流，与同学、老师和网络课堂多联系。“自己不会的不叫丑，永远都不问闷在心里，最终才会出大丑。”

同学们只要遵循以上三点，认真按本教程内容与案例学习，多和老师同学们交流，做好实训报告，必然会有好的结果。

最后和同学们强调一下课后作业和实训报告的重要性。课后作业是课堂学习和基础技能训练的延伸，毕竟我们已经是中职生了，自主学习能力是每位同学进入社会后和在工作岗位上发展自我和拓展业务的必备能力之一。

每个知识点学习之后的思考题一是为了让同学们养成细心观察讲授内容的好习惯，二也是为了训练同学们语言的逻辑性，做到能心中有想，手下有迹。网络搜索题是希望同学们能紧跟时代的发展，利用网络来为自身发展服务。而我们的实训报告则是同学们对具体的每一个知识点的学习笔记，或概念或步骤，或理解或心得，承载了同学们完整的学习 Photoshop CS6 的过程，也可作为自己今后参考的重要学习资料，更多的意义在于记载了同学们曾经奋斗过的青春。

总而言之，学好本课程最好的方法就是同学们能用最好的心态，最大化地利用好各种资源，培养自主学习能力，常记技巧与他人经验，自我琢磨、大胆尝试做好案例，提高自己的技术能力。

千里之行始于足下，希望同学们能坚持不懈，循序渐进，跟着本书和老师的步伐认真学习；在学习的过程中思考，触类旁通，提高自我兴趣；对自己要有信心，虽然学习 Photoshop 是一次很艰难的旅程，但这次旅程充满了快乐与幸福。人生的路本就会遇到挫折，倔强的你一定会选择等待花开。

祝各位同学能在中职这段美好的时光里学好这门课程。

第 2 章　需要先掌握的技能知识

2.1 颜色模式

颜色是我们的眼睛对光的视觉感受。颜色具有三个特性，即色相（色彩的相貌）、明度（明暗程度）、饱和度（色彩的鲜艳程度）。这其实也就是色彩的三要素。

颜色模式是一种记录图像颜色的方式，在 Photoshop 中，绝大多数模式都可以在“图像”下的“模式”菜单中进行选择和切换（见图 2-1-2）。任何一张彩色图像里的颜色只是不同明度的灰色，而灰色为 256 级（0～255），明度越亮则越鲜艳。

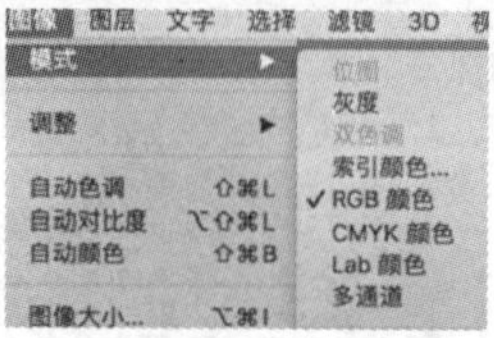

图 2-1-1

图 2-1-2

2.1.1 我来说你来记

在计算机中显示的图形一般是位图和矢量图。位图是由单个的点（像素）组成的。像素是构成数码影像的基本单元，每张图片都是由色点组成，每一个色点就是一个像素。当我们放大位图时，就能看见无数个单个的正方形色块（见图 2-1-3），对于位图来说最重要的是分辨率，也就是在每英寸图像内的像素点数。因为分辨率会一直伴随着整个文件，在放大的过程中很容易失真。而矢量图是使用直线和曲线来描述图形的，它是由一些点、线、多边形等通过数学公式计算获得的。它的优点就是不管放大多少都不会失真，不受分辨率的影响（见图 2-1-4）。

图 2-1-3

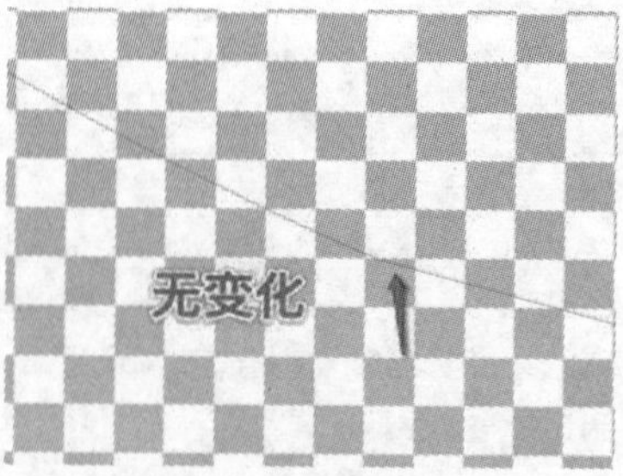

图 2-1-4

Adobe 公司旗下的 Photoshop 是处理位图的软件，而 Illustrator 是处理矢量图的软件。它们作为同一家族的两款强大产品，可以相互兼容，灵活转换。

如前所言，颜色模式是记录图像颜色的方式，而 PS 具有强大的图像处理功能，对颜色的处理更是强大。了解了图像与它的颜色模式的规则就可以让我们在不同的颜色模式下对颜色进行处理。下面具体介绍颜色模式。

位图：此模式是用黑色和白色来表现图像，并不包含灰度和其他颜色。在宽度、高度和分辨率相同的情况下，此模式的图像尺寸最小（见图 2－1－5、2－1－6）。

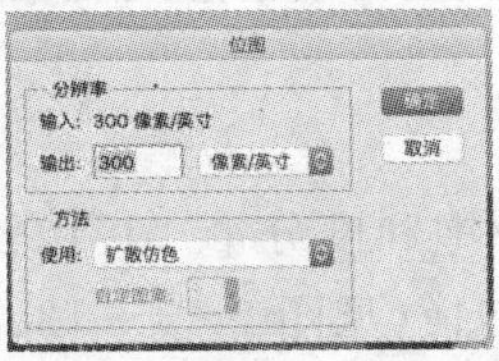

图 2－1－5

图 2－1－6

RGB 颜色：它又叫“真彩色模式”，是一种计算机显示器，数码相机通过混合光原色红(R)、绿(G)、蓝(B)的方式来显示和记录颜色。此为加色法。当这三种颜色以不同的明亮度进行混合时便构成了 RGB 色谱上所有的颜色。除非在设计制作中有特殊要求，必须使用某个特定的颜色模式外，此模式是最佳选择（见图 2－1－7、2－1－8）。

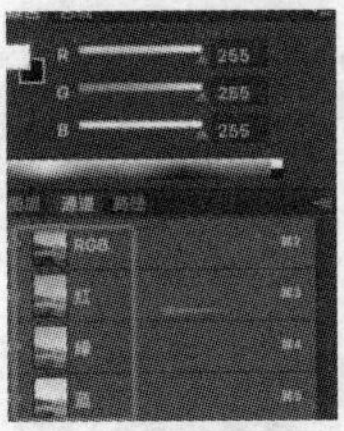

图 2－1－7

图 2－1－8

CMYK 颜色：CMYK 颜色也称为减法原色，分别代表青色、洋红、黄色和黑色，在其中添加黑色是为了加强深的颜色和细节。因为在纸面上附着油墨的量是有限的，故此模式常用于商业印刷中的四色工艺（见图 2－1－9、2－1－10）。

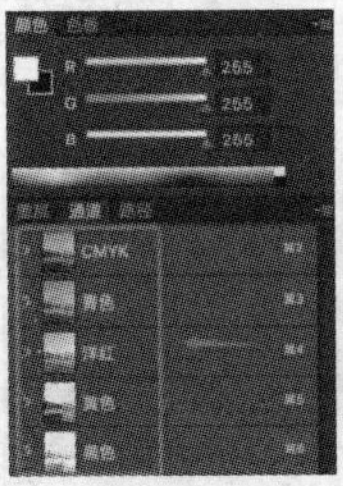

图 2－1－9

图 2－1－10

索引颜色：其是使用 256 种或是更少的特定颜色来代替全彩图像中的颜色。这种模式常应用于网络或是便携设备的图形，在 Photoshop 中它是“存储为 web 和设备所用模式”，也就是 GIF 格式。注意，在 CMYK 模式下是无法转换为索引模式的(见图 2-1-11、2-1-12)。

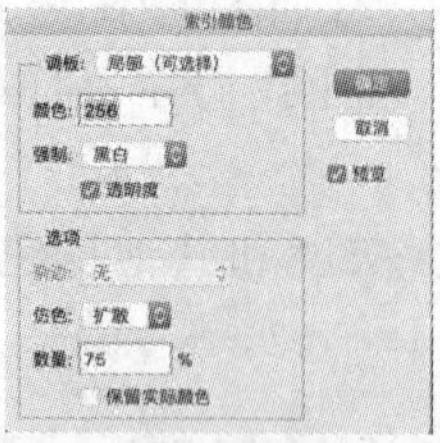

图 2-1-11

图 2-1-12

Lab 颜色：它是将颜色分为一个明度和两个色相/饱和度分量。L 代表亮度，a 和 b 表示颜色。这种模式常用于 RGB 与 CMYK 模式之间的转换(见图 2-1-13、图 2-1-14)。

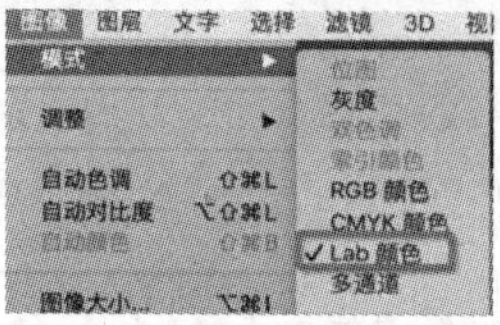

图 2-1-13

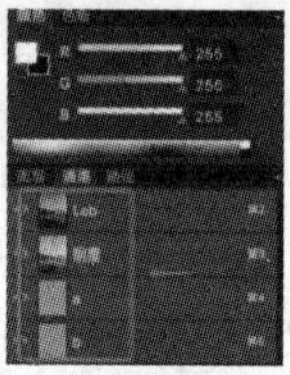

图 2-1-14

灰度：此模式下的图像仅含有亮度值，没有彩色图像的色相和饱和度(见图 2-1-15、2-1-16)。

图 2-1-15

图 2-1-16

双色调：用一种灰色油墨或彩色油墨来渲染一个灰度图像。最多可向灰度图像添加 4 种颜色，它的用途是使用尽量少的颜色表现尽量多的颜色，减少印刷成本。所以注意只有在灰度模式下才可转换为此模式(见图 2-1-17、2-1-18)。

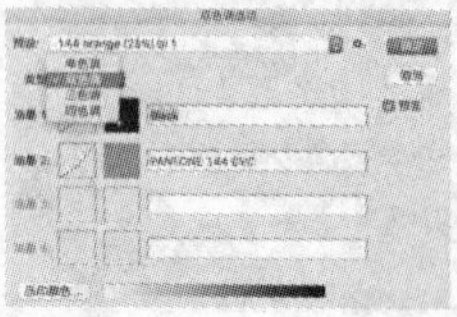

图 2-1-17

图 2-1-18

HSB 颜色：它代表色相、饱和度、亮度。这种模式在图像-模式中并没有列出，但却是一种很重要的颜色分类方法。我们可以分别在拾色器、颜色面板、色相/饱和度调整图层中找到并调用，如图 2-1-19～2-1-22 所示。

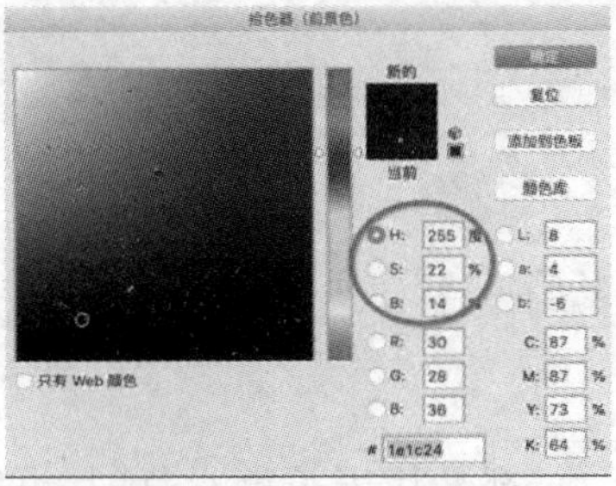

图 2-1-19

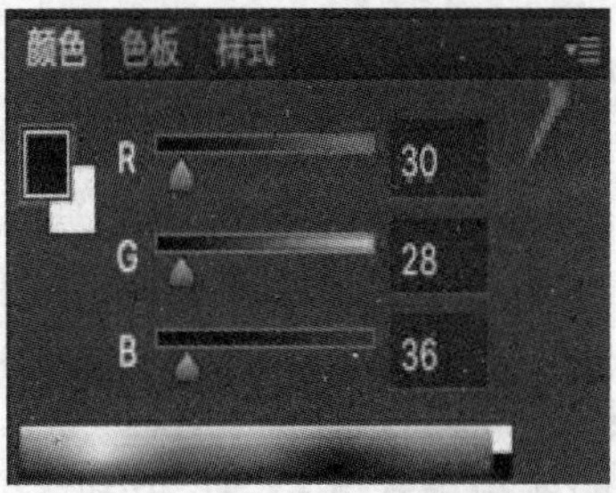

图 2-1-20

图 2-1-21

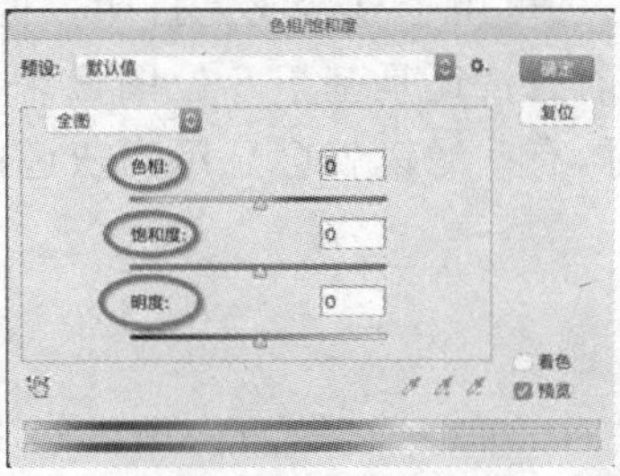

图 2-1-22

在“图像”菜单下的“模式”里看到有显示“8 位/通道、16 位/通道、32 位/通道”。这是什么意思呢？其实这就是个数学问题，一个原色会有 256 级亮度，而 2 的 8 次方又等于 256。我们看到的 PS 虽然有着美丽的界面，但它毕竟是软件，就是按照数据和指令来执行的程序。在 PS 中为了更好地描述颜色的亮度范围，故将其定义为 RGB 的 8 位通道色（见图 2-1-23～2-1-26）。

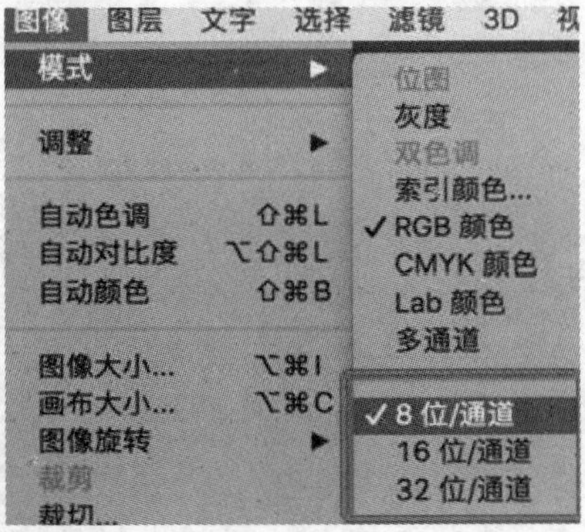

图 2-1-23

图 2-1-24

图 2-1-25

图 2-1-26

PS 里的颜色模式 8 位、16 位和 32 位都是 2 的指数，都是代表了色彩范围，也就是色域，色域就是指电脑上色彩显示的范围。总之，这里的“位”是指颜色深度，是用来衡量图像中有多少颜色信息可用于显示或是打印。但要注意 16 位、32 位虽然比 8 位的色彩更好，层次更丰富，但目前滤镜还是基于 8 位图像来运算的。当我们有了 16 位和 32 位的图像需要进行滤镜处理时，有些滤镜就会显示为灰色的无效状态(见图 2-1-27～2-1-32)。

图 2-1-27

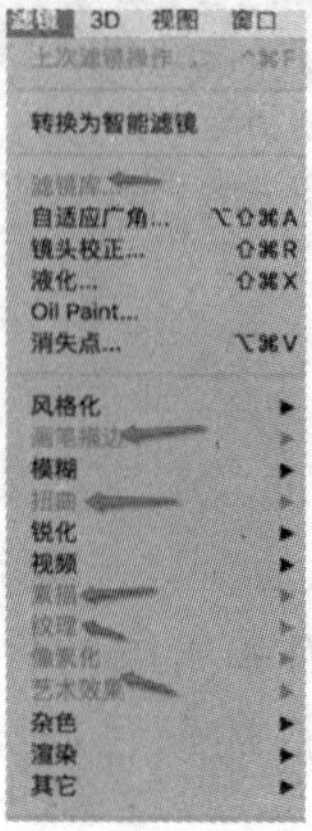

图 2-1-28

图 2-1-29

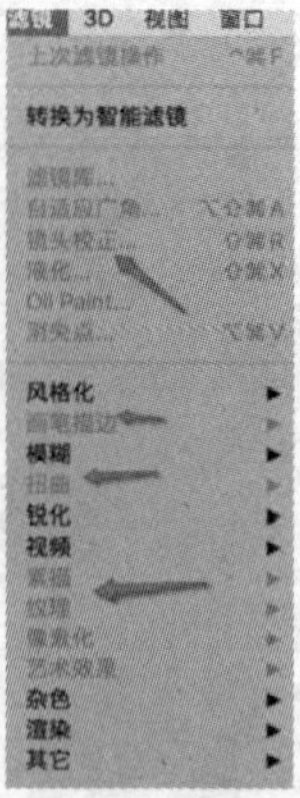

图 2-1-30

图 2-1-31

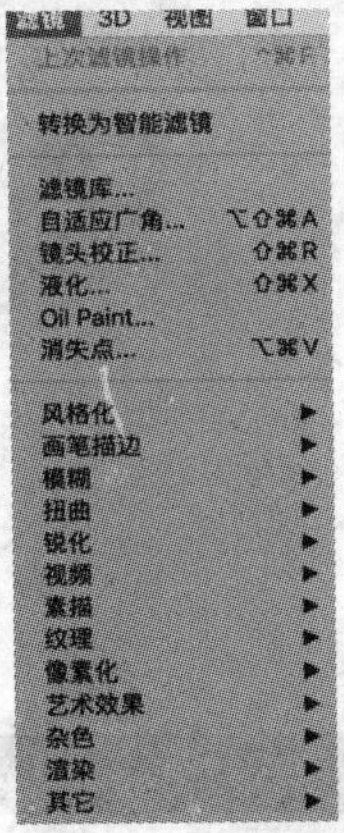

图 2-1-32

2.1.2　我来做你来看

在 PS 中打开一张图片，我们可以从标题栏中得知此图为 RGB 颜色模式(见图 2-1-33)。但在此 RGB 颜色模式下的“位图”与“双色调”模式显示为浅灰色不可用(见图 2-1-34)。

图 2-1-33

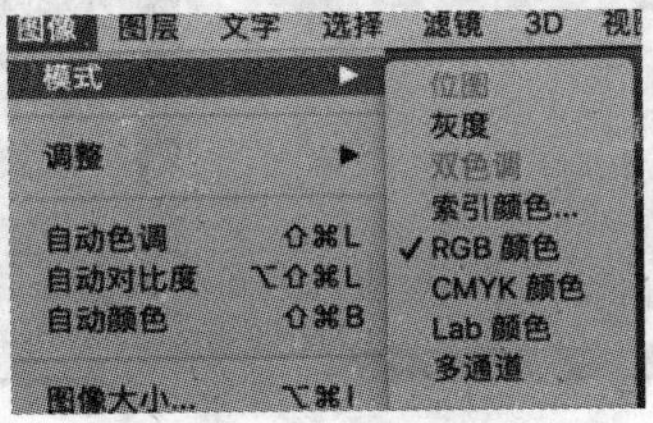

图 2-1-34

注意，如果将彩色图像转换成灰度模式，那么此图像中的所有颜色将会被不同的灰度所代替。

我们把同一张图像进行模式的转换，同一个图片文件的文件名要一致，只是在颜色模式上发生了变化。注意仔细阅读转换时出现的对话选项框，如图 2-1-35～2-1-38 所示。

图 2-1-35

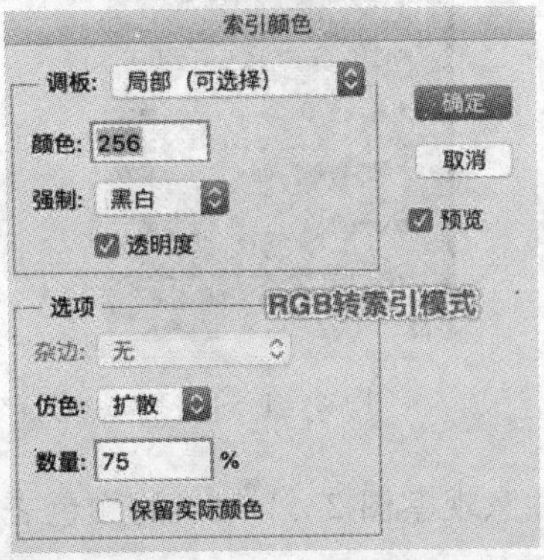

图 2-1-36

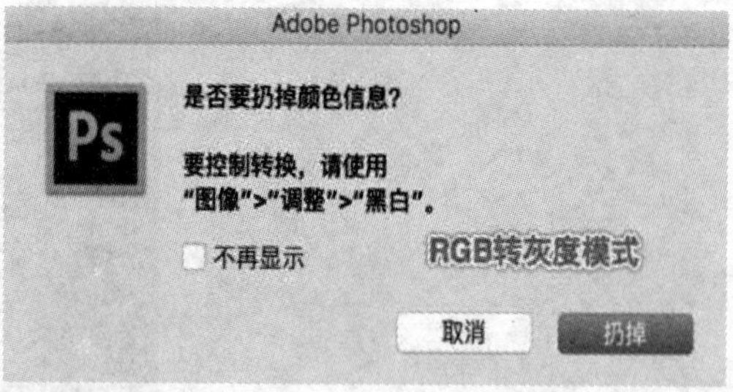

图 2-1-37

图 2-1-38

如何打开“索引模式”呢？我们可以先进行索引模式的转换，再调整好相应的参数，如图 2-1-39～2-1-41 所示。

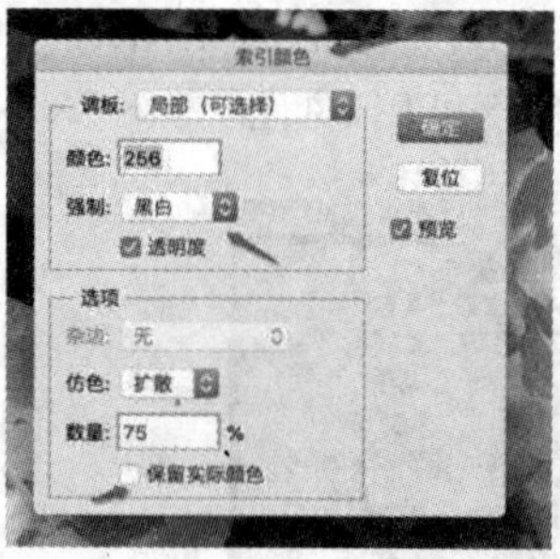

图 2-1-39

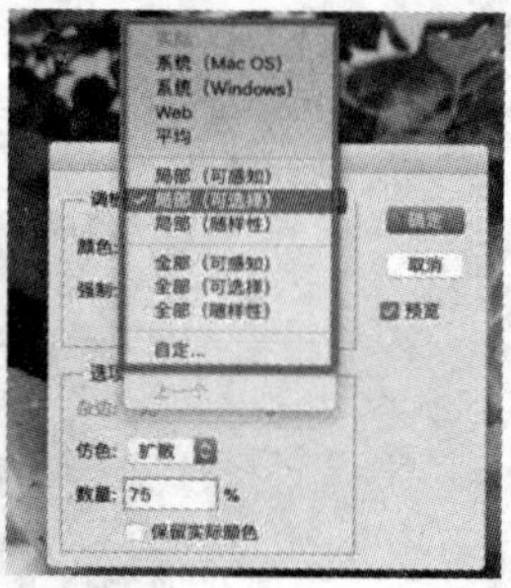

图 2-1-40

图 2-1-41

我们也可以使用“存储为 web 和设备所用模式”命令（见图 2-1-42），这样就打开了索引模式的选项。设置好保存选项为“GIF”，点击“存储”即可（见图 2-1-43）。

图 2-1-42

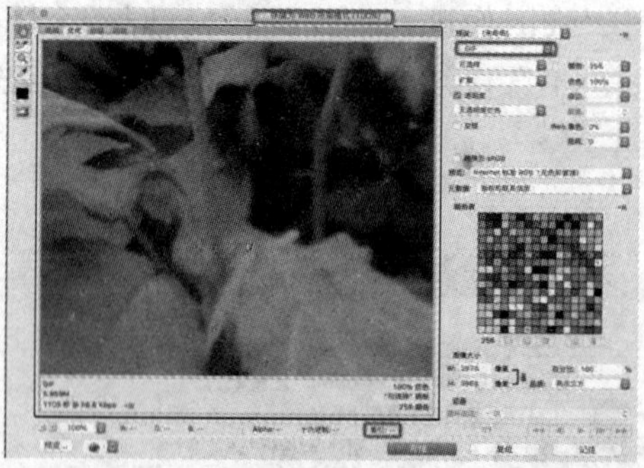

图 2-1-43

请注意观察图 2-1-44 的颜色表，试着点击应用相关参数（见图 2-1-45）。

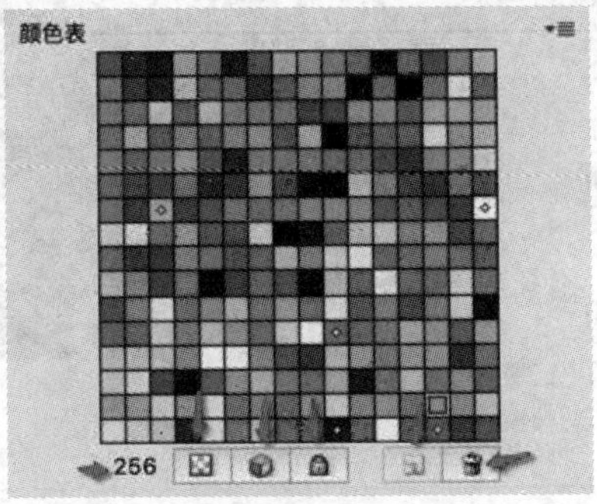

图 2-1-44

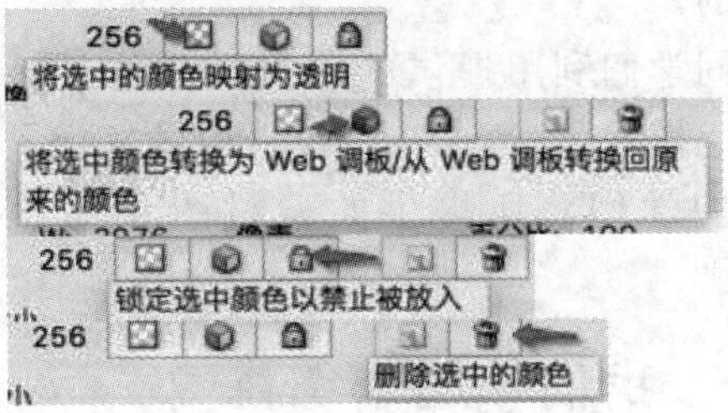

图 2-1-45

同学们在以后的实训中请及时把出现的所有问题都详细记录在实训报告中。

实训报告为电子档,每次随素材和作业一起发放,也随着每次的作业一起上交。

2.1.3　你来做我来看

请同学们从所提供的素材图中找出上述几种颜色模式的图片,并尝试把 RGB 模式转换为位图模式。注意这时的“位图”是浅灰色的并不能显现,也就是表示不可用。所以 RGB 模式想要转换为位图模式的话需要先转换为灰度模式。

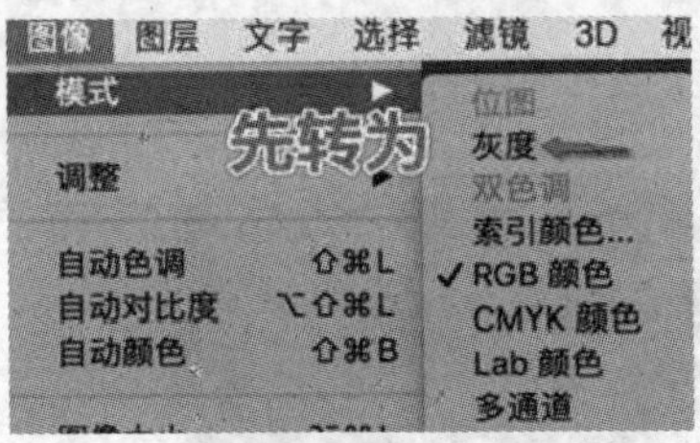

图 2-1-46

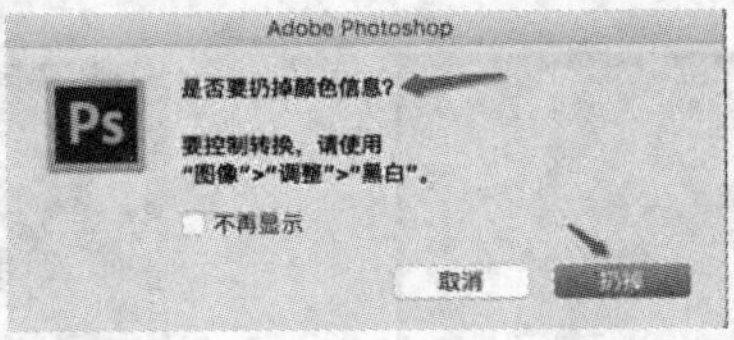

图 2-1-47

图 2-1-48

这时我们再注意观察“图像”菜单下“模式”里的“位图”已经显示为可用状态(见图 2-1-49)。单击“位图”后会出现位图的选项对话框(见图 2-1-50)。设定好参数点击“确定”按钮后,出现位图模式(见图 2-1-51)。注意观察打开图片的标题栏显示并请在实训报告中记录。

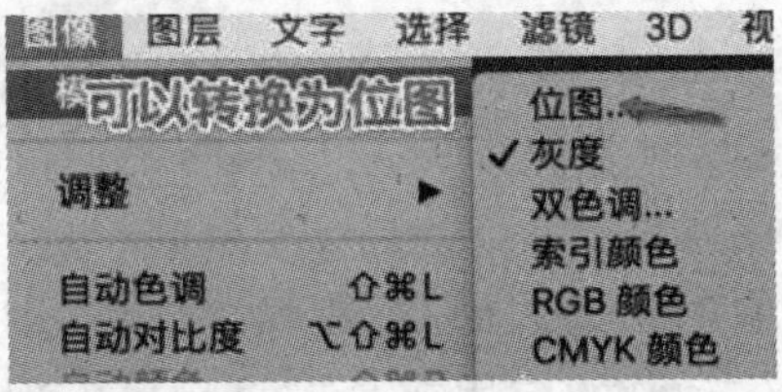

图 2-1-49

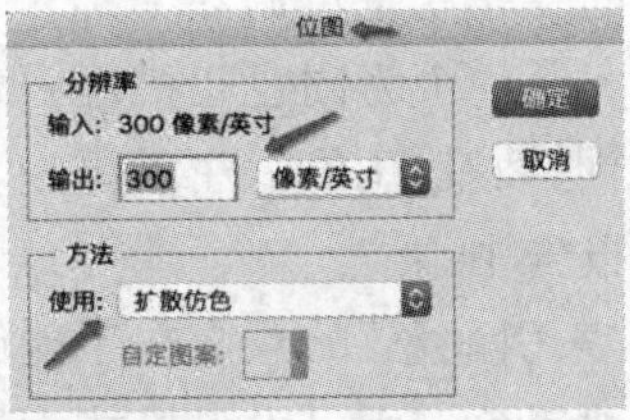

图 2-1-50

请同学们在实训报告中记录，打开任意一种模式后，在“图像”菜单下的“模式”中有哪些模式是浅灰色不可用的。

请同学们利用提供的素材图片将其转换为其他几种颜色模式，并请在实训报告中做好记录。

请同学们将所提供的素材图片都尝试保存为 GIF 格式。

图 2-1-51

2.1.4 我们一起来练练

调用 HSB 模式并配色。

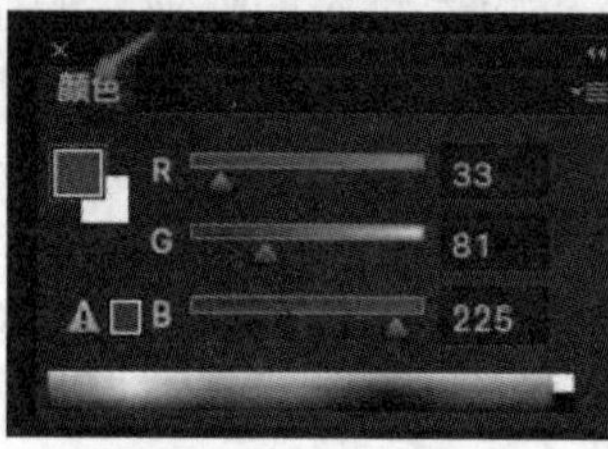

图 2-1-52

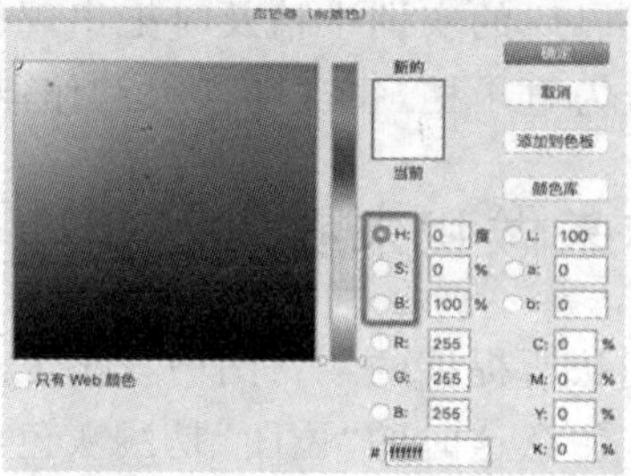

图 2-1-53

图 2-1-54

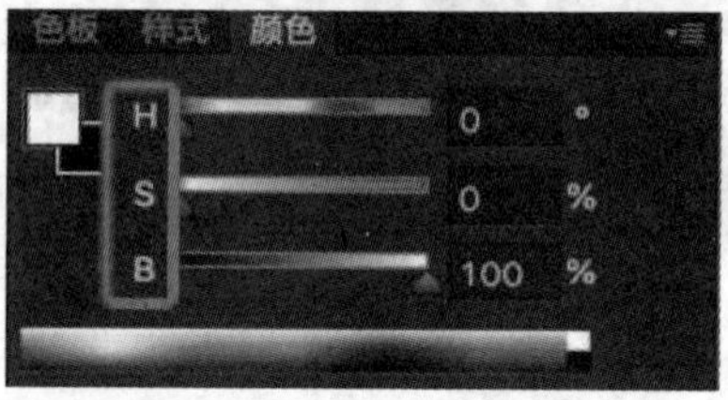

图 2-1-55

H 表示色相，S 表示饱和度，B 表示亮度。S 和 B 的数值越高，色彩就越艳丽，对视觉的刺激就越强烈。在此模式中，无论 H 为何值，S 为 0 值是白色，B 为 0 值是黑色，在图像中明度和饱和度的变化就是色调。

常用的配色一个为同色相搭配：H 值相同，改变 S 值和 B 值。另一个为同色调搭配：S 值和 B 值相同，改变 H 值。注意黑白为无彩色，只有亮度的差异。请同学们练习并把效果记录在实训报告中。

转换为“索引颜色”的意义在于能够保持图像的视觉效果，还能缩小文件，因为该模式不会超过 256 种颜色。所以索引模式常用于多媒体动画的应用或是网页浏览。但要注意在这个模式下用 PS 也只能进行有限的编辑。在此模式下，图层功能完全是不可用的，调整功能也只有部分可用，图层也无法转为 0 图层（见图 2-1-58）。

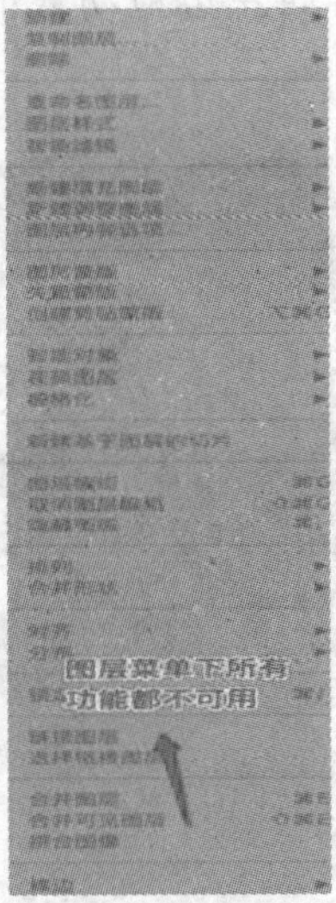

图 2-1-56

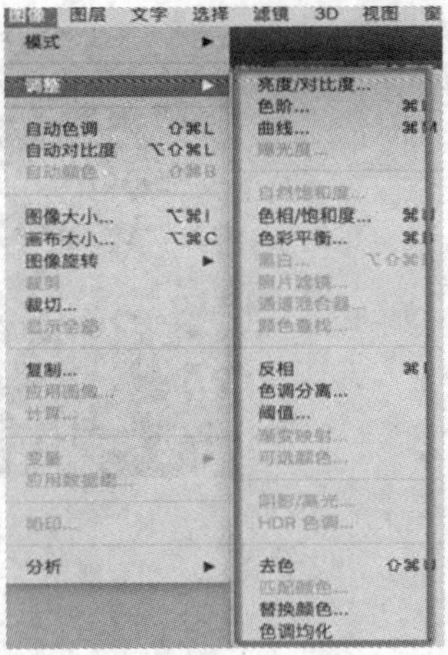

图 2-1-57

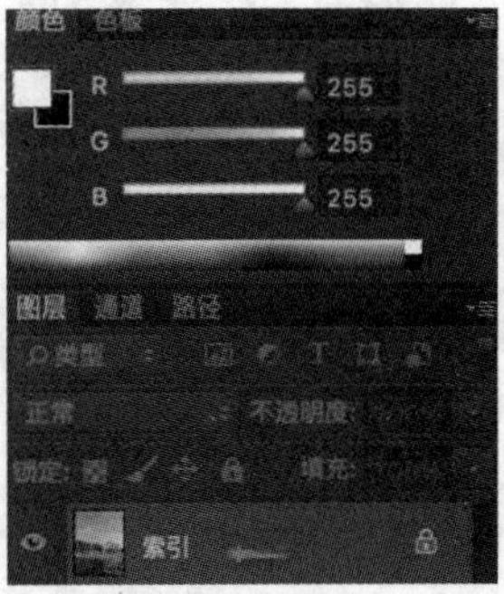

图 2-1-58

请同学们在实训报告中记录还有哪些功能是受限的。

使用“色相/饱和度”命令对图片做出以下的一系列效果并思考原因。

在“图像”菜单下的“调整”选项里单击“色相/饱和度”命令(见图 2-1-59),并打开选项对话框(见图 2-1-60)。

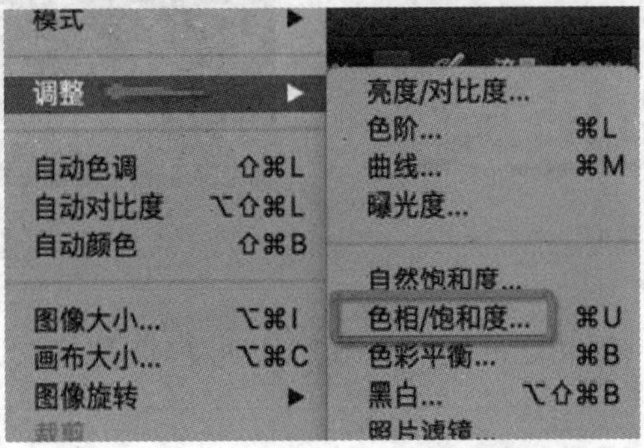

图 2-1-59

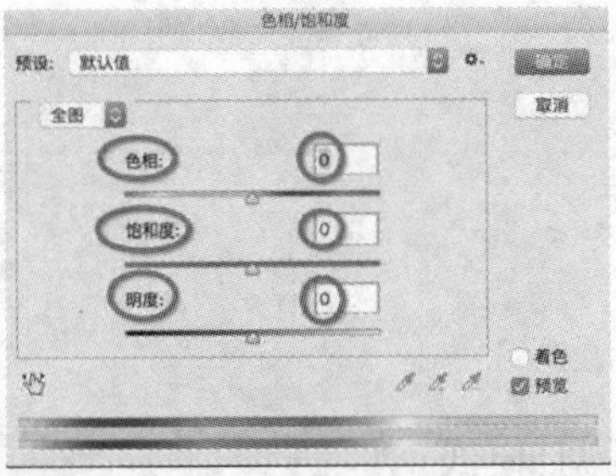

图 2-1-60

图 2-1-61

先将色相、饱和度的滑块向右边拖动，观察其图像变化；然后再向左边拖动数值，观察其图像变化，这里要注意明度保持不变(见图 2-1-62～2-1-65)。

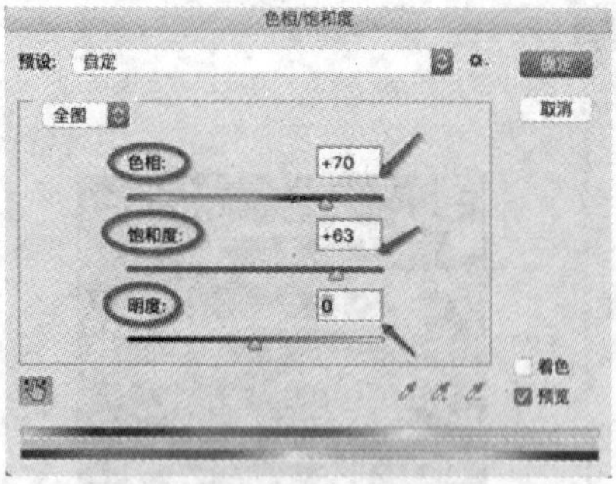

图 2-1-62

图 2-1-63

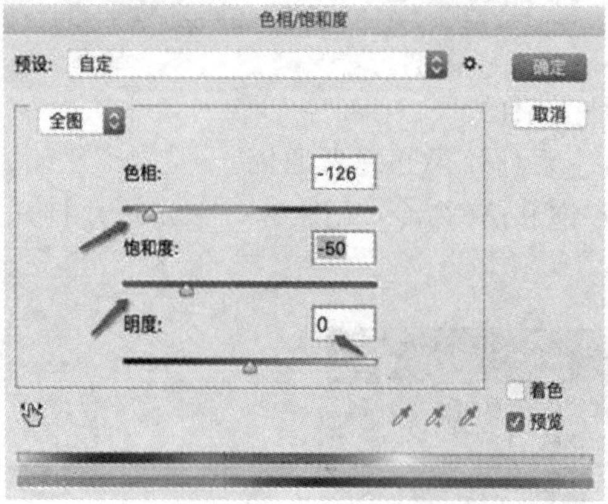

图 2-1-64

图 2-1-65

如果我们在改变色相、饱和度的同时也改变了明度，会是什么情况呢？

玩一玩

16 位和 32 位包含有多少种颜色？

2.1.5 我们一起来说说

(1)何谓色相、饱和度、明度？

(2)理解转换颜色模式的对话选项框。

(3)调用 HSB 模式配色。

(4)请同学们在课后用百度搜索“位图”和“双色调”模式。

请同学们在课后形成书面作业并上交。

2.1.6 实训报告

图形图像处理 Photoshop CS6 实训报告

班级 姓名		时间	
		实训室	
实训知识点	颜色模式		
实训目的	1. 理解 7 种常用的颜色模式 2. 相互转换颜色模式 3. 索引模式 4. 利用色相/饱和度调整图像		
实训内容 学生填写部分	1. 观察图像模式 2. 不同颜色模式的转换 3. 索引模式 4. 调用 HSB 颜色并配色 5. 使用色相/饱和度		
实训要求	1. 认真填写实训报告 2. 对问题进行记录 3. 拓展问题,认真思考并完成实践 4. 完成思考题并形成书面作业	备注:实训报告以一个知识点的实践完成为依据,教师根据学生实训具体情况来调整学时。这样更有利于实践分数的评定	
成绩评定	优秀　良好　及格　不合格		

2.2 直方图

直方图反映图像的状态，让我们能看到整个图片的阶调信息和色彩信息。它以坐标轴上波形图的形式来显示图像的曝光。横轴表示亮度等级，纵轴表示每个亮度级下的像素个数。直方图可以观察 RGB 模式，还可以观察到全部通道。如图 2-2-1、2-2-2 所示。

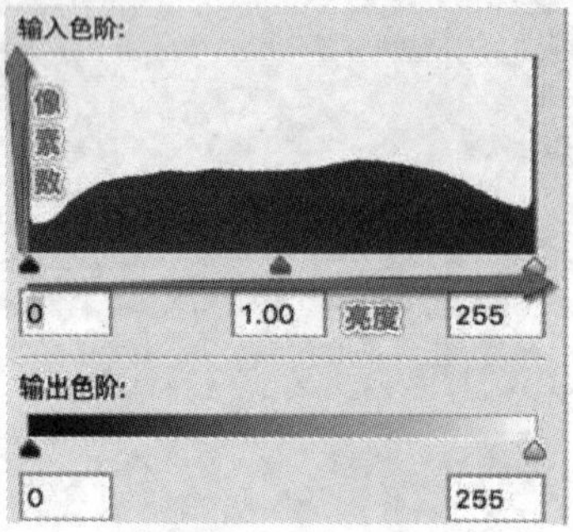

图 2-2-1

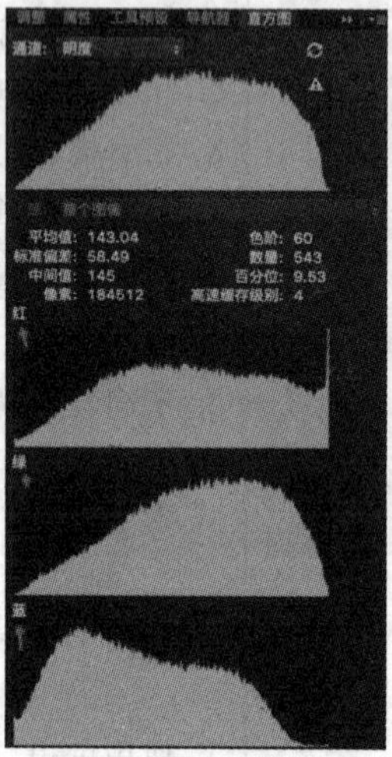

图 2-2-2

本节的主要任务是教同学们学会观察直方图数据，理解并能简单地微调相关数据，在后期的图像处理中指导同学们了解图像最原始的信息，帮助同学们重新平衡图像各区域的亮度分布。

2.2.1 我来说你来记

我们在上节课中说过在 PS 中创建的图像是基于像素的。像素是个方形元素，在网格中来构建图像文件，是图像中的最小单位。像素组成的图像叫位图或者光栅图像，而图像的分辨率又取决于每英寸中包含多少像素，单位是像素/英寸(ppi)。分辨率是用来描述像素数量或位图图像文件中的数据量，所以它决定了图像细节的精细程度。如图 2-2-3～2-2-5 所示。

图 2-2-3

图 2-2-4

图 2-2-5

图像的大小和分辨率是息息相关的，相同大小的图像，分辨率越高，图像就越清晰。现在一般网络用图分辨率设为 72 像素/英寸，而印刷时都设为 300 像素/英寸或以上。

所以在 PS 中我们调整图像的本质是对像素的调整，而直方图反映了图像像素明暗的分布，这样我们了解图像就有了一种参考标准。

而直方图是对图像进行数据分析的工具，在直方图上显示的是图像在全阶调上像素的分布形态。通过直方图的分析，我们可以明了图像的色调、亮度以及色彩等状态，它是我们处理图像时的一个重要参照和评判依据。但请记住它不是绝对的标准，也不一定要根据直方图来调整图像，因为影响一张图像好坏的因素太多了。同学们要通过自己的实践来积累更多的经验才能更好地提高自己的能力。

打开直方图，在“色阶”中，可以看到直方图，在“曲线”中，也可以看到直方图。直方图可以暴露出图片中存在的曝光问题。在直方图中，可以看到一个或几个像山峰一样的波形，这些代表了图像像素的分布情况。这里基本上分为五部分，最左边为阴影，左边表示暗部，中间表示中间调，右侧表示亮部，最右边为高光。山峰越高代表该区域像素越多。如图 2-2-6 所示。

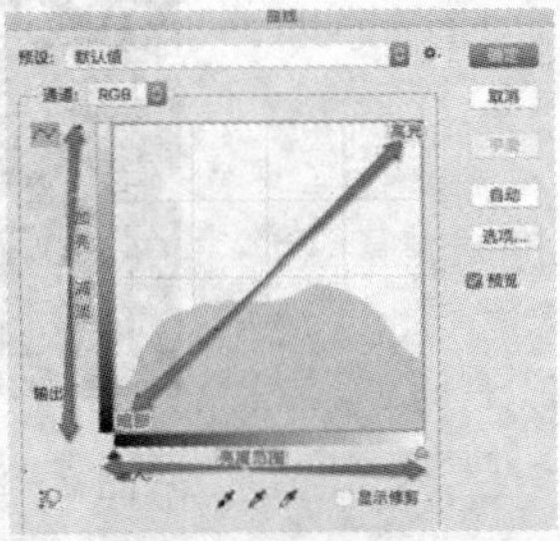

图 2-2-6

分析图 2-2-7 的色彩分布时，要结合图片直观的视觉感受和直方图中表现出来的数据一起分析。在这一张图中，我们看到了整体曲线弧度高且较缓，在左边、右边和中间均有分布且并没成顶柱状，但整体曲线弧度都较倾向于右侧高光，这说明绿黄和少许的红色会有些亮，红色对应的应该是苇花部分，整个画面会有些亮。暗调为蓝色，对应地面杂草地处。高光的信息较多，说明画面中亮的区域较多。中间调以绿为主，此图中大部分都是绿色的中间调。

图 2-2-7

2.2.2　我来做你来看

通过对图像的直观判断，结合直方图数据分析发现图片中存在的色彩问题。一张“正常”的相片，它的直方图两边最好不要有空白，中间的曲线最好一头在最左边，一头在最右边。像素过度集中在暗部区域的叫“欠曝”，像素过度集中在亮部区域的叫“过曝”。通俗地来说，“欠曝”就是光线还不够，亮少暗多；“过曝”就是光线太多了，暗少亮多。如图所示。

山峰集中偏向左边黑色时，欠曝了（见图 2－2－8、2－2－9）。

图 2－2－8

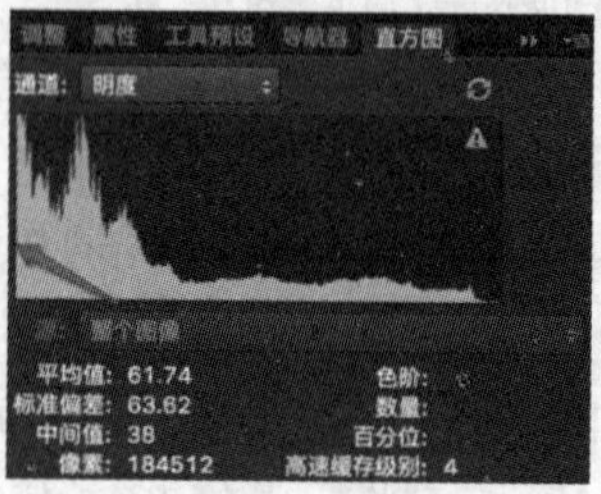

图 2－2－9

曝光正常，又称常态（见图 2－2－10、2－2－11）。

图 2－2－10

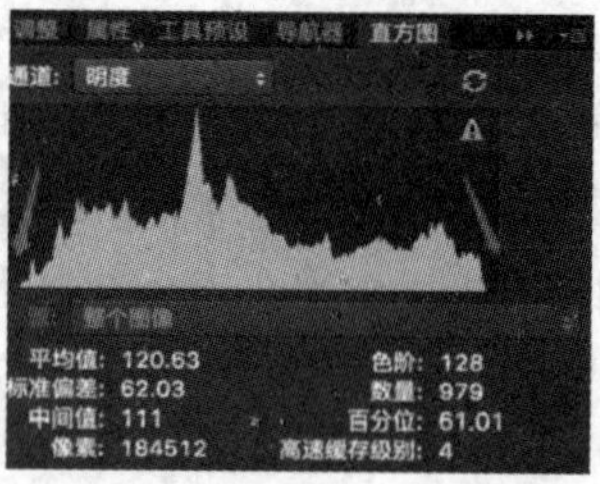

图 2－2－11

山峰集中偏向右边白色时，过曝了（见图 2－2－12、2－2－13）。

图 2－2－12

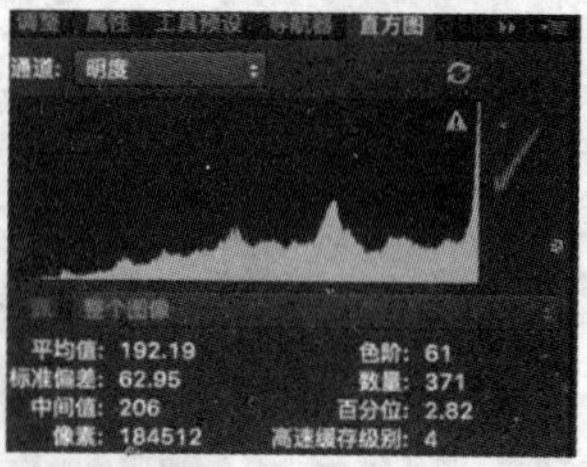

图 2－2－13

这里需要再次重申，直方图只是一种参考，不能用它来武断地判定图像的好坏。关键还是要看设计者想要体现的意图。比如有些特殊的夜景和一些特定的场景相片，就需要“欠曝”和“过曝”。我们学习的目的就是对明暗度能有个准确的认识，在平常的拍摄中可以对曝光参数进行设置以达到曝光的准确性。

如图 2-2-14，画面整体太暗，即使有亮的地方（灯光），但也很暗，直方图上没有高光，只有暗部。这说明此图太暗且曝光不足。

如图 2-2-15，画面整体亮了些，暗的地方（树）也很亮，直方图上有暗调但弧度较低且平缓，这属于高调相片。

图 2-2-14

图 2-2-15

如图 2-2-16，画面天空某些区域亮了，成片的树丛更深了，直方图上的中间调有个小缺口，出现了色彩断层，让画面上下关系也突兀了些。

如图 2-2-17，画面整体上的暗部和高光部都没有突兀的地方，曲线也较平缓。但红绿蓝呈柱状，表示此处像素过多了。

图 2-2-16

图 2-2-17

2.2.3　你来做我来看

请同学用直方图观察图 2-2-18～2-2-20，并写出信息分析，在实训报告中记录。

（a）

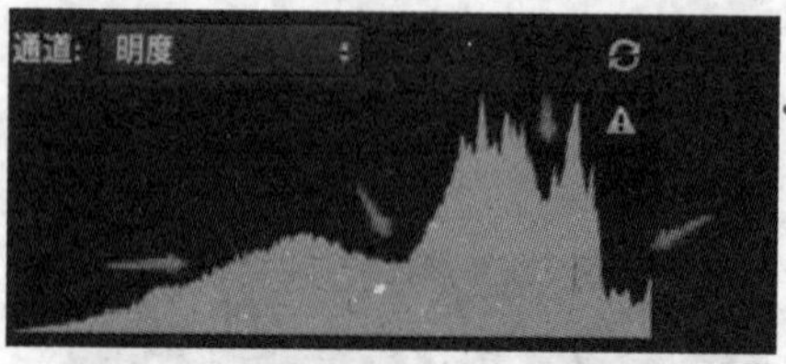

（b）

图 2-2-18

（a）

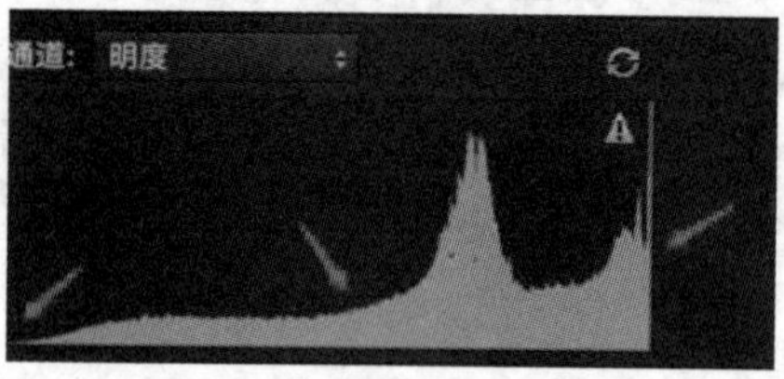

（b）

图 2-2-19

（a）

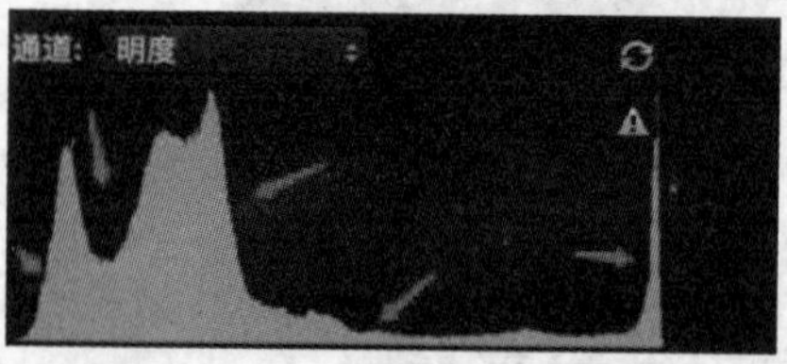

（b）

图 2-2-20

在“曲线”选项中，当中的这条线的右上角处是白色，左下角处为黑色，由下向上分别对应阴影、中间调、高光。那么我们在调整图像时就可以根据位置来确定明暗度了。如图2-2-21～2-2-24 所示。

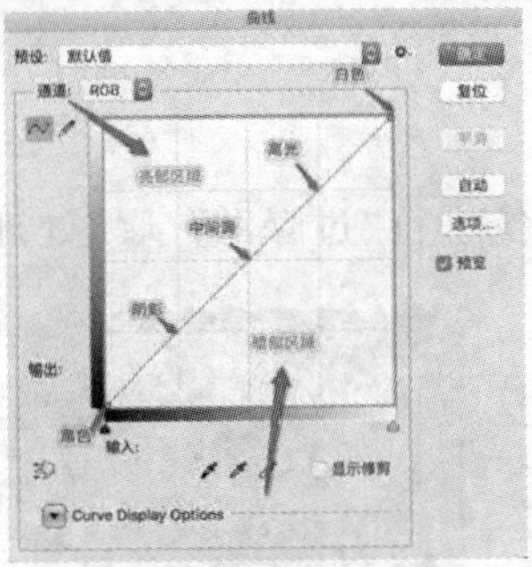

图 2-2-21

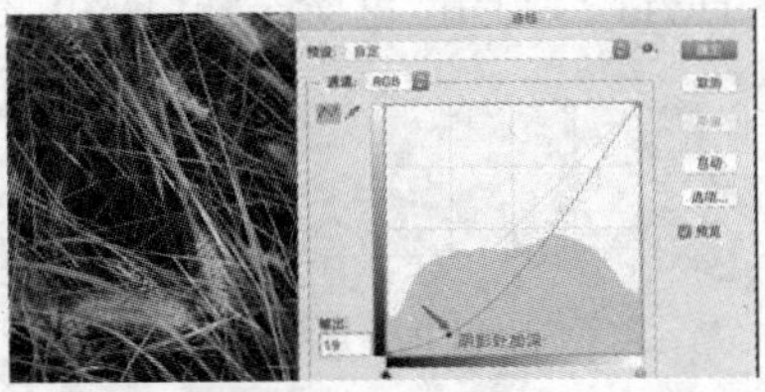

图 2-2-22

图 2-2-23

图 2-2-24

在“色阶”选项中，由左向右依次为阴影、中间调、高光。这两个命令的上下都是表示像素的数量。如图 2-2-25～2-2-28 所示。

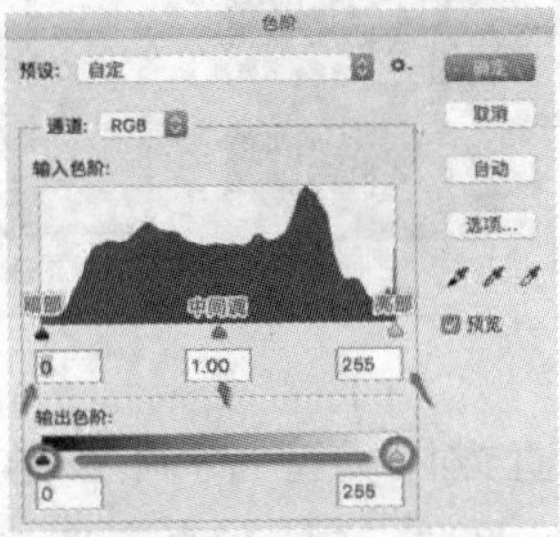

图 2-2-25

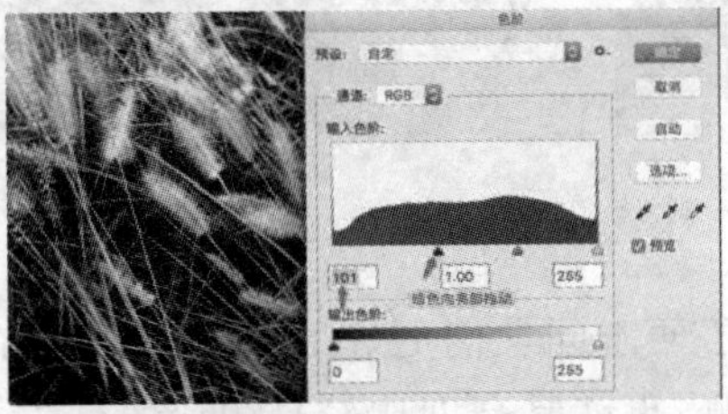

图 2-2-26

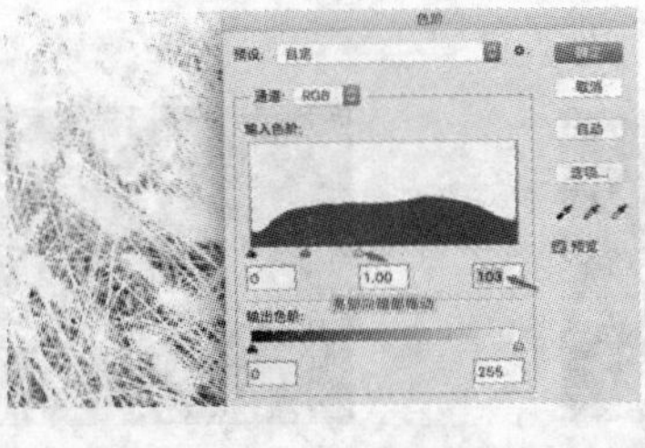

图 2-2-27

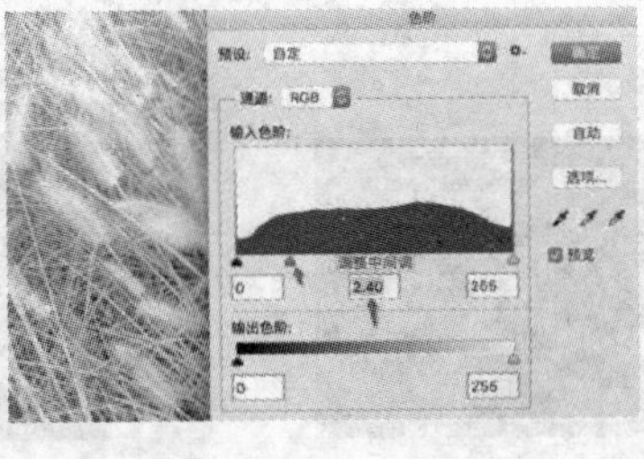

图 2-2-28

请同学们根据此方法，利用“曲线”和“色阶”，调出自己满意的图片效果。

这里我要对同学们重点说明，一定要学会独立思考，直方图仅仅是个参考，多练习多观察图像，积累我们自己的审美经验；多对比，多提问，多思考，总结出自己的眼光，做到当看到一张图片就能想到直方图大致的分布。

2.2.4 我们一起来练练

通过观察直方图，利用“色阶” 和“曲线”命令对图像进行“过曝”“欠曝”处理。

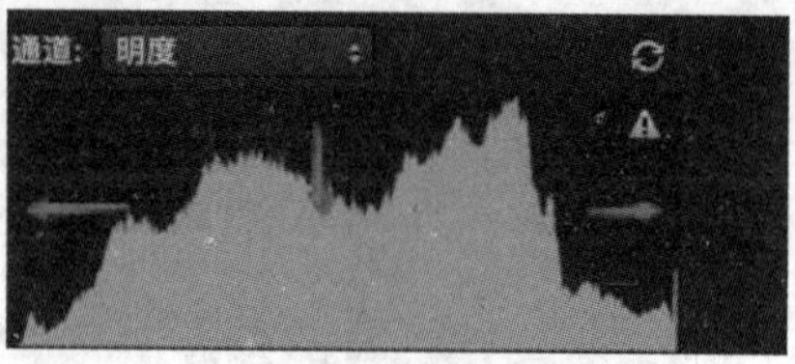

图 2-2-29

图 2-2-30

利用“色阶”或是“曲线”选项里的通道，选择不同的通道并调整，得出不同的效果(见图 2-2-31～2-2-33)。

图 2-2-31

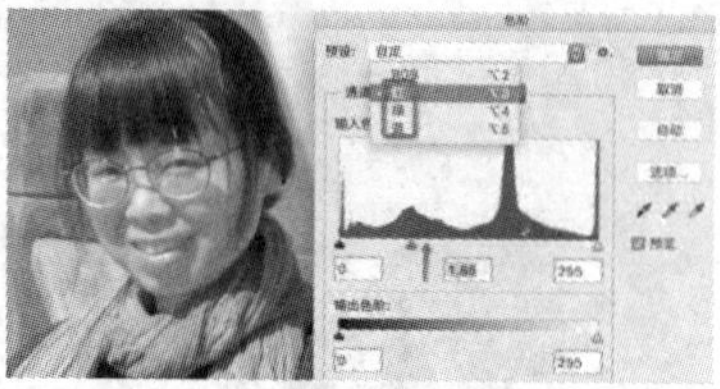

图 2-2-32

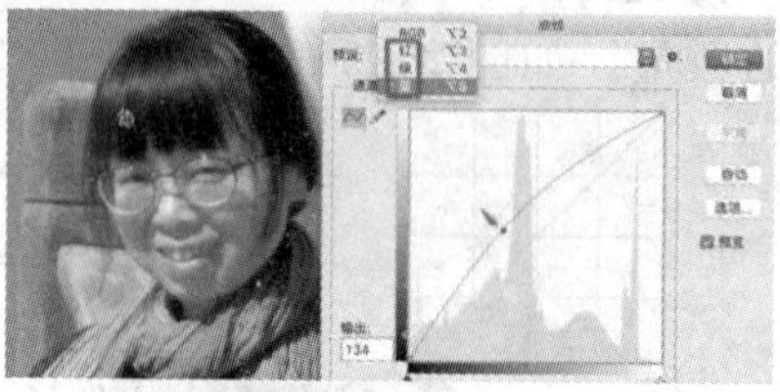

图 2-2-33

现在为了便于同学们更好地观察，介绍几种基础的直方图类型：高调型，在直方图中主要集中在右侧，也就是亮度比较高(见图 2-2-34)；中间调型，这种在直方图中主要集中在中间调，画面也比较柔和些(见图 2-2-35)；暗调型，直方图主要集中在左侧，也就是在暗部(见图 2-2-36)。

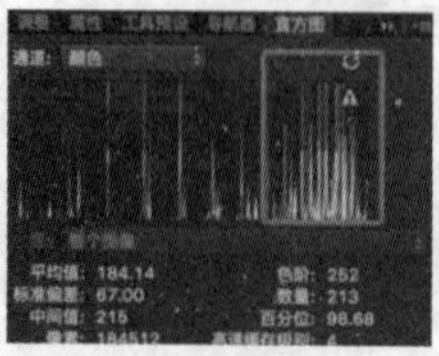

图 2-2-34 高调型

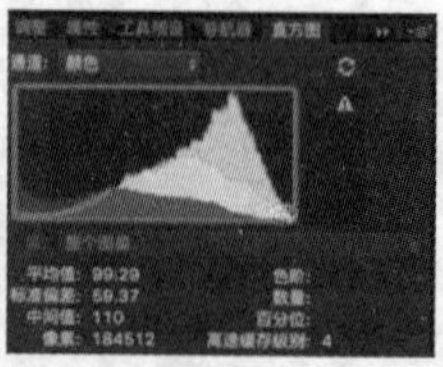

图 2-2-35 中间调型

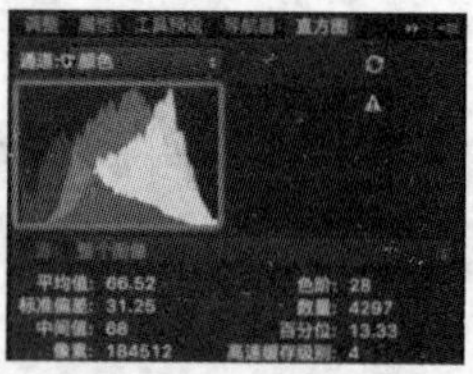

图 2-2-36 暗调型

玩一玩

做出一张旧相片或是有些怀古的人物像。

2.2.5　我们一起来说说

(1)像素和分辨率对图像有什么影响?

(2)通过直方图数据分析调出图像的欠曝和过曝。

(3)"色阶"与"曲线"选项参数。

(4)请同学们自行在百度中搜索"向右曝光"。

请同学们在课后形成书面作业并上交。

2.2.6　实训报告

图形图像处理 Photoshop CS6 实训报告

班级 姓名			时间	
			实训室	
实训知识点	直方图			
实训目的	1. 理解像素 2. 理解分辨率 3. 读懂直方图的分析数据	4. 理解欠曝和过曝 5. 会使用色阶和曲线命令调整图像 6. 学会在曲线或是色阶选项里的通道调整		
实训内容 学生填写部分	1. 像素 2. 分辨率 3. 读懂直方图的分析数据 4. 欠曝和过曝 直方图上如何表示 5. 色阶调整　曲线调整 6. 调整通道			
实训要求	1. 认真填写实训报告 2. 对问题进行记录 3. 拓展问题,认真思考并完成实践 4. 完成思考题并形成书面作业	备注:实训报告以一个知识点的实践完成为依据,教师根据学生实训具体情况来调整学时。这样更有利于实践分数的评定		
成绩评定	优秀　良好　及格　不合格			

2.3　参考线与网格

在今后的学习过程中，我们都会利用电脑进行绘制与处理。在 PS 中进行绘制设计时，我们常会用一些辅助参考线和网格来测量角度和确定比例。

熟练运用参考线可以让作品提升理性和关联逻辑性，减少我们的视觉误差，更加能体现设计的专业性。网格工具更可以帮助我们调整图形间距，衡量位置和约束细节的比例，让图形保持干净。

2.3.1　我来说你来记

参考线是浮在界面上不能被打印的直线，我们可以移动、删除和锁定它们。网格在默认条件下也是一些不能被打印的参考线，但也可以显示为虚线和网点。让我们来设置参考线和网格。如图 2-3-1～2-3-3 所示。

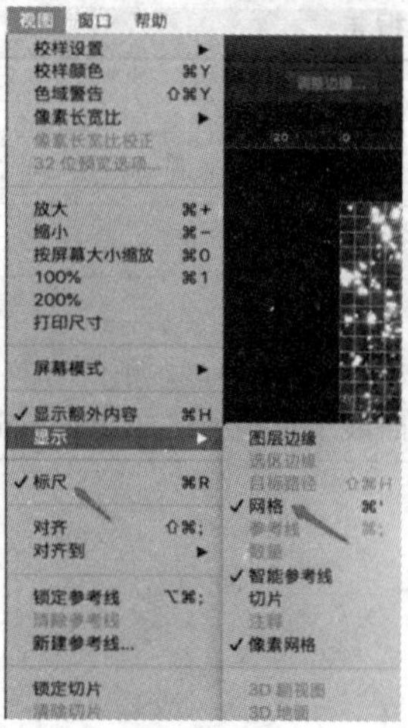

图 2-3-1

图 2-3-2

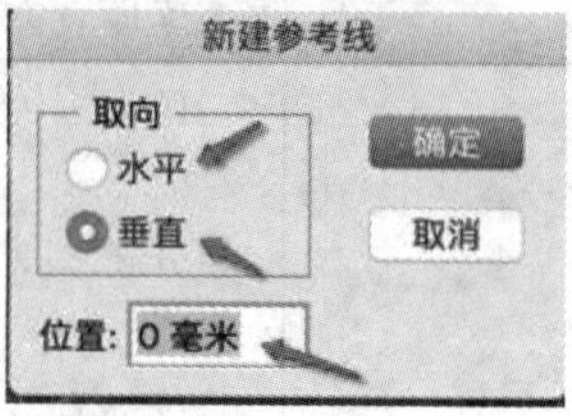

图 2-3-3

这样在工作区域的图像中就能看到新的参考线了，也可以在首选项中修改参考线和网格的颜色。如图 2-3-4、2-3-5 所示。

图 2-3-4

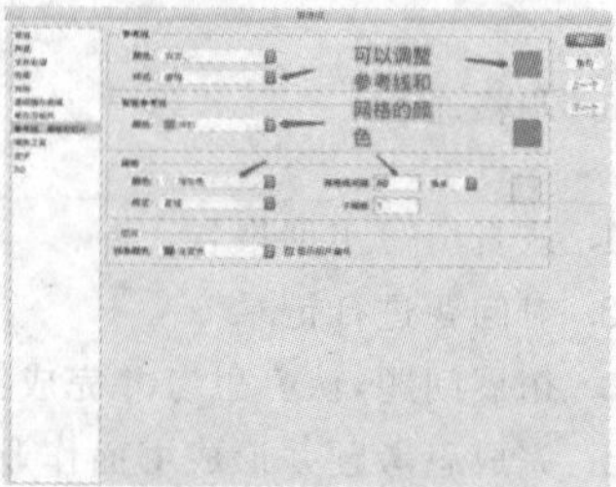

图 2-3-5

注意在新建参考线时，位置的设置单位要根据自己的需要来设置，如图 2－3－6 所示。

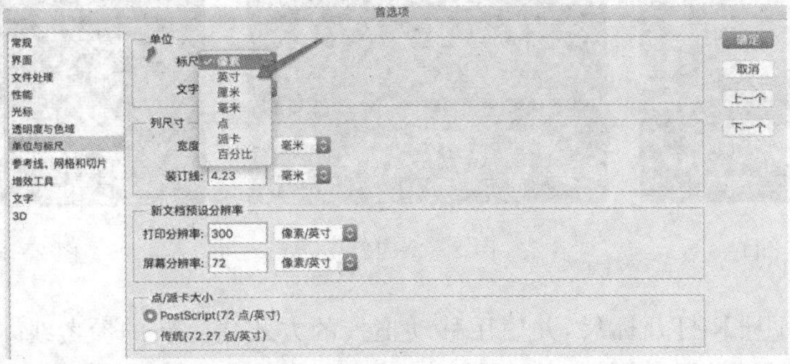

图 2－3－6

标尺的单位数字也会相应的改变，我们使用移动工具在水平或是垂直标尺上向外拉出即可，然后就可以把参考线移动到想要的位置。如果删除的话，用移动工具直接拖出画面，或是点击“视图”下的“清除参考线”(见图 2－3－10)。

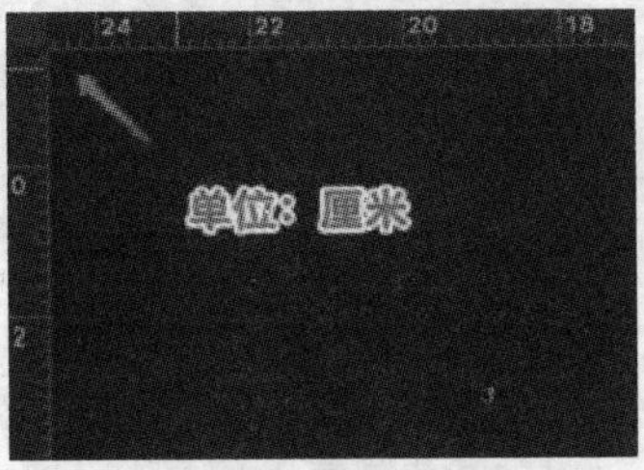

图 2－3－7

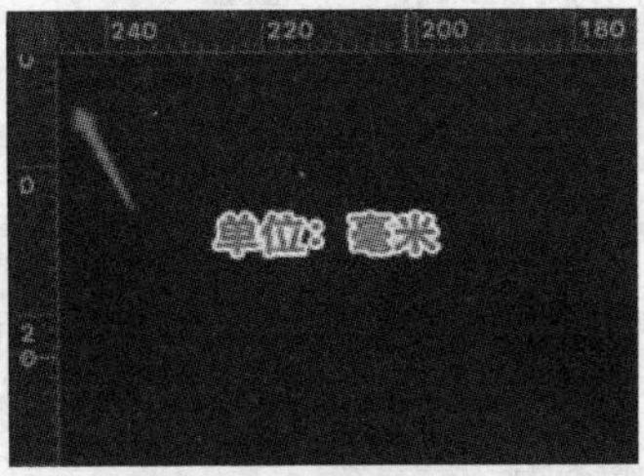

图 2－3－8

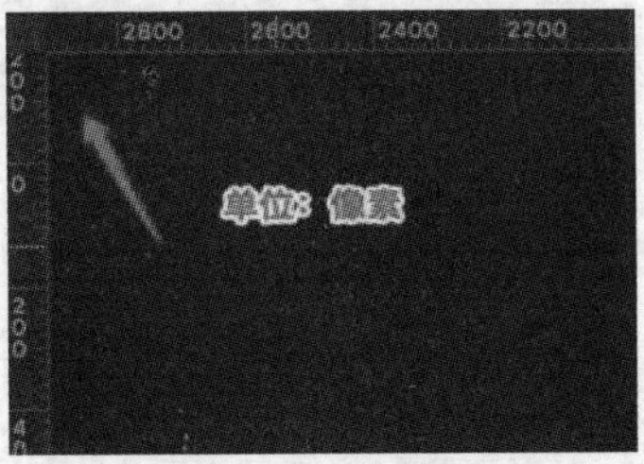

图 2－3－9

图 2－3－10

为了防止在制作时鼠标误碰到参考线，从而有参考线移动的误操作，所以一般我们在定好参考线位置后就将其锁定。注意，锁定是锁定了所有的参考线，快捷键：Alt ＋ Ctrl ＋；。

2.3.2　我来做你来看

用快捷键 Ctrl＋’打开“网格”，根据自己的喜好将其设置为网点或是虚线显示，如图 2－3－11～2－3－13 所示。

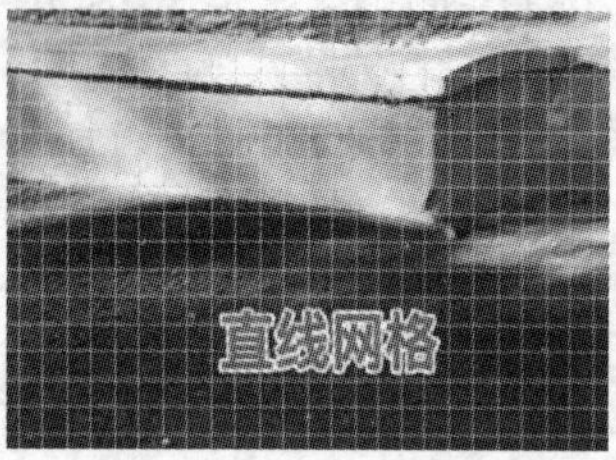

图 2-3-11

图 2-3-12

图 2-3-13

用快捷键 Ctrl+R 打开标尺，并使用移动拖拽的方式建立新的参考线。

在“视图”下“显示”里打开“智能参考线”(见图 2-3-14)，这样在绘制图形时就能自动捕捉周围图形的边缘、端点和中心点，更加方便我们来确定图形的大小和距离。

这样在 PS 中对齐图形就变得简单了。下面使用形状工具里的矩形工具和椭圆工具来绘制一个规则图形，步骤如下。

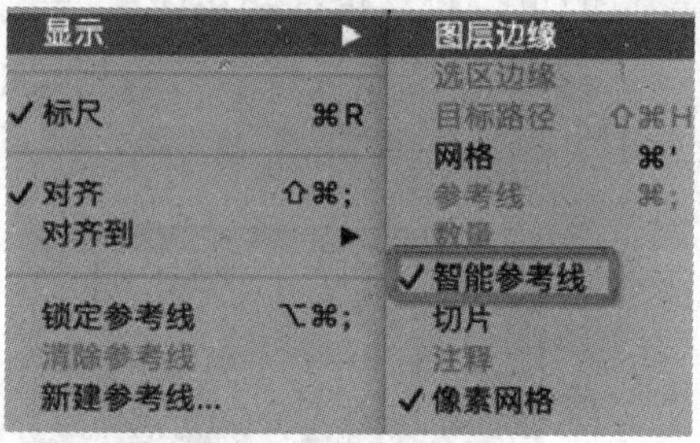

图 2-3-14

(1)打开网格和标尺(见图 2-3-15)。

(2)在工具箱中找到形状工具或按 U 键，找到矩形工具和椭圆工具(见图 2-3-16)。

(3)在网格中画一个正方形，定好中心点，拉出标尺参考线。

(4)在正方形的四边画上四个正方形。注意观察出现的智能参考线。

(5)在工具箱中找到并使用“直接选择工具”或按 A 键。把四个正方形调成三角形(见图 2-3-17)。

以此类推，外围的大三角形也是这样。

(6)最后选择椭圆工具并按住 Alt 键，对着正方形的中心点再按 Shift 键画出三个正圆(见图 2-3-18)。

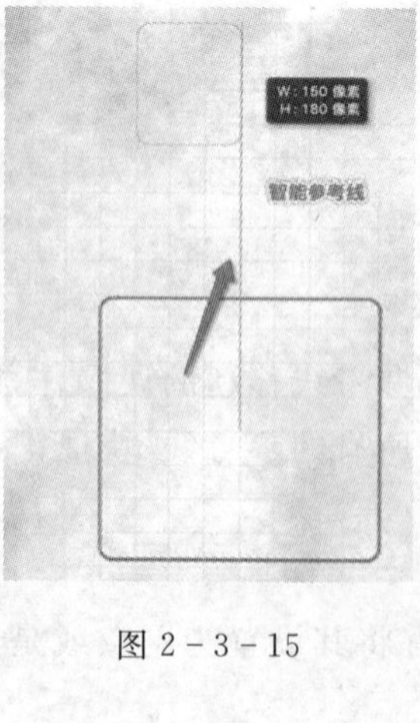

图 2-3-15

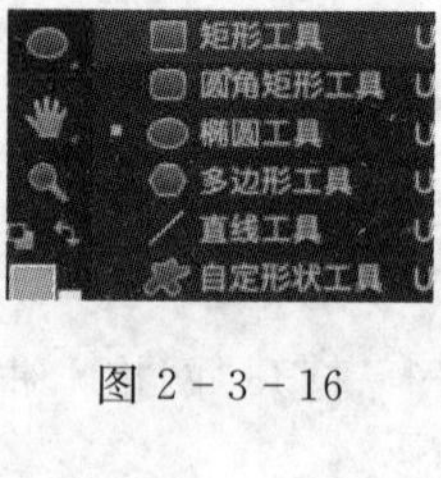

图 2-3-16

图 2-3-17

图 2-3-18

2.3.3　你来做我来看

请同学参照上面的方法来完成不规则图形的制作，注意要使用钢笔下“转换点工具”，并使用 Ctrl 和 Alt 键进行切换。

图 2-3-19

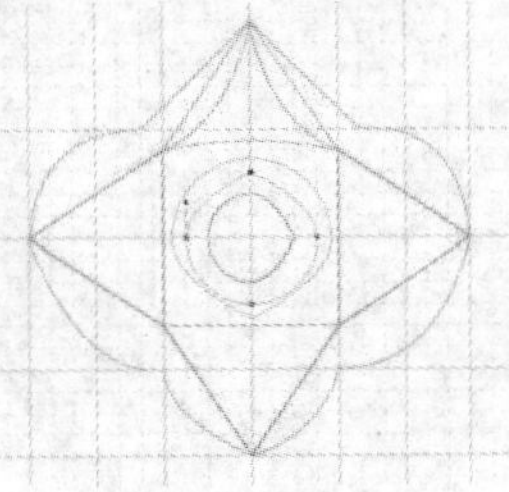

图 2-3-20

请在拖拽参考线时按 Alt 键，看看有何结果。

2.3.4　我们一起来练练

通过参考线和网格来精确定位想要描绘和选取的部分（见图 2-3-21）。

图 2-3-21

这里我们可以使用“多边形套索工具”进行简单的描绘。请大家跟我一起做。

先在工具栏中选好“多边形套索工具”（见图 2-3-22），或是按 L 键，并新建图层 1（见图 2-3-23）。

图 2-3-22

图 2-3-23

使用“多边形套索工具”对图中的建筑物的外轮廓进行勾选。如果感觉有吸附感，影响使用时，请关掉标尺参考线的“对齐”功能，如图 2-3-24～2-3-26 所示。

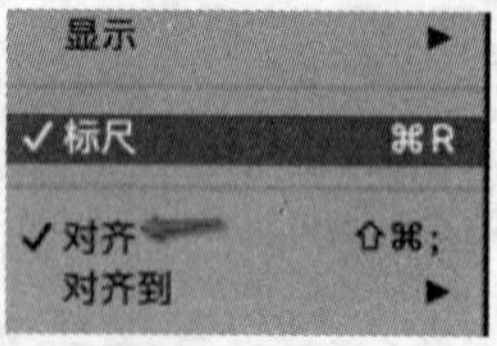

图 2-3-24

图 2-3-25

图 2-3-26

如果感觉画面太小看不清(见图 2-3-27)，按 Z 键放大再勾选(见图 2-3-28)。请同学们在勾选时认真比对网格与参考线位置的精确到位。

图 2-3-27

图 2-3-28

然后可以对先勾选好的图层 1 进行描边，在“编辑”菜单下选择“描边”(见图 2-3-29)，这里选宽度为 10 像素，颜色为＃014ed5，位置居中(见图 2-3-30)。效果如图 2-3-31。

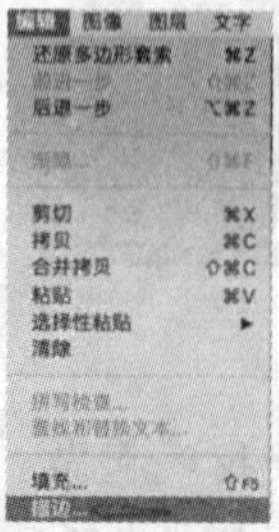

图 2-3-29

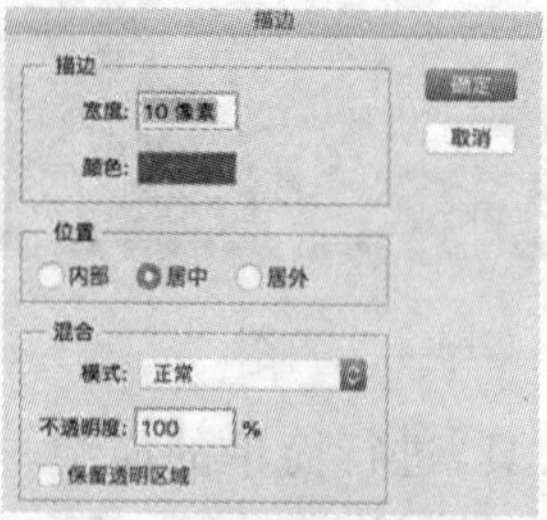

图 2-3-30

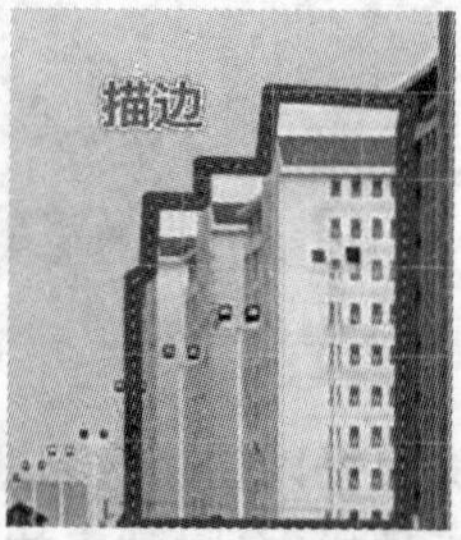

图 2-3-31

再新建图层 2、3 等，进行其他建筑物细节的勾选和描边，完成整个建筑的勾选。绘画能力强的同学根据网格和参考线的定位，分图层分区块勾选，一定会描绘出自己满意的效果作品。如图 2－3－32 所示为达到的效果。

图 2－3－32

利用“智能参考线”来对齐自己的姓名和汉语拼音，或是来点创意加工做成自己的个性 LOGO。图 2－3－33、2－3－34 是老师为自己做的 LOGO，也算是“抛砖”，希望同学们也能尝试做出自己有个性的标志。（向同学们推荐一款优雅的 accent 字体）

图 2－3－33

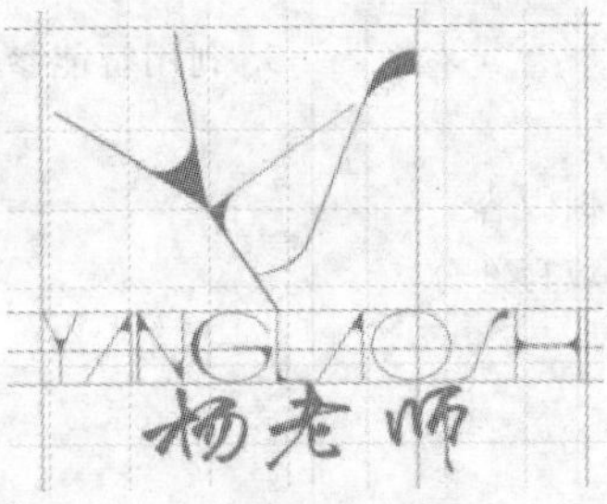

图 2－3－34

玩一玩

为自己制作一个创意标识符号。

利用所学做出配套素材中的点、线、面构成图形。

2.3.5　我们一起来说说

(1)利用参考线和网格来精确定位的方法。

(2)如何使用“智能参考线”？

(3)参考线和网格能被打印出来吗？

(4)尝试用拼音做一做自己的个人 LOGO。

请同学们在课后形成书面作业并上交。

2.3.6 实训报告

图形图像处理 Photoshop CS6 实训报告

<table>
<tr><td rowspan="2">班级
姓名</td><td rowspan="2"></td><td>时间</td><td></td></tr>
<tr><td>实训室</td><td></td></tr>
<tr><td>实训知识点</td><td colspan="3">参考线与网格</td></tr>
<tr><td>实训目的</td><td colspan="3">1. 显示参考线和网格
2. 锁定参考线
3. 设置标尺单位
4. 利用智能参考线画规则图形</td></tr>
<tr><td>实训内容
学生填写部分</td><td colspan="3">1. 显示参考线和网格
2. 设置标尺单位
3. 设置参考线和网格
4. 锁定参考线
5. 利用智能参考线画规则图形</td></tr>
<tr><td>实训要求</td><td colspan="2">1. 认真填写实训报告
2. 对问题进行记录
3. 拓展问题，认真思考并完成实践
4. 完成思考题并形成书面作业</td><td>备注：实训报告以一个知识点的实践完成为依据，教师根据学生实训具体情况来调整学时。这样更有利于实践分数的评定</td></tr>
<tr><td>成绩评定</td><td colspan="3">优秀　良好　及格　不合格</td></tr>
</table>

2.4　调整工作区

在 PS 中，工作区主要体现在面板的不同。大多数情况下，我们在应用软件时，有些面板是需要的，而有些是不需要的，这就像是你自己的书桌，完全是根据你的使用习惯来确定物体的位置一样。在 PS 中，我们可以用各种元素来创建和管理文档、文件，这些元素的排列方式就称为工作区。

2.4.1　我来说你来记

正常的 PS 工作界面是这样的，左边是工具箱，右边是控制面板区，上面除了菜单栏还有各种被选中工具的属性栏，中间则为设计制作工作区。如图 2－4－1 所示。

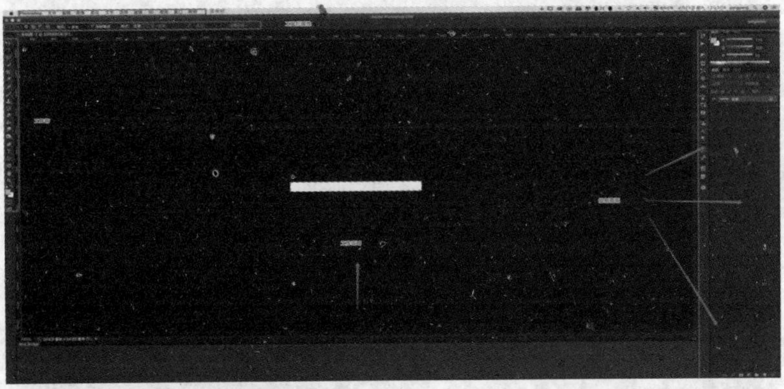

图 2－4－1

在 PS 中，你可以定义好自己的使用习惯和熟悉的常用工具、功能，通过自定义的方式来确定好自己的工作区，这样就可以在自己熟悉的界面下工作了。当然，PS 软件也有自己预定的不同工作区。根据自己要处理的功能不同来选择不同的预设进行工作区的调整，或是创建适合自己的专属工作区，在“窗口”选择“工作区”。如图 2－4－2 所示。

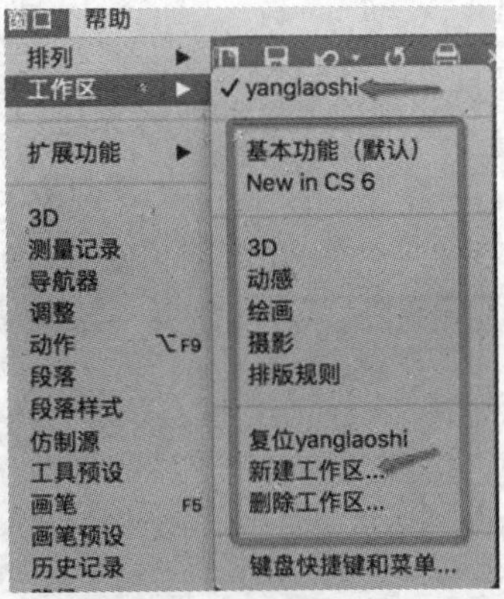

图 2－4－2

从图 2-4-3、2-4-4 可以看出，有基本功能工作区、3D 工作区、动感工作区、绘画工作区、摄影工作区、排版工作区，还有我专属自建的 yanglaoshi 工作区。每种工作区在打开后界面是不一样的，也是为了更好地适应所对应的工作。比如绘画工作区和 3D 工作区，请在实训报告中记录比较两者右边控制面板的不同处。

图 2-4-3

图 2-4-4

2.4.2 我来做你来看

下面我们来创建一个自己的工作区界面，请按以下的步骤进行。

请先在 PS 中任意调整各元素的位置和大小，比如工具箱和各种面板(见图 2-4-5～2-4-7)。

图 2-4-5

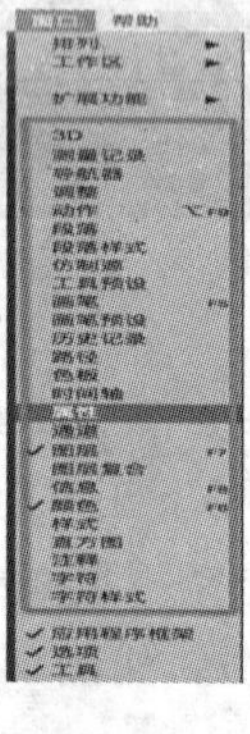

图 2-4-6

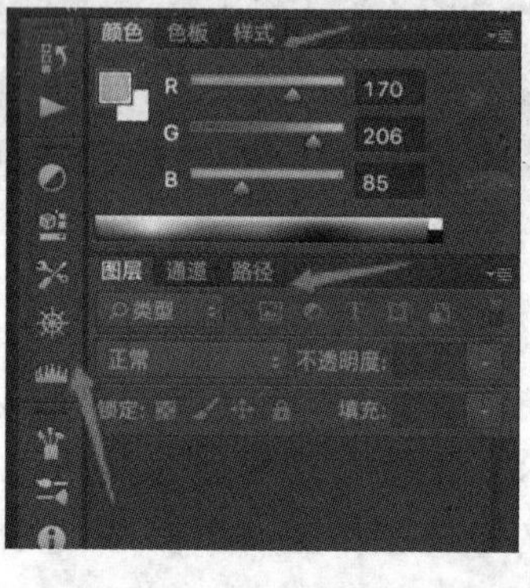

图 2-4-7

然后，我们再来“新建工作区”，并命名为“实训”(见图 2-4-8、2-4-9)。

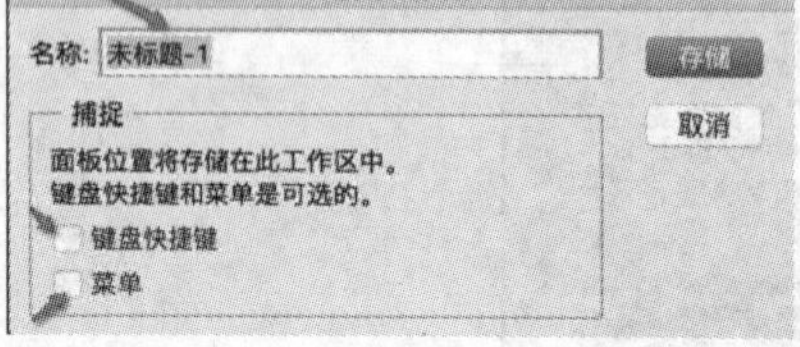

图 2-4-8

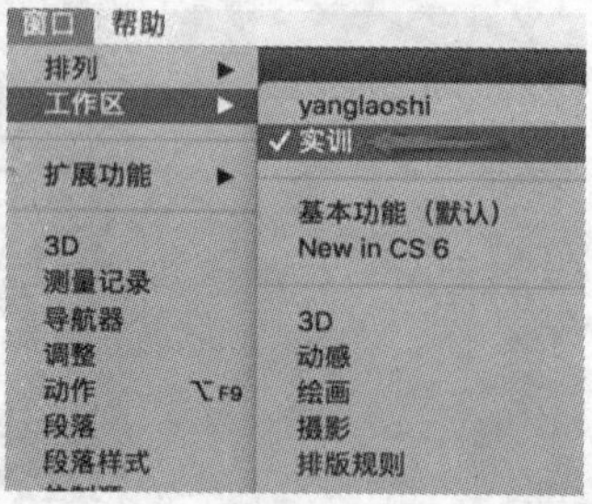

图 2-4-9

这样你的实训工作区就建立了，也就是从这一刻起，同学们有了自己的工作桌面。如何让这个工作区更好地适应自己的需要，还需要各位同学在今后的学习中不断地探索。

2.4.3　你来做我来看

请同学们根据以上的方法新建一个以自己姓名命名的工作区。

然后，请尝试删除这个新建的工作区。请注意当前使用的工作区是灰色无法删除的，只能切换到另一个工作区删除。

2.4.4　我们一起来练练

我们修改一下工作区界面的颜色方案，请按 Ctrl＋K 打开“首选项”，找到“界面”选项。

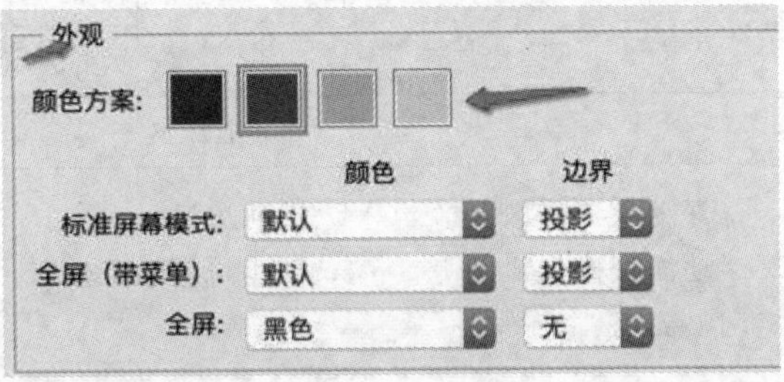

图 2－4－10

当我们选择不同的颜色方案时，请注意界面的变化。除此之外，我们还能自定义下面三种模式的颜色(见图 2－4－11)。

可以通过“选择自定义颜色”来实现，但实际效果并不尽如人意。所以我们并不推荐，只需要了解。

尝试“窗口”下的“排列”的几种方式，并请记录在实训报告中。

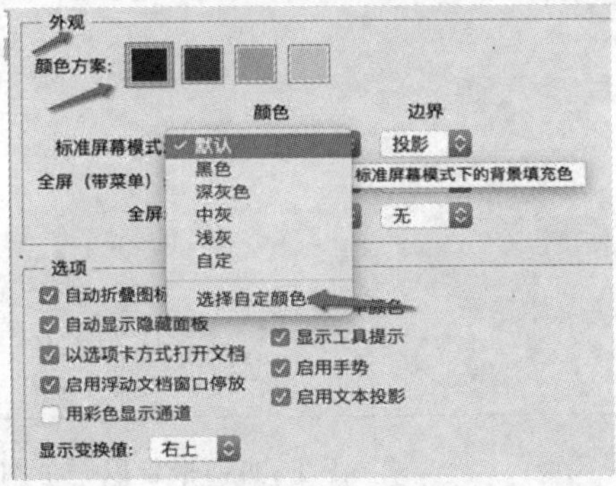

图 2－4－11

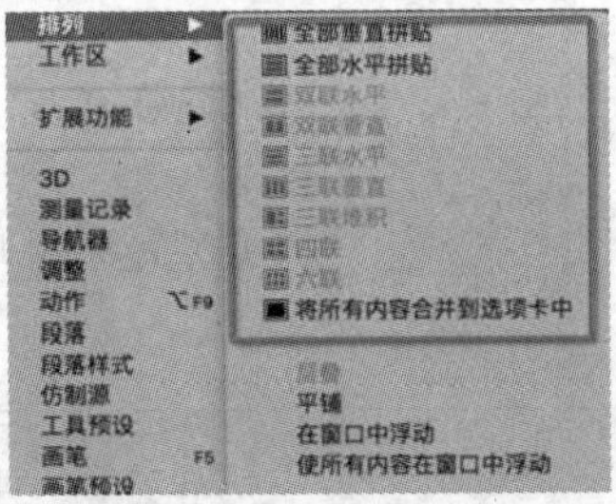

图 2－4－12

玩一玩

试着拖出面板，并在界面中设置浮动、折叠和隐藏面板功能。

2.4.5 我们一起来说说

(1)如何停放和取消停放面板?

(2)如何移动、折叠与展开面板?

(3)如何让面板添加到面板组中?

(4)如何让带菜单的全屏和全屏切换?

请同学们在课后形成书面作业并上交。

2.4.6 实训报告

图形图像处理 Photoshop CS6 实训报告

<table>
<tr><td rowspan="2">班级 / 姓名</td><td rowspan="2"></td><td>时间</td><td></td></tr>
<tr><td>实训室</td><td></td></tr>
<tr><td>实训知识点</td><td colspan="3">工作区</td></tr>
<tr><td>实训目的</td><td colspan="3">1. 打开默认工作区
2. 浮动面板操作
3. 调整界面
4. 排列布局
5. 创建与删除工作区</td></tr>
<tr><td>实训内容
学生填写部分</td><td colspan="3">1. 默认工作区调用并比较

2. 面板操作
(1)移动

(2)折叠

(3)添加

3. 界面颜色方案

4. 排列布局

5. 创建与删除工作区</td></tr>
<tr><td>实训要求</td><td>1. 认真填写实训报告
2. 对问题进行记录
3. 拓展问题,认真思考并完成实践
4. 完成思考题并形成书面作业</td><td colspan="2">备注:实训报告以一个知识点的实践完成为依据,教师根据学生实训具体情况来调整学时。这样更有利于实践分数的评定</td></tr>
<tr><td>成绩评定</td><td colspan="3">优秀　良好　及格　不合格</td></tr>
</table>

2.5　用 Adobe Bridge 看图

Bridge 是 Adobe 公司开发的一个组织工具程序，目的是浏览文件，管理多媒体文件。它现在又是一个独立的软件。

2.5.1　我来说你来记

Adobe Bridge 是一款非常好的图片管理软件，很适合摄影爱好者和设计人员进行图片的管理，可以对相片进行分类、浏览与评级。这款软件还自带了 Camera Raw（见图 2－5－2），可以对图片进行调整。

图 2－5－1

图 2－5－2

Bridge 有很多功能，如“批量重命名”“关键字”“过滤器”等组织管理文件的功能，图像文件以不同尺寸的缩略图、幻灯片和列表的形式来展示，能对我们自己拍摄的图像根据内容、时间分类。如图 2－5－3 所示。

图 2－5－3

菜单栏里包括各种工具、界面和文件夹路径，还有它自己独特的 8 种布局方式，每种布局展示的内容也是不一样的。左边和右边都是功能面板，根据需求来调整。注意在右下角有 4 个文件显示的方式，可以自行选择显示文件的方式。中间部分为展示部分，可以通过右下角来调节大小（见图 2－5－4、2－5－5）。

图 2－5－4

图 2－5－5

只要是 Photoshop 支持的格式都能在 Bridge 里预览。特别是预览 raw 和 psd 文件，不仅可以直接调用 Camera Raw 来处理图片，更能批量处理图片。

当我们打开每一张图片还能看到它的相关参数，比如光圈、速度与分辨率等(见图 2－5－6)。我们还可以把我们常用来打开的图片文件夹直接拖拽放入我们面板左侧的收藏栏中，或是选中要移动的图片文件夹后右键选择“添加到收藏夹”进行添加(图 2－5－7、2－5－8)。

图 2－5－6

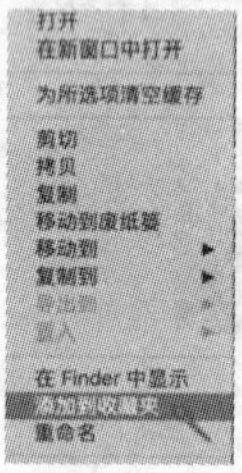

图 2－5－7

图 2－5－8

在 Bridge 中，对图片的分类是非常详细的，比如 ISO 感光度、光圈和曝光时间等。请同学注意仔细观察并记录在实训报告中。

图 2－5－9

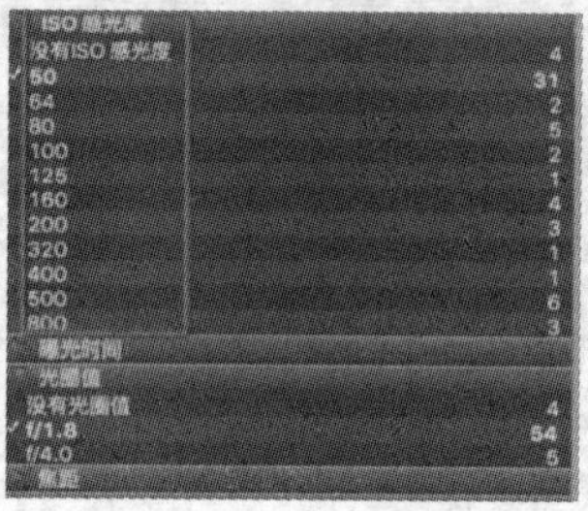

图 2－5－10

2.5.2 我来做你来看

请同学们注意看 Bridge 界面右上方选项，在这里我们可以看到它的 8 种不同的工作区。我们也可以使用“窗口”菜单命令来打开它的 8 种布局工作区。

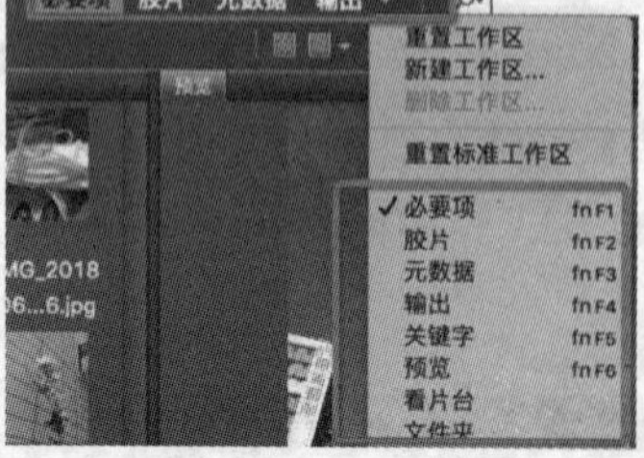

图 2－5－11

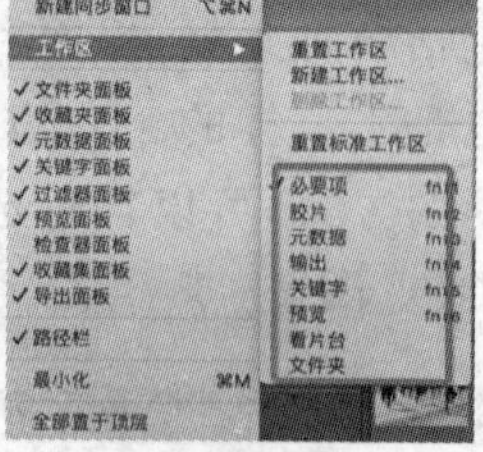

图 2－5－12

这里请同学们注意每一种工作区的布局都略有所不同，但只是位置或者是一些图像显示时的框架和参数不同而已。下面分别向同学们展示（见图 2-5-13～2-5-20），请同学们和我一起尝试把它们的不同之处记录在实训报告中。

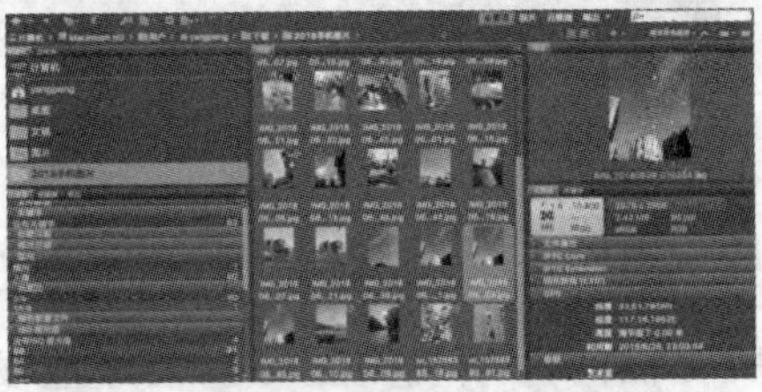

图 2-5-13

图 2-5-14

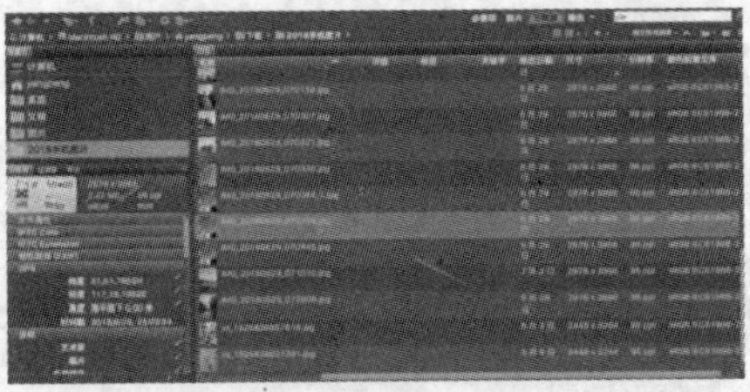

图 2-5-15

图 2-5-16

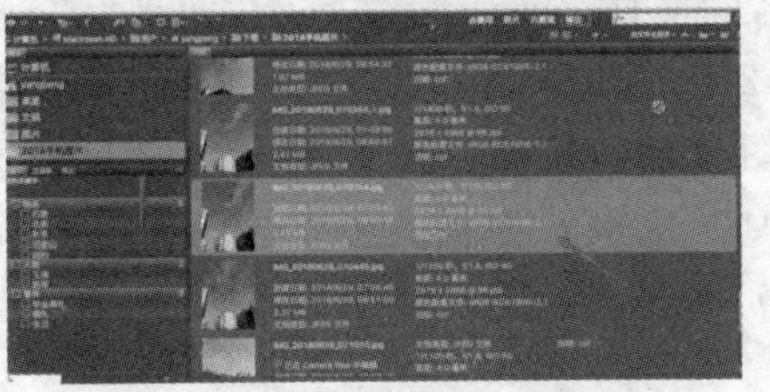

图 2-5-17

图 2-5-18

图 2-5-19

图 2-5-20

现在介绍它的另一个重要功能“批重命名”（见图 2-5-21），这也是我们在实际工作中最常用和最好用的一项功能，这个功能可以快速让我们把自己的图片分类并便于管理。可以使用“工具”菜单命令，或是在要进行重新命名的多个图像上右键选择“批重命名”（见图 2-5-22）。

图 2－5－21

图 2－5－22

这样就打开了“批重命名”的面板，我们根据所提供的选项规则就可以很好地设置了。首先我们可以选择是新建一个文件夹还是在原来的位置存放，然后我们可以选择重命名的命名规则，选项里给了很详细的方法。

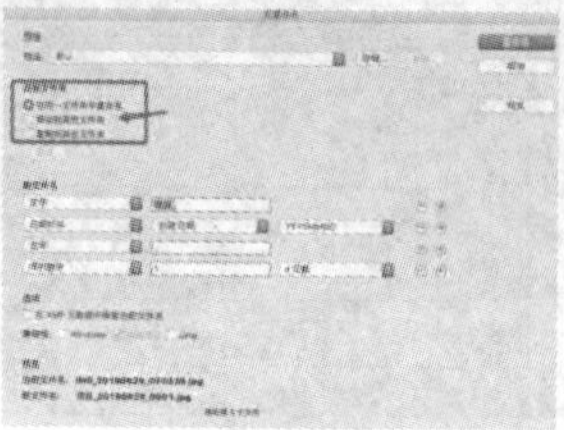

图 2－5－23

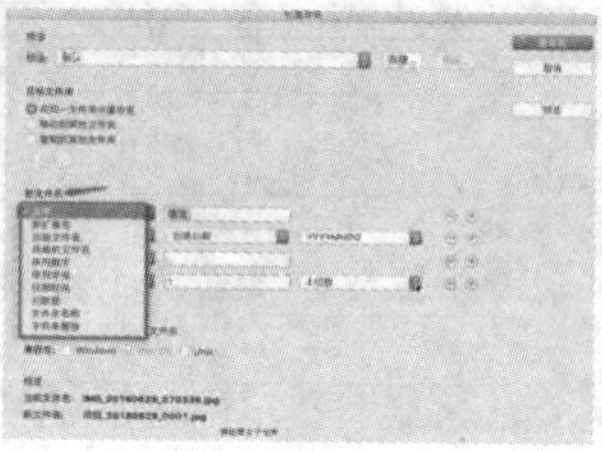

图 2－5－24

这里我们来设置保存在桌面上，并对重新命名的文件名首字设文字为“实训”，“日期”为年月日形式，第二组文字设为“训练”（见图 2－5－27），这里同学们要注意每个新文件名的规则下都是有很多选项的，可以根据自己的喜好和图片的情况来选择。序列数字我们这里就用“01”，默认的是 4 位数，那么重命名后就是“0001”，这也是根据我们的实际图片数量来设的，所以对于有大数量图片的同学来说一定要注意（见图 2－5－28）。

图 2－5－25

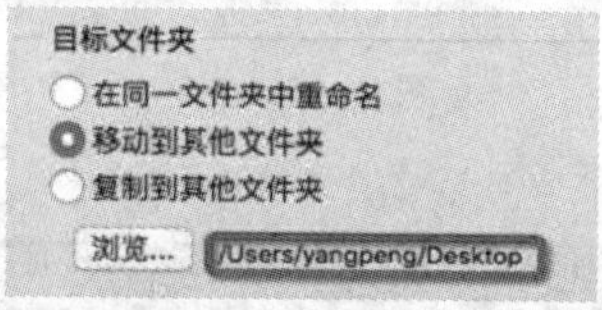

图 2－5－26

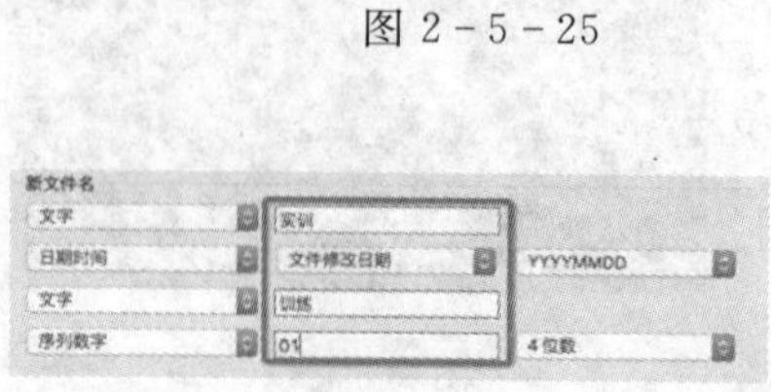

图 2－5－27

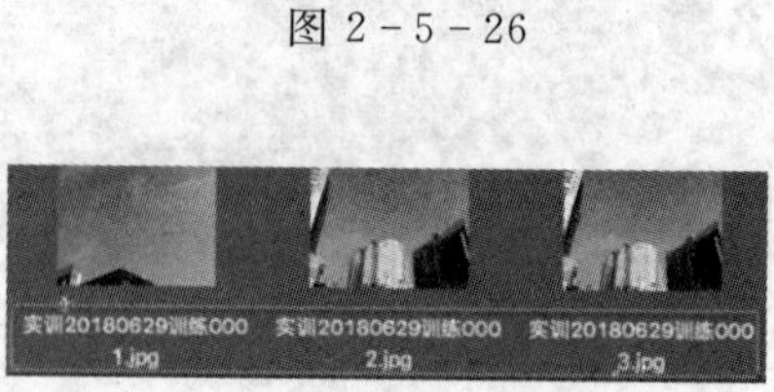

图 2－5－28

2.5.3 你来做我来看

请同学们把 8 种工作布局逐个打开，并浏览素材里提供的练习图片，对图片进行星级评判和文件类型的查看。观察图片的“元数据”并将其中的图片输出为“PDF”格式。

注意，如果图片没进行过星级评定的话，在左侧的“过滤器”栏目中便找不到“评级”选项。如果在“标签”菜单下给图片评个星级，这时就能在“过滤器”中看到评级选项了（见图 2-5-29）。评级是为了更好地分类管理图片，也能训练我们的观察审美能力。而 PDF 则是我们现在很常用的一种格式了（见图 2-5-30）。

图 2-5-29

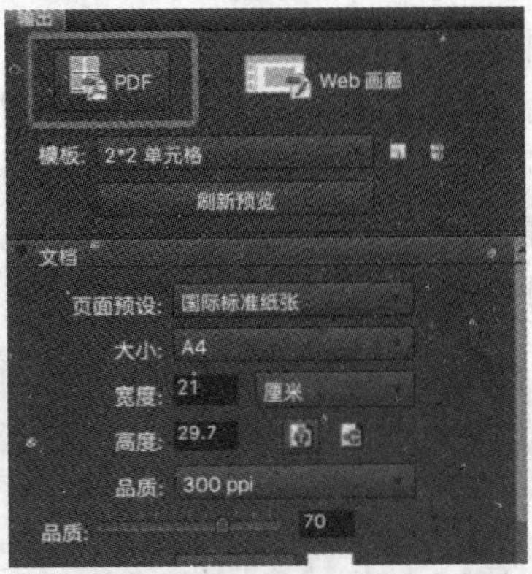

图 2-5-30

通过右下角缩略图滑块可调节缩略图的大小和查看图片的几种方式（见图 2-5-31～2-5-35）。

图 2-5-31

图 2-5-32

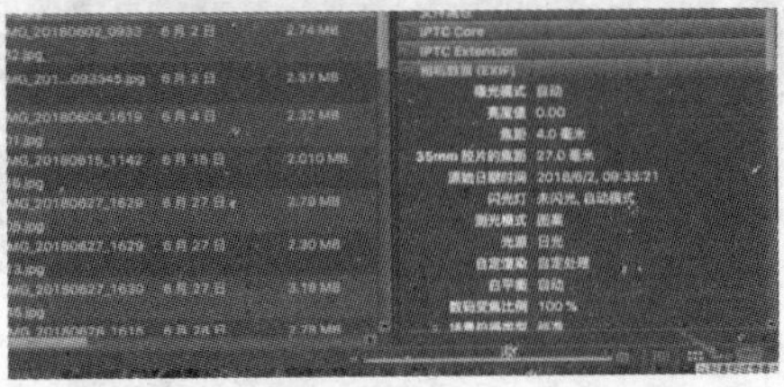

图 2-5-33

图 2-5-34

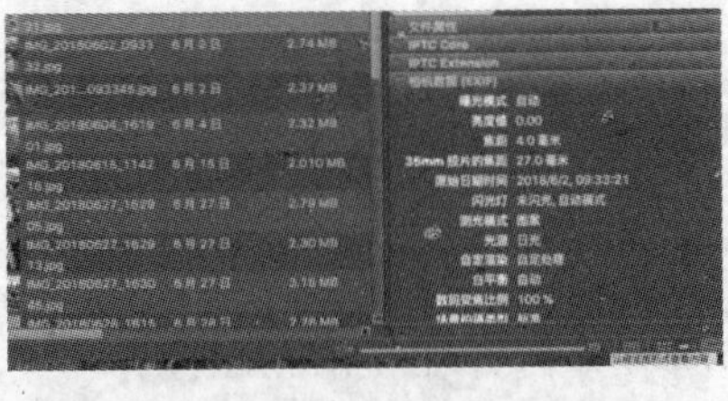

图 2-5-35

2.5.4 我们一起来练练

请同学们用 Bridge 打开一组图像并使用“批重命名”将图像名称更改为班级＋姓名＋数字序号，如“××级高职 3 班 张三 01”格式。

请同学们使用 Bridge 预览所提供素材中的 PSD、RAW 和 AI 格式的图像，并记录过滤器中的相关参数。

在 Bridge 中还有一个图片对比的功能叫“审阅模式”，比如我们拍了一组相似的图像，我们要对它们进行选择，选中这些图片在“视图”菜单下找到“审阅模式”（见图 2－5－36）或是按快捷键 Ctrl＋B 打开。进入这个模式中就会发现有个放大镜可以在各个图片中进行寻找，这样我们就能通过对焦或透视进行图片的筛选了。通过方向箭头就可以选择了。当然此种模式也是可以查看所有图像的（图 2－5－37～2－5－39）。

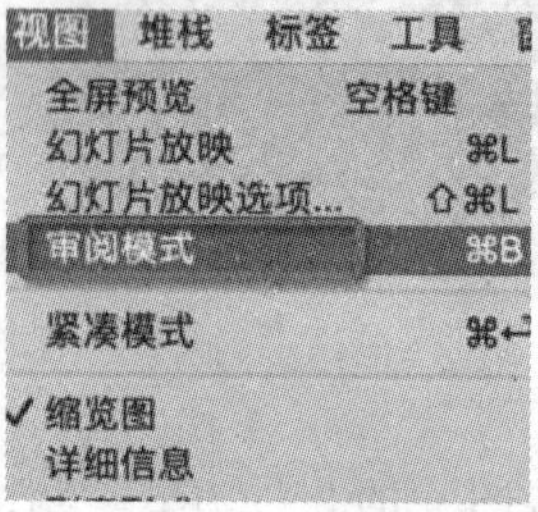

图 2－5－36

图 2－5－37

图 2－5－38

图 2－5－39

玩一玩

请同学们利用这个工具对自己手机里的相片进行重命名和审阅。

2.5.5 我们一起来说说

（1）Bridge 如何管理和预览图像？

（2）请同学们自行查找还有哪些软件也具备这些功能？

请同学们在课后形成书面作业并上交。

2.5.6　实训报告

图形图像处理 Photoshop CS6 实训报告

<table>
<tr><td rowspan="2">班级
姓名</td><td rowspan="2" colspan="2"></td><td>时间</td><td></td></tr>
<tr><td>实训室</td><td></td></tr>
<tr><td>实训知识点</td><td colspan="4">Adobe Bridge</td></tr>
<tr><td>实训目的</td><td colspan="4">1. 管理文件　4. 批量命名　7. 审阅
2. 预览图像　5. 重新排序
3. 8 种布局　6. 缩放</td></tr>
<tr><td>实训内容
学生填写部分</td><td colspan="4">1. 管理文件
2. 预览图像
3. 8 种布局
4. 批量命名
5. 给手机里的图像排序
6. 缩略图缩放
7. 审阅</td></tr>
<tr><td>实训要求</td><td>1. 认真填写实训报告
2. 对问题进行记录
3. 拓展问题认真思考并完成实践
4. 完成思考题并形成书面作业</td><td colspan="3">备注：实训报告以一个知识点的实践完成为依据，教师根据学生实训具体情况来调整学时。这样更有利于实践分数的评定</td></tr>
<tr><td>成绩评定</td><td colspan="4">优秀　良好　及格　不合格</td></tr>
</table>

2.6 Adobe Camera Raw

Camera Raw 可以对修片调色来进行初级的入门，在数码摄影时代，学会它是很有必要的。它是 PS 专门用于处理 RAW 数据文件的插件，简称 ACR。

如下面这张图是用佳能数码相机拍摄出来的一张 raw(CR2)文件格式的相片(见图 2-6-1)。我们可以使用 Adobe Camera Raw 来打开这张相片并进行简单处理(见图 2-6-2)。

图 2-6-1 样图 .CR2

图 2-6-2 样图

2.6.1 我来说你来记

在使用这个功能前，首先要对 Photoshop 进行设置，步骤如下：在“首选项”中选择“文件处理”里的“Camera Raw 首选项”(见图 2-6-3)，从打开的选项中选择“自动打开所有受支持的 JPEG”和“自动打开所有受支持的 TIFF”(见图 2-6-4)，结束设置后“确定”，这样在以后用 Photoshop 打开只要是所支持的图像时就会先调用 Camera Raw。

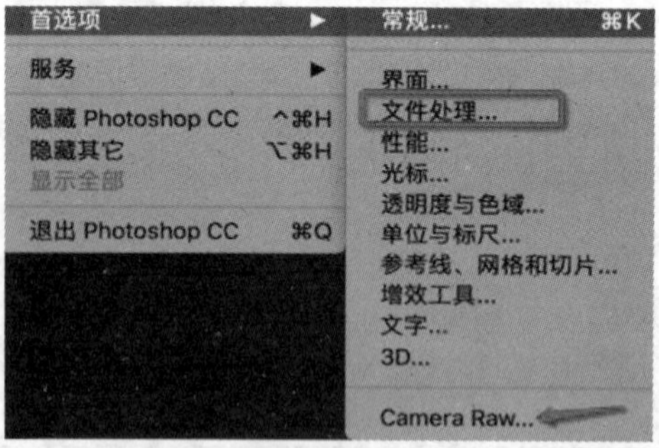

图 2-6-3

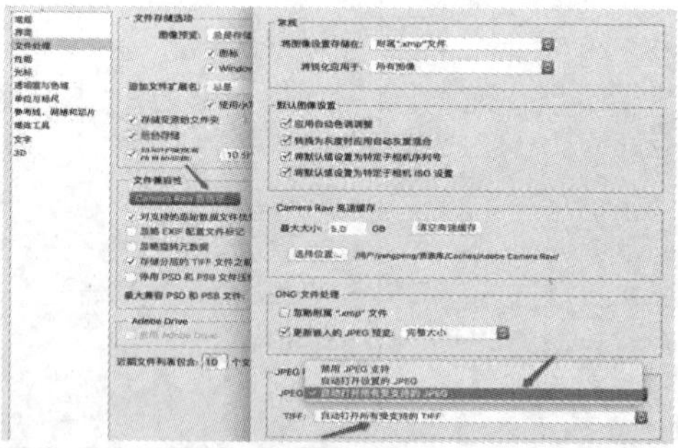

图 2-6-4

2.6.2 我来做你来看

(1)下面我们使用 Camera Raw 来进行调色。

打开一张图就会弹出 Camera Raw 的调整界面(见图 2-6-5)。

我们可以试着把这张图调成一种色彩较鲜艳的感觉。

原图有些暗且还没有层次，色彩也很淡，可以通过基本参数和曲线来调整。利用我们之前所说的颜色、色阶和曲线的相关知识就可调配出图片和效果（见图 2-6-6、2-6-7）。

图 2-6-5

图 2-6-6

通过 HSL/灰度调整明亮度、饱和度和色相来解决颜色问题（见图 2-6-8、2-6-9、2-6-10）。

图 2-6-7

图 2-6-8

图 2-6-9

图 2-6-10

再利用“相机校准”面板，针对红绿蓝三原色进行调整，使图像的颜色更加丰富好看（见图 2-6-11）。

图 2-6-11

此案例只是为让同学们掌握相关的操作方法，并不是一定要在这张图中达到理想的效果状态。如果能在后期的处理中结合滤镜和图层模式使用，将会有更好的效果。所以请同学们注意修图在某种程度上是感觉要大于参数的，平时上网多欣赏好的作品，各位同学在玩游戏时若能多注意到其中的场景和游戏画面同样可以提高自己的审美水平。

2.6.3 你来做我来看

(1)选择一张图片，对其进行镜头和相机校正。

(2)对一系列相片采用自动批处理，点击“同步”就可设置。

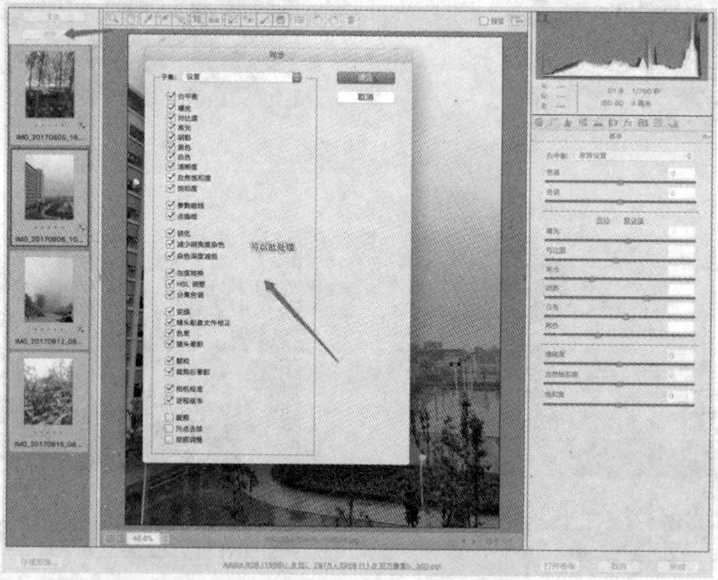

图 2-6-12

从图 2-6-12 中可以看出，有很多项目是可以通过批处理来完成的。但在现实生活中，大多数图片处理的要求不同，所以在使用批量处理时各个图片的要求尽量一致。

2.6.4　我们一起来练练

(1)在 Camera Raw 的工具栏中也有很多很好的实用调整工具,其中就有“目标调整工具”,它包含了 5 种功能,我们一起来试着练习。如图 2-6-13 所示。

图 2-6-13

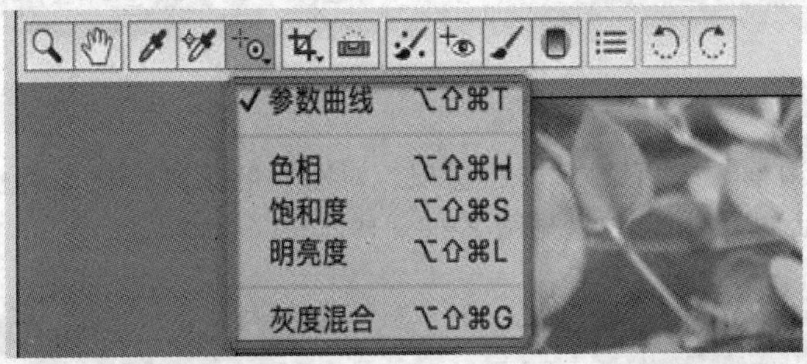

图 2-6-14

① 打开一张图片并使用“目标调整工具”来进行练习(见图 2-6-15)。

② 在“目标调整工具”弹出的选项里,注意观察出现的是默认的“参数曲线”。我们也相应地打开右手边的“色调曲线”(见图 2-6-16)。

图 2-6-15

图 2-6-16

③ 按下鼠标的左键不放,对着其中的这朵紫色小花,向下拖动时出现双箭头时,注意右边曲线的变化,这是因为“目标调整工具”的拉动而改变的(见图 2-6-17)。

④ 尝试在这张图片的近景、中景和远景上也上下或左右地拖动一下并注意观察右边的曲线的变化(见图 2-6-18)。

图 2-6-17

图 2-6-18

⑤ 选取“目标调整工具”下的“色相”选项。对花和叶子进行拖动时也随机打开了相应的“HSL/灰度”下面的“色相”面板(见图 2-6-19、2-6-20)。

图 2-6-19

图 2-6-20

⑥ 来选取“目标调整工具”下的“饱和度”选项。对花和叶子进行拖动时也随机打开了相应的“HSL/灰度”下面的“饱和度”面板(见图 2-6-21、2-6-22)。

图 2-6-21

图 2-6-22

⑦ 选取“目标调整工具”下的“明亮度”选项。对花和叶子进行拖动时也随机打开了相

应的“HSL/灰度”下面的“明亮度”面板(见图 2-6-23、2-6-24)。

图 2-6-23

图 2-6-24

⑧ 选取“目标调整工具”下的“灰度混合”选项。对花和叶子进行拖动时也随机打开了相应的“HSL/灰度”下面的“灰度混合”面板(见图 2-6-25、2-6-26)。

图 2-6-25

图 2-6-26

这样就可以利用这些功能对要处理的图片进行很直观很简单的细节处理。

(2)请同学们使用 Camera Raw 里的自动和默认为图片调整。如图 2-6-27、2-6-28 所示。

图 2-6-27

图 2-6-28

（3）请同学们使用“效果”和“细节”对图片进行设置，如图 2－6－29、2－6－30 所示。

图 2－6－29

图 2－6－30

（4）我们可以试着用“文件”菜单下的“脚本”里的“图像处理器”来对 RAW 格式的一组图片进行相应的批量处理，使其成为 JPG 格式，如图 2－6－31、2－6－32 所示。

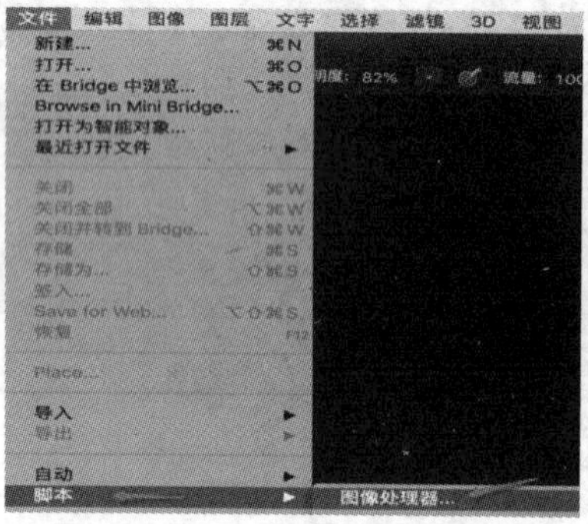

图 2－6－31

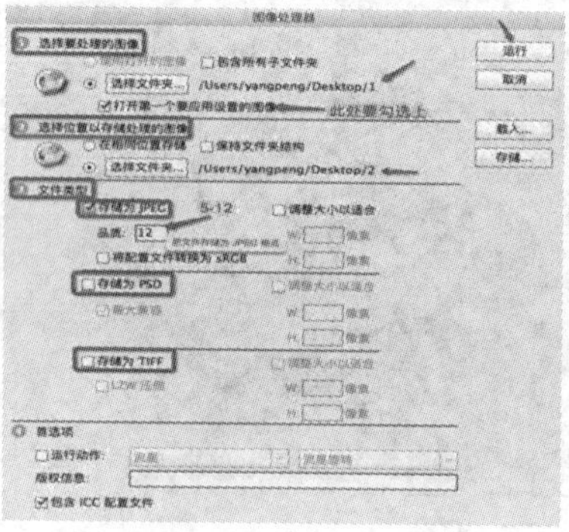

图 2－6－32

这里请注意一定要勾选“打开第一个要应用设置的图像”，这样就可以打开 Camera Raw 并进行相应的设置了。我们把拍好的 RAW 图像放在自己建立的文件夹中，这里我们桌面上新建了一个名为 1 的文件夹，再建立一个准备放入的文件夹并命名为 2。如图 2－6－33、2－6－34 所示。

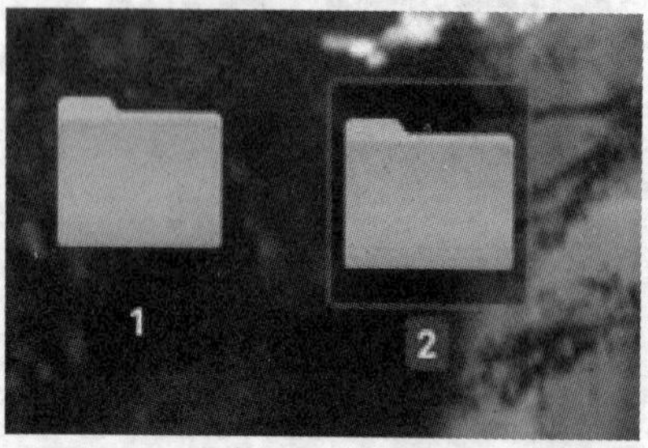

图 2－6－33

图 2－6－34

这样我们就能打开 ACR 进行简单设置了，然后在文件夹 2 中可以看到我们转换成 JPG 的图片了（见图 2-6-35、2-6-36）。

图 2-6-35

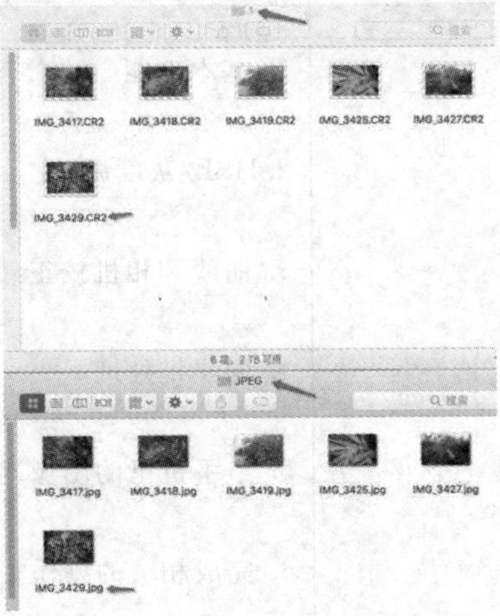

图 2-6-36

玩一玩

请同学们利用这个工具对自己手机里的相片进行色调和色温的调整。

2.6.5　我们一起来说说

(1)Camera Raw 如何保存图像？

(2)在 Camera Raw 中完成 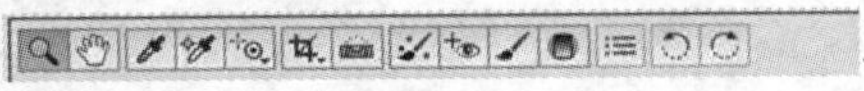 工具的使用。

(3)请同学们自行搜索 Camera Raw 的相关功能学习。

请同学们在课后形成书面作业并上交。

2.6.6　实训报告

图形图像处理 Photoshop CS6 实训报告

班级 / 姓名		时间	
		实训室	
实训知识点	Adobe Camera Raw		
实训目的	1. 基本功能 2. HSL/灰度调整 3. 曲线和相机校正 4. 同步批处理 5. 完成相关的操作工具		

（续表）

<table>
<tr><td rowspan="2">班级
姓名</td><td rowspan="2"></td><td>时间</td><td></td></tr>
<tr><td>实训室</td><td></td></tr>
<tr><td>实训内容
学生填写部分</td><td colspan="3">1. 基本功能
2. HSL/灰度调整
3. 曲线和相机校正
4. 同步批处理
5. 给手机里的图像调色调和色温
6. 完成相关的操作工具</td></tr>
<tr><td>实训要求</td><td>1. 认真填写实训报告
2. 对问题进行记录
3. 拓展问题认真思考并完成实践
4. 完成思考题并形成书面作业</td><td colspan="2">备注：实训报告以一个知识点的实践完成为依据，教师根据学生实训具体情况来调整学时。这样更有利于实践分数的评定</td></tr>
<tr><td>成绩评定</td><td colspan="3">优秀　良好　及格　不合格</td></tr>
</table>

2.7　动作

动作是用来记录 Photoshop 的操作步骤，便于再次回放以提高工作效率的一种操作流程。其可支持单一的文件或是一批文件的操作过程，比如把学生的相片裁剪成同样要求的尺寸时，就可以省去很多时间来提高工作效率。

2.7.1　我来说你来记

菜单“窗口”选择“动作”即可打开面板，或是按 Alt+F9。动作面板的结构示意如图 2-7-1 所示。

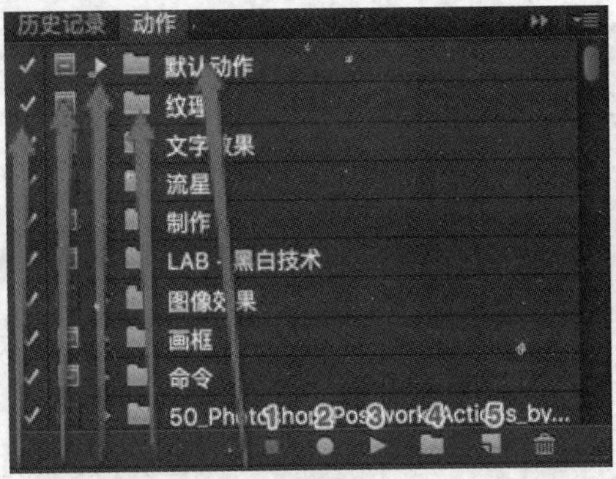

图 2-7-1

是复选框，是动画模式控制图标，后面跟着动作步骤，动作组。1. 停止　2. 记录　3. 播放　4. 创建新组　5. 创建新动作　“垃圾桶”在最右边，如果我们以按钮的形式来展现就会很明了(见图 2-7-2)。

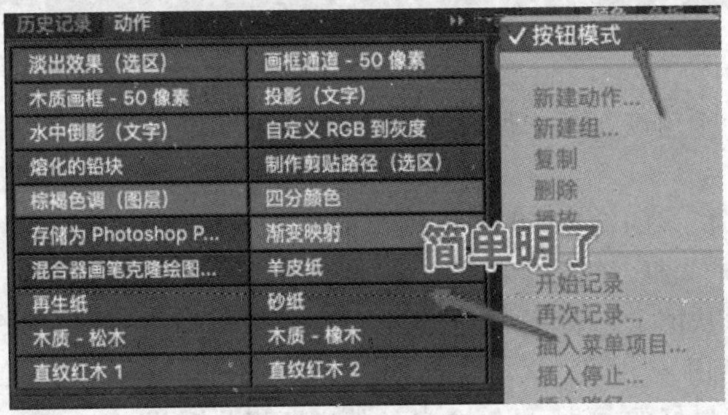

图 2-7-2

2.7.2　我来做你来看

执行动作：选择要处理的图片，展开一个动作组，选择一个动作，单击播放按钮。注意部分动作是无须图片就可以执行的。如图 2-7-3 所示。

图 2-7-3

新建一个文件。这里选择“默认动作”下面的“木质画框—50 像素”动作，点击播放按钮(见图 2-7-4)。

有时有些动作会出现提示，参数问题或是相关的注意事项，如图 2-7-5 所示。

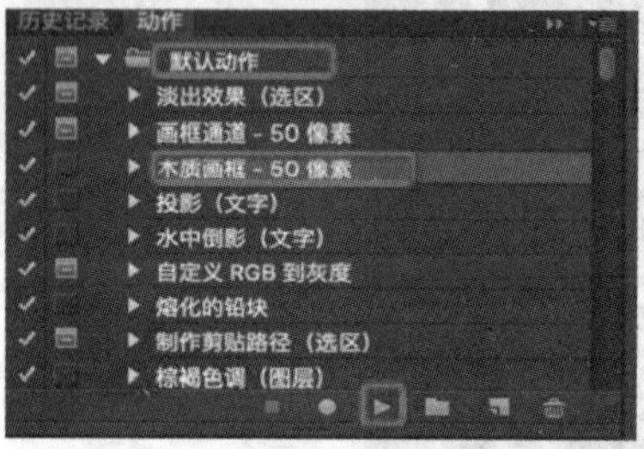

图 2-7-4

图 2-7-5

一般情况下直接点击“继续”就可以继续下去，但也有的，可能就会无法进行到下一步了，会终止这个动作的生成，所以请同学们注意。

图 2-7-6

这样就建立了一个由默认动作做成的木质画框的效果了(见图 2-7-6)。

我们还可以载入更多的动作，我们可以在面板的选项菜单中追加这些动作集。点击命令、画框、图像效果等按钮，如图 2-7-7 所示。

当然我们也可以从网上下载一些别人录制的动作集，它们的扩展名是 .atn。注意不要商用。

自己录制动作是最好的方法，更符合自己的实际操作和设计。

但要注意以下几点：一定要建一个动作组并命名。建立动作时名称和外观颜色要想好。录制时不会录制你的声音，只录制具体的操作。如果需要菜单提示和中途设置参数，可以选择面板选项的“插入菜单项目”和“插入停止”，如图 2-7-8 所示。

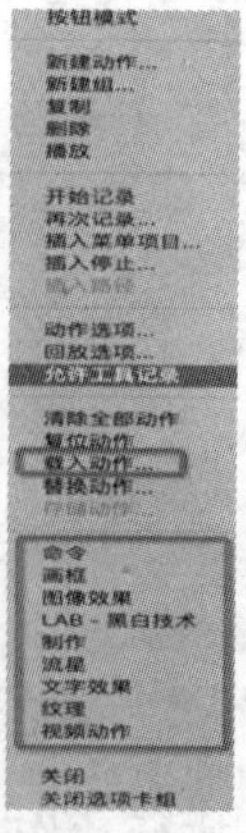

图 2-7-7

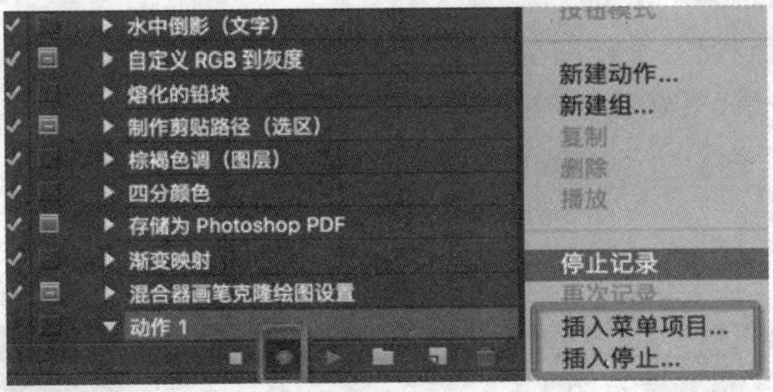

图 2－7－8

录制过程是可以临时停止并继续录制的。但是也要注意，录制对随机性较强或是特殊的面板表现不好，不能被直接记录过程。比如钢笔工具手绘的路径无法记录。基于笔触的大多数在操作过程中不能被记录。选项栏、面板、对话框中的部分参数也不行。不针对文件本身的操作的窗口和视图菜单也不行。

下面我们来录制一个抠图的动作，请注意步骤并在实训报告中记录。

为了说明动作的强大，我们打开一组商品拍摄图片并对其中的一张图进行抠图的动作录制记录，便于更快地批量处理相关的图片。

我们打开任一商品图片，如图 2－7－9 所示，选择第一个芒果图(见图 2－7－10)。

图 2－7－9

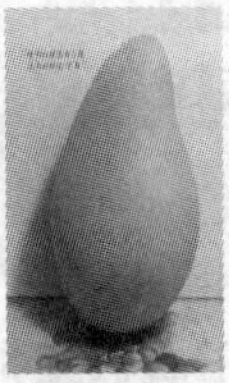

图 2－7－10

注意“芒果”已被蚂蚁线包围。

这时在动作面板里点击录制记录，并命好这个动作名和设好快捷按键。这里命名为“商品批量”，组为“命令”，快捷键暂不设，因为怕会和以后的一些快捷键有冲突，如图 2－7－11、2－7－12 所示。

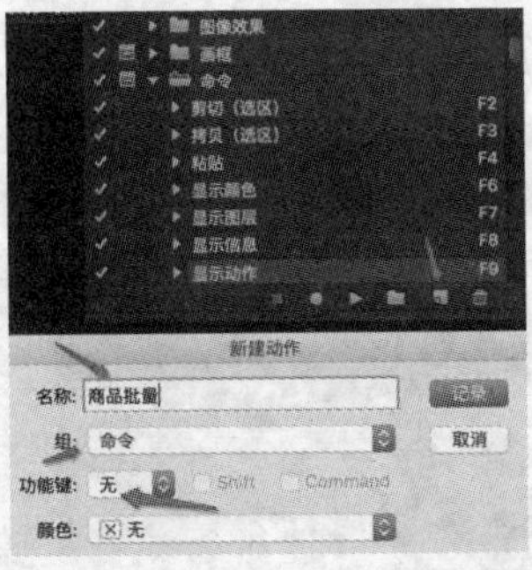

图 2－7－11

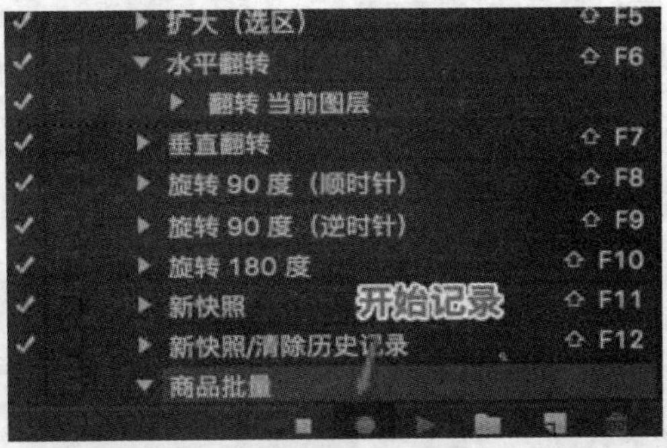

图 2－7－12

现在就开始录制每一个步骤。

把选择好的再复制到一个新图层，按下 Ctrl+J。然后可以再设下它的对比度(见图 2-7-13)，目的是让“芒果”更好看些，并删除掉背景图层(见图 2-7-14、2-7-15)。

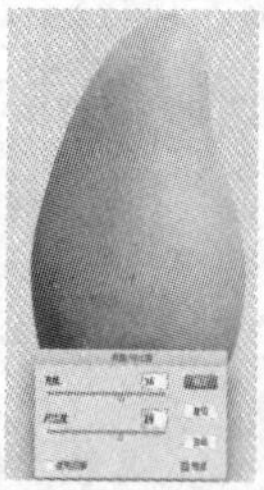

图 2-7-13

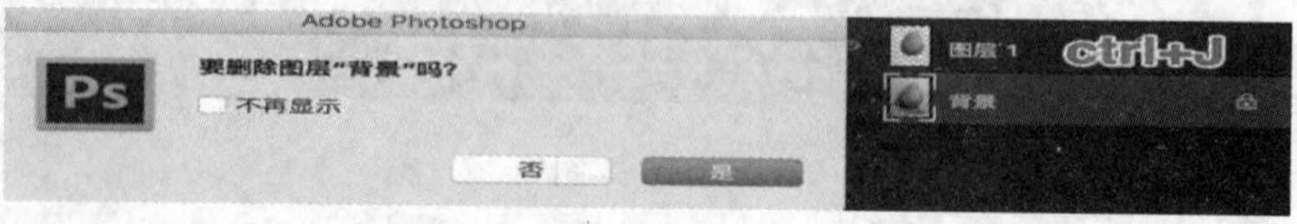

图 2-7-14

一切都完成后按 Ctrl+S 保存，停止动作录制记录。这里我们就保存为 PSD(见图 2-7-15)。

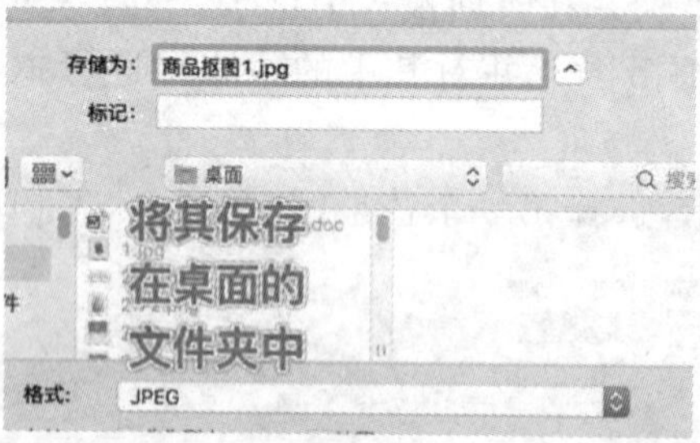

图 2-7-15

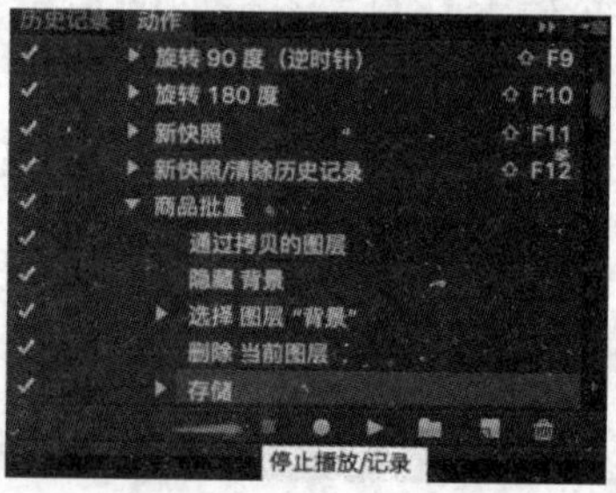

图 2-7-16

这时请注意在动作面板上的“商品批量”下拉的三角形里已经记录了刚才我们做的所有步骤了。

好了，现在我们把其他的商品图依次使用这个动作来进行处理，这里请同学们注意一定要先把要抠出的商品选中再执行此动作。需要说明的是因为人工智能还没达到更高级的程度，如果你不做出选区的话，PS 不知道该对哪个做出反应。

这样，我们就利用动作将这四个商品图片抠出来了，如图 2-7-17 所示。

如果发现某些被抠商品在对比度上不满意的话，可以找一些相似的图片再建个“对比度”的动作一起解决。

同学们还可以结合 “文件”下的“自动”下的“批处理”进行处理。如图 2-7-18、2-7-19 所示。

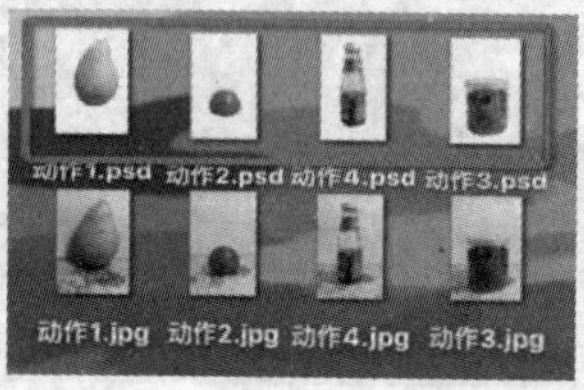

图 2-7-17

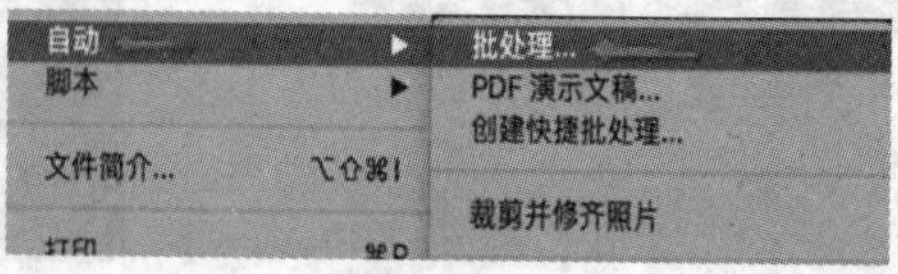

图 2-7-18

2.7.3　你来做我来看

请同学们录制动作组 1、动作 1 的动作。操作步骤如下。

新建一个 240×240 像素、分辨率为 72 的文件，用矩形选区工具画出蚂蚁线，大小随意，并填充上色＃aace55。

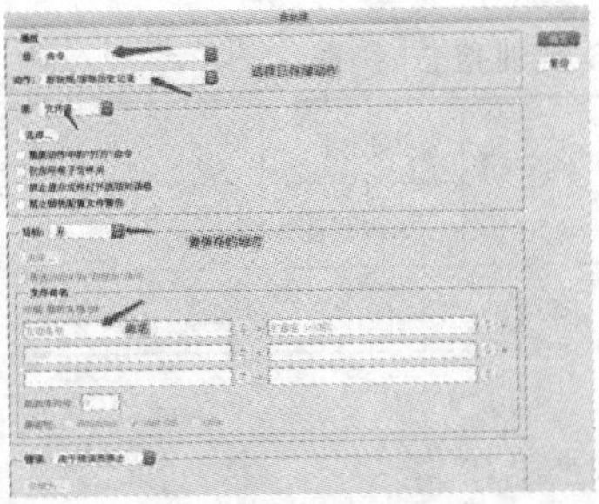

图 2－7－19

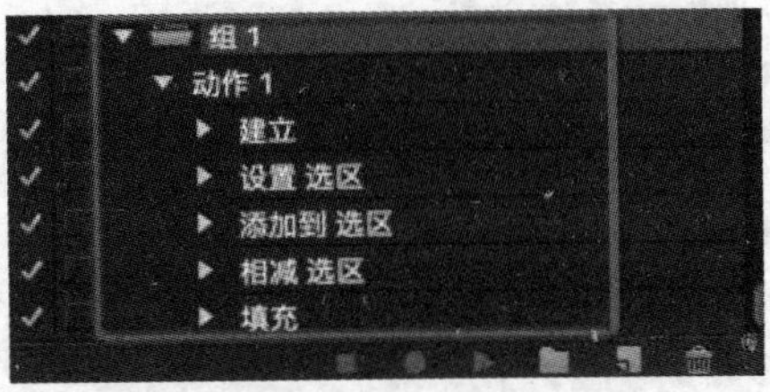

图 2－7－20

请同学将动作面板中提供的动作都尝试一下，找出中断的动作并记录在实训报告中。

2.7.4　我们一起来练练

(1)请同学们将提供的动作载入动作面板中。

(2)请同学录制一个裁剪成一寸相片的动作并应用。尺寸为 2.5 厘米×3.5 厘米。

玩一玩

请同学们利用裁剪动作和“文件”下“自动”下“批处理”命令把班级学生相片裁剪成二寸相片(见图 2－7－21、2－7－22)。

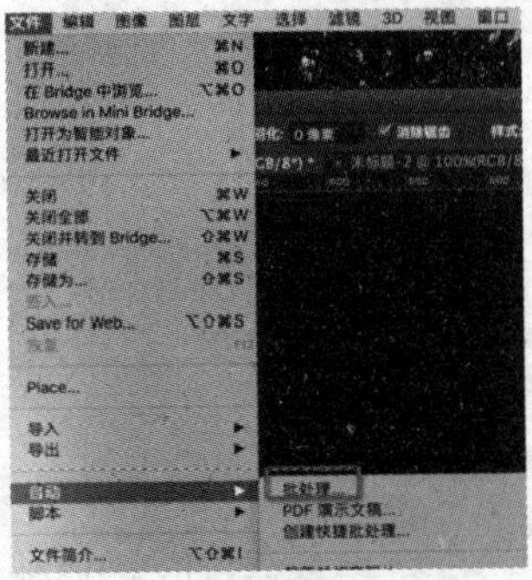

图 2－7－21

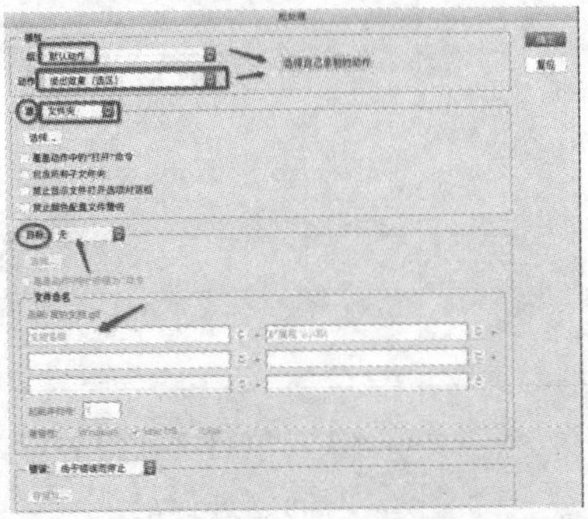

图 2－7－22

2.7.5　我们一起来说说

(1)很多人认为动作不重要，你认为呢?

(2)动作在结合批处理使用时,要注意哪些细节?
(3)动作的参考价值很高,也是我们平时学习的捷径。
(4)请同学们自行百度一些其他种类的动作集。
请同学们在课后形成书面作业并上交。

2.7.6 实训报告

图形图像处理 Photoshop CS6 实训报告

<table>
<tr><td rowspan="2">班级
姓名</td><td rowspan="2"></td><td>时间</td><td></td></tr>
<tr><td>实训室</td><td></td></tr>
<tr><td>实训知识点</td><td colspan="3">动作</td></tr>
<tr><td>实训目的</td><td colspan="3">1. 调出动作面板　4. 载入动作
2. 动作面板结构　5. 应用自己录制的动作
3. 录制动作　6. 动作与批处理一起</td></tr>
<tr><td>实训内容
学生填写部分</td><td colspan="3">1. 动作面板
2. 动作面板结构分析
3. 载入动作
4. 录制动作
5. 应用自己录制的动作
6. 动作与批处理一起应用</td></tr>
<tr><td>实训要求</td><td>1. 认真填写实训报告
2. 对问题进行记录
3. 拓展问题认真思考并完成实践
4. 完成思考题并形成书面作业</td><td colspan="2">备注:实训报告以一个知识点的实践完成为依据,教师根据学生实训具体情况来调整学时。这样更有利于实践分数的评定</td></tr>
<tr><td>成绩评定</td><td colspan="3">优秀　良好　及格　不合格</td></tr>
</table>

2.8　相片润饰

在日常生活中,我们大多数人利用 Photoshop 来获取相片的最佳状态。清晰的打印相片或是屏幕显示图像,都是想尽可能让图像拥有更多的颜色和色调。而恰恰在 Photoshop 中又提供了许多润饰相片的技巧,我们可以在它的工作区中看到。如图 2-8-1、2-8-2 所示。

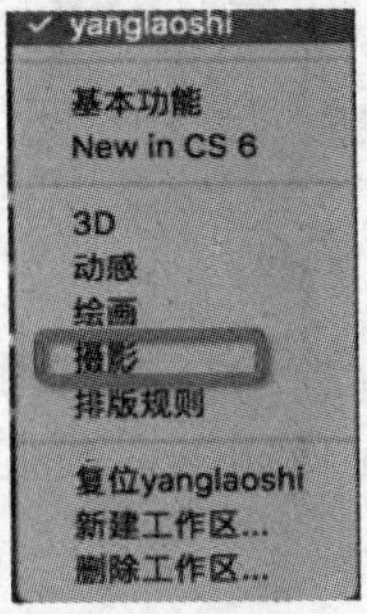

图 2-8-1

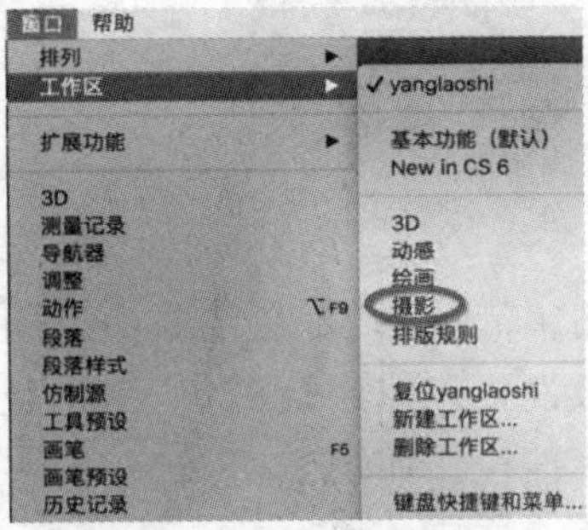

图 2-8-2

2.8.1　我来说你来记

很多相片的第一步是裁剪,裁剪可以改善构图,可以去掉一些不必要的干扰,减少修复受损相片的工作。Photoshop 中提供有裁剪和裁切命令和内容识别缩放操作方式。

裁剪和裁切命令都位于“图像”菜单,工具栏上还有个“裁剪工具”,如图 2-8-3、2-8-4 所示。

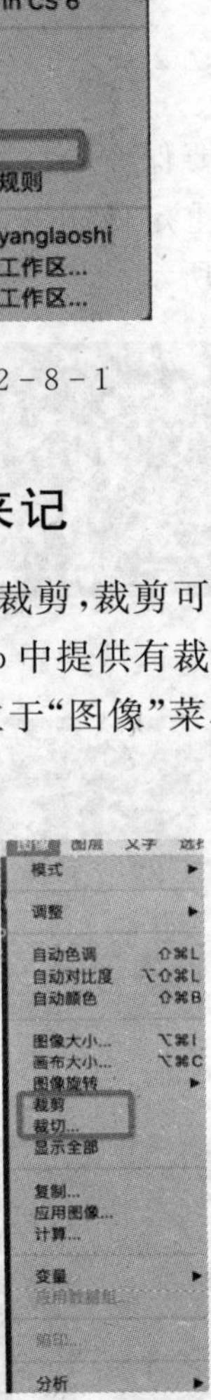

图 2-8-3

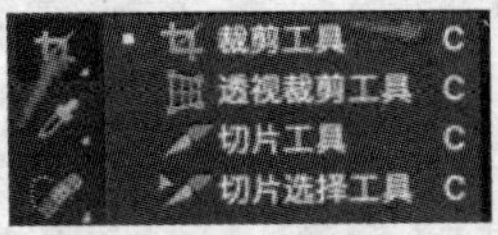

图 2-8-4

一定要注意裁剪是需要先建立选区的,并且如果想改变裁剪的尺寸与比例,可以在“选择”菜单下选择“变换选区”确认后变换,或是在选区上右键选择“变换选区”,如图 2-8-5、2-8-6 所示。

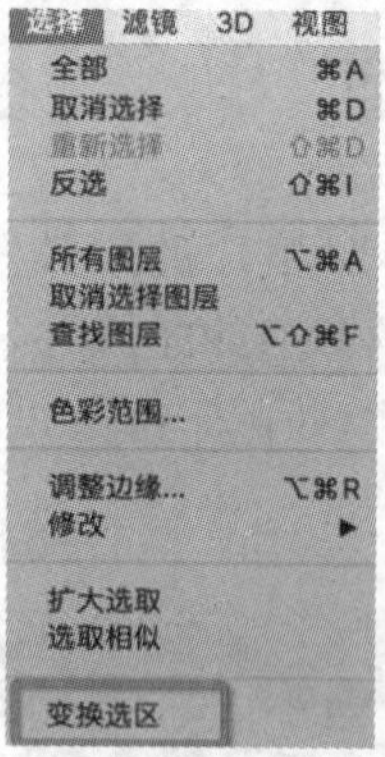

图 2-8-5

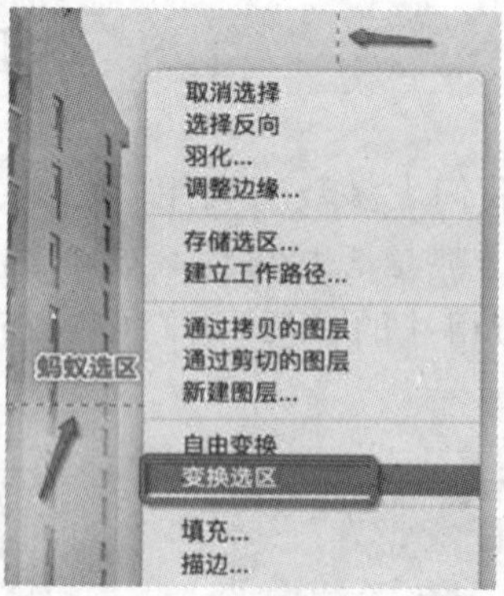

图 2-8-6

裁剪工具的使用很简单，只要在图像中拖动确定要保留的区域就行了。但这里一定要注意它属性栏的参数设置。使用裁剪后，图像是会被重定像素的。我们通过下面的图来分别看下裁剪工具的属性栏。如图 2-8-7～2-8-12 所示。

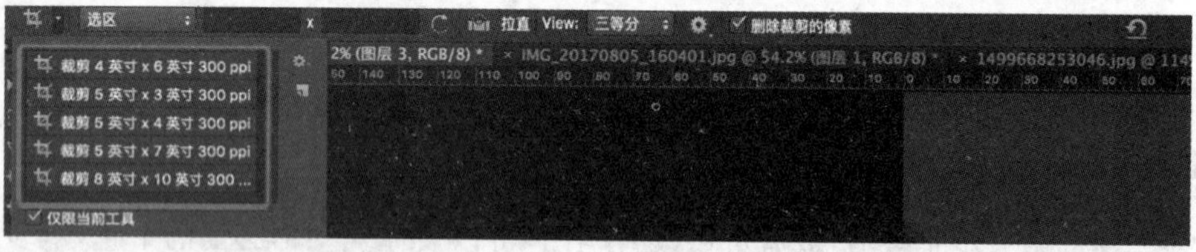

图 2-8-7

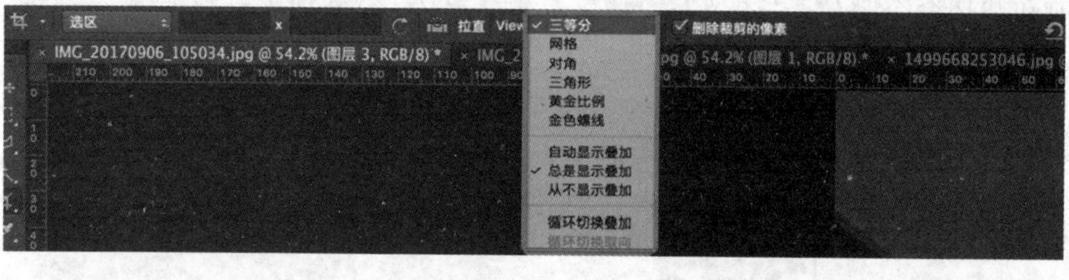

图 2-8-8

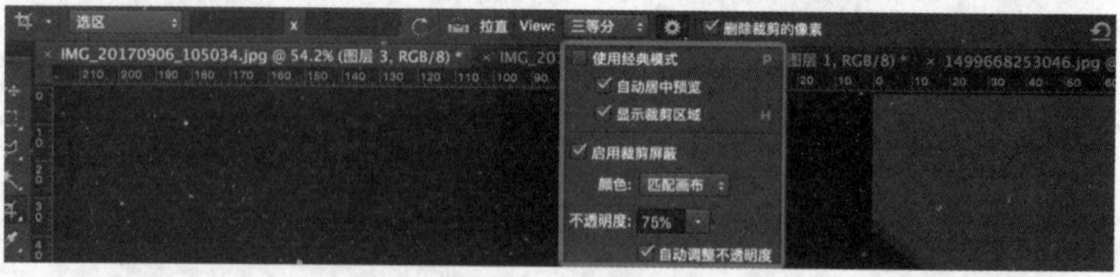

图 2-8-9

图 2-8-10

图 2－8－11

图 2－8－12

属性栏的参数需要根据具体的实际相片情况进行设置，这里请注意有个“删除裁剪的像素”的勾是默认选中的，它表示的是删除还是保留裁剪框外部的像素。这一部分请同学们自行练习，随便选用和更换参数练习。

在 Photoshop CS6 中还有一个更改图像大小和形状的方法，就是“内容识别缩放”也叫“内容识别比例”，更倾向于后一种说法，因为“比例”更适合本意。它在“编辑”菜单下，如图 2－8－13 所示。

图 2－8－13

它可以用于保护需要保护的图像重要区域“保护肤色”，除此还可保护“Alpha 通道”。

这是一种“内部裁剪”，它会在无损伤地缩放细节感较少的背景的同时，重新设置图像的大小，维持重要元素的大小，会在我们后期的相片处理时起到关键性的作用。

校正相机扭曲也就是俗称的镜头校正，在 Photoshop 中这个滤镜是专门用于校正相机拍摄造成的几何和颜色扭曲。打开选项后发现基本上所有的参数都和相机品牌和镜头参数相关，但也并不是市面上常见的相机品牌和型号都有。当然也可以上 Adobe 的官网去下载相关的相机配置。如图 2－8－14 所示。

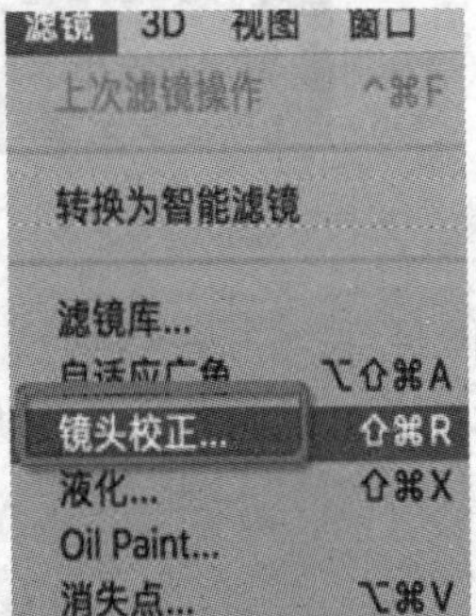

图 2－8－14

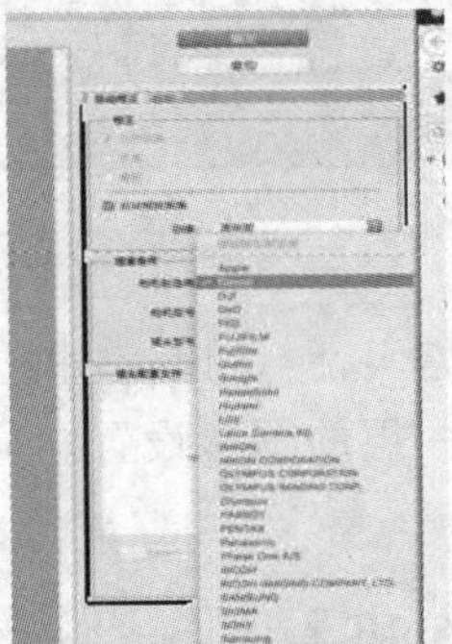

图 2－8－15

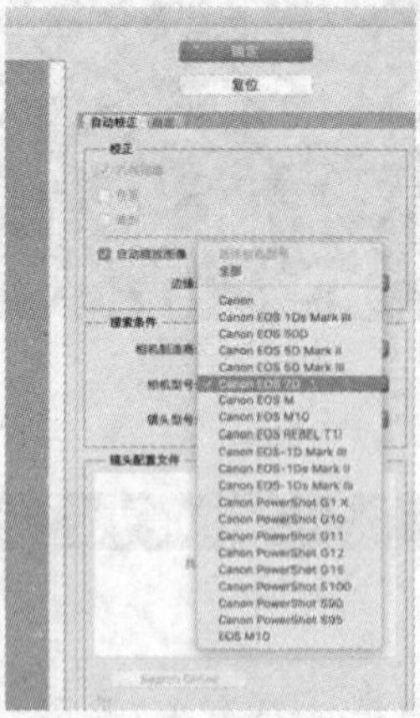

图 2-8-16

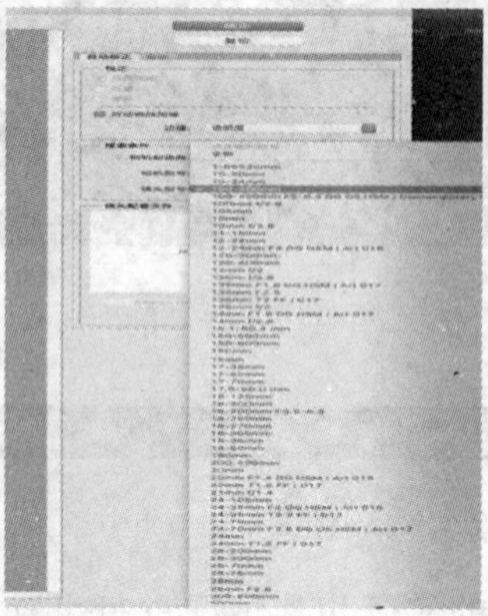

图 2-8-17

图 2-8-18

完成了相片的裁剪和镜头校正后，通常需要对整个相片进行调整或调整某个选区的颜色。使用“图像”菜单下的“调整”或是“调整图层”都可以来完成这些工作，如图 2-8-19、2-8-20 所示。

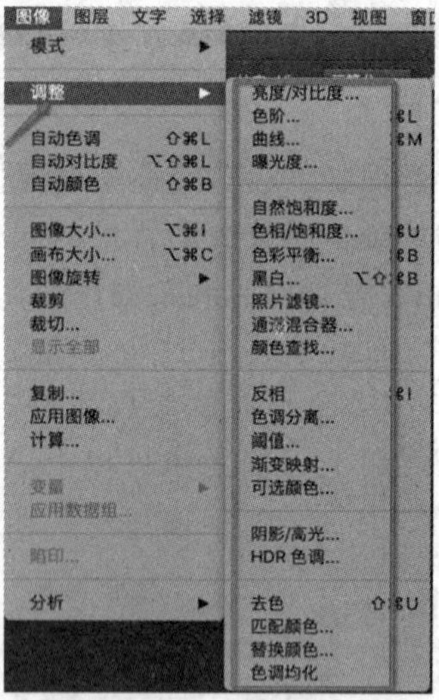

图 2-8-19

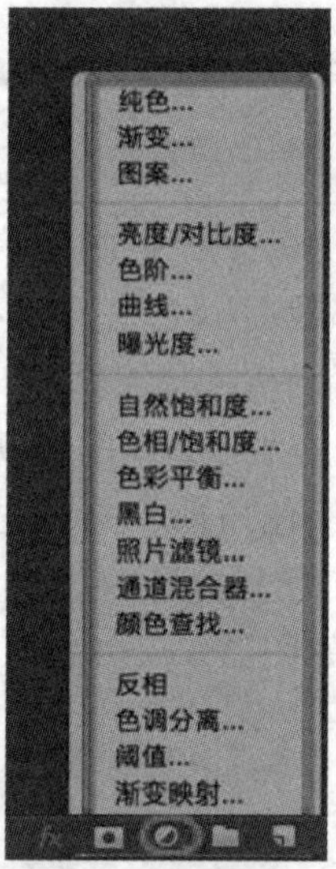

图 2-8-20

而“调整图层”非常灵活，所以使用它要优于“图像”中的命令，这样可以借助单独的调整图层随意更改调整每一层的图像设置。同学们可以试一下常用的“色阶”和“曲线”对任一图层进行调整。

2.8.2 我来做你来看

裁剪和裁切是不同的，请同学们练习并做好实训记录。

图 2-8-21

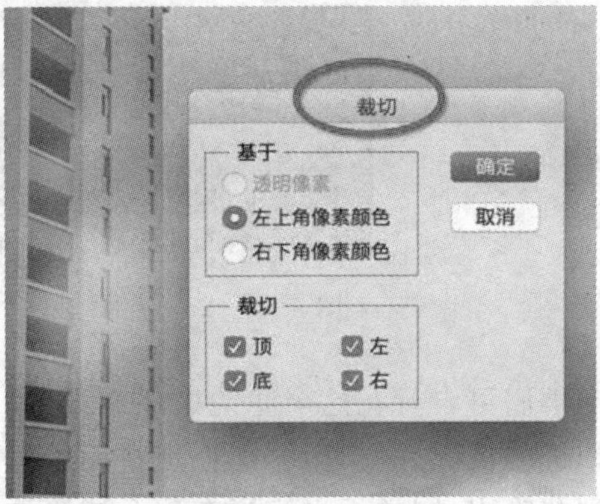

图 2-8-22

内容识别缩放是一个强大的功能，如果在一张相片中，只想缩放背景，但并不想让它其中的物体出现变形，内容识别缩放就能很好地满足我们的要求，我们只要将不想变形的物体建立好选区，并保存好这个选区，再使用这个命令就可以了。

具体步骤如下：

第一步复制一份原图，使用 Ctrl+J。

第二步把要保护的“猫”用钢笔或快速选择工具选中。

第三步出现“蚂蚁选区”后，使用“选择”下的“存储选区”命令，命名为 1，并取消选区。

第四步使用“编辑”菜单下的“内容识别缩放”，在属性栏中注意要保护刚命名为 1 的那个存储选区。

第五步利用控制柄进行缩放完成。因为图中的“猫”是被保护的，所以它不会出现变形。

如图 2-8-23、2-8-24 所示为没有保护和有保护的效果图。

图 2-8-23

图 2-8-24

镜头校正滤镜是校正大多数与相机相关变形的一个很好的方案，我们还可以通过“转换为智能滤镜”让它变为智能图层。如图 2-8-25、2-8-26 所示。

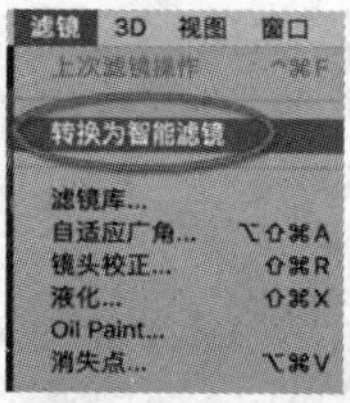

图 2-8-25

图 2-8-26

同学们可自行在这个滤镜中任意设置，因为根据我们中职学校目前的状况，学生能使用单反相机的情况并不普及，加上现在用手机拍照也成了一种趋势且更适合我们，所以该知识点以理解为主，同学们也应当在这个滤镜的选项里看到华为的影子。如图 2-8-27 所示。

调整图层是专门调整相片的色调和颜色的，保持直方图面板的开启状态，这样可以在调整时查看色调和颜色更改的实时动态(见图 2-8-28)。

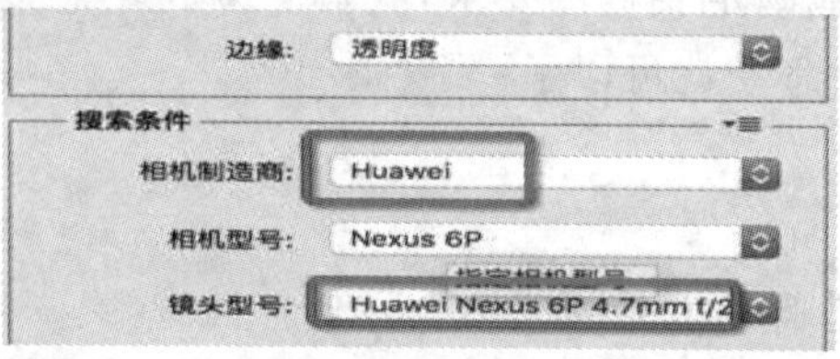

图 2-8-27

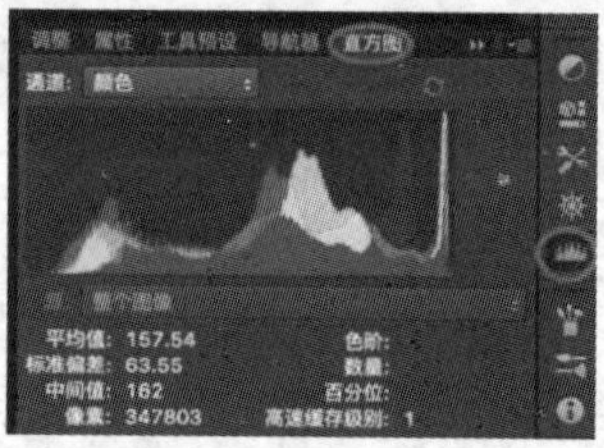

图 2-8-28

色阶和曲线在整体色调(有时是颜色)调整方面表现卓越。如图 2-8-29、2-8-30 所示。

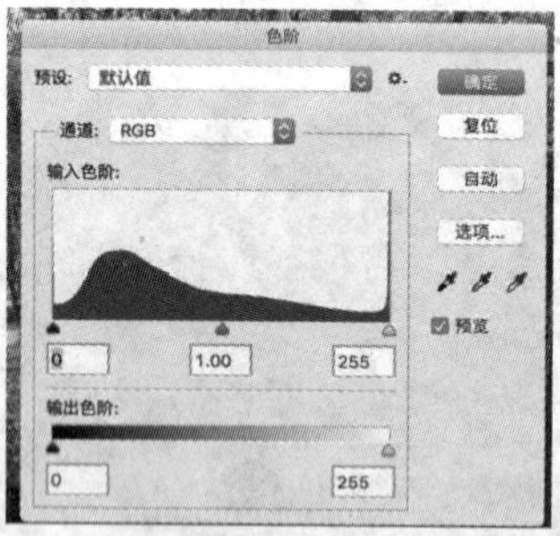

图 2-8-29

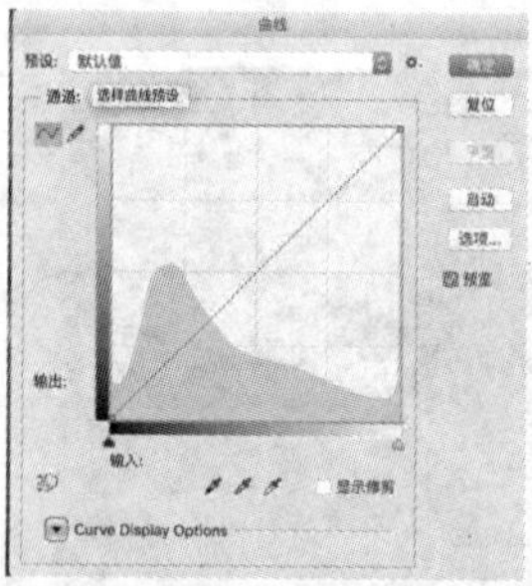

图 2-8-30

其他图像调整的命令和相关参数会在后期慢慢地学会并使用。目前只针对色阶和曲线的学习。同学们在拖动滑块时注意观察相片的变化，色阶可以将图像中的所有色调增亮或是调暗并且还能降低对比度。曲线中可以使用与色阶一样的调整方式，但它可以在不让图像整体变亮或变暗的情况下调整特定的区域，也可以用于某些特殊的颜色效果。

这二者选项中都有个“自动”按钮，按 Alt 键可以复位。

大多数情况下都用手动的方式来设置阴影、高光，加深或调亮中间调，抑制颜色。如图

2-8-31、2-8-32 所示。

图 2-8-31

图 2-8-32

在这两个选项中均可以使用黑场(任何比该点暗的色调都会变为黑色)和白场(任何比该点亮的色调都会变白色),如图 2-8-33、2-8-34 所示。

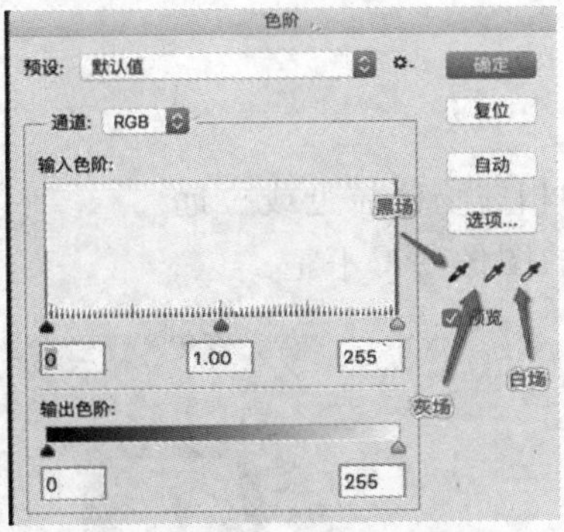

图 2-8-33

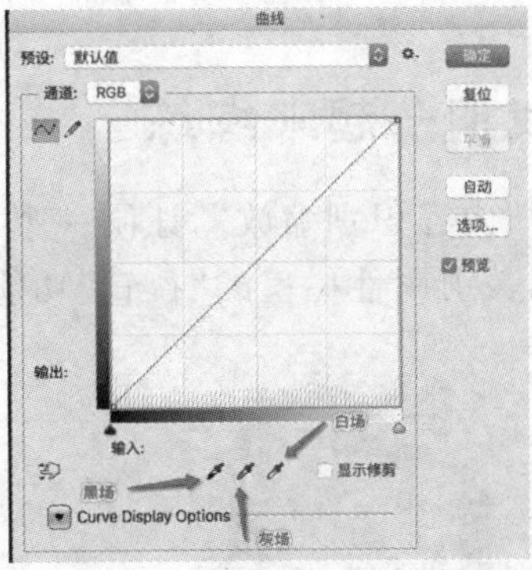

图 2-8-34

2.8.3　你来做我来看

(1)请同学们从所提供的素材里找出需要裁剪的图像,并调整为相对较好的状态(见图 2-8-35、2-8-36)。

图 2-8-35

图 2-8-36

(2)利用内容识别缩放功能做出更多的使保留物不变形的效果(见图 2-8-37)。

(3)使用色阶和曲线的黑场和白场对所提供素材进行调整(见图 2-8-38、2-8-39)。

图 2-8-37

图 2-8-38

图 2-8-39

2.8.4 我们一起来练练

(1)练习"内容识别缩放",让同一个相片中的相邻物体拉近或拉远。

(2)利用裁剪属性栏里的"拉直"功能将不平的图像变得平整。

图 2-8-40

图 2-8-41

图 2-8-42

(3)让黑白相片变成彩色相片。

在日常生活中我们经常会碰到如何将一张黑白相片变成彩色相片的情况,详情步骤如下。

我们先打开黑白相片(见图 2-8-43),双击背景图层将其变为图层 0,然后新建图层 1(见图 2-8-44),并改图层模式为"颜色"(见图 2-8-45)。

图 2-8-43

图 2-8-44

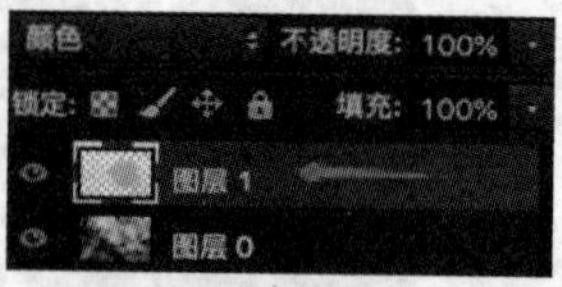

图 2-8-45

使用画笔工具,选一个好看的适用的颜色,这里设颜色为:#fda9e2,然后用画笔工具在花朵上涂抹就行了。但要仔细处理好花与叶子的边缘(见图 2-8-46)。

图 2-8-46

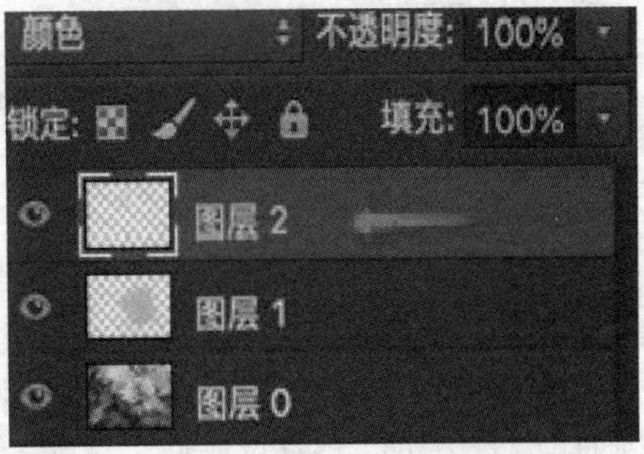

图 2-8-47

再新建图层 2,模式也为“颜色”,对叶子的颜色采用＃ d7f7ac,然后再次对叶子进行涂抹(见图 2-8-47)。

图 2-8-48

(4)使用“色阶”或“曲线”的手动微调得到想要的效果(见图 2-8-48)。

玩一玩

利用所学对所提供素材进行相关润饰。

2.8.5　我们一起来说说

(1)裁剪的比例和单位设置。

(2)内容识别缩放的注意技巧和步骤。

(3)在 Photoshop 中如何让相片达到最佳状态。

请同学们在课后形成书面作业并上交。

2.8.6 实训报告

图形图像处理 photoshop CS6 实训报告

<table>
<tr><td rowspan="2">班级
姓名</td><td rowspan="2"></td><td>时间</td><td></td></tr>
<tr><td>实训室</td><td></td></tr>
<tr><td>实训知识点</td><td colspan="3">相片润饰</td></tr>
<tr><td>实训目的</td><td colspan="3">1. 裁剪与裁切　　4. 调整图层
2. 内容识别缩放　　5. 色阶和曲线
3. 镜头校正　　6. 黑场、白场和灰场</td></tr>
<tr><td>实训内容
学生填写部分</td><td colspan="2">1. 裁剪工具与裁切

2. 内容识别缩放
操作步骤

3. 镜头校正

4. 调整图层
(1)色阶

(2)曲线

(3)黑场

(4)白场</td><td>拉直图像

给黑白相片添加色彩</td></tr>
<tr><td>实训要求</td><td colspan="2">1. 认真填写实训报告
2. 对问题进行记录
3. 拓展问题认真思考并完成实践
4. 完成思考题并形成书面作业</td><td>备注:实训报告以一个知识点的实践完成为依据,教师根据学生实训具体情况来调整学时。这样更有利于实践分数的评定</td></tr>
<tr><td>成绩评定</td><td colspan="3">优秀　良好　及格　不合格</td></tr>
</table>

2.9　图画绘制

绘画是 Photoshop 的一个重要功能，理解了与绘图相关的功能，就可以在今后的学习中更好地进行图像的绘制和美化。

2.9.1　我来说你来记

OpenGL 是一种软件和硬件的标准，启用它可以优化 GPU 的性能。GPU 相当于专用于图形处理的 CPU，但却在处理图像时的效率远高于 CPU。在“编辑”菜单中选择“首选项”里的“性能”。如图 2－9－1 所示。

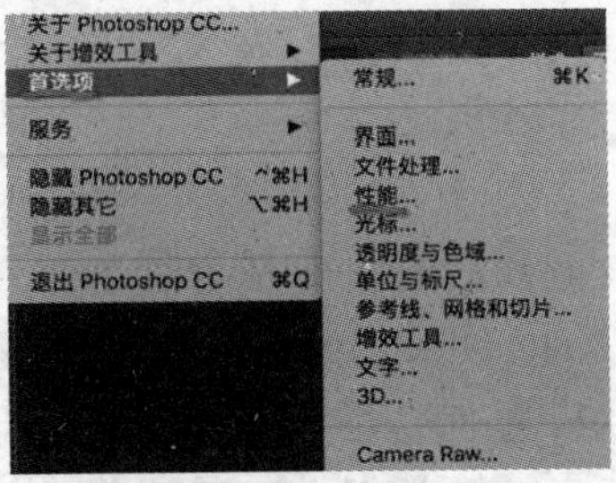

图 2－9－1

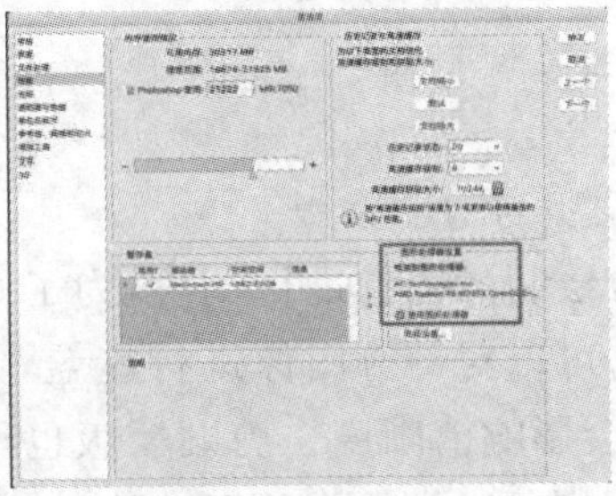

图 2－9－2

在“性能”选项里勾上“使用图形处理器”就开启了 OpenGL 功能(见图 2－9－2)。

开启这个功能后，就可以开启 HUD 拾色器、笔尖预览、自适应广角等功能，同时还可以增强液化、绘画性能和变换操作，让编辑更加顺利。

在 Photoshop 中内置了各种不同笔尖样式的毛刷画笔，我们可以设置各种笔刷画笔样式、画笔形态，还可以对其进行硬度控制，各种画笔是可以模拟出现实中各种画笔绘图效果的。打开“画笔”面板可以对画笔的形态和硬度进行调整。请观察并尝试使用(见图 2－9－3、2－9－4)。

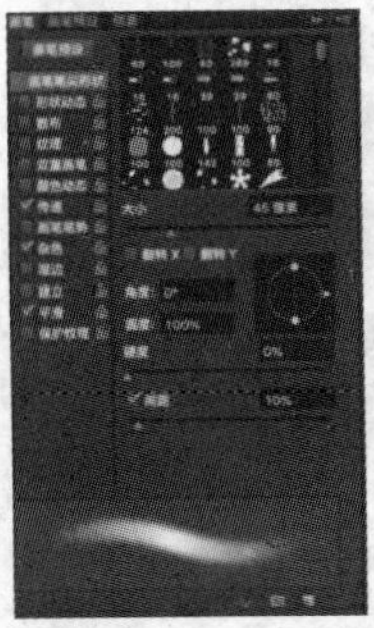

图 2－9－3

图 2－9－4

1. HUD 拾色器的打开

可以通过色相条纹或色相轮进行颜色提取的方式，在当前编辑的图像窗口中快速设置前景色。在“编辑”菜单中选择“首选项”里的“常规”。也可按 Shift＋Alt＋右键打开(见图 2－9－5),效果如图 2－9－6 所示。

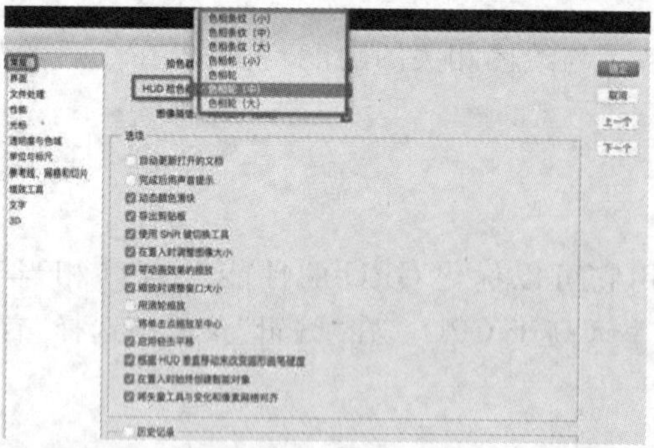

图 2－9－5

图 2－9－6

2. 矢量蒙版与剪贴蒙版

有时会对绘制的图像进行调整,为了好的画质,最好的办法就是为绘制的图像添加矢量蒙版。因为它可以对部分图像进行遮盖,制作出丰富的效果。因为矢量蒙版是可以保存路径的,所以不会影响清晰度。剪贴蒙版也称为剪贴组,是通过处于下方的图层形状来限制上方图层的显示状态形成的一种画面效果。这种蒙版至少需要两个图层才能进行创建。下方的图层叫基底图层,只能有一个;上方的图层叫剪贴图层,可以有若干个。如图 2－9－7、2－9－8 所示。

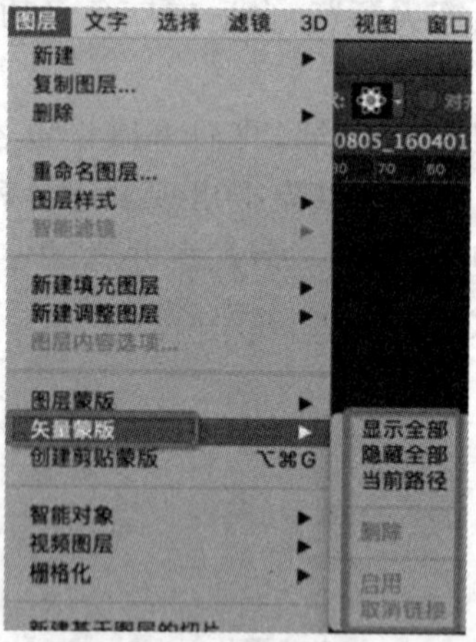

图 2－9－7

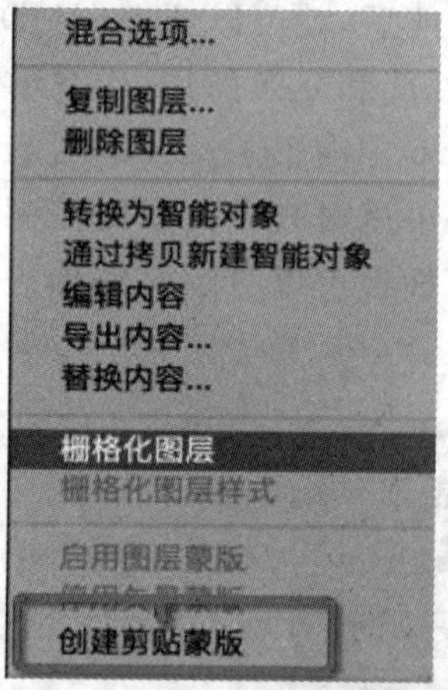

图 2－9－8

3. 50％灰度图层的创建

创建这个图层是为了进行非破坏性的无损编辑。因为灰色在叠加模式中不会对下方的图层造成影响,可以通过这个 50％灰度图层进行编辑,可调整下方图层的明亮度,而不会对源图产生破坏。创建方法:在“图层”中点击“新建”的“图层”,将模式选为叠加,勾上“填充叠加中性色(50％灰)”,如图 2－9－9、2－9－10 所示。

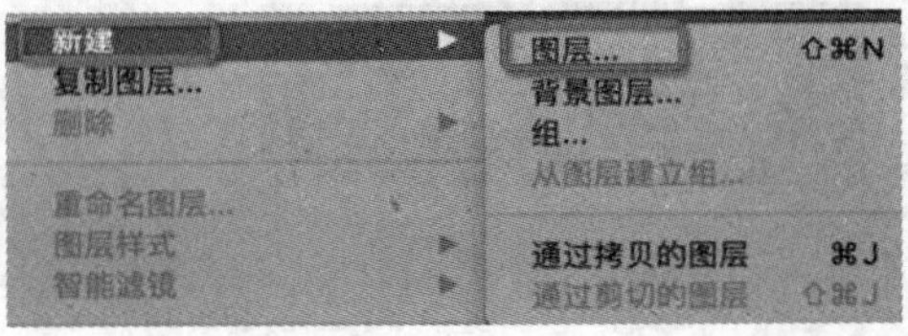

图 2－9－9

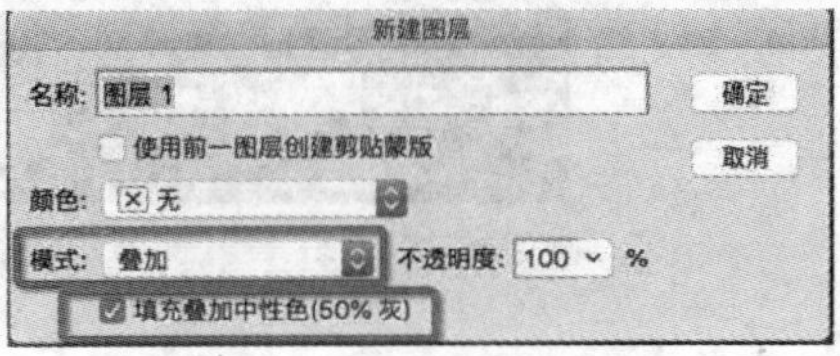

图 2－9－10

4. 智能图层的创建

智能对象图层可以对图像实现无损编辑，而不影响源图像的画质。在“图层”中选择“智能对象”的“转换为智能对象”命令后，就可以在图层缩览图中看到它的智能图标(见图 2－9－11、2－9－12)。

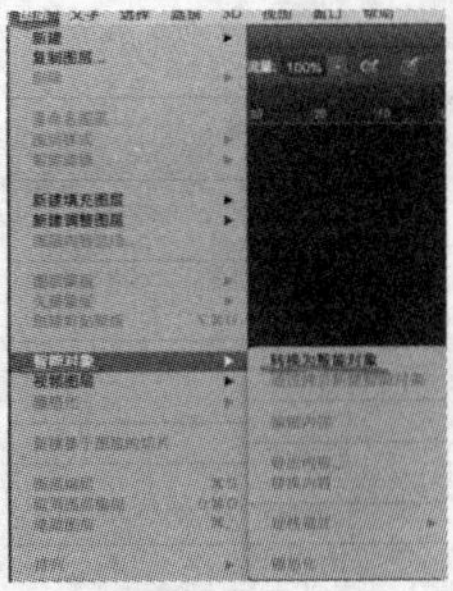

图 2－9－11

图 2－9－12

智能图层可以应用多种效果，而不会对源图像有任何改变。对其进行放大和缩小时，该图层的分辨率也不会发生变化，还具有同步智能功能。但它会使当前编辑的文档变大，占用大量的磁盘空间，不利于存储，可以转换为普通图层再存储。关于智能图层，我们会在下一节中详细介绍。

5. 调整图层和填充图层

通过调整图层和填充图层可以对图像的颜色和影调进行调整，但不会改变图像中的像素。这二者是常用的特殊的图层，做效果不改变原有的图层中的像素值。可以随时在“属性”面板中进行修改。创建不同的填充图层时，“图层”面板中都会以单独的图层进行显示(见图 2－9－13～2－9－16)。

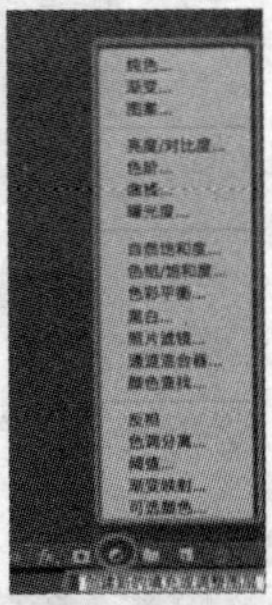

图 2－9－13

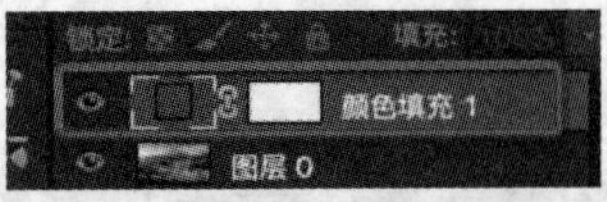

图 2－9－14

图 2-9-15

图 2-9-16

2.9.2 我来做你来看

开启和关闭 OpenGL，请同学们尝试训练并观察效果，并做好实训记录。

在“性能”选项上的“高级图形处理器设置”中有个“高级设置”。请注意展开的模式(见图 2-9-17、2-9-18)。

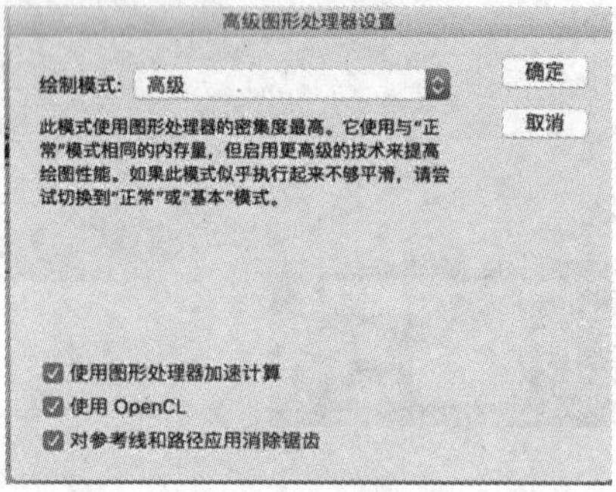

图 2-9-17

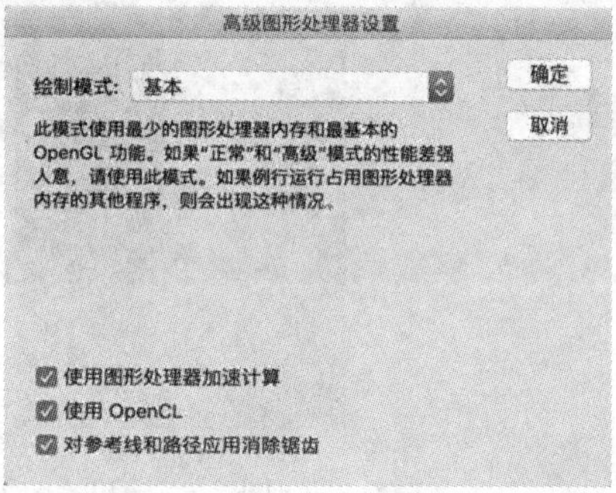

图 2-9-18

在“画笔”面板设置不同的样式，对画笔的形态和笔尖的硬度进行调整，建议使用数位板进行绘制，没有的也可使用鼠标，如图 2-9-19 所示。

当对参数进行调整时，请同学们在实训报告中进行记录并保存，多加练习才能找出参数改变时的差距。

打开“HUD 拾色器”并使用。包含两种不同的显示方式，圆形和条形的拾色点用于控制颜色的色相，方形中的用于控制当前设置颜色的明度和纯度(见图 2-9-21)。

图 2-9-19

图 2-9-20

图 2-9-21

创建“50%灰度图层”之后，就可进行编辑操作。我们设置下画笔和前景色来观察变化，如图 2-9-22 所示。

图 2-9-22

将图 2－9－23 的前景设为黑，不透明度设为 30％的柔边画笔。在上面的天空中和楼顶处涂抹，可发现变暗。50％灰度图层发生了相应的改变，但背景图层却保持不变。效果如图 2－9－24 所示。

图 2－9－23

图 2－9－24

图 2－9－25

智能图层具有同步智能功能，即便对图像进行多次的大小变换操作，也不会引起图像质量的损失，这也是它最大的好处与特点。注意观察图 2－9－26、2－9－27 的情况，当我们编辑一个智能对象时，所有的智能对象都会被一起编辑。

图 2－9－26

图 2－9－27

OpenGL 还有个更强大的替换功能，能把一些很复杂的效果运用到另外一张图片中去。你可以选中这个“智能图层”并点“右键”在出现的菜单中找到“替换内容”，然后选择好要做的图片就可以把同样的效果加进这张图片中，如图 2－9－28～2－9－30 所示。

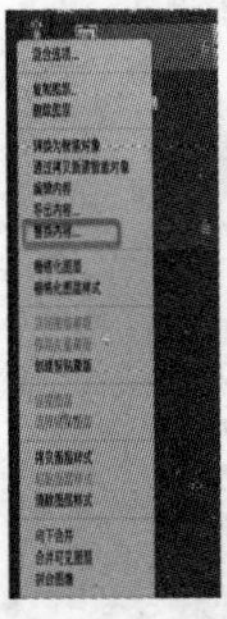

图 2－9－28

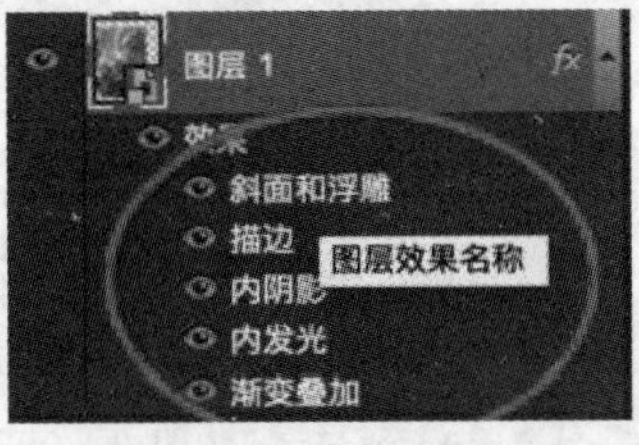

图 2－9－29

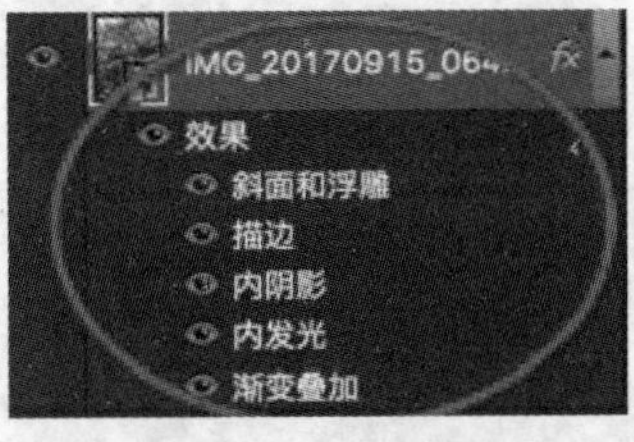

图 2－9－30

两图效果比较，当然这也需要精心设计，通过不断的尝试和练习对比才能掌握得更好。

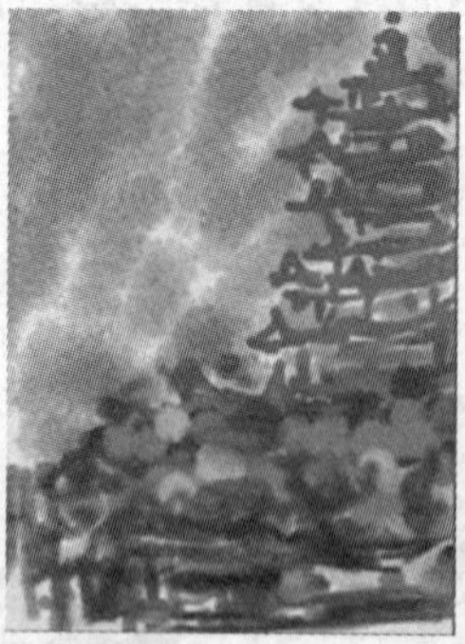

图 2-9-31

图 2-9-32

矢量蒙版、剪贴蒙版、调整图层与填充图层是我们学习 PS 很重要的内容，会在另外的章节中着重介绍与学习训练。

2.9.3 你来做我来看

打开 OpenGL 后，请同学们按 R 键在打开的图片上试试(见图 2-9-33、2-9-34)。

图 2-9-33

图 2-9-34

用画笔来画画。请同学们在画笔选项里进行设置，调整好笔尖样式和硬度，随意绘制出一张有意思的画面，步骤如下。

我们先新建一个文件名为“绘画”的文件，选择一种前景色＃006b87 进行绘画(见图 2-9-35、2-9-36)。

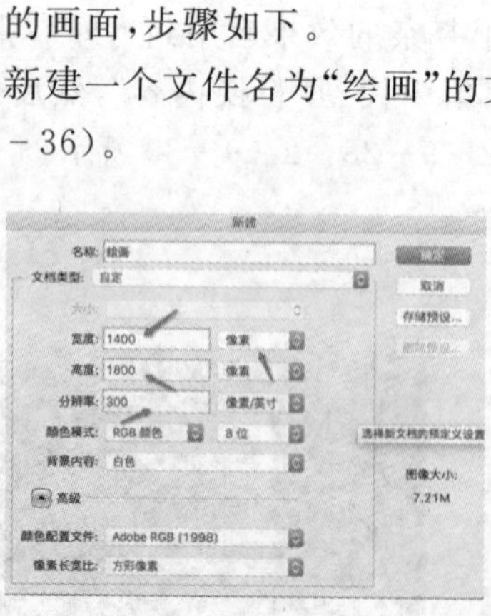

图 2-9-35

图 2-9-36

这里我们先选择画笔里的柔角 60，大小、不透明度和画笔样式可以在绘画的过程中不断调整，注意一定要分图层进行绘制（见图 2－9－37、2－9－38）。

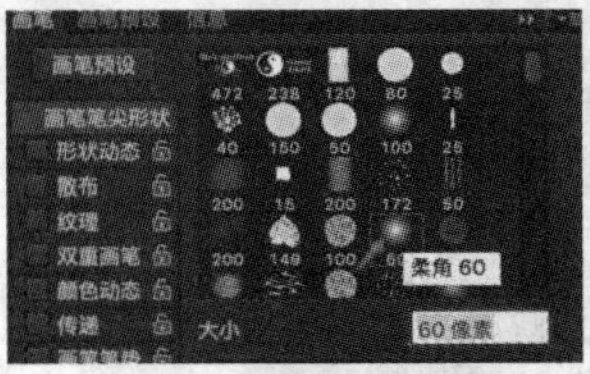

图 2－9－37

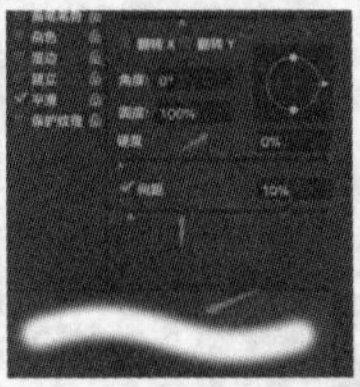

图 2－9－38

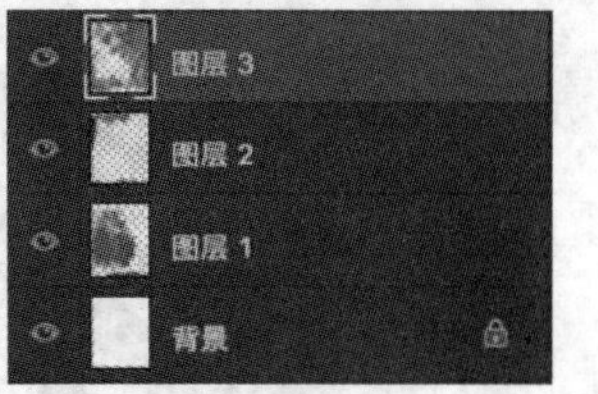

图 2－9－39

在绘画时注意调整大小和不透明度让画面产生层次感（见图 2－9－40～2－9－43）。

图 2－9－40

图 2－9－41

图 2－9－42

然后在不同的颜色下根据需要来更换大小和不透明度，并选择适合的画笔样式，进一步根据自己的感觉来绘画。最终可做出如图 2－9－44～2－9－46 所示效果。

图 2－9－43

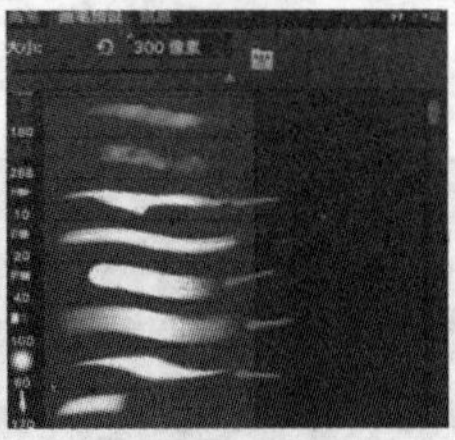

图 2－9－44

图 2－9－45

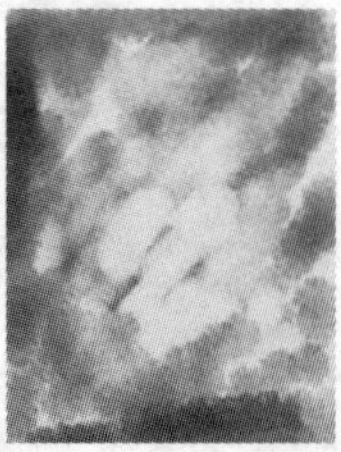

图 2－9－46

同学们可参照这种方法来模仿图 2－9－47 的绘制。

学会使用“HUD 拾色器”并调整好所需的颜色和亮度，分别调出红、黄、蓝、绿四种颜色并进行填充。

利用“50％灰度图层”将所提供素材里的图片环境加暗，造成一种乌云压近的感觉。如图 2－9－48 所示。

图 2-9-47

图 2-9-48

将智能图层转换为普通图层时的命令是“栅格化图层”，栅格就是像素的意思。使用此命令后则取消了智能图层的智能编辑状态，但是对图层中所应用的效果并不会改变。除非栅格化了图层样式（见图 2-9-49～2-9-51）。

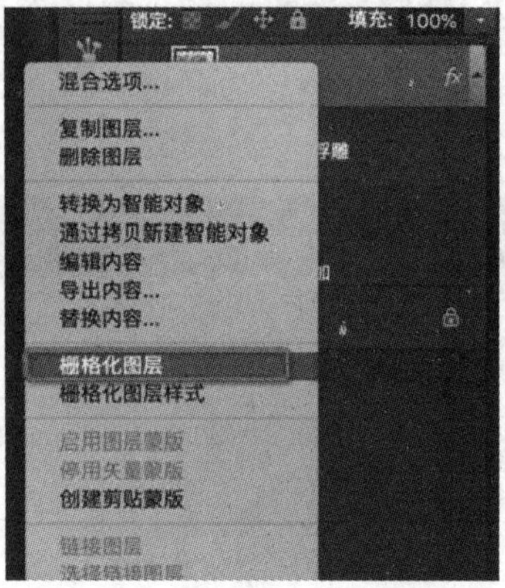

图 2-9-49

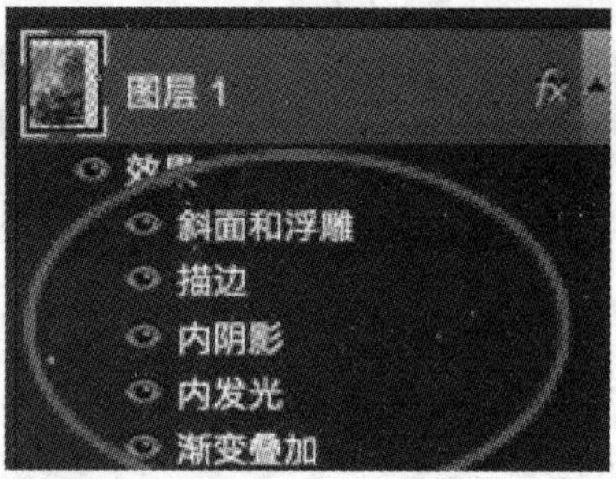

图 2-9-50

图 2-9-51

2.9.4 我们一起来练练

在上述的学习中，同学们都是使用画笔随意地绘画，作品最终效果的随意性也很大。

参照图片，利用好画笔样式来绘制出一张较精细的图画。

选择了一张色块较大、形体简单的“猪肉”图（见图 2-9-52），为了让同学们更好地绘画。首先将要参考的“原图”放在底层，并新建图层 1，如图 2-9-53 所示。

图 2-9-52

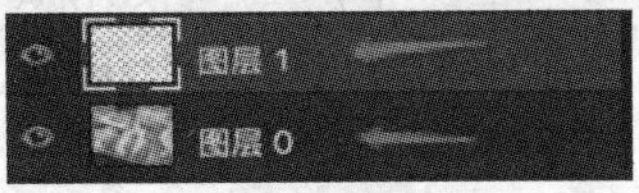

图 2-9-53

选中画笔，打开画笔选项栏，选择好笔触。这里用到了三种画笔。然后进行描绘，注意笔触的方向，可选“吸管工具”或按 I 键吸取原图上的颜色并参考。如图 2-9-54～2-9-56 所示。

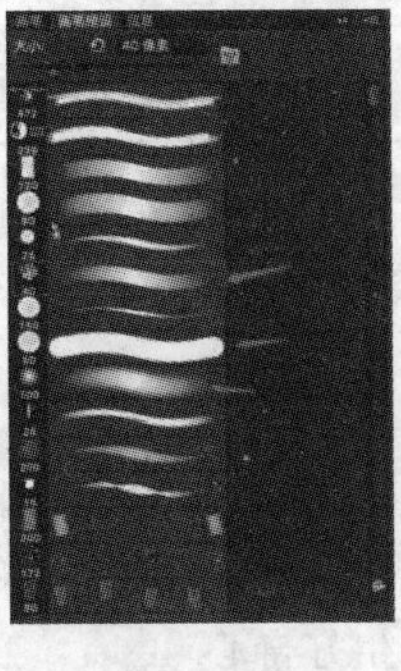

图 2-9-54

图 2-9-55

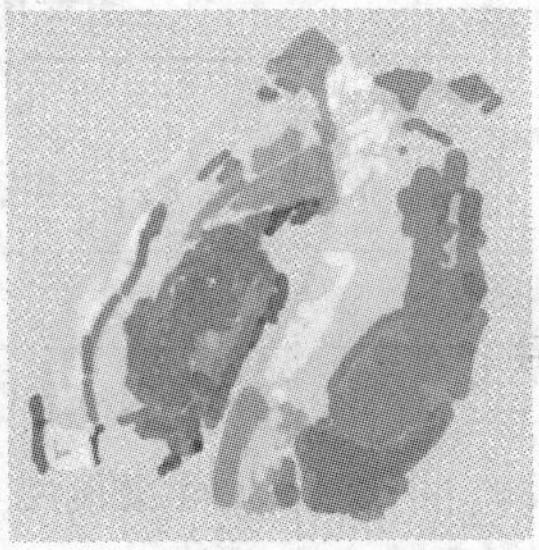

图 2-9-56

同学们利用这种方法并注意分好图层选好笔触再进行细致的绘画，会达到图 2-9-57 的效果。

50%灰度图层不是所有的图层模式下都可以建立，请尝试切换并记录在实训报告中。请试着再使用其他模式的中性色对同一张图进行处理(见图 2-9-58)。

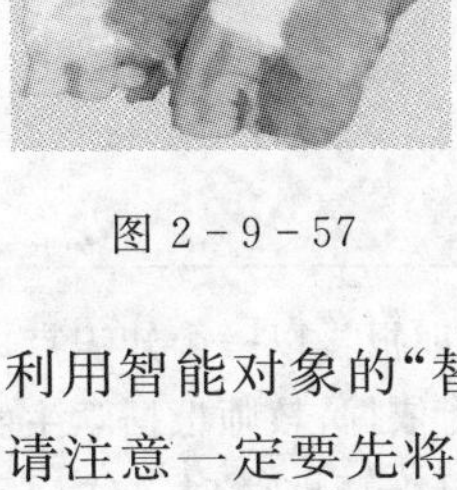

图 2-9-57

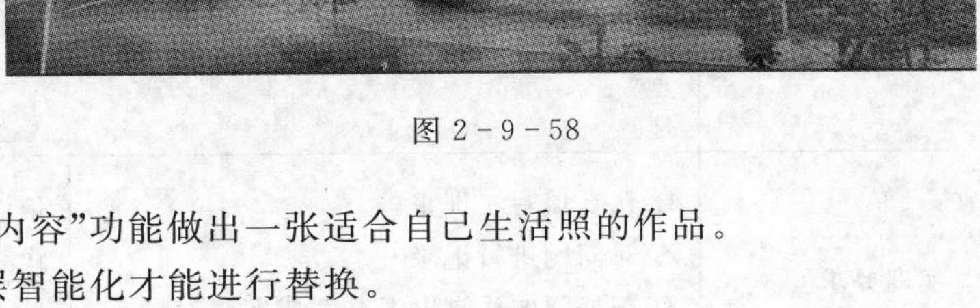

图 2-9-58

利用智能对象的“替换内容”功能做出一张适合自己生活照的作品。

请注意一定要先将图层智能化才能进行替换。

玩一玩

任意用画笔画一张画。不要在乎效果，只要在意自己的感觉。

2.9.5 我们一起来说说

(1)有些电脑里的 PS 不能开启“旋转视图工具”的原因是什么?

(2)画笔工具真的和现实中的画笔使用效果一样吗?

(3)在普通图层中放大与缩小后会出现明显的模糊感,在智能图层中放大与缩小不会出现明显的模糊感,请写出详细的操作步骤。

(4)感受“颜色拾色器”和“HUD 拾色器”有何不同,请在实训报告中记录。

(5)请同学们自行搜索“正片叠底”“叠加”“滤色”的含义。

请同学们在课后形成书面作业并上交。

2.9.6 实训报告

图形图像处理 Photoshop CS6 实训报告

<table>
<tr><td>班级
姓名</td><td colspan="2" rowspan="2"></td><td>时间</td><td></td></tr>
<tr><td></td><td>实训室</td><td></td></tr>
<tr><td>实训知识点</td><td colspan="4">图画绘制</td></tr>
<tr><td>实训目的</td><td colspan="4">1. 学会开启 OpenGL　　4. 理解 50%灰度图层并能掌握相关技术
2. 学会使用“HUD 拾色器”　　5. 理解智能对象图层并会使用替换功能
3. 会调整画笔并能完成作业　　6. 对学习 PS 产生好奇心</td></tr>
<tr><td>实训内容
学生填写部分</td><td colspan="4">1. 开启 OpenGL 之后有哪些功能出现
2. 智能图层与普通图层的放大与缩小
3. 建 50%灰度图层时的模式变化及影响
4. 替换内容、栅格化图层和图层样式
5. 用画笔进行绘画</td></tr>
<tr><td>实训要求</td><td colspan="2">1. 认真填写实训报告
2. 对问题进行记录
3. 拓展问题认真思考并完成实践
4. 完成思考题并形成书面作业</td><td colspan="2">备注:实训报告以一个知识点的实践完成为依据,教师根据学生实训具体情况来调整学时。这样更有利于实践分数的评定</td></tr>
<tr><td>成绩评定</td><td colspan="4">优秀　良好　及格　不合格</td></tr>
</table>

2.10　智能对象

这是一种包含栅格或是矢量图像中的图像数据的图层。它能保留图像的源内容以及它所有的原始特性，让我们能对图像图层进行非破坏性的编辑，也就是无损编辑。无损编辑可能会让我们在刚开始使用时感觉有些麻烦和不适应，但相应的技巧会让我们今后的工作更加快捷和方便，同学们一旦熟练了就会发现它的妙处。

2.10.1　我来说你来记

在 Photoshop 中，智能对象并不像“图层”那样属于原始级概念，而是从 CS3 版本才开始出现的，即便这样，从 2007 年 3 月到现在也算得上是个元老级的“人物”了，最起码说明这个功能很好，目前它的地位也还是不可撼动的。

其实创建智能对象最主要的好处就是我们可以在 PS 中对图像进行无损编辑。这点非常重要。因为智能对象可以随意缩放、旋转、扭曲但却不会降低原图的质量。为智能对象使用滤镜时则生成智能滤镜，可以在任何时候再对其进行重新设置，但是在普通图层中使用滤镜却是一种很糟糕的体验。

还有一个最好用的、最值得称赞的智能对象的功能，就是为其更换图片时，效果依然存在。比如说为一张图做了些效果，顾客说效果很好，但麻烦把这个图给换成他想要的图，以往这种事情只好重新返工，就算是有原始文件，效果也还是需要重新做一遍的。但有了智能对象就不必这么麻烦了，只需在智能对象的小图标上双击，出现提示后确定 ，在另一个文件中更换并保存，再返回原始文件中就会发现原图已经换了，但效果还在。这时只需对相关参数进行微调就可以了。这里请同学们牢记，在 PS 中任何一个微小的变化都需要你再次细心地修改与处理，没有哪些步骤与参数设置是一成不变的。请同学们活学活用。

图 2-10-1

图 2-10-2

图 2-10-3

图 2-10-4

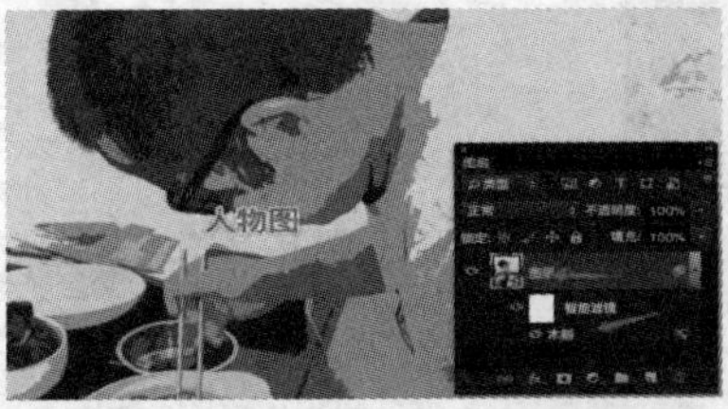

图 2-10-5

除此还具有同步功能，也就是说如果将智能对象复制了一份，在原始智能对象图层标记上双击进行更新时，复制的所有图层也会产生相应的变化。

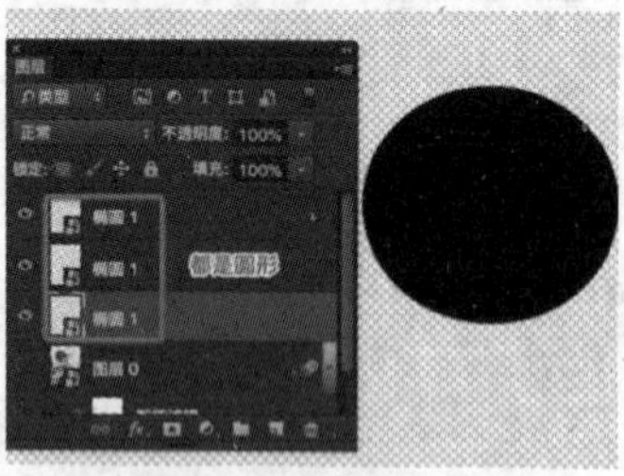

图 2-10-6

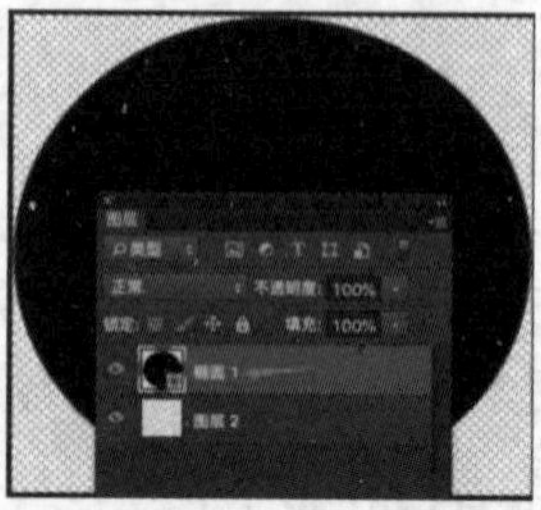

图 2-10-7

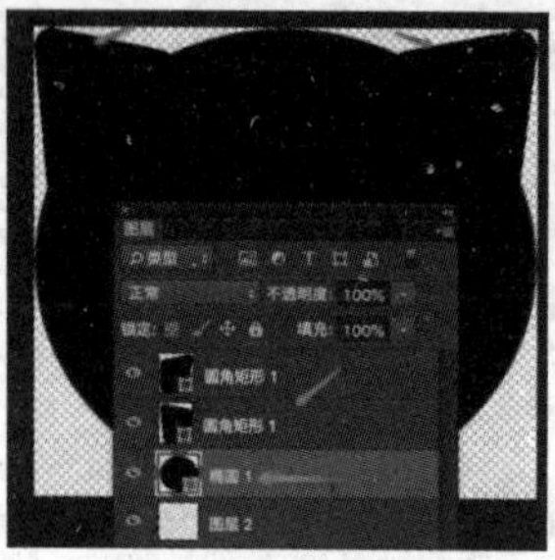

图 2-10-8

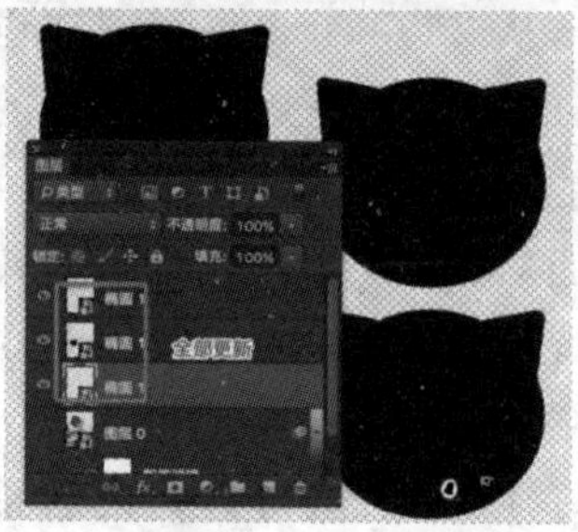

图 2-10-9

2.10.2　我来做你来看

可以毫不夸张地说，智能对象就是一种高级的操作，我们打开一张图像让智能对象图层与普通图层做个比较，高下立判。

双击背景图层将其转换为普通图层 0，然后再去拷贝这个图层，记得快捷方式是 Ctrl+J，右键将其转换为“智能对象”。当然在“图层”菜单下也可找到“智能对象”命令里的“转换为智能对象”命令。这里如果有的同学发现我所展示的图层为什么会出现两个一样的名为“图层 0”的图层（见图 2-10-10），和你的不一样，主要是因为我没有勾选图层“面板选项”里的“将‘拷贝’添加到拷贝的图层和组”的这个选项（见图 2-10-12）。这只是我个人因为不喜欢老是看到有些图层的名称后面都加个拷贝字样罢了。同学们可以勾选保留也可以尝试不勾选，与功能无关，纯属个人的操作喜好。

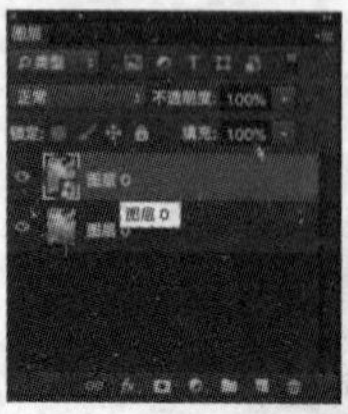

图 2-10-10

图 2-10-11

图 2-10-12

转换之后的图层我们似乎并没有看出来有什么变化。只是在此图层的右下角有个小标记 。现在我们只要略加“用力”，就可看出两者在图像上的不同了。

我们按 Shift 选中这两个图层，也就是这两个“图层 0”（见图 2-10-13），但是请切记一个是普通图层 0，另一个是智能图层 0。我们现在按下快捷键 Ctrl+T 执行自由变换。两个图层全部向左下角拉，尽可能地拉小些后确定。这里和同学们强调下不要随便在 PS 中变换图形，因为每次的变换都是对图像的损伤，这里是为了让同学们在后期能看到更加明显的效果，所以多拉了几次，但在平时的练习中请不要养成这个坏习惯。再次选择两个图层向上拉回，返回原位和之前一样确定就行了。

图 2-10-13

图 2-10-14

注意观察，明显的普通图层 0 上面的图像变得模糊（见图 2-10-15），而智能图层 0 仍然保留着原始的清晰度（见图 2-10-16）。自由变换了多次的同学会看到更多的细节变化。

图 2-10-15

图 2-10-16

同样的方法，我们再次使用变换工具，这次使用的是变换工具里的“变形”功能，我们将图层 0 里的图像随便扭动（见图 2-10-17～2-10-19）。

图 2-10-17

图 2-10-18

图 2-10-19

如果发现刚才我们扭得不好看或是不理想的话，我们还要再次来进行改变或是还原，普通图层再也无法通过“自由变换”工具还原了。因为在普通图层下刚刚通过“变形”调整的这个新图像已经成了一个新的即成图像了。再次使用“变形”工具就等于是对新的图像再次使用，与前面的操作无关。但在智能对象图层中再次使用“自由变换”下的“变形”工具时，就会发现变形的节点依然对应着刚才所移动的地方，因为它会记录最后执行这个命令时的移动位置。

图 2-10-20

图 2-10-21

这里我们再接着对智能对象图层和普通图层使用滤镜和样式或是其他的一些操作，请同学们注意观察。

我们首先对普通图层 0 进行个模糊滤镜的处理，这里选择“滤镜”菜单下，“模糊”里的“高斯模糊”，注意在图层中的两个“图层 0”并没有出现任何动静，和之前一样安静地躺在那。

下面我们再对智能图层使用同样的滤镜效果，注意观察图层，在智能图层的下面就出现了使用“高斯滤镜”的效果样式。在右下角还有“混合选项”。可以调整“模式”与“不透明度”。这样我们就可以对相关的参数再次进行编辑，得到不同的效果了。同学们在实训报告中记录如果对这个“普通图层 0”再次进行其他的操作或是想再次修改同样滤镜参数时的感受。注意请找到快捷方式并记录在实训报告中(见图 2-10-22～2-10-25)。

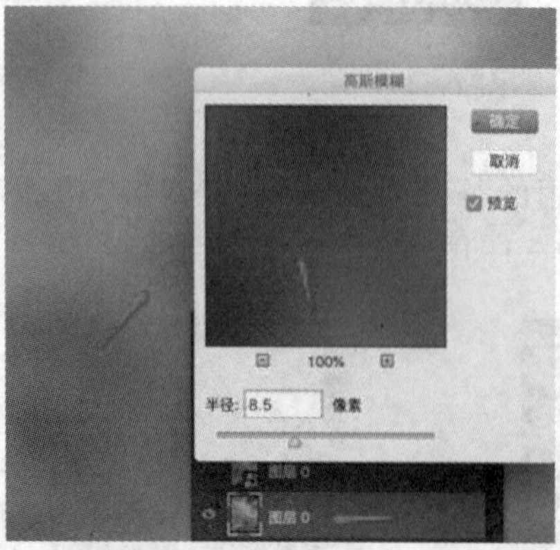

图 2-10-22

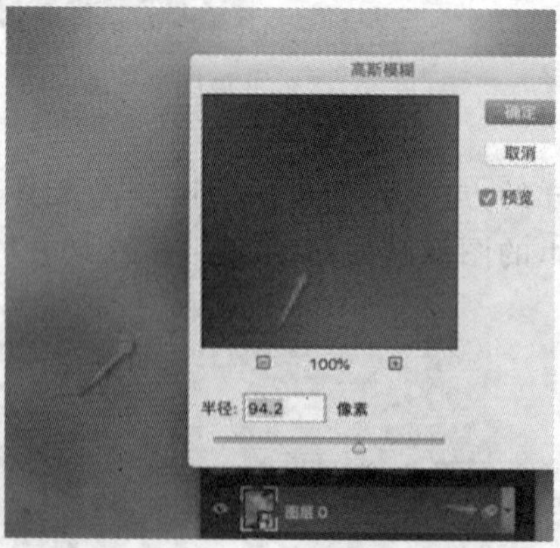

图 2-10-23

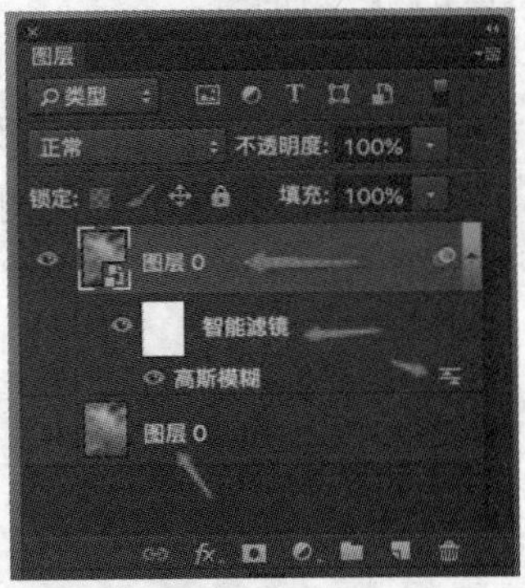

图 2－10－24

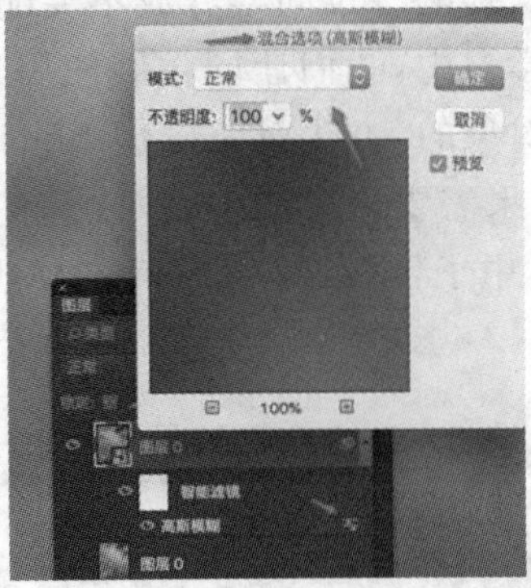

图 2－10－25

2.10.3　你来做我来看

创建智能对象的方法有多种，一般情况在要转换的图层上右键选择“转换为智能对象”(见图 2－10－26)。还可以通过“文件”菜单打开“打开为智能对象”(见图 2－10－27)，可以直接将图片以智能对象的形式打开。在 Photoshop CS6 中我们还可以直接将图片拖拽到画面中，在 PS 中图片 2－10－28 是以默认的智能对象形式置入的，在画面中显示为一个对角线为实线的框。请同学们练习并在实训报告中记录。

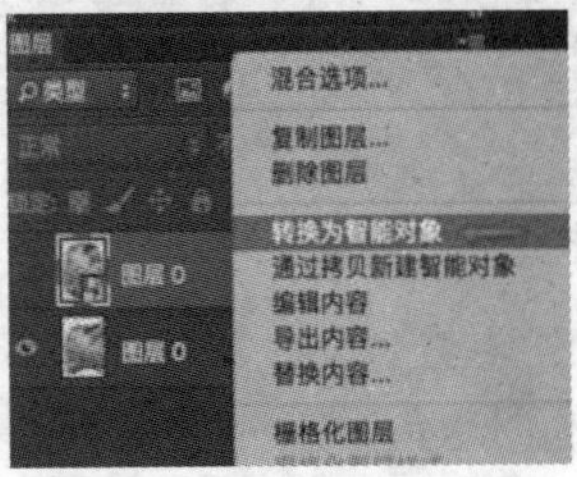

图 2－10－26

图 2－10－27

图 2－10－28

图 2－10－29

智能对象最重要的功能就是保护图片质量。请同学们尝试利用“自由变换”里的所有的变换功能。再次提醒各位同学养成不要随便破坏图像的好习惯。

在以前的学习中,我们让同学们使用 PS 中的 ACR 来打开图像,同样的在 ACR 中也是可以创建智能对象的,方法就是按住 Shift 并点击“打开图像”。这样操作的好处就是,在制作的过程中,如果需要再次调整在 ACR 中的参数,我们只需双击这个智能对象的图层就能重新进入 ACR 中了,继续编辑后确定好还可以再接着在画面中编辑(见图 2-10-30~2-10-33)。

图 2-10-30

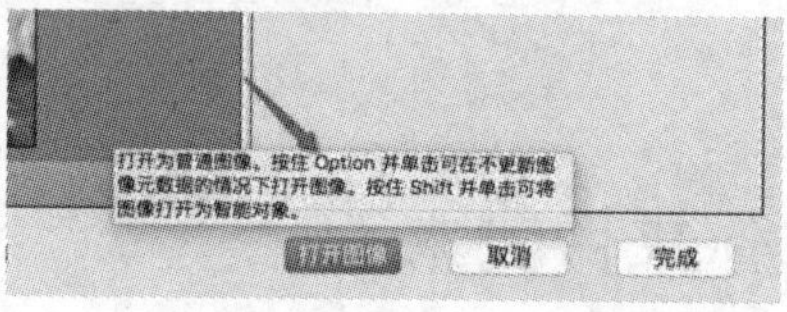

图 2-10-31

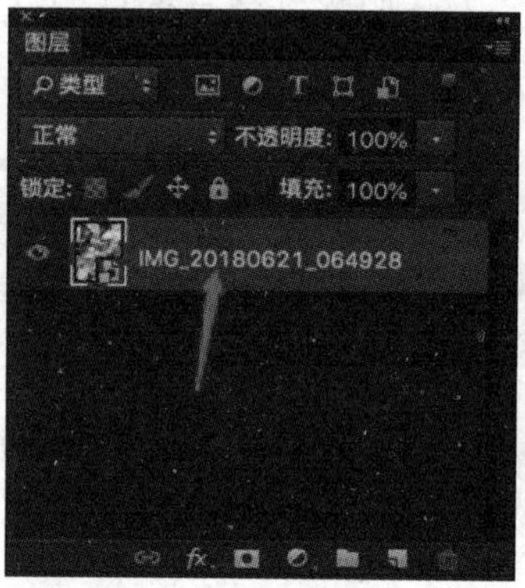

图 2-10-32

图 2-10-33

2.10.4 我们一起来练练

我们在前面也说过了智能图层还有个同步的功能,修改了一个就会将参数同步到其他的智能对象上。但是在很多情况下,我们并不想全部都修改,只是想修改其中的一个,所以在这里请同学们要注意操作技巧,如果是使用了 Ctrl+J 或是直接将图层拖拽到了图层面板上的新建图层上得到的副本,这样就不能进行单独更改了,但我们可以栅格化图层,然后再进行处理。但栅格化是将矢量图形转换为位图,栅格就是像素。而智能对象是包含了栅格或矢量图像的。

如果我们不用上面的这两种方法来制作副本,而是使用菜单“图层”下“智能对象”里的“通过拷贝新建智能对象”得到了智能对象图层的副本,这样就可以单独进行调整。双击需要更改的智能对象图层的小标记后就可以进入单独的图层修改了(见图 2-10-34、2-10-35)。

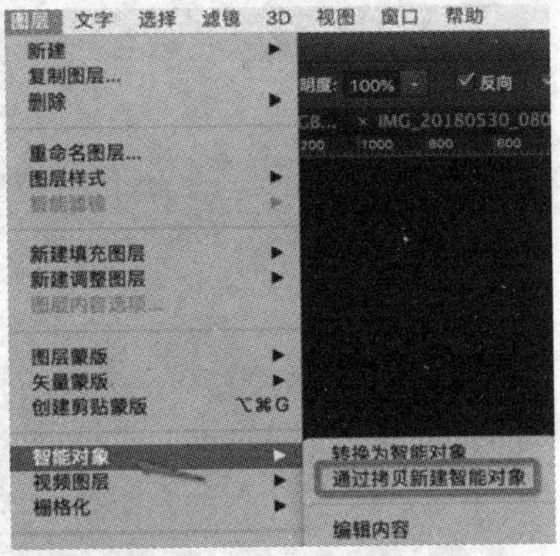

图 2 - 10 - 34

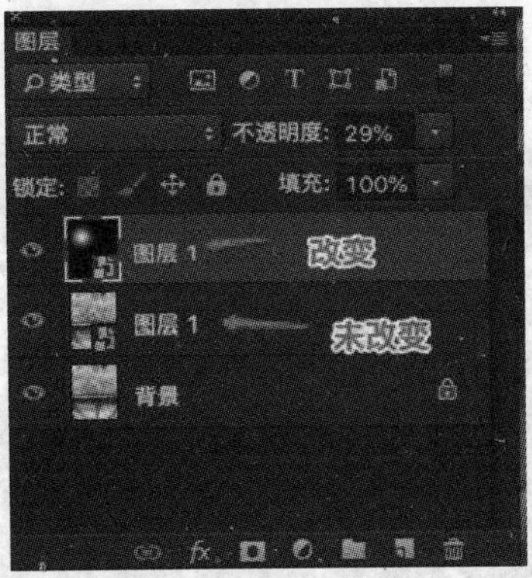

图 2 - 10 - 35

智能对象最大的优势就是将滤镜转换为“智能滤镜”，这些滤镜效果都是可以单独编辑的，当然也可以多个叠加在一起使用。但也有少数滤镜是不能用于智能对象的，请同学自己练习掌握。请同学们注意，当使用智能滤镜时，会产生一个白色的蒙版(见图 2 - 10 - 36)，这就叫智能滤镜蒙版。和蒙版使用一样，其可以屏蔽本图层的一些滤镜效果。

图 2 - 10 - 36

图 2 - 10 - 37

如果我们对一个智能对象执行了好几个智能滤镜的话，发现做的这种效果很好看也很炫，于是我们就有了想把这些叠加效果应用到其他图像上的想法，这时，我们就可以通过智能对象的替换内容来进行操作。操作很简单，效果很直接(见图 2 - 10 - 38～2 - 10 - 41)。

图 2 - 10 - 38

图 2 - 10 - 39

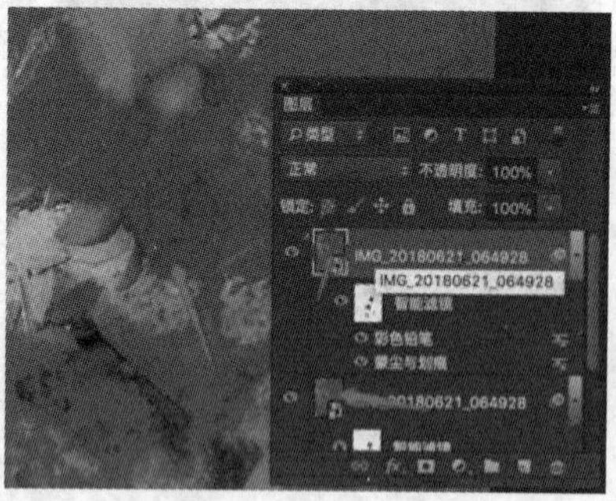

图 2-10-40

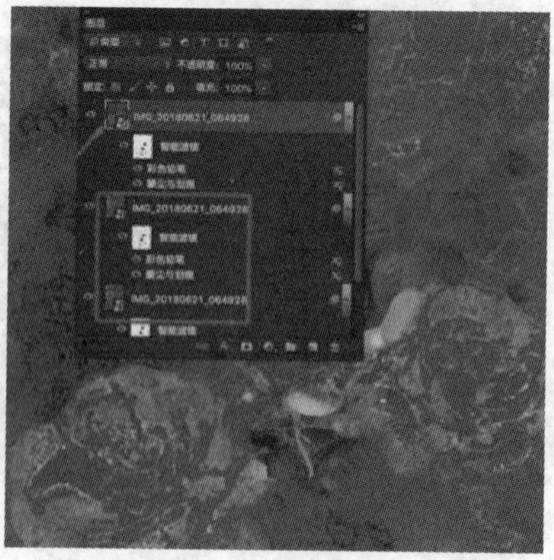

图 2-10-41

平面设计中还有个重要的文字要素，我们对文字的处理一般是要将其栅格化后再进行的。栅格化是将矢量对象转换成为位图或是像素，栅格化后就不能改变字体和大小了。这里有个很重要的认识问题就是在 PS 中，我们一定要将文字当作图形来看待。在 CS6 中可以把文字图层直接转换为智能对象，转换后的文字就不再是文字了，而是像曲线一样的矢量图。转换为智能对象的文字就可以实施无损编辑了。但智能化后的文字双击智能对象的小标记后还是可以进行文字的字体、大小、颜色的更改。

图 2-10-42

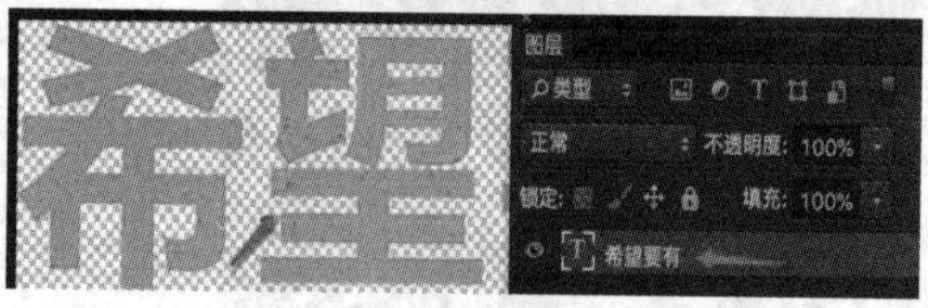

图 2-10-43

根据智能对象的这些特性，试用一个具体的案例来说明它在实际中的运用，比如模板，有了模板就很简单。假如现在要做学校各个班级的黑板报，这种情况下黑板肯定是一样的，但里面的内容和形式肯定不一样，如果一个班一个班做的话，虽然简单但也是很麻烦。所以可以做出一个黑板报的模板，然后再根据各班不同的黑板报图片进行更换。

选取一张班级的相片，并以此作为模板。经过剪裁后，留下需要的部分，并进行效果的制作。

注意在使用剪裁工具时，把“删除裁剪的像素”的勾选取消。这也是一种无损裁剪，这样就方便了后期进行其他形式的裁剪。

图 2-10-44

图 2－10－45

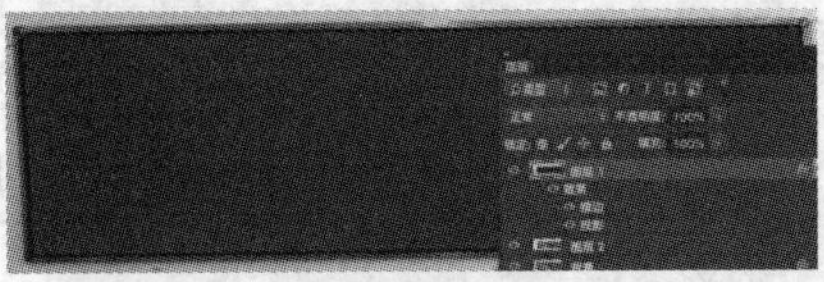

图 2－10－46

载入一张黑板报的图片，调整好位置后注意将其“转换为智能对象”。如果想让图片更完美融入的话，可以使用自由变换下的“扭曲”，一切都设置好后保存为“黑板报模板”的 PSD 格式（见图 2－10－47、2－10－48）。

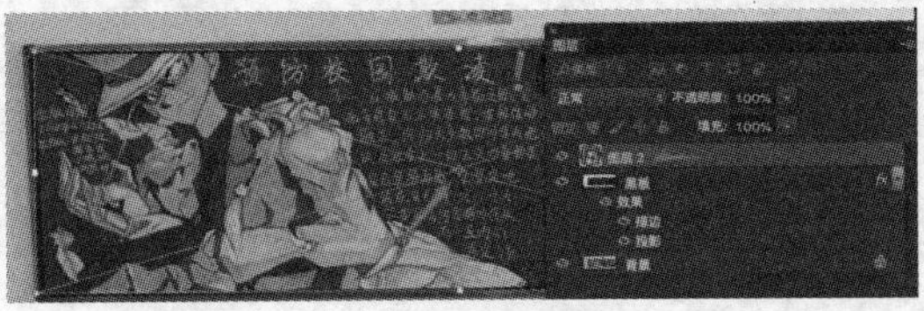

图 2－10－47

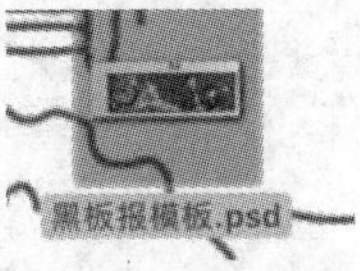

图 2－10－48

当我们再次打开时，双击需要更换的“智能图片”就可以更换新的图片了。可以使用相关的变换来处理细节部分。

图 2－10－49

图 2－10－50

玩一玩

请同学们对自己的相片进行智能化处理并养成无损编辑的好习惯。

2.10.5　我们一起来说说

(1)什么是智能对象？

(2)如何创建智能对象？

(3)如何使用智能滤镜蒙版？

(4)文字的智能对象有什么特点？

(5)智能对象的替换内容有哪些？

以上除形成书面作业上交外，会在课前通过点名方式进行检查。课外实践作业请通过班级群发送给授课教师批改。

2.10.6 实训报告

图形图像处理 Photoshop CS6 实训报告

班级 姓名		时间	
		实训室	
实训知识点	智能对象		
实训目的	1. 智能对象　3. 智能滤镜与蒙版　5. 替换内容 2. 创建智能对象　4. 文字的智能化		
实训内容 学生填写部分	1. 什么是智能对象 (1)像素 (2)矢量 2. 创建智能对象 (1)快捷方式 (2)菜单命令 3. 智能滤镜与蒙版 4. 文字的智能化 5. 替换内容	案例实操训练 智能对象 模板	
实训要求	1. 认真填写实训报告 2. 对问题进行记录 3. 拓展问题认真思考并完成实践 4. 完成思考题并形成书面作业	备注:实训报告以一个知识点的实践完成为依据,教师根据学生实训具体情况来调整学时。这样更有利于实践分数的评定	
成绩评定	优秀　良好　及格　不合格		

第3章　必须要学会的软件技能

3.1　图层

可以把图层理解成一张一张的A4纸，这些A4纸上的内容最终的目的肯定是为了实现一个效果，比如在一张纸上画一条路，再在另一张纸上画一辆车。最后合起来的效果图就是“车和路”的图像，但在现实中只能看到一张纸上有路，一张纸上有车，而并不是什么路和车的合成图，当把两张A4纸合在一起时能看到什么取决于哪张图在上面。但如果这两张A4纸有一张是透明或两张都是透明的时候，我们就能看到两者结合在一起了（见图3-1-1～3-1-3）。

图3-1-1

图3-1-2

在PS中，图层就是透明的，是可以相互穿透的。因为在PS中图层是有“不透明度”和“混合模式”的。所以再来重新理解图层：就是一张一张透明的有“内容”的纸，按某种要达到的效果排序的一个概念（见图3-1-4）。这里的“内容”请同学们代入文字、图形、颜色等一系列的元素。

图3-1-3

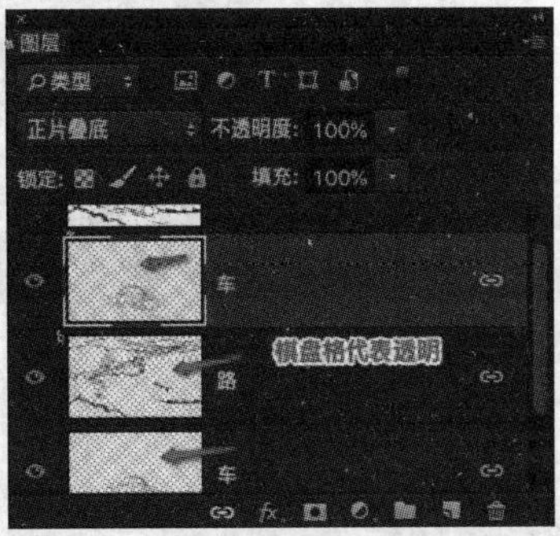

图3-1-4

3.1.1　我来说你来记

图层是个概念，不要小看这个概念，每一个图层都是由无数个像素组成的。Photoshop 文件都是由很多图层组成的，这也好像肉夹馍，在电脑屏幕上观看像是从空中俯视，一层馍一层肉一层菜叶（见图 3－1－5）。PS 最伟大的地方就是应用了图层概念，目前所有设计类的软件都在应用这个图层概念。

图 3－1－5

图 3－1－6

在 PS 中图层常分为以下几类（见图 3－1－7、3－1－8）。背景层，它完全由像素组成。一般图层也叫普通图层，也是由像素组成，但还有透明和半透明的区域。调整图层不但有像素，还会更改下方图层的颜色与色调。文字图层，用动态的可以编辑的形式存放文字。填充图层，包含像素还有颜色。形状图层，除颜色像素外，还包括对应的指令。智能对象图层，是个能执行非破坏性变换的图层。能保留图像的源内容，不会破坏原始数据。除背景层和形状图层要栅格外，其他的图层都可以包含两种蒙版，一个是基于像素的图层蒙版，一个是基于指令的矢量蒙版。这两种蒙版都是可以遮盖它们下方的图层并进行显示的。

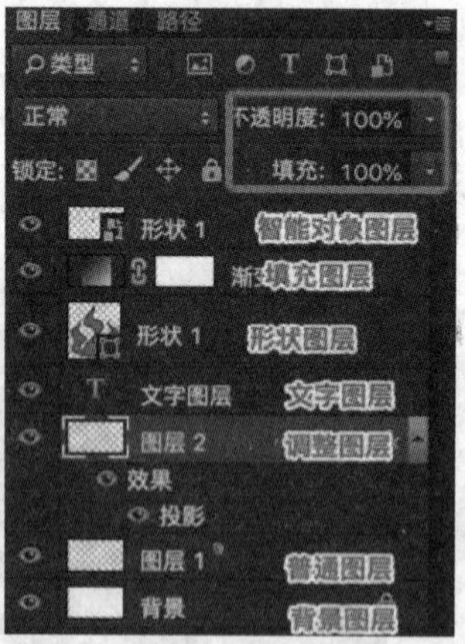

图 3－1－7

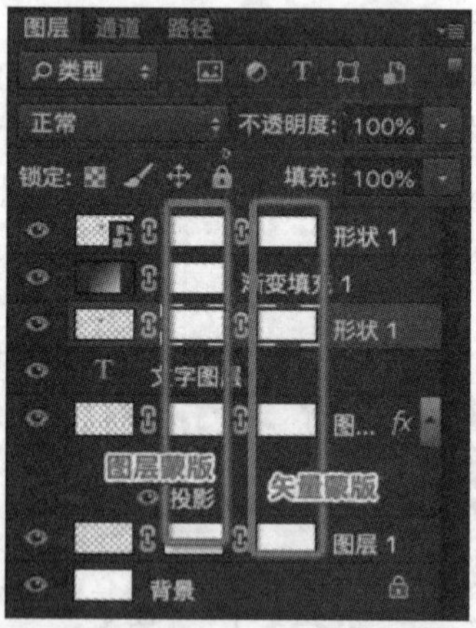

图 3－1－8

除背景图层外，其他图层都可以包含图层样式。所以如果想让图层具备一些基本的能力，要么转换为普通图层，要么转换为智能对象或栅格化。方法如图 3－1－9、3－1－10 所示。

图 3 - 1 - 9

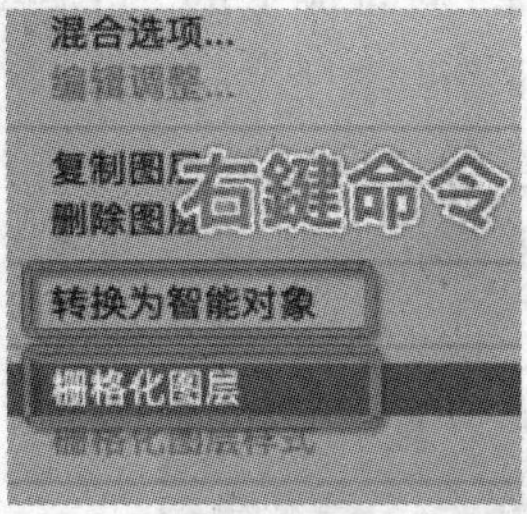

图 3 - 1 - 10

除了图层基本的编号外，图层中还有其他的方式来加强各图层之间的联系，图层可以按“组”来收集(见图 3 - 1 - 11)，用文件夹的图标来表示。一个组里可以有很多图层(见图 3 - 1 - 12)。

图 3 - 1 - 11

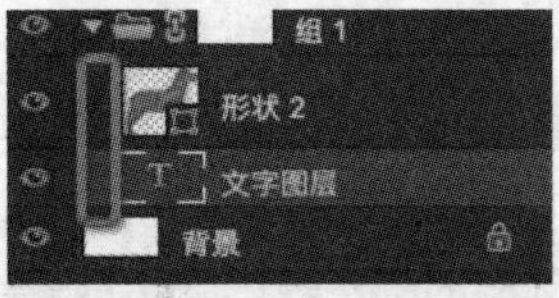

图 3 - 1 - 12

特别要注意，在 PS 中，栅格和位图是用来描述像素的。矢量、路径、文字是基于指令的。这只是 PS 中常用的术语罢了，想深入了解的同学请自主学习。

3. 1. 2　我来做你来看

关于图层的操作，我们可以通过两种方法来调出。第一种就是“图层”菜单(见图 3 - 1 -13)。第二种就是打开图层面板，在“窗口”菜单下选择“图层”，这里推荐使用快捷键 F7 调出图层面板(见图 3 - 1 - 14、3 - 1 - 15)。请同学们在设置自己风格的工作区时，首要保留。

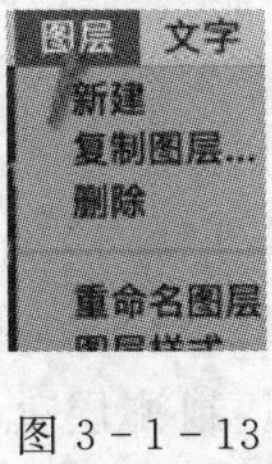

图 3 - 1 - 13

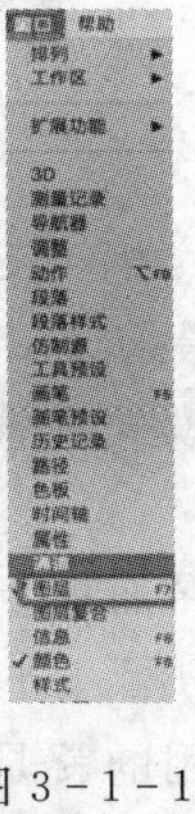

图 3 - 1 - 14

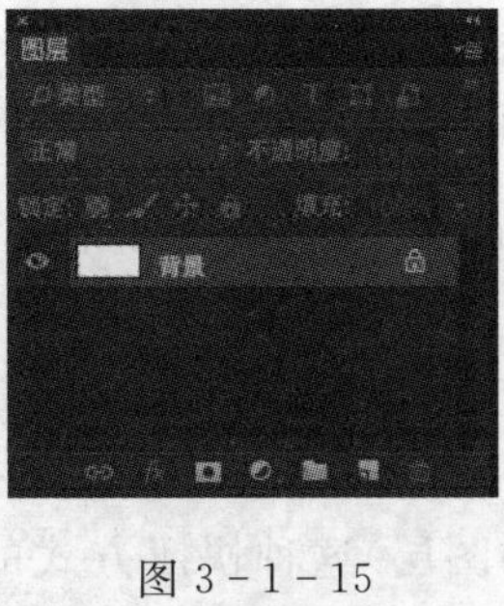

图 3 - 1 - 15

随着 PS 版本的升级，图层里又多了个 3D 图层(这里不再详解)。普通图层的建立很简单，直接点击图层面板上的“创建图层”按钮就行了(见图 3-1-16)。使用 Alt 并点击这个按钮则会出现新建图层的选项。不推荐使用“图层”菜单“新建”“图层”命令来创建新层，请同学们比较它的快捷方式 Shift+Ctrl+N(见图 3-1-17)。建好的图层如果想要改名只需要在图层名上双击就可以修改了(见图 3-1-18)。

图 3-1-16

图 3-1-17

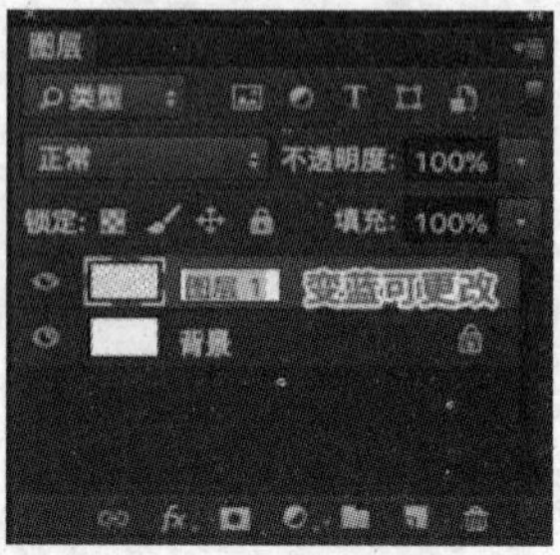

图 3-1-18

图层的选择也很简单，选中的图层会出现蓝色，也就表示你现在是在所选择的这个图层上来制作，那么所有痕迹都只会在这一图层中有所反应。可以结合 Shift 和 Ctrl 键来选多个图层。在实际制作时，过多的图层是会干扰我们的思绪的，所以我们还可以选择隐藏图层，直接点击图层最前面的小眼睛就行了。但我们最常用的却是按 Alt 键来隐藏其他图层的显示方法(见图 3-1-19、3-1-20)。

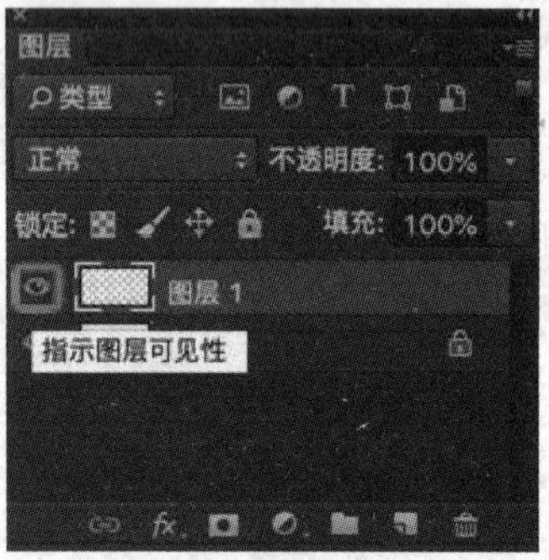

图 3-1-19

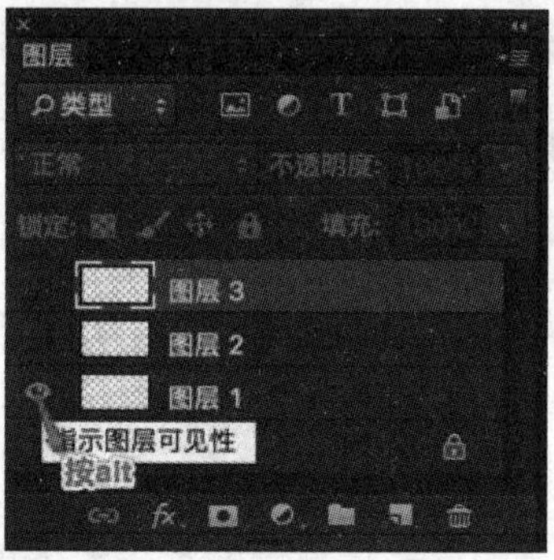

图 3-1-20

移动图层的方法更是简单，直接拖拽。当然也有快捷方式，按 Ctrl+“【”或“】”可以一层层地移，按 Ctrl+Shift+“【”或“】”可迅速移至最前或最后。但请同学们注意，移动图层一定要注意叠加的顺序就变了，如果有图层的混合模式和蒙版的话就一定要小心处理。不然效果会紊乱。

图层也是可以根据需要进行复制的，直接在面板上把要复制的图层拖动到新建图层按钮上(见图 3-1-21)。这里也不推荐使用“图层”下的“复制图层”菜单命令，使用 Ctrl+J (通过拷贝的图层)这种快捷方式的居多，最常用的就是按住 Alt 想复制哪层就选择好拖动到任意位置放开就行了。如果有多个图层要复制，也很简单，多选后按 Alt 拖动到相应位置(见图 3-1-22)。

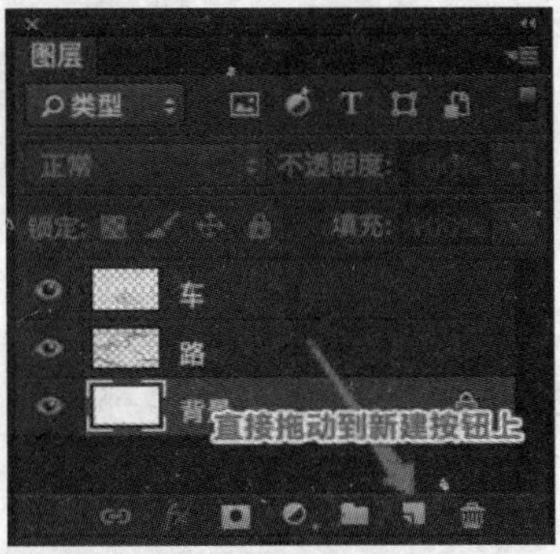

图 3-1-21

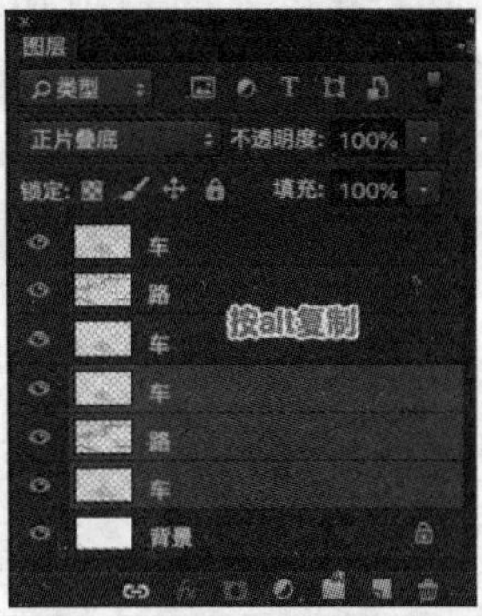

图 3-1-22

删除图层通过垃圾桶和右键选择，或是直接按 Delete 键删除(见图 3-1-23、3-1-24)。

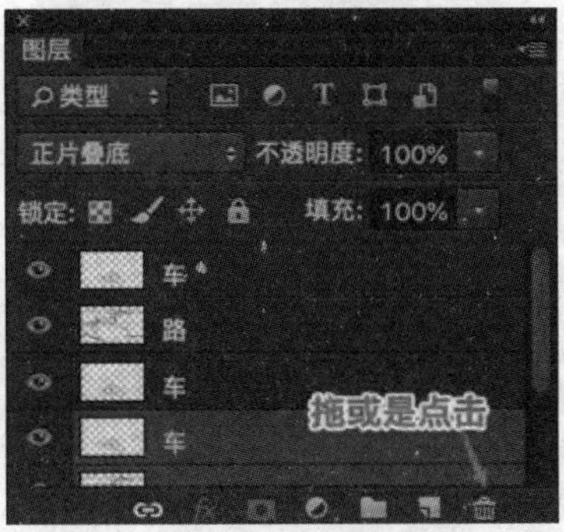

图 3-1-23

图 3-1-24

注意观察在图层面板的最上面有一排图标，最右边有个图层过滤的开关，下面还有个图层锁定。当我们打开这个开关时，表示可以对像素图层、调整图层、文字图层、形状图层和智能对象进行查看管理。锁定则是对图层或图层的某部分进行操作保护。锁定了就代表禁止，分别是禁止了透明、像素、位置和全禁。其实隐藏也能起到一种保护作用。而图层的链接就表示多个图层可以统一移动变换。注意图层链接后可以统一移动变换，但图层仍然是可以独立编辑的(见图 3-1-25～3-1-27)。

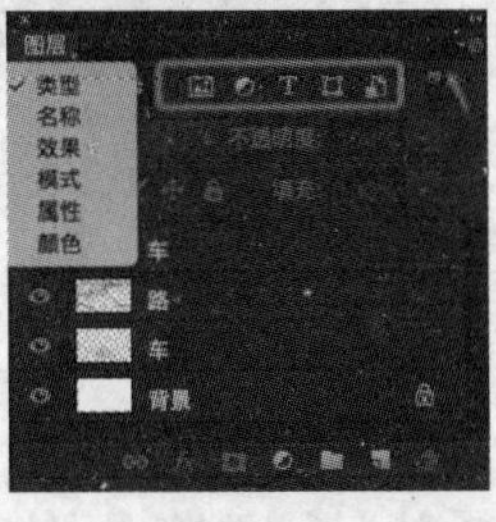

图 3-1-25

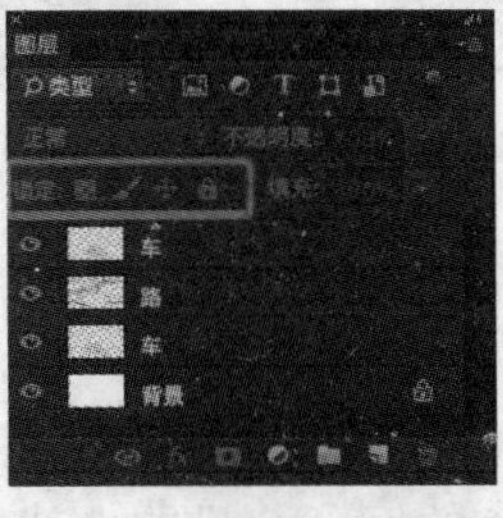

图 3-1-26

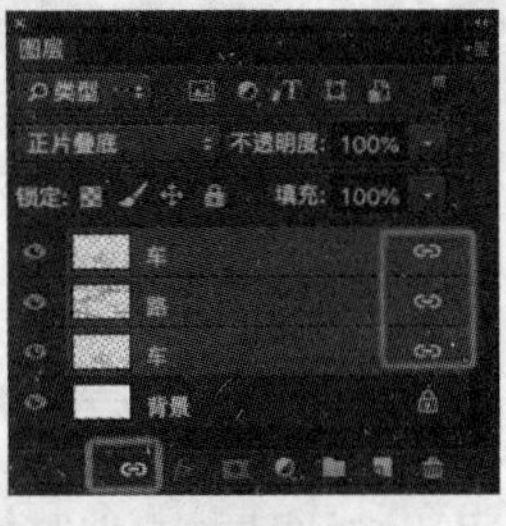

图 3-1-27

图层合并是十分重要的一项功能，常用 Ctrl＋E 或是 Ctrl＋Alt＋E 的快捷方式来进行。Ctrl＋Shift＋E 合并可见图层。而盖印图层则用 Alt＋Ctrl＋Shift＋E，这是把所有可见图层拼合看效果的图层。当然对要合并的图层点击右键也可以选择(见图 3-1-28)。

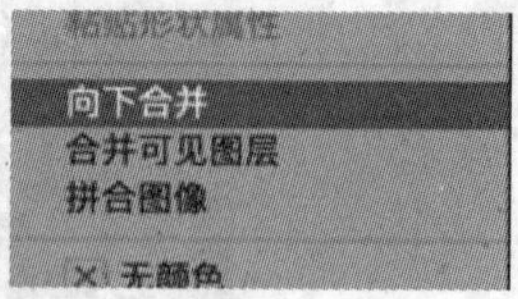

图 3-1-28

此外我们还可以通过对图层面板的设置来让它更好看些。比如可以让“缩略图”大些，也可以不让复制图层出现讨厌的“拷贝”字样，都可以在这个“面板选项”中设置(见图 3-1-29～3-1-32)。

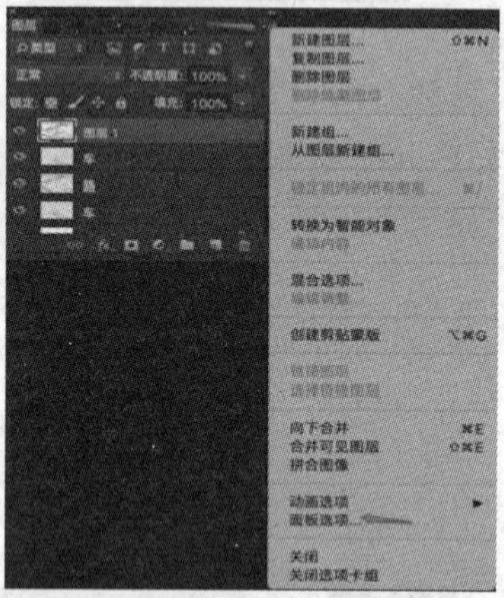

图 3-1-29

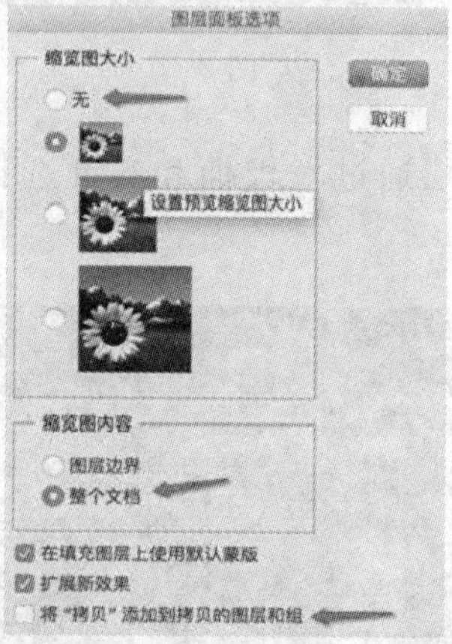

图 3-1-30

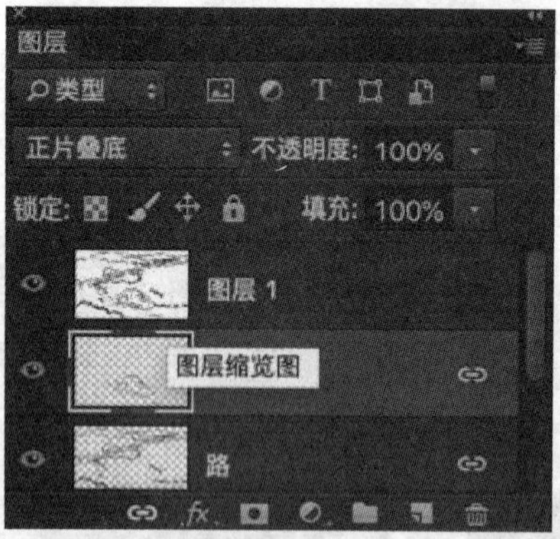

图 3-1-31

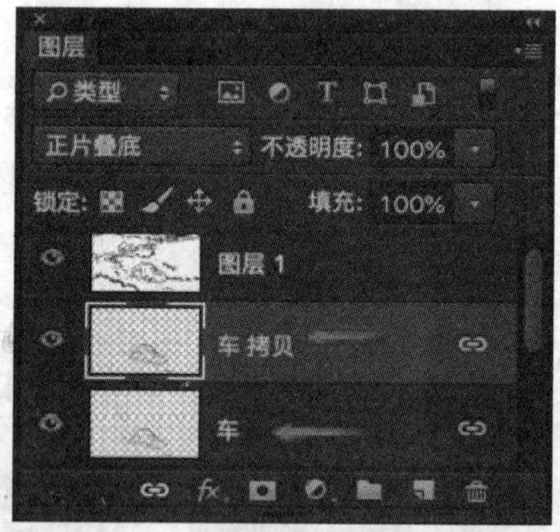

图 3-1-32

3.1.3 你来做我来看

我们还可以对图层“组”进行颜色的区分。目的也就是为了让自己对作品的结构有个清晰的认识，人生需要规划，作品更需要一种逻辑结构来保证不会出错。

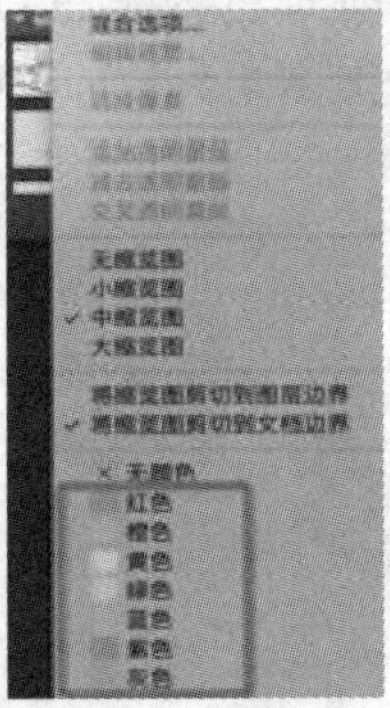

图 3-1-33

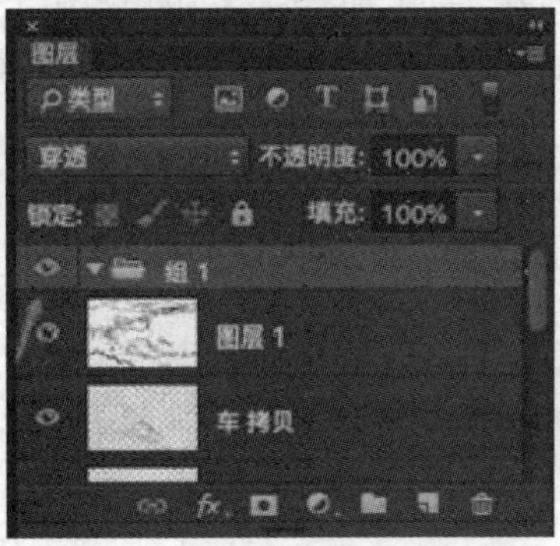

图 3-1-34

请同学们执行以下操作并记录在实训报告中。观察各图层是否为透明图层。新建图层并更名、复制图层并更名、创建形状图层并更名、创建文字图层并更名、移动图层、链接图层、锁定图层、盖印图层、合并图层请分别使用“菜单”和“快捷方式”来执行操作。

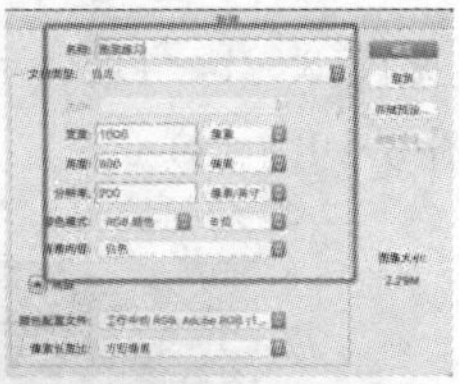

图 3-1-35

这里请同学们根据所提供案例来进行操作，步骤如下。

我们新建一个 1000×800 像素的文件(见图 3-1-35)。

置入一张图片，并更此图层名为“花”(见图 3-1-36)。注意图片的置入可以先正常打开图片，然后再利用移动工具拖入所需的文件中，也可直接使用菜单“文件”下的“place”命令。

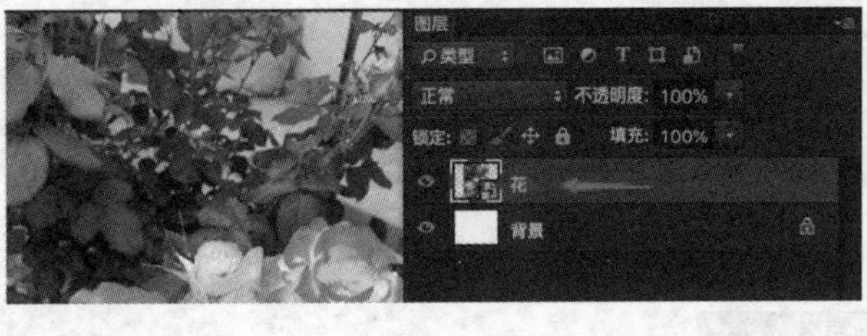

图 3-1-36

现在将“花”转换为“智能对象”，并再复制此图层并更名为“复花”(见图 3-1-37、3-1-38)。

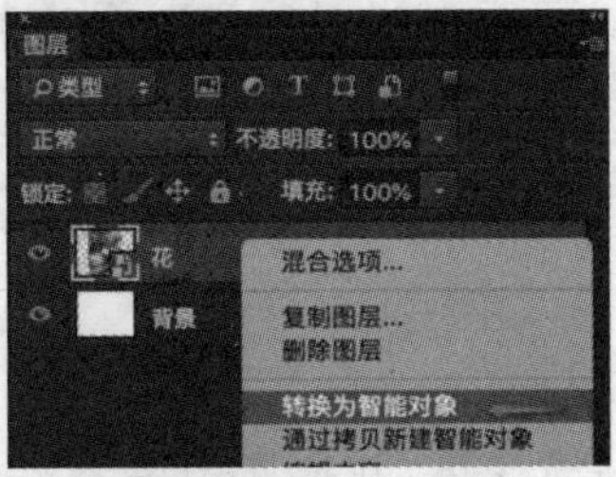

图 3-1-37

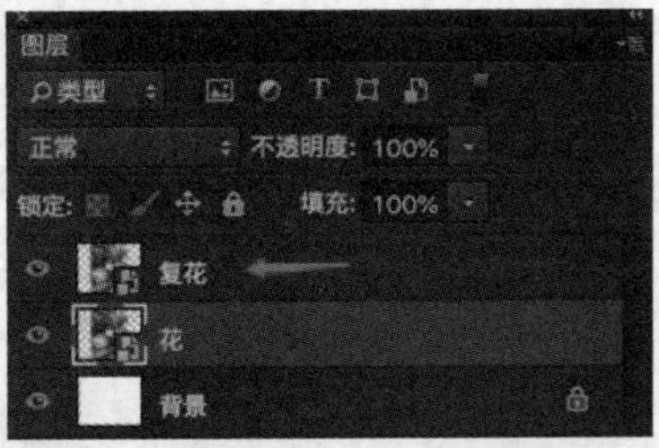

图 3-1-38

现在为此“复花”层添加一个蒙版(见图 3-1-39)。设前景色为黑色,用画笔在蒙版上进行描绘,效果如图 3-1-40 所示。为了更好地观察,可以把图层“花”前面的“眼睛”关闭。

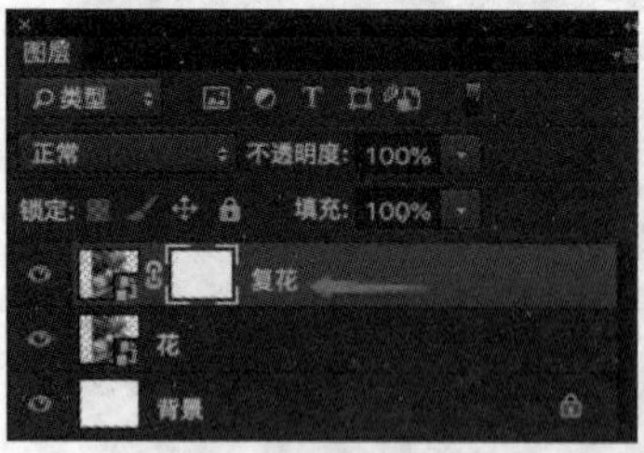

图 3-1-39

图 3-1-40

盖印这个“复花”和“背景”图层,把“花”层隐藏,就会得到一个盖印图层,更名为“抠的花”(见图 3-1-41)。在这个图层上利用魔棒选中“白色部分”,然后反选得到“花”建立选区(见图 3-1-42)。

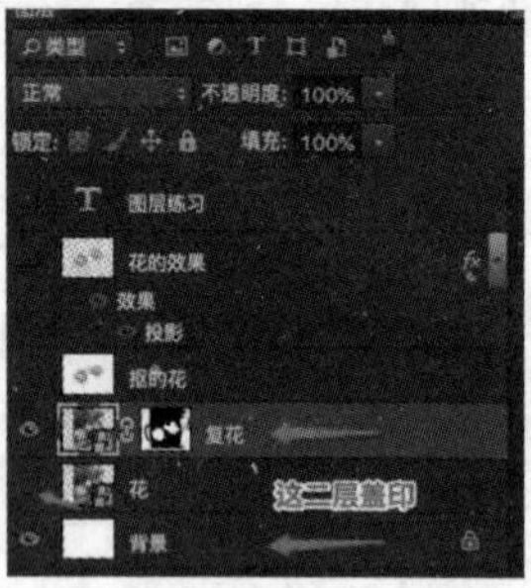

图 3-1-41

图 3-1-42

把这个花的选区复制新建一层并更名为“花的效果”,做一个“投影”的图层样式效果(见图 3-1-43),并打上文字为“图层练习”(见图 3-1-44)。

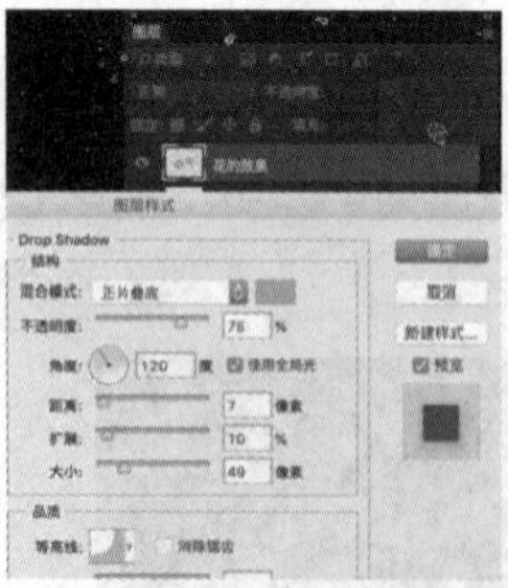

图 3-1-43

图 3-1-44

在“背景层”上新建一个填充图层,我们选择一种渐变色,并把此图层更名为“渐变”(见图 3-1-45)。最终效果如图 3-1-46 所示。

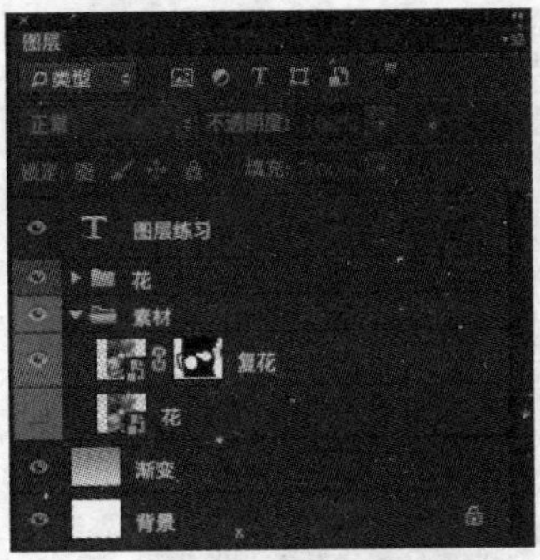

图 3-1-45

图 3-1-46

最后选中“抠的花”和“花的效果”图层，按 Shift 键并点击“创建新组”命令生成“组 1”并更名为“花”。再选中“复花”和 “花”图层，用同样的方法生成“组 2”并更名为“素材”(见图3-1-47)。我们把“花”组设为绿色，“素材”组设为黄色。点开“小三角”观察图层(见图 3-1-48)。

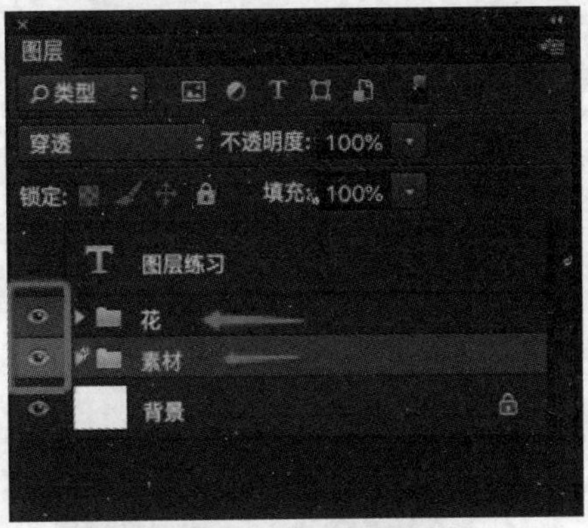

图 3-1-47

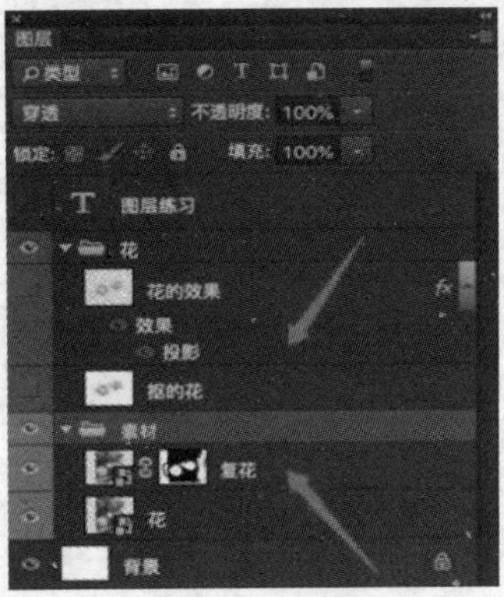

图 3-1-48

3.1.4 我们一起来练练

同学们在使用图层时，一定要养成分组和命名的好习惯，好好地把自己作品的图层结构给打理好，这样你自己看得清楚别人看着也明白，在今后的工作和团队合作中会更加高效。因为随着学习的深入，图层会越来越多，在利用图层的过滤功能时就能很快速地进行管理了。

同学经常会犯的图层错误就是不知如何给图层命名，基本都是采用默认的方式，这样会给自己今后的制作过程带来很大的麻烦。还有就是习惯性地用数字 1、2、3 等来代替。这是非常不可取的，在上面的学习中也说过了如何去掉重复的“拷贝”二字，这样会更加有利于更名。图 3-1-49 是非常不好的一种图层方式，很难找到想要的内容。图 3-1-50 则较好些，从图层的命名中能大致找到对应的内容。

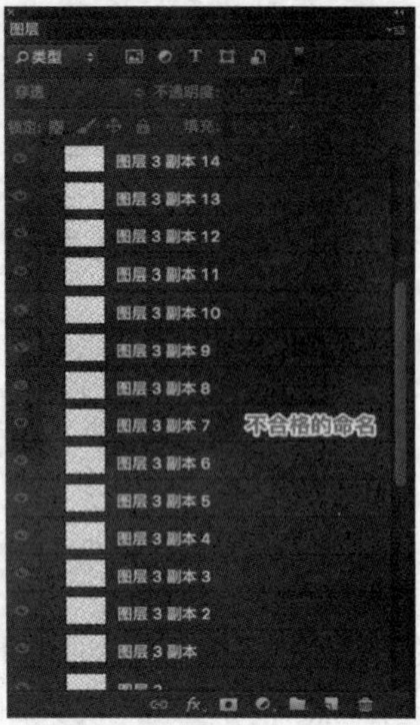

图 3-1-49

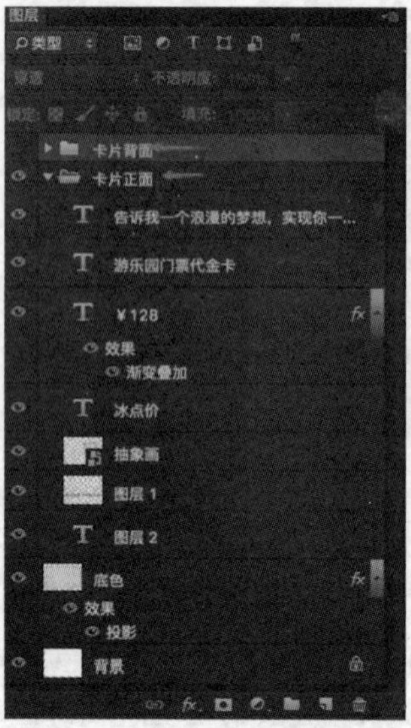

图 3-1-50

所以对于各位同学们来说，最好的加强学习的方法就是练习，只有通过不断地练习，我们才能在错误和迷茫中慢慢感受到图层的魅力以及如何正确地去操作。所以请同学们切记从今日起，在 PS 的训练中一定注重图层的练习。

玩一玩

请同学们模仿练习"多彩的图层"并把各图层更名为相对应的名称。

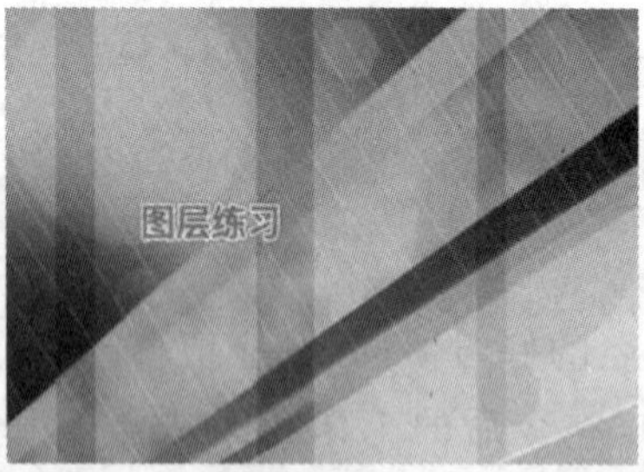

图 3-1-51

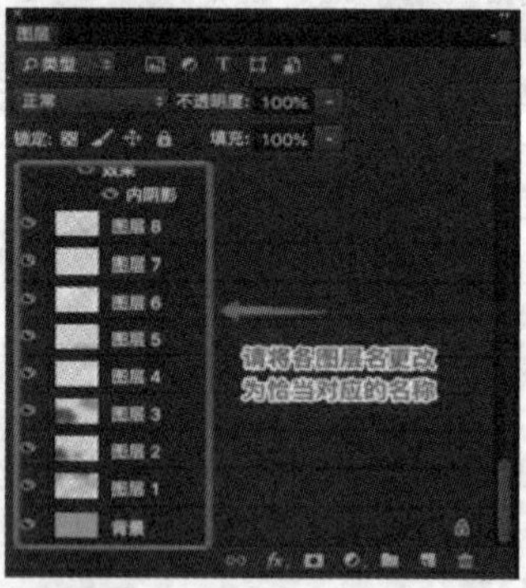

图 3-1-52

3.1.5 我们一起来说说

(1)图层是什么?

(2)图层的分类有哪些?

(3)图层操作的快捷方式有哪些?

(4)图层的命名有无规则，是给自己看的还是给别人看的？

以上除形成书面作业上交外，会在课前通过点名方式进行检查。课外实践作业请通过班级群发送给授课教师批改。

3.1.6　实训报告

图形图像处理 Photoshop CS6 实训报告

<table>
<tr><td>班级 / 姓名</td><td colspan="2"></td><td>时间</td><td></td></tr>
<tr><td></td><td colspan="2"></td><td>实训室</td><td></td></tr>
<tr><td>实训知识点</td><td colspan="4">图层</td></tr>
<tr><td>实训目的</td><td colspan="4">1. 理解图层　3. 图层的操作
2. 图层的分类　4. 图层的命名规则</td></tr>
<tr><td>实训内容
学生填写部分</td><td colspan="4">1. 什么是图层

2. 图层的分类

(1)背景层

(2)普通图层

(3)文字图层

(4)智能对象

(5)形状图层

(6)填充图层

(7)调整图层

(8)蒙版图层

3. 案例实操

4. 模仿练习</td></tr>
<tr><td>实训要求</td><td colspan="2">1. 认真填写实训报告
2. 对问题进行记录
3. 拓展问题认真思考并完成实践
4. 完成思考题并形成书面作业</td><td colspan="2">备注：实训报告以一个知识点的实践完成为依据，教师根据学生实训具体情况来调整学时。这样更有利于实践分数的评定</td></tr>
<tr><td>成绩评定</td><td colspan="4">优秀　良好　及格　不合格</td></tr>
</table>

3.2 混合模式

在 PS 中，每个图层都具有自己的模式，正因为如此，所以每个图层与图层之间就具有了混合的能力。但如果一个文件只有一个带锁的背景图层，是无法打开图层的混合模式的。必须让其转换为普通图层或是再新建图层才会显示出混合模式，当然这样的一个图层虽然也有模式，但想要实现图层的混合效果则需要两个或两个以上的图层才行。所以请同学们理解所谓的图层的混合模式的效果就是指两个图层或多个图层之间的透叠效果，如图 3-2-1～3-2-3 所示。

图 3-2-1

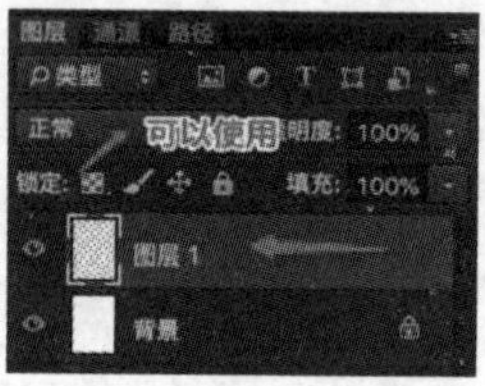

图 3-2-2

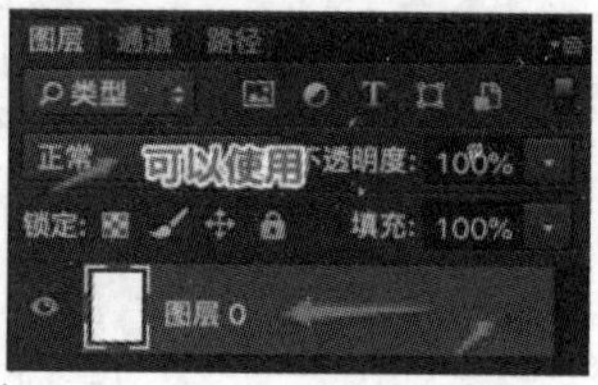

图 3-2-3

3.2.1 我来说你来记

(1)图层的模式分类。

在 PS 中，图层的混合模式按其属性分为六大类，请同学们注意此命令集中浅灰色的分隔线(见图 3-2-4)。

从上向下：为不依赖底图的“正常”与“溶解”的第一组；让底图变暗的“变暗”“正片叠底”“颜色加深”“线性加深”“深色”的第二组；让底图变亮的“变亮”“滤色”“颜色减淡”“线性减淡(添加)”“浅色”的第三组；增加底图对比度的“叠加”“柔光”“强光”“亮光”“线性光”“点光”“实色混合”的第四组；对比上下图层的“差值”“排除”“减去”“划分”的第五组；最后的一组则为上下图层中的图像改变颜色和亮度的“色相”“饱和度”“颜色”“明度”。

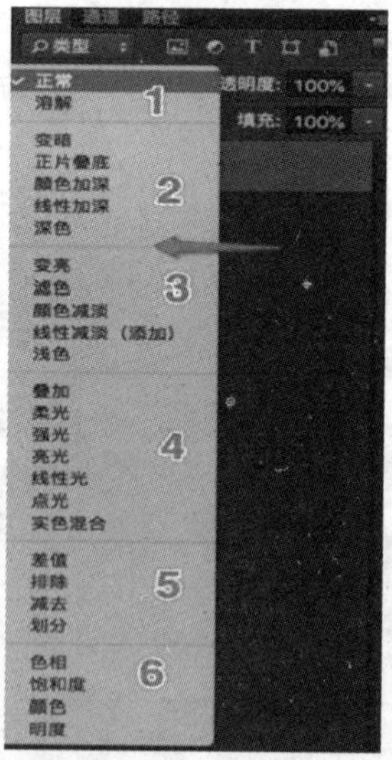

图 3-2-4

(2)理解图层的混合模式。

“正常”模式是 PS 中的图层默认模式，在这种模式下是不会对上下图层上中的图像颜色或亮度产生属性的改变的。但请同学们注意在本类下还有个“溶解”模式，这种模式会和底图的颜色交替并能产生一种随机抖动的效果，但如果保证它的“不透明度”为 100％时则不会出现问题，但是一旦降低了此层的不透明度值，则可能会有一些意想不到的事情发生。如图 3-2-5～3-2-8 所示。

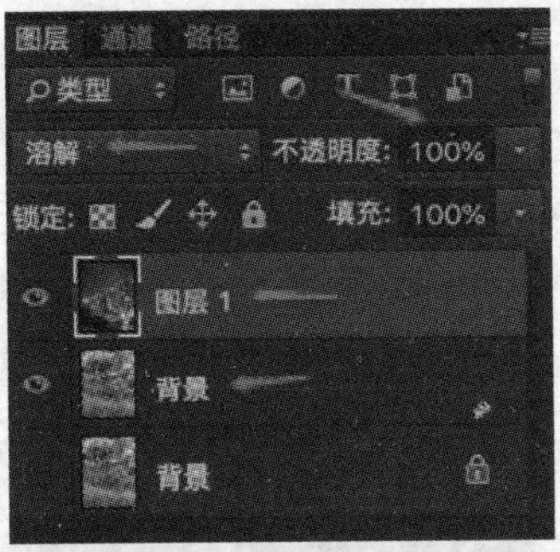

图 3－2－5

图 3－2－6

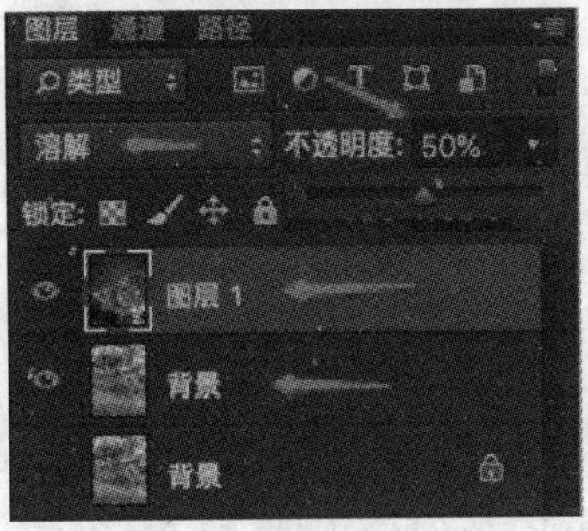

图 3－2－7

图 3－2－8

那么我们在“正常”模式下去改变“不透明度”，也会出现两张图处的透叠效果，请注意观察在“正常”模式下也仅仅是透明度的变化，并不会产生两张图像颜色的透叠与相互融合情况，如图 3－2－9、3－2－10 所示。

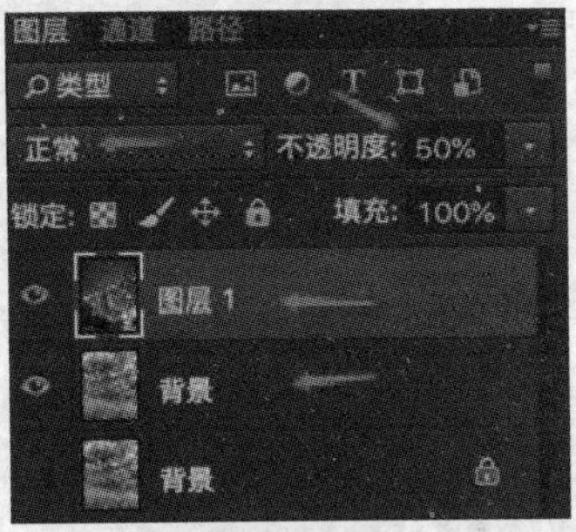

图 3－2－9

图 3－2－10

所以请同学们一方面要理解上面说的六组分类的各自特性是什么，并动手来试一试效果，懂得如何选择什么样的模式来达到自己想要的效果；另一面还需要注意“不透明度”和“填充”值的改变会影响到最终的混合效果。

3.2.2 我来做你来看

(1)下面我们就利用图层的模式属性来进行一些实际的效果制作。

我们利用相关的图片来给下面的这张图片做出一种下雨天透过玻璃观察的效果。我们可以从网上找一张雨的图片或是用自己拍的一些关于雨的图片来进行制作。这里的图片来自百度搜索(见图 3-2-11)。

图 3-2-11

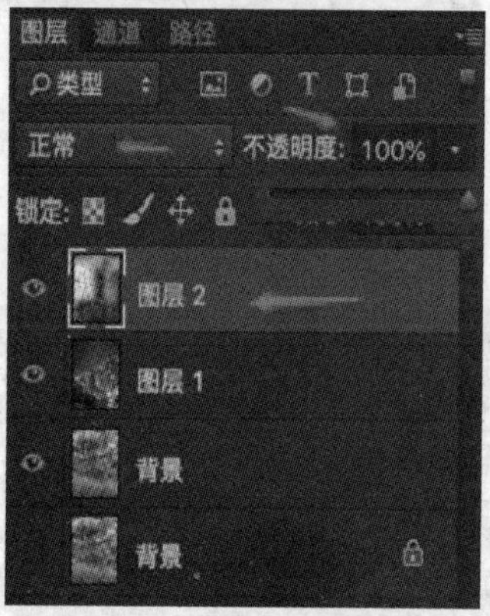

图 3-2-12

虽然在 PS 中打开了这两张图片，但在正常模式下同学们发现这张雨景图完全遮盖住了下面的所有图像。这时要考虑用什么类型的模式才能实现下图中出现雨景的效果，肯定是我们希望这张雨景图能够透明就好，也就是让亮的变得更亮，暗的也变亮，根据这个特性，我们发现第三组的特性就是变亮，所以我们选择第三组里的模式来尝试混合效果(见图 3-2-13～3-2-22)。

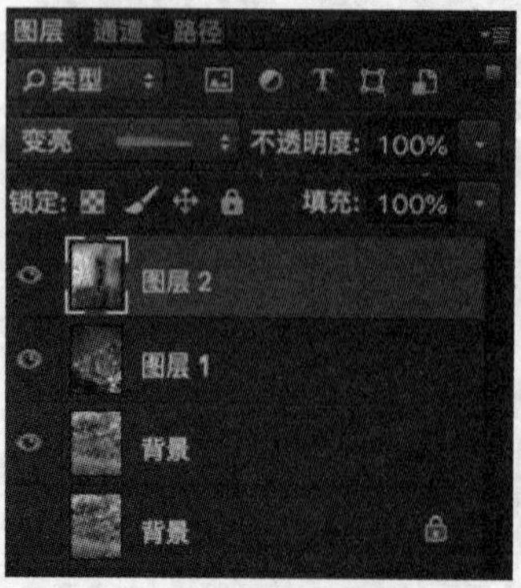

图 3-2-13

图 3-2-14

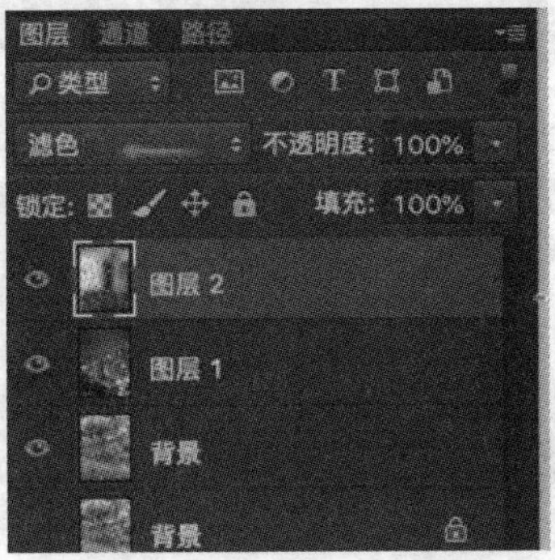

图 3－2－15

图 3－2－16

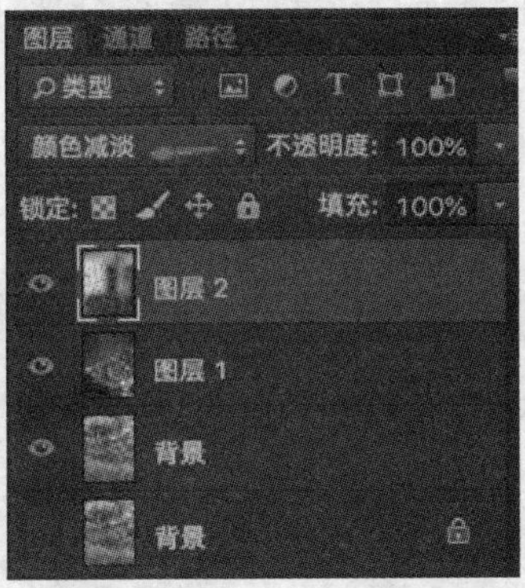

图 3－2－17

图 3－2－18

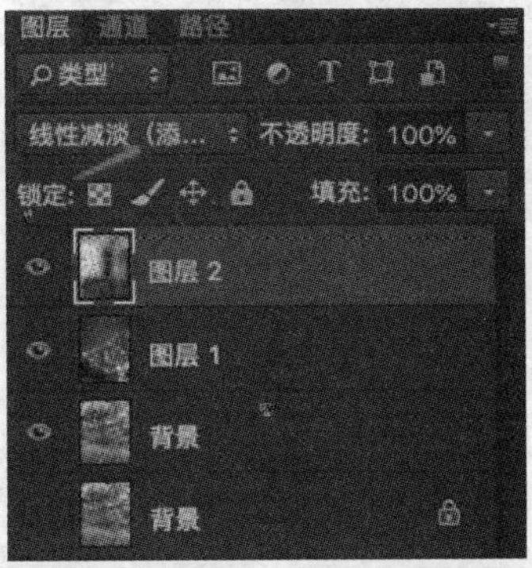

图 3－2－19

图 3－2－20

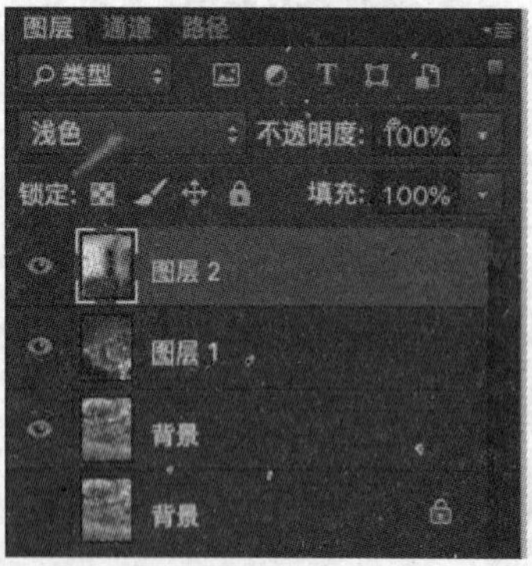

图 3－2－21

图 3－2－22

从以上的几个模式中，我们可以观察到虽然它们都能达到让底图出现的效果，但图 3－2－16 图层上的图像在混合时的效果却各不相同，似乎只有“滤色”是最符合要求的一种模式。为了让效果更好，我们可以调整“滤色”混合模式上的“不透明度”(见图 3－2－23)，当然我们也可以去尝试调整其他几种模式的不透明度再次来比较并得到自己满意的混合效果。如图 3－2－24 所示。

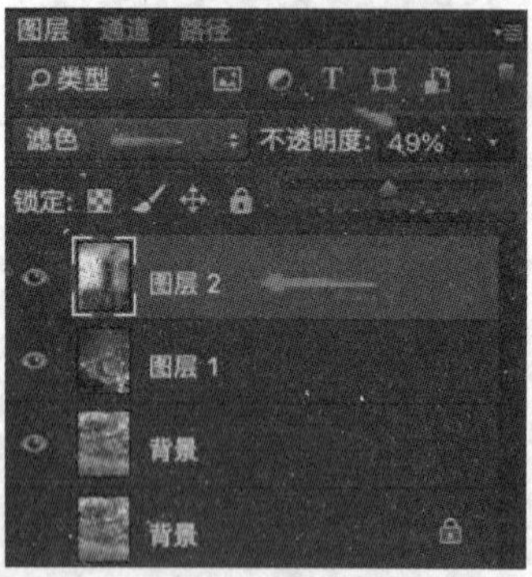

图 3－2－23

图 3－2－24

(2)智能图层下的混合模式。

在智能图层下，我们来制作图像的混合模式效果。首先我们需要把普通图层转换为智能图层，然后在这个图层上来进行模式的混合。请同学注意之前的知识就曾向同学们介绍过智能图层的好处比普通图层要强很多，这里更是通过实例再次来验证。这里图像添加一个滤镜效果，然后双击就可进入该滤镜的模式调整。如图 3－2－25～3－2－26 所示。

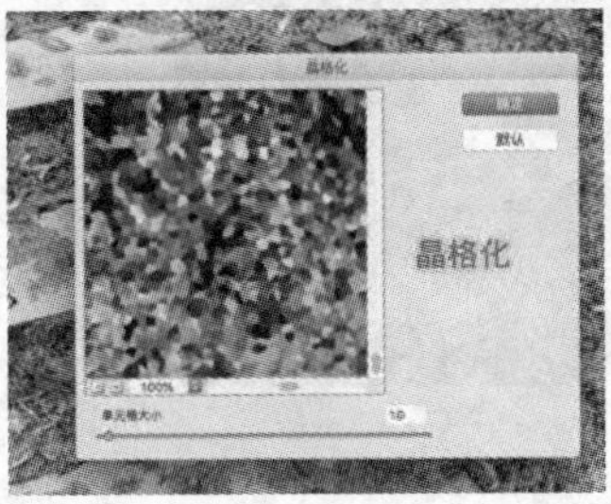

图 3 - 2 - 25

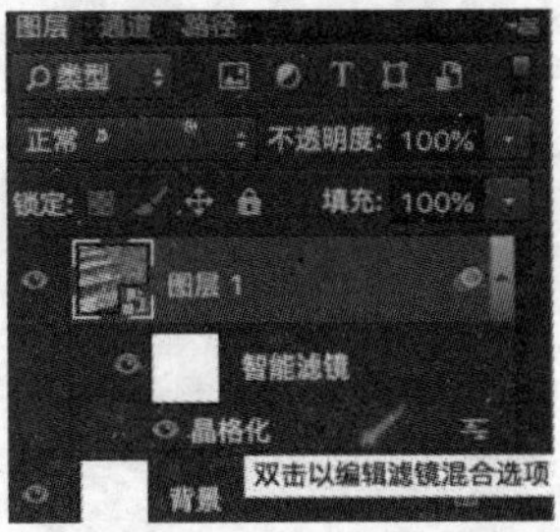

图 3 - 2 - 26

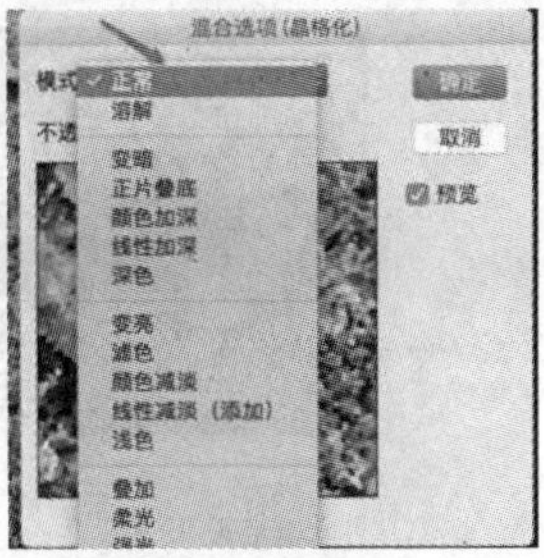

图 3 - 2 - 27

这里我们把模式选为了“正片叠底”，请注意是把该图层滤镜的模式调为“正片叠底”而不是该图层的模式，所以我们在图层上还是可以再次调整这个图层的模式。为了让效果明显，我们让背景层填充上一种颜色 # 24779d，再次调整图层的模式为“柔光”（见图 3 - 2 - 28），效果如图 3 - 2 - 29 所示。

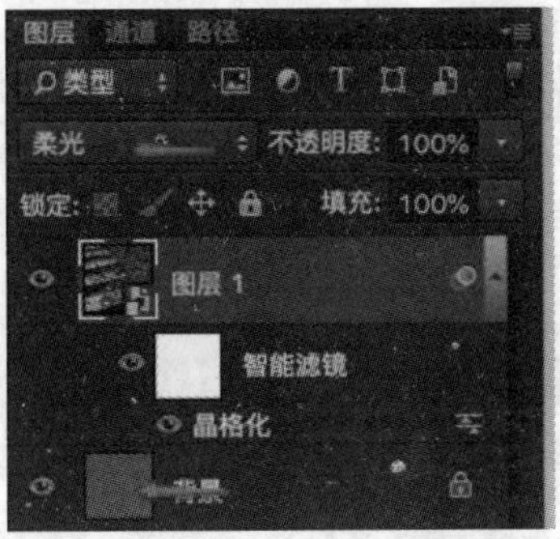

图 3 - 2 - 28

图 3 - 2 - 29

请同学们注意不管是在普通图层还是智能图层中，所有的模式操作都是无损的。

3. 2. 3　你来做我来看

在 PS 中，有些工具也具有图层的混合模式，比如画笔工具，但请注意因为画笔有自己的特性，所以在模式中多了“背后”和“清除”模式。“背后”类似在透明纸的透明区域的背面进行绘画，但要记住这仅在图层的透明部分编辑和绘制。“清除”也就相当于擦除。如图 3 - 2 - 30 所示。

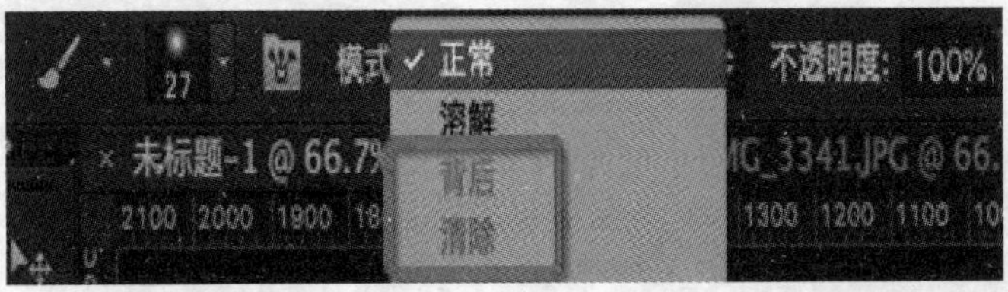

图 3 - 2 - 30

图 3-2-31

图 3-2-32

图 3-2-33

在渐变工具中也有图层的混合模式，它也有个“背后”模式。

图 3-2-34

图 3-2-35

填充的方式也具有图层的混合模式，但是不可以使用前后背景色填充的快捷方式，却可以使用填充的快捷方式 Shift+F5 来进行填充并选择。

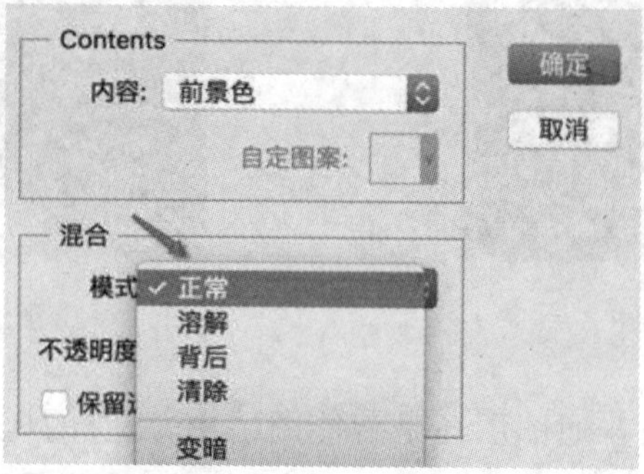

图 3-2-36

当然还有一些特殊的图层混合模式，比如在“计算”和“应用图像”命令下，这样选择好模式后自动进行运算，然后得到相应的效果。请同学们现在试一试。

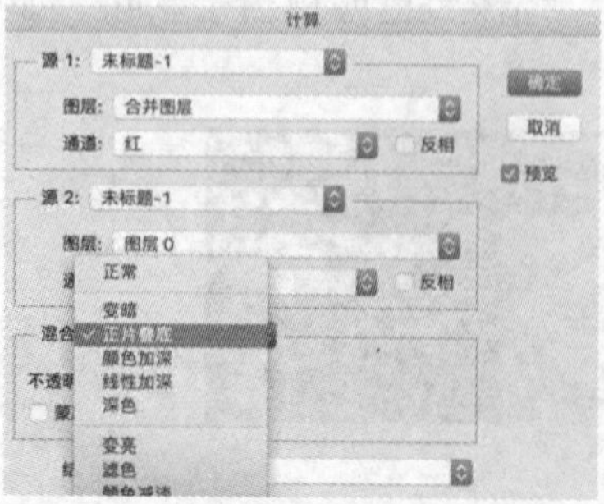

图 3-2-37

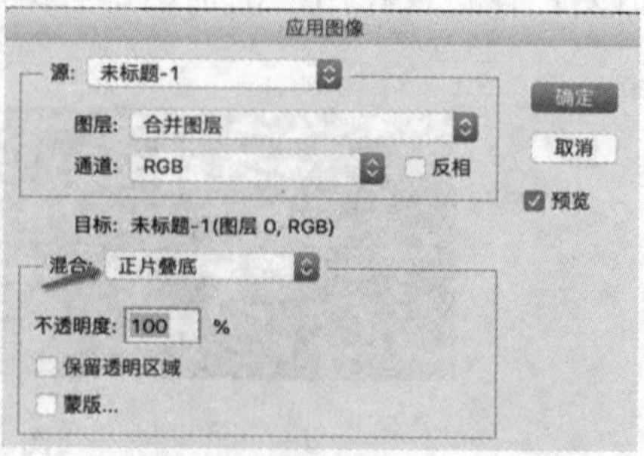

图 3-2-38

3.2.4　我们一起来练练

“计算”与“应用图像”命令的图层混合模式，通过利用“计算”来调整图层的混合模式并得到相应的效果。“计算”本身的含义就是混合两个来自一个或多个源图的单个通道，并将结果应用于新图像或新通道。

这是一个计算过程，这其中最重要的要素就是“图层混合模式”，也是这个命令的灵魂。结合使用“应用图像”命令就会是一组强大的功能运用。

我们先使用“计算”来确定好我们的混合模式，注意选择好图层和通道，同学们可以按顺序来进行选择练习。这时会在通道中产生一个新的 Alpha 通道，现在先不用去管它的含义，记住就好。这里我们用“计算”根据情况做了 3 个 Alpha 通道，分别为 Alpha1、Alpha2、Alpha3。如图 3－2－40 所示。

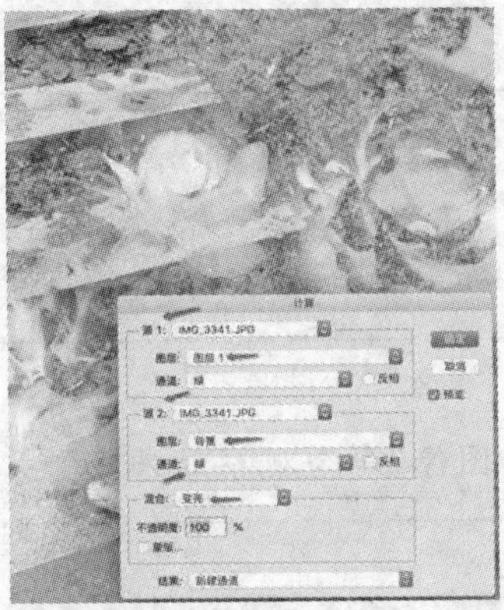

图 3－2－39

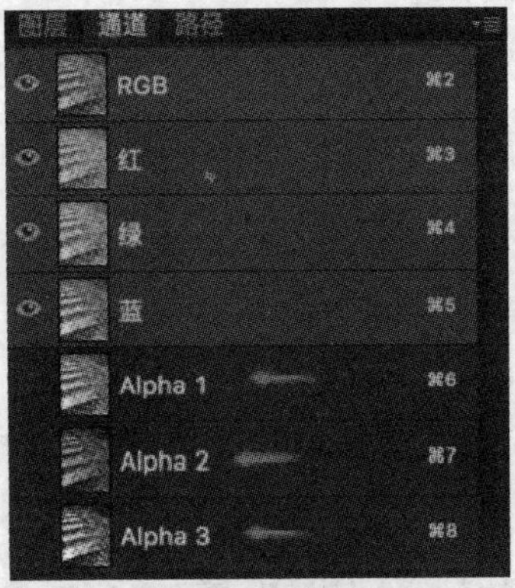

图 3－2－40

然后我们使用“应用图像”命令进行效果制作，根据选择 Alpha 通道的不同，产生了不同的效果。如图 3－2－41～3－2－44 所示。

图 3－2－41

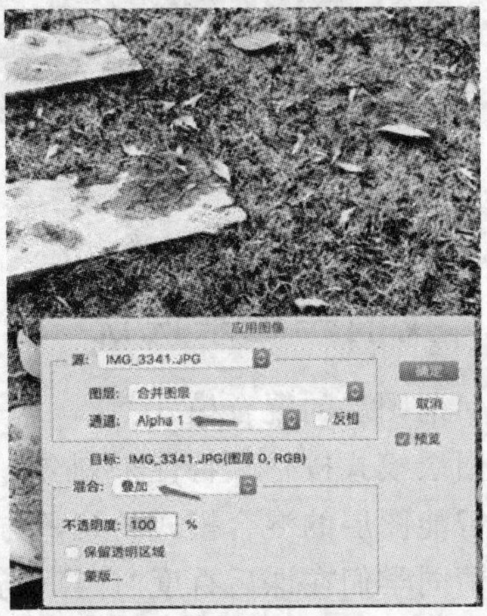

图 3－2－42

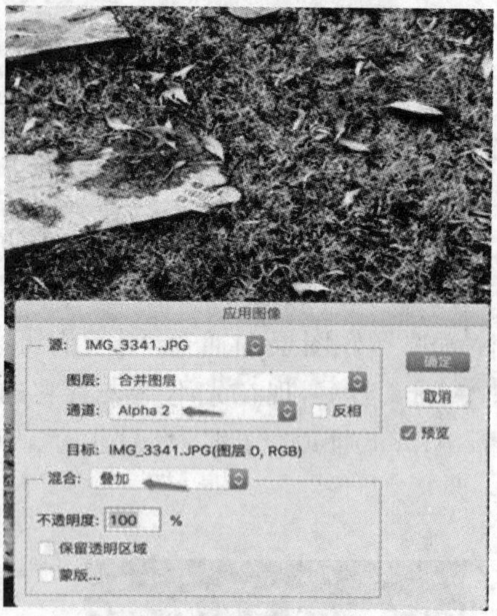

图 3-2-43

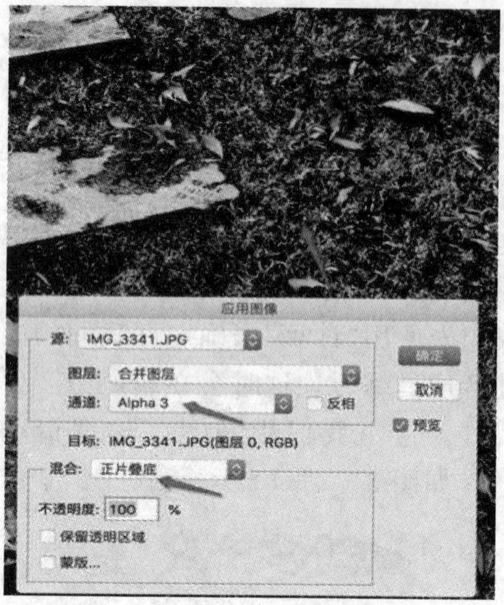

图 3-2-44

玩一玩

请同学们转换为智能图像并使用“计算”“应用图像”命令观察效果。

图 3-2-45

图 3-2-46

3.2.5 我们一起来说说

(1)何谓图层的混合模式?

(2)图层模式按什么特性来划分?

(3)智能图层的混合模式的调整方法是什么?

(4)请同学们在课后百度“计算”与“应用图像”的实践运用。

以上除形成书面作业上交外,会在课前通过点名方式进行检查。课外实践作业请通过班级群发送给授课教师批改。

3.2.6　实训报告

图形图像处理 Photoshop CS6 实训报告

<table>
<tr><td rowspan="2">班级
姓名</td><td rowspan="2"></td><td>时间</td><td></td></tr>
<tr><td>实训室</td><td></td></tr>
<tr><td>实训知识点</td><td colspan="3">混合模式</td></tr>
<tr><td>实训目的</td><td colspan="3">1. 理解图层混合模式　3. 工具的图层混合模式(计算与应用图像)
2. 六大组类的特性　　4. 智能图层的混合模式</td></tr>
<tr><td>实训内容
学生填写部分</td><td>1. 图层混合模式
2. 六大组类特性
3. 工具的图层模式
(1)画笔
(2)渐变工具
(3)填充
(4)计算与应用图像
4. 智能图层的混合模式</td><td colspan="2">六大组类细分实操训练</td></tr>
<tr><td>实训要求</td><td>1. 认真填写实训报告
2. 对问题进行记录
3. 拓展问题认真思考并完成实践
4. 完成思考题并形成书面作业</td><td colspan="2">备注:实训报告以一个知识点的实践完成为依据,教师根据学生实训具体情况来调整学时。这样更有利于实践分数的评定</td></tr>
<tr><td>成绩评定</td><td colspan="3">优秀　良好　及格　不合格</td></tr>
</table>

3.3 图层样式

图层样式是 PS 中一项重要的图层处理功能，它的功能很强大，能很快制作出各种质感和光影效果的图像特效，具有很强的编辑性。PS 中提供了不同的图层混合选项，有助于为选定的图层应用效果。

3.3.1 我来说你来记

为图层添加样式的方法有三种，第一种是选中要添加样式的图层，选择“图层”菜单下的“图层样式”调出命令(见图 3－3－1)；第二种是点击图层面板下的“添加图层样式”按钮(见图 3－3－2)；第三种最为常用和简单，直接双击要添加的图层即可实现。

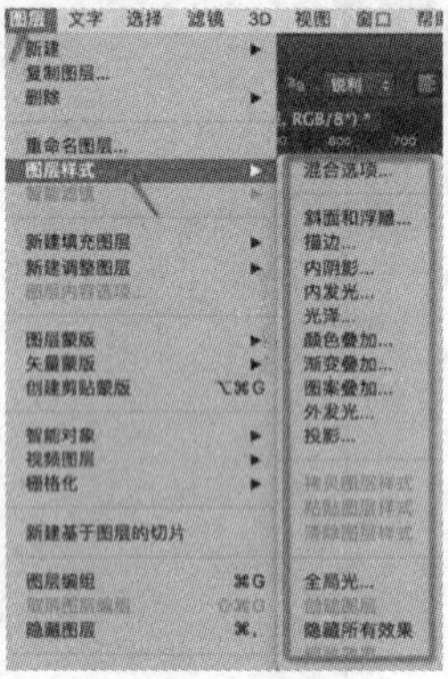

图 3－3－1

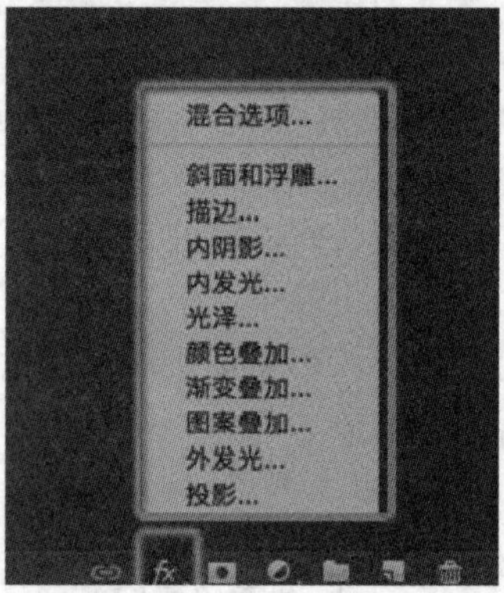

图 3－3－2

使用图层样式时，记得要对面板上的选项进行参数设置，其中的不透明度和填充只影响该图层，但保留样式。请同学们注意在同样的参数下，混合模式的不同也会影响到样式的效果。

如果要对文字添加图层样式时，最好选用无衬线的字体，因为这种字体粗细适中，比较精致好看。衬线是指字母结构笔画之外的装饰性笔画，有衬线的字体叫衬线体，没有衬线的字体叫无衬线体。区别如图 3－3－3 所示。

图 3－3－3

如果我们创建好了一个图层样式，可以通过“图层”菜单下的“图层样式”下的“创建图层”命令，将已有的图层样式转化为新的可编辑的独立图层。如图 3－3－4 所示。

图 3－3－4

3.3.2　我来做你来看

下面我们使用图层样式来做“水滴效果”：

在自定义形状里选“雨滴”形状(见图 3 - 3 - 5)。

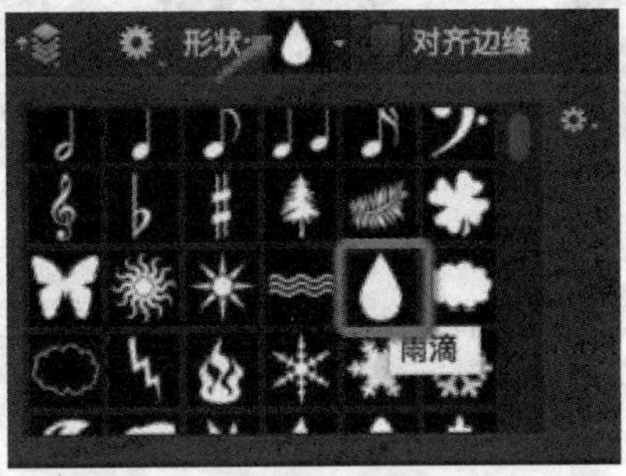

图 3 - 3 - 5

这里形状的填充和描边均为默认。

给背景层填充蓝色 # 2f92db(见图 3 - 3 - 6)。

图 3 - 3 - 6

在画面中拉好两个水滴形状后，我们来设置它们的图层样式，这里选择“阴影”(见图 3 - 3 - 7)。

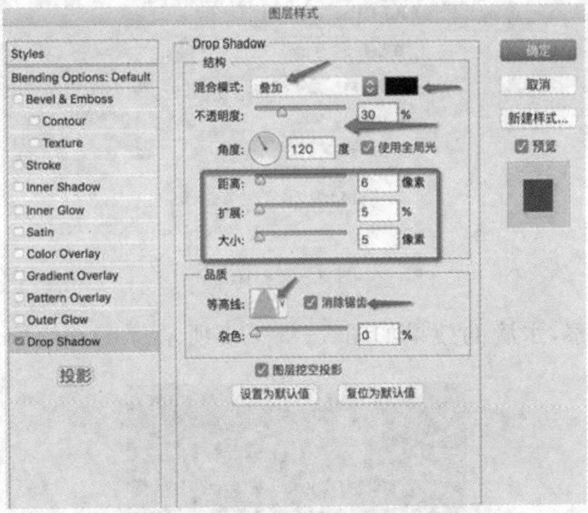

图 3 - 3 - 7

调好后，我们把这两个形状的填充和描边都设为“无颜色”(见图 3 - 3 - 8)，这样好似水滴感觉的效果如图 3 - 3 - 8 所示。

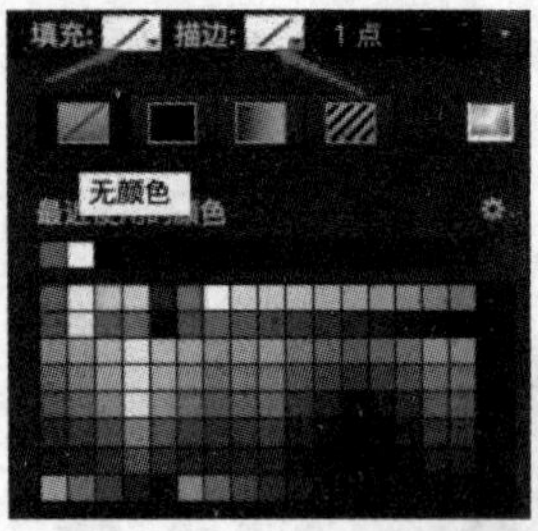

图 3-3-8

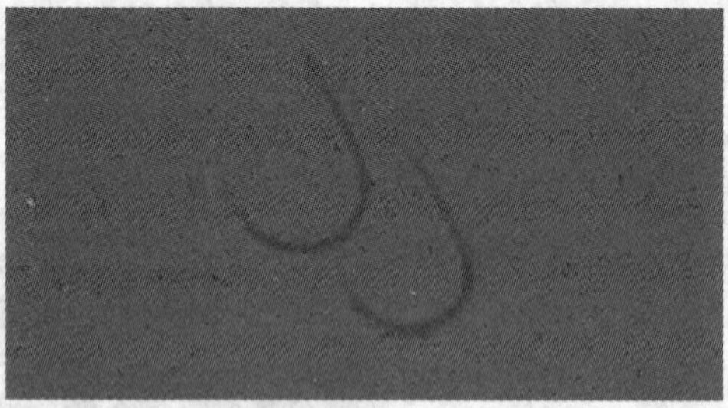

图 3-3-9

为了能让这个水滴更加具象些,我们可以再次对图层样式的“斜面和浮雕”进行设置。这里需要强调的是参数的变化与选择,一定要根据画面中即时出现的效果进行更改(见图3-3-10)。

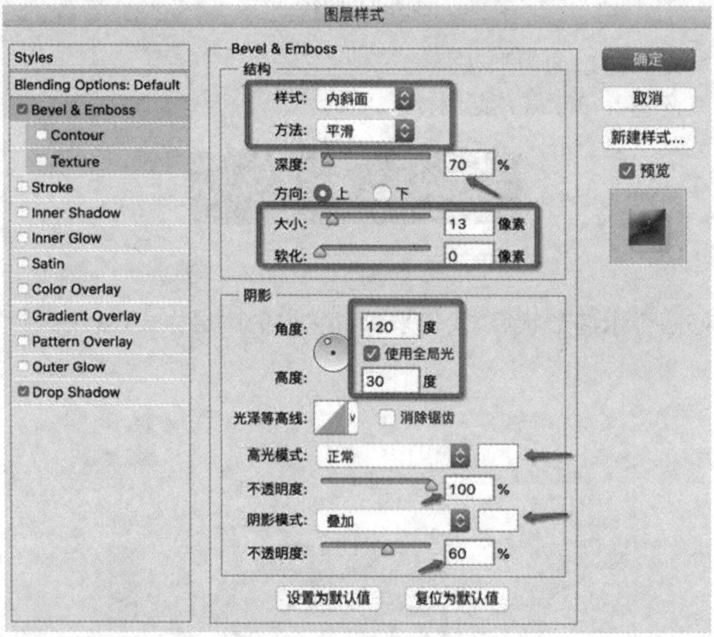

图 3-3-10

设置好后,再次观察,水滴的效果如图 3-3-11 所示。

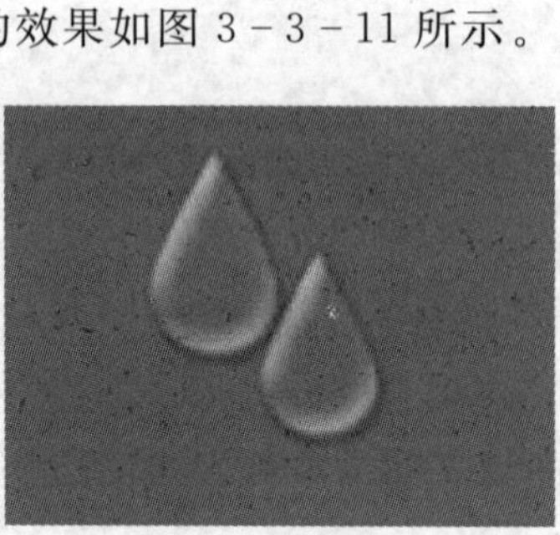

图 3-3-11

3.3.3 你来做我来看

图层样式也常用来做些质感的模拟物，比如手机的外壳和一些电器上的开关按钮。图 3-3-12 是手绘板上的一排按钮，我们尝试来做一做。

图 3-3-12

新建一个渐变的图层，可以用渐变色来填充，这里设 #2e2a31、#585461、#64626d、#66646e 的渐变。注意要调好它们的不透明度都为 100%（见图 3-3-13、3-3-14）。

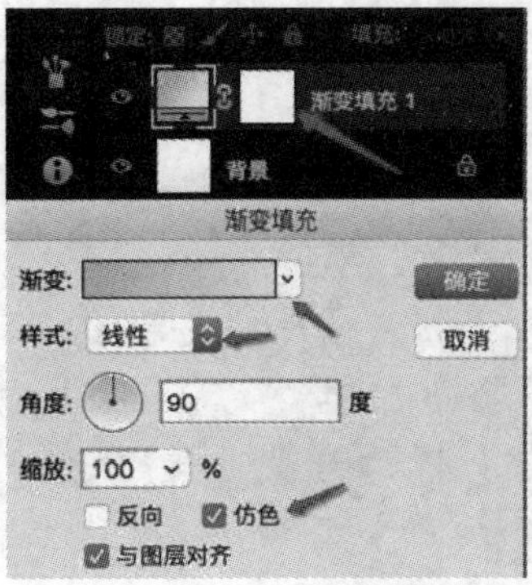

图 3-3-13

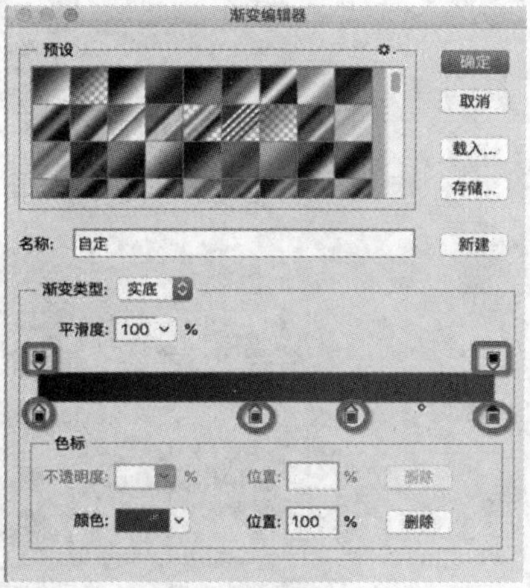

图 3-3-14

这里也可以先不考虑颜色，后期再根据情况调整就行了。

然后我们再利用形状工具，绘制几个圆形和椭圆形的形状，按 U 键和 Shift+U 键来切换，注意此工具上的属性并放好位置后我们再逐个进行图层样式的设置（见图 3-3-16、3-3-17）。

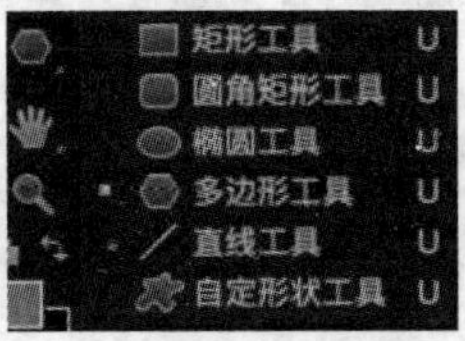

图 3-3-16

图 3-3-17

选择“斜面和浮雕”“内阴影”“渐变叠加”“投影”一边观察界面一边设置好参数（见图 3-3-18～3-3-21）。

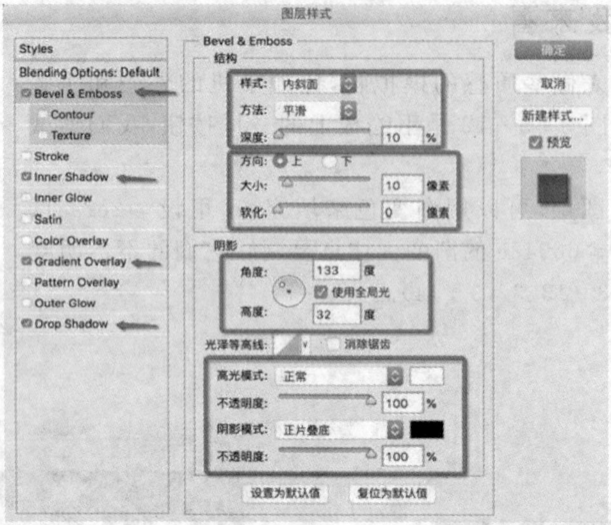

图 3-3-18

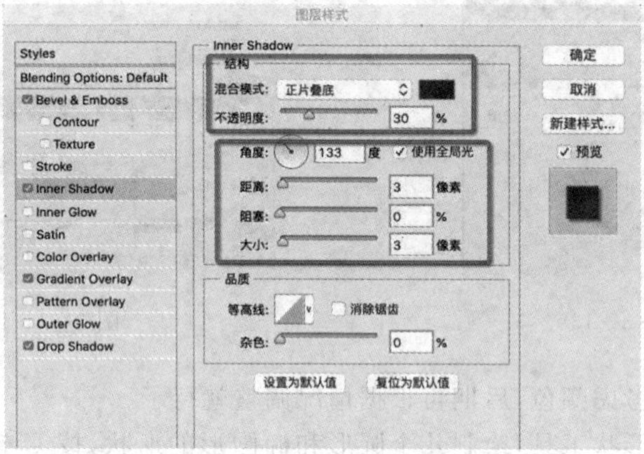

图 3-3-19

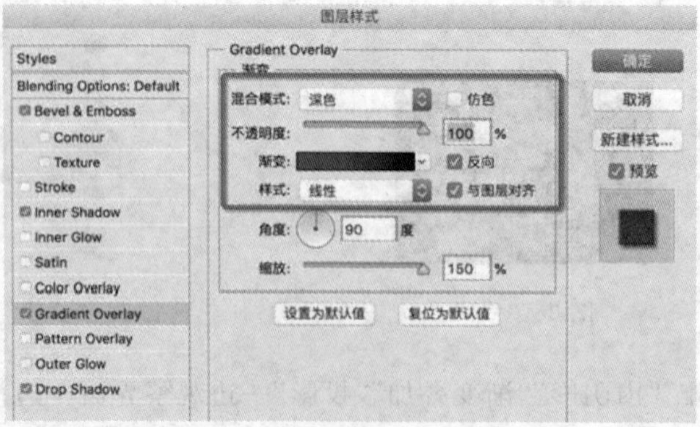

图 3-3-20

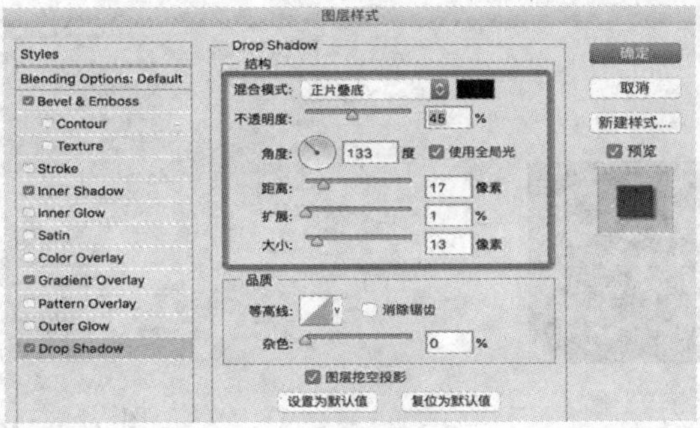

图 3-3-21

设置好一个效果之后，对其他的形状可按“Alt＋左键”，按住效果直接拖上去，如有些形状效果显示得不太合适的话，可以个别再次双击进行修改。

全部调好后按下 Alt＋Ctrl＋Shift＋E 进行盖印，可以看到最终效果，如图 3-3-22 所示。

图 3-3-22

3.3.4　我们一起来练练

我们再通过图层样式的方法来制作一种霓虹灯的效果，为了让霓虹灯的效果更好看些，我们可以选择一张图作为背景。这里我们直接选用“填充图案”里的蓝色皱纹纸作为背景(见图 3-3-23、3-3-24)。

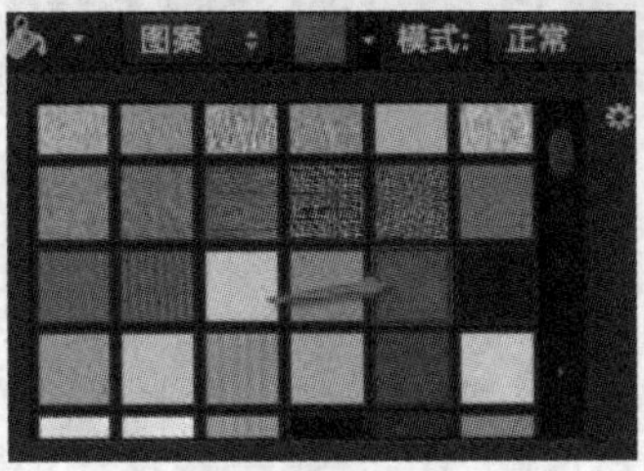

图 3-3-23

图 3-3-24

这里我们除了自己使用参数在图层样式里调整外，还可以使用一种更简便的方法，就是在“窗口”的“样式”命令里，选择好一种自己想要的效果进行设置，然后可以对不满意的地方再次进行调整(见图 3-3-25～3-3-28)。

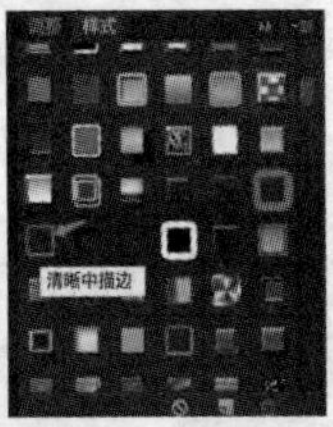

图 3-3-25

图 3-3-26

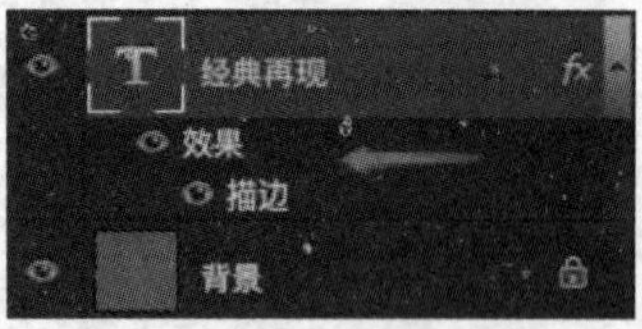

图 3-3-27

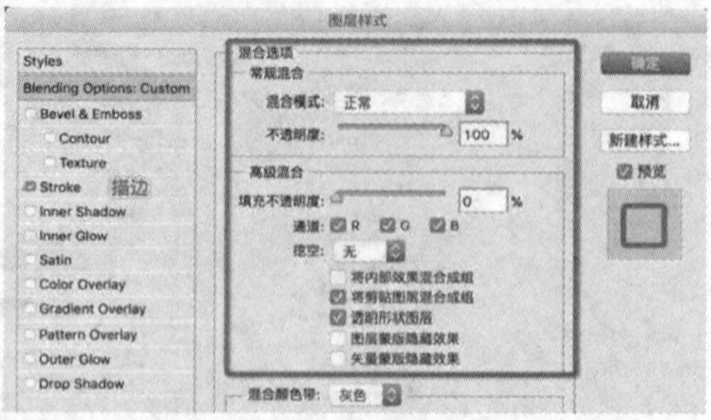

图 3-3-28

我们接着再使用其他的一些效果做出霓虹灯的感觉，比如使用“高斯模糊”(见图 3-3-29)，让描边的红光能向外扩展些(见图 3-3-30)，但如果你的样式里正好有霓虹效果的话，也是可以直接采用的。但要记得在图层样式中仔细观察并记下相关参数，以备将来需要时再用。

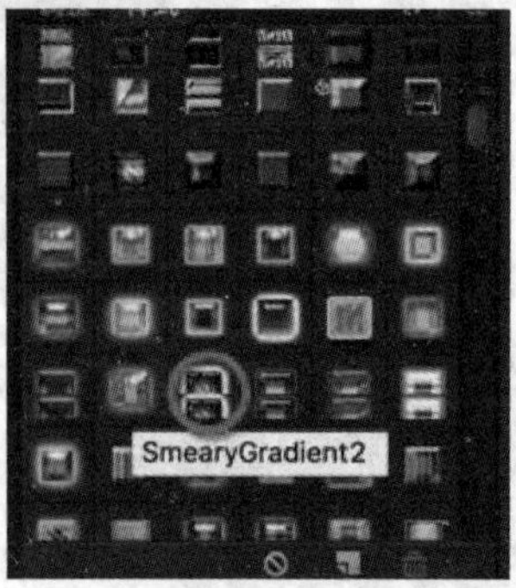

图 3-3-29

图 3-3-30

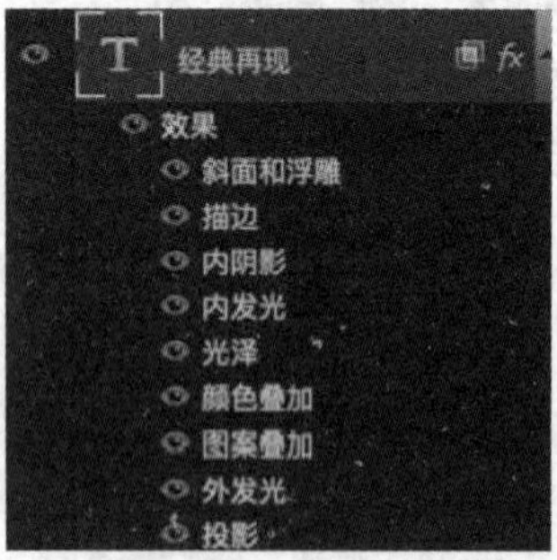

图 3-3-31

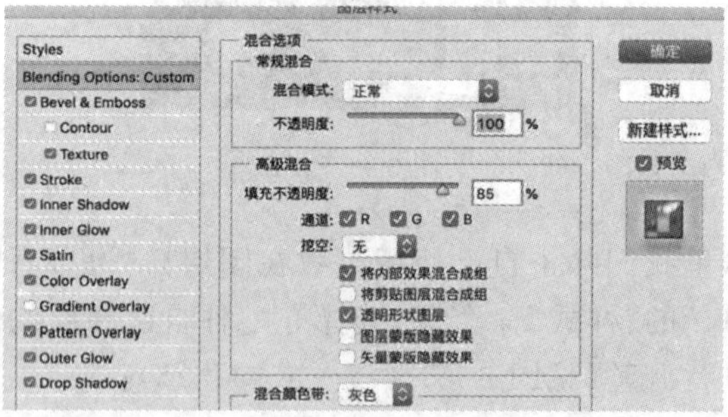

图 3-3-32

玩一玩

运用样式看看效果并进行再次设置。

3.3.5　我们一起来说说

(1)图层样式是什么?

(2)图层样式打开的方式是什么?

(3)图层样式的不透明度和混合模式的意思。

(4)投影选项的参数设置。

(5)查询“图层样式”并自主学习相关案例。

以上除形成书面作业上交外,会在课前通过点名方式进行检查。课外实践作业请通过班级群发送给授课教师批改。

3.3.6　实训报告

图形图像处理 Photoshop CS6 实训报告

<table>
<tr><td>班级 / 姓名</td><td></td><td>时间</td><td></td></tr>
<tr><td></td><td></td><td>实训室</td><td></td></tr>
<tr><td>实训知识点</td><td colspan="3">图层样式</td></tr>
<tr><td>实训目的</td><td colspan="3">1. 图层样式
2. 打开图层样式的方法
3. 参数设置
4. 样式</td></tr>
<tr><td>实训内容
学生填写部分</td><td>1. 图层样式
2. 有衬无衬
3. 样式</td><td colspan="2">参数设置选项练习</td></tr>
<tr><td>实训要求</td><td>1. 认真填写实训报告
2. 对问题进行记录
3. 拓展问题认真思考并完成实践
4. 完成思考题并形成书面作业</td><td colspan="2">备注:实训报告以一个知识点的实践完成为依据,教师根据学生实训具体情况来调整学时。这样更有利于实践分数的评定</td></tr>
<tr><td>成绩评定</td><td colspan="3">优秀　良好　及格　不合格</td></tr>
</table>

3.4 调整图层

调整图层是调整图像的一种方式，除了能快速调整图像的颜色和色调外，还能做到无损调图。

3.4.1 我来说你来记

在“图像”菜单命令下的“调整”里有很多调整工具，这些工具可对图像的颜色和色调进行调整并应用于图像。但这个菜单命令只能对当前层的颜色和色调起作用，而且原始图像实际上也是会有些改变的。如果同时调整多个图层的色彩或只针对某一个图层进行色彩改变而不会去影响其他图像的话就要使用调整图层。在 PS 图层中这个像黑白太极的标记就是调整图层。

打开调整图层，可以发现它共分为四大部分，分别代表“颜色调整”“亮度调整”“色调调整”和“其他调整”（见图 3-4-1、3-4-2）。现在为同学们逐一进行讲解。

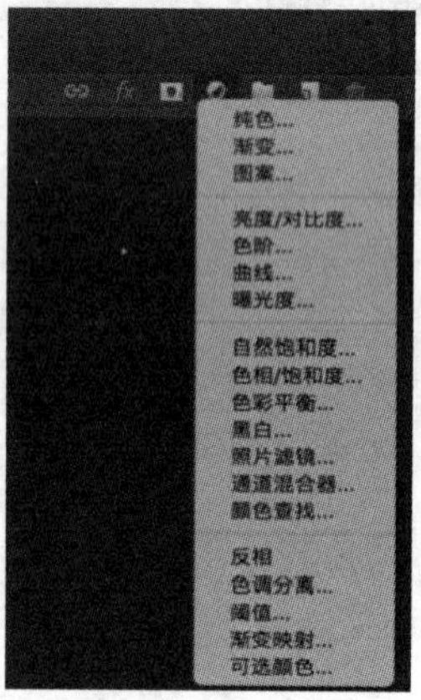

图 3-4-1

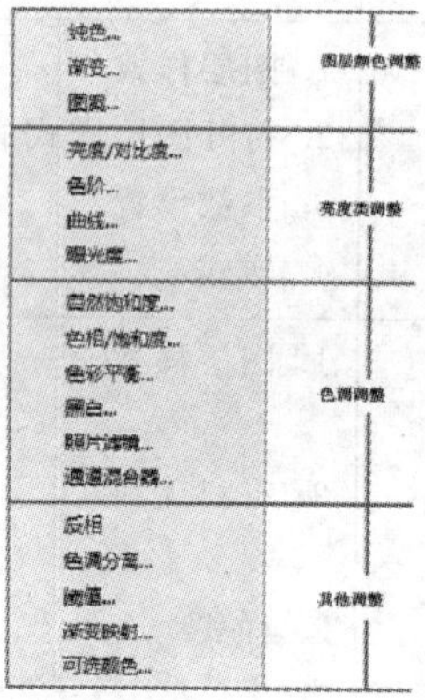

图 3-4-2

填充图层可以使用纯色、渐变或图案填充图层。与调整图层不同，填充图层不影响它们下面的图层。

1. 纯色填充

随便导入图片，将背景图调整为普通图层，单击选择渐变填充，弹出拾取实色对话框，设置纯色填充颜色，会发现填充层上自动带有一个蒙版，在填充图层上新建一个路径，选择自定义图形工具，选择路径，单击菜单“图层”下的“矢量蒙版”里的“当前路径”，就会发现我们定义的路径约束了纯色填充层的外形。如是先建立路径再建立纯色填充层，可以直接得到路径约束的填充层，且无图层蒙版。

图 3-4-3

图 3 - 4 - 4

2. 渐变填充

我们可以再新建一个普通图层，单击 选择渐变填充，弹出渐变填充对话框，双击渐变编辑，设置渐变颜色和渐变填充角度，如图 3 - 4 - 5、3 - 4 - 6 所示，图层混合模式设置为柔光，效果如图 3 - 4 - 7 所示。

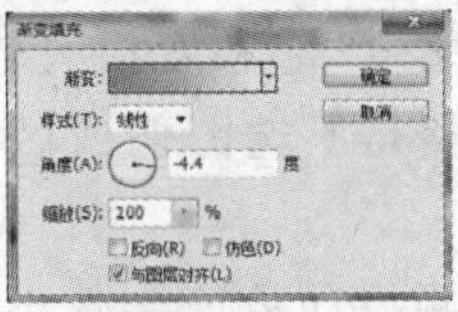

图 3 - 4 - 5

图 3 - 4 - 6

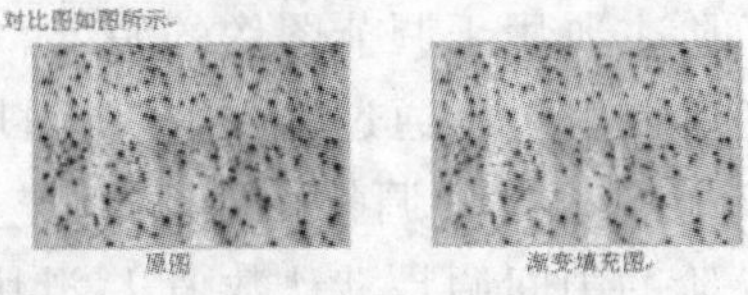

图 3 - 4 - 7

3. 图案填充

图案填充，首先需定义图案，点击“编辑→定义图案”弹出定义图案命名的图案名称对话框，设置图案名称，然后点击“编辑→填充”弹出填充对话框，并设置各项参数，设置好图案之后，新建空白文件，单击 选择渐变填充，弹出图案填充对话框，如图 3 - 4 - 8～3 - 4 - 12 所示。

图 3 - 4 - 8

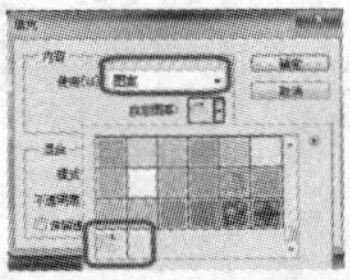

图 3 - 4 - 9

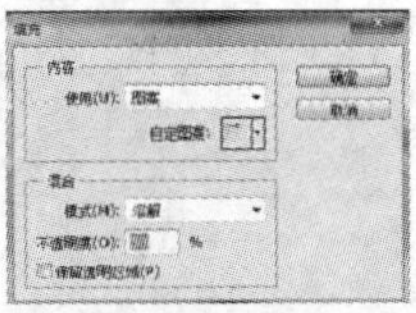

图 3 - 4 - 10

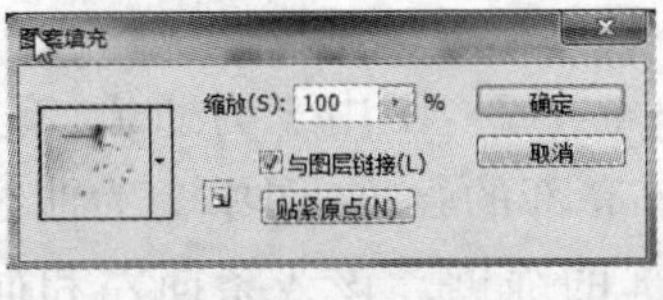

图 3 - 4 - 11

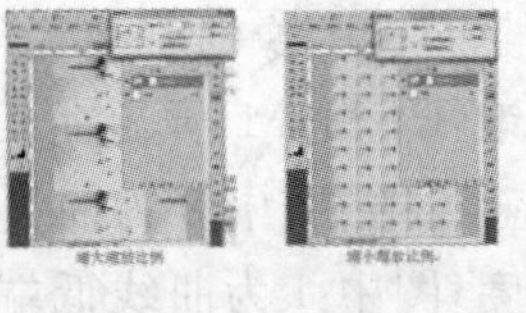

图 3 - 4 - 12

4. 亮度/对比度

亮度就像是画面中的灯光，亮度越低画面就越暗，亮度越高画面就越亮，对比度则是指明暗关系，对比度越高画面中的明暗关系就越强烈，越低则越不明显，如图 3-4-13、3-4-14 所示。

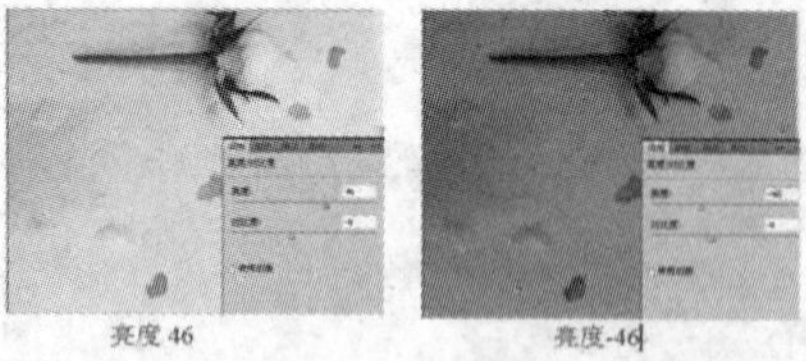

图 3-4-13

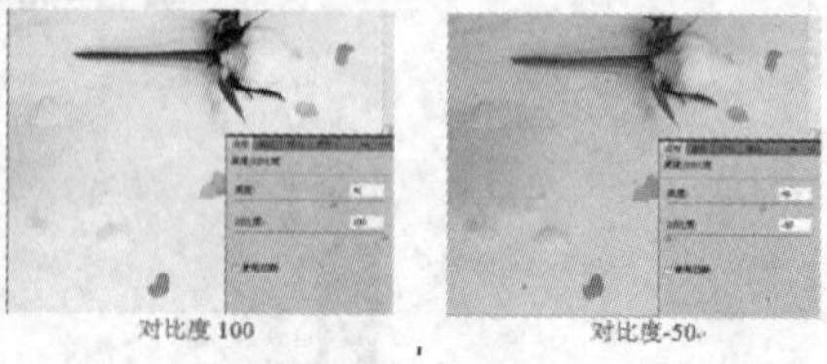

图 3-4-14

5. 色阶

色阶快捷键：Ctrl+L。“色阶”调整通过调整图像的阴影、中间调和高光的强度级别，从而校正图像的色调范围和色彩平衡。图像的色彩丰满度和精细度是由色阶决定的，色阶指亮度，只与亮度有关，和颜色无关，但最亮的只有白色，最暗的只有黑色。在打开的“色阶”窗口界面，根据个人的需要来设置输入和输出色阶。

色阶主要用于调节图像的明度。用色阶来调节明度，图像的对比度、饱和度损失较小。而且色阶调整可以通过输入数字，对明度进行精确的设定。色阶调整是所选图像或区域的 0～255 色阶全程的调整，不可以调整其中的一部分。

色阶的中间调是默认数值 1，滑块往左侧拉动数值会增大，往右侧拉动数值会减小。当中间调靠近阴影时，白色输出多所以图片显示偏向于白色；当中间调靠近高光(亮点)时，黑色输出多所以图片显示偏向于黑色。当高光接近阴影时，画面几乎全白；当阴影接近高光时，画面几乎全黑，如图 3-4-15、3-4-16 所示。

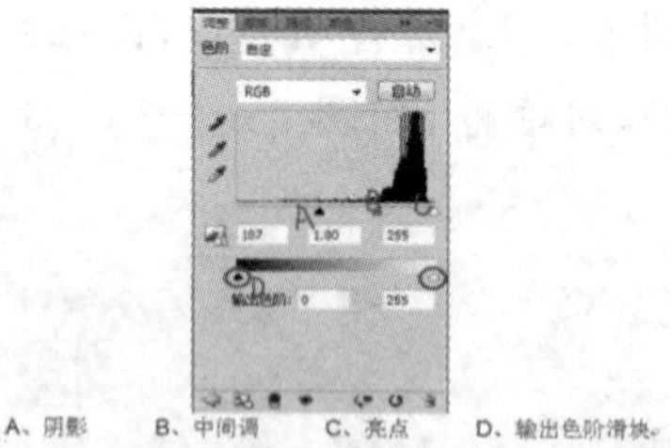

图 3-4-15

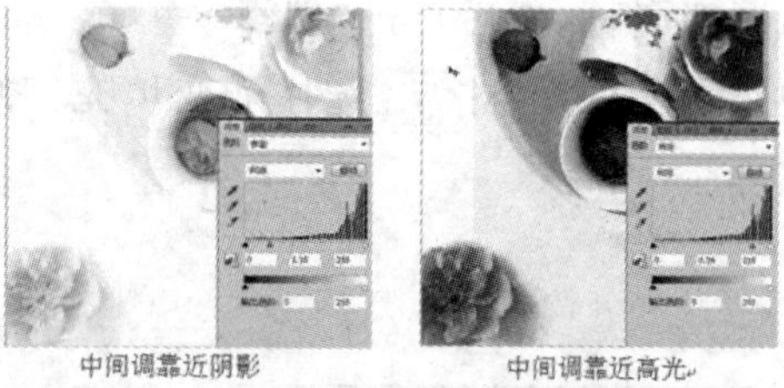

图 3-4-16

6. 曲线

曲线是用于调整图像的明亮程度以及 RGB 各颜色通道的浓度。

曲线快捷键：Ctrl+M，弹出曲线窗口(见图 3-4-17)，图中 1 为通道，有 RGB 通道、红通道、绿通道、蓝通道；图中 2 为曲线顶端，用于调节亮部的强度；图中 3 为曲线中部，用于调整中间调的强度；图中 4 为曲线低端，用于调整暗部的强度。该线条向左和向上移动，则为变亮增强；向右和向下移动，则为变暗减弱。在打开的“曲线”窗口界面，根据个人的需要来设置输入和输出色阶(见图 3－4－18)。

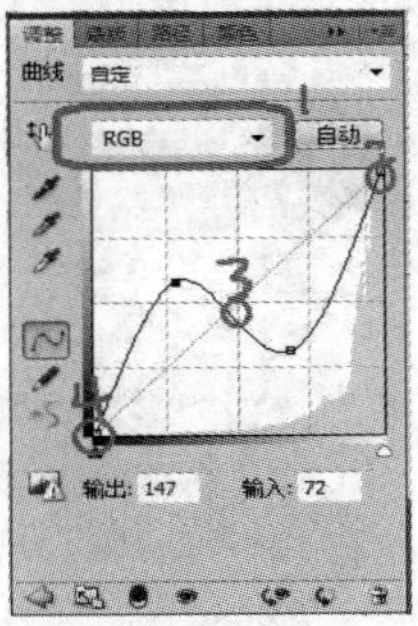

图 3－4－17

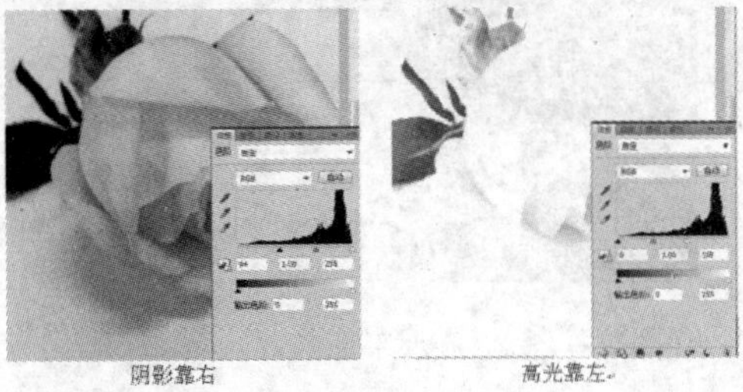

图 3－4－18

曲线则与颜色和亮度均有关。曲线调整可以调整 0～255 色阶全程中某一段(如 120～180)的色阶,实现曲线多点调整,看效果,然后再用色阶调整比较前后的结果。曲线对话框也可以去调整图像的整个色调范围。但与只有 3 个调整功能(白场、黑场、灰度系数)的色阶不同,曲线允许在图像的整个色调范围内最多调整 14 个不同的点。也可以通过某个颜色通道来对该颜色进行调整(见图 3－4－19、3－4－20)。

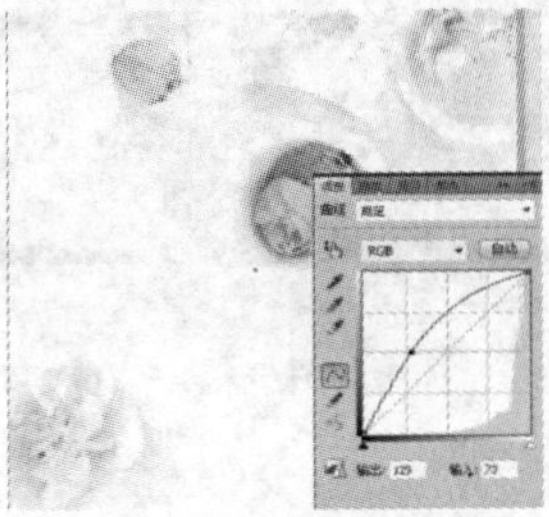

图 3－4－19　提亮

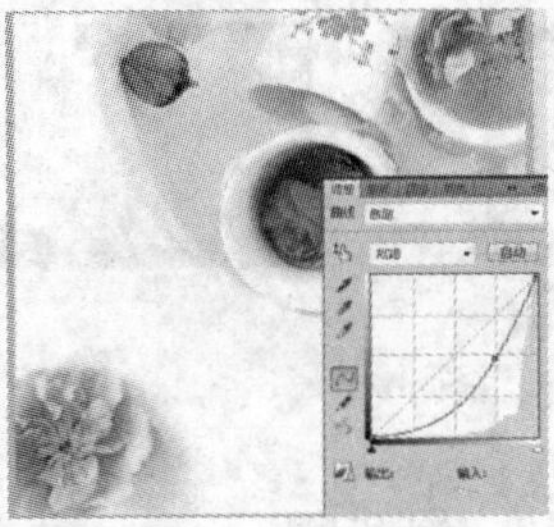

图 3－4－20　压暗

曲线在降低对比度(见图 3－4－21)的相反方向则是提高对比度(见图 3－4－22),这样的曲线叫 S 曲线。

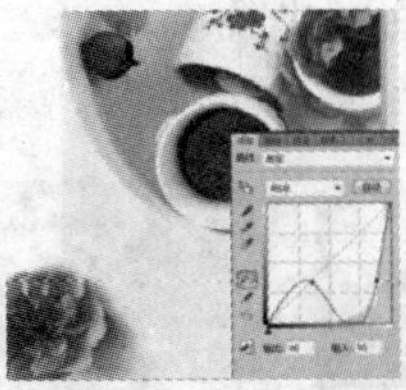

图 3－4－21　降低对比度

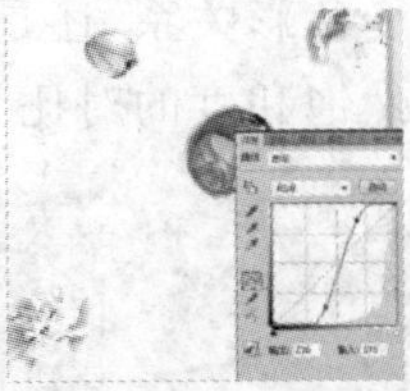

图 3－4－22　提高对比度

还有就是平行曲线(见图 3－4－23)和垂直曲线(见图 3－4－24),这是两种比较极端的曲线。平行曲线是平行于 X 轴的曲线,又称为灰度曲线,它使整个画面处于一个亮度;而垂直曲线是一种比较极端的色彩风格,可以用来制作动画图片效果。

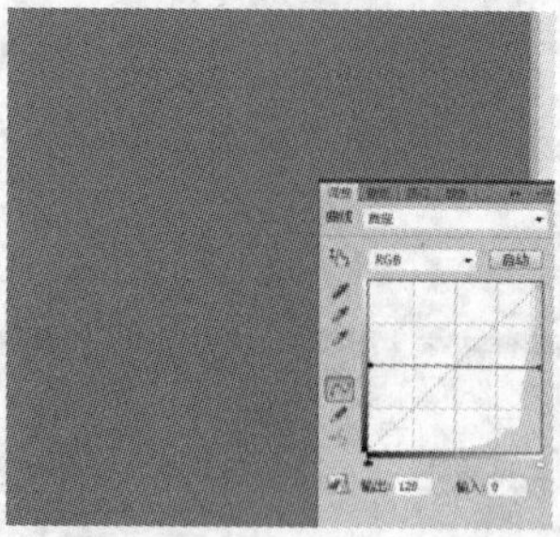

图 3-4-23　水平曲线

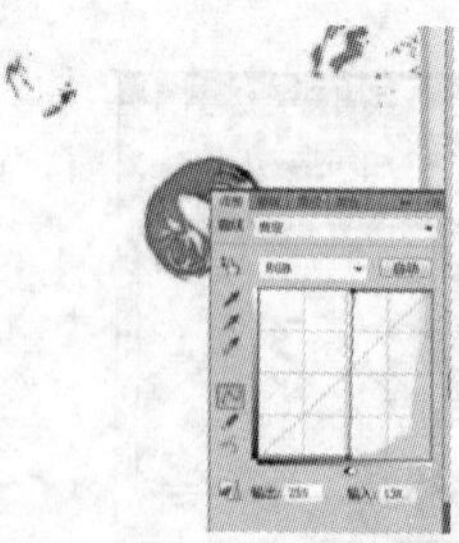

图 3-4-24　垂直曲线

7. 曝光度

曝光度是用来控制图片的色调强弱的工具。和摄影中的曝光度有点类似，曝光时间越长，照片就会越亮。曝光度设置面板有三个选项可以调节：曝光度、位移、灰度系数校正。

曝光度用来调节图片的光感强弱，数值越大图片会越亮，调高曝光度，高光部分会迅速提亮直到过曝而失去细节。

位移用来调节图片中灰度数值，也就是中间调的明暗称为“中性灰”。

灰度系数校正是用来减淡或加深图片灰色部分，也可以提亮灰暗区域，增强暗部的层次。

图 3-4-25

图 3-4-26

8. 自然饱和度/饱和度

自然饱和度/饱和度两者选项效果相同，可以增加整个画面的饱和度，但如饱和度调节到较高数值，图像会产生色彩过饱和，造成图像失真。而“自然饱和度”就不会出现这种情况，自然饱和度只修改饱和度过低的像素。这样在增加饱和度时，本身饱和度过高的像素不会爆掉，出现色块，反之亦然。自然饱和度可以理解成更智能的调节，较适合于 PS 初学者。而水平较高，想完全改变色彩关系，还是用饱和度和色彩平衡。

原图、饱和度和自然饱和度的对比如图 3-4-27 所示。

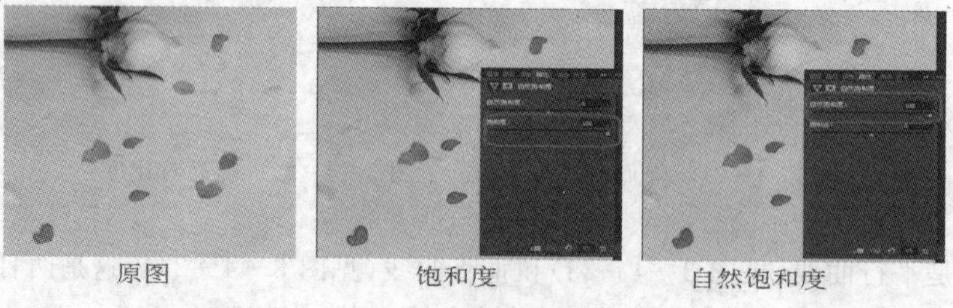

原图　　饱和度　　自然饱和度

图 3-4-27

高饱和度下的图片已经失真，就是我们常说的“这个图片看起来很假，P 得太过了”；而高自然饱和度下的图片仍然很自然，没有出现失真现象。因为它只调整了图片中饱和度较低的那部分。

9. 色相/饱和度

使用色相/饱和度，可以调整图像中特定颜色范围的色相、饱和度和亮度，或者同时调整图像中的所有颜色。使用调整图层按钮调整的图像原图并不会改变，而使用菜单命令“色相/饱和度”调整的图像图形会更改原图的信息，是对图像直接进行处理的。

色相/饱和度对话框中，主要有色相、饱和度、明度这三个值，通过改变这三个值的参数，就可以实现整张图片色彩的切换。在对话框中默认的是更改全图，在拉动色相值时整张图的色彩都会发生相应的改变，若是想要改变局部颜色，可以选择相应的色彩值（见图 3-4-28、3-4-29）。

图 3-4-28

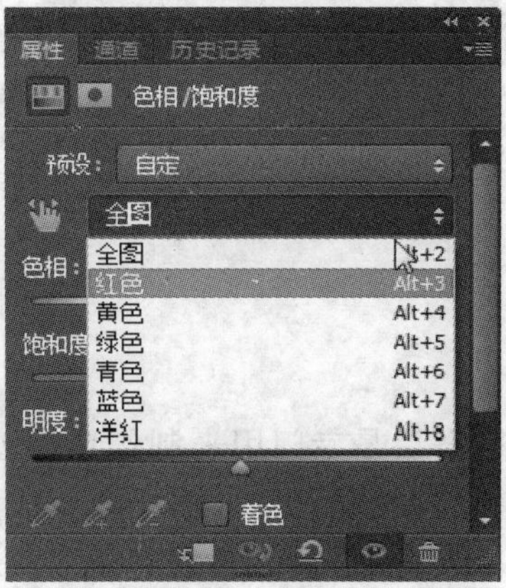

图 3-4-29

更改图片的局部颜色还可以通过选区选中需要更改的部分图像，然后再使用色相和饱和度。若是要更改人体肤色则需要将人体的头部整个选中更改，才不会出现脸部与头皮相接的部分出现断层，然后出现脸和脑袋对不上号。更改局部颜色如图 3-4-30、3-4-31 所示。

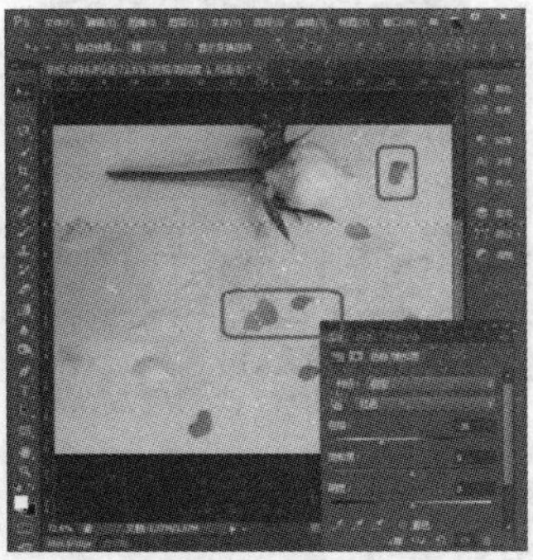

图 3-4-30

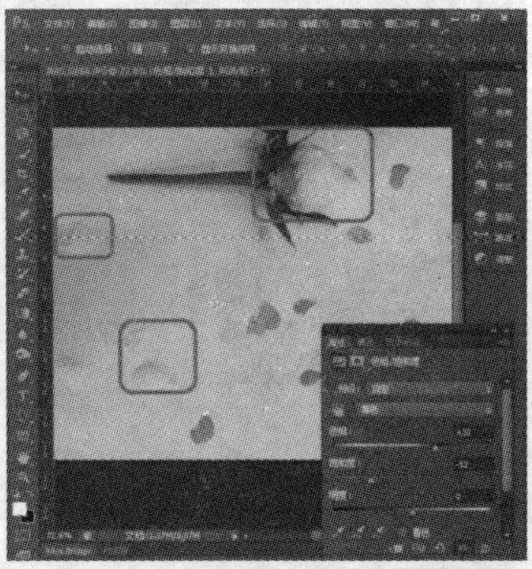

图 3-4-31

10. 色彩平衡

色彩平衡主要的功能是调整图像色彩失衡或是偏色的问题。色彩平衡是 PS 软件中一个重要功能。通过对图像的色彩平衡处理，可以校正图像色偏、过饱和或饱和度不足的情况，也可以根据自己的喜好和制作需要，调制需要的色彩，更好地完成画面效果，使图像达到色彩平衡的效果。菜单命令中也有“色彩平衡”。快捷键：Ctrl＋B。注意在选项中若不勾选“保留明度”，当同时将调整滑块中单个或多个向右拖动，图像均是趋于白色的，会使图像变亮，因为右侧是加色原理的三原色；当同时将调整滑块中单个或多个向左拖动，图像均是趋于黑色的，会使图像变暗，因为左侧是减色原理的三原色。勾选该项，将只调整各单色调，而不考虑亮度改变的情况（见图 3-4-32）。

原图　　调整色彩

图 3-4-32

11. 黑白

黑白调整图层是专门用来制作黑白或单色图片的工具，可以把图片去色直接变成黑白效果。创建黑白调整图层后，图片会变成黑白效果，不过在设置面板仍能对图片原有颜色进行识别，可以调节不同颜色的数值来加深或减淡某种颜色区域的明暗，并且不会影响其他颜色部分。这样调出的黑白图片层次感就会非常强。

单色在大自然中是不存在的，单色制作出单色效果的图片，会给人不一样的视觉冲击和感受。在制作“黑白”效果时，还可以特意调整图片彩色成分，在转成黑白时，会有一些侧重点，得到意想不到的效果。这就是“黑白”的上色功能（见图 3-4-33、图 3-4-34）。

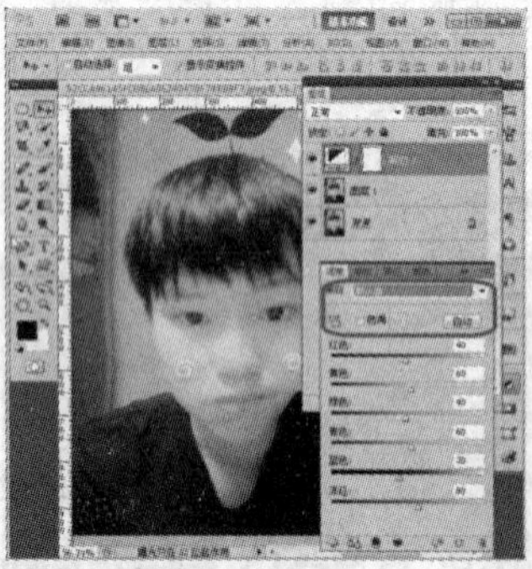

图 3-4-33

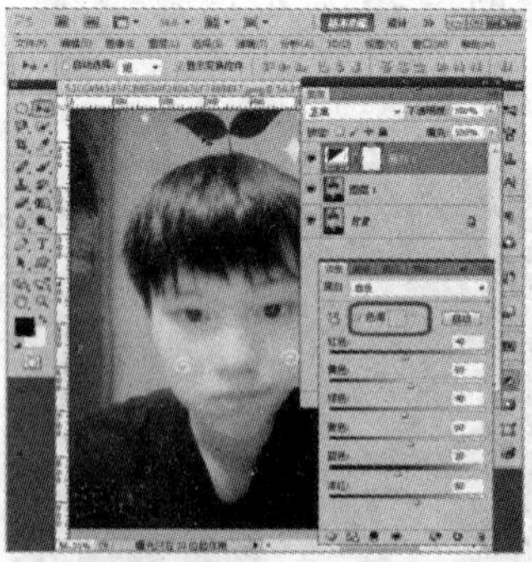

图 3-4-34

12. 照片滤镜

PS 滤镜是图像的特效处理工具，它能对图像进行各种特效处理，以产生奇妙的效果。

照片滤镜是调整图片色温的工具。工作原理就是模拟在照相机镜头前增加彩色滤镜，镜头会自动过滤掉某些暖色或冷色光，从而起到控制图片色温的效果。

照片滤镜设置面板也较为简单：最上面是“滤镜”，里面自带有各种颜色滤镜。中间的是颜色，我们可以自行设置想要的颜色。下面的是浓度，可以控制需要增加颜色的浓淡。而保留明度选项就是是否保持高光部分，勾选后有利于保持图片的层次感(见图 3－4－25、3－4－26)。

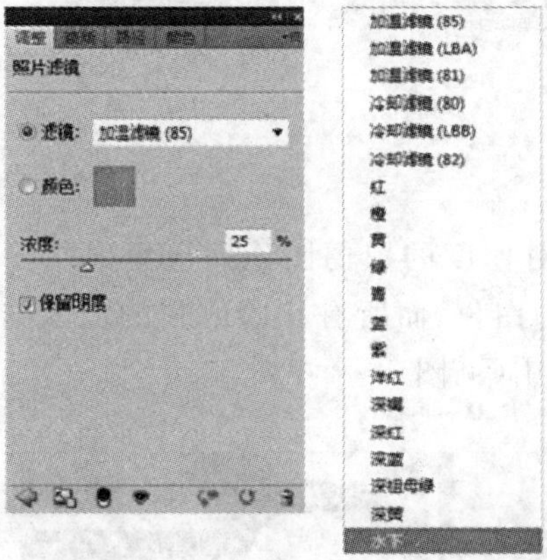

图 3－4－35

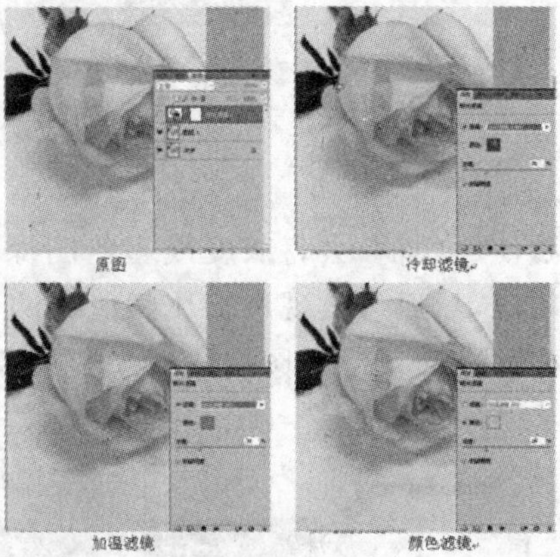

图 3－4－36

13. 通道混合器

通道混合器的调色原理就是通过混合进其他通道色彩的亮度来影响源通道色彩亮度去改变图片色彩。通道混合器里的源通道只是借用了其他通道的亮度，而不是和其他通道的亮度进行交换，所以不会改变其他通道的亮度。

通道混合器在 PS 中也用得相对较多，有专门的讲解篇章。它可以用来更改图片某些部分颜色，还可以使用通道混合器抠图或更改图片背景图。

照片滤镜和通道混合器都可以通过色彩平衡、色相/饱和度来实现。

14. 反相

反相就是图像的颜色色相反转，通俗地说彩色照片和底片的颜色就是反相，黑变白、蓝变黄、红变绿。反相命令反转图像中的颜色。可以使用此命令将一个正片黑白图像变成负片，或从扫描的黑白负片得到一个正片。

单一的反相特效用得不多，有时候结合通道使用(抠图或直接强调图片)，具体使用要看实际需要。快捷键为 Ctrl＋I。

15. 色调分离

色调分离可以减少色阶，使得颜色减少，变成大块大块的色块，创造出一种非真实感。就是将图片调成色调分离的效果，感觉色调分离命令只是创建了图像的油墨效果。所以说色调分离就是把图片变成色块的图像，色阶越高图片展示的色块越小，图像的清晰度越高。通俗地说色阶如果越往大的话，分离效果越不明显。色调分离中的色阶默认值为 4(见图 3－4－37)。

色阶 5　　色阶 23　　色阶 103

图 3-4-37

16. 阈值

单独使用阈值，会将灰度或彩色图像转换为高对比度的黑白图像。也可以指定某个色阶作为阈值，然后会发现所有比阈值亮的像素转换为白色；而所有比阈值暗的像素转换为黑色。“阈值”命令对确定图像的最亮和最暗区域很有用(见图 3-4-38)。

阈值 128　　原图　　阈值 172

图 3-4-38

色阶的阴影和高光滑块越靠近直方图中央，图像的对比度越强，但也越容易丢失细节。如果能将滑块精确地定位在直方图的起点和终点上，就可以在保持图像细节不会丢失的基础上获得最佳的对比度。这种时候阈值就可以发挥它的作用了。打开色阶属性面板，按住 Alt 拖动高光/阴影滑块，临时切换为阈值模式，我们可以看到一个高对比度的预览图像。放开 Alt 图形又恢复为色彩模式。

(a)阴影滑块　　(b)高光滑块

图 3-4-39

17. 渐变映射

渐变映射可以将相等的图像灰度范围映射到指定的渐变填充色，比如指定双色渐变填充，在图像中的阴影映射到渐变填充的一个端点颜色，高光映射到另一个端点颜色，而中间调映射到两个端点颜色之间的渐变。

使用渐变映射工具可以应用渐变重新调整图像，应用于原始图像的灰度细节，加入所选的颜色。在使用渐变映射时，首先需要将照片去色变成黑白，然后从明度的角度分为：阴影、中间调、高光，然后双击渐变映射的颜色渐变条，颜色渐变条从左到右分别对应的是照片阴影、中间调、高光区域，也就是说渐变条左边的颜色就是照片阴影部分的颜色，右边就是照片高光部分的颜色，中间的过渡区域就是中间调的颜色。

渐变映射同样也是可以应用整个图层，也可以用于图层的某个部分或者图像。

图 3 - 4 - 40

图 3 - 4 - 41

通过上面对各个调整图层工具的介绍，我们可以看出调整图层有以下的优点：

第一，最重要的就是编辑不会造成破坏。调整图层可以尝试不同的设置并随时重新编辑调整图层，也可以通过降低该图层的不透明度来减轻调整的效果。

第二，它具有编辑的选择性。在调整图层的图像蒙版上绘画可将调整应用于图像的一部分。稍后，通过重新编辑图层蒙版，可以控制调整图像的哪些部分。通过使用不同的灰度色调在蒙版上绘画，就可以改变调整。

第三，关键的是它能够将调整应用于多个图像。在图像之间拷贝和粘贴调整图层，以便应用相同的颜色和色调调整。

第四，调整图层具有许多与其他图层相同的特性。可以调整它们的不透明度和混合模式，并将它们编组以便将调整应用于特定图层。同样，也可以启用和禁用它们的可见性，以便应用或预览效果。

另外请同学们注意的是：因为调整图层包含的是调整数据而不是像素，所以它们增加的文件大小远小于标准像素图层。如果要处理的文件非常大，可以将调整图层合并到像素图层中来减少文件的大小。

3.4.2　我来做你来看

请同学们尝试将图 3 - 4 - 42 所示的花通过调整图层制作出来。请同学们认真仔细地听讲并做好笔记。

图 3－4－42

图 3－4－43

将所提供的图片素材导入 PS 中，按 Ctrl＋J 或者将导入图层按住拖至新建图层按钮处复制一个图层，并对复制的图层进行去色处理，单击菜单“图像”下“调整”里的“去色”或者使用快捷键 Shift＋ Ctrl＋U。然后给图层复制添加黑白调整图层，单击调整图层按钮弹出调整图层面板，预设值为红外线，下方颜色值自动完成调整（见图 3－4－45）。

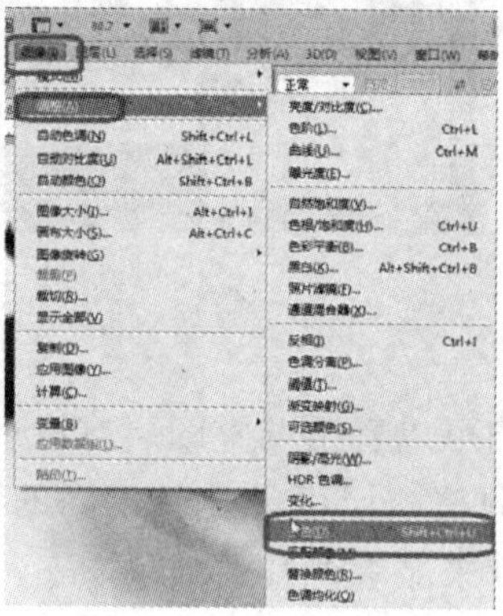

图 3－4－44

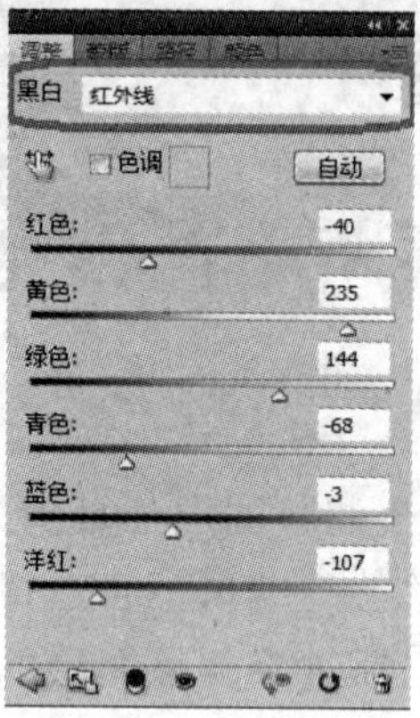

图 3－4－45

新建一个图层，填充为灰色，混合模式设置为叠加图 3－4－46，然后使用加深/减淡工具将花的高光增加亮度和阴影减少亮度。给图层副本添加渐变映射，弹出调整图层渐变映射面板，双击颜色条弹出渐变编辑器，并设置高光颜色值和阴影颜色值，如图 3－4－48 所示。

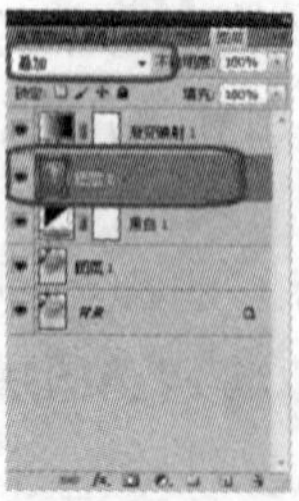

图 3－4－46

图 3－4－47

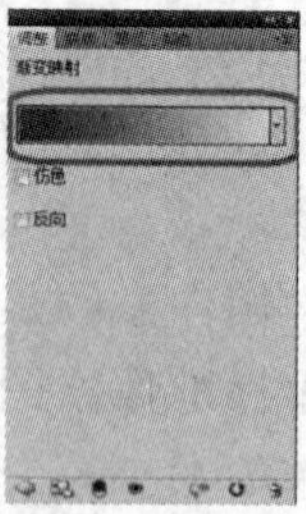

图 3－4－48

图形设置完成并保存，最终效果图就完成了。最后的渐变映射可以根据自己的喜好来定制渐变映射的颜色，或者尝试不同颜色展示出不同的效果。

同学们在训练时一定要养成正确的记录实训报告的习惯。对一些不理解或是要注意的问题也要进行记录,对于日常的学习是非常重要的。

接下来我们再将图 3－4－49 利用调整图层的工具调整为图 3－4－50 的夜晚的场景。

图 3－4－49

图 3－4－50

同样我们导入图片,按 Ctrl＋J 或者将导入图层按住拖至新建图层按钮处复制一个图层。给图层副本添加亮度/对比度的调整图层,弹出亮度/对比度调整图层面板,因为夜晚亮度低,所以降低亮度,增加对比度。(见图 3－4－51)

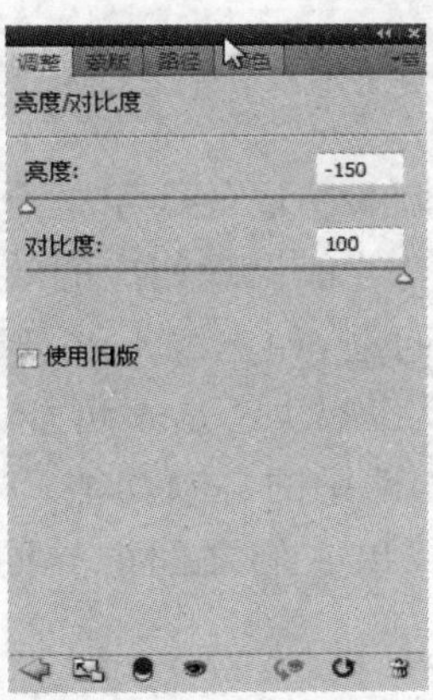

图 3－4－51

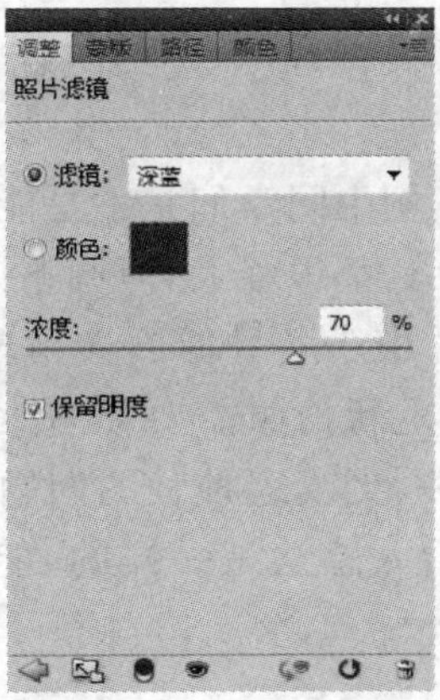

图 3－4－52

在夜晚拍的照片给人一种蓝蓝的感觉,属于冷色调,所以需要将图片颜色更改为蓝色,给图片增加照片滤镜调整图层,弹出照片滤镜调整图层面板,使用滤镜为蓝色或者深蓝,浓度根据需要调整,如图所示。

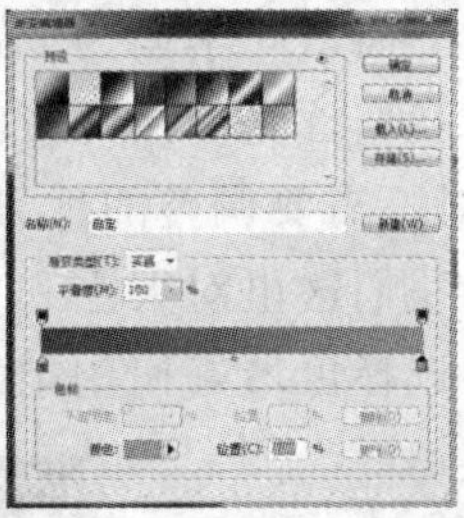

图 3－4－53

由于图片一处是纯白,并没有因为添加照片滤镜而改变,为了不影响整体效果,需要新建一个图层填充蓝色渐变色,保证整个图片的颜色处于一个基调。所以新建一个图层,并通过渐变填充工具将图片由深蓝至浅蓝填充,选择线性填充,从左上至右下填充,如图 3－4－54 所示。

图 3－4－54

填充完成后会发现图片整个都处于一种朦胧的状态，所以需要更改图层的混合模式为正片叠底，添加蒙版，将不要的部分擦除，并调整填充和不透明度使图片更好看，如图 3-4-55 所示。

图 3-4-55

图形设置完成并保存，最终效果图就完成了。最后的蒙版、不透明度、填充根据实际需要设置。

从以上的两个案例中同学们是不是能够发现，调整图层的使用是十分灵活的，效果也是十分棒。每种调整工具都很强大，但调整一定要适合才能出现相应的效果。

有时候拍的照片由于各种原因会出现图片有问题，如光线不够、曝光过度、模糊、想更改图片的颜色等，要重新拍照需要耗费大量的人力物力，已是不可能了，那现在就需要用到图形图像修改软件，更改这种种的问题就需要软件中的各项功能；调整图层中的某些功能调整出来的效果给人感觉是一样的，能总结和找出它们之间的异同点并理解它们存在的必要性。

3.4.3 你来做我来看

下面请同学们为“城市风光”图像进行调整，想法是将天空进行调整，并将颜色也进行调整。我们首先使用“曲线”把整个图像进行提亮或是加暗。再选择画笔工具，设前景色为黑色，对不需要调整的地方涂抹就可以把要调整的地方留下了。

我们这里对天空和地面进行调整。如果感觉涂抹的不对了，请将前景色设为白色。画笔的选择也最好使用柔边圆。（见图 3-4-56～3-4-59）

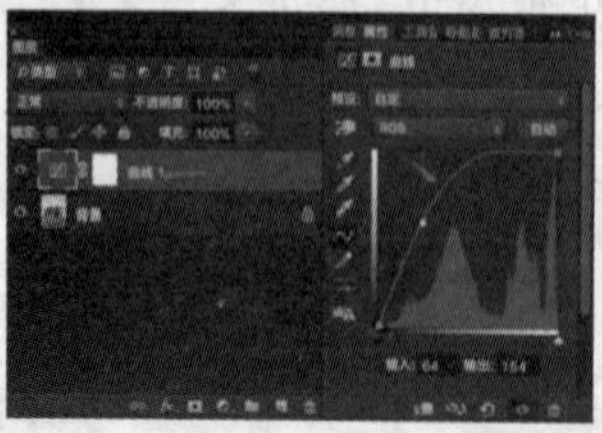

图 3-4-56

图 3-4-57

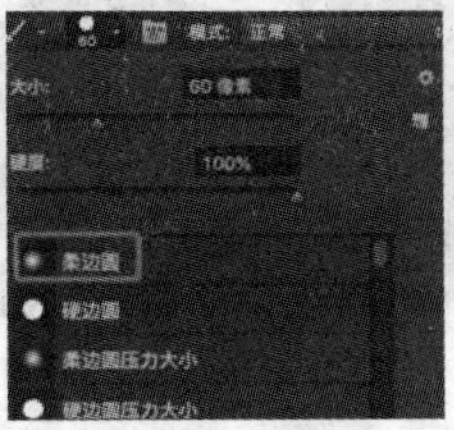

图 3-4-58

图 3-4-59

然后我们可以使用菜单“选择”下的“色彩范围”命令或是直接用“多边形套索工具”直接将天空勾选上。注意这和蒙版选项里的“色彩范围”是一样的。(见图 3-4-60～3-4-62)

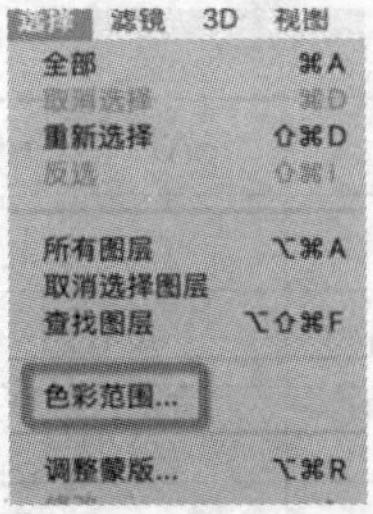

图 3-4-60

图 3-4-61

图 3-4-62

请同学注意选好图层并再次使用“曲线”调整工具。这次我们是对刚做的区域进行亮度调整，我们选择“红通道”，注意观察变化。(见图 3-4-63～3-4-65)

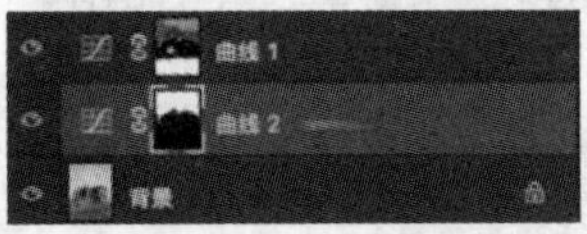

图 3-4-63

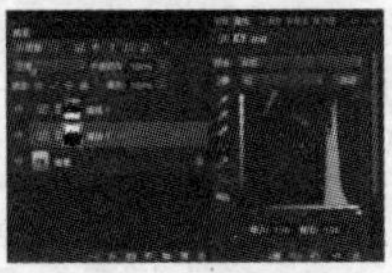

图 3-4-64

图 3-4-65

我们还可以使用“色彩平衡”来对全图色彩进行强化高光和阴影部分的修饰，注意观察建筑物部分是否也发生了改变，如果有可以再回到蒙版图层涂抹回来，但是一定要注意调整图层已经对下面的图片产生了影响。本次我们并没有复制拷贝图层，所以改变的是整个图片。(见图 3-4-66～3-4-68)

图 3-4-66

图 3-4-67

图 3-4-68

同学们还可以使用“可选颜色”来对刚才的图像提升一些通透性(见图 3-4-69)。注意观察并记录细微之处的变化，效果如图 3-4-70 所示。

图 3-4-69

图 3-4-70

另外请同学们在实训与平时练习中多使用表 3-4-1 中给出的一些调整工具的快捷键来进行相应的操作。只有同学们在实际操作中不断地收集知识点和强化快捷键的训练，才能让自己的 PS 技能越来越强大。

表 3-4-1 调整图层常用工具快捷键浏览表

色阶	Ctrl + L	载入高光选区	Alt+ Ctrl+2
曲线	Ctrl +M	色彩平衡	Ctrl +B
色相/饱和度	Ctrl +U	在色相/饱和度对话框中全图调整	Ctrl+～
色彩平衡	Ctrl +B	通过拷贝建立一个图层	Ctrl +J
阈值(位图模式)	Ctrl+Alt +L	叠加	Ctrl +Alt +O
正片叠底	Ctrl+Alt+M	柔光	Ctrl +Alt +F
黑白	Alt+Shift+Ctrl+B	通过剪切建立一个图层	Ctrl +Shift +J
反相	Ctrl +I	色相	Ctrl +Alt+ U
颜色	Ctrl +Alt +C	饱和度	Ctrl+ Alt +T
去色	Shift+ Ctrl +U	中间调 减淡/加深工具	Ctrl +Alt +V
合并可见图层	Ctrl +Shift +E	高光 减淡/加深工具	Ctrl +Alt +Z
暗调 减淡/加深工具	Ctrl +Alt +W	盖印可见图层	Ctrl+Alt+Shift+E
循环选择混合模式	Alt+ - 或+	正常	Ctrl +Alt +N
将当前层下移一层	Ctrl+[	将当前层上移一层	Ctrl+]

3.4.4 我们一起来练练

调整图层和填充图层具有的不透明度和混合模式选项与图像图层相同。可以对图层进行重新排列、删除、隐藏和复制，就像处理图像图层一样。

创建调整图层只要单击“图层”面板底部的“新建调整图层”按钮，然后选择调整图层类型。或者单击菜单命令“图层”下的“新建调整图层”，然后选择一个选项(见图 3-4-71)命名图层，设置图层选项，然后单击“确定”。但是要注意：要将调整图层的效果限制为应用于特定的图像图层，需先选中这些图像图层，然后选择菜单“图层”命令下的“新建”里的“从图层建立组”，再将“模式”从“穿透”更改为其他混合模式(见图 3-4-72)。然后将调整图层放置在该图层组的上面。

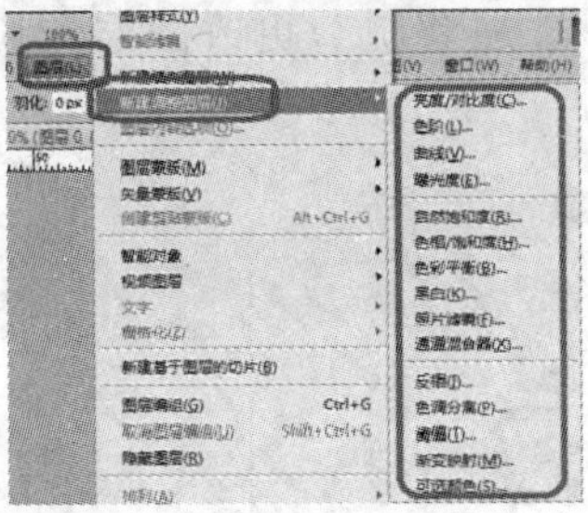

图 3-4-71

图 3-4-72

1. 创建填充图层

选择菜单命令“图层”下的“新建填充图层”,然后选择一个选项。命名图层,设置图层选项。单击“图层”面板底部的“新建调整图层”按钮,然后选择填充图层类型。用当前前景色填充调整图层,使用拾色器选择其他填充颜色。单击菜单“图层”下的“新建填充图层”里的“渐变”以显示“渐变编辑器”,或单击倒箭头并从弹出的对话框中选取一种渐变。如果需要,请设置其他选项(见图 3-4-73～3-4-75)。

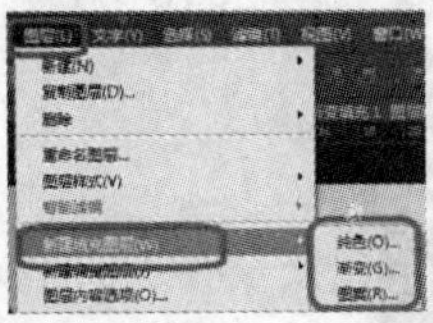

图 3-4-73

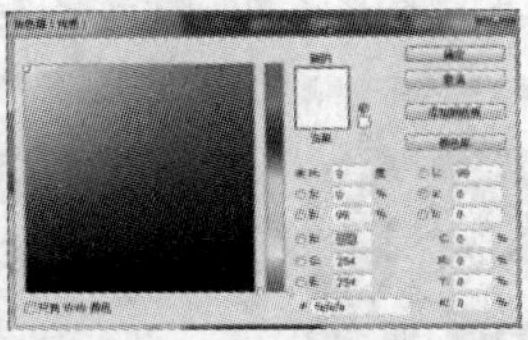

图 3-4-74

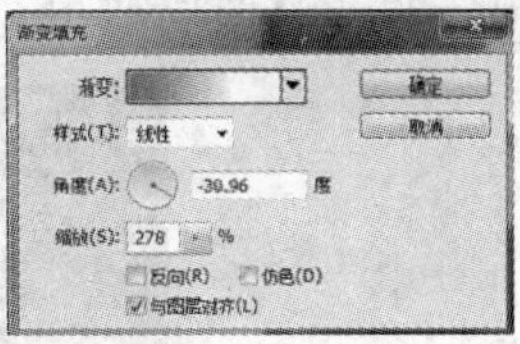

图 3-4-75

有以下几项请同学们在设置时注意:样式指定渐变的形状;角度指定应用渐变时使用的角度;缩放更改渐变的大小;反向翻转渐变的方向;仿色通过对渐变应用仿色降低带宽;与图层对齐使用图层的定界框来计算渐变填充,在图像窗口中拖动以移动渐变中心。

创建图案填充,单击图案,并从弹出式面板中选取一种图案。单击“比例”,并输入值或拖动滑块。单击“贴紧原点”以使图案的原点与文档的原点相同。如果希望图案在图层移动时随图层一起移动,选择“与图层链接”。选中“与图层链接”后,当“图案填充”对话框打开时可以在图像中拖移以定位图案。(见图 3-4-76、3-4-77)

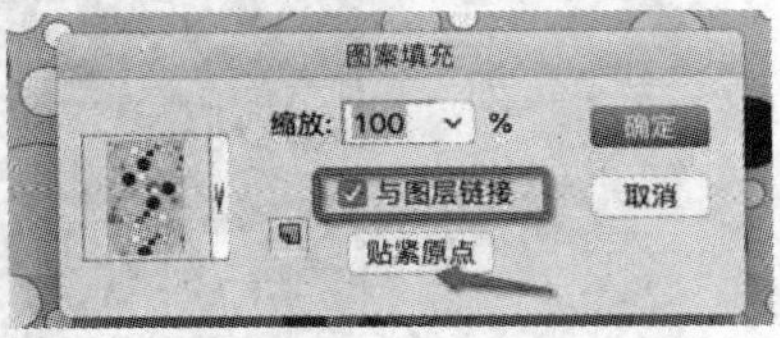

图 3-4-76

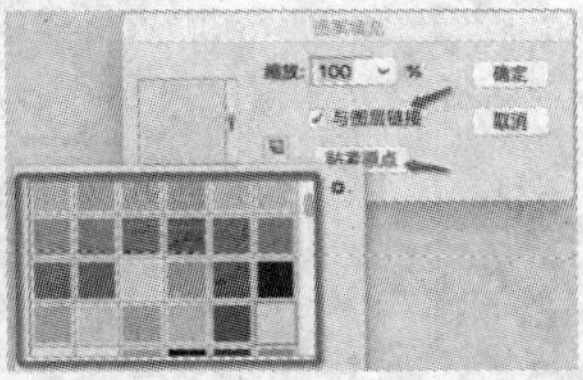

图 3-4-77

2. 限制调整图层和填充图层应用于特定区域

要限制调整图层和填充图层应用于特定区域,需要使用图层蒙版。默认情况下,调整图层和填充图层都自动具有图层蒙版,由图层缩览图左边的蒙版图标表示。(要创建无蒙版的调整图层，请取消选中“调整”面板菜单中的“默认情况下添加蒙版”）更改图层蒙版的形状，这部分内容会在图层蒙版中讲到。（见图 3－4－78、3－4－79）

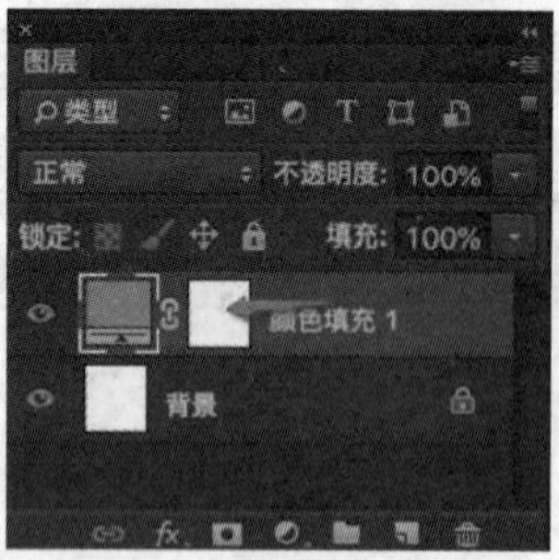

图 3－4－78

图 3－4－79

3. 使用选区或路径创建调整图层蒙版或填充图层蒙版

在“图层”面板中，选择要应用调整图层或填充图层的图层。在图像中，创建选区或创建并选取一段闭合路径。选区通过图层蒙版限制新的调整图层或填充图层。路径通过矢量蒙版限制新的调整图层或填充图层，创建调整图层或填充图层。（见图 3－4－80、3－4－81）

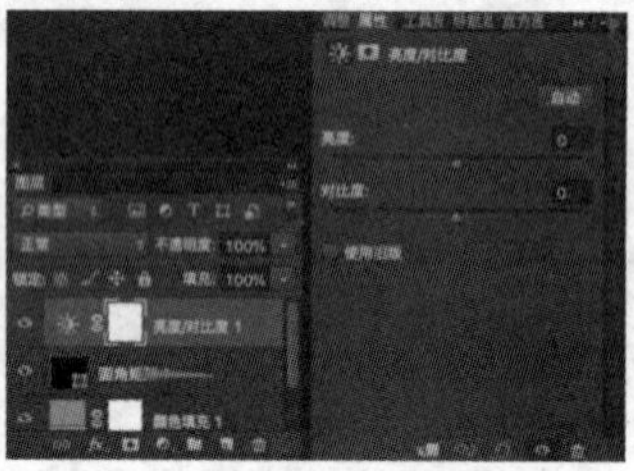

图 3－4－80

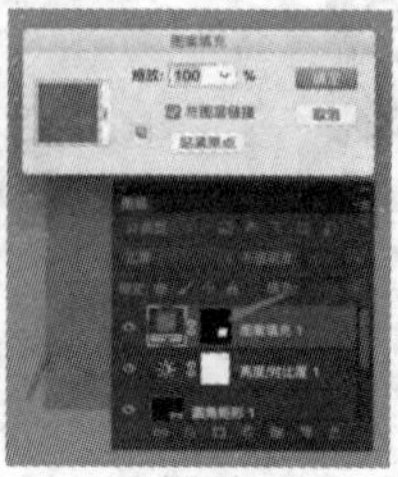

图 3－4－81

更改调整图层和填充图层的选项双击图层面板中调整或填充图层的缩览图或者单击菜单“图层”下的“图层内容选项”命令，在属性面板中进行所需的更改。（见图 3－4－82、3－4－83）

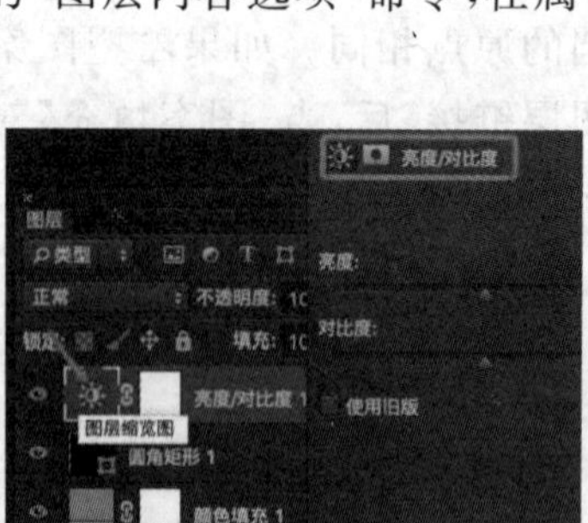

图 3－4－82

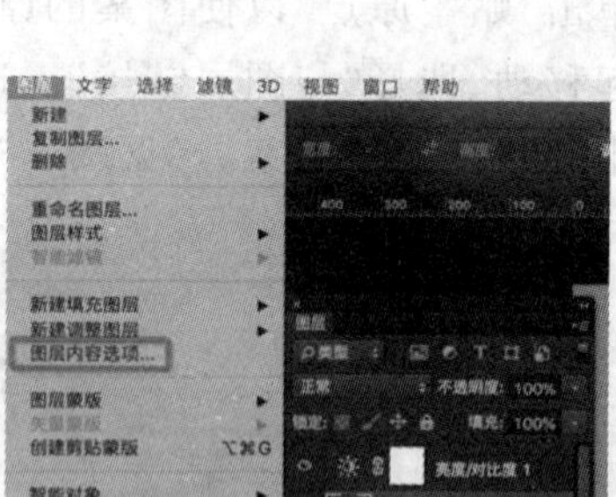

图 3－4－83

请同学们注意“反相”调整图层没有可编辑的设置。合并调整图层或填充图层可以通过下列方式合并调整图层或填充图层：与其下方的图层合并；与其自身编组图层中的图层合并；与其他选定图层合并以及与所有其他可见图层合并。一定要注意不能将调整图层或填充图层用作合并的目标图层。将调整图层或填充图层与其下面的图层合并后，所做的调整将被栅格化并永久应用于合并后的图层内。也可以栅格化填充图层但不合并它。（见图 3-4-84～3-4-86）

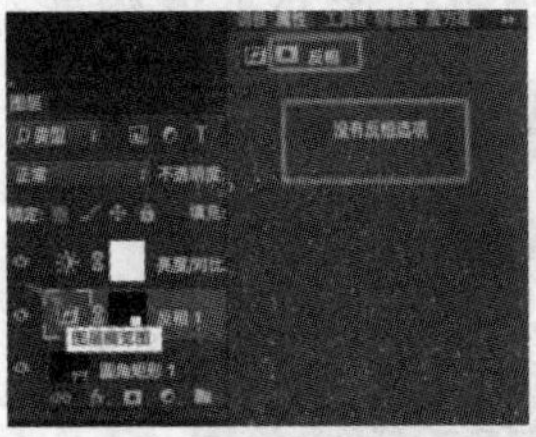

图 3-4-84

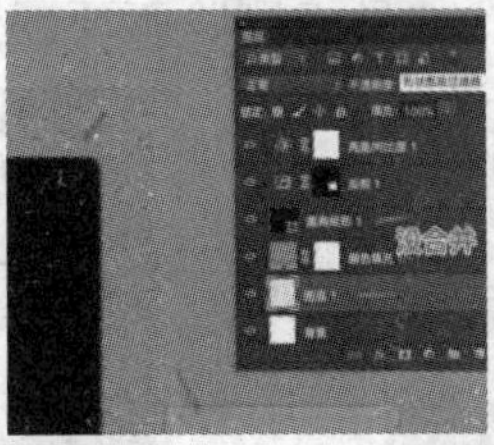

图 3-4-85

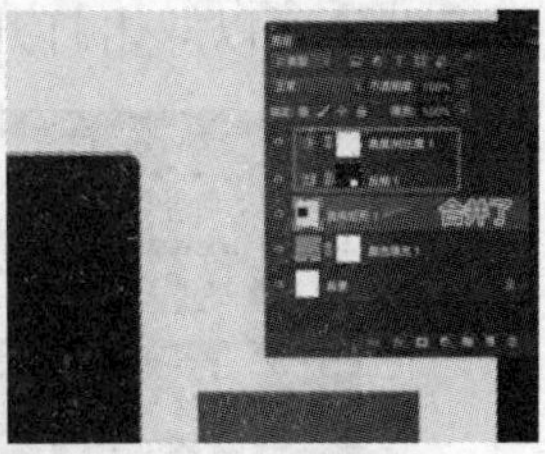

图 3-4-86

这里和同学们说明下，随着后期的制作，图层和调整图层会越来越多，这样文件也会显得越来越大，为了优化文件大小，需要对一些图层进行合并和删除，如果蒙版中只包含白色值，那么蒙版所在的调整图层和填充图层就不会显著地增加文件大小，因此，没有必要为节省文件空间而合并这些调整图层了。

下面我们利用所学的调整图层的一些工具来对如图 3-4-87 所示的“城市风光”进行处理。将“城市风光”图像添加“亮度/对比度”调整图层（见图 3-4-88）。这样我们就能在图层中观察到这个调整图层，“亮度/对比度”是个很强大的调整图层工具，对图像的亮度与对比度是可以控制的。（见图 3-4-89）

图 3-4-87

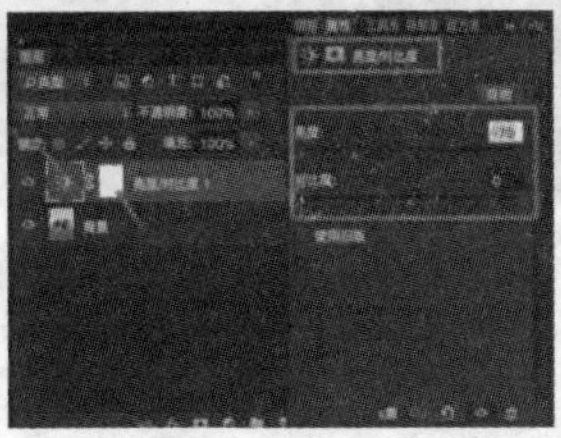

图 3-4-88

图 3-4-89

我们再来添加一个“照片过滤器”调整图层。这个工具用于预热或冷却图像中的整体颜色，也是常用的一种调整，除了有预设外还可以自己挑选颜色。（见图 3-4-90、3-4-91）

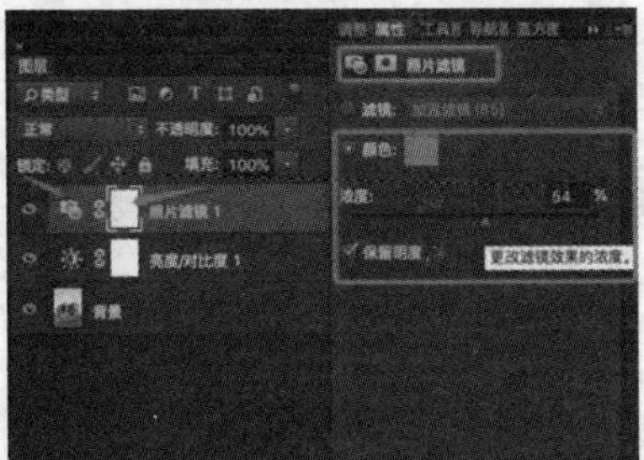

图 3-4-90

图 3-4-91

同学们可以根据自己的需要对一些特定的区域进行选择并进行调整。比如只对天空或是只对建筑物进行调整。请同学们多练习“色阶”“曲线”“曝光度”“色相饱和度”“色彩平衡”“渐变映射”等这些常用的调整工具。这里向同学们展示“色调分离”,一个很有意思的调整。注意蒙版也是可以双击打开设置的。如果想删除不要的调整,选中直接按 Delete 键就行了。

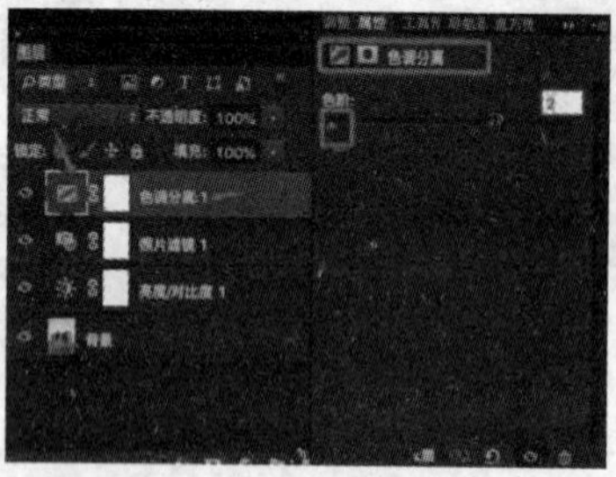

图 3-4-92

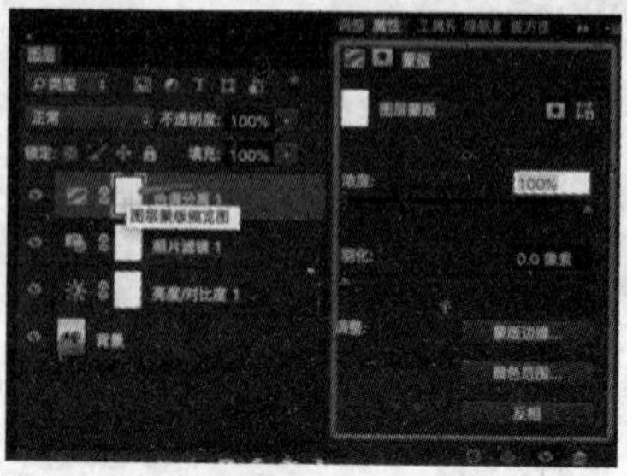

图 3-4-93

图 3-4-94

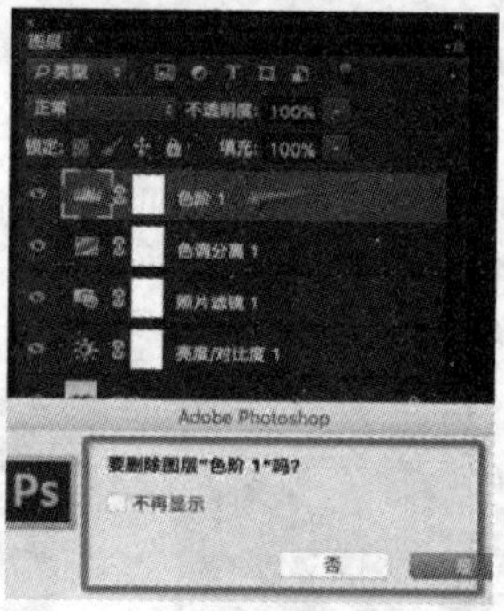

图 3-4-95

玩一玩

把自己学习生活的校园图片调整成不一般的感觉。

3.4.5 我们一起来说说

(1)调整图层总共分为几大类?

(2)如何更好地使用阈值找到色阶的高光和阴影区域达到最好的细节要求?

(3)调整图层中的各类快捷键。

(4)如何对图像局部进行调整?

(5)将图片的背景更改为渐变色背景。

(6)当图片曝光度“过高/不够”时怎么办?

(7)调整图层有哪些优点?

(8)如何将整个图像中的某一种颜色更改为其他颜色?

3.4.6　实训报告

图形图像处理 Photoshop CS6 实训报告

<table>
<tr><td>班级 / 姓名</td><td colspan="2"></td><td>时间</td><td></td></tr>
<tr><td></td><td colspan="2"></td><td>实训室</td><td></td></tr>
<tr><td>实训知识点</td><td colspan="4">调整图层</td></tr>
<tr><td>实训目的</td><td colspan="4">1. 理解调整图层　3. 综合运用调整工具
2. 类型分解　　　4. 常用的调整工具快捷键</td></tr>
<tr><td>实训内容
学生填写部分</td><td colspan="2">1. 调整图层
(1)颜色
(2)亮度
(3)色调
(4)其他
2. 类型细分解
(1)填充
(2)亮度对比度
(3)色彩平衡
(4)阈值
3. 案例展示
(1)整体调整
(2)局部调整
4. 调整工具快捷键</td><td colspan="2">案例实操训练</td></tr>
<tr><td>实训要求</td><td colspan="2">1. 认真填写实训报告
2. 对问题进行记录
3. 拓展问题认真思考并完成实践
4. 完成思考题并形成书面作业</td><td colspan="2">备注:实训报告以一个知识点的实践完成为依据,教师根据学生实训具体情况来调整学时。这样更有利于实践分数的评定</td></tr>
<tr><td>成绩评定</td><td colspan="4">优秀　良好　及格　不合格</td></tr>
</table>

3.5 选区加减

在 Photoshop 中常用的选区工具有选框工具、套索工具、魔棒、快速选择工具、钢笔工具等。如图就是选框工具的属性栏。

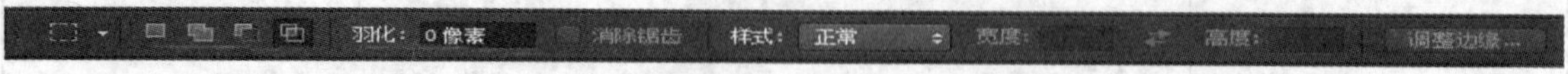

图 3－5－1

添加到选区：两个选区叠加，形成新的选区，快捷键 Shift。

从选取减去：两个选区叠加减去相交部分和另一个选区剩余部分，形成新的选区，快捷键 Alt。

羽化选区：羽化的使用是在选区工具选中后增加羽化值，绘制出的图形边缘模糊化；若是先绘制图形再更改羽化值，图形不会出现任何羽化效果。羽化的取值范围在 0～250，羽化的数值越大，羽化的边缘就越大。

与选区交叉：建立两个相交的选区，取值范围为它们相交部分，快捷键 Ctrl。

选区样式：PS 中选区的默认样式为正常，绘制选区时可以随意绘制选区的大小；若选择样式为固定比例，则绘制出的图形比例按照我们设定比例值为准；若选择样式为固定大小，则绘制出的图形按照设定大小值绘制。

3.5.1 我来说你来记

(1)建立选区的方法很简单，主要在学习工具的使用。

在工具栏中选择“选框工具”，快捷键为 M，矩形选框工具和椭圆选框工具之间的快速切换 Shift＋M。

单行/列选区工具一般情况下会在杂志或者文字排版的时候使用，其他时候较少使用到。

套索工具也是 PS 中最基本的选区工具，在处理图像中起着很重要的作用，套索工具中包含磁性套索工具、多边形套索工具、套索工具三种类型。

磁性套索工具(一般用来处理图像边缘对比强差部分)，沿着物体边缘走，到起始点闭合，就形成了选区(磁性套索工具会自动吸附轮廓比较清晰的图形轮廓)。多边形套索工具，可以精确地选取不规则图形，它与放大功能结合一起使用，可以制作出非常复杂且精确的选区。多边形套索工具的使用也非常简单，在要选取的图形图像边缘单击鼠标，移动到下一个控制点，单击鼠标，就定义了一条直线，继续这样操作，最后在开始处的点上单击就可以定义整个选框；也可以在最后一个点处双击鼠标，软件将自动连接首位两个点，定义选框。

套索工具，用于绘制任意不规则选区，用钢笔工具勾画出需要选择的部分，形成闭合图形之后按“Ctrl＋回车键”就转化为选区了。

(2)当我们建立选区后，是需要将选区存储的。

选中需要存储的选区，单击鼠标右键，单击存储选区，出现存储选区对话框，存储的选区在通道中可以找到(存储的选区以隐藏的形式存在),隐藏/显示选区可以在视图→ 显示额外内容中找到,快捷键 Ctrl＋H。(见图 3－5－2、3－5－3)

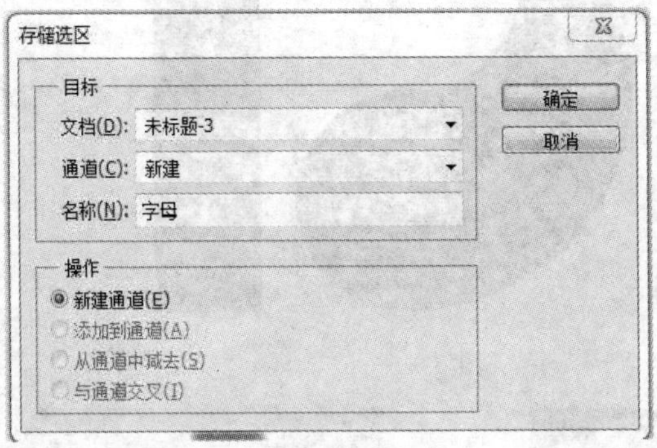

图 3－5－2

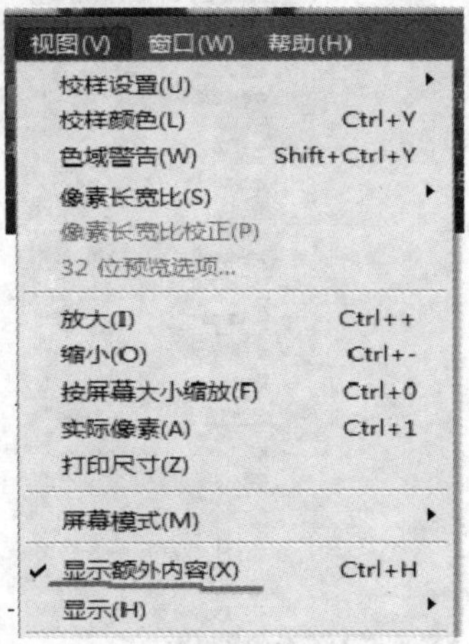

图 3－5－3

点击非选区处自动取消选区,快捷键 Ctrl＋D。

(3)选区也是可以移动的,如果移动范围不大 ,直接用方向键移动。

如果移动范围较大,在保证激活选区时把属性栏里的“选区运算”改为“新选区”,这样就能顺利移动选区了(注意想要移动选取时,不能选择移动工具,那样移动的就是所选择的图像了)。

(4)选区的使用技巧。

重新选择(使用快捷键 Ctrl＋Shift＋D 来重新选择已经取消的上次的选区)。

反向选择(使用快捷键 Ctrl＋Shift＋I 将选区与选区之外的区域进行调换)。

绘制图形时移动选区(在使用选区工具绘制时,按住空格键即可移动选区)。

在已有图层中选取选区(按住 Ctrl 的同时鼠标左键点击图层缩览图),如图 3－5－4 所示。Shift 加移动工具可以使选中的选区移动到图层的正中。

图 3－5－4

3.5.2　我来做你来看

下面我们利用选区工具的加减法来绘制一个中国的太极图,具体步骤如下。

第一步,建立参考线,将标尺显示出来(见图 3－5－5),鼠标放在标尺上点击左键不要松手拖动鼠标参考线就显示出来,重复上一步步骤,直至参考线全部建好。

第二步,通过选区加减绘制太极的半鱼,并填充颜色,这里可以看出是通过了三个圆形的结合。注意每个圆形的圆点,用标尺定好,效果如图 3－5－6。

第三步,再新建一个图层,通过选区的旋转变换,填充颜色,绘制另一个半鱼,并移动到相应的位置。由于太极半鱼是白色填充,背景也是白色看不出来,所以需要添加描边参数设置(见图 3－5－7～3－5－9)。

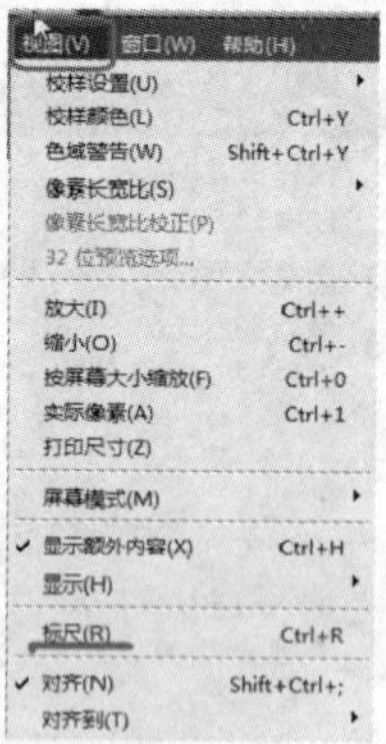

图 3－5－5

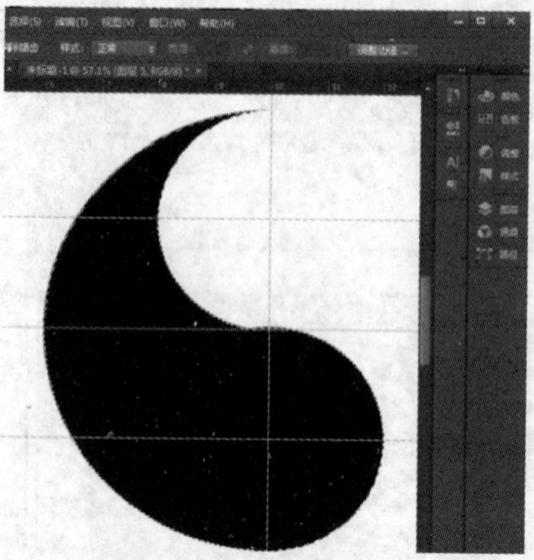

图 3－5－6

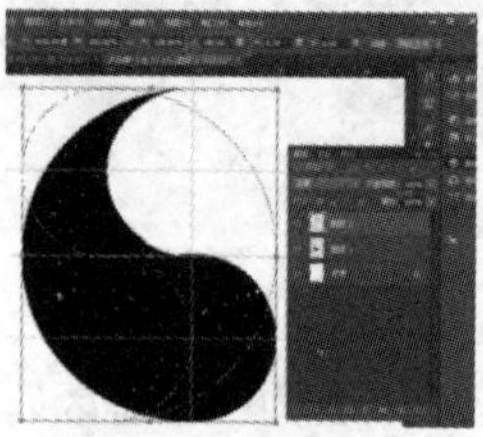

图 3－5－7

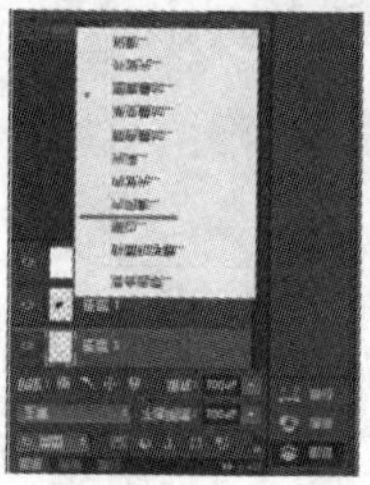

图 3－5－8

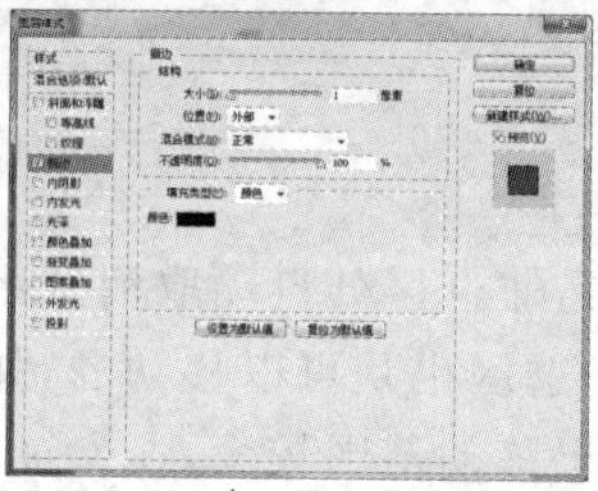

图 3－5－9

第四步，新建图层，通过椭圆选区绘制鱼眼，填充颜色，再次新建一个图层，填充颜色，取消选区，移动图层至相应的位置，太极图形就绘制完成，效果如图 3－5－10 所示。

3.5.3 你来做我来看

在学校的教学区内是禁止带食品进入的，请同学们模仿如图 3－5－11 所示的标志通过选区工具绘制出来。

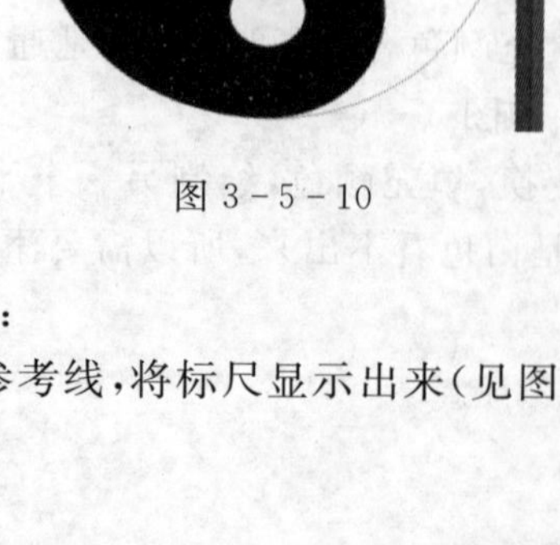

图 3－5－10

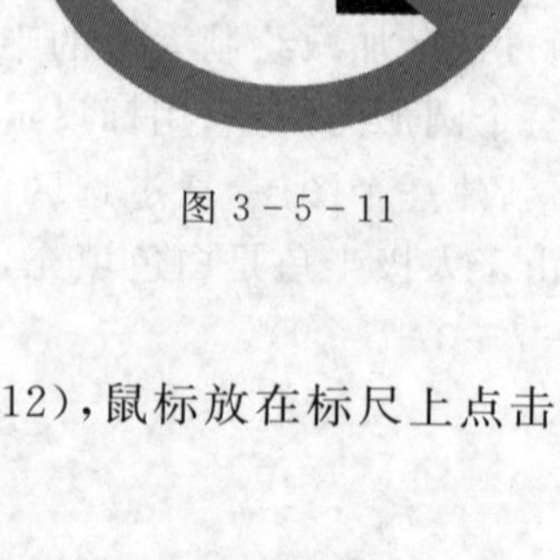

图 3－5－11

步骤提示：

(1)建立参考线，将标尺显示出来(见图 3－5－12)，鼠标放在标尺上点击左键不要松手拖动鼠标参考线就显示出来，重复上一步步骤，直至参考线全部建好。

(2)通过选区加减绘制外侧圆环和斜线，并填充颜色，调整图形角度。(见图 3-5-13)

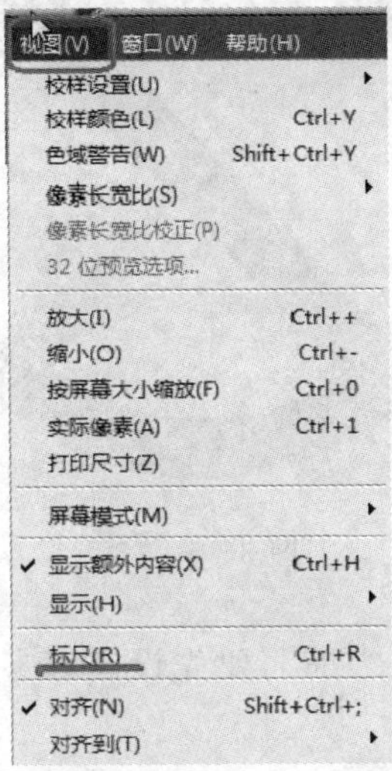

图 3-5-12

图 3-5-13

(3)新建图层，通过矩形选区变换绘制食品标志中间横线，填充颜色，将鼠标移至选区中间，单击鼠标右键，选择变换选区工具将鼠标移至需要更改的选区脚点，按住 Ctrl 点击鼠标左键，移动到相应的位置，另一侧同样的操作方法，将选区移动至相应的位置，并填充颜色，食品标志上下图形属于垂直对称，所以在旋转角度的位置输入一180°，移动选区至相应的位置，填充颜色，取消选区，移动图层至斜线位置。(见图 3-5-14、3-5-15)

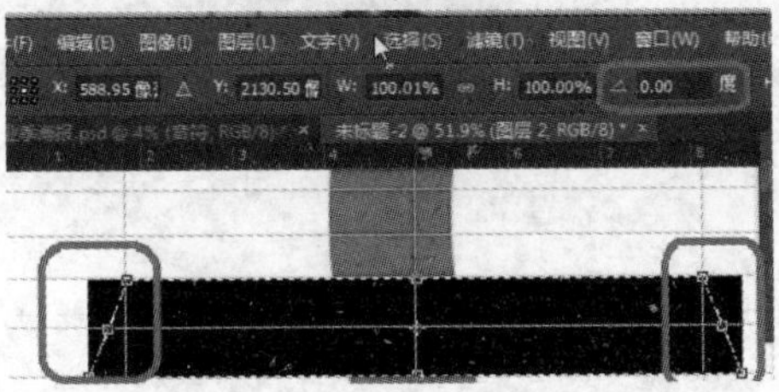

图 3-5-14

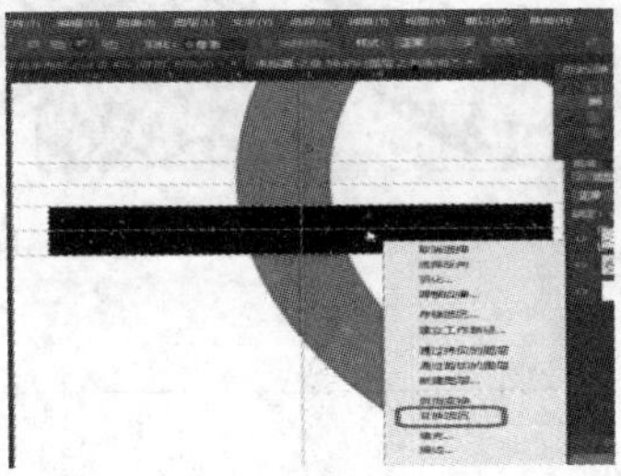

图 3-5-15

(4)新建一个图层，同样通过选区变换绘制饮料标志，填充图形，取消选区，移动图层至相应的位置，调整图层顺序，将圆环图层移至所有图层的最上方，禁止携带食品标志就绘制完成，效果如图 3-5-16。

注意，观察绘制选区工具的使用并请在实训报告中记录。

3.5.4 我们一起来练练

作为未成年人的学生无论是在哪里都是禁止吸烟的，请同学们将禁止吸烟的标志(见图 3-5-17)通过选区工具绘制出来。

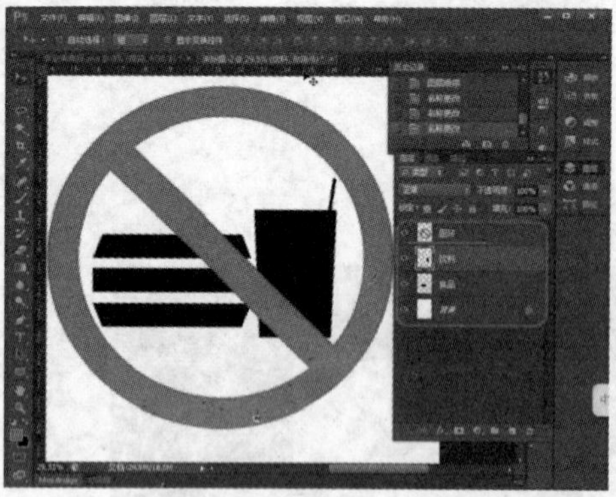

图 3-5-16

图 3-5-17

由于禁止吸烟的标志是由部分同心圆环组成，所以绘制之前需要先设定好参考线，以参考线的交点为圆心。(见图 3-5-18)

新建一个图层，使用矩形选框工具绘制斜线，用自由变换工具调整方向。(见图 3-5-19)

再次新建一个图层，绘制烟头。(见图 3-5-20)

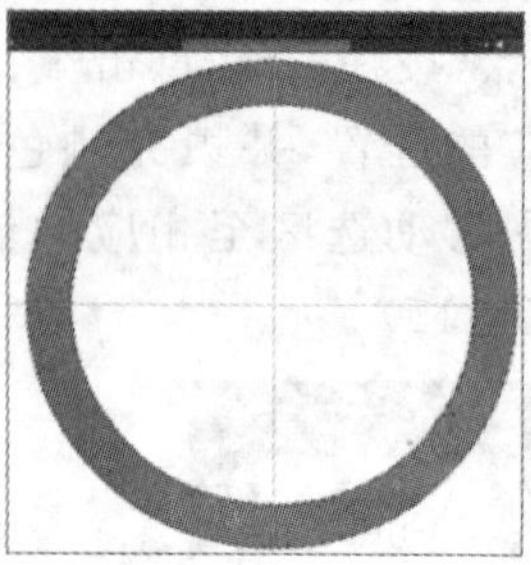

图 3-5-18

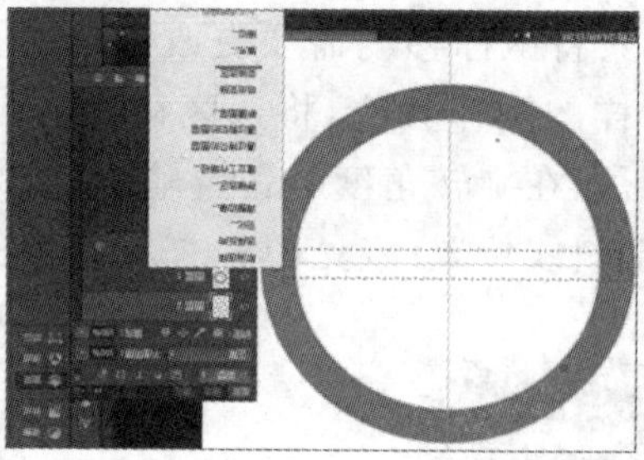

图 3-5-19

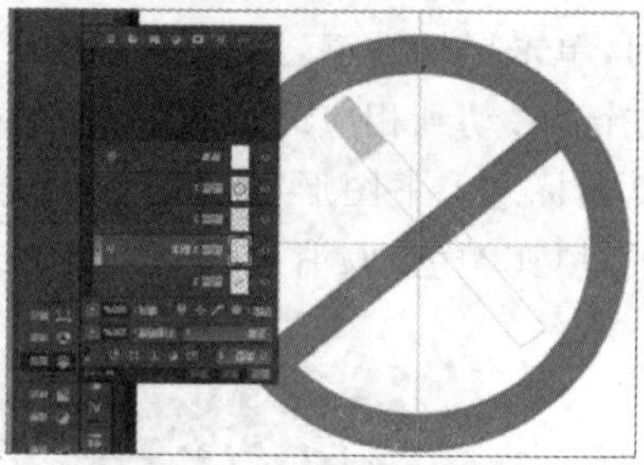

图 3-5-20

玩一玩

请同学利用使用选区工具制作 26 个大写字母。

3.5.5 我们一起来说说

(1)选区工具有哪几种？

(2)选区中的加减如何完成？

(3)除了选区工具还有哪些方式可以建立选区？

(4)曲线图形如何绘制？

(5)选区的纯色填充的快捷键或者渐变色的填充方法。

以上除形成书面作业上交外，会在课前通过点名方式进行检查。课外实践作业请通过班级群发送给授课教师批改。

3.5.6　实训报告

图形图像处理 Photoshop CS6 实训报告

<table>
<tr><td>班级
姓名</td><td colspan="2"></td><td>时间</td><td></td></tr>
<tr><td></td><td colspan="2"></td><td>实训室</td><td></td></tr>
<tr><td>实训知识点</td><td colspan="4">选区加减</td></tr>
<tr><td>实训目的</td><td colspan="4">1. 常用建立选区的方法
2. 掌握选区的加减操作
3. 选区颜色的填充</td></tr>
<tr><td>实训内容
学生填写部分</td><td colspan="3">1. 建立选区的方法

2. 使用加减的快捷键
(1)存储选区

(2)移动选区

3. 选区颜色的填充</td><td>大写字母练习

小写字母练习

自己姓名练习</td></tr>
<tr><td>实训要求</td><td colspan="2">1. 认真填写实训报告
2. 对问题进行记录
3. 拓展问题认真思考并完成实践
4. 完成思考题并形成书面作业</td><td colspan="2">备注:实训报告以一个知识点的实践完成为依据,教师根据学生实训具体情况来调整学时。这样更有利于实践分数的评定</td></tr>
<tr><td>成绩评定</td><td colspan="4">优秀　良好　及格　不合格</td></tr>
</table>

3.6 魔棒抠图

魔棒工具是 Photoshop 中提供的一种比较快捷的抠图工具，可以用来建立不规则选区，对于一些分界线比较明显的图像，通过魔棒工具可以很快速地将图像抠出。魔棒的作用是可以知道你点击的那个地方的颜色，并自动获取附近区域相同的颜色，使它们处于选择状态。

3.6.1 我来说你来记

魔棒工具：它采用鼠标单击的方式，选中后会自动选择颜色相似区域。

魔棒工具属性如图 3－6－1 所示

图 3－6－1

添加到选区：在已有选区的基础上增加还需要并且没有被选中的部分。

从选区中减去：已有选区中被多选的部分可以选中这个工具点击多余部分，多余部分就被减去。

消除锯齿：在 PS 中消除锯齿选项只能消除部分锯齿，并不能完全消除。

容差：指你所选取图像的颜色接近度，也就是容差越大选取的范围越大，容差越小选取的范围越小。如图 3－6－2、3－6－3 所示。

图 3－6－2　容差：32

图 3－6－3　容差：200

连续：是指选择图像颜色的时候只能选择一个区域当中的颜色，不能跨区域选择，比如如果一个图像中有几个相同颜色的圆，当然它们都不相交，当我选择了连续，在一个圆中选择，这样只能选择到一个圆，如果没点连续，那么整张图片中的相同颜色的圆都能被选中。(见图 3－6－4)

用于所有图层：选中了这个选项，整个图层当中相同颜色的区域都会被选中，没点的话就只会选中单个图层的颜色。

请同学们注意魔棒工具快捷键是 W，魔棒工具和快速选择工具的快速转化 Shift＋W；快速选择工具主要使用在一些图片色差较大的情况下，这有利于我们快速把图片给抠出来。

我们使用魔棒工具勾选选区的时候要注意图像的放大放小操作，这对于细致位置的勾选大有益处。放大图像快捷键"Alt＋滚动轮往上"，放小图像快捷键"Alt＋滚动轮往下"。

3.6.2　我来做你来看

下面我们来使用魔棒工具将图片 3－6－5 中的圆形餐盘中的南瓜抠取出来。

图 3－6－4　容差：30　勾选连续选项

图 3－6－5

选中魔棒工具，设置容差为 30，勾选连续和消除锯齿。如图 3－6－6、3－6－7 所示。

图 3－6－6

图 3－6－7

当我们把大部分图像选中后，细节部分可以再使用选区加减细化选区。

这里我们再简单介绍使用快速选择工具的方法来进行抠图，因为在实际使用中，我们这两种工具是经常结合一起使用的。

选中快速选择工具，设置快速选择工具画笔大小为 20，硬度为 100%。（见图 3－6－8）

将光标移动到圆形餐盘上，按住鼠标左键拖动鼠标，餐盘就会被选中。（见图 3－6－9）

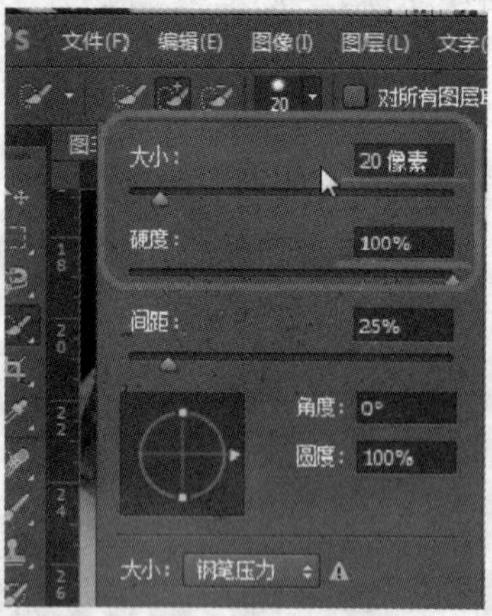

图 3-6-8

图 3-6-9

同学们请把在训练中出现的任何问题都记录在实训报告中。

3.6.3 你来做我来看

请同学注意使用魔棒工具和调整容差值，将素材图 3-6-10 中的蝴蝶抠出来，自己尝试观察容差值并将情况记录在实训报告中。

3.6.4 我们一起来练练

下面我们让魔棒和快速选择工具结合一起使用来进行抠图的练习。使用魔棒，设好容差，对没选中的地方利用快速选择工具将素材图 3-6-11 中的人物抠出来，并注意使用选区加减的方法。

图 3-6-10

图 3-6-11

首先将背景图层复制，选中魔棒设容差为 20，可以发现选择部分是有没有选到的地方，我们可以利用快速选择工具，设置画笔选择“添加到选区”，画笔大小设置为 30，如图 3-6-12、3-6-13 所示。

图 3－6－12

图 3－6－13

将光标移动到需要选择的区域，点击鼠标不松手拖动鼠标，形成选区，这样可以对于多选中的区域和部分没有选中的区域进行细化调整。（见图 3－6－14）

图 3－6－14

使用添加到选区工具，点击缺失的部分，使其全部选中，使用从选区减去工具，将选中多余的部分删除。对于细微部分，调整画笔大小为 10。（见图 3－6－15）

选区全部选中后，单击“选择→反向”，按 Delete 键将背景处删除，如图 3－6－16 所示。

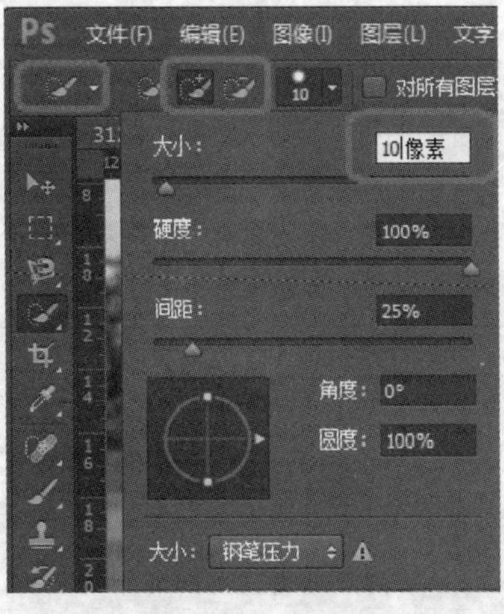

图 3－6－15

图 3－6－16

最终效果如图 3－6－17 所示。

请同学们结合利用上述所教方法，从图 3－6－18 中抠取出略有些复杂的食物。

图 3－6－17

图 3－6－18

玩一玩

试着对图片进行选区的抠图，注意使用连续与不连续选项的区别。

3.6.5 我们一起来说说

（1）魔棒工具的使用有哪些注意点？

（2）用魔棒工具如何添加或者减去选区？

（3）魔棒工具中容差如何使用？

（4）如何结合使用其他的选区工具？

（5）魔棒工具和快速选择工具有何区别？既然两个都可以快速选择图形形成选区，是否可以取消其中一个工具？

以上除形成书面作业上交外，会在课前通过点名方式进行检查。课外实践作业请通过班级群发送给授课教师批改。

3.6.6 实训报告

图形图像处理 Photoshop CS6 实训报告

班级 / 姓名		时间	
		实训室	
实训知识点	魔棒抠图		
实训目的	1. 掌握魔棒工具的使用方法 2. 学会根据容差进行抠图，了解消除锯齿选项的使用 3. 快速选择工具的使用方法		

（续表）

<table>
<tr><td rowspan="2">班级
姓名</td><td rowspan="2"></td><td>时间</td><td></td></tr>
<tr><td>实训室</td><td></td></tr>
<tr><td>实训内容
学生填写部分</td><td colspan="3">1. 简述魔棒工具的使用方法及用魔棒工具进行选区的加减

2. 容差的使用

3. 消除锯齿选项使用前后的区别

4. 快速选择工具和魔棒工具有何异同点</td></tr>
<tr><td>实训要求</td><td>1. 认真填写实训报告
2. 对问题进行记录
3. 拓展问题认真思考并完成实践
4. 完成思考题并形成书面作业</td><td colspan="2">备注：实训报告以知识点的实践完成为依据，教师根据学生实训具体情况来调整学时。这样更有利于实践分数的评定</td></tr>
<tr><td>成绩评定</td><td colspan="3">优秀　良好　合格　不合格</td></tr>
</table>

3.7　选区抠图

抠图是学 PS 最重要最常用的知识点，除了需要有足够的耐心和细心，还要用大量的时间来练习，更重要的还须掌握相关的技法。

所谓抠图也就是要把图像中的某个区域分离出来，但如果你要想把它提取出来，就得先要选中这个区域，但要选中它的前提是要生成一个选区，选区的存在就是为了对选定的对象进行处理。所以在 PS 中的抠图大多都为选区抠图。

3.7.1 我来说你来记

常见的选区抠图方法常用的有以下几种：

(1)色彩范围抠图：这个适用于图像和背景色色差明显，背景色单一，图像中没有背景色的处理。

(2)魔棒抠图：经常使用在图像和背景色色差明显，背景色单一，图像边界清晰，但是对于背景复杂和散乱的毛发没有用。

(3)套索抠图：一般用来抠取要求不是那么严格的或者是概略的区域。按住左键在图上画出任意的闭合线，蚂蚁线内的就是需要的选区。磁性套索工具移动缓慢可以使抠出的图像边缘更加完整。

(4)路径抠图：使用的一般是钢笔工具，使用钢笔工具抠图基本上是没有什么技术可言的，只需要细心地将钢笔工具绘制的路线紧密地贴紧图像边缘就，完成后按住 Ctrl+回车就可以将路径转化为选区了。

(5)通道抠图：这种抠图可以将图像从背景复杂的图片中抠取出来，在复制通道时视素材颜色而定，复制通道的标准时，想要保留的部分和背景颜色有鲜明的颜色对比。色阶面板拖动滑块，使黑色的地方越黑，白色地方越白，最好不要使背景和想要保留的图片颜色接近。填充颜色时，人物也可以填充成白色，只要使人物颜色和背景颜色成黑白对比即可。如有明显锯齿，可以使用羽化，也可以使用高斯模糊，视图片而定。通道也可以抠取半透明的图形图像。

3.7.2 我来做你来看

我们这里使用通道工具将下列图片中的盘子里的食物抠出来，保证边缘平滑没有多余累赘物。

打开图片 3-7-1，将背景图层更改为普通图层（见图 3-7-2），在通道选项卡里查看哪个通道的色彩反差最大，通过各个通道色彩的反差比较，我们会发现蓝色通道的色彩反差是最大的（见图 3-7-3）。

图 3-7-1

图 3-7-2

复制这个蓝色通道并形成一个新的蓝通道(见图 3-7-4),然后点击“图像→调整→反相”,或者使用快捷键 Ctrl+I(白色代表选中,黑色代表未选中)。(见图 3-7-5)

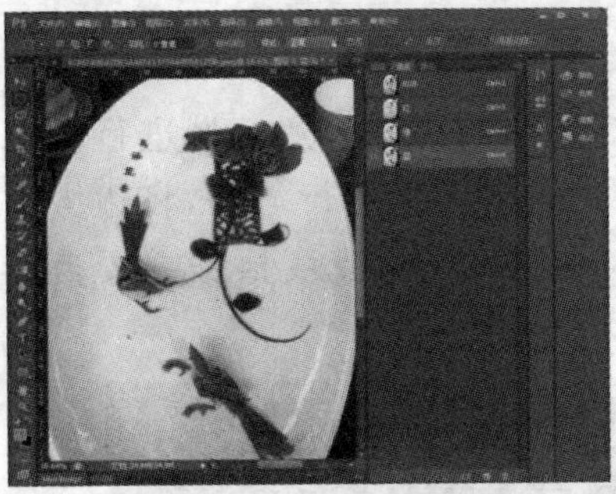

图 3-7-3

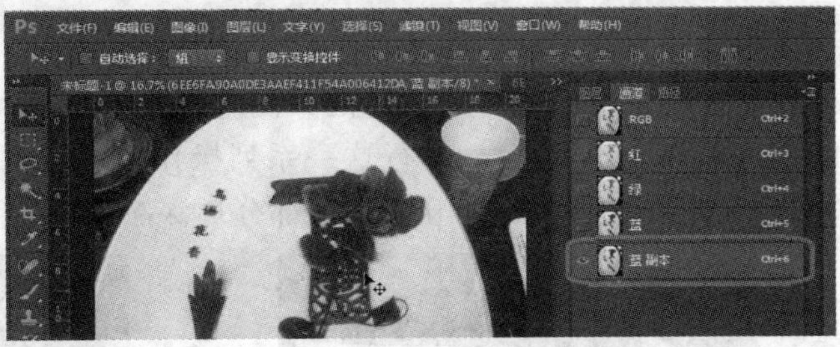

图 3-7-4

在上一步的基础上继续进行操作,点击“图像→调整→曲线”,或者使用快捷键 Ctrl+M,使白色更白,黑色更黑,使图像边缘更加清晰,方便我们进行后续的操作。(见图 3-7-6～3-7-9)

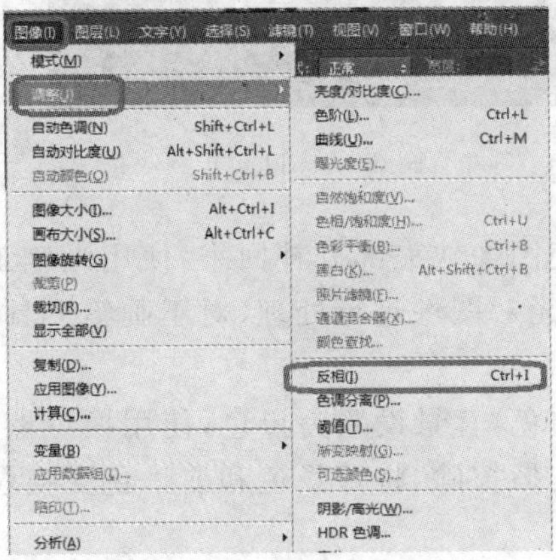

图 3-7-5

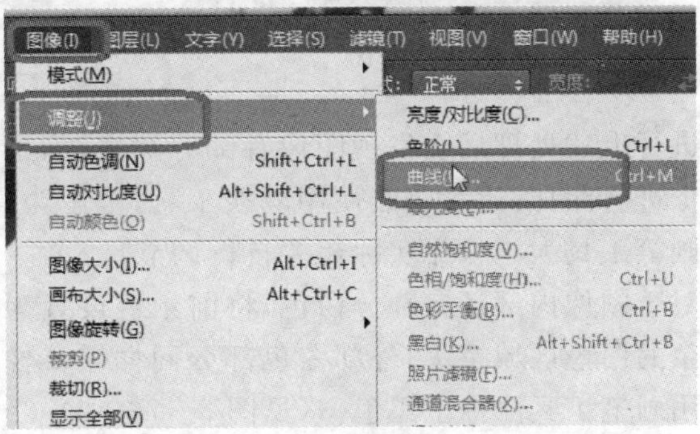

图 3-7-6

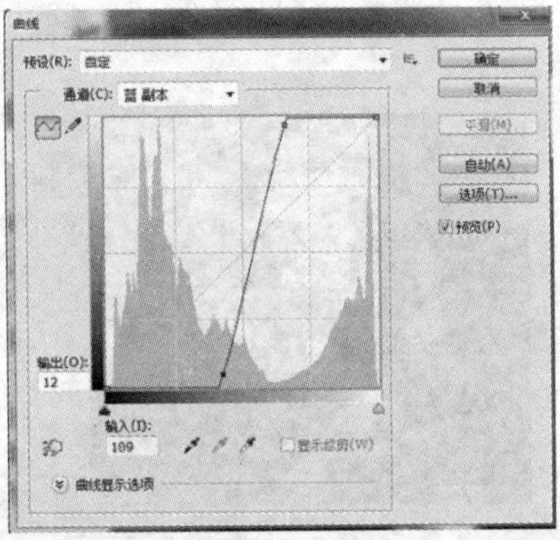

图 3-7-7

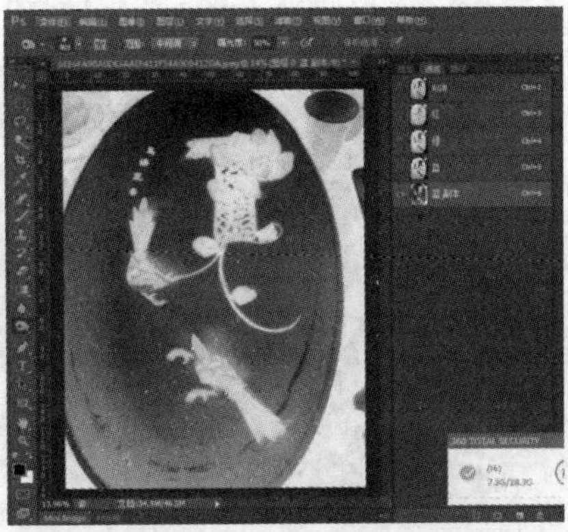

图 3-7-8

图 3-7-9

使用加深减淡工具中的减淡工具，范围使用为高光，对图像内部的中灰区域进行颜色减淡处理变为白色；使用加深工具，范围使用为阴影，对图像边缘的阴影进行消除，将边缘中灰区域颜色加深变为黑色。（进行这一系列操作中工具的大小、流量、曝光度根据需要自行调解）注意一定要把除食物部分的其他部分加深涂抹就行了。（见图 3-7-10、3-7-11）

图 3-7-10

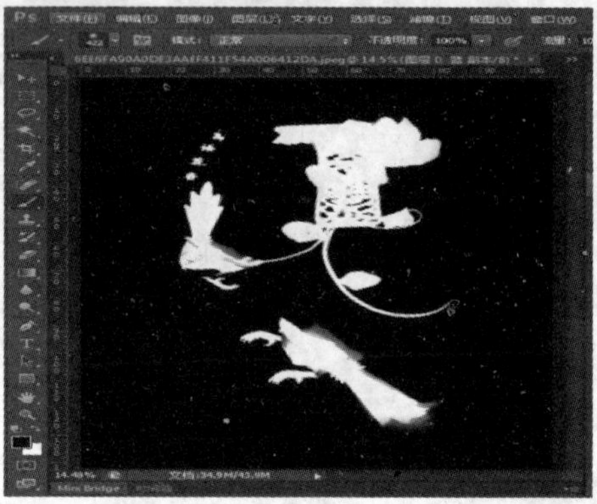

图 3-7-11

进行上述处理后会发现图像有部分缺失，为了使图像缺失部分补回来，使用画笔工具，对图像进行涂抹，后续仍然使用减淡工具，范围为高光对图像进行处理（对于画笔工具涂抹图像画笔工具大小根据实际需要自行调节）。

对于图像内部还有部分白色，将前景色设置为白色，背景设置为黑色，使用橡皮擦工具将多余的白色区域擦去；外部白色部分同样需要橡皮擦擦除，将背景色和前景色交换位置，然后用画笔工具涂抹上黑色。（见图 3-7-12）

将所有选区选择完成后，点击通道下方的蚂蚁线，将复制的蓝色通道删除返回到图层，添加蒙版，会发现需要我们选中的图像边缘已经选择出来了，然后还有部分边缘需要我们进一步进行调整，如鸡脚部分，使用我们前面学到的选区工具调整。（见图 3-7-13）

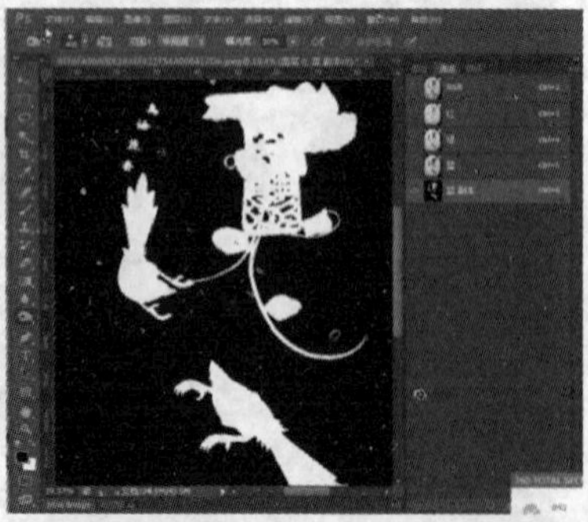

图 3-7-12

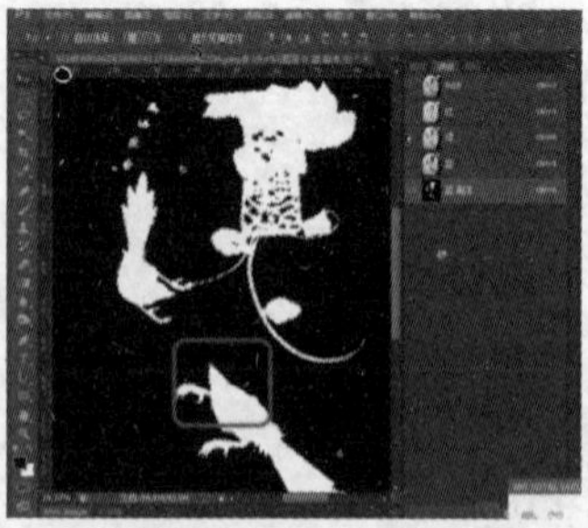

图 3-7-13

我们再结合使用其他的方法将下图中的花和手抠出来,并将边缘调整好。(见图 3 - 7 - 14)

将图片打开,并复制得到一个新的图层,快捷键 Ctrl+J。(见图 3 - 7 - 15)

图 3 - 7 - 14

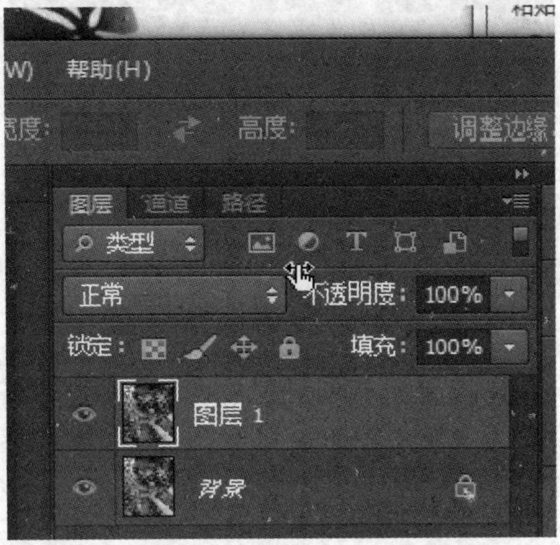

图 3 - 7 - 15

使用快速选择工具将需要抠图的部分选中,然后点击"调整边缘",弹出调整边缘对话框,"调整边缘"的快捷方式:Ctrl+Alt+R。

在视图模式下选择视图样式,输出到选择新建图层,单击确定,会发现复制的图层自动隐藏。(见图 3 - 7 - 17)

图 3 - 7 - 16

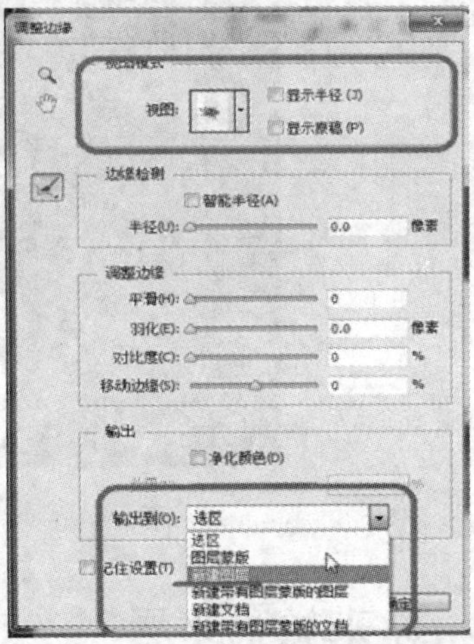

图 3 - 7 - 17

隐藏背景图层,使用橡皮擦工具或者选区工具将多余的部分删除,将鼠标移动到刚形成的图层,按住 Ctrl+单击鼠标左键出现选区。(见图 3 - 7 - 18)

请同学们观察由于树干上的花和叶颜色鲜明,所以可以使用磁性套索工具,围绕花的边缘缓慢移动。(见图 3 - 7 - 19)

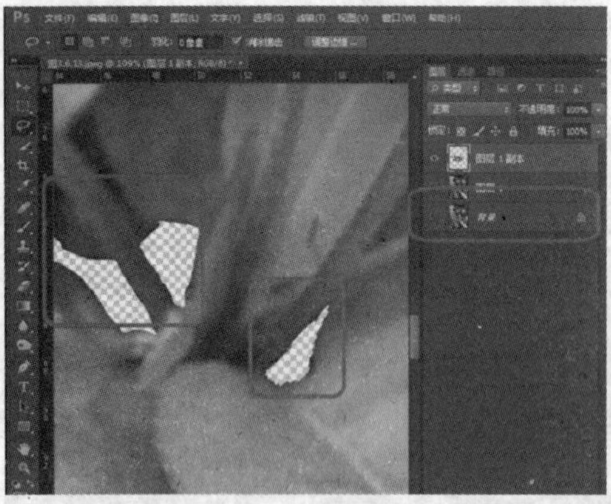

图 3-7-18

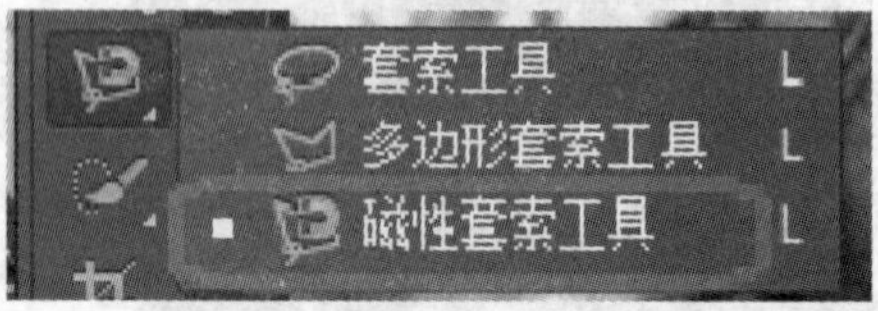

图 3-7-19

图像抠图完成后,内部或者边缘有缺失或者多余的部分,使用选区加减将缺失的部分添加上,多余的部分修剪。(见图 3-7-20)

图 3-7-20

3.7.3 你来做我来看

请同学们使用抠图工具将图 3-7-21 中的花完整地抠出来,边缘平滑没有缺失和多余累赘物(最少用两种方法将图片中的花抠图出来)。

通过图片我们可以发现图片颜色鲜艳而且和背景色相差比较大。所以使用选择磁性套索工具,沿花的边缘缓慢移动会发现套索会自动吸附到图像边缘,直到边缘闭合。花的主体部分就被选中。(见图 3-7-22)

图 3-7-21

图 3-7-22

通过上一步我们发现有部分边缘有部分缺失，内部有多余的部分，则需要使用选区加减，选中选区相加，将边缘缺失的部分添加上；选择选区相减，将花的内部多余部分减去。那么完整的花就已经完全选择(对于部分磁性套索工具识别不了的边缘，可以自己手动控制添加控制点)。使用移动工具将选区移动到相应的位置。(见图 3-7-23)

图 3-7-23

我们再利用钢笔工具进行选择，选择钢笔工具，随意在花的边缘选择一个起点，选定第二个控制点位置后，按住鼠标左键不松手，拖动鼠标调整控制杆的角度，直到绘制的弧线和图形边缘对齐。继续按照这个方法绘制，在需要的情况下，按住 Ctrl 调整控制杆的角度与长短，按住 Alt 可以取消半截控制杆。(见图 3-7-24、3-7-25)

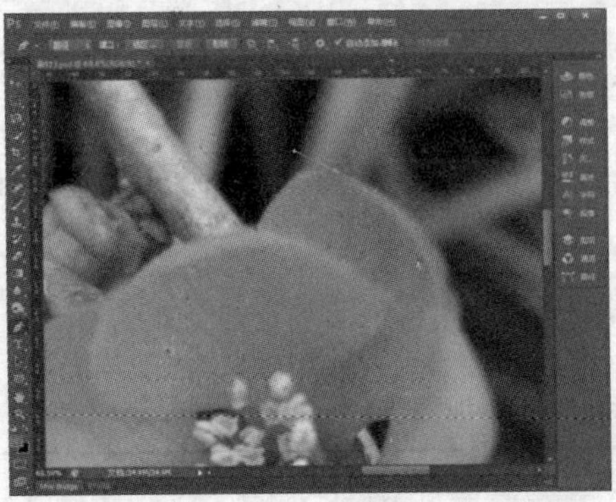

图 3-7-24

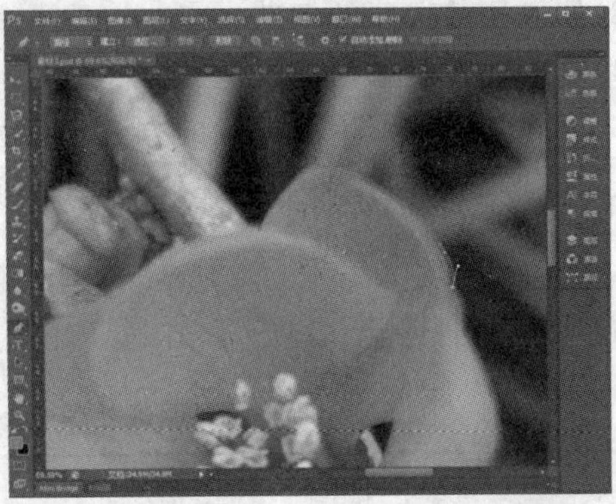

图 3-7-25

在图形的外形绘制完成后，图形内部还有多余的部分需要删除，同样适用钢笔工具沿多余部分的边缘绘制，直到所有多余部分全部绘制出来。(见图 3-7-26)

在所有边缘都绘制完成后，按住“Ctrl＋回车键”图像边缘会出现蚂蚁线，图形的选区就完成了，效果如图 3－7－27。

3.7.4 我们一起来练练

请同学们先将图 3－7－28 中盛开的花朵抠出来，再将花和多个花苞一起抠出，然后再将盛开的花和多个花苞一同连接的树叶一起抠出。

图 3－7－26

图 3－7－27

图 3－7－28

玩一玩

请同学们自拍一张美美的照片并尝试一下将自己完好无损地抠出来。

3.7.5 我们一起来说说

（1）用选区抠图和我们前面学过的用选区绘制图形有哪些异同点？

（2）将几种抠图方法进行对比并说出优缺点。

（3）如何调整选区的细节？

（4）复杂的背景如何确定选区？

（5）请同学们总结生成选区的方法和相关的工具运用。

以上除形成书面作业上交外，会在课前通过点名方式进行检查。课外实践作业请通过班级群发送给授课教师批改。

3.7.6 实训报告

图形图像处理 Photoshop CS6 实训报告

<table>
<tr><td rowspan="2">班级
姓名</td><td rowspan="2"></td><td>时间</td><td></td></tr>
<tr><td>实训室</td><td></td></tr>
<tr><td>实训知识点</td><td colspan="3">选区抠图</td></tr>
<tr><td>实训目的</td><td colspan="3">1. 掌握常用的几种选区抠图的方法
2. 掌握选区抠图的加减操作
3. 会综合使用多种选区抠图方式方法</td></tr>
</table>

（续表）

<table>
<tr><td>班级
姓名</td><td></td><td>时间</td><td></td></tr>
<tr><td></td><td></td><td>实训室</td><td></td></tr>
<tr><td>实训内容
学生填写部分</td><td colspan="3">1. 简述你使用的最常用的几种选区抠图的方式方法

2. 记录对于细微细节选区抠图的方法

3. 对于分界明显和分界不明显的图片选区择出选区有何不一样？分别说明它们的难易点

4. 对于分解不明显的物体如头发丝的抠图应该怎么办</td></tr>
<tr><td>实训要求</td><td>1. 认真填写实训报告
2. 对问题进行记录
3. 拓展问题认真思考并完成实践
4. 完成思考题并形成书面作业</td><td colspan="2">备注:实训报告以知识点的实践完成为依据,教师根据学生实训具体情况来调整学时。这样更有利于实践分数的评定</td></tr>
<tr><td>成绩评定</td><td colspan="3">优秀　良好　合格　不合格</td></tr>
</table>

3.8　形状工具

PS 中有很多形状工具,我们可以通过这个工具绘制出很多形状的图形,模拟绘制出矢量图的效果,让一些复杂的图形也能用简单的方式表达。

3.8.1 我来说你来记

在 PS 中的形状工具包括矩形工具、圆角矩形工具、椭圆工具、多边形工具、直线工具和自定义形状工具。它们的快捷键都是“U”,按“Shift+U”可以进行切换选择。不管你选择哪一个形状工具,它们都会有各自的属性面板。最前面的图标代表了你选择的“形状工具”,属性栏的变化基本上差别也不大。(见图 3-8-1、3-8-2)

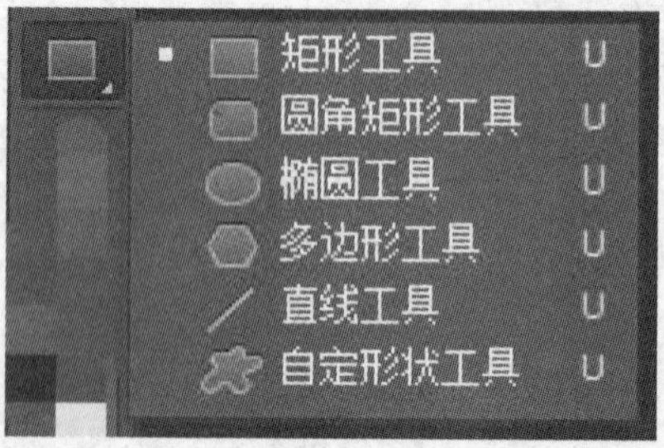

图 3-8-1

如果想要画出“正”的方形和圆形,只需要选择相应的矩形工具和椭圆工具,拖拉时按住 Shift 键就好了。请同学们注意在每种形状工具的属性栏上都会有一个像“齿轮”样的图标,它是

图 3-8-2

形状的选项菜单,可以对所做形状进行相应的设置。从这些字面上的意思中我们不难理解,“不受约束”就是形状完全由光标决定。“固定大小”就是可以填入宽度和高度的值。而“自定义的大小和比例”就是宽和高一个数值而已。“从中心”则是表示你拖拉的形状的中心是你的光标起始点。请同学们在练习中认真体会。注意这里的单位都是像素。(见图 3-8-3、3-8-4)

图 3-8-3

图 3-8-4

当然在其他的形状工具的属性栏中的选项肯定会有所变化,请同学们自行判断并尝试练习。(见图 3-8-5)

图 3-8-5

在同学们都很喜欢的自定义形状工具中(见图 3-8-5),同学们能找到大量的已提供的形状(见图 3-8-7),你可以自己制作一些,也可以上网去搜索一些。

我们也可以自定义一个形状(见图 3-8-8),其实是很简单的,只要你先画好了一个满意的形状,然后直接选择菜单“编辑”下的“自定义形状”就可以了(见图 3-8-9),这里我们用钢笔工具进行绘制(见图 3-8-10)。

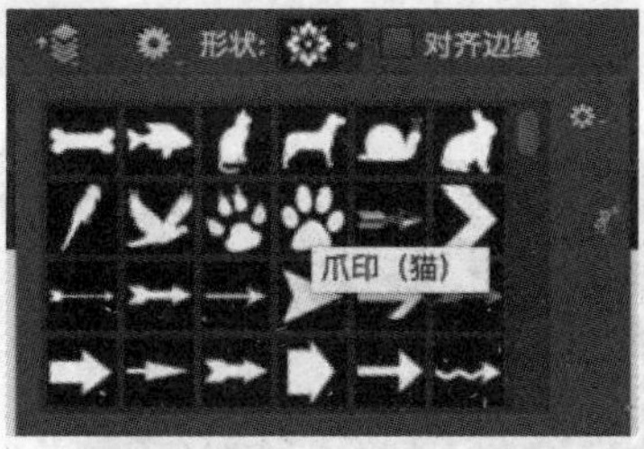

图 3-8-6

图 3-8-7

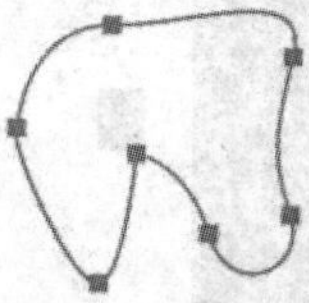

图 3-8-8

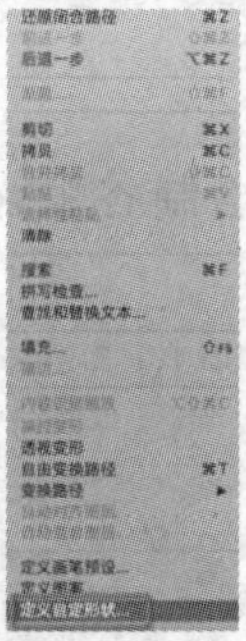

图 3-8-9

图 3-8-10

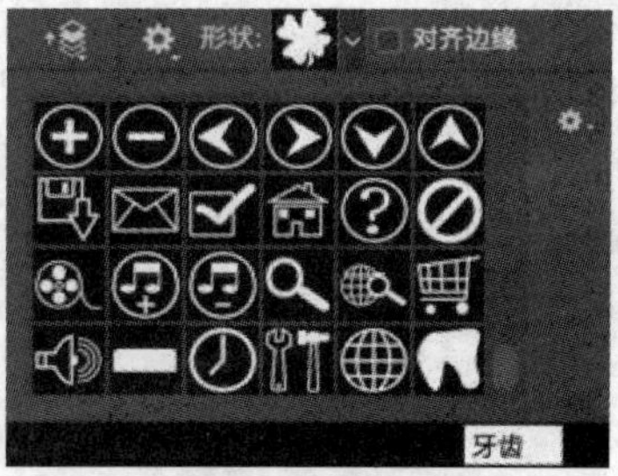

图 3-8-11

还有一个很特殊的直线工具(见图 3-8-11),它可以绘制出直线,也可以绘制出带有箭头方向的线段(见图 3-8-12、3-8-13)。按 Shift 键可在 0°、45°和 90°发生变化。还可以进行线段样式的改变,也是可以进行自定义样式的(见图 3-8-14),请同学们自己练习。

图 3-8-12

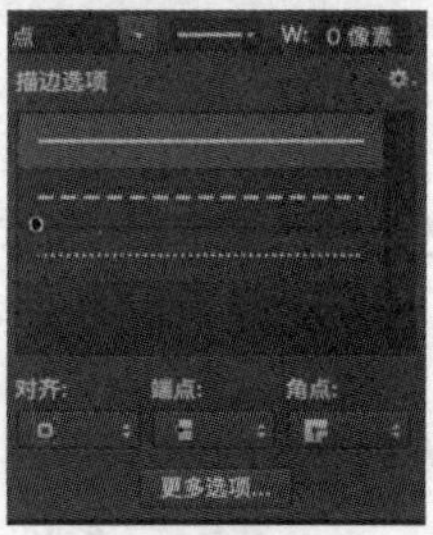

图 3-8-13

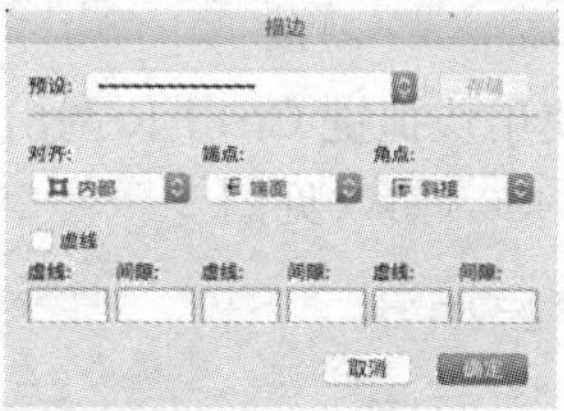

图 3-8-14

3.8.2　我来做你来看

我们在 PS 中可以创建形状,并可以修改形状的基本属性、大小、填充和描边。形状与形状之间还有一些相应的加减操作。如合并形状、减去顶层形状、与形状区域相交、排除重叠形状和合并形状组件。(见图 3-8-15、3-8-16、3-8-17)

图 3-8-15

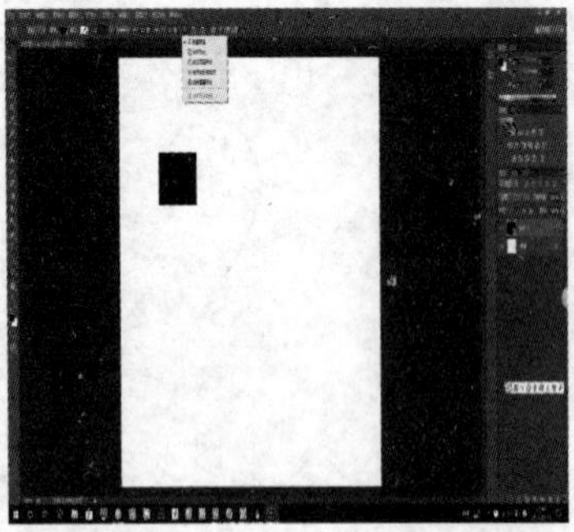

图 3-8-16

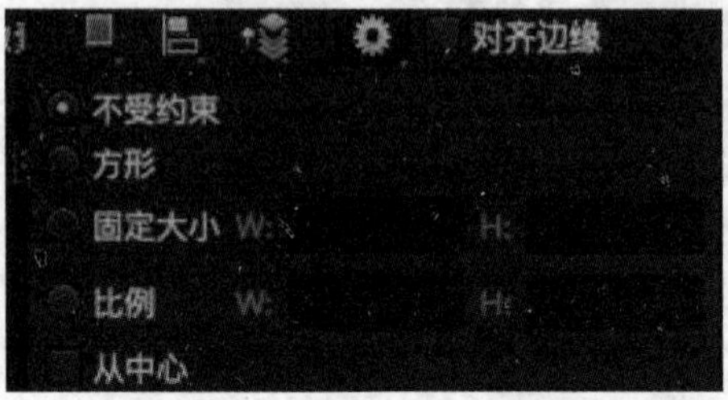

图 3-8-17

下面我们利用形状的基本功能和相关的属性功能来和同学们一起绘制谷歌浏览器图标。(见图 3-8-18)希望同学们能有所感受。

(1)新建空白文档,设置画布大小为 900×900 像素,分辨率为 300。(见图 3-8-19)

图 3-8-18　谷歌浏览器图标

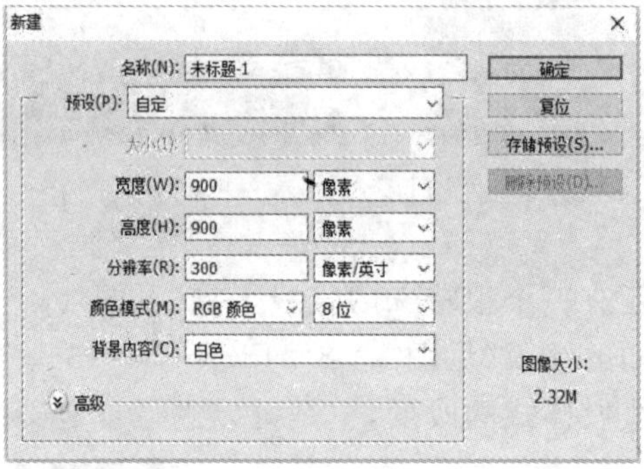

图 3-8-19

(2)使用快捷键 Ctrl+R 调出标尺,右键标尺,将标尺单位设置为像素。新建两条参考线,分别水平 450 像素(见图 3-8-20)、垂直 450 像素(见图 3-8-21),效果如图 3-8-22 所示。

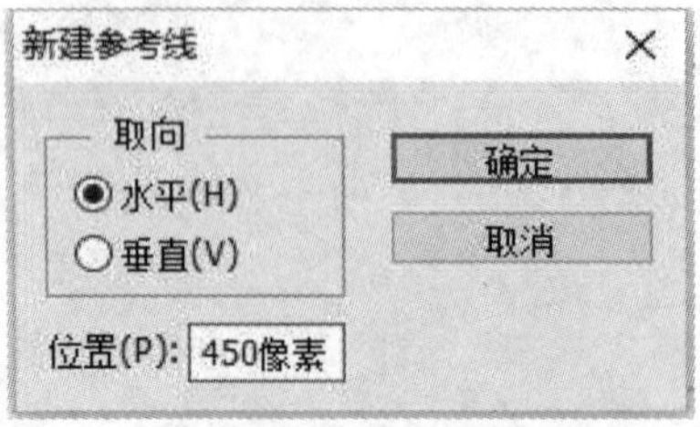

图 3-8-20

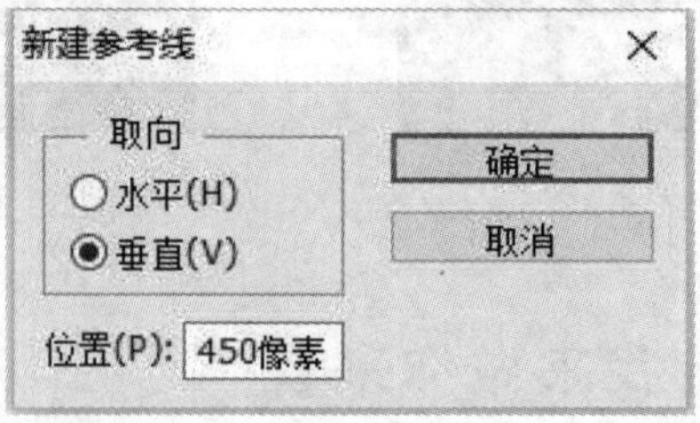

图 3-8-21

(3)使用椭圆形状工具,设置填充颜色为#ec463a(见图 3-8-23),描边为空,在画面中心绘制一个正圆“椭圆 1”(见图 3-8-24、3-8-25)。

图 3 - 8 - 22

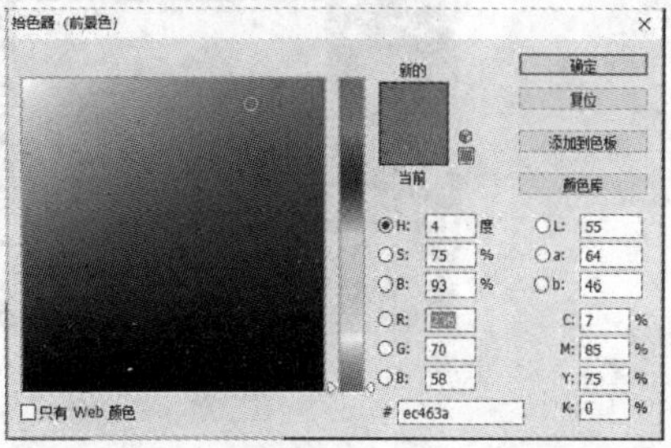

图 3 - 8 - 23

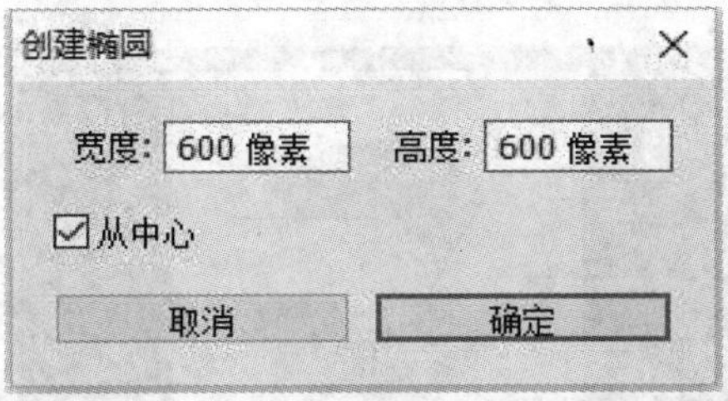

图 3 - 8 - 24

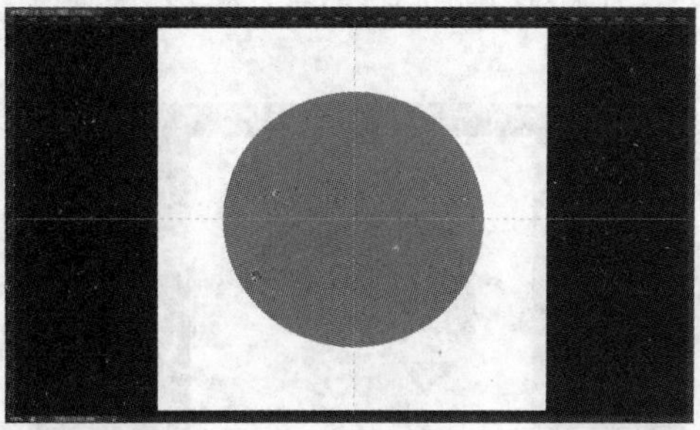

图 3 - 8 - 25

(4)设置“减去顶层形状”，使用椭圆工具从中心位置绘制一个 250×250 的圆形，得到一个空心圆。（见图 3 - 8 - 26）

(5)利用旋转操作确定空心圆的等分位置：新建形状图层，设置“新建形状”，在如图位置绘制一个细长矩形“矩形 1”。（见图 3 - 8 - 27）

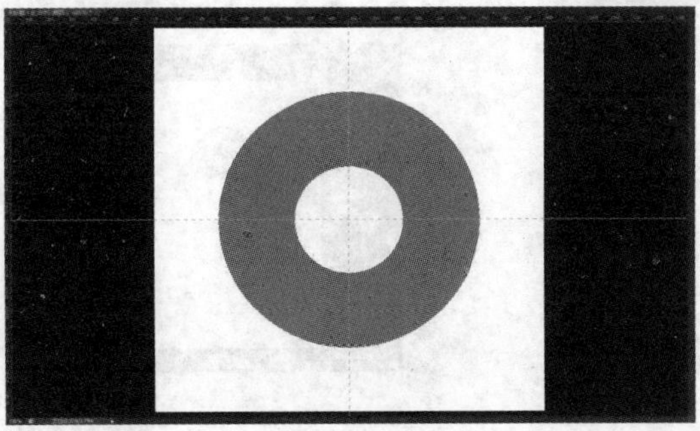

图 3 - 8 - 26

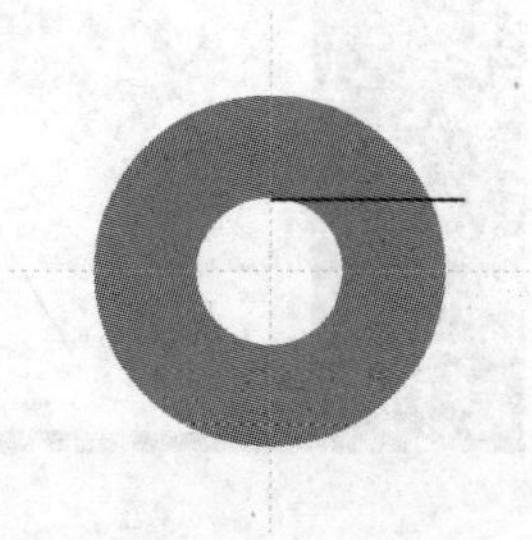

图 3 - 8 - 27

(6)按组合键 Ctrl＋Alt＋T 并将矩形中心点拖动至圆心位置，设置旋转角度为 120°，回车键确认操作(见图 3 - 8 - 28)。按组合键 Ctrl＋Alt＋Shift＋T 重复旋转复制，得到三条等分线，如图所示(见图 3 - 8 - 29)。

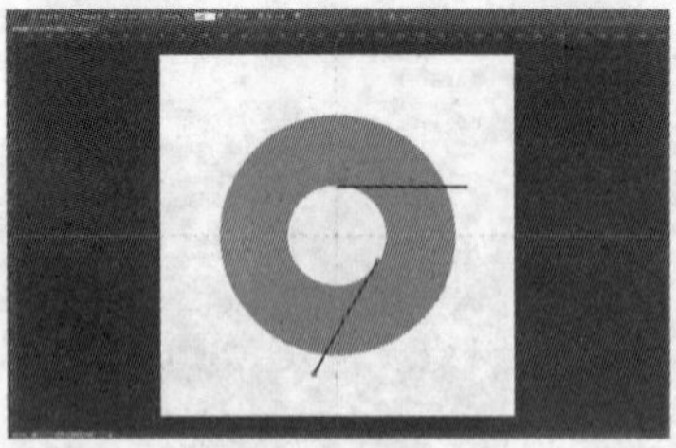

图 3-8-28

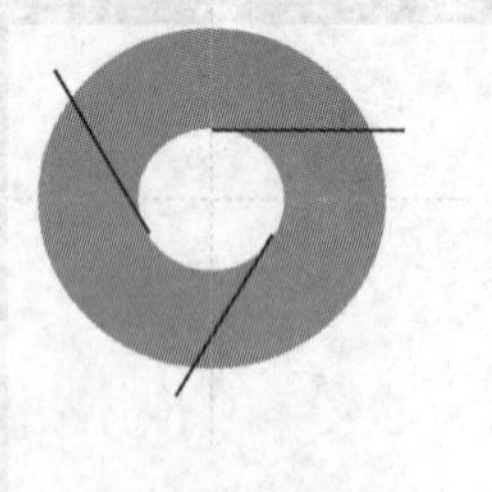

图 3-8-29

(7)现在我们要分离出单独色块:选中"椭圆 1",设置"减去顶层形状",在确定好的位置绘制一个矩形,如图所示。(见图 3-8-30)

(8)使用路径选择工具选中矩形,复制并旋转 30°,移动到左边对应的位置,如图所示。(见图 3-8-31)

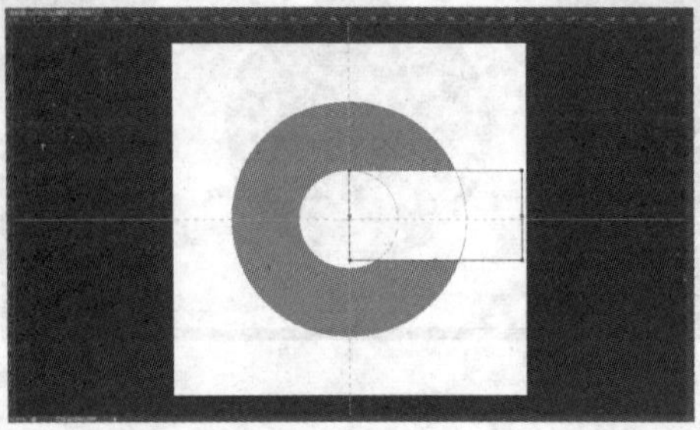

图 3-8-30

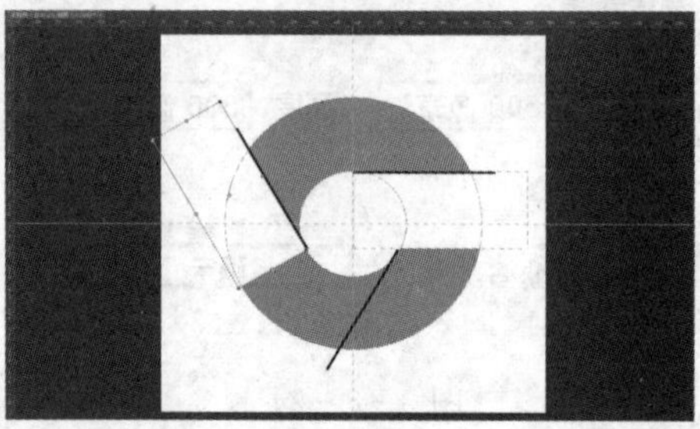

图 3-8-31

(9)剩下的部分使用钢笔工具,选择"减去顶层形状",如图 3-8-32 所示。

(10)绘制其余两个色块:隐藏"矩形 1"。选中"椭圆 1",选择"合并形状组件"。(见图 3-8-33)

图 3-8-32

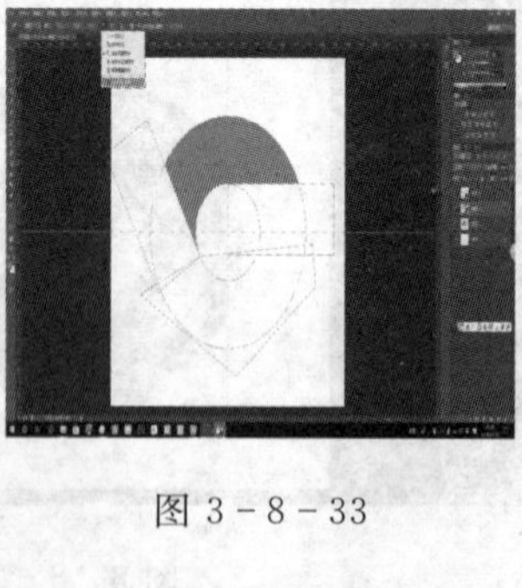

图 3-8-33

(11)复制"椭圆 1"得到"椭圆 1 副本",Ctrl+T,将图形中心点移动至画面中心位置,设置旋转角度为 120°,设置填充颜色为#fbd905。

(12)重复步骤(2),将第三个色块填充颜色为#5ac55d,得到图 3-8-35 效果。

(13)在中心绘制"椭圆 2",设置填充颜色#5b96d0,大小为 210×210 像素。完成图标。

（见图 3－8－36）

图 3－8－34

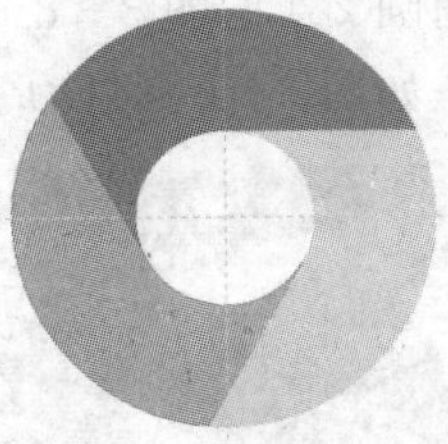

图 3－8－35

3.8.3　你来做我来看

通过上面的绘制方法，相信同学们都已经掌握了形状工具的一些特点，下面就请同学们来使用形状工具绘制小猪佩奇（见图 3－8－37）。

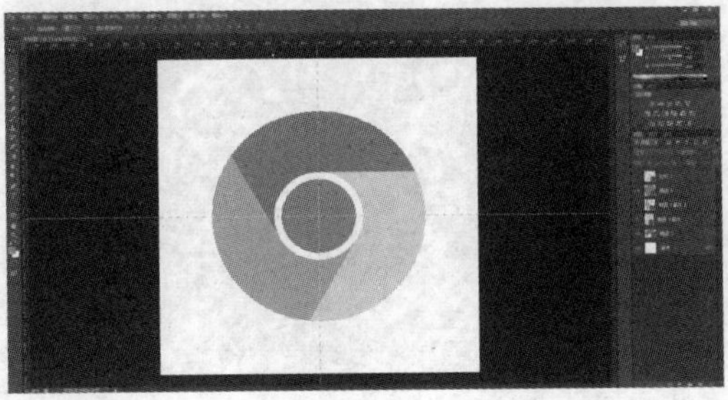

图 3－8－36

图 3－8－37　小猪佩奇

操作步骤提示：

（1）新建空白文档，设置画布大小为 1000×800 像素，分辨率为 300。（见图 3－8－38）

（2）设置前景色为＃5b96d0，Alt＋Delete 填充背景图层。

（3）选择椭圆形状工具，设置填充颜色为＃66d05b，在画面底部绘制“椭圆 1”，移动到合适位置作为草坪。（见图 3－8－39）

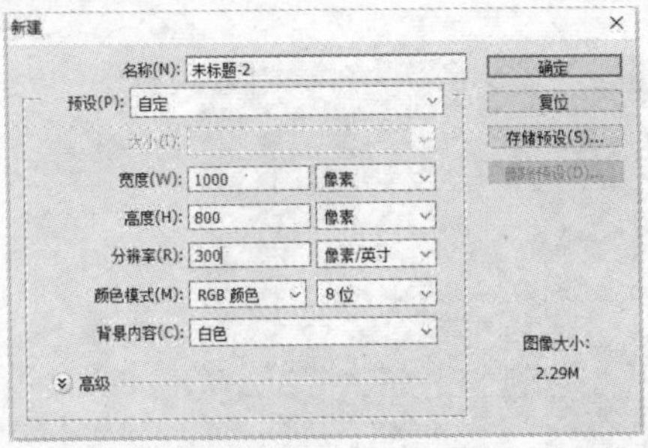

图 3－8－38

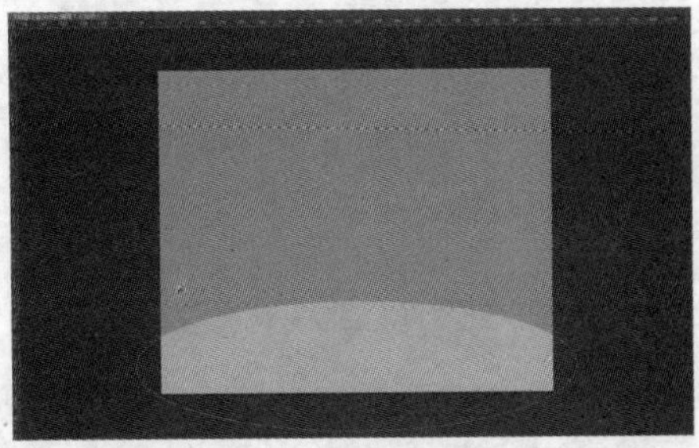

图 3－8－39

(4)绘制云朵：

① 选择椭圆形状工具，设置填充为空，描边为白色，描边粗细为 5 像素。按住 Shift 键绘制如图的正圆“椭圆 2”(见图 3－8－40)。选择“合并形状”，按住 Shift 键在“椭圆 2”右下角绘制另一个正圆，如图 3－8－41 所示。

图 3－8－40

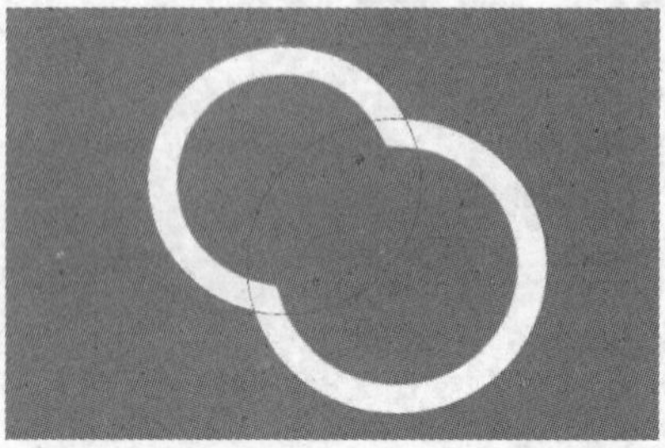

图 3－8－41

② 可以使用相同的步骤，再使用椭圆工具和矩形工具分别绘制一个椭圆和一个矩形，得到“云朵”形状，如图 3－8－42 所示。

③ 按上述步骤再绘制其他的云朵。同学们可以随意绘制，夸张些也无妨。(见图 3－8－43)

图 3－8－42

图 3－8－43

(5)我们再来绘制小猪佩奇的鼻子：选择椭圆形状工具，设置填充色为＃f3b0d1，描边为＃e371aa，描边粗细为 2 像素。绘制“椭圆 4”；按 Ctrl＋T，将“椭圆 4”旋转一定角度。如图 3－8－44 所示。

(6)绘制脑袋：

① 在“椭圆 4”下方绘制另一个椭圆形状“椭圆 5”，并旋转一定角度使其与“椭圆 4”重合。(见图 3－8－45)

图 3－8－44

图 3－8－45

② 选择“合并形状”，在“椭圆 5”上绘制两个椭圆，如图 3-8-46、3-8-47 所示。（如需调整各个椭圆位置大小，可使用路径选择工具对椭圆进行选择和调整）

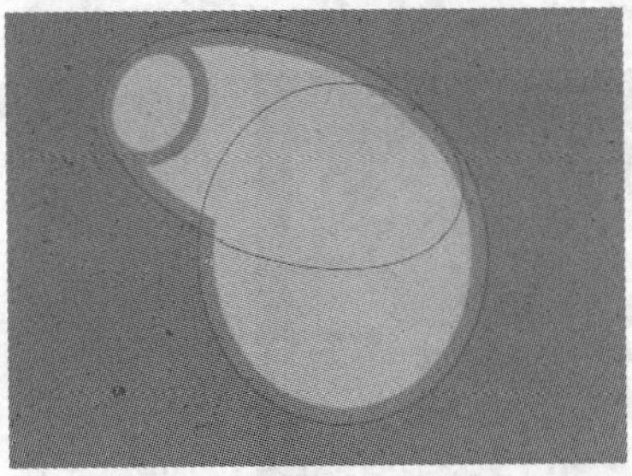

图 3-8-46

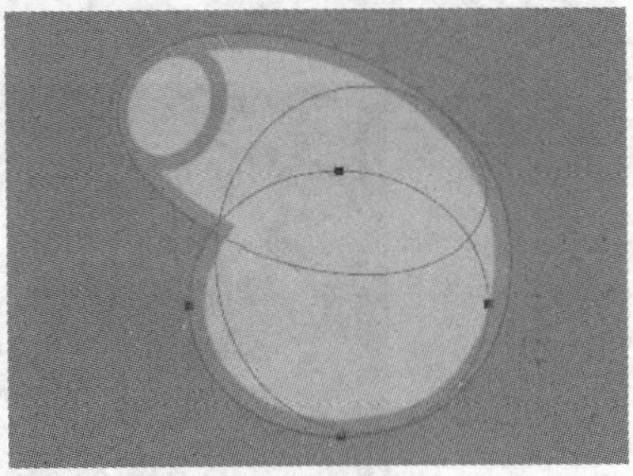

图 3-8-47

(7)绘制耳朵：在“椭圆 5”下方绘制“椭圆 6”和“椭圆 7”。（见图 3-8-48）

(8)绘制眼睛：设置椭圆形状工具的填充色为白色，绘制“椭圆 8”和“椭圆 9”。设置填充色为黑色，描边空白，绘制两个黑眼珠“椭圆 10”和“椭圆 11”。（见图 3-8-49）

图 3-8-48

图 3-8-49

(9)绘制脸蛋红晕和鼻孔：设置椭圆工具填充色为＃f585b3，空白描边，在脸部绘制“椭圆 12”并 Ctrl＋T 旋转一定角度，作为红脸蛋。再设置填充色为＃ab4f7e，在鼻子上绘制“椭圆 13”和“椭圆 14”，作为鼻孔。（见图 3-8-50）

(10)绘制红嘴巴：设置椭圆工具的填充色为黑色，描边色为＃f7357e，绘制“椭圆 15”。选择“减去顶层形状”，在“椭圆 15”上绘制一个圆，得到嘴巴，如图所示。（见图 3-8-51）

图 3-8-50

图 3-8-51

(11)绘制衣服:设置椭圆形状工具的填充色为#f94b43,描边色为#e81b11,绘制"椭圆16"。切换矩形形状工具,选择"减去顶层形状",在"椭圆16"下部绘制矩形。如图3-8-52所示。

图3-8-52

(12)绘制四肢:设置前景色为#ea9dc0,选择画笔工具,设置画笔硬度100%,大小10像素(见图3-8-53)。使用钢笔工具按照四肢走向绘制路径(见图3-8-54),在"路径"下右键工作路径,描边路径,在弹出的对话框中选择"画笔"(见图3-8-55),单击确定。重复本步骤将四肢绘制完成,效果如图3-8-56所示。

图3-8-53

图3-8-54

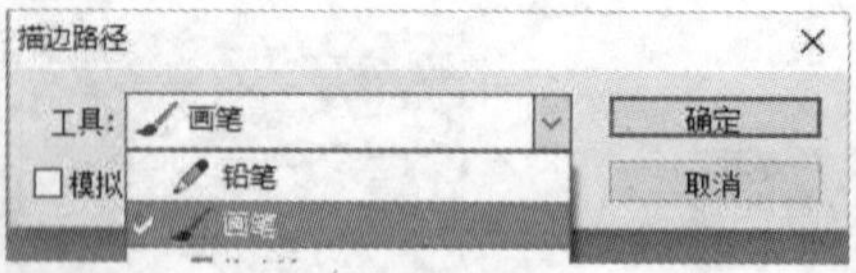

图3-8-55

图3-8-56

(13)绘制阴影:使用椭圆形状工具,填充黑色,描边空白,在小猪脚下绘制一个大小合适的椭圆,并将不透明度设置为30%。(见图3-8-57)

(14)绘制草地:使用椭圆形状工具,填充色为#097c25,描边空白,绘制小草。(此处可使用复制功能并粘贴多个节省时间)绘制完成。(见图3-8-58)

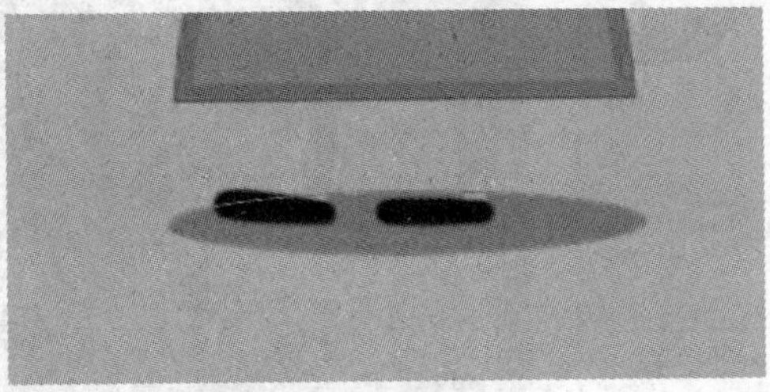

图 3 - 8 - 57

图 3 - 8 - 58

3.8.4　我们一起来练练

根据上面形状工具的使用方法，我们来绘制一个略有些复杂的图形：卡通摩托车，如图 3 - 8 - 59 所示。

(1)新建空白文档，设置画布大小为 800×600 像素，分辨率为 300。填充背景色 #4e474e。(见图 3 - 8 - 60)

图 3 - 8 - 59

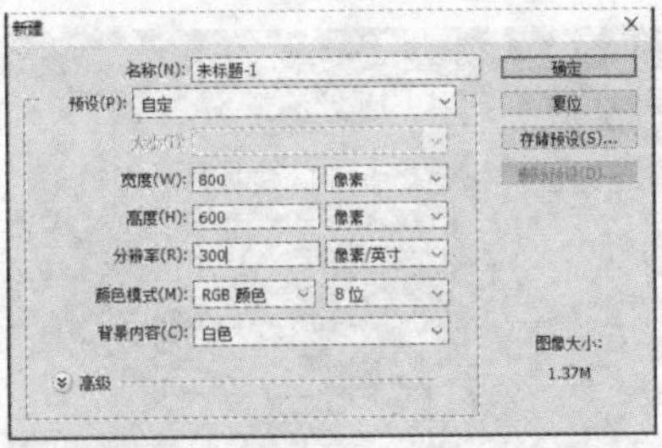

图 3 - 8 - 60

(2)滤镜→杂色→添加杂色。(见图 3 - 8 - 61)

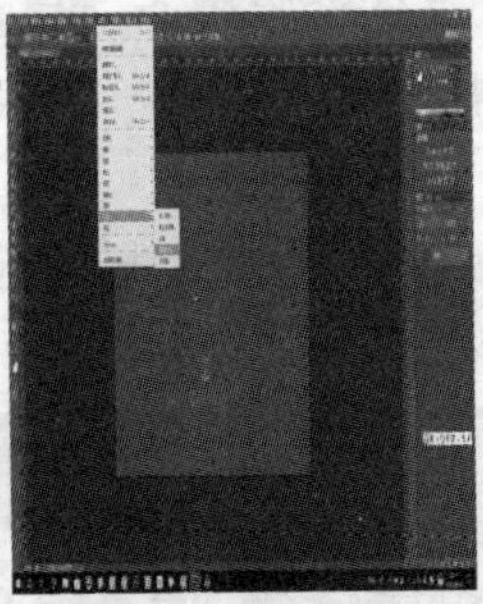

图 3 - 8 - 61

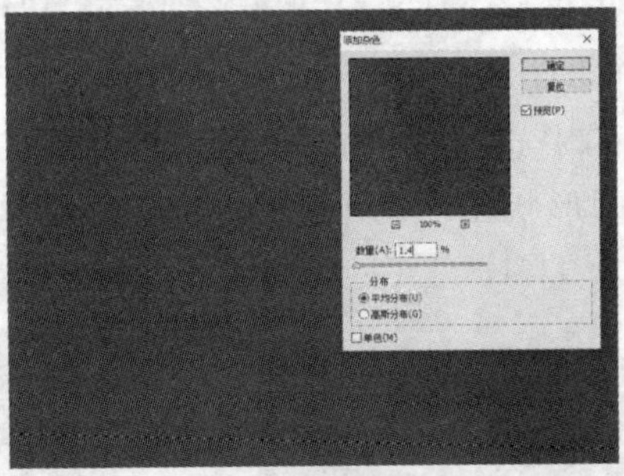

图 3 - 8 - 62

(3)绘制轮胎。

① 选择椭圆形状工具，填充色为 #351b24，描边为空，绘制一个 166×166 像素的“椭圆 1”(见图 3 - 8 - 63)。选择“减去顶层形状”，在“椭圆 1”中心绘制一个 124×124 像素的椭圆(见图 3 - 8 - 64)，得到如图空心圆形状(见图 3 - 8 - 65)。

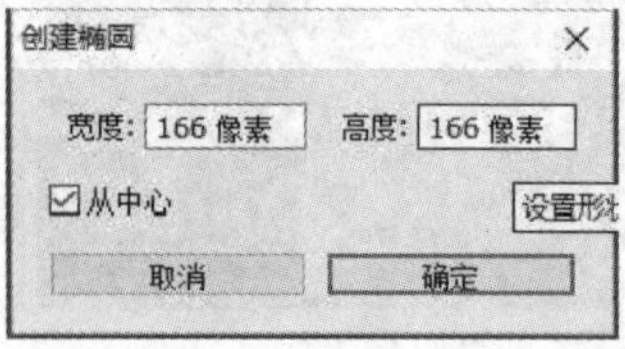

图 3-8-63

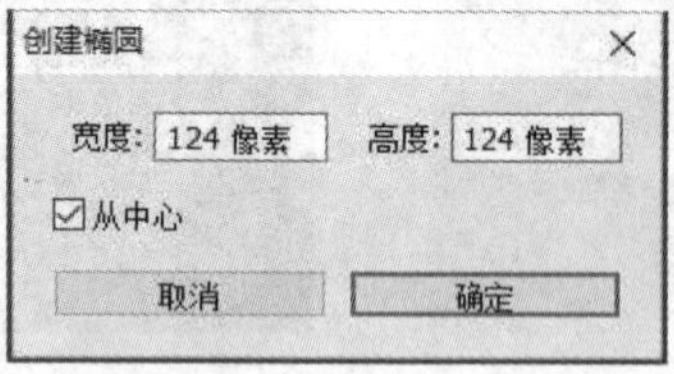

图 3-8-64

图 3-8-65

② 同步骤①，在“椭圆 1”中心绘制一个新的空心圆，设置填充色为＃b18663，外圈椭圆大小 133×133 像素，内圈椭圆大小 125×125 像素。(见图 3-8-66)

③ 选择矩形工具，绘制如图形状，中间部分填充色为＃b9a081，两头填充色为＃88603d，得到“矩形 1”“矩形 2”“矩形 3”。选中三个矩形形状图层，右键选择“栅格化图层”，再“合并图层”得到“矩形 3”。(见图 3-8-67)

图 3-8-66

图 3-8-67

④ Ctrl＋Alt＋T，按住 ALT 键将“矩形 3”中心点拖动至轮胎中心，设置旋转角为 30°，回车键确认操作。Ctrl＋Alt＋Shift＋T 复制多个矩形得到如图 3-8-68 所示的轮胎轴。(此处为确认轮胎中心点，引用了两条参考线)

⑤ 选择椭圆形状工具，新建一个 40×40 像素的“椭圆 3”，填充线性渐变。深色端＃715237，浅色端＃d3c1ab。(见图 3-8-69)

图 3-8-68

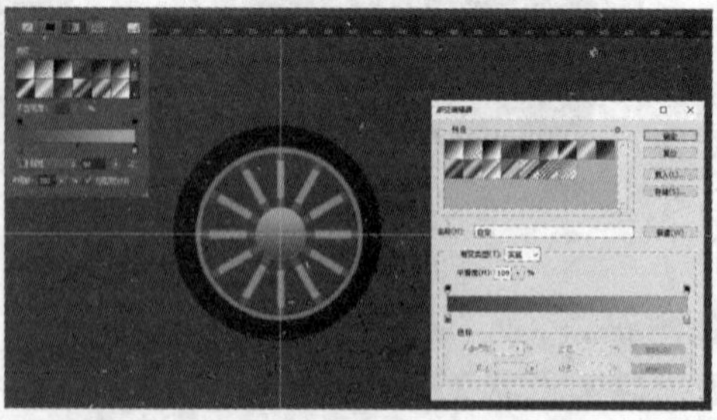

图 3-8-69

⑥ 同样位置分别绘制 38×38 像素的“椭圆 4”，填充色为＃ba9d7d；绘制 24×24 像素的“椭圆 5”，填充＃d3c1ab；绘制 18×18 像素的“椭圆 6”，填充＃a17548；绘制 12×12 像素的“椭圆 7”，填充＃774927。如图 3－8－70 所示。

⑦ 在如图位置绘制 4×4 像素的“椭圆 8”，填充＃86603b。Ctrl＋Alt＋T，按住 ALT 键将“椭圆 8”中心点拖动至轮胎中心，设置旋转角为 30°，回车键确认操作。Ctrl＋Alt＋Shift＋T 复制多个椭圆，得到如图 3－8－71 所示效果。

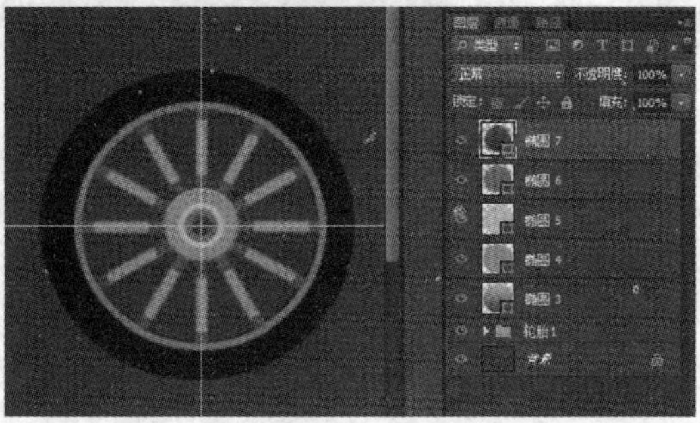

图 3－8－70

图 3－8－71

⑧ 选中除“背景”图层外的所有图层，合并为一个组，得到“组 1”。重命名“组 1”为“轮胎 1”。

⑨ 复制组“轮胎 1”，重命名得到“轮胎 2”。移动到画面右边。在“轮胎 2”下方绘制一个“矩形 4”，填充＃231218，同步骤旋转并复制成如图 3－8－72 所示效果。

⑩ 将“矩形 4”放置到“轮胎 2”下方。完成两个轮胎制作，效果如图 3－8－73 所示：

图 3－8－72

图 3－8－73

(4)绘制车身钢管。

① 选择矩形工具，绘制 100×15 像素的“矩形 5”，填充＃b28463。再分别绘制 45×15 像素的“矩形 6”，20×15 像素的“矩形 7”，填充＃764429。如图 3－8－74 所示。

② 给钢管添加光泽感：在如图位置，选择矩形工具，绘制 100×5 像素的“矩形 8”，填充＃ffffff，设置不透明度为 10％；选择矩形工具，绘制 100×2 像素的“矩形 9”，填充＃ffffff，设置不透明度为 10％。得到如图 3－8－75 所示效果。

图 3-8-74

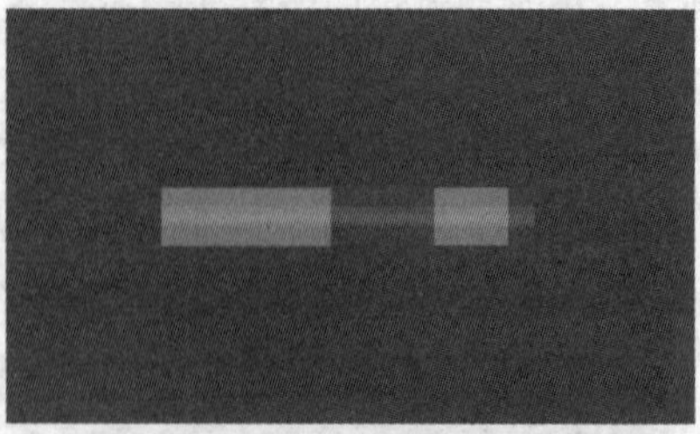

图 3-8-75

③ 选中“矩形 5”到“矩形 9”之间所有矩形形状图层，合并成组，重命名为“钢管 1”。选中组“钢管 1”，Ctrl＋T 对其进行旋转，并移动到“轮胎 1”下方相应位置。如图 3-8-76 所示。

④ 同样的步骤，绘制另一条钢管，最长矩形尺寸 250×15 像素。命名为组“钢管 2”，如图 3-8-77 所示。

图 3-8-76

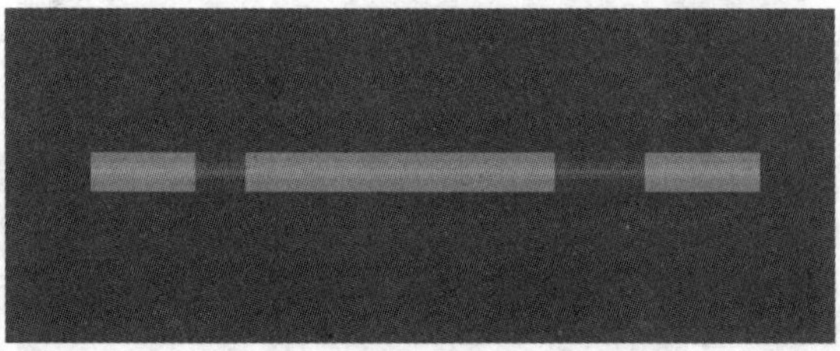

图 3-8-77

⑤ 选中组“钢管 2”，Ctrl＋T 将其旋转并移动到“轮胎 2”下方，如图 3-8-78 所示。

(5)绘制车身。

① 新建“图层 2”，使用钢笔工具绘制如图形状的路径，Ctrl＋回车键转化为选区，设置前景色为＃de2e21，Alt＋Delete 填充选区，Ctrl＋D 取消选区。(见图 3-8-79、3-8-80)得到如图 3-8-81 效果。

图 3-8-78

图 3-8-79

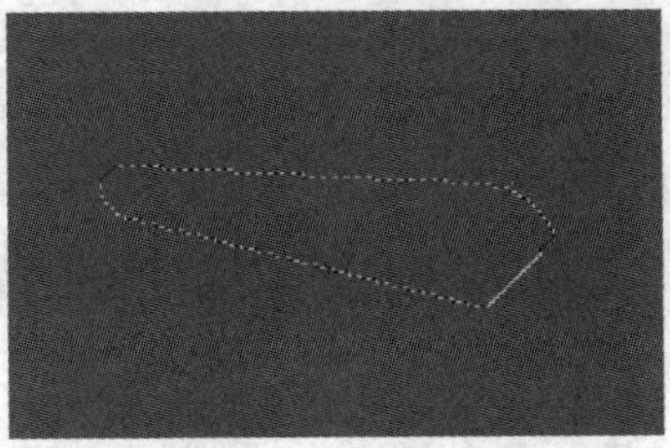

图 3－8－80

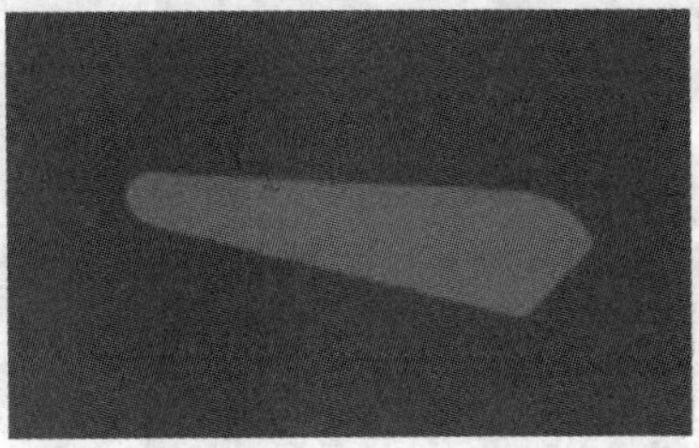

图 3－8－81

② 可以用同样的步骤来绘制车身其他部分。（参考颜色值：＃851813、＃361b22、＃6f514d、＃eb916c、＃8a5239、＃922918、＃ec3c2b、＃f4936a、＃654341、＃654341、＃fbbe43、＃785844、＃9c8772）

图 3－8－82～3－8－85 为车体部分色块分解图。

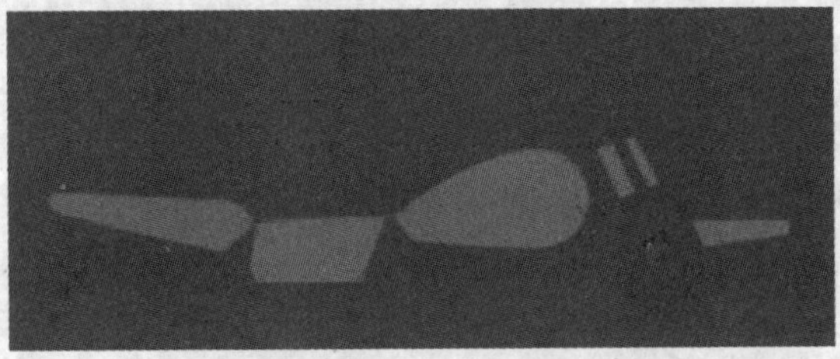

图 3－8－82

图 3－8－83

图 3－8－84

图 3－8－85

③ 对细节部分进行补充和润色后得到如图 3－8－86 效果。合并“图层 2”到“图层 12”为组，重命名为组“车身”。

图 3－8－86

(6)绘制车把。

① 选择椭圆形状工具，绘制 28×26 像素的“椭圆 9”，填充色为＃816965。复制“椭圆 9”得到“椭圆 9 副本”，填充＃563836。如图 3－8－87 所示。

② 绘制 19×19 像素的“椭圆 10”，填充渐变色。深色部分＃3f2518，浅色部分＃c4ad84（见图 3－8－88），效果如图 3－8－89 所示。

图 3－8－87

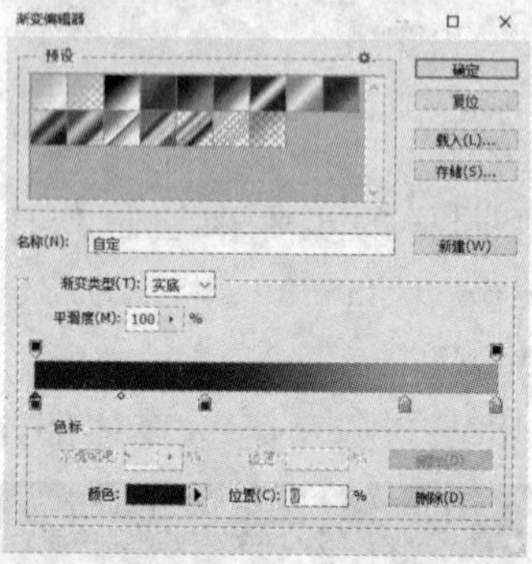

图 3－8－88

③ 绘制 17×15 像素的“椭圆 11”，填充＃785a42。合并“椭圆 9”到“椭圆 11”为一个组，重命名为“车把”，完成车把部分绘制（见图 3－8－90）。

图 3－8－89

图 3－8－90

(7)绘制油箱。

① 选择椭圆形状工具，在车身下方绘制 50×40 像素的“椭圆 12”，填充色为＃735843。（见图 3－8－91）

② 新建“图层 15”，使用钢笔工具绘制如图形状，Ctrl＋回车键转化为选区，Alt＋Delete 填充前景色＃4a3a2a。选用矩形工具，绘制 35×6 像素的“矩形 15”；绘制 31×6 像素的“矩形 16”，填充＃635647；绘制 31×5 像素的“矩形 17”，填充＃352a25。（见图 3－8－92）

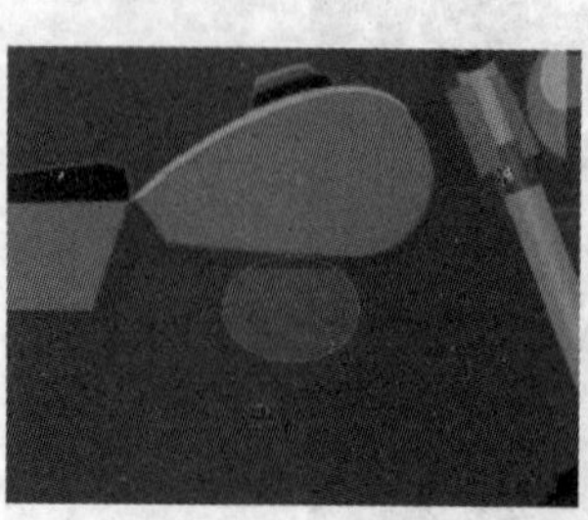

图 3－8－91

图 3－8－92

③ 合并油箱的相关图层为组，重命名为“油箱”。

(8)绘制油箱纹路。

① 选用矩形工具，绘制 52×2 像素的“矩形 18”，填充＃ffffff。Ctrl＋Alt＋T，将复制的部分往下移动 2 像素，回车键确认操作。Ctrl＋Alt＋Shift＋T 重复复制。(见图 3－8－93)

② 设置“矩形 18”不透明度为 10％，将“矩形 18”图层移动到组“油箱”上方。Ctrl＋Alt＋G 创建剪切蒙版，得到如图 3－8－94 所示效果。

图 3－8－93

图 3－8－94

③ 给油箱添加光泽感。选择矩形工具，绘制 10×29 像素的“矩形 19”，设置不透明度为 7％。如图 3－8－95 所示。

(9)绘制发动机。

① 新建“图层 16”，使用钢笔工具绘制如图形状，Ctrl＋T 转化为选区，Alt＋Delete 填充前景色＃b8a07d。(见图 3－8－96)

图 3－8－95

图 3－8－96

② 同步骤①，用钢笔工具绘制发动机边缘部分，分别填充＃cdb7a7、＃604939。(见图 3－8－97)

③ 选择椭圆形状工具，绘制 30×30 像素的“椭圆 13”，填充＃5f4538。(见图 3－8－98)

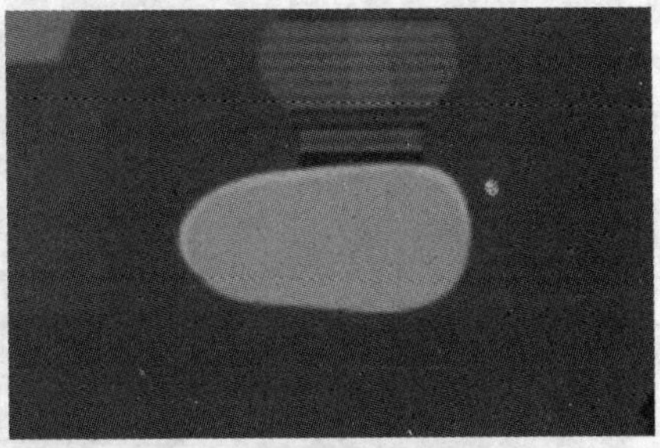

图 3－8－97

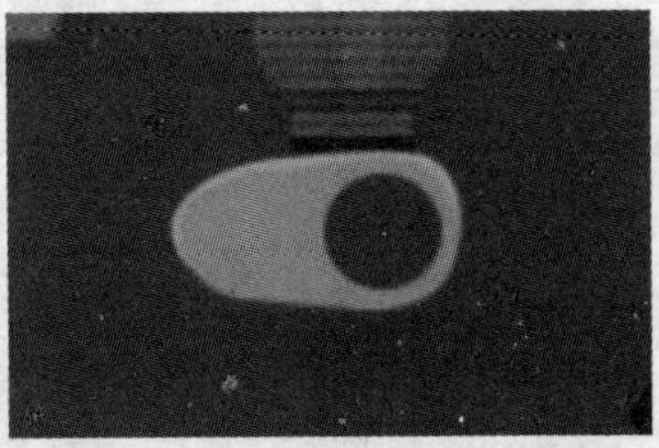

图 3－8－98

④ 选择椭圆形状工具，绘制 26×26 像素的“椭圆 14”，填充渐变效果，深色＃cb8f59，浅色＃dbcabe(见图 3－8－99)，效果如图 3－8－100。

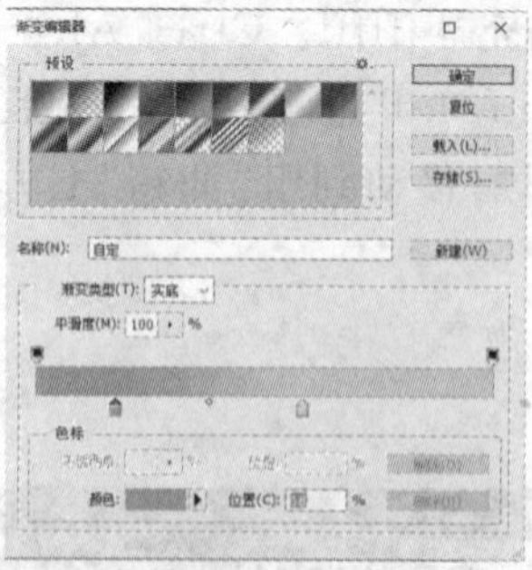

图 3－8－99

图 3－8－100

⑤ 选择椭圆形状工具，绘制 26×26 像素的“椭圆 15”，填充＃e1c09f。将“椭圆 13”到“椭圆 15”合并成“组 1”，复制得到“组 1 副本”，Ctrl＋T 调整到合适大小并移动到左边。如图 3－8－101 所示。

⑥ 新建“图层”，使用钢笔工具绘制如图发动机油管形状，填充＃321a27。将步骤①至⑤所有图层合并到组，重命名组为“发动机”。(见图 3－8－102)

图 3－8－101

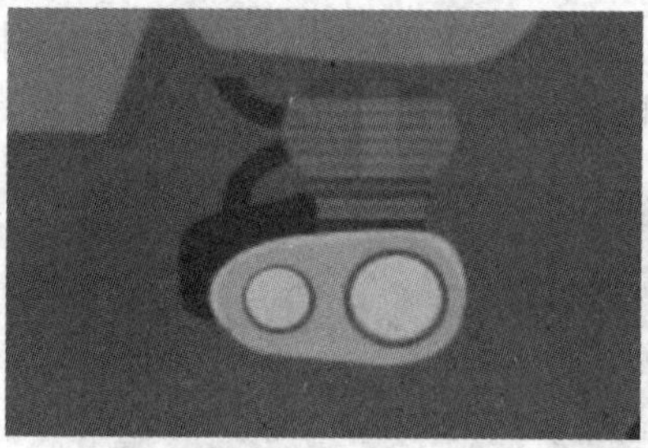

图 3－8－102

(10)补充车体连接部分。

① 选择椭圆工具，绘制 40×40 像素的“椭圆 16”，填充渐变色，深色＃990404，浅色＃e98b67。绘制 36×36 像素的“椭圆 17”，填充＃de2e1f。(见图 3－8－103)

② 按住 Shift 键，选择“椭圆 16”和“椭圆 17”，复制得到“椭圆 16 副本”“椭圆 17 副本”，Ctrl＋T，按住 Shift 再同时按住 Alt 键等比例缩放至合适大小，如图所示。(见图 3－8－104)

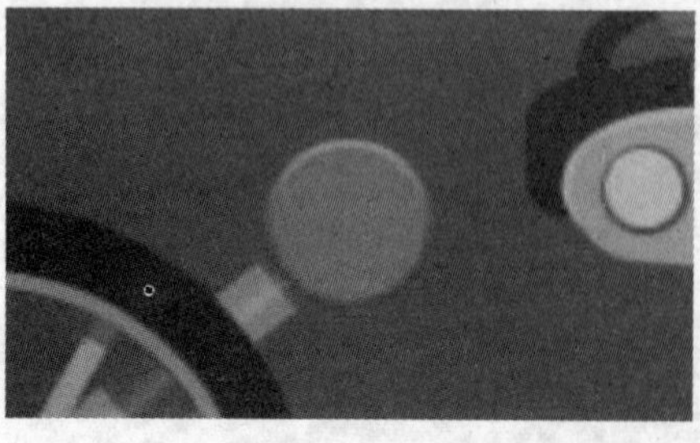

图 3－8－103

图 3－8－104

③ 选择椭圆工具，绘制 17×17 像素的“椭圆 18”，填充＃4c110d。复制得到“椭圆 18 副本”，填充＃831810，向下平移 1 像素。（见图 3－8－105）

图 3－8－105

(11)补充其他钢管。

① 选择矩形工具，绘制 300×15 像素的“矩形 20”，填充＃b28463。选用路径选择工具 

单击选中矩形边缘的形状路径。如图 3－8－106 所示。

② 选择钢笔工具  ，将鼠标光标移动至形状路径上，当光标右下角变为加号时，单击路径添加节点。再选用 

，修改路径的形状，得到如图 3－8－107 所示效果。

图 3－8－106

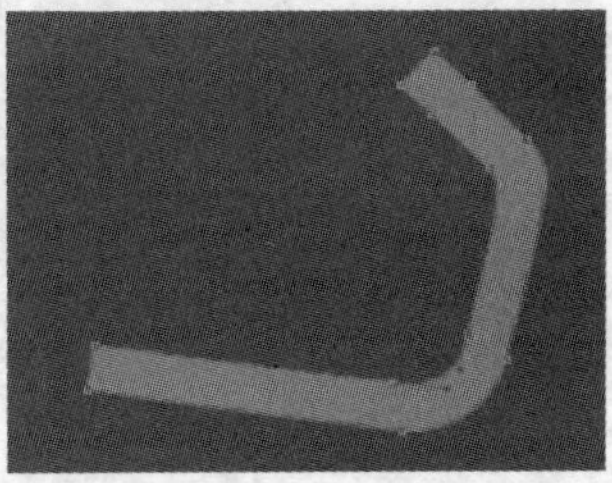

图 3－8－107

③ 同上面绘制钢管细节的步骤和本阶段步骤②的操作，将钢管补充完整（见图 3－8－108）。

④ 同上，将车身补充完整，效果如图 3－8－109。

图 3－8－108

图 3－8－109

玩一玩

请同学们使用形状工具绘制如图 3 - 8 - 110 所示“汉服娃娃”。

图 3 - 8 - 110
汉服娃娃

3.8.5 我们一起来说说

(1)如何理解形状?

(2)如何自定义形状?

(3)尝试使用基本的形状做些图形。

(4)请同学们结合形状工具进行平面构成的绘制。

以上除形成书面作业上交外,会在课前通过点名方式进行检查。课外实践作业请通过班级群发送给授课教师批改。

3.8.6 实训报告

图形图像处理 Photoshop CS6 实训报告

班级 / 姓名		时间	
		实训室	
实训知识点	形状工具		
实训目的	1. 形状工具　2. 自定义形状　3. 案例练习		
实训内容 学生填写部分	1. 什么是形状 点线面 2. 形状工具 属性栏 3. 自定义形状 4. 案例练习		

（续表）

班级 / 姓名		时间	
		实训室	
实训要求	1. 认真填写实训报告 2. 对问题进行记录 3. 拓展问题认真思考并完成实践 4. 完成思考题并形成书面作业	备注：实训报告以一个知识点的实践完成为依据，教师根据学生实训具体情况来调整学时。这样更有利于实践分数的评定。	
成绩评定	优秀　良好　及格　不合格		

3.9　钢笔

在我们使用 PS 软件时，经常会用到钢笔工具，如绘制选区、设计 logo、绘制图形、抠图等，特别是对平面设计专业的同学来说，一个是对“鼠绘”和“笔绘”的掌握，还有就是在 Illustrator 这款软件中也会大量地运用到钢笔工具。所以同学们今后要设计和对图形图像进行处理，如果对钢笔工具不了解，就很难做出优秀的作品。

3.9.1　我来说你来记

在 PS 中钢笔工具的标记是这样的，快捷键也很好记，就是英文 pen 的首个字母 p。它可以绘制出平滑曲线和角锚点的直线、折线或者转角曲线。当选择钢笔工具时，在工具选项栏中单击形状工具旁的下拉选项按钮，选择“橡皮带”选项后（见图 3-9-1），在绘制路径时，可以预先看到将要创建的路径段，从而判断路径的走向。

图 3-9-1

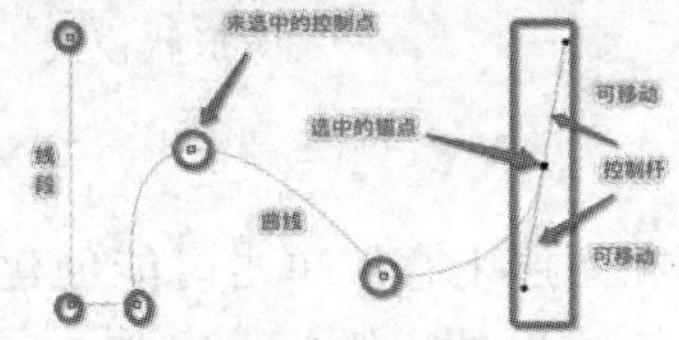

图 3-9-2

下面我们来创建路径，选择钢笔工具后，鼠标有个明显的特征就是变成了钢笔的形状，想要一个闭合空间，始点与终点是同一个点，也就是起点与终点一定要闭合。如果不想要一个闭合空间，结束钢笔工具，按住键盘上的 Ctrl 键单击空白处即可（见图 3-9-3）。请同学们注意不要按回车键，当我们按下回车键后就会发现刚才的画“消失”了（见图 3-9-4），当然也只是在图层中消失了，在路径面板中的“工作路径”中我们仍然能够看到。只要我们双击这个“工作路径”（见图 3-9-5），将其更名为“路径 1”时，就会在画面中看到刚才钢笔所绘制的形状了（见图 3-9-6）。

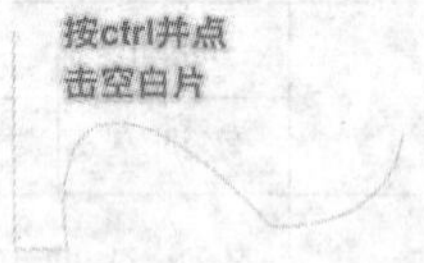

图 3－9－3

图 3－9－4

图 3－9－5

图 3－9－6

图 3－9－7

所以在这里请同学们一定要记住，一定要把“工作路径”变成“路径 1”或“路径 2”这样的，因为“工作路径”变成“路径”就是存储路径(见图 3－9－8)。

选择钢笔工具的时候，需要在工具选项栏中看下绘制类型；默认情况是路径。接下来，我们一起来看下路径和形状有什么区别：

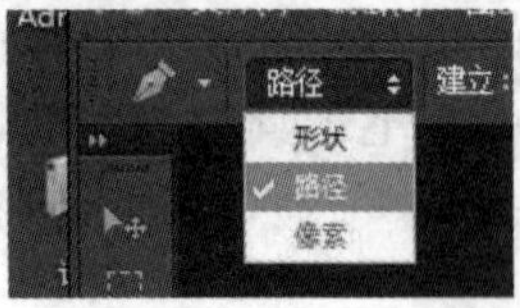

图 3－9－8

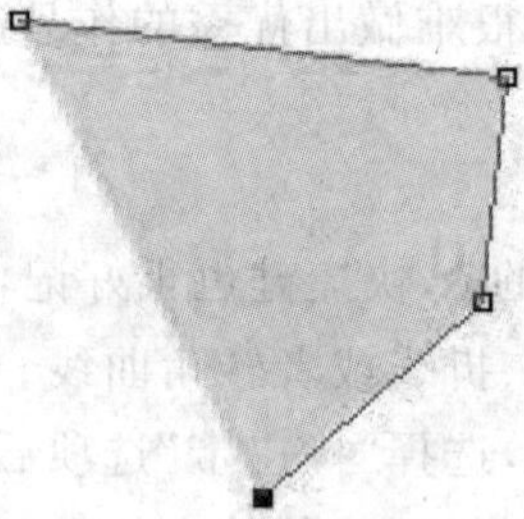

图 3－9－9

形状模式　路径模式

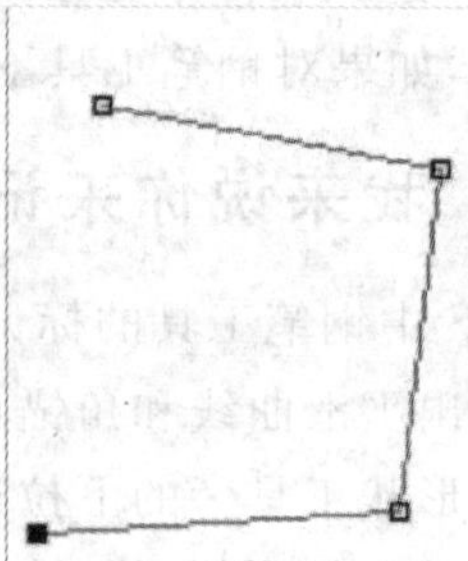

图 3－9－10

直接填充前景颜色

只绘制路径

用钢笔工具在图层上直接单击时能创建直线路径线，借助键盘上的 Shift 键可以约束绘制水平、垂直和 45°方向的直线。单击加拖动鼠标方式能创建曲线路径线，如果想改变曲线弧度，借助键盘上 Alt 键可以控制锚点的控制杆的长短，也可以直接删除某一段的控制杆以及拖动某一段的控制杆可以改变曲线的弧度(见图 3－9－11)。按住 Ctrl 键在绘制图形路径过程中，可暂时转换为“直接选择工具”，可以选择和修改平滑的路径节点(见图 3－9－12)。

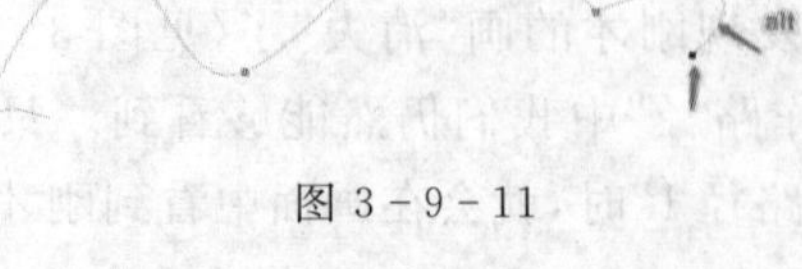

图 3－9－11

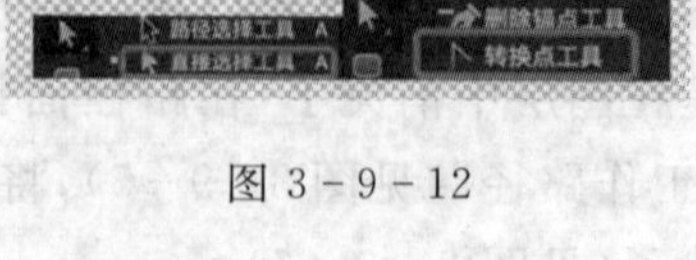

图 3－9－12

知道钢笔工具最基本的使用方法，下面我们来进一步学习它的编辑方法。

因为我们往往在使用钢笔工具绘图或者描摹对象的轮廓时，不能一次绘制准确，而是需要在绘制后，通过修改锚点的位置和编辑路径才能达到目的。

选择锚点和路径。选择锚点、路径段和路径可以使用直接选择工具或路径选择工具，使用直接选择工具单击一个锚点即可选择该锚点，选择的锚点为实心方块、未选中的锚点为空心方块。

使用路径选择工具单击路径即可选择路径。单击鼠标右键，选择路径会显示定界框，拖动控制点可以对路径进行变换操作，如果要选择多个锚点、路段或路径，按住 Shift 键不松，单击对象即可，也可以拖动出一个选框，将需要的选择的对象框选。选择锚点、路径段或路径后，按住鼠标左键不放并拖动，即可将其移动。

添加锚点：选择添加锚点工具，将鼠标路径放在路径上，当指针旁边出现一个"＋"号时，单击即可添加一个角点，若单击移动鼠标即可添加一个平滑点。

删除锚点：选择删除锚点工具，将鼠标指针放在锚点上，当指针旁边出现一个"—"时，单击即可删除该锚点。若使用直接选择工具选择锚点后，按下 Delete 键也可以删除该锚点，但是该锚点两侧路径段也会被同时删除。（注意：若是闭合路径，会变成开放路径。）

转换锚点类型。转换锚点工具用于转换锚点的类型。选择该工具后，将鼠标指针移动到锚点上，若当前锚点为角点，单击并拖动鼠标可将其转换为平滑点；若当前锚点为平滑点，则单击可将其转换成角点。（注意 Alt 键的使用，在绘制路径过程中，按 Alt 键，可暂时转换为"转换锚点工具"，也可以转换锚点的类型。）

用钢笔工具画的路径平时都保存在哪里，如果想再次使用，从什么地方可以调用出来，这就是我们今天所要说的路径，路径面板就是用于保存和管路路径。在之前我们使用钢笔时也说过面板中如何储存路径，当前工作路径和当前矢量蒙版的名称和缩览图。在菜单"窗口"命令可以找到"路径"命令，打开"路径"面板（见图 3－9－13）。

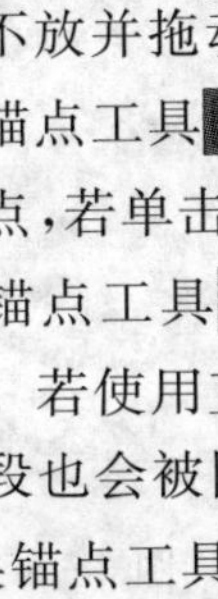

图 3－9－13

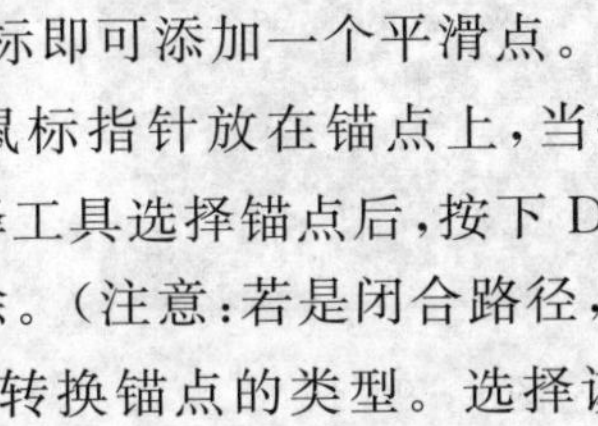

图 3－9－14

用前景色填充路径：单击该按钮时，用当前前景色填充现有的路径区域。用画笔描边路径：单击该按钮时，会按照画笔工具设置好的笔触对选择的路径描边。将路径作为选择载入：单击该按钮时，将当前选区的路径转换成选区。（快捷键：Ctrl＋Enter 键也可以达到这样的效果）从选区生成工作路径：单击该按钮时，将当前选区转换成工作的路径。添加蒙版：单击该按钮时，从当前路径创建蒙版。创建新路径：单击该按钮时，可以创建新的路径层。删除当前路径：单击该按钮时，可以删除当前选择的路径。

这里请注意钢笔绘制的口诀是“先直线再曲线，按住 Alt、Ctrl 或 Shift 键”。

3.9.2 我来做你来看

本教材始终贯穿一个中心思想，那就是学以致用。所以希望同学们能从自身开始，踏实地把 PS 的技术在实际生活中应用好，比如给同学做张名片，给父母做张贺卡，为自己设计一个有个性的标识。

图 3-9-15 是同学为自己班级设计的 LOGO，虽然粗糙，但已经完整地表达了意图。图3-9-16 是通过手绘草稿图在 PS 中用钢笔来绘制出这个班徽。

图 3-9-15

图 3-9-16

(1)导入原图，由于绘制的原因，有很多的想法最后才确定使用的草图，所以需要反复修改，如图 3-9-17 如果有扫描仪设备可以扫进 PS，没有可以选择拍照的方式，这里使用拍照的方式(见图 3-9-18)，然后再按 Ctrl＋T 进行自由变形。

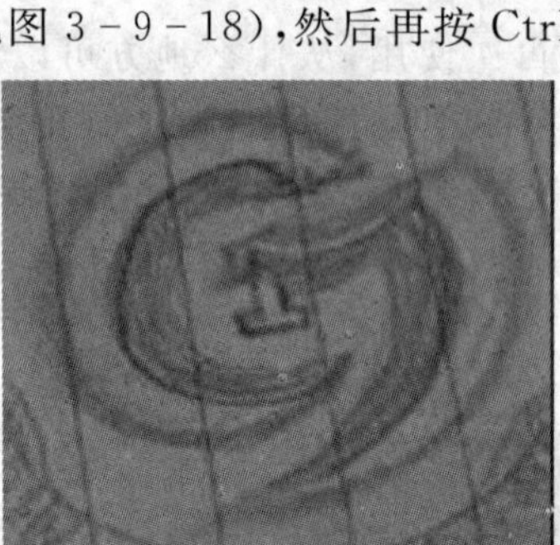

图 3-9-17

图 3-9-18

(2)注意图层的建立，把导入的草稿图和要绘制的图层分开。这里可以把图放大，按 Ctrl＋＋键放大，按空格键平移下来。

(3)选择钢笔工具，单击图片开始，在第二个点，单击拖动鼠标画出曲线段，继续画下一段曲线，按住 Alt 键点击锚点可以收缩控制杆也可以直接点选删除一边控制杆。左边“C”效果如图 3-9-19 所示。

(4)在“路径”面板上单独新建一个路径层，并命名为 C，。

(5)在“图层”面板上新建图层，命名为 C，。把前景颜色转换成白色(RGB：255，255，255)，在“路径”面板上，选择用前景色填充路径进行填充，效果如图 3-9-20。

(6)给 C 描一个蓝色的边，在“编辑”菜单下选择“描边”命令，并打开“描边”对话框，在设置“描边”中的宽度为 5 像素，颜色为 RGB:0,160,233，单击确定。效果如图 3-9-21 所示。

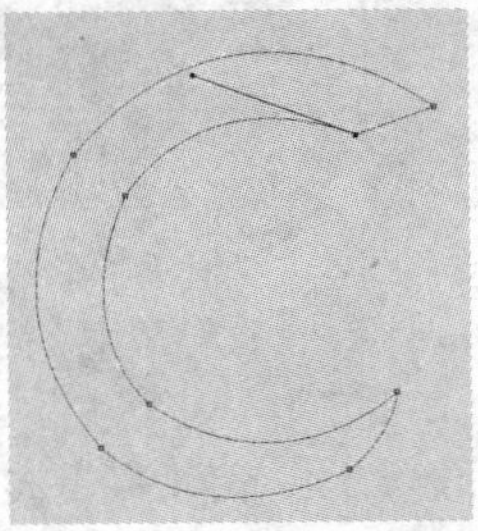

图 3-9-19

图 3-9-20

图 3-9-21

(7)在路径面板上新建一个路径命名为：C 阴影，按照设计稿原图，用钢笔工具绘制出阴影路径。

(8)在“图层”面板上，新建图层命名为：C 阴影。把前景色设置为 RGB:141,202,277，在“路径”面板上，选择用前景色填充路径进行填充颜色，效果如图 3-9-22 所示。

(9)同样也是在“路径”面板上新建路径，命名为：1；在“图层”面板上新建图层，命名为：1。

(10)按照设计稿原图，用钢笔工具绘制出 1 和 G 右边路径。如图 3-9-23 所示。

(11)在绘制这个图的过程中，有几点需要注意下，第一点就是画 1 字直线的地方需要按住键盘上的 Shift 键，因为它可以让我们绘制直线。第二点就是在绘制图形路径过程中，修改锚点时候，按住键盘上的 Ctrl 键，可暂时转换为“直接选择工具”，进行某个锚点的操作，以达到我们预想的结果。

(12)设置前景颜色为 RGB:0,160,233，在“路径”面板上，选择用前景色填充路径进行填充颜色，效果如图 3-9-24 所示。

图 3-9-22

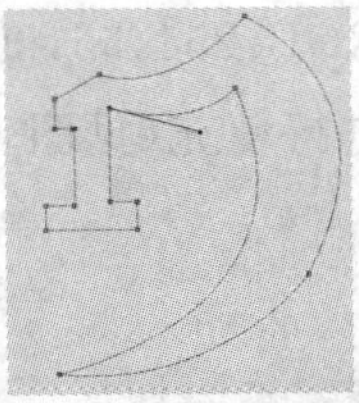

图 3-9-23

图 3-9-24

(13)在路径面板上新建一个路径命名为：1 阴影，按照设计稿原图，用钢笔工具绘制出阴影路径。

(14)在“图层”面板上，新建图层命名为：1 阴影。把前景色设置为 RGB:141,202,277，在“路径”面板上，选择用前景色填充路径进行填充颜色，最后的效果如图3-9-

25 所示。

这里向同学们介绍了最基本的钢笔绘制的方法,同学们只有通过进行大量的练习才能熟练掌握要领,没有人是可以随便成功的。记住使用钢笔工具的口诀:“先直线再曲线,按住 Alt、Ctrl 或是 Shift 键。”

图 3-9-25

3.9.3 你来做我来看

下面请同学们用钢笔来绘制出一个如图 3-9-26 所示的图形。这个“火”看起来很乱很杂,好像没什么章法,请同学们细想细看,能不能将其分成三大部分,每一部分是不是又有相似之处呢?看起来都是曲线,能不能由直线转过来?了解了这些,我相信同学们能理解坚持画简笔画的原因了。

在我们日常生活中,比如花、草、树、木、小火焰等都是可以用钢笔工具绘制出来的,如果我们善于总结归纳的话,我们就能多思考,也就多了一些方法。

图 3-9-26

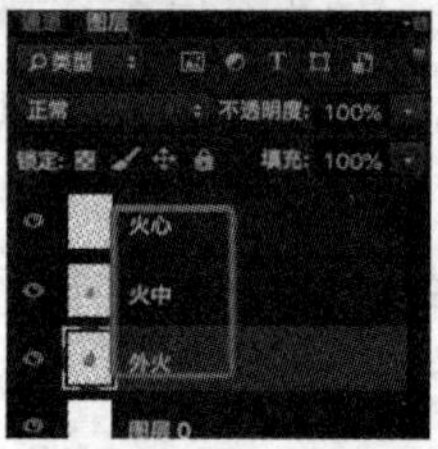

图 3-9-27

(1)同上面一样,打开 PS 软件,新建 600×500 像素的画布,选择钢笔工具、快捷键 P,然后设置为“路径”。

(2)在“路径”面板上单独新建一个路径层,并命名为“外火”(见图 3-9-27)。

(3)在“图层”面板上新建图层,也命名为外火。我们用钢笔工具画火焰的表面大体形状。总体上下大上小。上边的火苗小多,但又不规则。同学记住口诀,钢笔工具使用方法都是一样的,然后在绘制或者抠图的过程中,都是按住键盘上 Alt 键或 Ctrl 键对不满意的地方进行修改的。把前景颜色转换成红色(RGB:254,56,69),在“路径”面板上(见图 3-9-28),选择用前景色填充路径对外框图层进行填充(见图 3-9-30)。

图 3-9-28

图 3-9-29

图 3-9-30

(4)再把火焰的内部用钢笔工具画出同样火焰的形状,同样要注意曲线的圆滑。在“路径”面板上新建路径层,并命名为“火中”,在“图层”面板上新建图层,也命名为“火中”,把前景颜色转换成红色(RGB:251,251,100),在“路径”面板上,选择用前景色填充路径,对“火中”图层进行填充,效果如图 3－9－32 所示。

这样小火焰绘制好了,绘制的步骤也就完成了,总感觉缺少些什么,是不是感觉缺少点层次感,如果在“火中”和“外火”中间,再添加一个图层,效果是否会更好些,我们来验证下。

(5)选择外火路径,复制外框路径,命名为外火副本(见图 3－9－33)。选择外框副本路径,按 Ctrl＋T 组合键,进行自由变换,设置缩放大小后确定(见图 3－9－55),这时需要注意,按住 Alt 键把中心点移动到底部(见图 3－9－34)。按住 Ctrl 键进行路径调整(见图 3－9－36)。

图 3－9－31

图 3－9－32

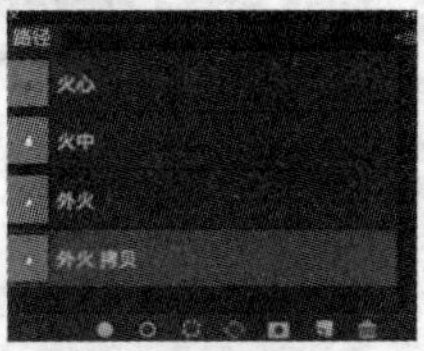

图 3－9－33

图 3－9－34

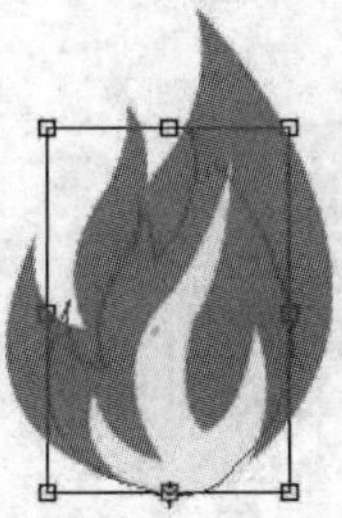

图 3－9－35

图 3－9－36

(6)在“图层”面板上新建图层,命名为外框副本,把前景颜色转换成红色(RGB:255,105,63),在“路径”面板上,选择用前景色填充路径,对外火副本图层颜色进行填充(见图 3－9－37)。颜色上面大家可以发挥自己的想象来进行绘制和修改。最终完成效果如图 3－9－38 所示。

下面请同学们来练习钢笔的另一种常用方法,就是利用钢笔工具描绘出选区进行抠图。原图如 3－9－39,抠图效果如 3－9－40。

图 3－9－37

图 3－9－38

图 3－9－39　原图

图 3－9－40　抠出的图

(1)我们用 PS 打开我们需要抠的图片(见图 3-9-41),按住 Ctrl+J 键,复制一个图层。点击钢笔工具(快捷键 P),一定要注意然后在左上角这个地方设置为“路径”(见图 3-9-42)。

(2)新建工作路径,我们用钢笔工具在图片的边缘先画一条线(见图 3-9-43)。

图 3-9-41

图 3-9-42

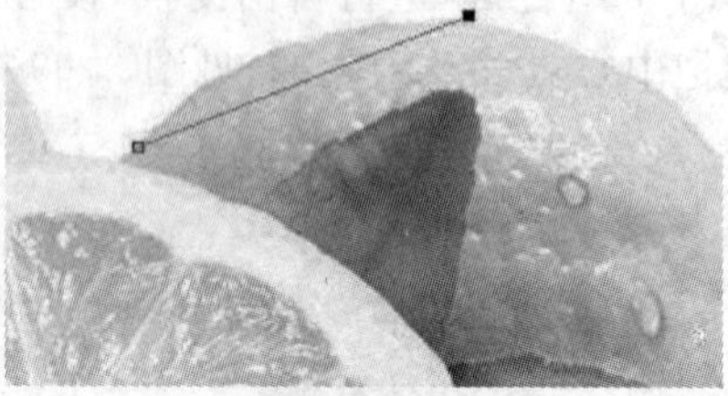

图 3-9-43

(3)按住第二个端点不要松手,调整线段弧度。这里我们就要注意了,我们点第二个点的时候不能一点就松手,而是点击拖动,否则的话就会造成两点之间是一条直线了(见图 3-9-44)。注意这里一下子画不准的同学们一定要先画出直线(见图 3-9-45)。

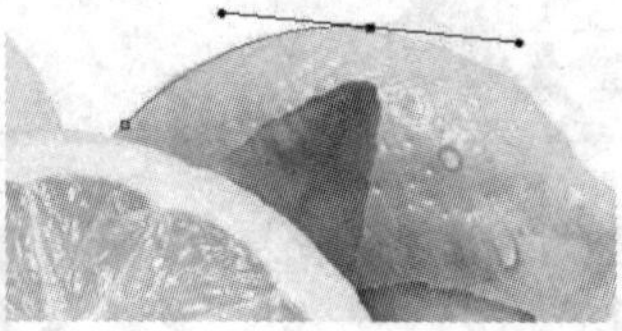

图 3-9-44

图 3-9-45

(4)调整好后按 Alt 键,可以逐个对节点进行修改。当然也可以添加或是去除多的节点。

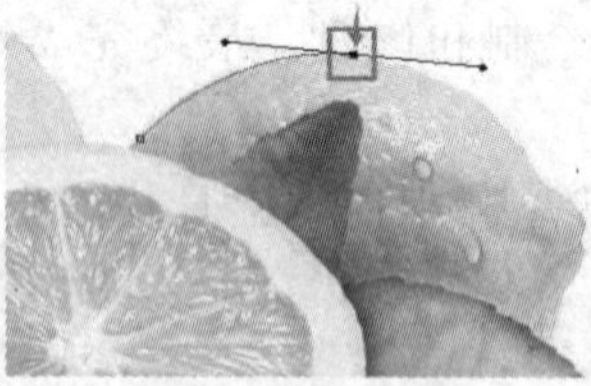

图 3-9-46

图 3-9-47

(5)接下来当我们放大图片的时候,我们发现曲线和图片不是很贴合,这时候,我们按住 Ctrl 键,点击锚点,可以通过拉伸和收缩线的长度调节,使得曲线与图片之间重合(见图 3-9-48)。

(6)接下来的步骤就差不多,都是重复的操作,但是大家在这里需要注意下,我们点击锚点之后会产生两种点：一个方形的、一个圆形的。对圆形的控制，我们按住 Ctrl 键，点击拖动鼠标进行调节（见图 3-9-49），按住 Alt 键，点击拖动鼠标对方形点进行控制（见图 3-9-50）。

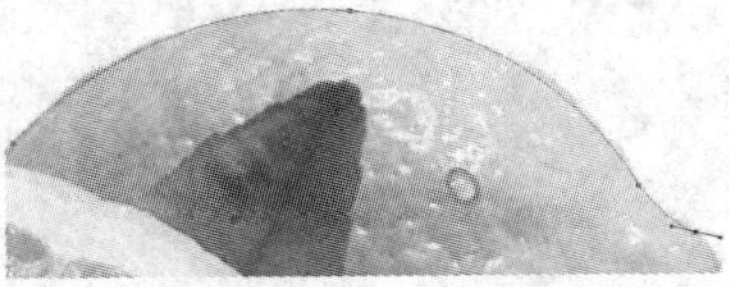

图 3-9-48

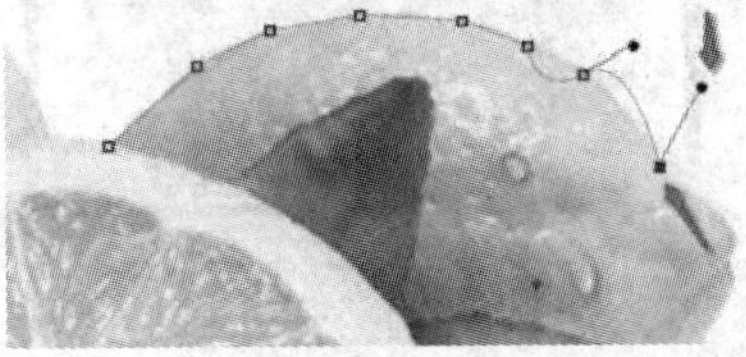

图 3-9-49

注意：如果在抠图中，选点错误可以按住键盘上的 Ctrl＋Alt＋Z 进行撤销。当然也可以用“历史记录”回撤。在整个绘制过程中要不断地运用好 Alt、Shift 和 Ctrl 键微调好边缘，当然也不能忘记了空格键（见图 3-9-51）。

图 3-9-50

图 3-9-51

（7）这时我们在打开的“路径”面板上，点击“转换成选区”按钮，将当前路径区域转换成选区或者按键盘上 Ctrl＋Enter 键变为选区（见图 3-9-52）。如果这时候想增加些阴影区域，先用个钢笔工具勾选需要添加的区域（见图 3-9-53），然后按住键盘上 Ctrl ＋Shift ＋Enter 组合键，增加选区，效果如图 3-9-54。

图 3-9-52

图 3-9-53

图 3-9-54

（8）当前载入选区的画面面积比较大，不想包括阴影区域，也是同样的方法，用钢笔工具勾选不需要的区域，然后按键盘上 Ctrl ＋Alt ＋Enter 组合键，减少选区。

（9）这样利用钢笔工具就将我们要的图形做了选区，这时我们可以按键盘上 Ctrl ＋Shift ＋I 组合键进行反选，然后，按 Delete 键进行删除（见图 3-9-55）。也可以直接使用移动工具拖拽到我们要放的文件中就行了。当然也可以按 Ctrl ＋J 复制一个只有这个选区的新图层。

最后,按键盘组合键 Ctrl ＋ D 取消选区。至此完成了抠图操作,效果如图 3－9－56 所示。

图 3－9－55

图 3－9－56

3.9.4 我们一起来练练

钢笔绘制,请同学们多加练习,因为在实际的设计制作中,我们绘制的图形远比这个要复杂得多,其实也就是复杂而已,难度基本上也就是熟练程度。例如图 3－9－57 所示。

看到这样的简笔画,是不是感觉太难了、太复杂了？其实不然,因为通过上面的案例,对钢笔工具绘制图形有了一定的概念,也已经会用了,后面就是需要多加练习,遇到这样的画面时需要分层去解决问题。

(1)打开原图,在“图层”面板给海浪新建立一个组,命名为:海浪(见图 3－9－58)。用箭头指向的地方形状都是一样的,我们只要画出一个路径,再进行复制路径,最后根据图片的要求调整大小,因为是用钢笔绘制的路径,是矢量图,更改尺寸不会影响像素(见图 3－9－59)。

图 3－9－57

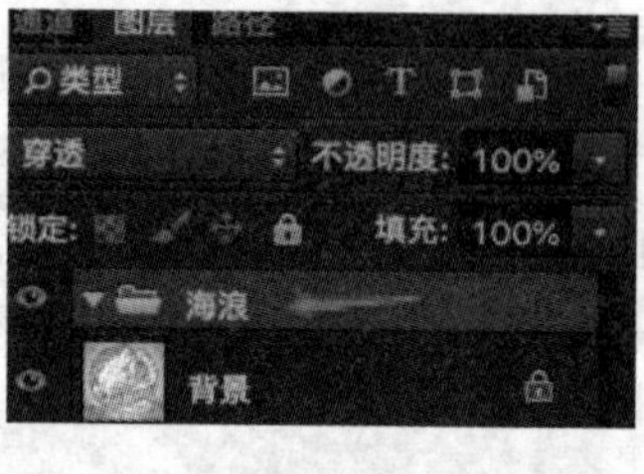

图 3－9－58

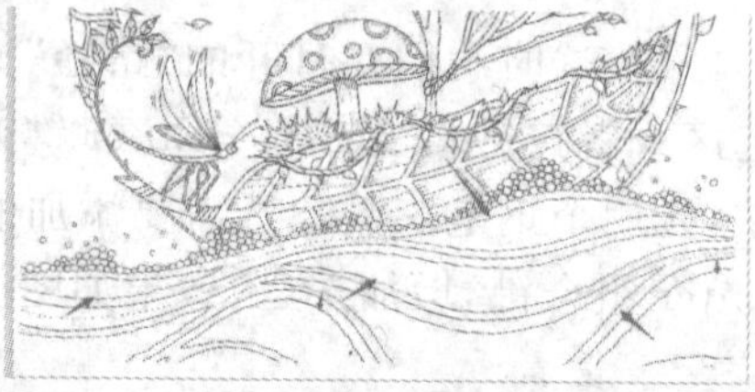

图 3－9－59

(2)选择钢笔工具(快捷键 P),绘制类型:设置为“路径”,用钢笔工具绘制图形(见图 3－9－60)。在“图层”面板上新建浪花图层,回到“路径”面板,选择用画笔描边路径按钮,进行描边(见图 3－9－62)。

图 3－9－60

图 3－9－61

图 3－9－62

(3)因为我们所用的线条都是很平滑的，所以产生不了波纹效果。所以简单地使用一个滤镜效果来解决这个问题，当然你也是可以使用钢笔工具慢慢调整出来的。这里我们使用了菜单“滤镜”下“扭曲”里的“波纹”命令，打开波纹对话框，设置满意的效果(见图 3－9－63)。其他多处有类似的形状都可以用同样的方面绘制，请同学认真练习。

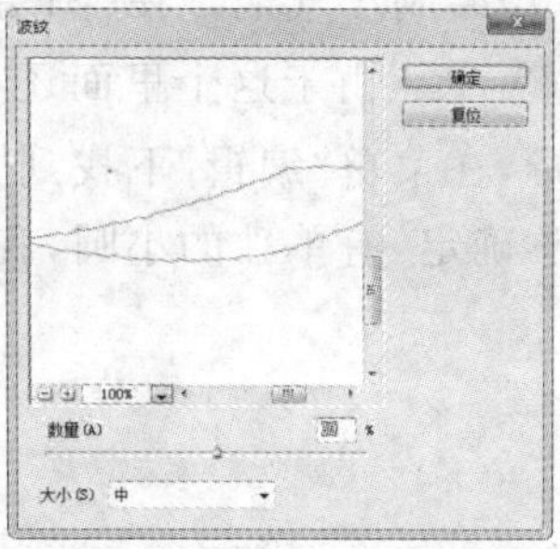

图 3－9－63

(4)按住 Alt 键＋按住鼠标左键不放，拖动。这时，就会复制一个路径到新的位置。需要几个复制几个，根据原图的形状，进行调整路径的大小。需要注意的是，每一个路径都需要建立一个新的图层，方便后面修改(见图 3－9－64)。

(5)大波浪线直接用钢笔绘制即可，注意这里是不闭合的路径，在结束点按住 ESC 键，即可完成绘制，同样新建一个图层，回到“路径”面板，选择用画笔描边路径按钮，进行描边设置。(见图 3－9－65)

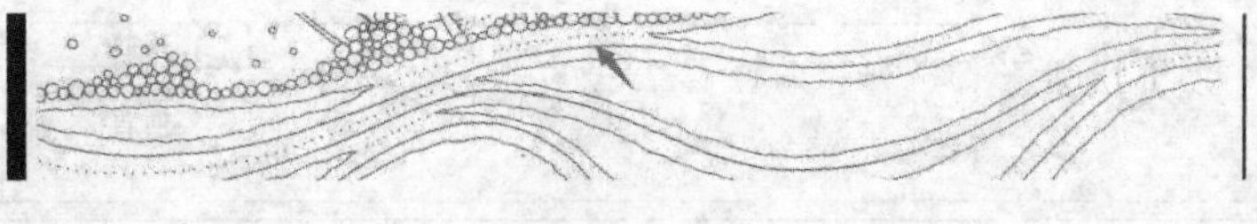

图 3－9－64

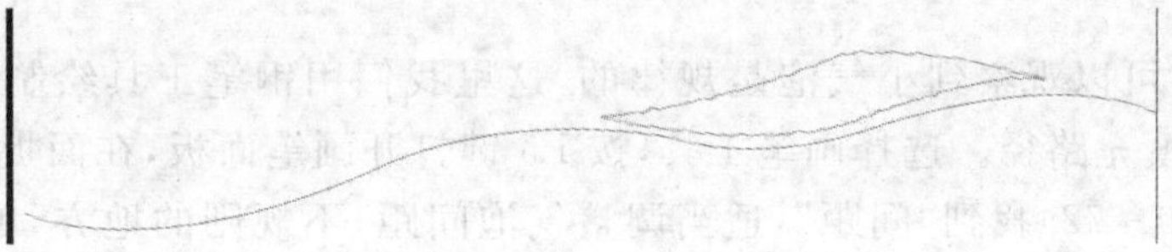

图 3－9－65

(6)绘制这条虚线，同样是先用钢笔工具绘制路径和新建图层，设置画笔大小和间距大小，选择画笔工具，选择切换画笔面板按钮或者按 F5 键打开画笔面板，在面板上找到“画笔笔尖形状”(见图 3－9－66)，找到“间距”，适当调整出虚线(见图 3－9－67)，具体设置请自己调整，再找到路径面板，选择用画笔描边路径按钮，进行描边，效果如图 3－9－68 所示。请同学们注意，所有的虚线都可以用同样的方法进行绘制。

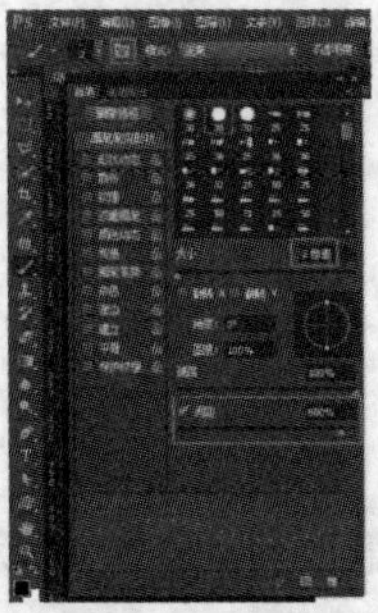

图 3－9－66

图 3－9－67

图 3－9－68

(7)绘制小气泡。在“图层”面板上，新建气泡组，新建图层，用椭圆工具绘制气泡如图 3－9－69 ，由于这个里面还存在很多，这里我们可以给气泡定义画笔预设，先要选择绘制的图形，在菜单“编辑”下找到“定义画笔预设”(见图 3－9－70)，打开画笔名称对话框，设置好名称确定，有单独的小圆，我们也可以定义画笔预设，命名为图中气泡(见图 3－9－71)。

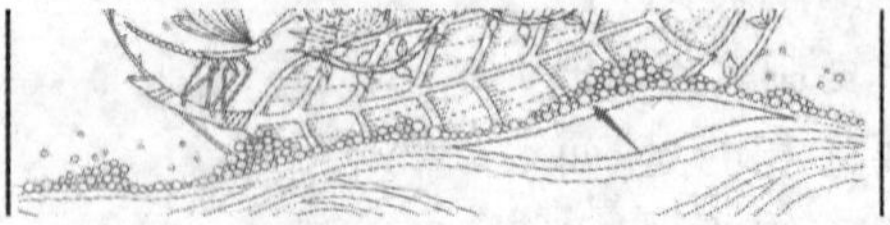

图 3－9－69

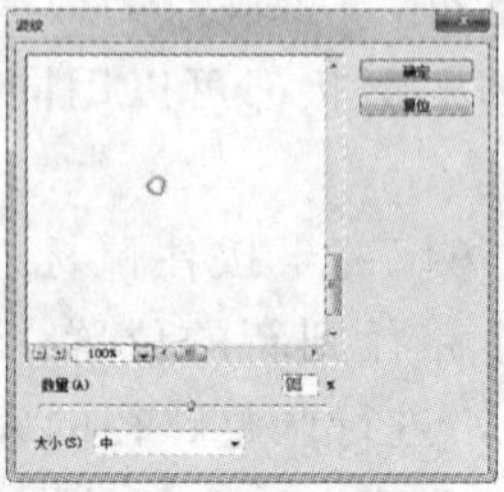

图 3－9－70

图 3－9－71

(8)从原图中可以观察到小气泡是规律的，这里我们用钢笔工具绘制路径，然后用定义的气泡画笔进行填充路径。选择画笔工具，按 F5 键打开画笔面板，在面板上找到“画笔笔尖形状”，(见图 3－9－72)找到“间距”，适当调整气泡间距，不规则的地方，单独用气泡画笔进行绘画，效果如图 3－9－73 所示。

图 3－9－72

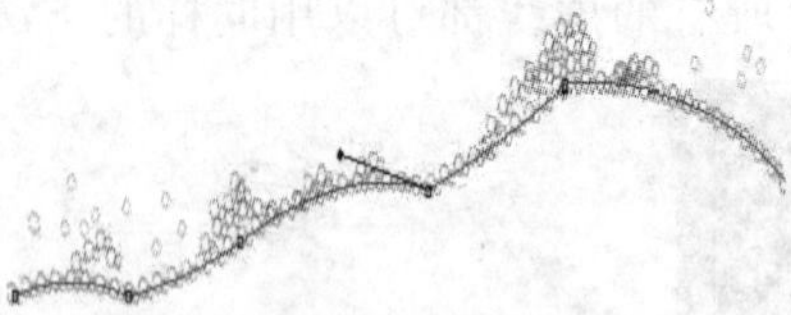

图 3－9－73

(9)在“图层”面板上新建一个蜻蜓组，新建翅膀图层，根据原图绘制蜻蜓翅膀，用画笔描边路径，效果如图 3－9－72；全选蜻蜓翅膀路径，复制路径，根据形状进行调整，再用画笔描边路径，用同样的方法进行翅膀绘制(见图 3－9－73)。如图 3－9－76 所示。

图 3-9-74

图 3-9-75

图 3-9-76

(10)绘制蜻蜓身体部分:用钢笔工具绘制身体的头部部分,身体的尾巴部分都是圆组成的,先用钢笔工具绘制一条曲线,用预设的圆画笔进行填充,这里我们需要注意的是调整合适的间距。

(11)新建图层,绘制蜻蜓脚部分,由于脚都是一样的(见图 3-9-79),绘制一个其他进行复制即可,最终蜻蜓效果如图 3-9-80 所示。

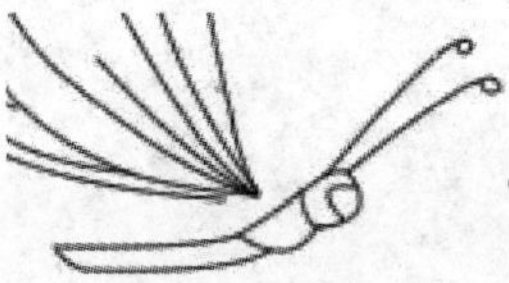

图 3-9-77

图 3-9-78

图 3-9-79

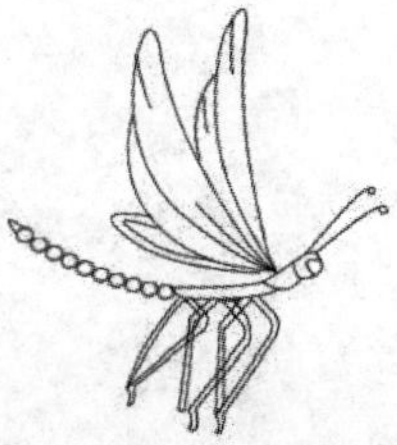

图 3-9-80

(12)现在我们来绘制蘑菇,在图层面板上,新建蘑菇组,绘制蘑菇的外形,在路径面板上,用画笔描边路径(见图 3-9-81)。绘制蘑菇的枝干,在路径面板上,用画笔描边路径(见图 3-9-82)。这里请同学们一定要注意路径与图层是要同时存在的。画好路径就记得要描边,并在图层中观察效果。

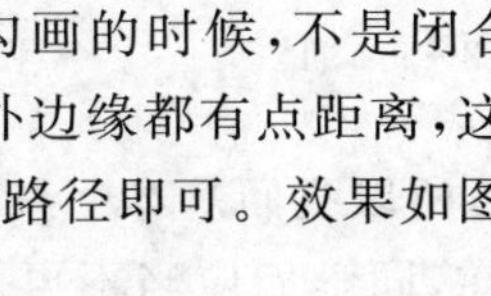

图 3-9-81

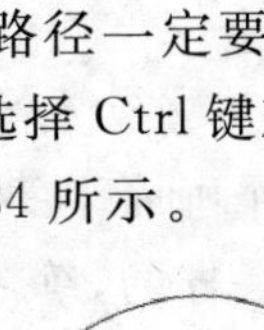

图 3-9-82

(13)再新建图层,绘制蘑菇内饰,用钢笔工具勾画轮廓,除了外圈,里面都不是一个闭合空间(见图 3-9-83),在勾画的时候,不是闭合空间的路径一定要按住键盘 Esc 键进行取消,仔细看,绘制的图形跟外边缘都有点距离,这时候要选择 Ctrl 键对单独的锚点进行调整,在路径面板上,用画笔描边路径即可。效果如图 3-9-84 所示。

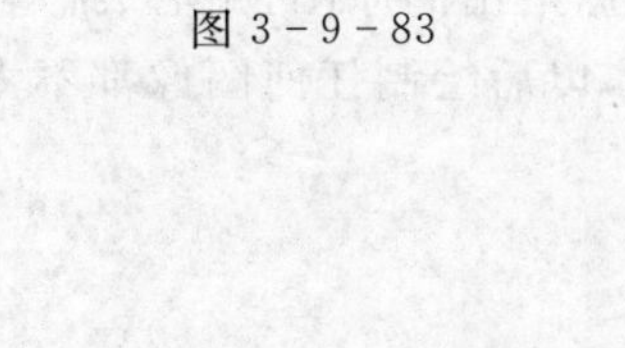

图 3-9-83

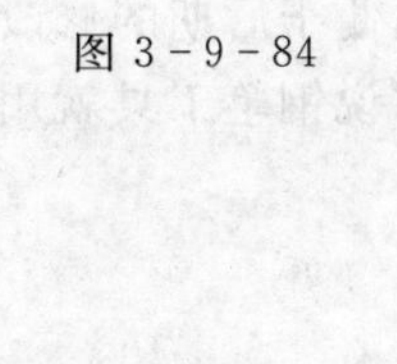

图 3-9-84

(14)新建图层，绘制蘑菇装饰，蘑菇上的内嵌圆用椭圆工具进行绘制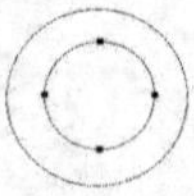，根据原图进行填充实线或者虚线(在画笔面板上设置间距为合适的距离)，同学们在摆放圆形时可使用“自由变换”里的各种属性。

(15)我们再来绘制原图上的灯，首先在图层面板上新建灯组，再建立新图层，绘制出灯的外形上半部分用画笔填充描边(见图 3－9－83)。再绘制下半部分，用画笔填充描边即可(见图 3－9－86)。

(16)绘制灯里面的部分，同样也是用钢笔绘制，用画笔填充描边，这里需要注意，因为灯内饰有虚线地方，可使用橡皮工具在图层面板上擦除不要的地方。效果如图。再次新建图层，绘制灯里面的蜡烛，用画笔填充描边。(见图 3－9－87～3－9－89)

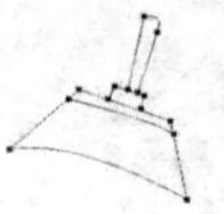
图 3－9－85

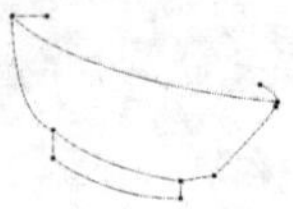
图 3－9－86

图 3－9－87

图 3－9－88

图 3－9－89

(17)我们再来绘制树叶，在图层上新建树叶组，因为树叶都是一样的画法，这里我们就介绍一种树叶的画笔，都是新建路径，路径可以在同个图层上，但是千万要记住，树叶的每个部分都要建立新的图层。

(18)建立新图，用钢笔工具绘制树叶的外形，用画笔填充描边(见图 3－9－90)；新建图层，同样的方法绘制内心，用画笔填充描边(见图 3－9－91)；再新建图层，画树叶的内径，用钢笔工具勾画出路径，用画笔进行填充，中间不规则的虚线，可以用橡皮擦除，最后效果如图 3－9－92 所示。

图 3－9－90

图 3－9－91

图 3－9－92

同学们也发现了整个画面中的树叶较多，所以我们基本上只要能画出一片叶子，其他的就是复制。方法和上面一样的，练习到了现在，同学们应当不再对这副图画有恐惧吧，只要我们心细些，把图层与路径按序命名并排好，也就是一件容易的事情了。

这幅用钢笔绘制图画的难点到这里也就差不多了，细节部分的绘制是很简单的，也就是需要同学们小心和细心，今后再复杂的图形也要学会分解，所以请同学们一定不要怕麻烦，要记住建图层和组，便于后期的修改。大家根据给出的原图，耐心、细心地绘制，如果认真完成了这幅图片，可以说钢笔工具就用得很熟了，以后绘制任何图像都不太会有压力了。

熟练掌握了钢笔工具的技能之后，我们是要拿来用在实际的设计与制作中的，就目前所言，漫画类和插画类的绘制在 PS 中当然是可以的，但我们却并不推荐，因为我们还有另一个更强大的矢量绘画工具就是 AI。

一般我们在 PS 中是利用钢笔工具来进行图案和图形的绘制设计，目的也是为了设计。下面利用钢笔工具的技能特性来制作一张商业海报。例如图 3－9－93 所示的这张商业海报。

(1)新建画布，尺寸为 800×1200 像素；我们要分层、分组绘制。选择钢笔工具、快捷键 P，这里我们设置属性为“形状”。

(2)在“新建”面板上，建立背景组，用钢笔绘制案例中的不规则图形，注意这里的每个形状都需要建立一个新图层，它们的 RGB 分别是：(167.127.244)，(255.224.74)，(85.224.211)，(249.145.172)，(16.69.102)。大家也可以根据自己的喜好，绘制出有创意的形状(见图 3－9－94)。《平面构成》的学习对同学们应当有帮助。

(3)团购促销大酬宾后面有一个大圆，这个是用椭圆工具绘制的，颜色为白色，设置为“形状”，绘制一个 590×590 像素的正圆。

(4)绘制字，字这里需要注意的是，我们先找到你认为还不错的字体，在他的基础上再用钢笔绘制出满意的字体类型(见图 3－9－95)。钢笔设置的也是形状，填充颜色的 RGB 为(225.52.120)(见图 3－9－96)。注意这里的文字字体只是一个借助，因为我们要对这个字体进行绘制，而绘制的文字才是我们需要的。(注意图层)

图 3－9－93

图 3－9－94

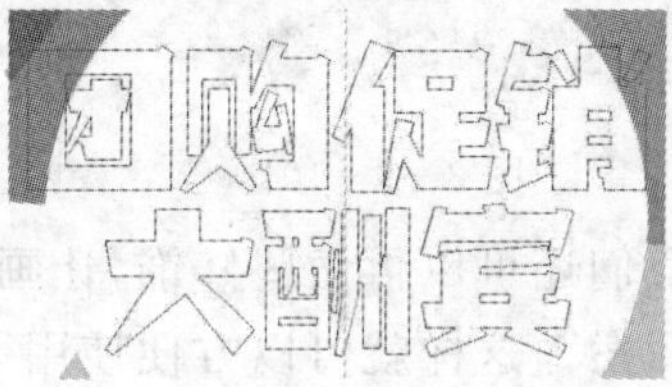

图 3－9－95

(5)光秃秃的字肯定是不好看，我们可以给“团购促销大酬宾”旁边用钢笔绘制出一些任意形状来进行装饰。(见图 3－9－97)

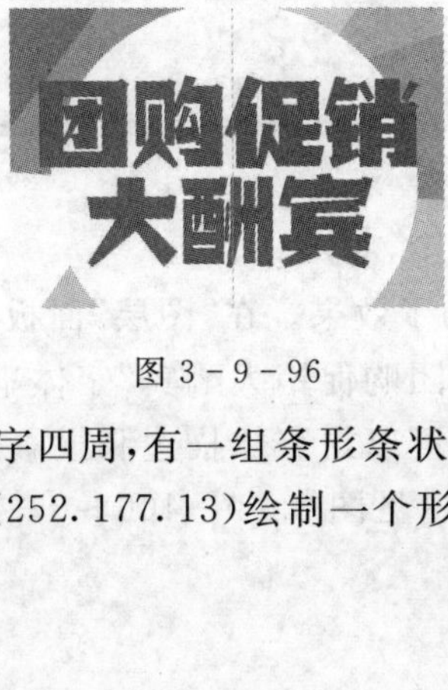

图 3－9－96

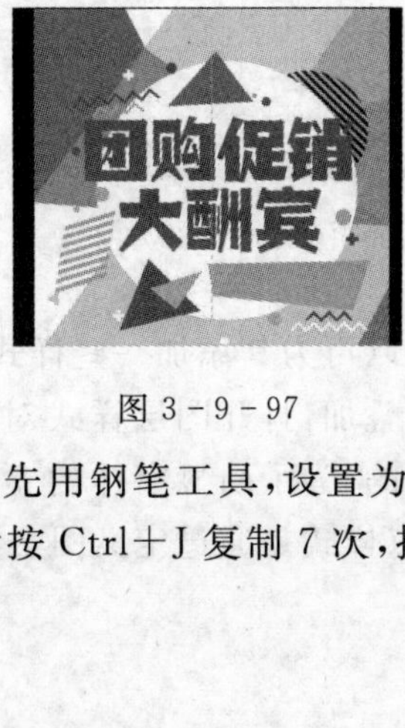

图 3－9－97

(6)在装饰文字四周，有一组条形条状物，我们先用钢笔工具，设置为形状(见图 3－9－98)，RGB 设置为(252.177.13)绘制一个形状，然后按 Ctrl＋J 复制 7 次，把最后一个拖动到满意的位置，再选择所有绘制的图形，选择工具栏上的“水平居中分布”，进行平均分布，根据需要稍微调整角度和位置即可。（见图 3－9－100）

图 3－9－98

图 3－9－99

图 3－9－100

（7）绘制一个圆，使用钢笔工具，选择形状，RGB 设置为（16.69.102）绘制（图 3－9－101），按 Ctrl＋J 复制 12 次，把最后一个拖动到满意的位置，再选择所有绘制的图形，然后，选择工具栏上的水平居中分布，进行平均分布，根据需要稍微调整角度，由于这个地方我们是需要一个圆形状，把所有的图形组合在一个图层上，选择刚才圆的选区，按 Ctrl＋Shift＋I 进行反选，删除不要的地方，效果如图 3－9－102 所示，根据美观度，调整各个图层的位置。

（8）按照内容打上相应的文字即可，同样的方法对文字进行钢笔绘制，效果如图 3－9－103 所示。

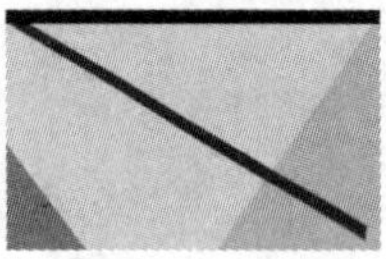

图 3－9－101

图 3－9－102

图 3－9－103

（9）我们还可以再做些修饰，让画面充满活力，为了减少不必要的重复操作，这里我们使用“定义图案”，这样就可以方便使用了。背景上的斜线，新建 100×100 像素的画布，用钢笔工具绘制一条斜线（见图 3－9－104），用画笔描边路径，取消背景图层，只显示单独的一个图层，选择“编辑”下的“定义图案”，打开图案名称对话，命名为斜线。（见图 3－9－105）

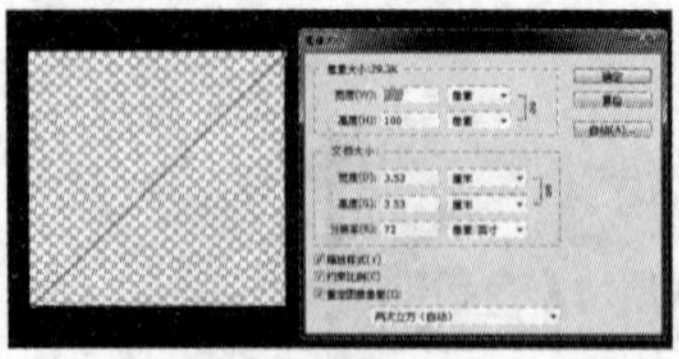

图 3－9－104

图 3－9－105

（10）我们还可以再为其添加一些样式，只是为了效果。在“图层”面板上，选择添加图层样式按钮中的图案叠加，打开图层样式对话框。“团购促销大酬宾”字体里面的图案也是按照同样的方式设置的，为了凸显字体的立体感，还可以给字体描边和投影，同学们注意观察画面的左上角，圆点样式是通过定义图案添加的。（见图 3－9－106～3－9－108）最后效果如图 3-9-109 所示。

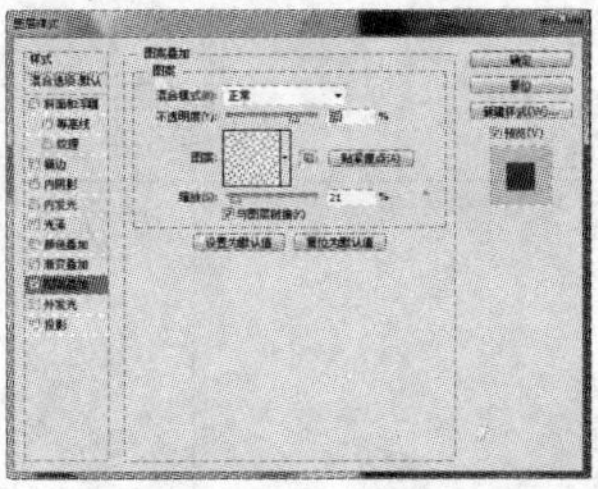

图 3-9-106

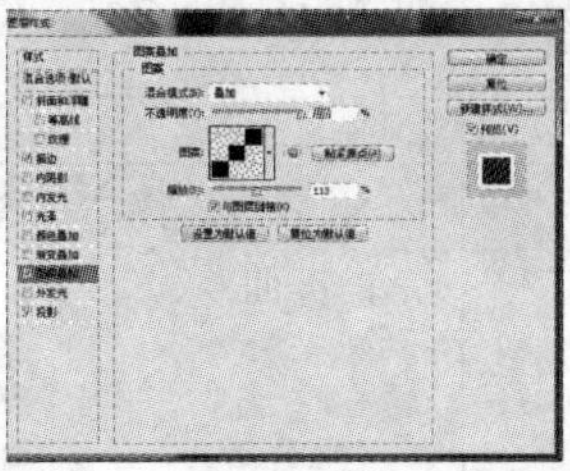

图 3-9-107

图 3-9-108

图 3-9-109

玩一玩

请同学们用 PS 绘制《简笔画》书中范画。

3.9.5　我们一起来说说

(1)钢笔工具有哪几种绘制方式？

(2)钢笔中的加减如何完成？

(3)除了钢笔工具还有哪些方式可以建立选区？

(4)钢笔工具绘制图形或抠图的时候，经常跟什么快捷键配合？

以上除形成书面作业上交外，会在课前通过点名方式进行检查。课外实践作业请通过班级群发送给授课教师批改。

3.9.6　实训报告

图形图像处理 Photoshop CS6 实训报告

班级 姓名		时间	
		实训室	
实训知识点	钢笔		
实训目的	1. 钢笔工具的特点　3. 绘制与抠图 2. 形状与路径　4. 钢笔技巧		

（续表）

<table>
<tr><td>班级
姓名</td><td colspan="2"></td><td>时间</td><td></td></tr>
<tr><td></td><td colspan="2"></td><td>实训室</td><td></td></tr>
<tr><td>实训内容
学生填写部分</td><td colspan="2">1. 使用钢笔技巧
先直再曲

配合三大键

2. 路径面板
(1)载入与存储

(2)添点减点

3. 路径与图层
(1)一层一径

(2)画笔描边

4. 形状与路径绘制</td><td colspan="2">案例实操训练</td></tr>
<tr><td>实训要求</td><td>1. 认真填写实训报告
2. 对问题进行记录
3. 拓展问题认真思考并完成实践
4. 完成思考题并形成书面作业</td><td colspan="3">备注：实训报告以一个知识点的实践完成为依据，教师根据学生实训具体情况来调整学时。这样更有利于实践分数的评定</td></tr>
<tr><td>成绩评定</td><td colspan="4">优秀　良好　及格　不合格</td></tr>
</table>

3.10　修图

在 PS 中，修图是我们永恒的话题，我们常用的修图工具有模糊工具、锐化工具、涂抹工具、减淡工具、加深工具、仿制图章、修复画笔、修补工具等(见图 3-10-1)，对于一些复杂的图像修改与修复，我们不可能只用一种单独的工具来进行，还需要配合其他的相关功能命令(见图 3-10-2)。直白地说，在 PS 中每一个工具和命令都是可以用来进行修图的，因为整个 PS 最强大的功能就在于此。

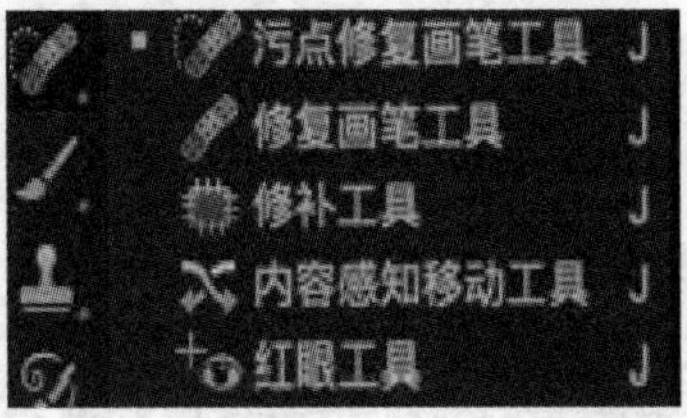

图 3-10-1

图 3-10-2

3.10.1　我来说你来记

对于一张图像的修改或是修复，我们的第一反应是要先考虑采用什么方法，用哪些工具来处理，效果会更好一些，速度会更快些，利益会更大些。而对于这些工具的掌握，无它，唯手熟尔。

比如在 PS 中，ACR 首先就是个强大的修图工具，它可以很直观地让我们来进行图像的调整。图层与蒙版的功能也是重要的修图法则。而图层混合模式更是一种有意思的图像修改的智能计算。强大的调整图层更是让图像的修改与修复达到一种高级状态。通用的画笔修复和仿制图章工具更是广为人知的技能之一。在整个 PS 中没有哪一个工具、功能、命令与滤镜不是在为修图服务，所以整个 PS 的核心就是修图。但请记住，在 PS 的学习过程中，没有哪一种命令功能与工具是可以随便学学就能达到完美，它们需要学习者下苦功去掌握并能融会贯通。

那么我们常说的修图，主要是指什么呢？第一就是处理掉图像中多余的部分；第二突出我们想要的部分和氛围；第三在后期来补偿拍摄时的环境光的不足或是充足，更好地来还原图像中的亮部与暗部的细节；第四就是根据自己的意图来调整色温；第五就是创意设计中的二次构图；第六就是一些对图像中需要部分的修修补补和矫正来优化画质。基本上我们也就是按照这些来对图像展开处理的。

3.10.2　我来做你来看

最简单的修图就是去掉画面中不需要的东西。

如图 3-10-4 所示，在拍照时把人物的双脚也拍进，非常不好看，根据修图的原则，我们需要把它去除。所以选择了“污点画笔修复工具”(见图 3-10-5)，把不需要的像素当作是画面中的污点来进行处理。

图 3－10－3

图 3－10－4

注意此工具属性栏上的选项,“近似匹配”的含义是基于笔触外边缘的像素来生成即将换成的目标像素。“创建纹理”则是基于笔触范围之内的像素来生成一种像纹理的像素效果。而“内容识别”则是一种非常好的强大的功能,它能自动识别选择区域内的像素内容,自动修复和去除杂物。这里我们选择“内容识别”,然后再选择好画笔大小进行涂抹。效果如图所示。

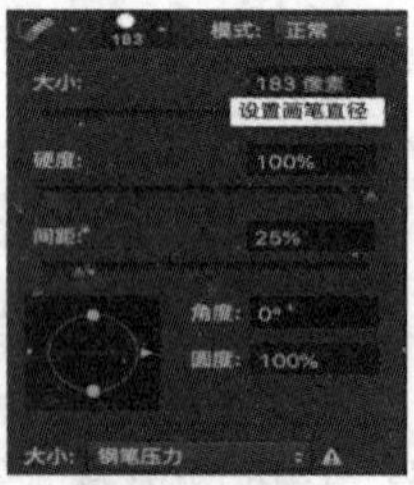

图 3－10－5

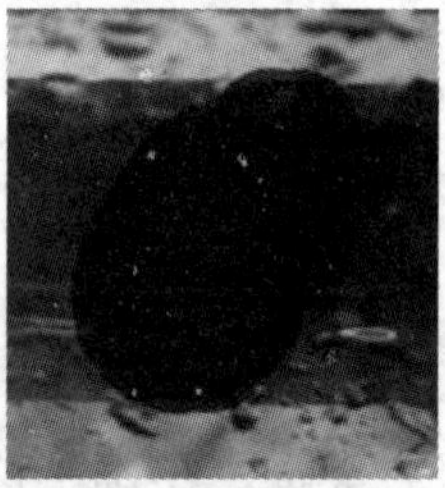

图 3－10－6

图 3－10－7

图 3－10－8

我们还可以使用“修补工具”来进行(见图 3－10－9),这种工具可以很精准地来选择源(见图 3－10－10)。还是利用此图来进行操作,我们把画面中的脚去除。

在此图像中,我们选择一个区域来作为修补的选区,然后向要去除的部分移动,则会发现下半部分的一些像素已经去除了,如图所示。

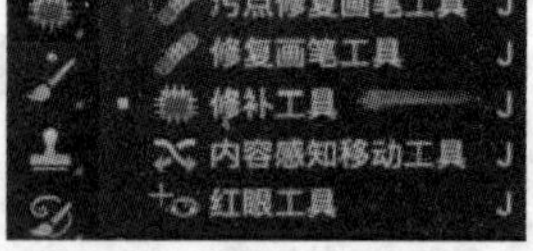

图 3－10－9

图 3-10-10

图 3-10-11

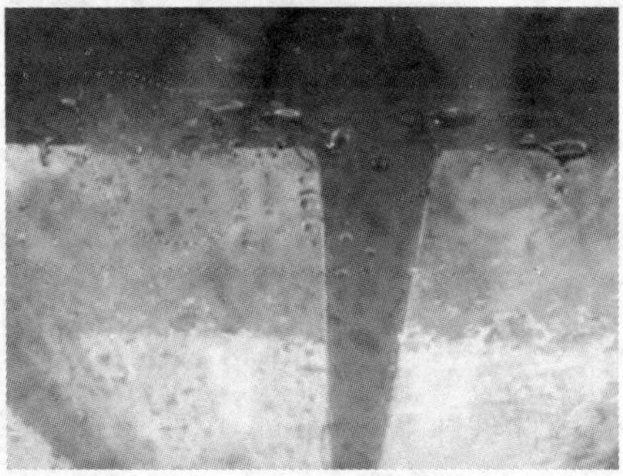

图 3-10-12

请同学们注意在此工具属性上的“源”,是指选区内的作为源,移动时则会把选区内的像素内容替换,而替换的图像就是你所移动的图像内容。而选择“目标”则是将选中的像素内容进行复制(见图 3-10-14)。而选择“透明”则会发现两处的图像内容进行了透明处理(见图 3-10-15)。“使用图案”则是让选区内的像素被图案替代,如图 3-10-16、3-10-17 所示。

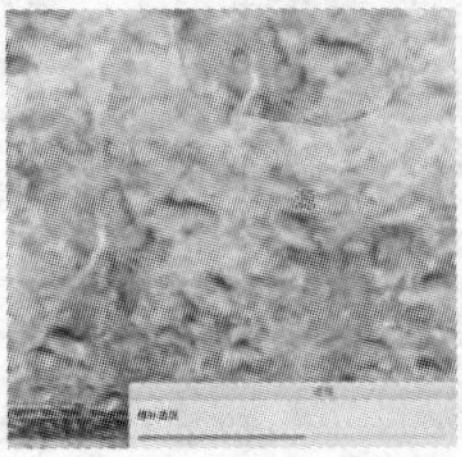

图 3-10-13

图 3-10-14

图 3-10-15

图 3-10-16

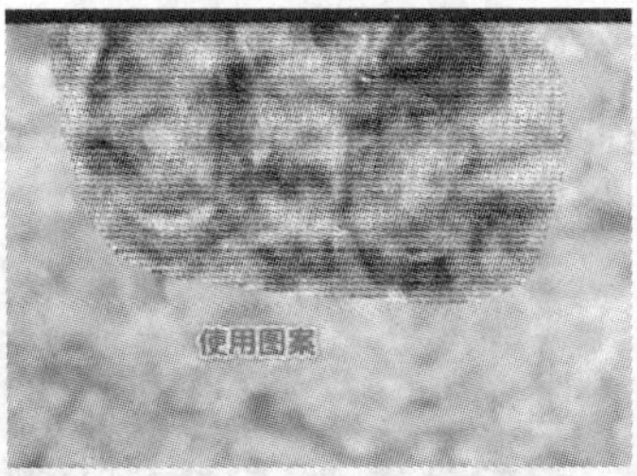

图 3-10-17

我们再利用“曲线”命令来进行修图,这次是对图像颜色的更改。在日常的修图中,更多的是用一些命令和功能来对图像进行调整,我们利用“曲线”工具来调整图像,让图像的明暗和颜色都产生相应的变化。(见图 3-10-18、3-10-19)

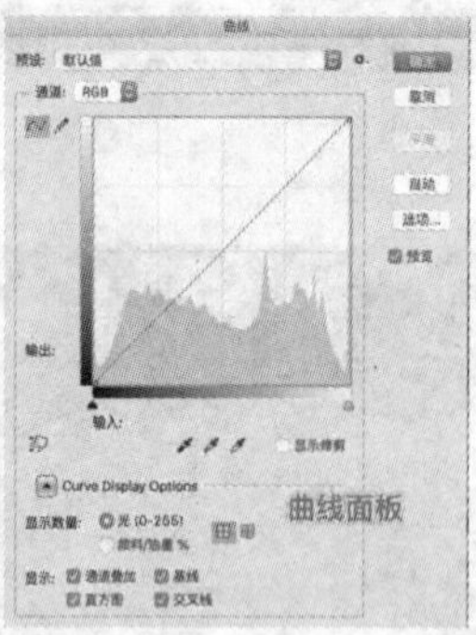

图 3-10-18

图 3-10-19

我们用曲线来提亮画面、压暗画面、增加对比度和降低对比度。如图 3-10-20～3-10-23 所示。

图 3-10-20

图 3-10-21

图 3-10-22

图 3-10-23

除了对整体画面的调整，还可以对图像的各通道进行曲线调整，达到非常棒的修整图像效果。请同学们观察效果，如图 3-10-24～3-10-27 所示。

图 3-10-24

图 3-10-25

图 3-10-26

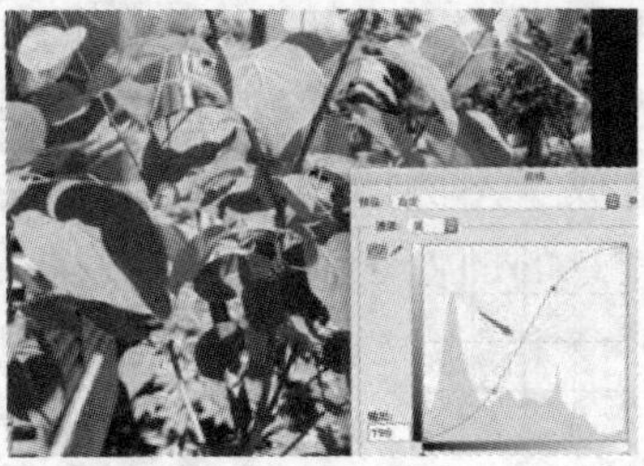

图 3-10-27

请同学们注意在 PS 中几乎所有的工具与命令都是与修图相关的，比如裁剪与选区也是为了更好地构图，凡是一切能让图像更好的方法都是修图的方法，一切能让图像更好的工具都叫作修图工具。

3.10.3　你来做我来看

在 PS 中，有些图像中的物体像素是需要改变的，比如位置、方向和大小，这时就需要我们利用工具去进行二次创造。这里向同学们介绍“操控变形”工具，利用这个工具来变换造型，以达到自己的修图意图。这里我们将图 3-10-28 的这片叶子拉长些，先用“快速选择工具”选中要改变的叶子，然后使用“编辑”菜单下的“操控变形”命令，如图 3-10-29、3-10-30 所示。

图 3-10-28

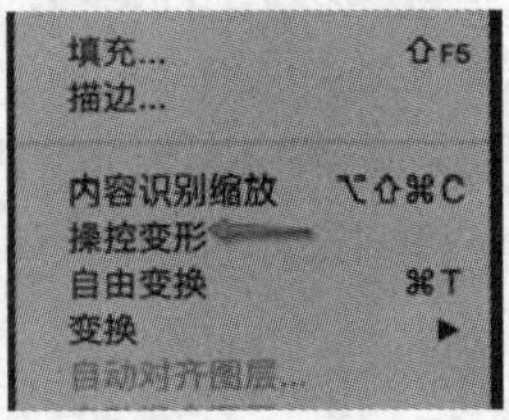

图 3-10-29

图 3-10-30

请同学们注意一定要复制这个已选择好的图层，在以后的学习中，请同学们一定要记得建立图层，养成建立图层的好习惯。因为 PS 修图的基础是图层，一个个的图层才是 PS 核心中的核心。

在“操控变形”中，通过“图钉”和“显示网格”来添加控制点进行造型变化（见图 3-10-31），效果如图 3-10-32、3-10-33 所示。

图 3-10-31

图 3-10-32

图 3-10-33

最终的效果如图 3－10－34，当然同学也可以尝试去改变花的造型。

如果想要完整地对此图像进行修图处理的话，此时需要进行抠图，后面的物体有些模糊且在构图上也造成了不协调，所以是要去除掉。也可以用渐变工具创建一个渐变色，这样就产生了一个有创意的图像了。

图 3－10－34

图 3－10－35

图 3－10－36

3.10.4　我们一起来练练

从图 3－10－37 中我们可以看出椅子是本张图的重点，但后面的人成了多余的“物体”，所以我们在修图时首先要把人物去掉，这里可以采用很多种方法来保留住椅子的图像，这里我们使用“多边形套索工具”来选择好椅子的范围（见图 3－10－38）。选择好后建立“通过拷贝的图层”，快捷方式 Ctrl ＋ J。发现因为拍摄的原因，椅子的颜色显得不是太油亮（见图 3－10－39），所以我们再通过曲线或是其他的命令调整来达到目的。如图 3－10－40 所示。

图 3－10－37

图 3－10－38

图 3－10－39

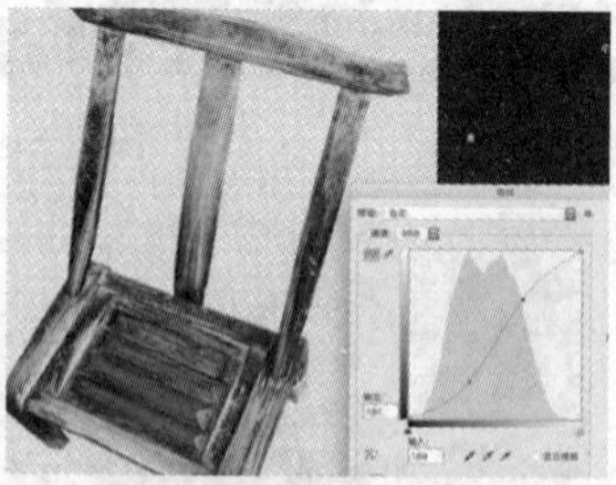

图 3－10－40

再通过一张花的图像调整来说明修图的重要性。原图中的花很艳，但感觉还不够艳，我们通过“调整图层”让它变得更加艳丽。如图 3－10－41～3－10－43 所示。

图 3-10-41

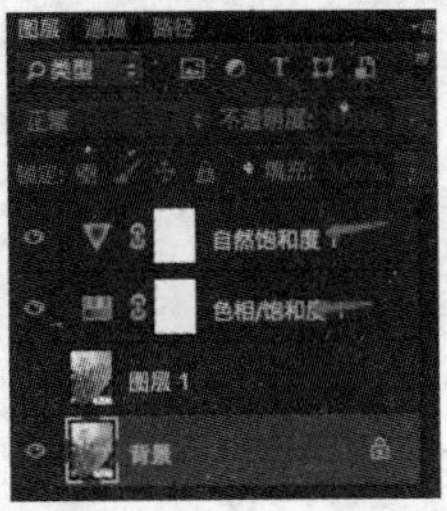

图 3-10-42

图 3-10-43

我们再综合利用一些命令。

玩一玩

请同学们使用“调整图层”命令对图像(见图 3-10-44、3-10-45)进行修整。

图 3-10-44

图 3-10-45

3.10.5　我们一起来说说

(1)何谓修图?

(2)修图的法则是什么?

(3)PS 的核心是什么?

(4)请同学们在课后为自己手机里的图像进行修图并自行百度“PS 修图”学习。

以上除形成书面作业上交外,会在课前通过点名方式进行检查。课外实践作业请通过班级群发送给授课教师批改。

3.10.6　实训报告

图形图像处理 Photoshop CS6 实训报告

班级 / 姓名		时间	
		实训室	
实训知识点	修图		
实训目的	1. 理解修图　　3. PS 的核心 2. 修图工具与命令　　4. 常用的修图功能		

（续表）

<table>
<tr><td rowspan="2">班级
姓名</td><td rowspan="2" colspan="2"></td><td>时间</td><td></td></tr>
<tr><td>实训室</td><td></td></tr>
<tr><td>实训内容
学生填写部分</td><td colspan="2">1. 什么是修图

2. 常用修图工具
(1)画笔修复工具

(2)修补工具

3. 修图法则与命令
(1)选区

(2)曲线

(3)操控变形

(4)调整图层</td><td colspan="2">案例实操训练</td></tr>
<tr><td>实训要求</td><td colspan="2">1. 认真填写实训报告
2. 对问题进行记录
3. 拓展问题认真思考并完成实践
4. 完成思考题并形成书面作业</td><td colspan="2">备注：实训报告以一个知识点的实践完成为依据，教师根据学生实训具体情况来调整学时。这样更有利于实践分数的评定</td></tr>
<tr><td>成绩评定</td><td colspan="4">优秀　良好　及格　不合格</td></tr>
</table>

3.11　填充

填充就是填补和补充的意思。而 PS 中的填充就是使用工具或命令以指定的颜色或图案对所选择区域的处理。

3.11.1　我来说你来记

在 PS 中除了常用的四种方法(删除、颜料桶、填充、渐变)来进行填充处理外,还有就是更多地利用“内容识别”功能的命令方法。

对于“删除”,除了要掌握相应的菜单命令外,更需要记得它们的快捷键。Ctrl＋Del:用背景色填充。Alt＋Del:用前景色填充。什么是背景色?什么是前景色?这只是个概念问题。显示在前面的就是前景色,显示在后面的就是背景色。我们在使用颜色时就可以很方便地利用快捷键进行相应的填充了。前背景色默认是黑白,单击后就会出现相关的拾色器面板,使用数值、百分比和十六进制都是可以来调用颜色的。按 D 键可回到默认状态,按 X 键可切换前景背景色。(见图 3－11－1～3－11－3)

图 3－11－1

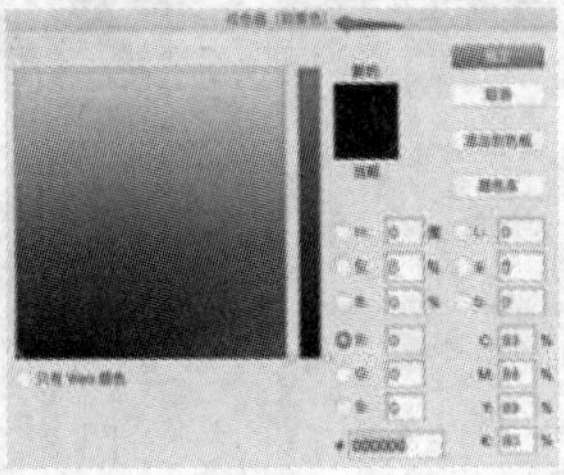

图 3－11－2

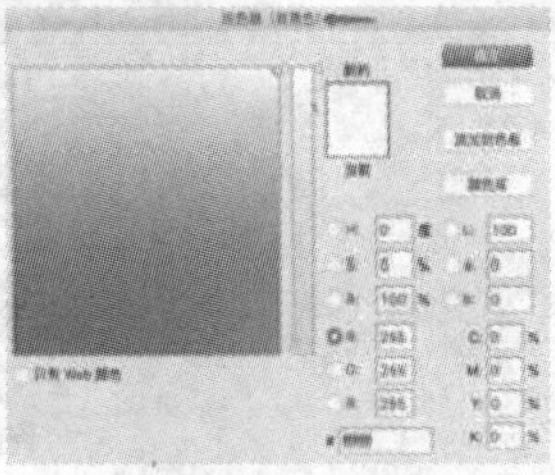

图 3－11－3

而点击“颜料桶工具”,就会打开它的属性栏进行相关设置。可以看出只有“前景”和“图案”的填充。(见图 3－11－4)

图 3－11－4

“前景”就是使用前景颜色,点击前景色就可以打开拾色器面板,这和上面的前背景色填充是一样的。“图案”就是用图案的方式来进行填充。图案就是图样,可以是几何图形、图像或是色彩。在 PS 中我们可以利用“编辑”菜单下的“定义图案”来制作相关的图样,为以后的设计制作服务。

使用油漆桶工具,如果有选区就可以填充选区,如果没有则填充与单击点相近的区域。但是这种填充颜色的方法最好是与图像的分层要结合好,特别是在一些绘制图形中。请同学们自行练习上色。(见图 3－11－5、3－11－6)

使用“图案”的方法填充则更是简单,不过图案和形状工具一样,也是可以添加的(见图 3－11－7)。图案可以自己制作也可以从网上下载,然后对所需要的地方进行填充就行了。

图 3-11-5

图 3-11-6

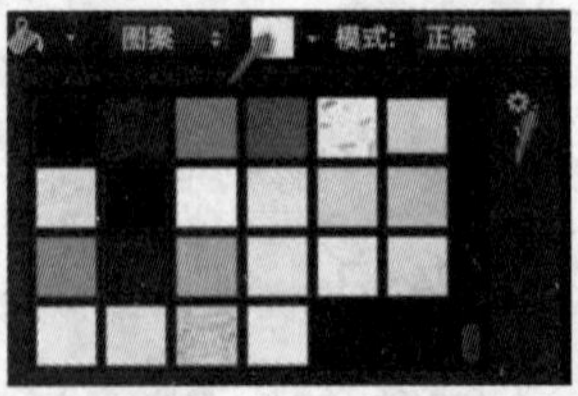

图 3-11-7

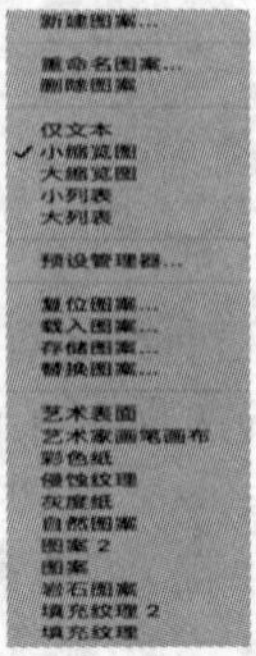

图 3-11-8

也可以使用“编辑”菜单下的“填充”，快捷键是 Shift＋F5。注意这是一种功能很强的填充，因为在打开的选项面板中可填充的内容增多了。除了颜色和图案，还有黑白灰的填充和历史纪录的填充。如果在图像画面中有了选区，还会出现“内容识别”的填充。（见图 3-11-9）

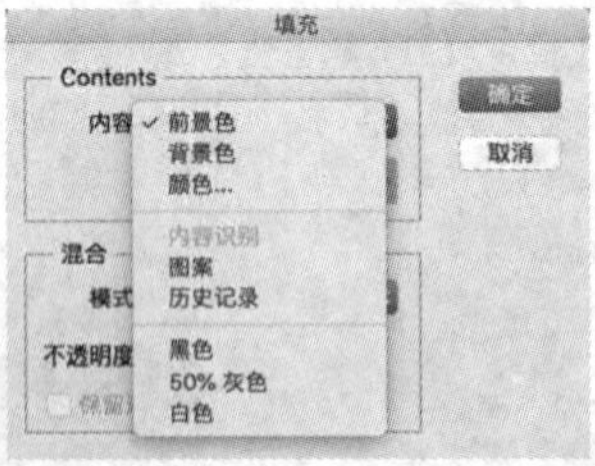

图 3-11-9

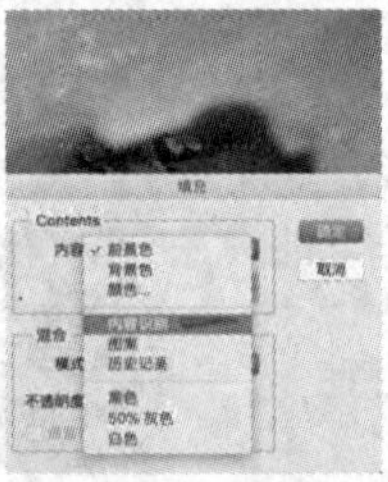

图 3-11-10

“内容识别”可以让选区里的颜色快速去掉，它是利用选区周围综合性的细节信息来创建一个填充区域（见图 3-11-11）。然后从图片的选区中替换或移除不需要的物体。比如在此图中，我们想去掉最下面的一串葡萄，可以使用选框工具将其选中，再使用“内容识别”进行填充。填充葡萄选区的是白色的墙体（见图 3-11-12）。

图 3-11-11

图 3-11-12

使用“渐变工具”可以进行使用渐变色的填充。渐变色就是指颜色从明至暗，由深入浅，由一个颜色缓慢过渡到另一个颜色。大自然中这种渐变是非常多的，我们也可以模仿调色（如图 3-11-13、3-11-14 所示）。

图 3-11-13

图 3-11-14

在渐变工具的属性栏中，和图案一样也能添加其他的渐变色。还能调整渐变的方向，总共有五种方向的渐变填充。如果没有选区的话，将会对整个图像进行渐变填充了。（见图3-11-15～3-11-17）

图 3-11-15

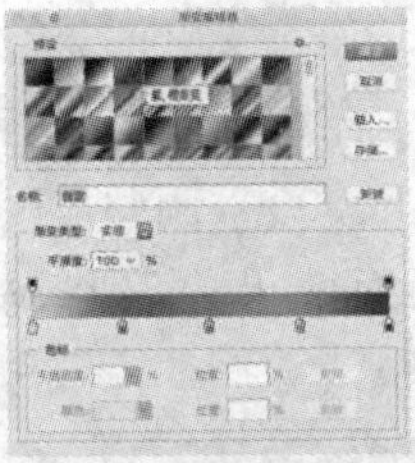

图 3-11-16

图 3-11-17

图层也是可以“填充”的，在 PS 中填充图层是一种很特殊的图层，也可以使用纯色、渐变色和图案来填充图层。当然填充图层只对当前图层负责，不会影响到它下面的图层，它处于“图层面板”和“图层”菜单下。（见图 3-11-18～3-11-20）

图 3-11-18

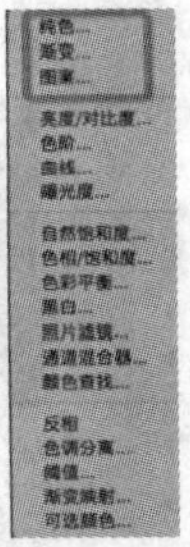

图 3-11-19

图 3-11-20

纯色填充图层，当然是指可以用一种颜色来填充的，但是它带有一个蒙版。渐变填充图层也是用一种渐变颜色来填充，也带有一个图层蒙版。图案填充图层更是如此。既然是蒙版的话就得遵守“黑透白不透”的原则，也就更加有利于效果的表达，这一点我们将在后期重点学习。

3.11.2　我来做你来看

在我们了解了上述的几种填充方面后，我们就可以通过案例来进行实践练习了，首先我们可以让前景色与背景色的更换来任意填充。这应当是最简单的一种填充方式，大多数我们都使用快捷键来完成。再次强调，Ctrl＋Del 是背景色填充，Alt＋Del 是前景色填充。(见图 3-11-21、3-11-22)

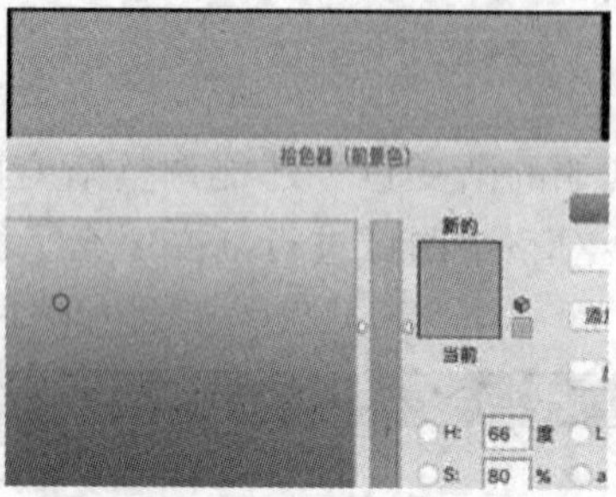

图 3-11-21

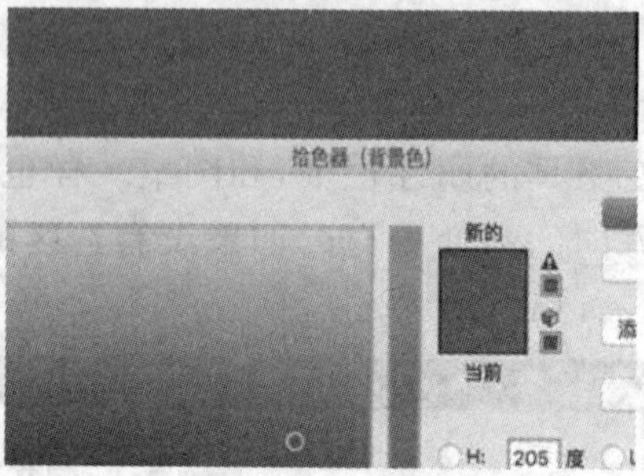

图 3-11-22

使用颜料桶填充也是类似，它的快捷键和渐变工具一样都是 G。在属性栏上的“不透明度”和“容差”是可以调整的。我们试着设置前景色为＃ b00000，调整“不透明度”为 20％，然后我们对整个画面使用颜料桶点击。注意观察填充的画面效果，直到最后不能填充为止，成为所设置的前景色，如图 3-11-23～3-11-26 所示。

图 3-11-23

图 3-11-24

图 3-11-25

图 3-11-26

在一般情况下，我们有时需要使用图像中的某些颜色来进行填充，在这种情况下，我们要使用“吸管工具”(快捷键为 I)，来吸取相应的颜色，出现的取色范围的上半圈就是要取的色，当我们再次吸取其他颜色时，下半圈的颜色就为已经选择过的颜色了。这时在前景色下就会出现所需要吸取的颜色，双击打开拾色器就能看到此颜色的相关信息(见图 3-11-28)。正常情况下我们观察 RGB 和十六进制的颜色信息。

图 3-11-27

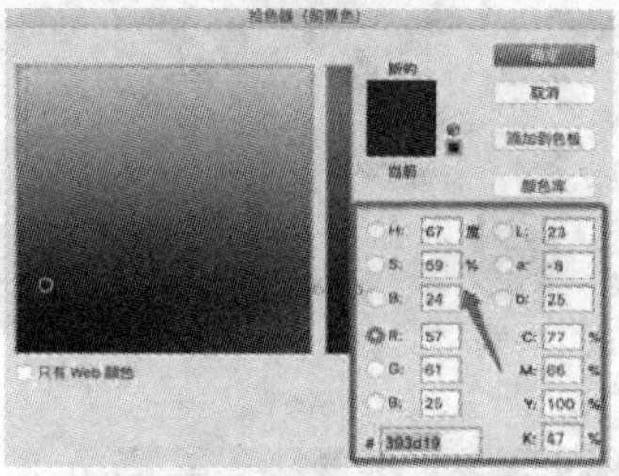

图 3-11-28

现在我们试着对自己的手机外形来进行制作练习，目的就是为了来熟悉下操作。使用形状工具先把基本的手机形状组合好，然后使用形状的属性栏中的“填充”和“描边”进行设置，还可以设置渐变色和图案填充。(见图 3-11-29～3-11-33)

图 3-11-29

图 3-11-30

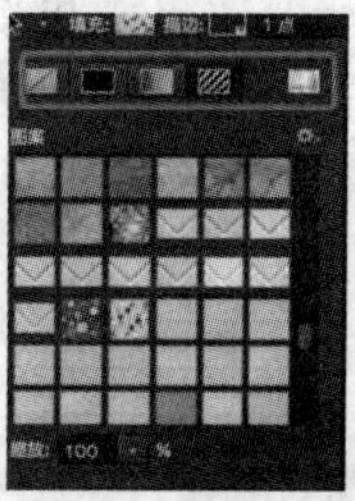

图 3-11-31

(1)根据现在的这种情况，来做一个手机上面图案填充的图形并将其定义为图案。同学们可以分析下，其实这个图案也就是一些简单的圆和颜色的填充而构图成的图形。同样利用椭圆工具进行绘制就可以。分别用吸管工具吸取的颜色如下：# dce365、# 700f1d、# d85328、# d85328、# b5d9cb 和 # ffffff。同学们在绘制形状进行填充时一定要注意图层，不要把所有的形状都放在一个图层中，否则填充颜色时会统一成色的。把各图层中需要的形状逐个调整和换色后并设描边为无，在“编辑”菜单下找到“定义图案”，命名为：填充练习。定义好之后在图案的选项下就能看到刚刚保存的这个图案了，步骤如图 3-11-34～3-11-37 所示。

图 3-11-32

图 3-11-33

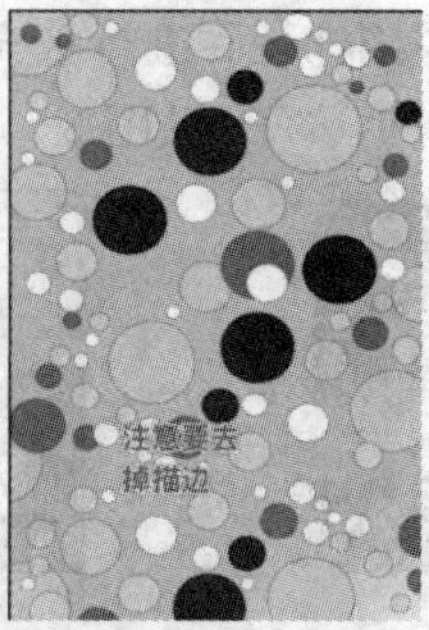

图 3-11-34

图 3-11-35

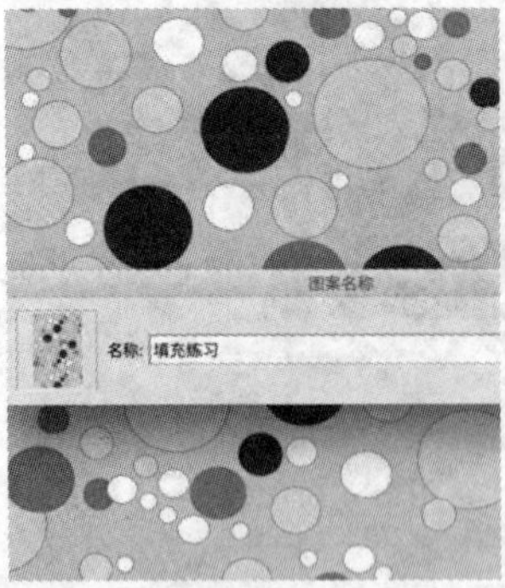

图 3-11-36

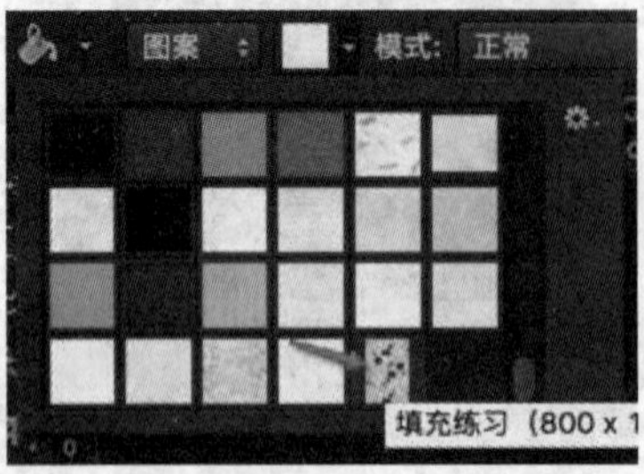

图 3-11-37

(2)根据目前的图案样式,我们还需要再做个渐变的背景层,然后将刚刚定义的“填充练习”图案进行填充。这里我们使用 Shift+F5 进行填充。

(3)将背景层变成“图层 0”,在设置渐变选项中可设置位置、不透明度和颜色,拉出一个我们设置的渐变效果。再新建一个新的图层更名为“图案”。用我们定义的图案进行填充。但我们发现有了“图案”层后,背景渐变层并没有能显示出来,所以我们使用魔棒工具对图案的背景处进行选择,按下 Del 进行删除后就能看到渐变颜色层显现出来了。步骤如图 3-11-38～3-11-41 所示。

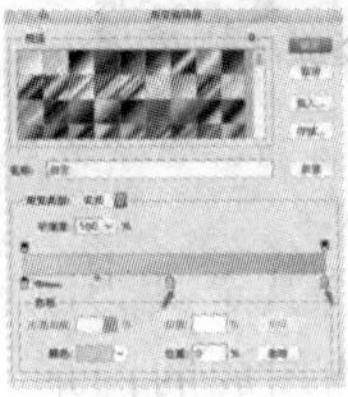

图 3-11-38

图 3-11-39

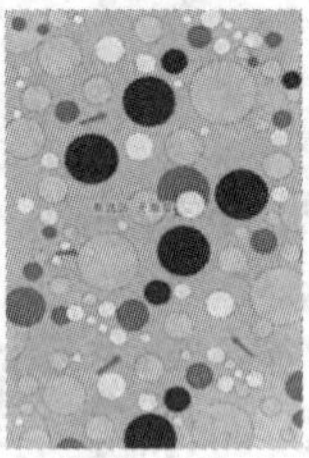

图 3-11-40

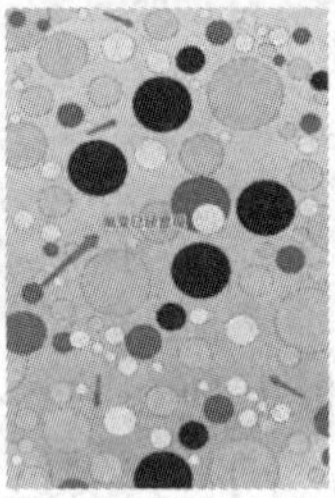

图 3-11-41

3.11.3 你来做我来看

图 3-11-42 为一张花的图片,只是在要进行后期处理时才发现后面多了一把不和谐的刷子,有很多方法可以解决这个问题,裁剪并重新构图、使用画笔修复工具、内容感识移动工具等。这里使用填充的方法来解决。先用套索工具套出那把不和谐的刷子(见图 3-11-43),然后按 Shift+F5,出现选项后选择“内容识别”进行填充(见图 3-11-44)。同学们可观察到刷子虽没了但花盘的边缘也出现了不好的样子(见图 3-11-45)。请同学们思考如何处理。

图 3-11-42

图 3-11-43

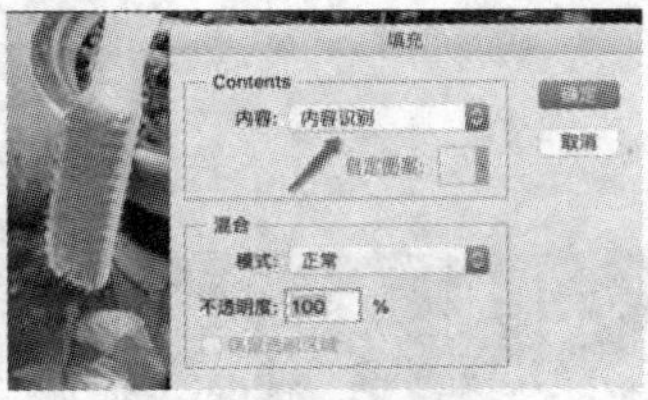

图 3-11-44

图 3-11-45

此处如果我们运用“污点修复画笔工具”，在其属性栏中也有“内容识别”选项(见图 3-11-46)，选中它也可能达到很好的效果(见图 3-11-47)。注意观察比较二者的效果。

图 3-11-46

图 3-11-47

同学们再来通过一张图像的练习来理解“内容识别”功能，把图像中的窗户上面的铁栅栏进行处理。利用“填充”和“污点画笔修复工具”的“内容识别”。注意使用“内容识别”时，勾选的范围要略大些，不要很精细地勾选。(见图 3-11-48～3-11-50)

图 3-11-48

图 3-11-49

图 3-11-50

在更多的时候，我们在处理图片时，都会对需要填充处填上自己需要的颜色与图案。除此之外还有填充上颜色之外再次填充上其他的图像，造成一种更好的效果。我们把这张处理过的图像移动到“填充练习”这个文件中，并将图层更名为“图像”。同学们还记得我们在上面的练习中利用魔棒工具对图案的底色进行了选择与删除吗？请同学们在图层上移动“图像”层到“图案”层的下方。注意观察效果，我们再把“图像”层放在“图案”层的上面，然后我们按 Alt 键对着这两个图层之间点击，观察效果，这个功能叫剪贴蒙版，也是另一种形式的填充。步骤如图 3-11-51～3-11-54 所示。

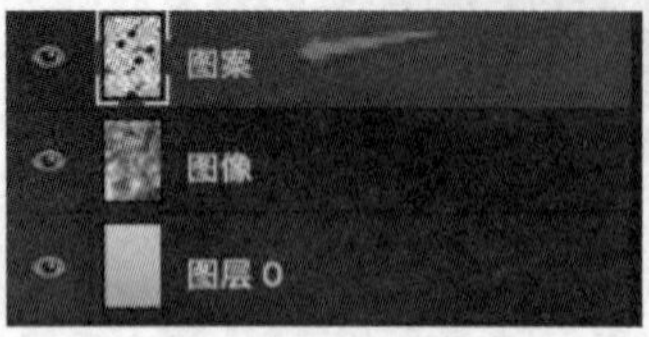

图 3-11-51

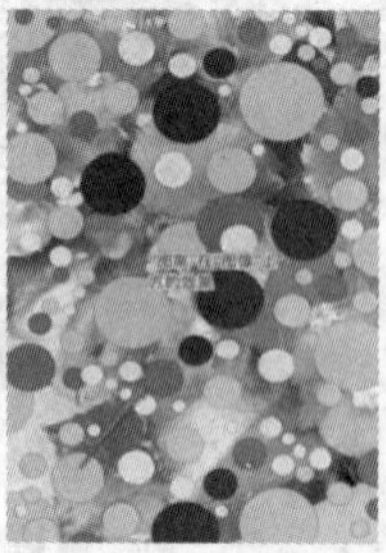

图 3-11-52

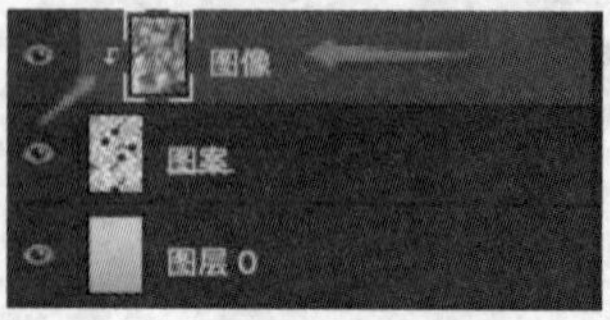

图 3-11-53

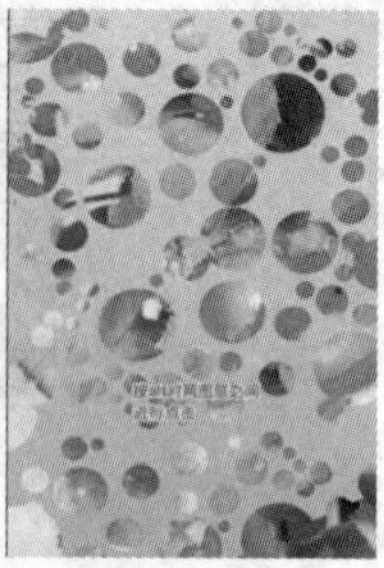

图 3-11-54

3.11.4 我们一起来练练

分析图 3-11-55，可以发现画面右边的物体很不和谐（见图 3-11-56），我们使用“内容识别”填充来去除。对细节处要认真处理，可能会需多次填充才行。

图 3-11-55

图 3-11-56

同学们在处理下面这张图时可能就会费劲些，因为一次“内容识别”处理是很难解决这个问题的。我们可以勾选不需要的物体，也可以用选框工具直接框选个大致范围，然后再分别使用此命令进行填充。观察最终效果并在实训报告中进行记录。处理完成后图像的效果并不完美，还需我们使用其他的技巧来进一步完善下去。本着从优从速的原则，我们在处理图像时正确的做法应当是先把不需要的裁剪掉之后再对细节处进行处理。这里只是单纯为了理解和练习该功能而已。

图 3-11-57

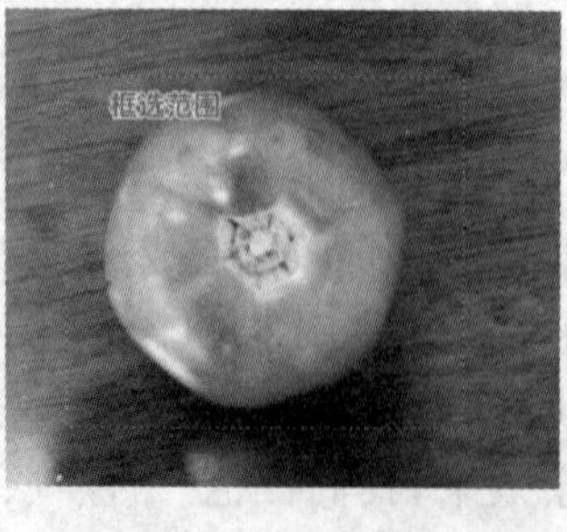

图 3-11-58

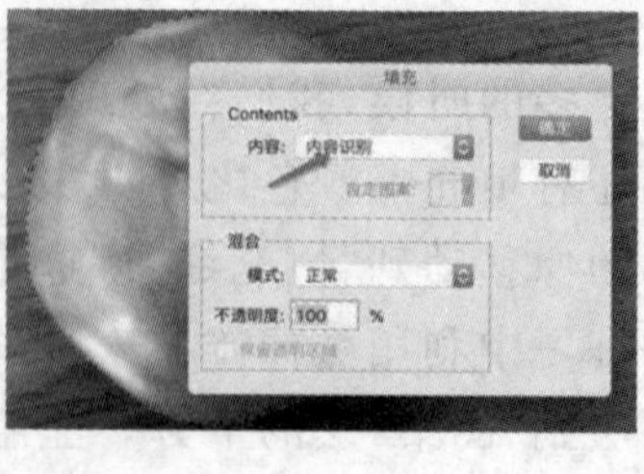

图 3-11-59

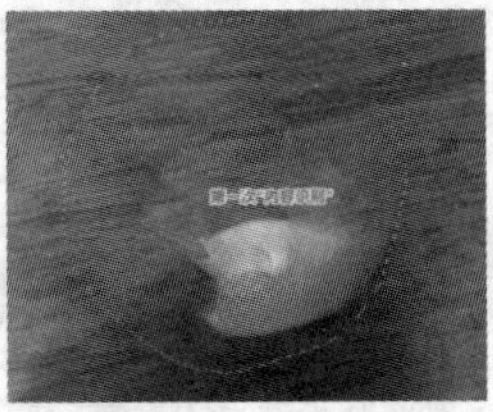

图 3-11-60

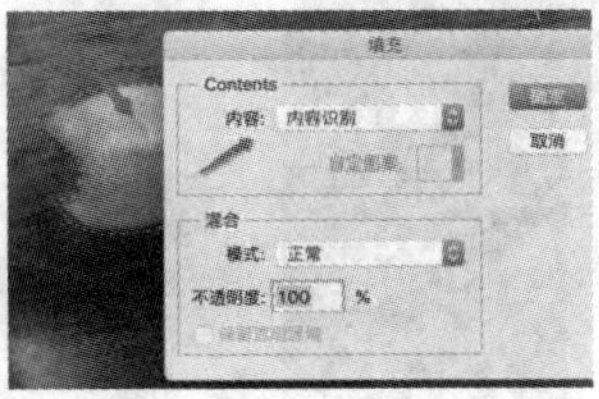

图 3-11-61

图 3-11-62

同学们在使用“油漆桶”和“渐变色”时有没有发现，每次在使用之后都会发现在“编辑”菜单下有相应的“渐隐油漆桶”和“渐隐渐变”（见图 3-11-63、3-11-64）。

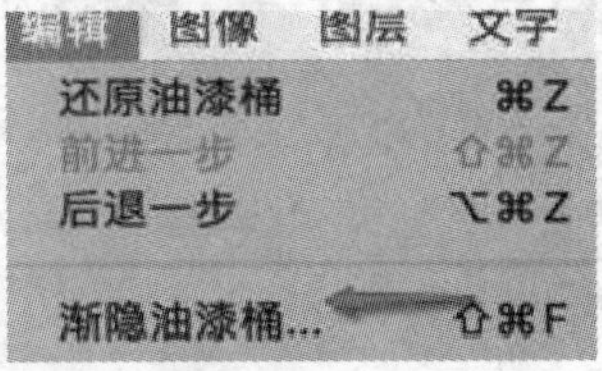

图 3-11-63

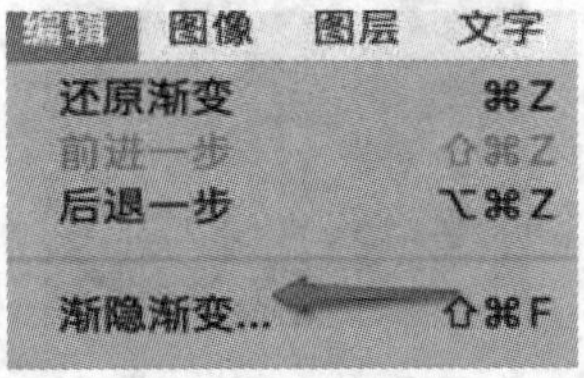

图 3-11-64

渐隐就是渐渐隐藏的意思。一般情况下这个命令是灰色的，只有配合调色命令、滤镜、绘画工具才可以使用。这里我们来说一说利用渐变工具的配合。先打开一张图像，然后新建一个渐变图层，这时在“编辑”下就出现了“渐隐渐变”命令（见图 3-11-65），点击后使用它的“选项”，注意选择“不透明度”的数值变化并观察画面效果（见图 3-11-66）。

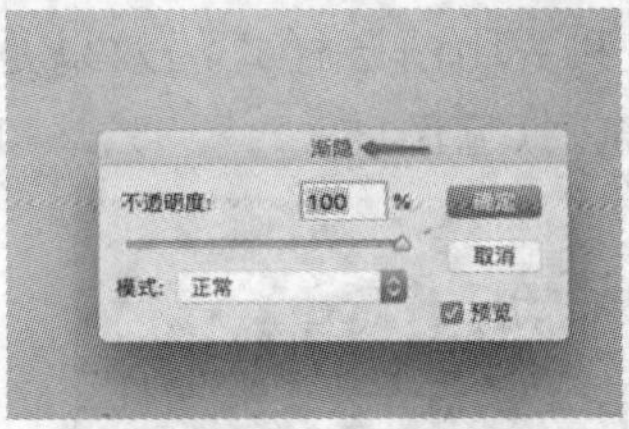

图 3-11-65

图 3-11-66

不知同学们有没有注意到在我们的图层面板上也有个“填充”，它可以调整填充的数据，不会影响图层样式的透明度。填充只改变图层实际像素的透明度，而不会改变图层样式。“不透明度”的变化会改变整个图层的效果，如果有了图层样式，调整了不透明度，它的图层样式也发生了变化。我们打上文字“不透明度”并对其做一些样式效果，通过开启与关闭图层样式和调整“不透明度”及“填充”的效果变化来说明这二者的不同。（见图 3-11-67～3-11-74）

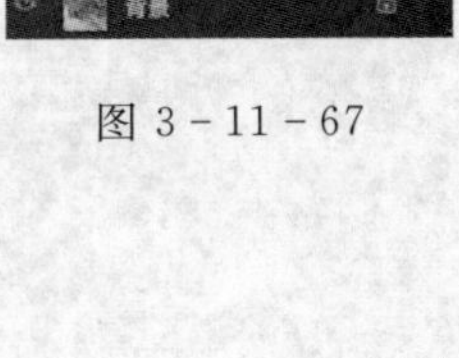

图 3-11-67

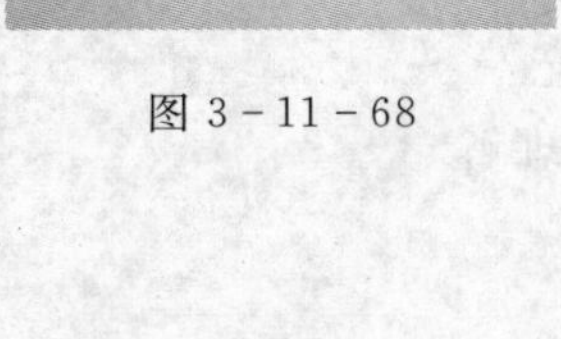

图 3-11-68

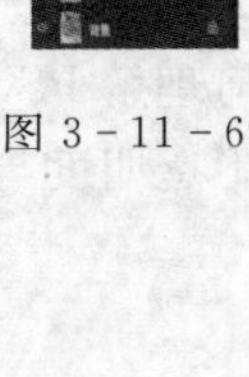

图 3-11-69

图 3-11-70

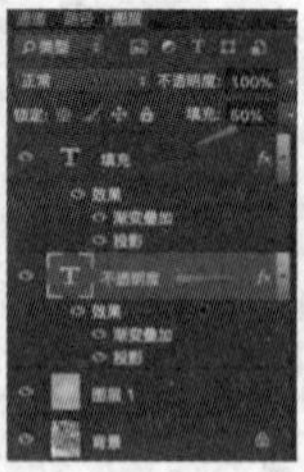

图 3-11-71

图 3-11-72

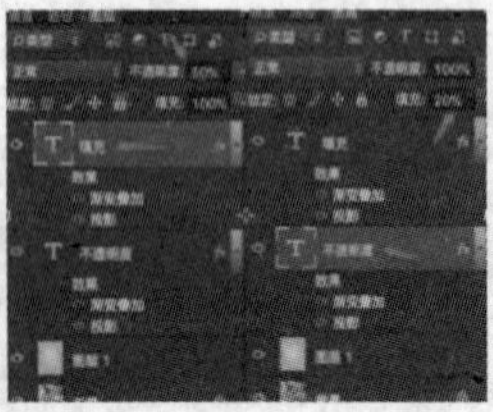

图 3-11-73

图 3-11-74

总结如下：不透明度的调整是对整个图层，当然也包括图层样式，都在调整的范围之内，填充只对图层自身的透明度起作用，图层样式不受影响。那么现在问题来了，如果我想为自己的作品打上自己的 LOGO 做成水印时，我是进行"不透明度"调整还是"填充"的调整？

答案就是没有应用任何的图层样式时随便用。不管是哪个，效果都是一样的。但如果有了图层样式，通过上面的例子我们可以看出开启和关闭图层样式的效果是完全不一样的，这种情况下又不想让图层对象显示的时候就用填充。（见图 3-11-75、3-11-76）

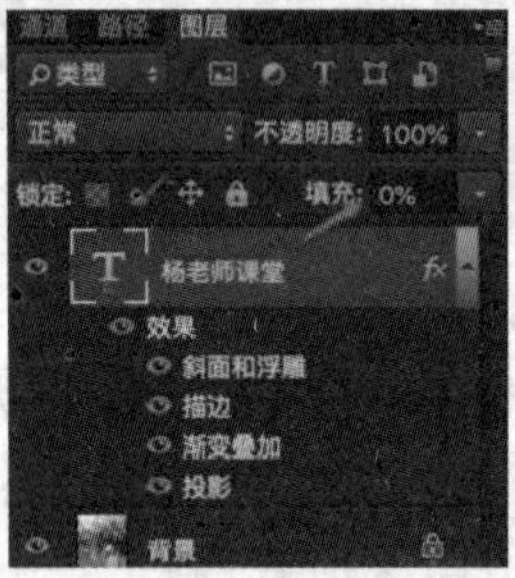

图 3-11-75

图 3-11-76

玩一玩

请同学们今后为作业打上自己的 LOGO 水印。

3.11.5 我们一起来说说

(1)什么是填充？

(2)如何理解 PS 中的填充？

(3)对不透明度与填充的理解。

(4)理解渐隐命令与如何打制水印。

(5)如何定义图案和调整渐变色?

(6)如何使用内容识别功能命令?

以上除形成书面作业上交外,会在课前通过点名方式进行检查。课外实践作业请通过班级群发送给授课教师批改。

3.11.6　实训报告

图形图像处理 Photoshop CS6 实训报告

<table>
<tr><td rowspan="2">班级
姓名</td><td rowspan="2"></td><td>时间</td><td></td></tr>
<tr><td>实训室</td><td></td></tr>
<tr><td>实训知识点</td><td colspan="3">填充</td></tr>
<tr><td>实训目的</td><td colspan="3">1. 填充　　3. 填充的方法
2. 内容识别　　4. 不透明度与填充</td></tr>
<tr><td>实训内容
学生填写部分</td><td colspan="3">1. 什么是填充

2. 内容识别

3. 填充的方法
(1)油漆桶

(2)吸管

(3)渐变色

(4)图案

4. 不透明度与填充
(1)打水印

5. 案例实操练习</td></tr>
</table>

（续表）

班级 / 姓名		时间	
		实训室	
实训要求	1. 认真填写实训报告 2. 对问题进行记录 3. 拓展问题认真思考并完成实践 4. 完成思考题并形成书面作业	备注：实训报告以一个知识点的实践完成为依据，教师根据学生实训具体情况来调整学时。这样更有利于实践分数的评定	
成绩评定	优秀　良好　及格　不合格		

3.12　渐变色

渐变色就是指颜色从明至暗，由深入浅，由一个颜色缓慢过渡到另一个颜色。在 PS 中有规律的渐变色的变化，会给视觉带来很强的节奏感和审美情趣。

3.12.1　我来说你来记

渐变是 PS 中最基础的一个知识点，渐变色的使用很简单，只需点击工具栏上渐变工具 ，然后在其属性栏选项中进行选择。注意选项上有渐变预设，可以添加其他的渐变。（见图 3－12－1、3－12－2）

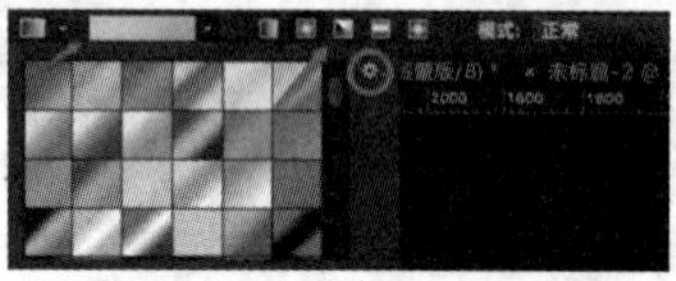

图 3－12－1

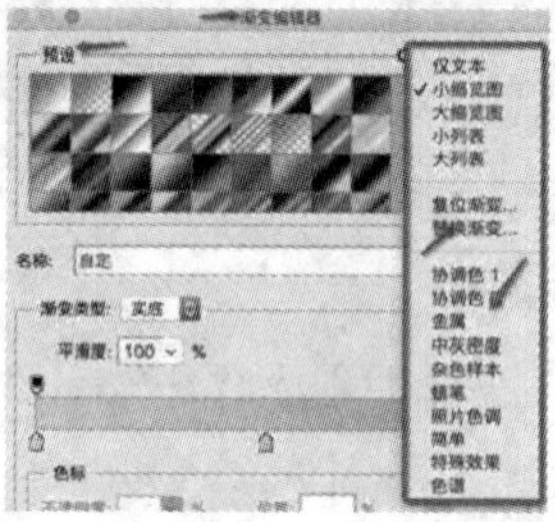

图 3－12－2

或是在“编辑”菜单下的“预设”命令里的“预设管理器”里找到“预设类型”，从中选出“渐变”，然后再点击载入相关的预设，如图 3－12－3、3－12－4 所示。

图 3－12－3

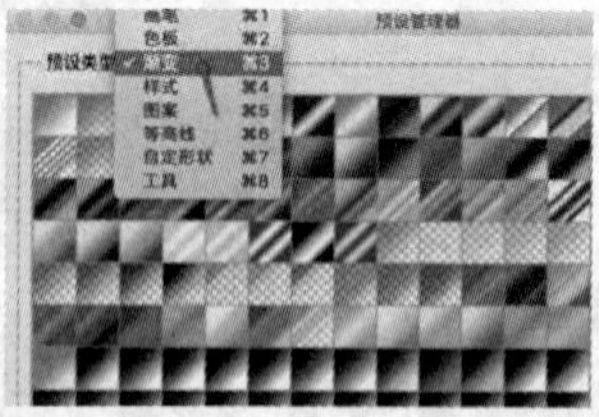

图 3－12－4

细心的同学可能发现了，在这个预设面板中还有其他的一些预设。同样在它们相对应的属性栏上也是可以载入的。同学们可分别尝试练习。

在 PS 中一共有五种渐变的方式，分别是线性渐变、径向渐变、角度渐变、对称渐变和菱形渐变。具体每种渐变又会因为拖动时的方向、角度和距离的不同而产生了不同的效果。各位同学千万不要小看了这些基本类型的渐变，可以做出很多有意思的效果(见图 3－12－5)。

在 PS 中设置渐变色只需要打开“渐变编辑器”面板，点击下方的“色标”符号在拾色器中设置颜色(见图 3－12－6)，再点击上方的“不透明度”符号在下面设置不透明度。可以添加更多的色标和对应的不透明度色标，如果想要去除不想要的色标，直接拖动按住并移出面板就行了，按 Alt 键是复制颜色，这样就可以自定义渐变颜色。

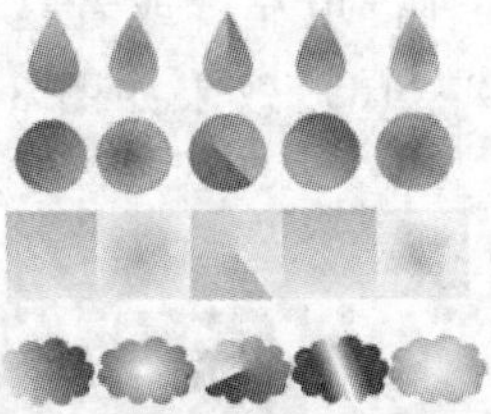

图 3－12－5

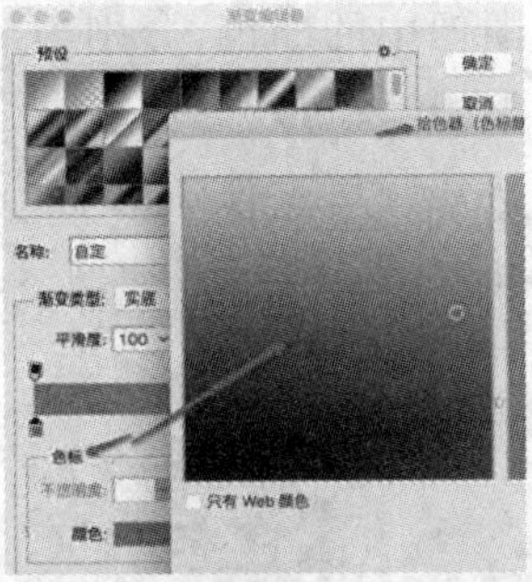

图 3－12－6

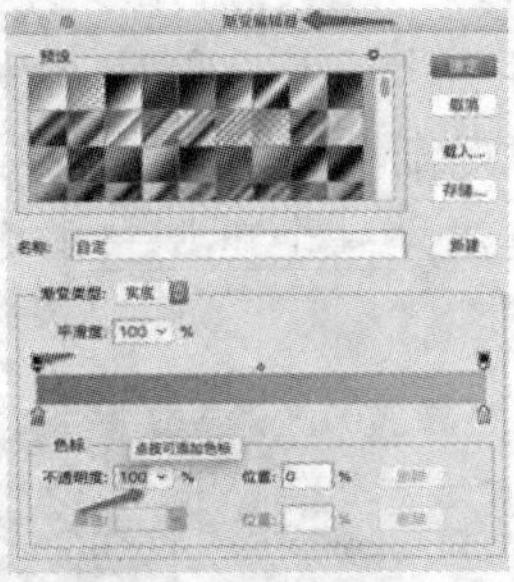

图 3－12－7

PS 中还有一种很好的渐变叫渐变映射，它是作用于下方图层的一种调整控制，将不同亮度映射到不同的颜色上，这样我们可以应用渐变重新调整图像，应用于灰度细节中。因为有蒙版，所以可以采用画笔涂抹出来想要的部分。(见图 3－12－8～3－12－12)

图 3－12－8

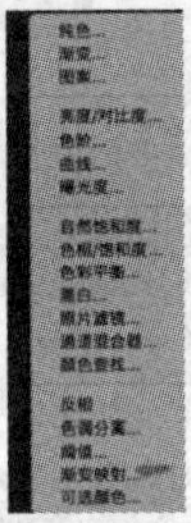

图 3－12－9

图 3－12－10

图 3－12－11

图 3－12－12

不过请同学们注意，渐变映射也是PS中调整命令中很特别的一个，特别是在于对色彩的调整，使用得当可以产生很好的图像效果。其实使用起来也是有套路的，我们常结合使用滤色、柔光、色相、颜色混合模式，目的都是为了让颜色融合到图片之中，也是为了能产生更好的效果。

3.12.2 我来做你来看

我们导入一张图片(见图3-12-13)，并选择“渐变填充”调整好渐变颜色，这里的渐变色最好和我们所导入的图像要有些搭配才好。此图主体以绿和红为主，我们设置渐变色也以红和绿为主，颜色可用吸管取自图像中的颜色，分别为#8b776c、#5a8628、# 6aa62a、# f24142、# ffbcc1、# fed460(见图3-12-14)。

设置好渐变色后，我们直接在新建图层上使用这个渐变色进行填充。或者是直接在图层面板上建立一个可调整的渐变图层(见图3-12-15、3-12-16)，效果如图3-12-17所示。

图3-12-13

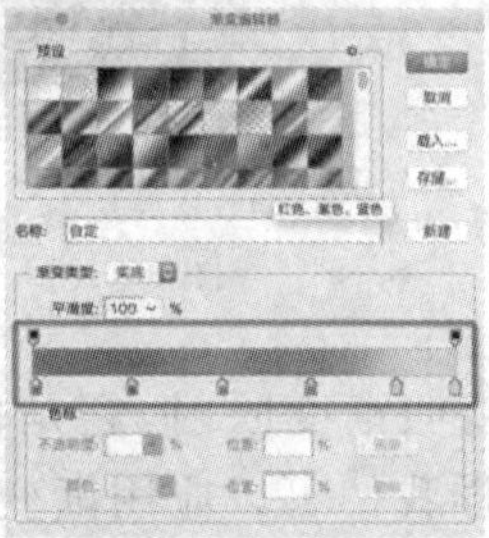

图3-12-14

图3-12-15

我们注意观察在这刚新建的“渐变填充1”的图层中出现了蒙版(见图3-12-18)。选中这个蒙版，用画笔工具，利用“黑透白不透”原理，设置前背景色为黑白，刷出中间的花形。但要注意先将此图层的混合模式设为“颜色”，效果如图3-12-19。同学们尝试选择其他模式。

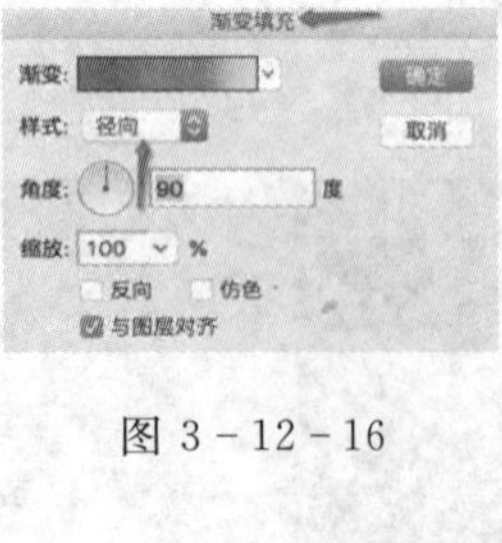

图3-12-16

图3-12-17

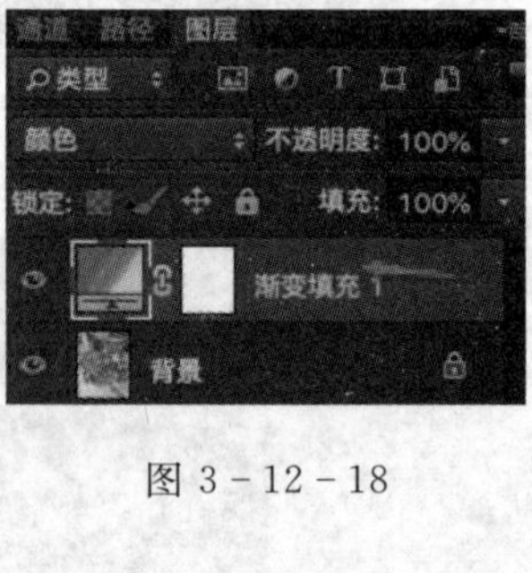

图3-12-18

使用PS来制作精美漂亮的渐变效果，可以通过渐变工具或是叠加渐变来完成，注意使用渐变工具时，选择的颜色不能够过渡太大，色差不能差得太多，冷暖色对比大的尽量少用。如果在后期还能添加一些滤镜或是图层样式来进行调整的话就会更加完善。同学们可以通过多看网上的一些优秀的作品来学习。

图 3－12－19

图 3－12－20

图 3－12－21

如果从网上找到了一张很漂亮的渐变色图像，我们就需要使用吸管工具来获取颜色，在需要的颜色处用吸管工具并右键选择“拷贝颜色的十六进制代码”，这样就能把颜色的信息复制下来，然后在拾色器中就能粘贴使用了。（见图 3－12－22、3－12－23）

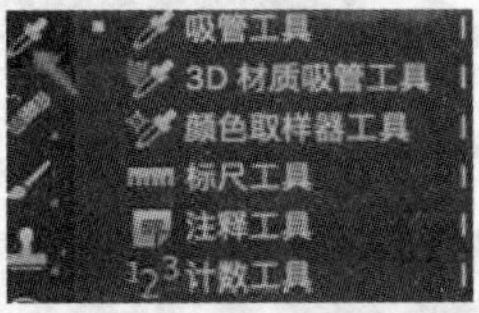

图 3－12－22

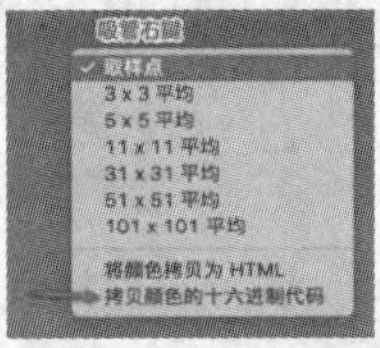

图 3－12－23

从图像中获取适配颜色的方法是这样的，在一张图像中，首先确定这张图像的主色调是什么、主体物是什么，从最深处入手吸取颜色。按美术中的五大调子，顺着高光、中间调、明暗交界线、反光和投影的走向来寻找颜色的变化。不熟悉的同学请参考《素描教程》或《水粉教程》来进行学习。

现在我们以一张拍摄的“辣椒图”来简单地说明这个问题（见图 3－12－24），希望同学们能认真体会到五大调子在实际中的具体应用。教给大家一个小技巧，就是当紧眯着眼睛看时，能明显地分辨出明暗两大部分，再略松些眯眼，注意是在眯眼状态下略略松些，就能看出中间调（灰色部分）、反光和投影所在的位置和明暗的变化了。同学们来对着这张“辣椒”进行练习吧。

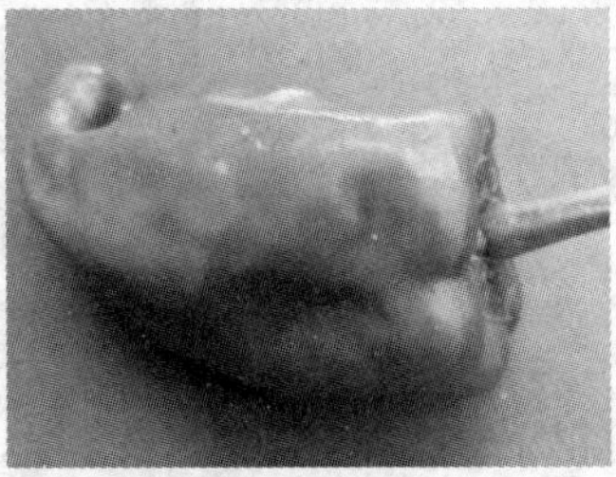

图 3－12－24

图 3－12－25

最后当然不要忘记还需找一些底色来进行衬托。注意在渐变编辑器中“前景色到背景色渐变”和“前景色到透明渐变”这两种渐变方式的区别。

练习好之后请大家采用这样的方法对图中的“花”和“叶子”进行分析，此图像大体的调子是倾向于暖色还是冷色？整个画面是由红色的花、绿色的叶、中性的灰墙组成。现在请同学通过对“花”和“叶子”的五大调子的分析，分别使用吸管去获取它们不同的颜色(见图 3-12-26)。比如“花”亮部的颜色，大部分确定的本色，亮与暗交界处的颜色，暗部的颜色，投影处的颜色，确定好位置再一一吸取。有时中间调的颜色是有好几种颜色的，想让渐变更精准更耐看就需要在细节上更用心。这里也需要注意技巧，当鼠标放在色标上出现小手形时，点击就可添加颜色，此时直接使用吸管对图像中的颜色吸取时，颜色就直接显示在色标中了。不满意的颜色可以再次吸取或是直接拖出就行了。

图 3-12-26

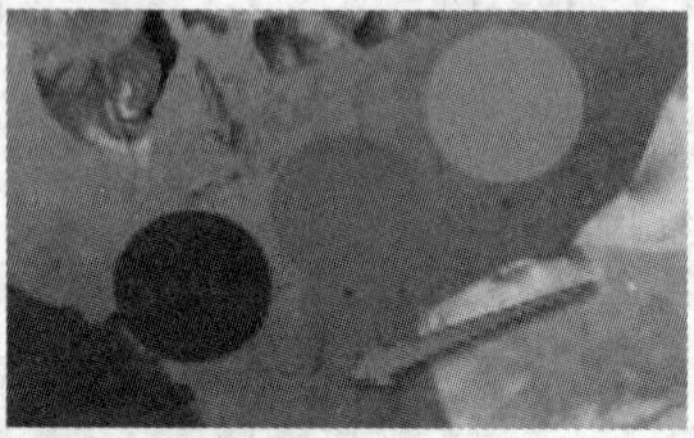

图 3-12-27

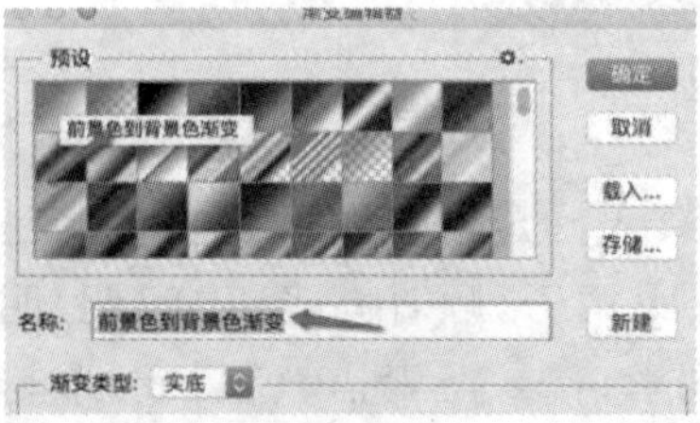

图 3-12-28

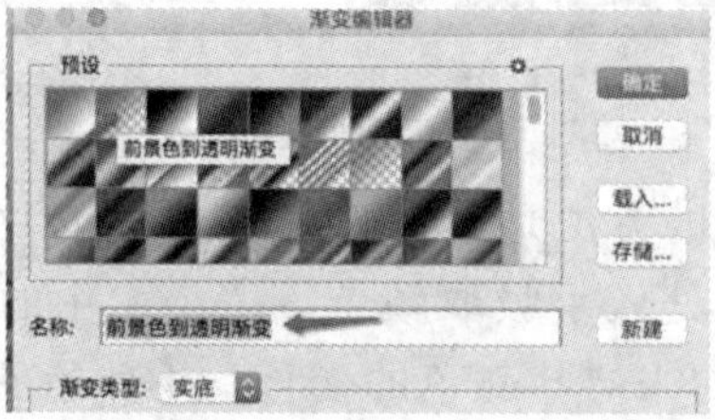

图 3-12-29

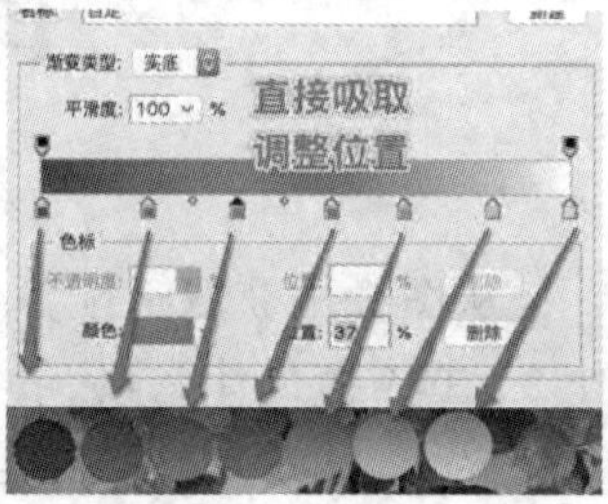

图 3-12-30

图 3-12-31

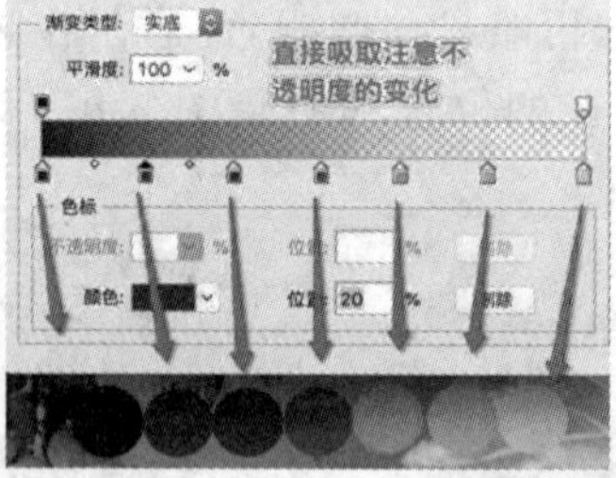

图 3-12-32

图 3-12-33

如果对我们辛苦做出来的渐变色想下次再用得话，就要将其妥善保存，直接在“渐变编辑器”上点击“存储”就进入了保存设置，起好这个渐变色的名字，并放好位置。同学们可培养自己养成一种分类管理的好习惯。下次使用时载入很方便，与载入画笔和图案是同样的道理。

请同学们注意保存这种渐变配置生成是一种扩展名为 .grd 的文件。可以将其拷贝到需要用的任何一台电脑并载入，依然会使用相同的颜色渐变配置，这样会更加有利用于设计制作。

同样我们在图层样式中的叠加渐变中也是同样可以载入保存的渐变 . grd 文件的，如果对其不满意，还能再次修改并保存。除此之外也还能进行更多的配置选择，也就是说只要是在 PS 中有渐变色的地方都可以载入并重新配置。（见图 3－12－34～3－12－39）

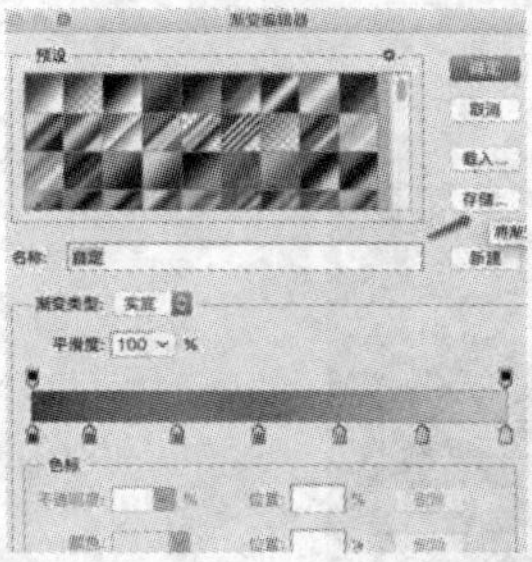

图 3－12－34

图 3－12－35

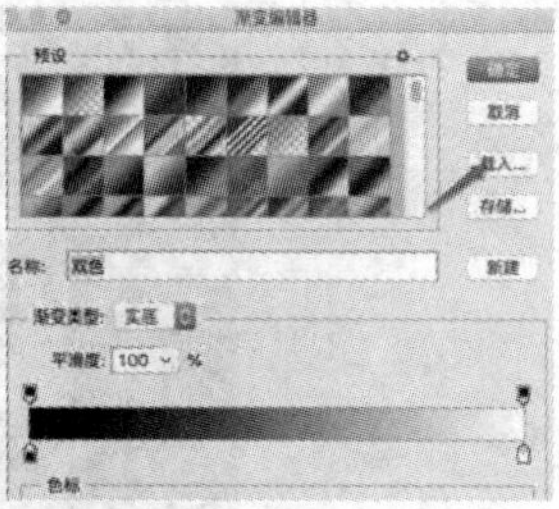

图 3－12－36

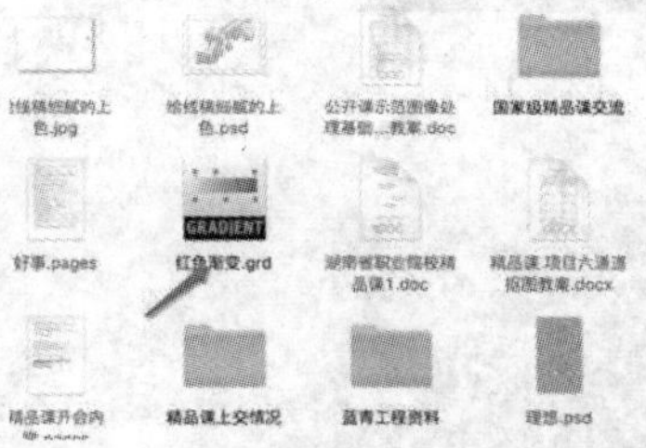

图 3－12－37

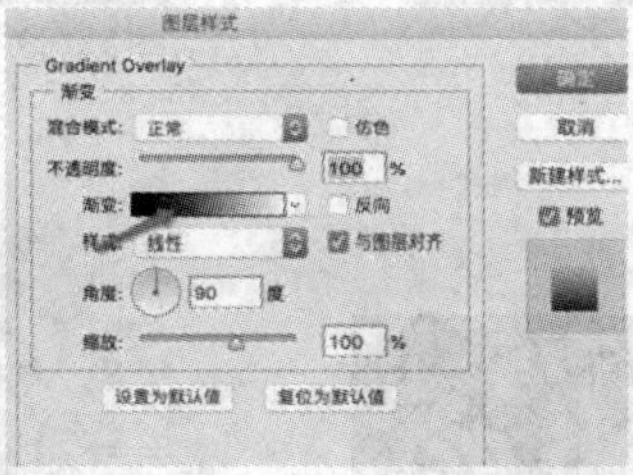

图 3－12－38

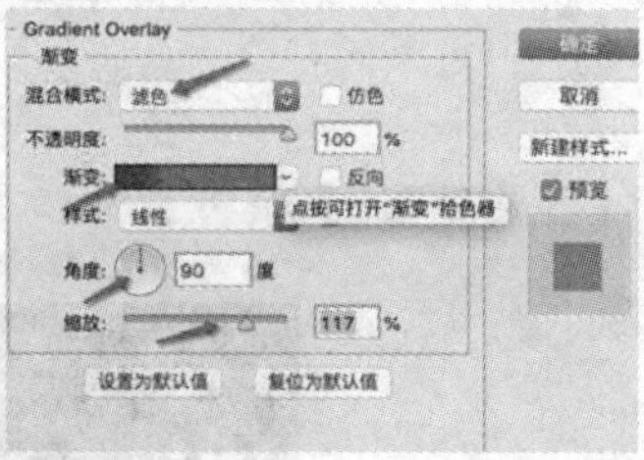

图 3－12－39

3. 12. 3　你来做我来看

请同学观察“素材昙花”图片 3－12－40，并设置出“前景色到背景色渐变”和“前景色到透明渐变”这两种渐变色，并将其渐变配色保存好，然后利用调整图层里的渐变填充做出效果。请同学们参考“渐变样张”来进行“昙花”图像的渐变效果制作(见图 3－12－41)。

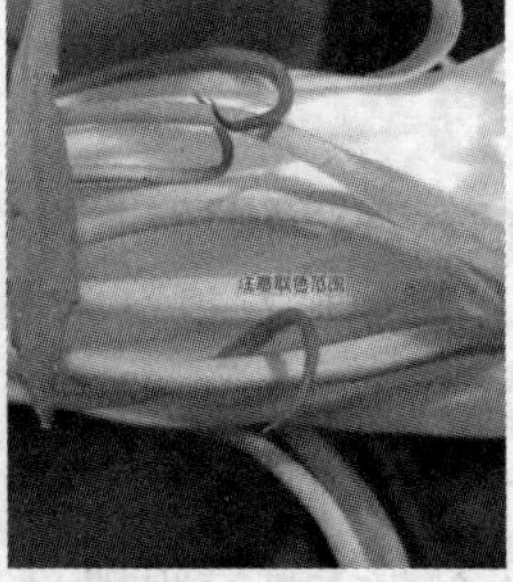

图 3－12－40

图 3－12－41

同学们一定要通过多多练习才能更好地理解渐变，然后才有可能通过这个工具展现出巨大的魅力，请记住：熟练才能产生技巧，没有人能随便成功，也没有哪一个知识点随便弄弄就能做出很棒的效果，一切都在你们自己的掌握中。

我们利用刚刚制作的“红色渐变”配合一个我们常用的变形工具 Ctrl＋T 和它的属性栏

上的选项就能让这种渐变色产生其他效果的变化(见图 3-12-43),更是可以通过图层的混合模式或是改变不透明度来让效果更好些(见图 3-12-45、3-12-46)。

图 3-12-42

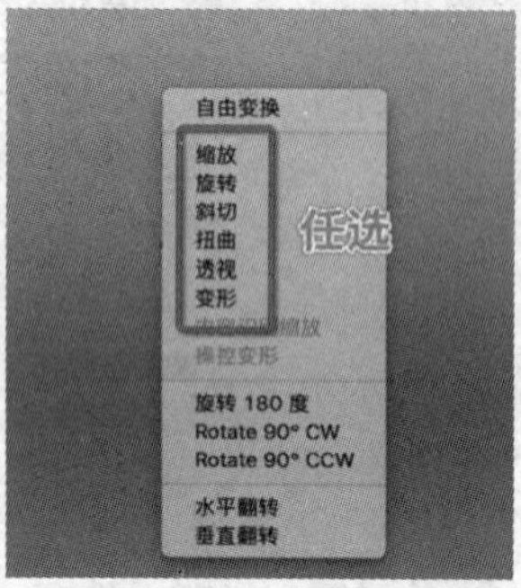

图 3-12-43

图 3-12-44

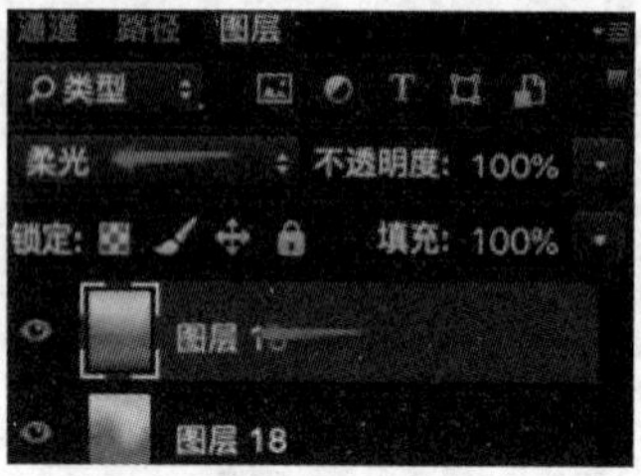

图 3-12-45

图 3-12-46

请同学们记住,在 PS 中尽量自己来制作渐变,适合自己的才是最好的。多观察多学习别人好的作品才是学习的正道。

3.12.4 我们一起来练练

渐变色的使用,更多的是带来我们在设计中的乐趣,同学们有没有发现,利用渐变真的是一种很简单的方式,但它的确是能让我们的设计与创作获得灵感与快乐。简单的单个颜色只是排列组合的方式不同,位置与属性的些许变化都会给我们的画面带来不一样的效果感觉。而不透明度与填充的数值变化更为其效果的出彩而多加了几分。我们通过一个在色彩构成中学过的图例来进行练习,希望同学们能更好地掌握其精髓。

使用形状或选区工具来制作花形,并填充上相应的渐变色,这里根据图例选择紫色来进行渐变色的设置。确定好大小位置后合并各个形状图层得到整体花的形状图层。复制并移动好位置后,按 Ctrl+Shift+Alt+T 进行复制制作。得出一个花形,注意会因为渐变色的不同填充方式而会产生不同的效果,请同学们尝试不同的渐变。这里只用了线性渐变。效果如图 3-12-47~3-12-49 所示。

图 3－12－47

图 3－12－48

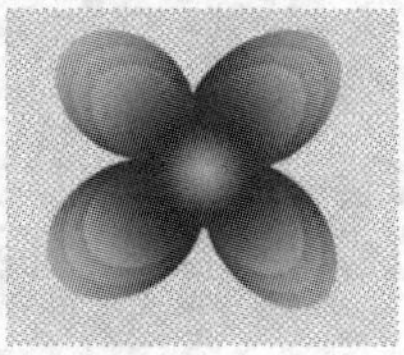
图 3－12－49

我们再来利用渐变和滤镜的配合来做一张背景图片。这也是我们在 PS 的学习中经常会用到的背景图，比如在电商美工里常用的商品背景图片等。

不用说肯定要新建画布了，就用默认的前背景色就行了。然后选择“滤镜”下的“渲染”里的“纤维”、点击选项中的“随机化”得到一种纤维的效果(见图 3－12－50、3－12－51)。再次使用“滤镜”下“模糊”里的“动感模糊”，让这个纤维产生一些律动(见图 3－12－52、3－12－53)。注意角度和距离会产生不同的效果。

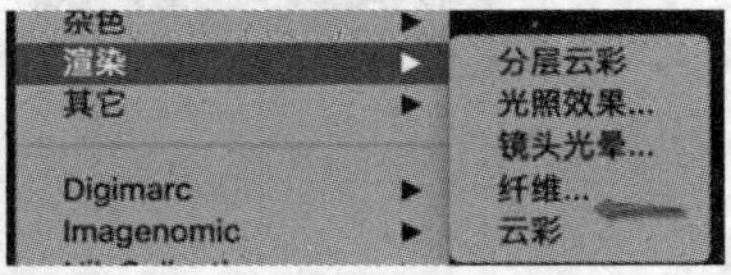

图 3－12－50

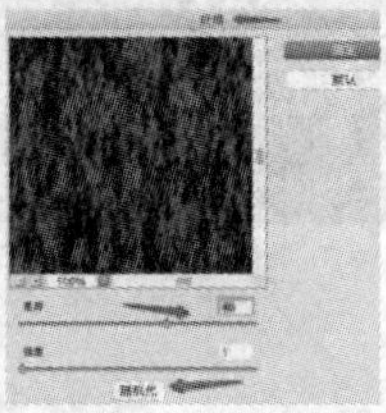
图 3－12－51

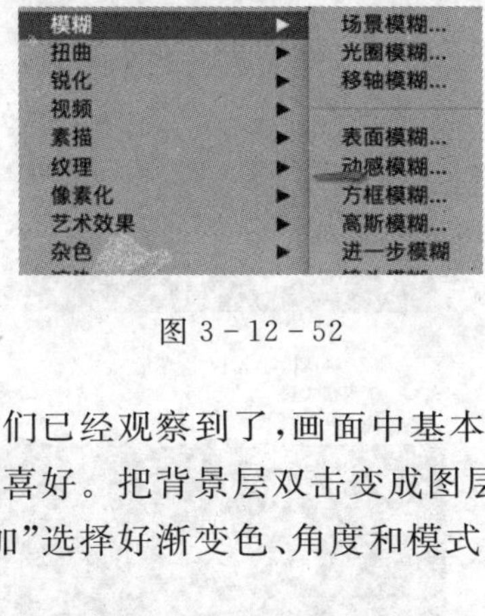

图 3－12－52

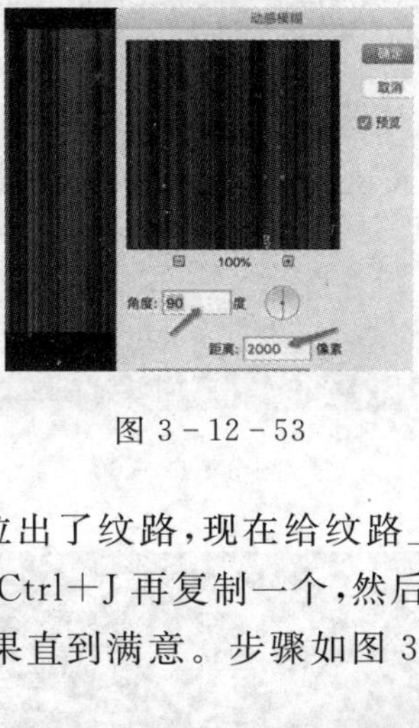

图 3－12－53

现在同学们已经观察到了，画面中基本上已经拉出了纹路，现在给纹路上色，颜色的选择根据同学的喜好。把背景层双击变成图层 0 或是 Ctrl＋J 再复制一个，然后在图层样式中选择“渐变叠加”选择好渐变色、角度和模式，观察效果直到满意。步骤如图 3－12－54～3－12－57 所示。

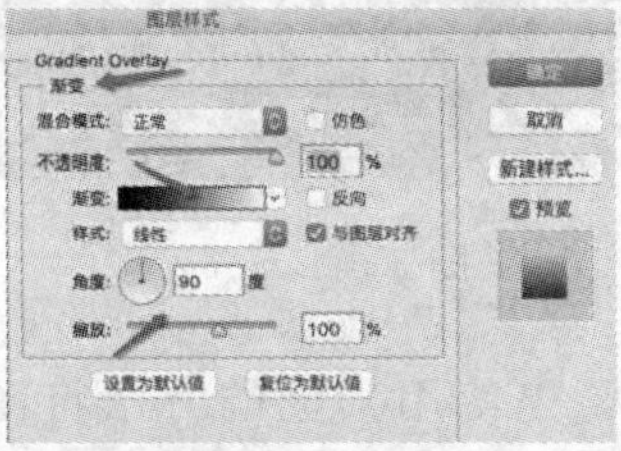

图 3－12－54

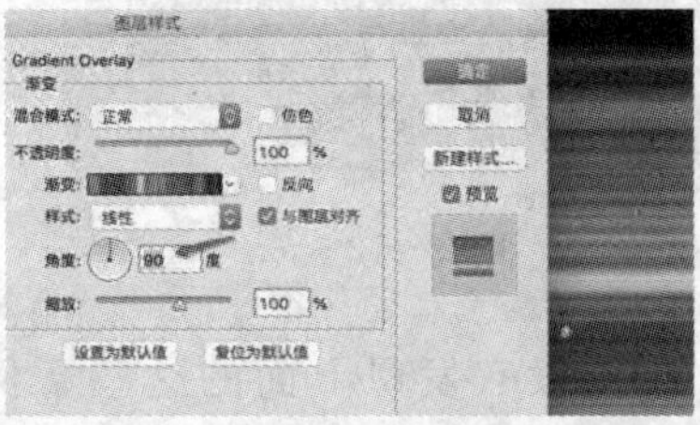

图 3－12－55

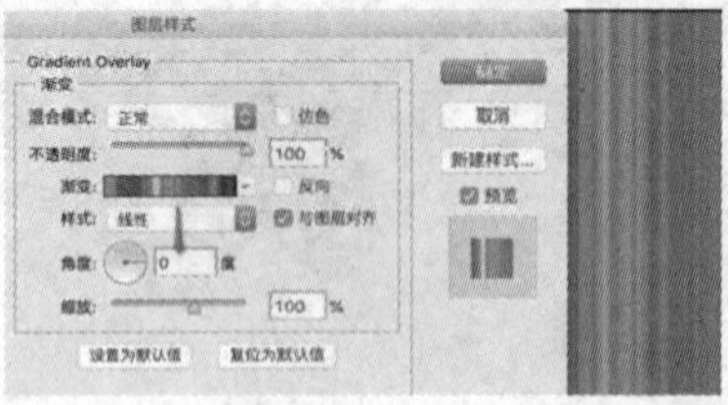

图 3-12-56

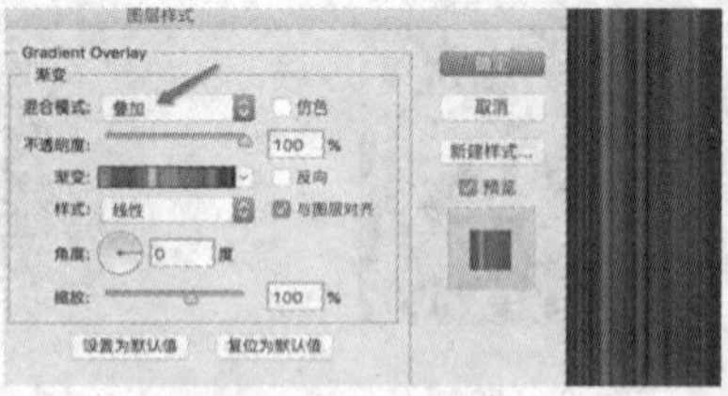

图 3-12-57

在已经完成的图像上(见图 3-12-58),我们还可以调用渐变,不过一般情况下,我们会选择“前景色到透明渐变”对这个做好的图像效果再做一个渐隐的效果(见图 3-12-59)。

图 3-12-58

图 3-12-59

同学们能不能尝试着用这种方法做出布纹和木纹呢?基本方法都是使用“滤镜”的“添加杂色”及“动感模糊”和“旋转扭曲”,然后再利用图层模式选择适当的渐变色融入其中而成(见图 3-12-60～3-12-63)。

图 3-12-60

图 3-12-61

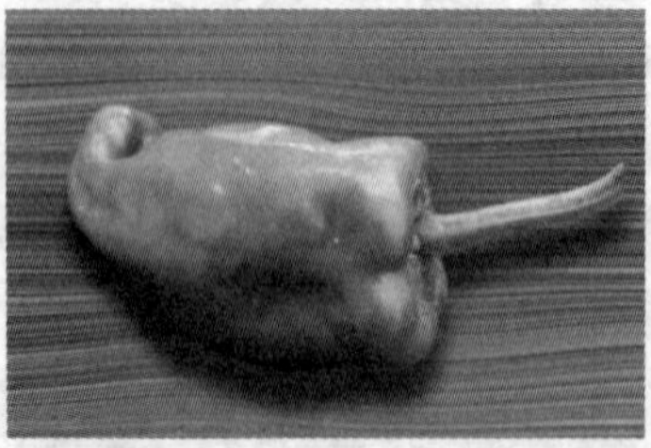

图 3-12-62

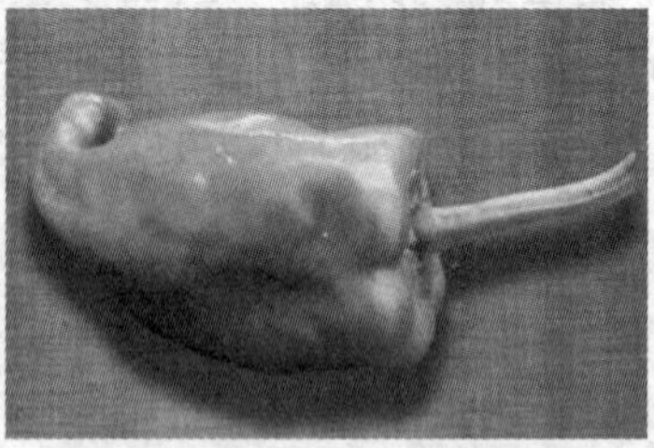

图 3-12-63

各位同学们有没有发现上面的这些案例都是需要先使用其他的方法将图像做成线条状,然后再采用渐变色去融入其中。其实在“渐变编辑器”中我们可以直接将渐变色变成线条。方法就是将渐变类型由“实底”换为“杂色”,点击下方的“随机化”可随时更换颜色。左手边有颜色提供更改。还有“增加透明度”和“限制颜色”选项。同学们通过观察不同的渐变方案，可分别建立各个渐变图层。请注意图层的“混合模式”和“不透明度”及“填充”的调整。这种线条的制作方法是目前很流行的一种海报效果。请同学们多加练习。

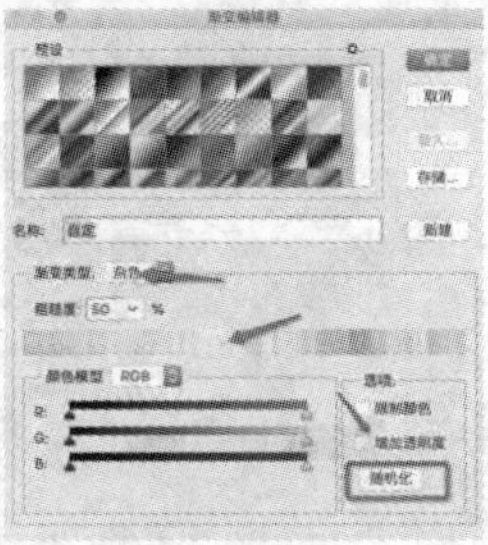

图 3 - 12 - 64

图 3 - 12 - 65

我们还可以利用渐变对路径来进行填充，也能产生很好的效果。我们利用自定义的形状工具在画面中拉出来后，将其所在的图层栅格化，记住不要转换为智能对象，因为渐变色是不能用于智能对象的。然后按 Ctrl 点击这个图层将其转为选区，并在路径面板中点击“从选区生成工作路径”按钮，然后在右键菜单中选择“描边路径”。在打开的选项面板中我们选择“画笔”。步骤如图 3 - 12 - 60～3 - 12 - 70 所示。

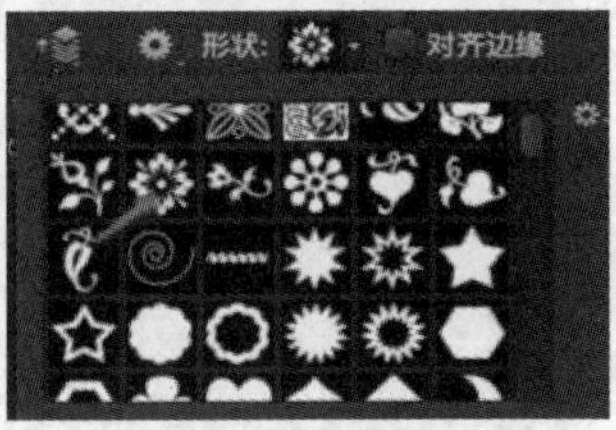

图 3 - 12 - 66

图 3 - 12 - 67

图 3 - 12 - 68

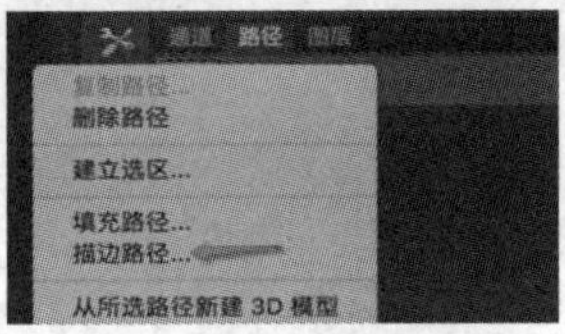

图 3 - 12 - 69

图 3 - 12 - 70

对画笔进行设置，为了好看些，同学们可以选择自己喜欢的笔刷样式，笔刷不一样效果就会不一样。选好后再次“描边路径”并选择“画笔”(见图 3 - 12 - 72)。注意观察效果(见图 3 - 12 - 73)。

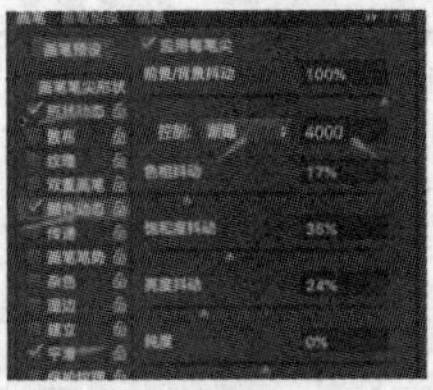

图 3 - 12 - 71

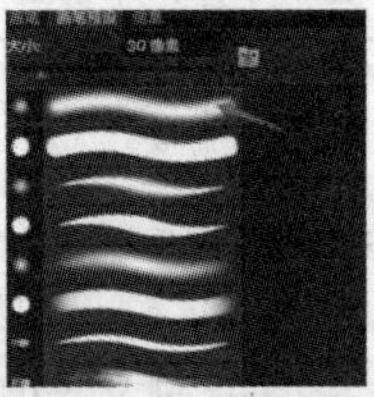

图 3 - 12 - 72

图 3 - 12 - 73

我们现在使用“图像”菜单下“调整”里的“渐变映射”命令(见图 3－12－74),选择好一种渐变(见图 3－12－75),调整出自己满意的效果(见图 3－12－76)。当然也可以自己画出喜欢的形状再进行这种处理。

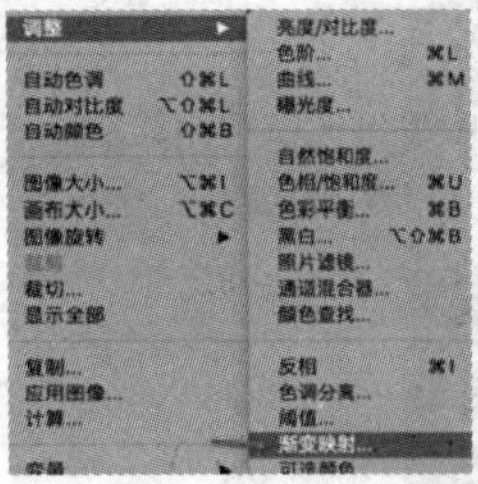

图 3－12－74

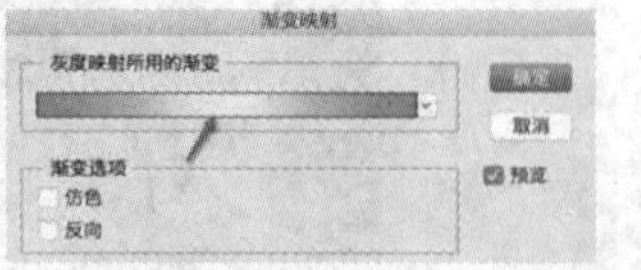

图 3－12－75

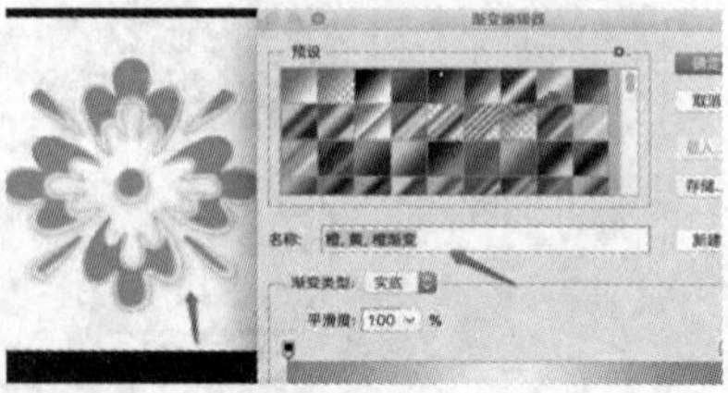

图 3－12－76

玩一玩

请同学们使用杂色渐变制作一张有意思的作品。

3.12.5 我们一起来说说

(1)什么是渐变?
(2)理解渐变的五种方式。
(3)如何应用渐变编辑器?
(4)理解渐变映射。
(5)渐变与蒙版如何配合?
(6)如何保存渐变色的方案?
(7)如何从图像中获取适配的颜色?
(8)滤镜、模式与渐变如何配合?
(9)路径与渐变如何配合?
(10)渐变的杂色。

以上除形成书面作业上交外,会在课前通过点名方式进行检查。课外实践作业请通过班级群发送给授课教师批改。

3.12.6 实训报告

图形图像处理 Photoshop CS6 实训报告

<table>
<tr><td rowspan="2">班级
姓名</td><td rowspan="2"></td><td>时间</td><td></td></tr>
<tr><td>实训室</td><td></td></tr>
<tr><td>实训知识点</td><td colspan="3">渐变色</td></tr>
<tr><td>实训目的</td><td colspan="3">1. 渐变　　3. 渐变色的运用
2. 渐变色的五大方式　4. 配合渐变的效果</td></tr>
</table>

（续表）

<table>
<tr><td>班级
姓名</td><td colspan="2"></td><td>时间</td><td></td></tr>
<tr><td></td><td colspan="2"></td><td>实训室</td><td></td></tr>
<tr><td>实训内容
学生填写部分</td><td colspan="2">1. 什么是渐变色
2. 渐变的五大方式
3. 渐变色的运用
(1)渐变编辑器
(2)保存渐变色
(3)渐变映射
4. 配合渐变
(1)渐变与蒙版
(2)渐变与模式
(3)渐变与滤镜
(4)渐变与路径
(5)杂色渐变</td><td colspan="2">五、案例实操练习</td></tr>
<tr><td>实训要求</td><td colspan="2">1. 认真填写实训报告
2. 对问题进行记录
3. 拓展问题认真思考并完成实践
4. 完成思考题并形成书面作业</td><td colspan="2">备注：实训报告以一个知识点的实践完成为依据，教师根据学生实训具体情况来调整学时。这样更有利于实践分数的评定</td></tr>
<tr><td>成绩评定</td><td colspan="4">优秀　良好　及格　不合格</td></tr>
</table>

3.13 明暗关系

明暗,是光影在绘画中出现的一个代名词。由于光学现象,才产生了绘画中的明暗表现。很明显,明暗的关系程度是由光来决定的。三大面与五大调子是明暗表现的规律,也是表现物体感觉的重要手段。一个物体在光的照射下一般会有背光面、受光面和侧光面,也就是三大面,在受光面中有最亮的点叫高光,在背光面中有投影、受环境影响的反光、明与暗相互交替分界的地方就叫明暗交界线,而其余大部分就都是灰部的区域了。这也就是所谓的五大调子,关于它们的知识请同学们参考上节在渐变色中的提议深入学习。如图 3-13-2、3-13-3 所示。

图 3-13-1

图 3-13-2

图 3-13-3

3.13.1 我来说你来记

我们在进行图像处理时,经常会碰到图像色彩层次不分明、明暗对比弱的情况。还有就是我们在进行拍摄时,也存在光线和技术的问题,所以这就需要我们在后期进行调整。而往往明暗对比是我们最先要解决的问题,大家试想下如果一张图明暗都分不清的话,又怎能去处理细节,所以明暗对比不清的图片基本上也就是废片。

明和暗两者互相陪衬互相交织,任何一张图像没有暗部点缀,会很刺目,少了亮也会缺失层次。就像太极,明暗无常,却相互包容才是最美。其实我们的生活也是由明和暗构成,请同学们在今后的人生中能像调整图像一样慎重地妥善处理。

我们在设计中常碰到的光是分为两种的,自然光和人造光。自然光也就是大自然中的光,不确定性因素很多,拍摄图像时由于明暗关系造成的差异较大。而人造光就好很多,时间、地点、环境都是人为布置好的,不确定性因素少了很多,对于一些不好的反光,我们还可以通过器材来进行消解。这也就是一些影楼的婚纱摄影为什么要加"艺术"两个字的原因,外拍只是通过对外景的拍摄能多些题材,景色能多样化而已,关键还是需要后期的调整与加工。

大多数的图像我们都要求明暗关系是要协调好的,不能太亮,也不能过暗。但现在网上流行的所谓日系小清新图片,它的主要特征反而是低对比,低饱和度,高光还会有些"溢出",色彩清淡,偏青的亮部,偏暖的黄,明暗对比柔和,以明亮些的色调为主。请同学们自行百度相关的图片欣赏。但其实这种片子真的不适合所有的图片,有些是需要摄影师一开始就讲究的,比如大光圈与定焦镜头。

在后期的处理中，我们也会用到一些工具来进行明暗的加减，那就是减淡工具、加深工具和海绵工具（见图 3－13－4）。大小的选择和画笔工具差不多，但是有个“范围”和“曝光度”选项（见图 3－13－5）。一般情况下减淡是对高光和中间调，而加深则是对阴影，这也不一定，看具体情况，因为法无常法，势无定势。

图 3－13－4

图 3－13－5

图 3－13－6

请同学们多加练习，通过对图像的调整来理解参数的变化。我们尝试使用这些工具来对图像进行一些颜色明暗的改变。目的也是为了能达到一种效果。

3.13.2　我来做你来看

在 PS 中，增强对比的方法基本上会用到“曲线”“色阶”和“通道混合器”等。“曲线”在后期图像的处理中占着很重要的地位，为了不影响同学们理解，我们将图像去色后使用“曲线”来说明明暗关系。同学们通过直方图来进行观察，关于“直方图”请同学们回顾第二章中的知识点。

图 3－13－7

图 3－13－8

同学们通过去色后的图像能观察到“三面五调”在哪吗？似乎不是太明显吧，因为这是一张风景的图像，对“三面五调”理解可千万不能限制在对“球体”和对“梨”的理解中，因为这是在大自然光的影响下，不是人造光，所以没有那种很集中很全面的结构能让我们看清楚。我们利用“曲线”对图像进行调整，记得不要使用“图像”菜单下“调整”里的“曲线”命令。请

同学们观察图像明暗关系的变化。(见图 3-13-9～3-13-12)

图 3-13-9

图 3-13-10

图 3-13-11

图 3-13-12

曲线调整涵盖面是非常宽广的,对比度的调整只是其中的一个功能而已。面板上的很多选项是非常有用的,比如“编辑点功能”和“蒙版”。(见图 3-13-13、3-13-14)

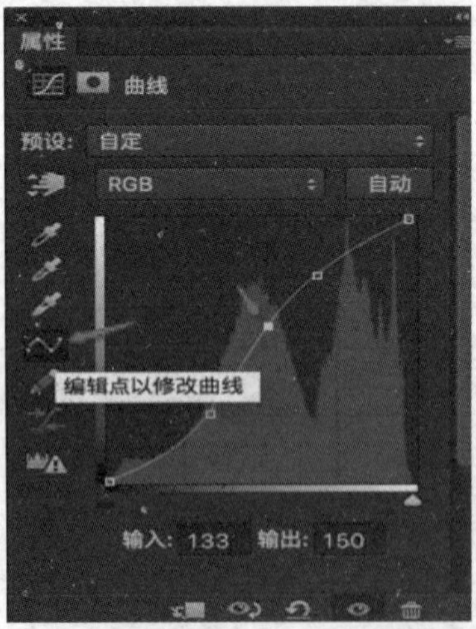

图 3-13-13

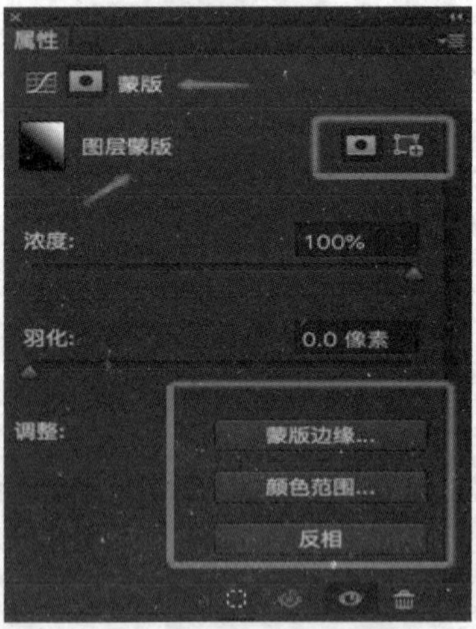

图 3-13-14

同学们有没有发现,不管是提高亮度还是降低暗度,此图像中还是具备了最基本的亮部、灰部和暗部的变化,也存在明与暗交界处,那就是说高光与反光最具体的体现是在相对单个物体上最为清晰。其实在现实生活中，同学们是完全可以观察到“三面五调”的。现在我们对着黑白图片试着进行分析（见图 3 - 13 - 15、3 - 13 - 16）。

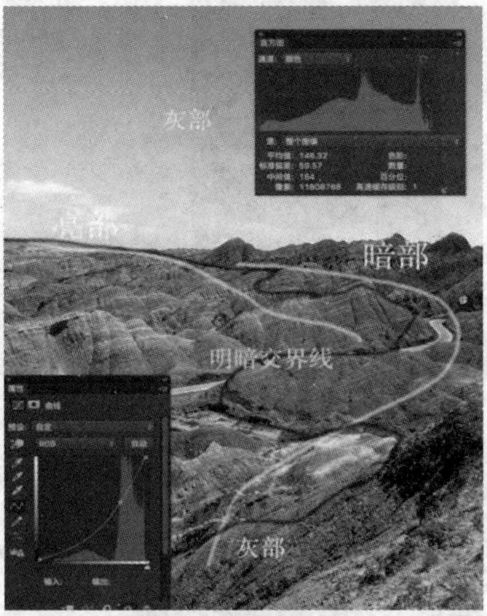

图 3 - 13 - 15

图 3 - 13 - 16

通过“曲线”调整，我们发现了此图的明暗关系有，但是不够清晰，整个图像都很灰蒙，明暗没有明显的变化，所以当回到彩色上观察时也定会感觉此图像的层次感很弱。各位同学请注意此图是我在中国甘肃张掖的丹霞五彩山上所拍，感兴趣的同学可以上网百度相关的图片，就会发现网上的任何一张关于五彩山的图片都会比我这张更像“五彩”山，我是不是去了一个假的五彩山？其实这应当还是和当时的天气有关，既然问题在前期已经造成，那么就让我们在后期的修整中来解决吧。所以当问题出现时，不要急不要慌，平时的训练与理解都会成为你去思考解决问题的方法，围绕着如何把这张图变成真正的“五彩”，我们试做分析并积极调用相关技能。

因为图像整体上都处于灰度状态，所以此图最重要的就是缺少层次感，缺少层次感最为重要的就是明与暗没有较强的对比，所以我们来尝试去灰。为什么要去灰？灰太多了，黑白对比的距离太长了，所以要去掉一些灰。对明暗关系调整会使用的技能大多也就在“图像”菜单“调整”下的“亮度/对比度”“色阶”“曲线”，或是“色彩平衡”类，还有“混合模式”等。

首先一定要将原图复制好一个图像层。然后按 Ctrl＋L 调出“色阶”，注意要向中间灰收缩好黑白，调好明暗关系，观察画面效果。

再从调整图层中调出“色彩平衡”分别对阴影、高光和中间调子进行设置。注意一定要观察画面中会出现的“五彩”效果。任何色彩其实都是不同程度的明度变化，所以我们看到的颜色才会有深浅、明暗的变化。明度、纯度与色相就是色彩的三大要素。

画面中明暗的大体关系调整出感觉后，我们再利用“曲线”功能设置了提亮和降暗两种曲线调整状态，请同学们观察效果，看看哪一种更能让“五彩”的感觉更好些。直观的表现就是整个画面颜色深浅适当，层次感强。（见图 3 - 13 - 17～3 - 13 - 20）

图 3-13-17

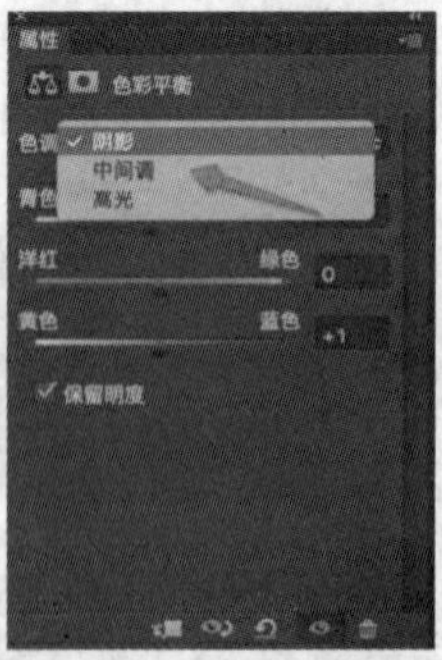

图 3-13-18

图 3-13-19

图 3-13-20

我们将原图与处理过的图来进行比较就会发现，灰蒙的感觉消失，清晰的层次感出现，现在也成了真正的“五彩”山（见图 3-13-22），但上方的“天空与云彩”似乎又过于亮了。同学们思考下又该如何解决这个问题呢？

图 3-13-21

图 3-13-22

再教给同学们一个小窍门，各位同学还记得在“混合模式”中说过有个增强底图对比度的类型吗？还记得它包含有哪些“模式”吗？其中有个“柔光”，请同学们拷贝原图，并将其混合模式换为“柔光”，然后再不停地将其拷贝（见图 3-13-23），注意观察效果（见图 3-13-24）。拷贝的图层一定要根据画面适可而止，以在画面中出现的现实效果为主。请同学们在训练中多多尝试其他类型的模式切换，将心得记录在实训报告中。

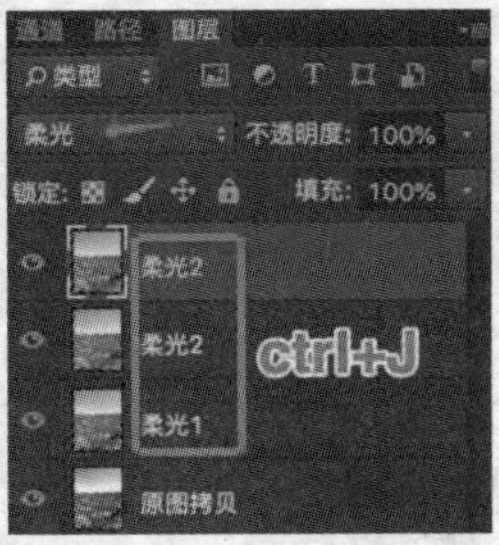

图 3－13－23

图 3－13－24

3.13.3　你来做我来看

图 3－13－25 为一张较暗的图像，请同学们先分析，然后尝试去调整其明暗。首先这张图整体有些暗了，可能是因为天气的原因，画面中有阴雨的感觉。所以我们要先调整其明暗对比度，再使用色阶进行处理，使用“曲线”调整（见图 3－13－26、3－13－27）。但现在请同学们注意选择“草原”，我们要调整草原或是天空的明暗关系（见图 3－13－28），所以要创建它们的选区。

图 3－13－25

图 3－13－26

图 3－13－27

图 3－13－28

请同学们使用“快速选择工具”对图像中的“天空”和“草地”进行选择，再利用“混合模式”或是“色阶”与“曲线”进行练习（见图 3－13－29、3－13－30）。细微之处可以使用工具来调整（见图 3－13－31）。

图 3-13-29

图 3-13-30

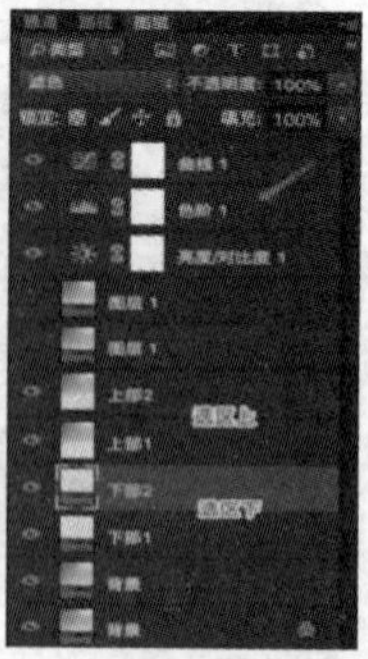

图 3-13-31

3.13.4 我们一起来练练

我们现在使用“通道混合器”来给各位同学们展示更高一级的对明暗关系的处理。在PS中，通道是用来管理颜色的，在通道中的颜色是由一组原色的亮度值组成的。我们调整通道中的黑白关系，其实也就是调整了颜色。我们调整了颜色也就是调整了通道中的黑白关系。因为我们也知道了颜色其实就是不同程度的明暗度变化罢了。

通道在PS中存储和管理图像色彩是最重要的一项功能。我们之前使用的“色彩平衡”“色相”“饱和度”基本上都是在加减颜色，所以直接与颜色相关，而“通道混合器”却是通过借用其他通道的亮度来改变源通道的颜色。现在我们使用这个命令来增加一张图像的明暗对比，并通过“混合模式”的改变来得到不同明暗度效果的图像。请同学们注意观察并在实训报告中记录。

通过直方图分析(图 3-13-32)，黑和暗灰分配得还是不错的，通过“明度”选项更直观，在亮和亮灰处有些高了，也就是说这张图像有些过亮了，我们来对其明暗关系进行调整。各位同学，我们不管调整什么、处理什么，其主要的目的是为了能产生一种好的效果，而什么是好的效果，就是能适用的效果。比如我做出了一只很漂亮的蝴蝶，这只蝴蝶很美很炫，但我却不知将其用在何处，请问你做它的目的难道仅仅是为了炫技吗？设计的主要功能还是实用。

图 3-13-32

图 3-13-33

在图层中打开“通道混合器”，我们观察图像中的颜色，可以发现绿和蓝色较多，在选项面板的预设中有：使用蓝色、绿色、橙色、红色、黄色滤镜的黑白和红外线的黑白。这里我们选择“使用绿色滤镜的黑白”预设(见图 3-13-24)。此时画面已经成了黑白。请同学们再来理解“借用其他通道的亮度来改变源通道的颜色”。这里就是借用了绿通道的亮度而改变了其他的通道。修改任何一个颜色就会重新定义了。

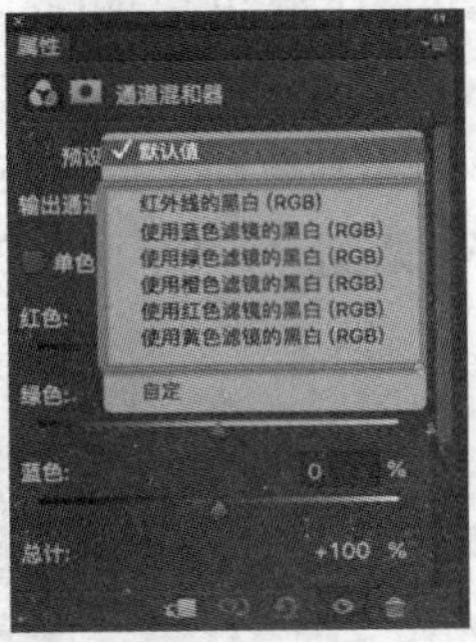

图 3-13-34

图 3-13-35

再次重申在通道中对黑白的调整就是对颜色的调整，每个通道的颜色都是由一组原色的亮度值组成。“使用绿色滤镜的黑白”，其实这是个摄影方面的概念，绿色滤镜能使绿色和黄色影调变浅，让红色和蓝色的影调变深。红色滤镜能让红色影调变浅，让蓝、绿、紫影调变深。黄色滤镜能让黄色变浅。橙色滤镜能减淡黄、橙、红的影调。蓝色滤镜让蓝色变浅。这些都是为了能增强黑白摄影作品感染力而设定的。之前也见过有的同学把自己的生活相片转成为黑白相片的效果，只使用“去色”命令，是很难让画面产生丰富的色调和层次感的，这真的很不专业。

现在我们将分别调整图像所在图层的混合模式，这里选择模式为“正常”“正片叠底”“变亮”和“柔光”，观察它们各自的效果。各位同学们应当还记得“混合模式”也是通过明暗度关系来进行分组定类的。

图 3-13-36

图 3-13-37

图 3-13-38

图 3-13-39

对于网上流行的日系小清新，我们也来试试，如何让一张随手拍的图变成小清新。同学们请记住，掌握好这种方法的原则就是明暗的反差，也就是说让明和暗的关系要有个倾向性，日系的小清新的套路就是需要提高曝光度，降低对比度，让溢色更明显，并降低饱和度，让色彩更淡，高光加黄，阴影加蓝。

重要的事再说一遍，原图（见图 3-13-40）一定要 Ctrl+J 复制。然后使用“色阶”让整体图像提高亮度。再使用“曲线”调整中间调，向亮处调整（见图 3-13-41、3-13-42）。

图 3-13-40

图 3-13-41

图 3-13-42

再使用“自然饱和度”对图像的自然饱和度和饱和度进行调整。这样做的目的就是增强图像的自然饱和度，降低图像的饱和度，可以让图像看起来更清新些，不能让图像过于真实鲜艳。再使用“色彩平衡”对图像中的“高光”“阴影”“中间调”进行调整。要注意这些调整都是有蒙版的，我们可以通过画笔将需要的涂抹出。特别是在进行过“自然饱和度”之后更需要注意偏色的问题。同学们自己观察并调整出想要的画面效果。

图 3-13-43

图 3-13-44

我们再使用一个蓝色或是绿色来填充一个新的图层，调整模式为“线性加深”，不透明度调少些，再对其添加蒙版，将图像中的主体绿叶擦出来就行了。这样做的目的就是为有一个淡淡的偏色效果。

玩一玩

请同学们将自拍照调为日系小清新图片。

图 3-13-45

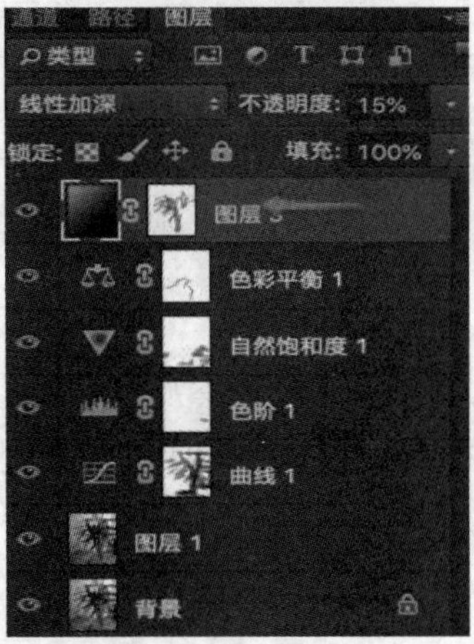

图 3-13-46

3.13.5　我们一起来说说

(1)什么是明暗关系?

(2)理解三大面五大调。

(3)如何观察明暗关系?

(4)理解曲线、色阶与混合模式调明暗。

(5)理解通道与明暗的关系。

(6)如何对选区调整明暗关系?

(7)理解通道混合器。

以上除形成书面作业上交外,会在课前通过点名方式进行检查。课外实践作业请通过班级群发送给授课教师批改。

3.13.6　实训报告

图形图像处理 Photoshop CS6 实训报告

<table>
<tr><td rowspan="2">班级
姓名</td><td rowspan="2" colspan="2"></td><td>时间</td><td></td></tr>
<tr><td>实训室</td><td></td></tr>
<tr><td>实训知识点</td><td colspan="4">明暗关系</td></tr>
<tr><td>实训目的</td><td colspan="4">1. 明暗的意思　　3. 观察明暗关系的方法
2. 三大面五大调　4. 调整明暗</td></tr>
<tr><td>实训内容
学生填写部分</td><td>1. 什么是明暗

2. 三面五调
(1)三大面</td><td colspan="3"></td></tr>
</table>

（续表）

<table>
<tr><td>班级
姓名</td><td colspan="2"></td><td>时间</td><td></td></tr>
<tr><td></td><td colspan="2"></td><td>实训室</td><td></td></tr>
<tr><td>实训内容
学生填写部分</td><td colspan="2">(2)五大调

3. 学会观察与分析
(1)直方图

(2)分析明暗关系

4. 调整明暗
(1)色阶

(2)曲线

(3)混合模式

(4)通道混合器

(5)调整选区</td><td colspan="2">5. 案例实操练习</td></tr>
<tr><td>实训要求</td><td colspan="2">1. 认真填写实训报告
2. 对问题进行记录
3. 拓展问题认真思考并完成实践
4. 完成思考题并形成书面作业</td><td colspan="2">备注：实训报告以一个知识点的实践完成为依据，教师根据学生实训具体情况来调整学时。这样更有利于实践分数的评定</td></tr>
<tr><td>成绩评定</td><td colspan="4">优秀　良好　及格　不合格</td></tr>
</table>

3.14 调整色调

当我们看到红色就觉得温暖和热情，看到蓝色就觉得冷静和冰冷，从颜色感知上来说，这就是我们所说的红色是暖色调、蓝色是冷色调，在PS中当然可以对图像的色调进行相应的调整，除了常用的“可选颜色”、“色相/饱和度”和“色彩平衡”功能外，对通道的调整也能达到目的，请同学们灵活学习并运用。

3.14.1　我来说你来记

冷和暖都是一种色彩感觉，这是没有绝对的，当然一张图像的冷和暖也是要看它们的分布比例的，其目的就是让色彩显得更加强烈。

我们来观察图 3-14-1 中的两幅图。

图 3-14-1

左边暖色调的图会让人产生温暖的感觉，有种温馨暖洋洋的感觉；而右边冷色调的图则会让人产生一种清晨冷清的感觉。

同学们可以观察到同样的一张图，只是因为色调的不同而让人产生了不同的感觉，使用这种技能在 PS 中就叫调整图像色调。

我们先启用“色彩平衡”来改变图像的色调。

在图层面板，选择创建新的填充或者调整图形按钮（见图 3-14-2），然后选择色彩平衡按钮，即可打开色彩平衡面板。从调整面板中，选择色彩平衡按钮即可打开调整平衡面板（见图 3-14-3）。

图 3-14-2

图 3-14-3

也可以选择菜单栏“图像”→“调整”→“色彩平衡”来打开色彩平衡面板。

但请同学们注意，虽然这种使用菜单的方法能打开“色彩平衡”面板，但请同学们一定要使用色彩平衡的调整图层来进行处理。因为这种方式是在图像所在的图层上来调整的，如果在后期对效果不满意的话，还可以重新修改。如果直接用菜单命令来进行修改的话，是对整个图像进行有损修改的，后期如果想要再修改也就难了。

进入“色彩平衡”面板，可以看到色调有三种，分别是阴影 、中间调和高光(见图 3－14－4)。

阴影暗部区域，很容易让我们想象冷色调，所以有个口诀就是阴影偏冷，一般情况下指的就是阴影调冷调，高光亮度区域，很容易让我们想象成暖色调，所以有个口诀就是高光偏暖，一般情况下调整暖调，中间调就是调整整个画面的高光和阴影区域。

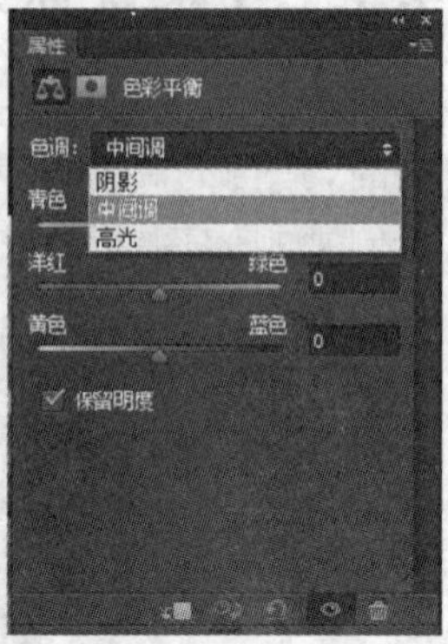

图 3－14－4

我们又看到这里有 3 个滑块，它们都是遵循互补原理的。

什么是互补色？色相环上相对的颜色，青色对红色，洋红对绿色，黄色对蓝色(见图 3－14－5)，这些颜色是互不包含、相互抵消的关系。也就是说如果一个增多另外一个颜色就会减少。比如让画面的青色颜色增多，红色就会减少，反过来也是一样的。(见图 3－14－6)

图 3－14－5

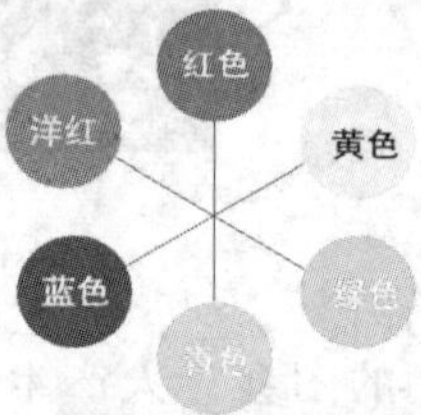

图 3－14－6

了解了色彩平衡基本原理，下面具体介绍调整案例。在色彩平衡中，用得最多的是冷暖对比调节。让画面的高光偏暖色调，阴影部分偏冷色调。

3.14.2　我来做你来看

如图 3－14－7 所示虽然颜色较偏暖，但还不够显现，同学们可以看出在大部分自然光线下，在阳光照射的环境中，里面的高光会偏暖红黄色，而阴影则偏青蓝色调。

图 3－14－7

我们来利用色彩平衡对其“高光”和“阴影”进行调整。

打开色彩平衡面板，在色调中选择高光，把黄色区域增多些，把阴影区域的蓝色增多，让阴影偏冷色调。(见图 3－14－8、3－14－9)

可以看到调整后的图片，颜色冷暖对比更加突出。(见图 3－14－10)

这种色彩平衡的调法较适合大部分的图像色调，冷暖对比的调整，主要是让画面的主题更突出。

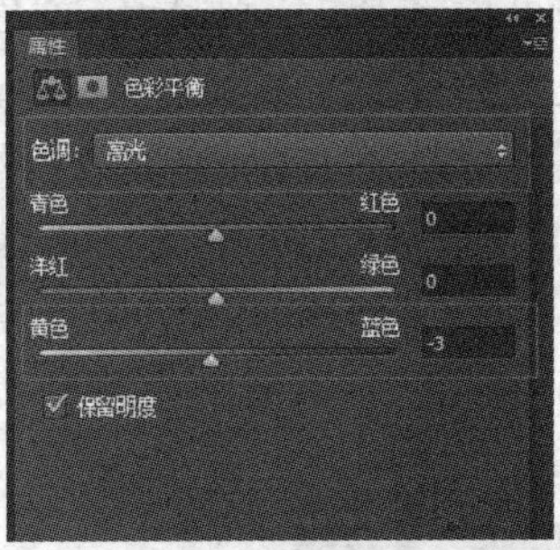

图 3－14－8

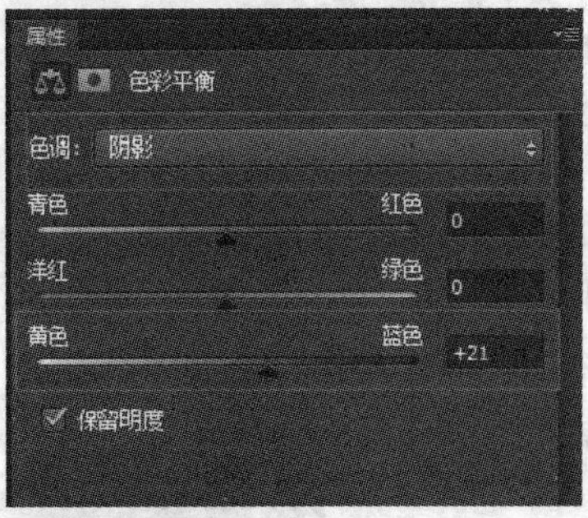

图 3－14－9

在日常拍照中，相片的主体通常是人，同时中国人的皮肤色调主要是红黄色，所以冷色调的环境会更好地突出暖色调人物的主体。当然如果还需要调整色彩丰富的效果，在这个基础上灵活变通。

再来对一张静物图片进行色调调整，如图 3－14－11 所示，可发现背景色调稍微有点偏黄，我们现在来把图片调整为冷色调，蓝色和青色是冷色的主打色。

图 3－14－10

图 3－14－11

我们启用"可选颜色"来改变图像的色调。在图层面板，选择创建新的填充或者调整图层按钮，然后选择可选颜色按钮（见图 3－14－12），即可打开可选颜色面板。从调整面板中，选择"创建新的可选颜色调整图层"按钮即可打开可选颜色调整面板（见图 3－14－13）。

图 3－14－12

图 3－14－13

当然也可以选择菜单栏"图像"→"调整"→"可选颜色"来打开可选颜色面板。但请同学们一定要记住多使用调整图层。因为这样才不会对整体图像进行破坏，况且处理各个图层也是学习 PS 最重要的法则。

进入“可选颜色”面板，我们可以看到颜色有 9 种可以选择，分别是红、黄色、绿色、青色、蓝色、洋红、白色、中性色和黑色。在可选颜色调色板下的颜色下拉框中，可以选择任意一个颜色进行调整，比如说选择红色，只调整画面中的红色区域，不会影响到其他的颜色调整。

现对其常用的调整可选颜色，分析如下。白色：通常调整图片中的高光区域，如调整图片冷暖色调；中性色：为中间调，调整不等的灰度；黑色：主要是用来调节图片中的阴影区域；白色、青色和蓝色：主要调整天空的色彩；红色、黄色和洋红：主要调整人物的皮肤；黄色和绿色：主要用来调整草地等绿色植物的颜色。（见图 3－14－14）

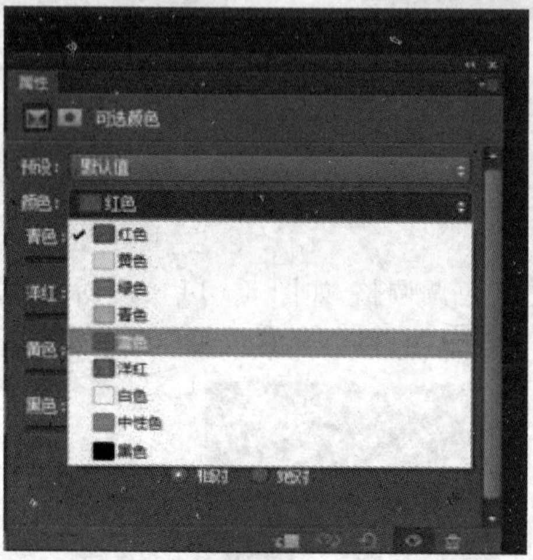

图 3－14－14

基本上每张图片都是按照这个原理来进行调整，但有时候因为色温或者环境色的原因有些直觉并不见得完全正确，这就需要具体情况具体分析。

在可选颜色的调色面板中有 4 个滑块：青色、洋红、黄色和黑色。前 3 个跟我们色彩平衡面板差不多，都是根据互补色的原理进行调色。在青色滑块上：向右移青色区域增多，向左移红色区域增多；在洋红滑块上：向右移洋红增多，向左移绿色增多。在黄色滑块上：向右移黄色增多，向左移蓝色增多。（见图 3－14－15）

这也就是前面所说的青色对红色、洋红对绿色、黄色对蓝色的互补色，了解了和理解了互补色原理的话，我们进行调整颜色的时候，就能更加懂得为什么要这样调整了。

图 3－14－15

图 3－14－16

请注意，在这个面板上，除了这 3 对互补色，还有 1 个单独的黑色，这个黑色主要是调整选取的明暗，向右移画面中的颜色变暗，向左移动画面中的颜色变亮。而相对和绝对则是调整的力度与范围，在相对选项模式下，颜色调整力度小，在绝对选项模式下，颜色调整幅度、力度大。从颜色范围上来说在相对选项模式下，只能增加画面中已有的颜色，但在绝对选项模式下，除了调整画面中已有的颜色，还可以增加画面中并不存在的颜色。

通过图像的观察来说明，请同学们注意观察，如图 3－14－17 所示。

图 3－14－17

图 3－14－18

根据以上所学，进行相关的设置，主要是将其调整为冷色调。于是我们将黄色部分调为 0％，增加蓝色部分为 100％，注意观察图像的背景变成了浅灰白底。

图 3－14－19

图 3－14－20

但在车底下有一大块阴影部分，有点偏洋红色，设置洋红色为 0％，增加绿色部分为 100％，明显能看到画面有绿色部分。让整个画面偏冷色调，而车底颜色又是青绿色，可以给整个背景增加点冷调的青色。

原本偏暖色调的图片，现在变成了干净清爽的冷色调了。

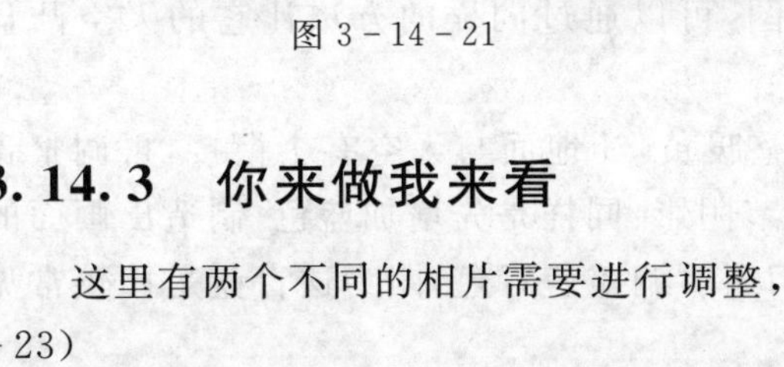

图 3－14－21

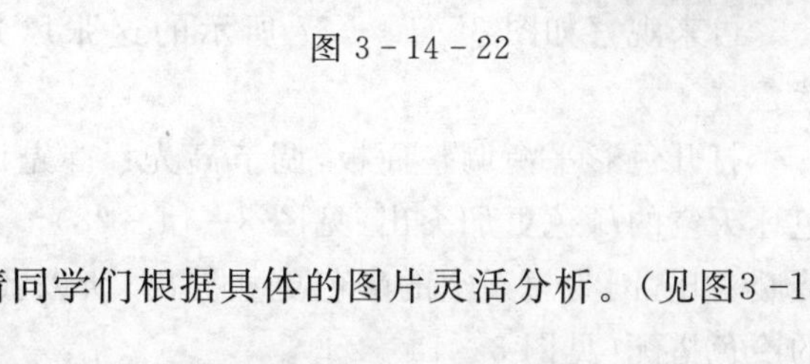

图 3－14－22

3.14.3　你来做我来看

这里有两个不同的相片需要进行调整，请同学们根据具体的图片灵活分析。（见图3－14－23）

图 3-14-23 是在冬日暖阳中散步，经常见到这样的拍照方法。那么我们怎么样才能让它看起来层次感更加丰富起来呢？

打开色彩平衡面板，请同学们尝试训练并观察效果，做好实训记录。

先调节高光：因为是冬日暖阳，可以在高光中多加点黄色，让人物的皮肤和整个画面更加饱和，同时能让冬日的阳光更加突出，看到画面中很大一块面积是土黄色的有点偏红，为了更加凸显这个颜色，我们在高光中添加些红色。（见图 3-14-24）

图 3-14-23

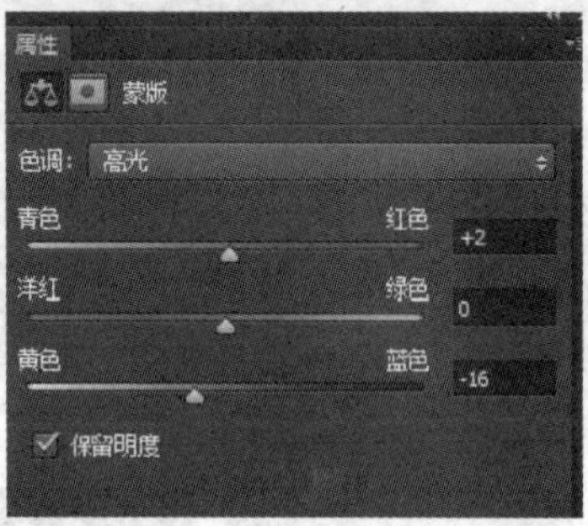

图 3-14-24

再来调节阴影：首先根据口诀阴影偏冷，调整阴影的蓝色，调整冷暖对比度，让图片的层次感更加突出，为了让图片的暗调层次更加突出，可以调整点洋红，不只是单一的冷色调，而且还会通过突出背景中的大块地面土黄色来营造整个视觉上的稳重感，让整个图片有画面感。（见图 3-14-25）最终效果如图 3-14-26 所示。

图 3-14-25

图 3-14-26

再来观察如图 3-14-27 所示的这张风景图，可以通过同样的方法让它的天空凸显蓝色。

打开色彩平衡调整面板，调节高光：首先调整暖黄，让地面与天空有个衔接，再调整青色让天空的颜色更加突出（见图 3-14-28）。调节阴影：同样是先增加蓝色，制造出画面的冷暖对比，因为想天空的颜色更加突出，所以我们还要调整蓝青色，因为这青蓝是比较常见的冷色搭配（见图 3-14-29）。

图 3-14-27

图 3-14-28

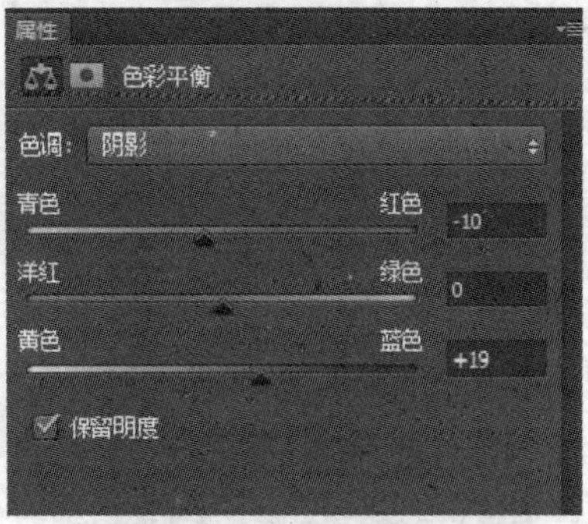

图 3-14-29

最终效果如图 3-14-30 所示。

图 3-14-30

在调整色彩平衡时，不要随意调整画面的中间调，因为中间调色彩的改变会极大影响到人物本身和背景的颜色，所以在平时调整的情况下，只调整影响不大的高光和阴影区域，会让整个画面更好些。在掌握了使用“色彩平衡”把握调色后，同学们可结合以前的学习，自学使用“色相/饱和度”进行调整，大胆尝试。

请同学们对一张不饱和的图像进行调整，如图 3-14-31 所示。注意观察天空的颜色信息，好像不够蓝，有些灰蒙蒙的，说明蓝色的饱和度不好，所以我们来进行调整。

图 3-14-31

打开可选颜色面板，选择颜色范围中的蓝色进行调节，为了让画面蓝色更多些，颜色更加鲜艳些，蓝色部分增多，黄色部分减少，移动黄色滑块为－100%，蓝青颜色经常一起使用，也是为了天空颜色更加有层次感，我们还要增

加点青色，减少画面中的红色，移动青色滑块为 91%。(见图 3-14-32、3-14-33)

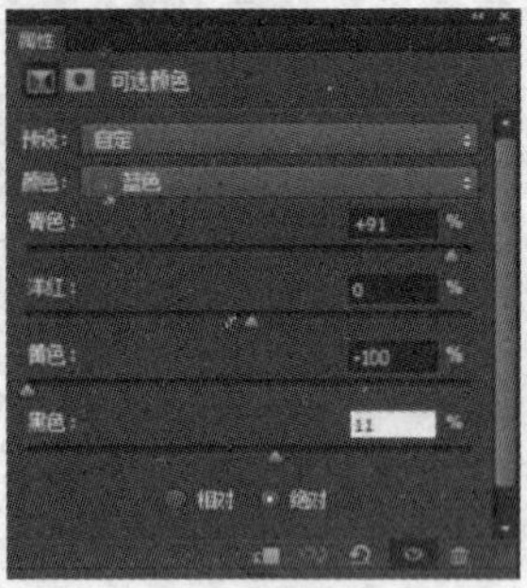

图 3-14-32

图 3-14-33

当我们调整后，如果你觉得整个天空的颜色有点偏亮的话，还想整个颜色更有厚重感些的话，可以稍微加点黑色，调整面板上黑色滑块。但如果想要天空的颜色覆盖面积广些的话，可以设置为绝对模式，此二者模式，同学们可以相互对比，看看哪个更适合此图像的调整。

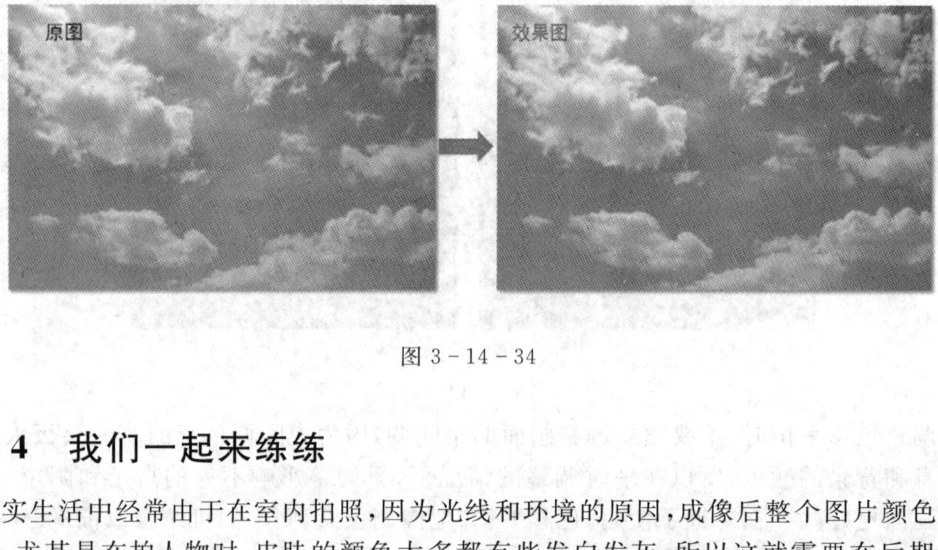

图 3-14-34

3.14.4 我们一起来练练

现实生活中经常由于在室内拍照，因为光线和环境的原因，成像后整个图片颜色都不是很饱和，尤其是在拍人物时，皮肤的颜色大多都有些发白发灰，所以这就需要在后期进行处理，图 3-14-35 可以通过使用调整图层可选颜色里的黄色和红色来调整人物的皮肤色调。

图 3-14-35

首先调整颜色范围中的红色，人物皮肤有些暗淡发青，所以我们增加画面的红色，减少画面中的青色，移动红色滑块向左移为 −18%；让脸色红润些，我们增加些洋红色，减少绿色，移动洋红色滑块向右移为 19%；稍微给皮肤添加点黄色的暖色调，移动黄色滑块向右移为 7%（见图 3-14-36）。然后再调整颜色范围中的黄色，同样也是增加画面的红色，减少画面中的青色，移动红色滑块向左移为－18%；让脸色红润些，我们增加些洋红色，减少绿色，移动洋红色滑块向右移为 17%；稍微给皮肤添加点黄色的暖色调，移动黄色滑块向右移为 25%（见图 3-14-37）。

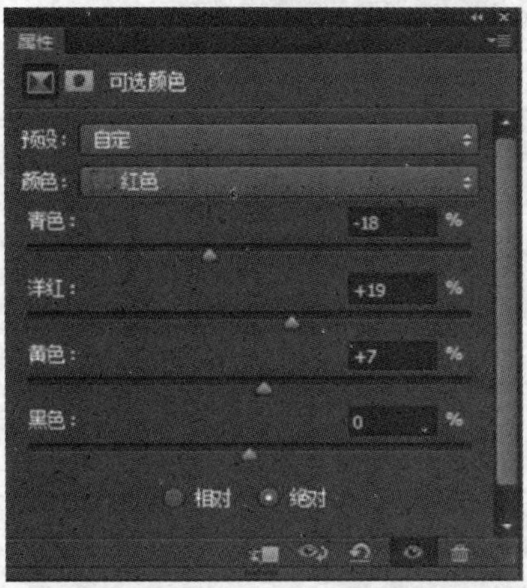

图 3-14-36

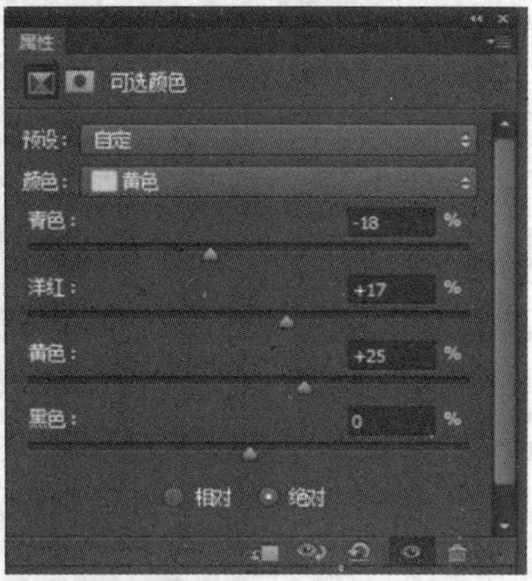

图 3-14-37

请同学们注意，如果还想得到一个更好的调整效果的话，则还需要结合之前的一些技能学习，比如曲线、色阶、色相饱和度、色彩平衡一起来调整，因为在 PS 中任何工具和命令都不是单独的，是需要配合来使用的，请同学们放开手脚，大胆心细，多想多练。如图 3-14-38 所示调整过后的人物面色好很多。

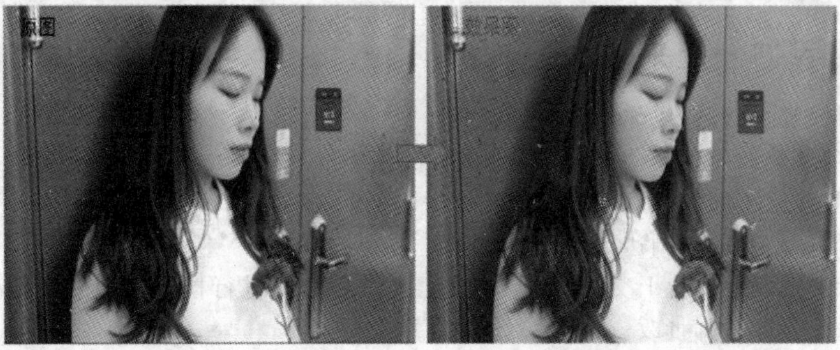

图 3-14-38

请同学们把图 3-14-39 的左边调整成右边效果。

请同学们把一个浅灰色的背景图像变成白底图像。（见图 3-14-40）

玩一玩

请同学们自己选择一张生活照并调整色调。

图 3 - 14 - 39

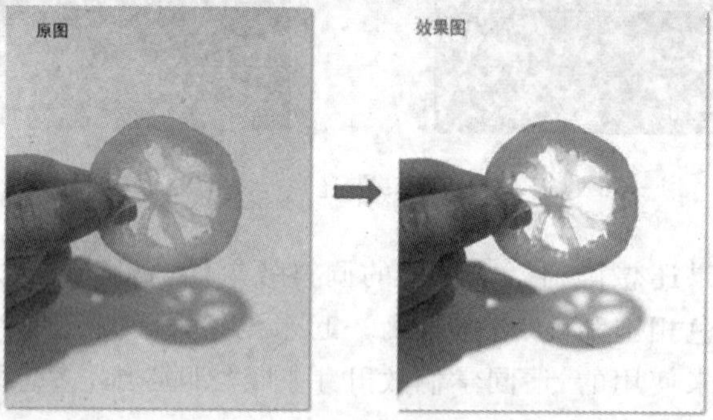

图 3 - 14 - 40

3.14.5　我们一起来说说

(1)如何把图片调整成你想要的色调？

(2)颜色调整的原理是什么？

(3)大胆尝试不同的色调风格。

(4)如何让相片的色调达到最佳的状态？

以上除形成书面作业上交外，会在课前通过点名方式进行检查。课外实践作业请通过班级群发送给授课教师批改。

3.14.6　实训报告

图形图像处理 photoshop CS6 实训报告

班级 姓名		时间	
		实训室	
实训知识点	调整色调		
实训目的	1. 调整图层　2. 互补色		

（续表）

<table>
<tr><td rowspan="2">班级
姓名</td><td rowspan="2"></td><td>时间</td><td></td></tr>
<tr><td>实训室</td><td></td></tr>
<tr><td>实训内容
学生填写部分</td><td>1. 互补色
2. 图层调整
4. 菜单命令调整
5. 案例实操练习</td><td colspan="2">色彩平衡
可选颜色
阴影调整
色相/饱和度</td></tr>
<tr><td>实训要求</td><td>1. 认真填写实训报告
2. 对问题进行记录
3. 拓展问题认真思考并完成实践
4. 完成思考题并形成书面作业</td><td colspan="2">备注:实训报告以一个知识点的实践完成为依据,教师根据学生实训具体情况来调整学时。这样更有利于实践分数的评定</td></tr>
<tr><td>成绩评定</td><td colspan="3">优秀　良好　及格　不合格</td></tr>
</table>

3.15　混合颜色带

混合颜色带是一种特殊的高级蒙版,它可以快速地隐藏颜色像素。这里要注意,混合颜色带不仅可以隐藏一个图层中的像素,还能让下面图层中的颜色透过上面的图层显示。混合颜色带出现在“图层样式”里的“混合选项”的下面。(见图 3－15－1、3－15－2)

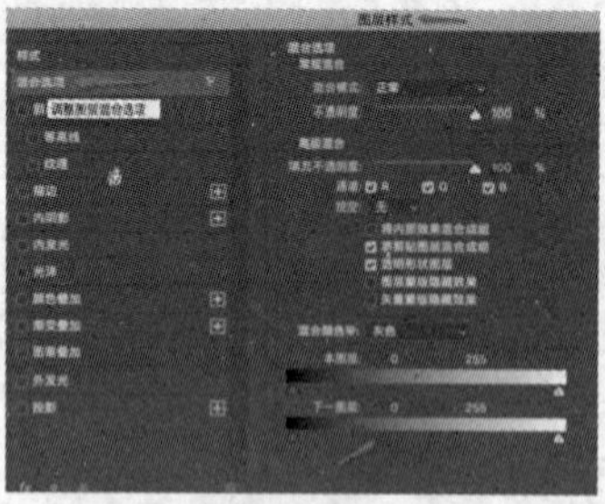

图 3－15－1

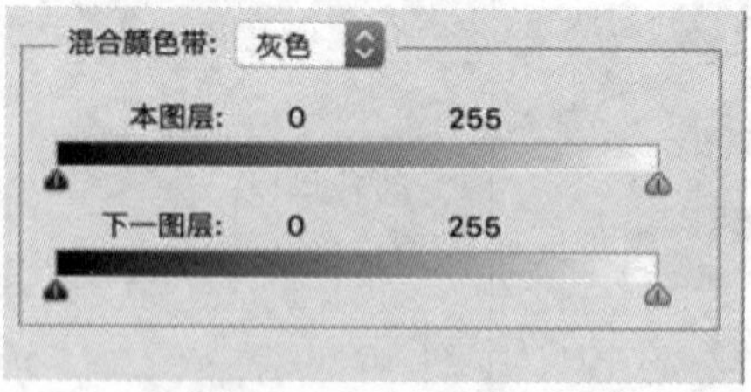

图 3－15－2

3.15.1 我来说你来记

混合颜色带是用图像本身的灰度映射图像的透明度。混合颜色带分两层图像混合，本图层在上层，代表透明部分，有暗色和亮色（见图 3－15－3）。下一图层在下层，代表显示部分，当然也有暗色和亮色。混合颜色带是可以控制图层中的图像内容的，可以只对暗色调影响，而亮色调保持不变，或者是对亮色调影响，而暗色调不变，这都是因为它有一个可以操控的暗色和亮色滑块（见图 3－15－4），效果图为 3－15－5 所示。

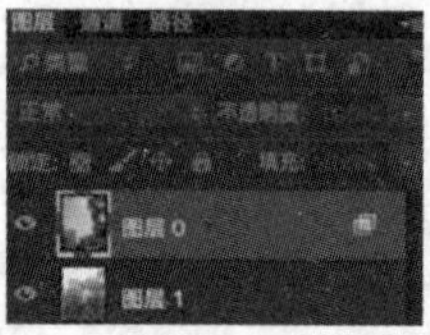

图 3－15－3

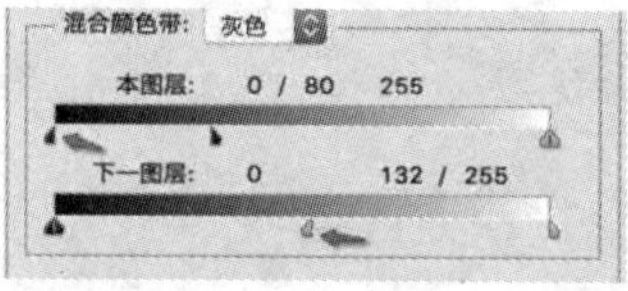

图 3－15－4

图 3－15－5

混合颜色带的原理就是利用了图像的亮度范围，从黑到白或是从白到黑的一种变化。当然这是需要通过拖动各自的滑块来定义亮度范围的，同学们可以回想一下之前说过的明暗关系。请记住知识永远都是相通的，思考是维系它们的重要纽带，没有了思考也就没有了真正的生命灵魂。

在“混合颜色带”的选项中，有一个“通道”的选项，默认为“灰色”，它代表全部通道，我们一般也都是用此通道来进行我们的图像处理工作的。如图 3－15－6 所示。

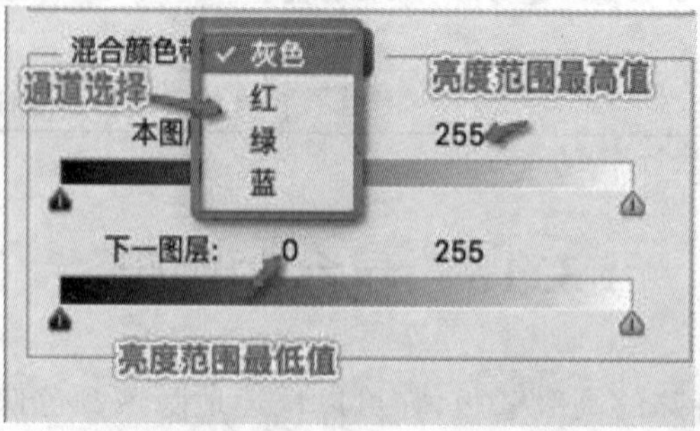

图 3－15－6

注意“本图层”是指当前正处理的图层，如果拖动其上的黑色滑块就表示可以隐藏当前图层中所有亮度低于显示数值的像素。再重复一遍，混合颜色带是隐藏像素的。如果拖动其上的白色滑块就可以隐藏当前图层中高于显示数值的像素。(见图 3－15－7～3－15－11)

图 3－15－7

图 3－15－8

图 3－15－9

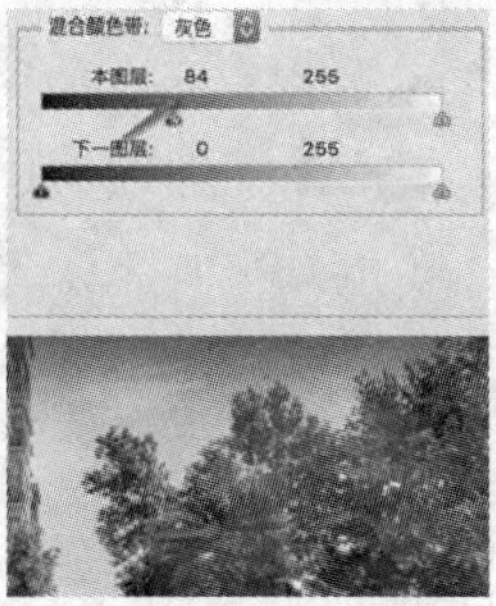

图 3－15－10

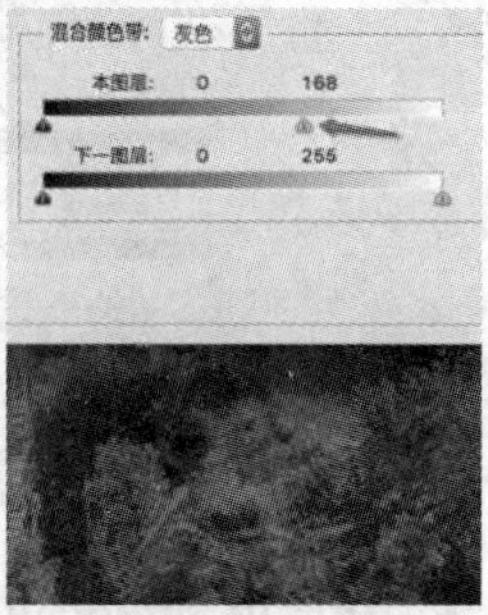

图 3－15－11

而“下一图层”就是指当前图层的下一图层，这里为“图层 1”，因为“图层 0”为当前本图层。如果我们再拖动其上的黑色滑块就表示“下一图层”(图层 1)的亮度低于显示数值的像素就会穿透“当前本图层”(图层 0)显示出来了。是不是感觉有些像不透明度的变化？如果拖动白色滑块就意味“下一图层”(图层 1)的亮度高于显示数值的像素就会穿透“当前本图层”(图层 0)显示出来。(见图 3－15－12～3－15－14)

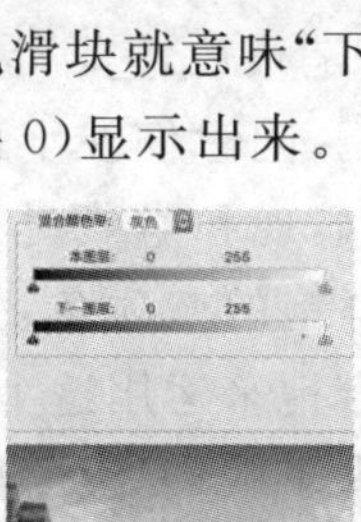

图 3－15－12

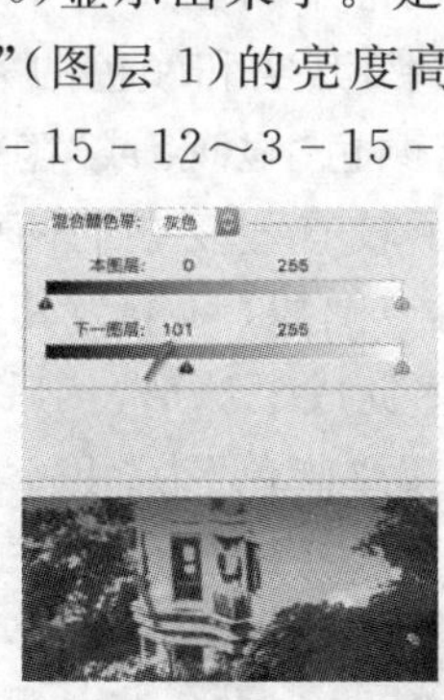

图 3－15－13

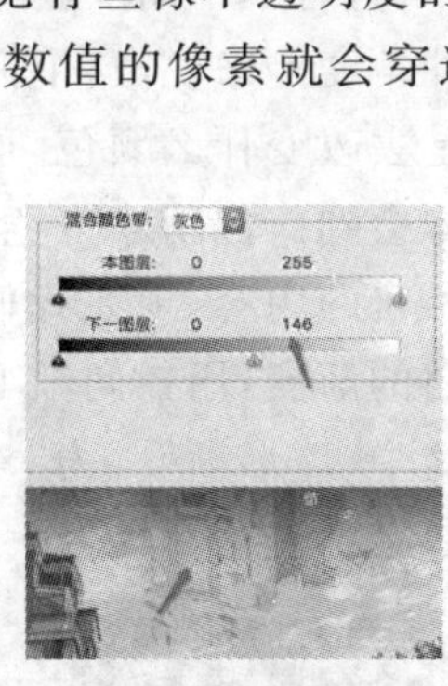

图 3－15－14

刚刚我问了同学们是不是有些像不透明度的变化，其实这并不是，是颜色亮度的范围变化，但是在颜色混合带中，如果我们按住 Alt 键，再拖动黑白任意一个滑块时，你就会发现它们分成了两个三角形滑块，是可以任意拖动的两个滑块。这样就能在透明和不透明区域之间进行一种过渡的调整了。

如图所示的意思就是表示亮度值在 0～130 的像素是半透明的，143～255 的像素也是半透明的，但这里请同学们一定要记住每个图层是有暗色和亮色的，也就是说有暗的半透明和亮的半透明。色调值越低，像素就越透明。当然如果滑块的间隔越大的话，过渡也会越柔和。（见图 3－15－15～3－15－18）

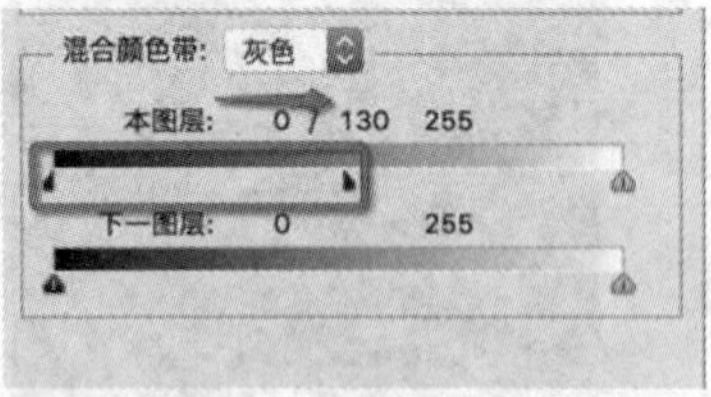

图 3－15－15

图 3－15－16

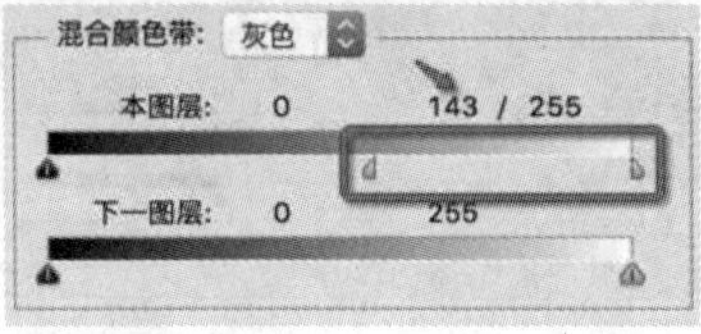

图 3－15－17

图 3－15－18

3.15.2 我来做你来看

通过上面的学习，各位同学能不能认识到“混合颜色带”是不是用来混合上下两个“图层”的？当然这里的“图层”肯定是指图层中的内容，如果不是，各位还记得我们学过图层的“混合模式”吗？请不要将这二者的关系混淆。但这二者也是有共同点的，那就是不能只有一个图层，如果只有一个图层就不可能是“混合”了。

从另一种角度上来说，这个混合颜色带，其实和颜色的关系也不是很大，它不是修改，也就是说它不是去改变什么颜色，而只是让颜色“显现”或“隐藏”罢了。同学们在上面的学习中应当也能体会到。但刚才毕竟是使用了较有些复杂的两张图像，显现和隐藏时我们并不是太好记得各自的内容，现在我们来用两个图层，一个为其填充上鲜艳的蓝颜色，另一个为其填充上黑白的渐变，用径向渐变填充，感觉成了球形，然后我们综合地来运用这个功能。

现在以这个“球形渐变”为“本图层”，而“蓝色”为“下一图层”，为了我们方便观察，将原本各自的图层名都进行了更名。（见图 3－15－19～3－15－21）

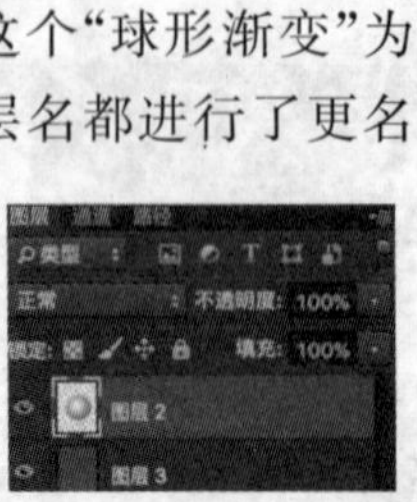

图 3－15－19

图 3－15－20

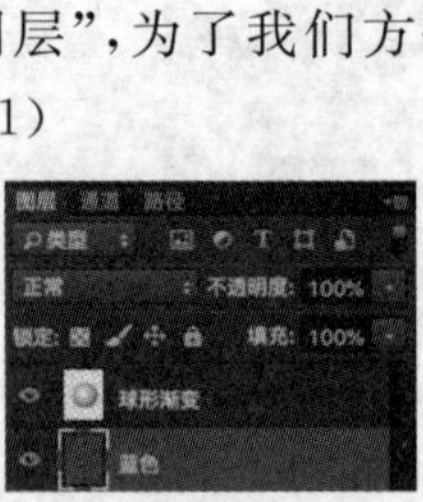

图 3－15－21

当我们将“本图层”上的暗部滑块向右拉动到 163 时，意味着最黑（暗）的值 0～163 这一部分的内容被隐藏了。如果接着拉动滑块的话，在画面中就能看到“球形”的一些暗部在慢慢消失，最后只剩下最亮的一点了。（见图 3－15－22～3－15－25）

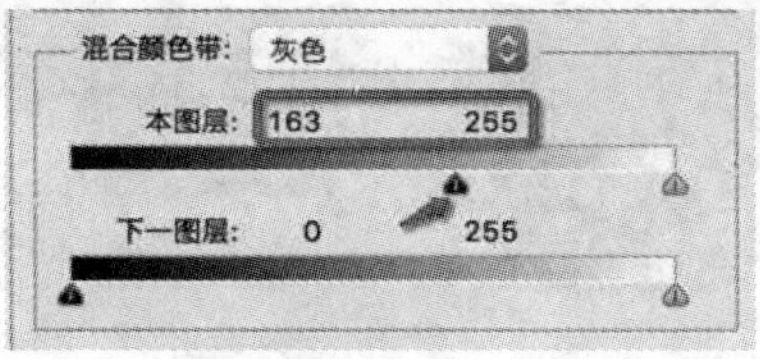

图 3－15－22

图 3－15－23

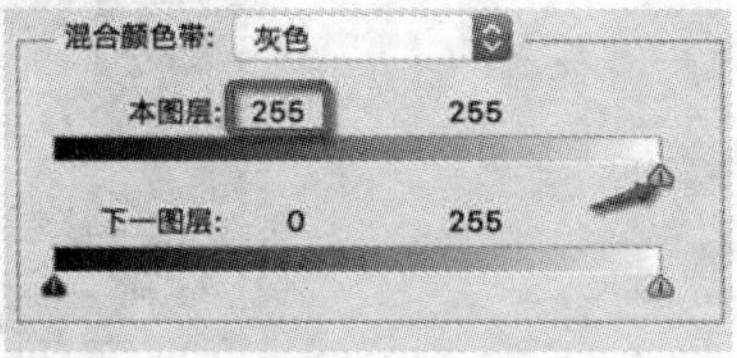

图 3－15－24

图 3－15－25

而当将亮部滑块向左拉动到 155 时，意味着最亮的值 255～155 这一部分的内容被隐藏了。所以在画面上只能看到“球形”一些暗部像素了。如果再接着拉动滑块至 0 时，就会发现球形本图层完全消失，只有蓝色图层了。（见图 3－15－26～3－15－29）

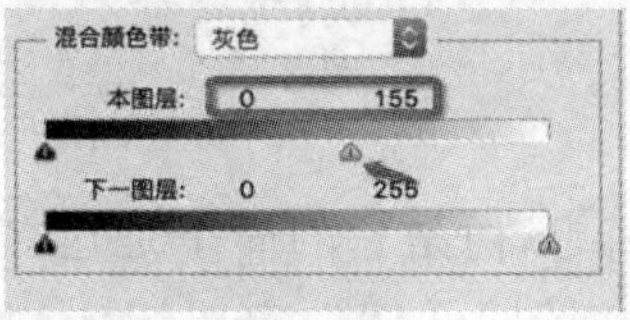

图 3－15－26

图 3－15－27

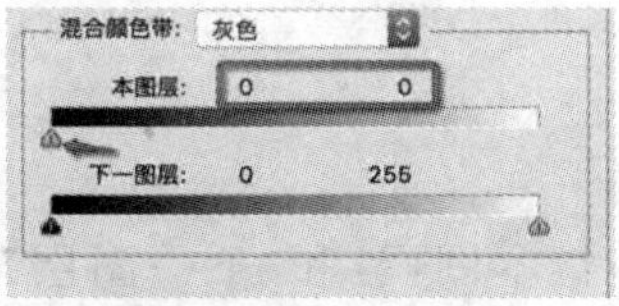

图 3－15－28

图 3－15－29

再来一些过渡柔和的显现与隐藏。按 Alt 键来分离黑或亮的滑块。先来对“本图层”使用暗色滑块。注意虽然暗色滑块分开了，但仍然代表暗色范围，只是产生了一段范围的像素过渡罢了。请同学们试着解释 0/140 的意思。同样我们将其分离的右半滑块拉至最亮处，得到了一个有些蓝色过渡感觉的球形。这个很显然并不是因为我们的下层蓝色叠加到了这个渐变球形上，而这个球形的暗部从 0 值一直呈半透明的暗部像素的过渡至 255。而我们的亮部却并没有去改变，所以还能看到一个完整的球形。我们将其最左边暗的半滑块向右拉

动时，就会发现，球形开始模糊了，产生了暗部范围更大些的半透明过渡。（见图 3-15-30～3-15-37）

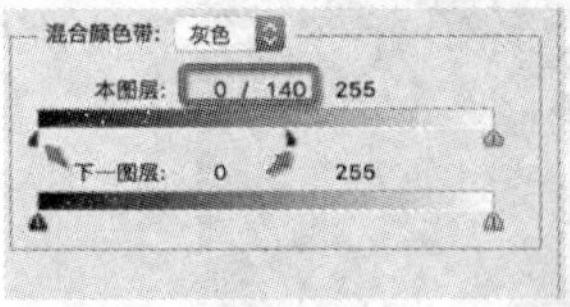

图 3-15-30

图 3-15-31

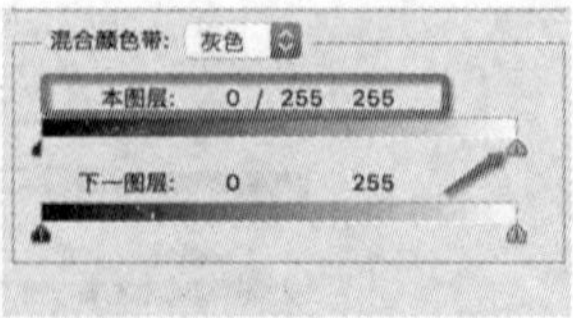

图 3-15-32

图 3-15-33

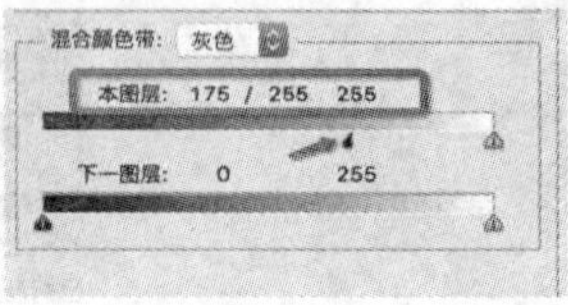

图 3-15-34

图 3-15-35

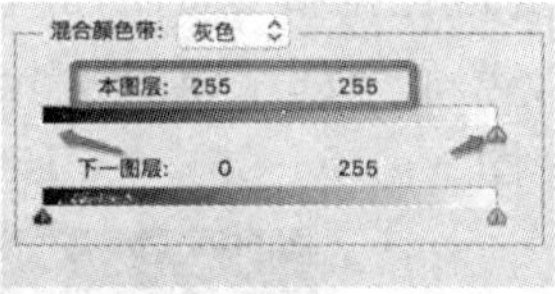

图 3-15-36

图 3-15-37

这种混合颜色带的操作方法也就是这样简单，但是它的简单是建立在理解的基础上的，在以后的实际操作训练中还需要更深入了解。请同学们一定要记住，此功能主要是对图层内容像素的“显现”与“隐藏”。可以理解成在“本图层”中是“隐藏”相关的像素，暗与亮或是它们的过渡，而在“下一图层”中操作产生的效果是“显现”，它会穿透上层，把自身的像素的明暗关系反映到它的上个图层中来。

3.15.3 你来做我来看

通过上面的这个案例，请同学继续练习亮部对“本图层”和“下一图层”中的变化，并请详细记录在实训报告中。

请切记，在混合颜色带中是能对“通道”进行选择的，也就是说除了对图层像素的亮度，还有就是对某通道的颜色值进行调整，来决定在本图层的相应位置上出现的像素是否为透明状态。请同学们自行训练并详细记录在实训报告中。

当按 Alt 键进行分离时，分别将暗部与亮部都拉出一个半透明的范围，这样你们就发现在本图层上出现了一个“渐变”的区域。形成的原因，试为同学们分析：暗部有了些半透明（0～96）的像素，亮部有了些半透明（161～255）的像素，这些都隐藏了，而显现部分（96～161）像素是显现出来的。（见图 3-15-38、3-15-39）

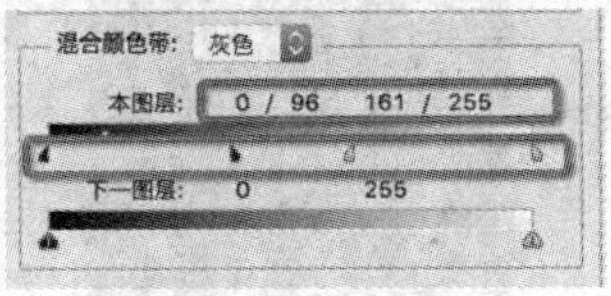

图 3-15-38

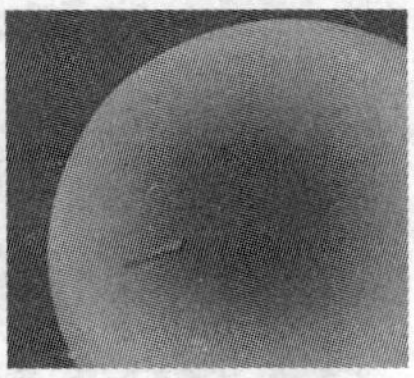

图 3-15-39

试着利用文字来进行“混合颜色带”的训练，新建一个文字图层“混合颜色带”并将“球形渐变”层关闭。字体使用的颜色是默认的背景白色。这时在混合颜色带选项中进行调整，发现暗部滑块调整无效，白色滑块拉动时字的颜色会有变化，为了能产生好的过渡，使用 Alt 键拉开。请注意在“本图层”中和“下一图层”中的黑白滑块拉动时的画面变化。

图 3-15-40

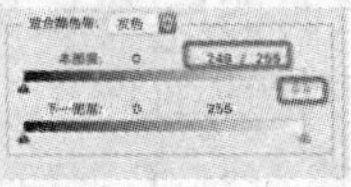

图 3-15-41

图 3-15-42

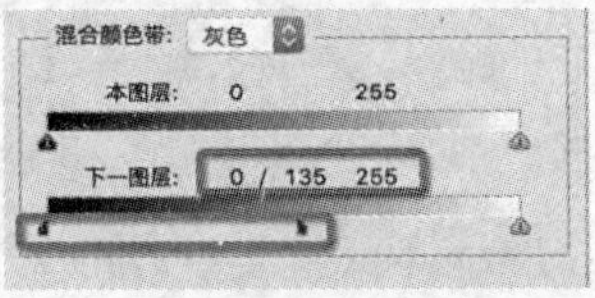

图 3-15-43

图 3-15-44

同学们可以给字体换种颜色，然后再次尝试。

这里我有必要对“下一图层”进行一个解释，请同学们不要以为下一图层就是当前图层的下一个图层。它是指“本图层”以下的可能存在的各个图层的一个综合混合效果，是以这个综合的亮度与通道颜色来进行计算和评判的。

3.15.4　我们一起来练练

我们知道了混合颜色带的混合原理之后，就需要进行实际的应用了，下面通过几个案例来加强说明与训练。

首先就是抠图，在 PS 中最常用和最常接触的第一项操作主要就是抠图了，抠图的方式有很多种，同学也都很清楚，这里来使用混合颜色带进行抠图，为了便于同学们在实际工作中的正确理解，这里在没有任何摄影辅助的帮助下拍摄一张玻璃茶杯的图像（见图 3-15-45），所以背景并不是我们常见的一整块单纯色。因为玻璃的原因，这些深浅不一的背景还与玻璃本身有了交融，又因为茶杯没有经过清洗，也显得并不是那么透亮。就是这样的一张图反而更容易让我们对“半透明”进行训练操作和加深理解。老办法，先对其复制一个再说，再建一个新的白色图层，主要是为了更好地观察，因为在实际中我们都要抠成“棋盘格”状的。

图 3-15-45

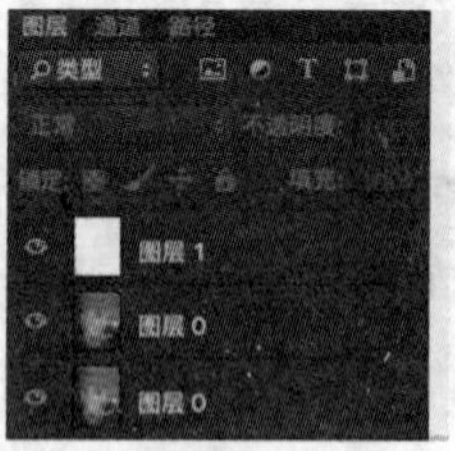

图 3-15-46

然后将“图层 0”更名为“图层 1”定义为“本图层”，将“图层 1”定义为“下一图层”并更名为“图层 2”，并将最下面的背景“图层 0”关闭。开始使用混合颜色带，并按 Alt 进行调整。这里一定要看着画面，因为背景不是单纯色，也就是说暗部是不均匀的，所以要尽量减少杂色就行了。当关闭白色背景时就出现了透明的完整玻璃茶杯了。

这里需要说明的是这当然是没有抠图完成的样子，同学们利用一些相应的工具将其周边不好的杂色去除，也就得到了想要的玻璃茶杯了。而当将“图层 2”填充为蓝色时，很自然的一个透明的玻璃茶杯就出现了。所以使用混合颜色带来抠图并不是像我们传统的那样“挖”出了所需的部分。步骤见图 3-15-47～3-15-51。

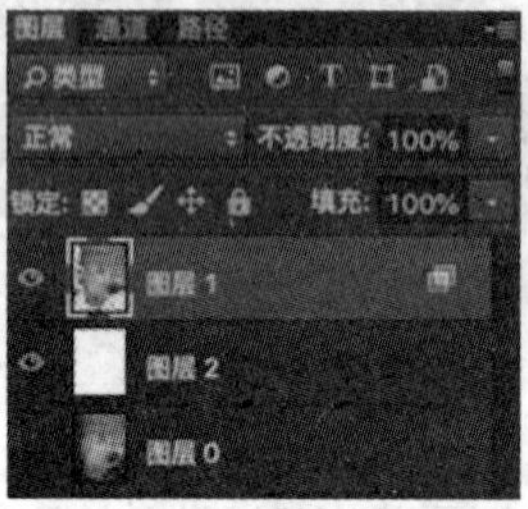

图 3-15-47

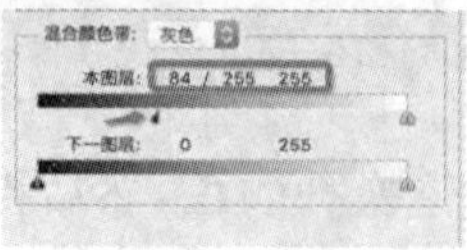

图 3-15-48

图 3-15-49

图 3-15-50

图 3-15-51

这种方式还可以对节假日时放的炫丽焰火、闪电或是一些背景为纯黑的图像使用，效果会更好，请同学们自行百度相关的图片来进行练习。

根据我们上述所言，混合颜色带的抠图是不需要对图像进行“挖”或是“修剪”的，下面我们就让一张图像的“天空”（见图 3-15-52）换成我们想要的一张“天空云”（见图 3-15-53）图像。

图 3-15-52

图 3-15-53

打开“城市天空”图像，并将“天空云”图像拖入。如果不够大可使用“自由变形”快捷键 Ctrl+T 来进行缩放。这样“天空云”就遮挡了背景图像，不用担心。因为我们还要复制这个背景图层。让城市天空成为“本图层”，让天空云成为“下一图层”。打开混合颜色带选项，按 Alt 键设置暗部滑块，请同学们一定要记得多观察画面效果。（见图 3-15-54～3-15-55）

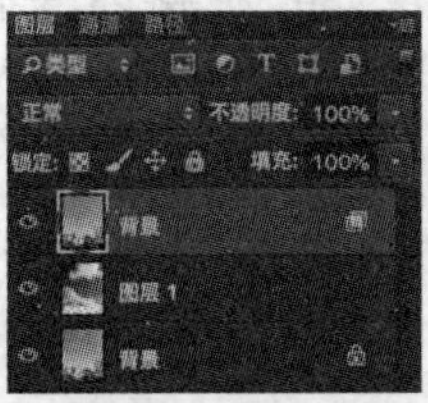

图 3-15-54

图 3-15-55

图 3-15-56

当我们拖动滑块时就会发现，虽然云彩的效果已经出现了，但在两张图像的连接处出现了一些不是太和谐的半透明。（见图 3-15-57）

按照之前知识点的学习思路，我们会在“图层 1”的“天空云”进行一个蒙版的处理，然后利用“黑透白不透”的原理用画笔进行涂抹就行了。效果完成后与原图进行对比。如图（见图 3-15-58～3-15-61）所示。

图 3-15-57

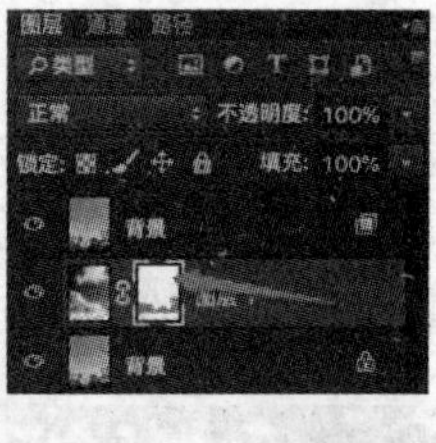

图 3-15-58

图 3-15-59

图 3-15-60

图 3-15-61

我们还可以依然在图层的混合模式中使用一些相应的模式,“混合模式”与“混合颜色带”是没有任何冲突的。根据需要再使用相应的工具进行修理。见图 3 - 15 - 62、3 - 15 - 63。

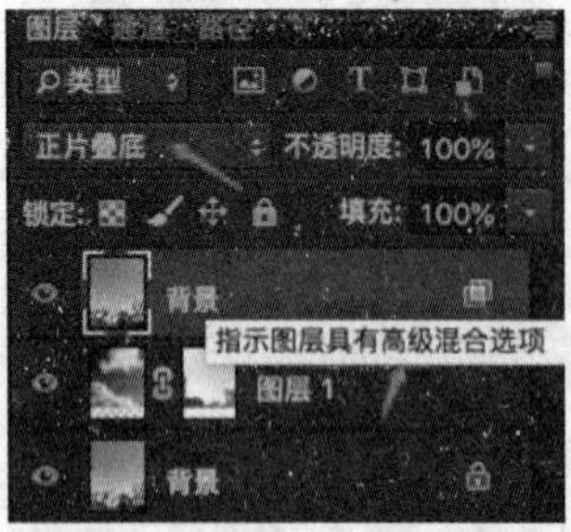

图 3 - 15 - 62

图 3 - 15 - 63

如果同学们已经完全理解了“混合颜色带”的原理和操作,那么在进行抠图处理时,可能就不会这样麻烦了,还是同样对上面的这张图片进行一个天空背景的更换,请同学们注意观察步骤。

首先将要换背景的图像复制一份,这点不可忘记。然后关闭背景层,对刚复制的图层使用“混合颜色带”,因为从画面中也能观察到天空是属于亮部,所以拖动“本图层”的亮部滑块,注意观察天空消失就行了。但是这时发现天空是消失了,但是画面中其他的一些亮部颜色也消失了。如图 3 - 15 - 63、3 - 15 - 64 所示。

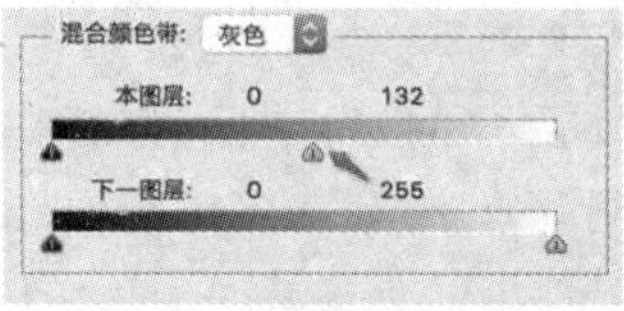

图 3 - 15 - 64

图 3 - 15 - 65

但请同学们不要忘记,混合颜色带是一种特殊的高级蒙版,既然是蒙版,我们就可以使用“黑透白不透”的原则。所以我们在背景层的原图像上建立蒙版,记住按 Alt 键并点击图层蒙版按钮建立黑色蒙版,不按的话是白色蒙版。(见图 3 - 15 - 66、3 - 15 - 67)

图 3 - 15 - 66

图 3 - 15 - 67

利用白色画笔进行涂抹,补全我们刚刚丢失的亮部颜色信息。这时将需要更换的天空

云的图片置入，并放置于下层，这样我们就很快地利用这种方法将背景进行了更换。（见图 3－15－68、3－15－69）

图 3－15－68

图 3－15－69

同学们现在有没有明白这个好像比我们上面的操作要快很多？但这种快是建立在理解的基础上的，一个是对混合颜色带的理解，另一个就是对蒙版的理解。刚刚说过有“白蒙版”，还有“黑蒙版”，这二者会有何不同呢？不按住 Alt 键建立“白蒙版”的同学们就会发现我们看不到我们刚进行“混合颜色带”处理过的亮部选区，而按住 Alt 键处理成“黑蒙版”的同学就会看到刚才处理过的带有选区的图像了。

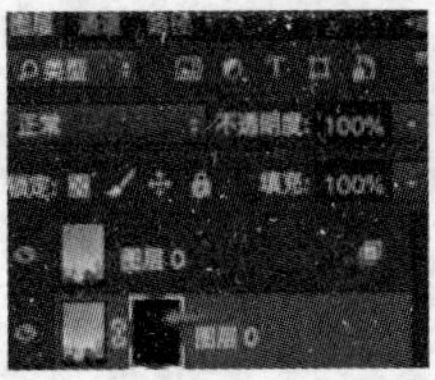

图 3－15－70

图 3－15－71

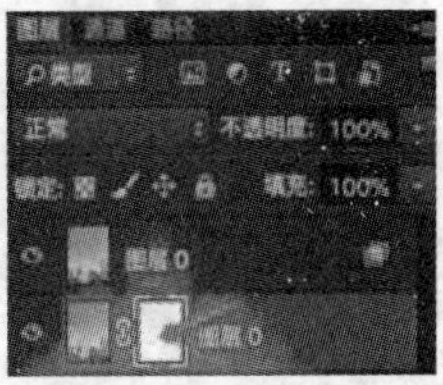

图 3－15－72

图 3－15－73

玩一玩

请同学们使用“混合颜色带”对自拍图像进行合成。

3.15.5　我们一起来说说

（1）何谓混合颜色带？

（2）混合颜色带的操作方法。

（3）混合颜色带的抠图方法。

（4）请同学们在课后自行百度“混合颜色带”学习。

以上除形成书面作业上交外，会在课前通过点名方式进行检查。课外实践作业请通过班级群发送给授课教师批改。

3.15.6 实训报告

图形图像处理 Photoshop CS6 实训报告

<table>
<tr><td rowspan="2">班级
姓名</td><td rowspan="2"></td><td>时间</td><td></td></tr>
<tr><td>实训室</td><td></td></tr>
<tr><td>实训知识点</td><td colspan="3">混合颜色带</td></tr>
<tr><td>实训目的</td><td colspan="3">1. 理解混合颜色带　3. 混合颜色带的操作方法
2. 混合颜色的原理　4. 混合颜色带的抠图方法</td></tr>
<tr><td>实训内容
学生填写部分</td><td colspan="2">1. 什么是混合颜色带

2. 混合颜色带原理

3. 混合颜色带的操作方法
(1)暗部

(2)亮部

(3)半透明

4. 混合颜色带的抠图方法
(1)抠透明

(2)抠闪电

(3)抠火焰

(4)换背景</td><td>案例实操训练</td></tr>
<tr><td>实训要求</td><td colspan="2">1. 认真填写实训报告
2. 对问题进行记录
3. 拓展问题认真思考并完成实践
4. 完成思考题并形成书面作业</td><td>备注:实训报告以一个知识点的实践完成为依据,教师根据学生实训具体情况来调整学时。这样更有利于实践分数的评定</td></tr>
<tr><td>成绩评定</td><td colspan="3">优秀　良好　及格　不合格</td></tr>
</table>

3.16　通道混合

我们可以利用通道混合器工具在各个通道之间进行混合，我们都已经知道通道是用来管理颜色的，而颜色又是不同亮度值的反映，所以总的来说，通道中需要管理的是颜色的亮度值。但是请记住通道又是选区。

通道混合器的调色原理并不是真正地把一个通道的颜色拿去给另外一个通道，通道混合器只是改变了原通道的亮度，并不影响其他通道。

3.16.1　我来说你来记

亮度如何进行混合？比如一张图片红色比较多，那么在通道混合器里红色通道亮度也会最亮，也就是说绿通道和蓝通道都会比红通道亮度低。所以也就是把绿通道和蓝通道的一部分亮度给了红通道，用以维持整体的百分比平衡（也就是说，如果增加了绿通道和蓝通道的百分比，那么相应的红通道的百分比就要下降，这样才能保持百分百的平衡）。

此时，红通道因为蓝通道和绿通道亮度混合后亮度会有所降低。那么亮度降低会出现什么现象呢？答案是：红通道亮度低了就等于红光减少了，红色和青色是补色，红减少了那么青就增加了。所以，如果碰到人物的肤色偏红就可以用通道混合器中的红通道里混入一定绿色通道的亮度，因为蓝通道品质一般较差，所以一般不使用蓝通道混合。同理，其他通道也是如此。调整效果如图 3－16－2 所示。

图 3－16－1

图 3－16－2

再比如，如果照片偏黄，那么说明蓝色很少，蓝色很少蓝通道就会很暗，碰到这种情况，可以在蓝通道中混合绿色通道。其实一般情况下，绿通道的细节最丰富，这样混入绿通道的亮度既可以把蓝色提亮起来，又可以修复蓝通道丢失的细节。

下面来做个测试看看。这里有一张图片里面有白、黑、灰、红、绿、蓝、青、黄、洋红 9 种颜色（见图 3－16－3）。然后我们打开通道混合器，先把红通道里的红色拉到最左边，出现的效果如图 3－16－4 所示。

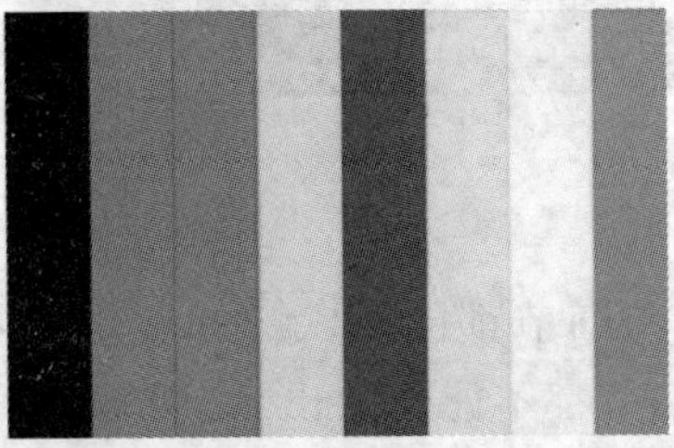

图 3－16－3

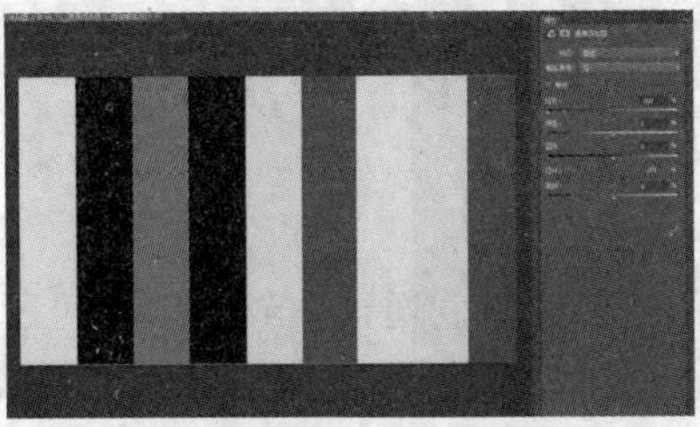

图 3－16－4

这时候，看到图中已经没有一点红色了，这就是把红通道里的红色全部抽掉了。所以可以看到，图片中的红色变成了黑色，而黄色因为里面含有红色成分，所以抽掉黄色里面的红色，变成了绿色（红色加绿色等于黄色），其他色块区域同理。

我们再来看一下图片的红色通道的变化（见图 3-16-5）。你会看到红通道全部变黑了。如果我们把蓝色绿色两个通道百分比都降到最低会怎样呢？效果如图 3-16-6。

图 3-16-5

图 3-16-6

关于其他颜色的调整同理，这里就不再讲解，大家可以用附带的图片练习一下，自己观察结果并将操作记录在实训报告中。

3.16.2 我来做你来看

下面我们就用这种混合的原理来给同学们展示下如何对图片进行混合，并请同学们注意观察各通道亮度的变化对颜色的影响。来看图 3-16-7，这是一张经过艺术处理，用"偏色"的方法得到的图像效果。所以很明显就发现整体颜色是偏黄的，当然还是可以利用图像处理的命令与功能将其再做成"偏绿"或是"偏蓝"的效果，今天就通过强大的通道来为同学展示另一类更高级的修图方法。所以这第一步就要在通道中来仔细看看这张图片。

先看看各个通道中的明暗层次关系。可根据每张图像的通道数目来一个一个进行查看，这里是红、绿、蓝三个通道，我们先看红色通道，明暗层次基本正常。

图 3-16-7

图 3-16-8

我们再来看绿色通道，虽然有些问题，但层次和细节都能反映出来，基本也是正常的。而当我们看到蓝色通道时，问题就出现了，层次和细节都不能反映出来，明暗关系损失较重。（见图 3-16-9、3-16-10）

图 3-16-9

图 3-16-10

既然蓝通道的明暗关系出现了问题，那我们就要使用“色阶”工具对其进行调整，另一方面也是想通过直方图来好好观察下。这里为了让同学们观察方便，我们使用了菜单命令“色阶”来进行调整。快捷方式 Ctrl＋L。

这时弹出色阶对话框，我们找到层次对比不是很强烈的绿通道，观察直方图会发现，两端都欠缺，移动左右两点的黑白滑标，对齐峰线后，可以发现图像明暗开始增强。如图 3-16-11、3-16-12 所示。

图 3-16-11

图 3-16-12

我们对红通道也使用一样的方法进行微调。现在我们来对受损较严重的蓝通道进行处理。单击损坏的蓝通道，然后打开菜单“图像”下的“应用图像”命令，便出现如图所示的对话框。在“通道”中选择“绿”，即表示你将用较好的绿色通道来替换已经受损的蓝色通道，设混合模式为正常；不透明度 90％；蒙版可以空着，如图 3-16-13、3-16-14 所示。

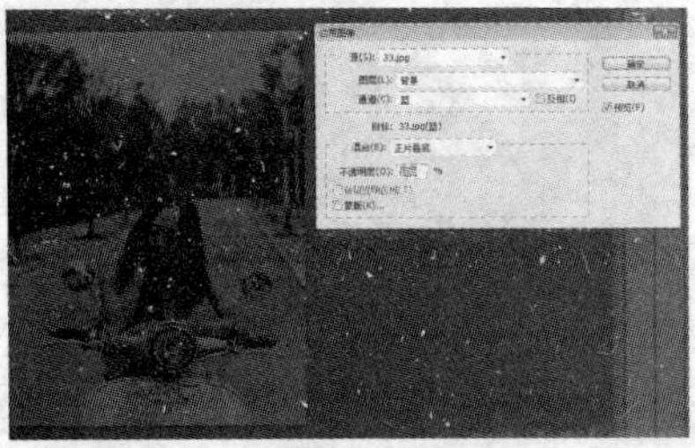

图 3-16-13

图 3-16-14

确定后，立刻就会发现，图像的色彩发生了巨大的变化。偏黄的图像效果消失了，图像开始“偏绿”了，色彩也柔和了很多。这时候也可以清晰地看到，原本层次色彩不分明的蓝通道变得正常了。效果如图 3－16－15 所示。

如果想要使图片效果更完美，我们可以利用之前学过的知识进一步修改。当然我们更可以使用“通道混合器”来进行调整。像这种偏黄的图像，其实只要在蓝色通道中对红和绿色部分加些蓝色就能修复(见图 3－16－16～3－16－21)。但本节知识点的学习重点是为了同学们能理解和掌握通道混合，所以有时我们不太会去计较某个工具或功能的强大。在这里可以分别尝试去修改其他的两个通道并得出不同的效果图。

图 3－16－15

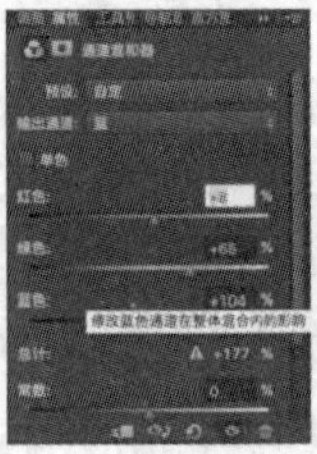

图 3－16－16

图 3－16－17

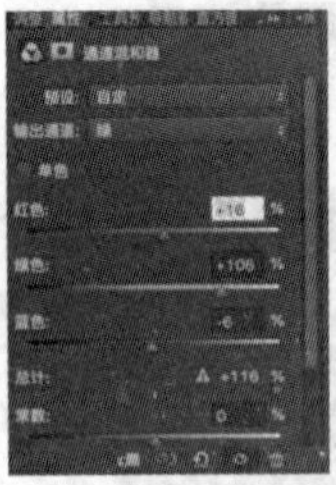

图 3－16－18

图 3－16－19

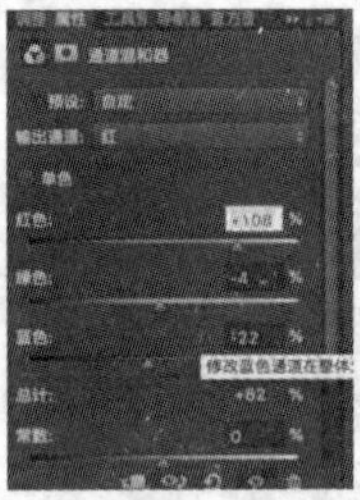

图 3－16－20

图 3－16－21

3.16.3 你来做我来看

下面请同学跟上我们的步伐，来练习如何利用通道混合快速进行调色。我们先来看看下案例的对比图。(见图 3－16－22、3－16－23)

图 3－16－22

图 3－16－23

老规矩，首先打开素材图片，并将其背景图层复制一份。然后点击通道面板，查看通道中红通道、绿通道、蓝通道的层次及色彩。（见图 3－16－24～3－16－27）

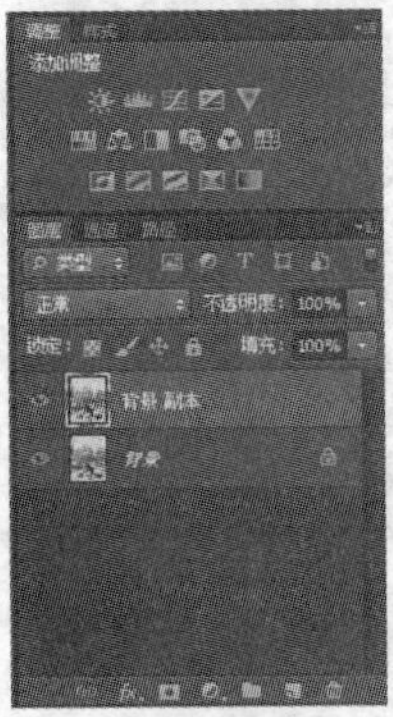

图 3－16－24

图 3－16－25

图 3－16－26

图 3－16－27

我们可以看到，蓝色通道效果最差，相对而言绿色通道最好，这里介绍另一种可以使画面变得更好的方法。选择绿色通道，按 Ctrl＋A 全选，按 Ctrl＋C 复制，点蓝色通道按 Ctrl＋V 粘贴，回到图层面板，效果如图 3－16－28 所示。

创建可选颜色调整图层，分别对红色及青色调整，参数可根据画面中出现的效果进行相应的设置（见图 3－16－29、3－16－30），效果如图 3－16－31 所示。

新建一个图层，按 Ctrl ＋ Alt ＋ Shift ＋ E 盖印图层。执行一个模糊滤镜的处理，这里使用了高斯模糊，数值为 5，再次申明参数根据画面与经验来进行调整。确定后把图层混合模式改为“柔光”，图层不透明度改为 50％，效果如图 3－16－32、3－16－33 所示。并创建曲线调整图层，对 RGB、红、蓝进行调整，同学请注意图像的变化（见图 3－16－34）。

图 3－16－28

图 3－16－29

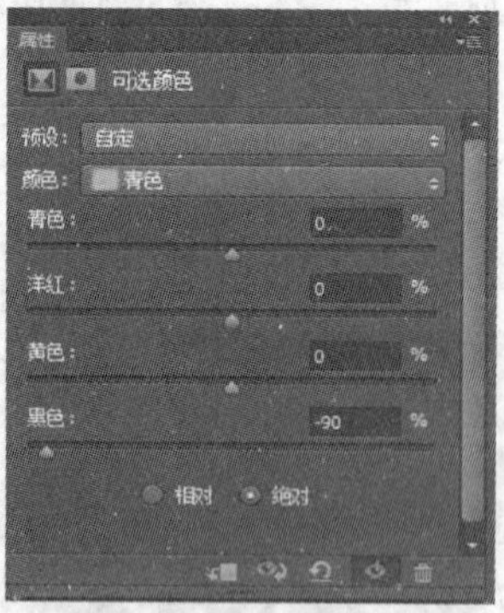

图 3－16－30

图 3－16－31

图 3－16－32

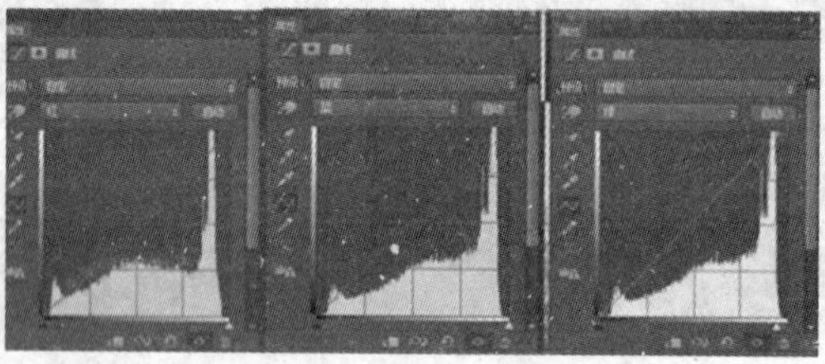

图 3－16－33

图 3－16－34

我们再次为图像创建色彩平衡，对中间调进行调整，并创建通道混合器调整图层，对蓝色调整，注意画面效果变化与参数的设置，如图 3－16－35～3－16－38 所示。

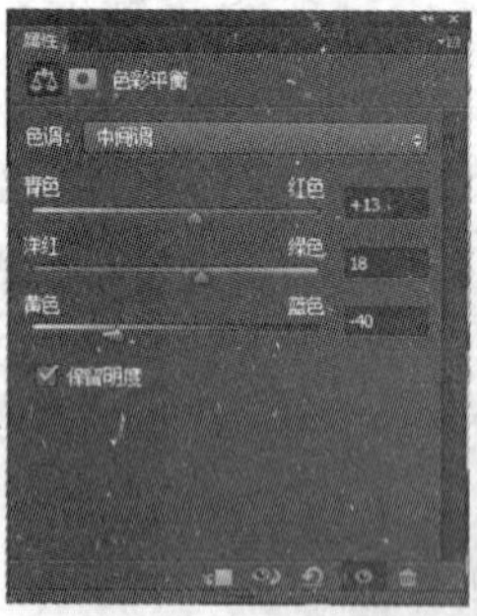

图 3－16－35

图 3－16－36

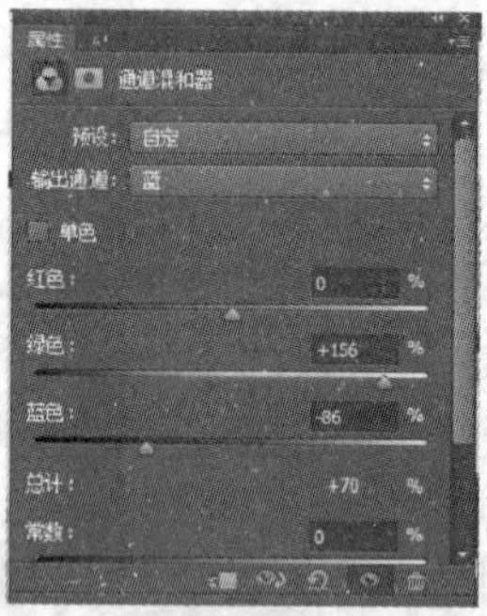

图 3－16－37

图 3－16－38

好像太冷，少了一些暖色，所以我们创建可选颜色调整图层，对红色进行调整（见图 3－16－39），效果如图 3－16－40 所示。

再新建一个图层，盖印图层。执行“高斯模糊”滤镜，数值为 5，确定后加上图层蒙版，用黑色画笔把人物及地面、车部分擦出来（注意黑透白不透），做好后将当前图层复制一层，图层混合模式改为“正片叠底”，图层不透明度改为 40％，效果如图所示。

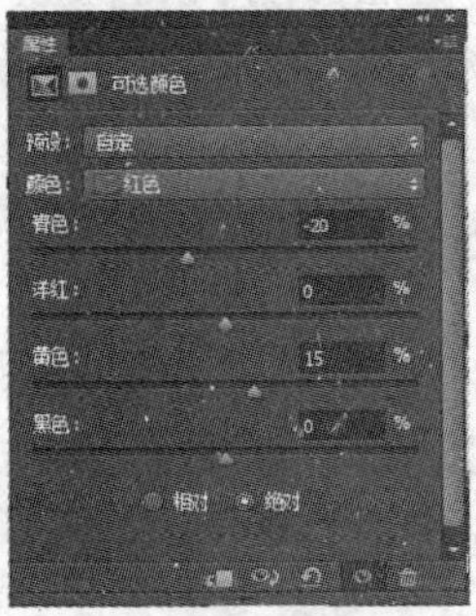

图 3 - 16 - 39

图 3 - 16 - 40

图 3 - 16 - 41

图 3 - 16 - 42

为了让效果更好些，也是为了同学们能更进一步思考，我们创建一个渐变映射调整图层，颜色设置为黑白（见图 3 - 16 - 43），确定后把图层混合模式改为“柔光”，图层不透明度改为 20％，如图 3 - 16 - 44 所示。

创建可选颜色调整图层，对红色调整（见图 3 - 16 - 45），注意画面中背景的变化，效果如图 3 - 16 - 46 所示。

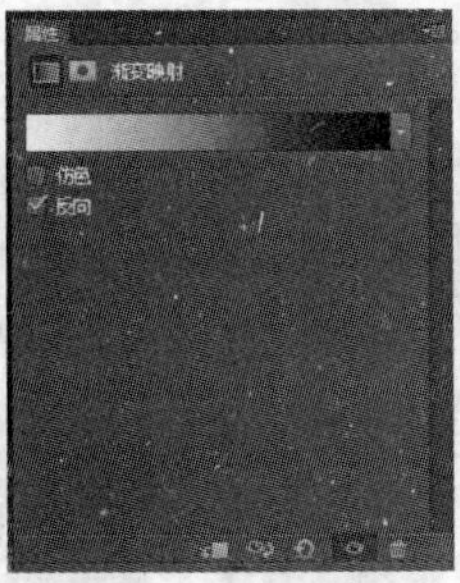

图 3 - 16 - 43

图 3 - 16 - 44

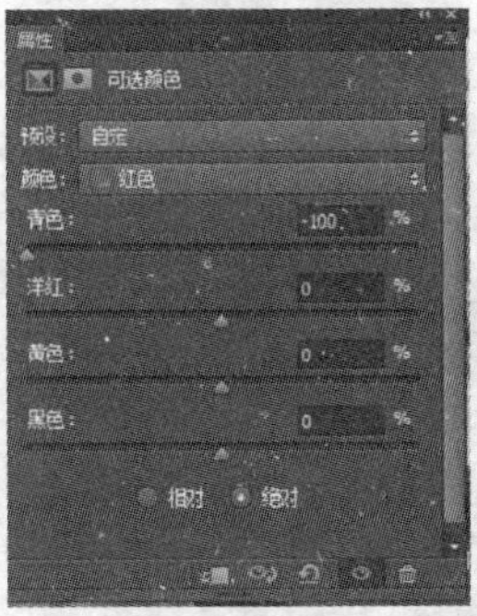

图 3 - 16 - 45

图 3 - 16 - 46

再次新建一个图层，盖印图层。执行“高斯模糊”滤镜，数值为 5，确定后把图层混合模式改为“柔光”，图层不透明度改为 30％，并再次利用“亮度/对比度”来调整图层（见图 3 - 16 - 47、3 - 16 - 48），最终效果如图 3 - 16 - 49 所示。

图 3 - 16 - 47

图 3 - 16 - 48

图 3 - 16 - 49

这就是我们利用通道来对图像进行的一种调色方法，希望同学们能够明白图像颜色在通道中的明暗和亮度的变化关系，结合其他的功能来完善我们的想法。

3.16.4 我们一起来练练

在我们日常的学习生活中，同学们会发现在网上有很多人会利用某些工具来进行“修颜”，也就是我们常说的“磨皮”。所谓的美颜也是指它，现在同学们的手机如果不带美颜功能的话都不好意自拍了。下面的这个案例我们将带领同学们利用通道混合模式给自己的相片进行“磨皮”处理。

打开素材图片，按 Ctrl ＋ J 把背景复制一层，得到“背景副本”，后面用到的图层较多，注意好图层顺序。首先我们来简单修复较大的痘痘和脸部一些多出的发丝。选择污点“修复画笔工具”，属性栏的类型选择“近似匹配”，然后不断调整修复画笔的大小，消除发丝和那颗较大的痘痘，其他部分暂时不用处理(见图 3－16－50)，大致完成的效果如图 3－16－51 所示。

对处理好的图像我们按 Ctrl ＋ J 把“背景副本”图层复制一层，得到“背景副本 2”(见图 3－16－52)，使用“高斯模糊”滤镜，半径设置为 5(见图 3－16－53)，然后确定，得到效果。

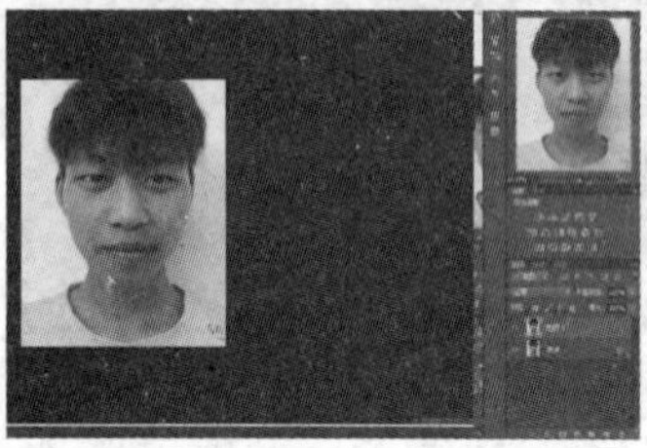

图 3－16－50

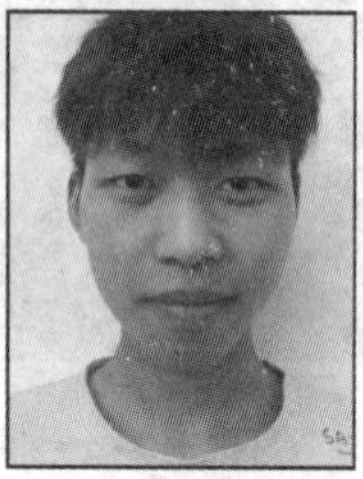

图 3－16－51

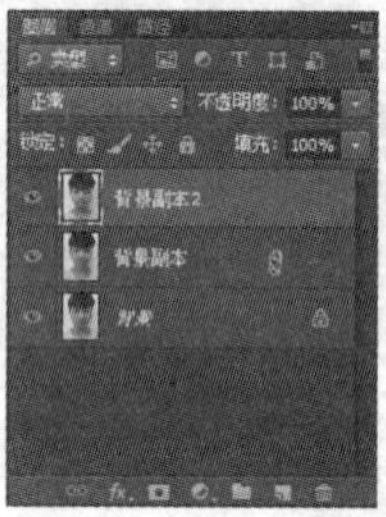

图 3－16－52

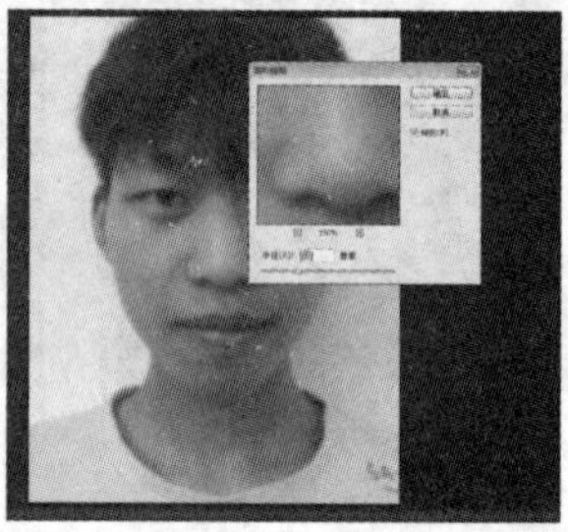

图 3－16－53

按住 Alt＋鼠标左键点击蒙版图标，添加黑色蒙版，这时候看不到模糊效果。选择画笔工具，画笔不透明度设置为 50%，再把前景色设置为白色，如图 3－16－54 所示。

然后用画笔慢慢涂抹肤色部分，把五官以外的肤色涂光滑一点，涂抹的范围根据画面确定，并新建一个图层，按 Ctrl＋Alt＋Shift＋E 盖印图层，得到图层 1，如图 3－16－56、3－16－57 所示。

对图层 1 使用“高斯模糊”滤镜，半径设置为 12(见图 3－16－58)，然后确定，得到效果。如图 3－16－59 所示。

按住 Alt＋鼠标左键点击蒙版图标，添加黑色蒙版，这时候就看不到模糊效果了。选择画笔工具，并把画笔的不透明度设置为 50%，再把前景色设置为白色，用白色画笔涂抹选区部分，如图所示。

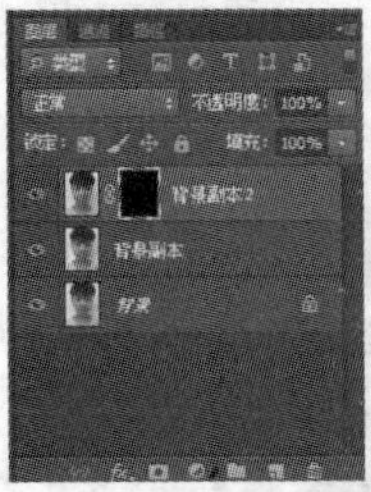

图 3-16-54

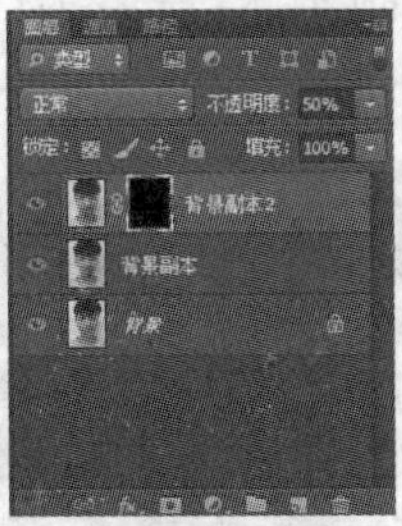

图 3-16-55

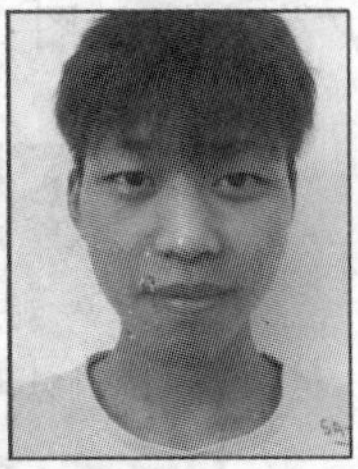

图 3-16-56

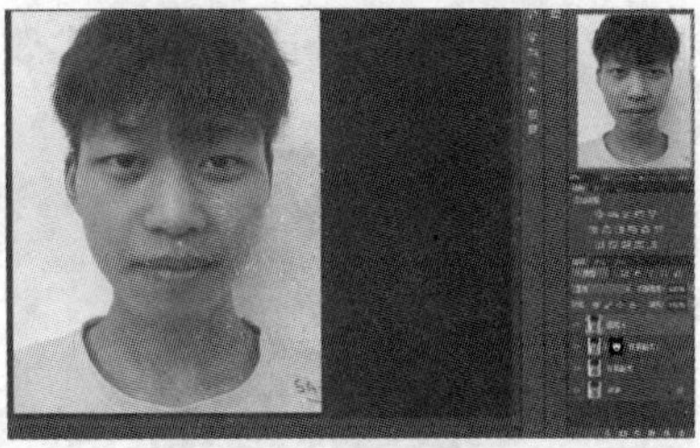

图 3-16-57

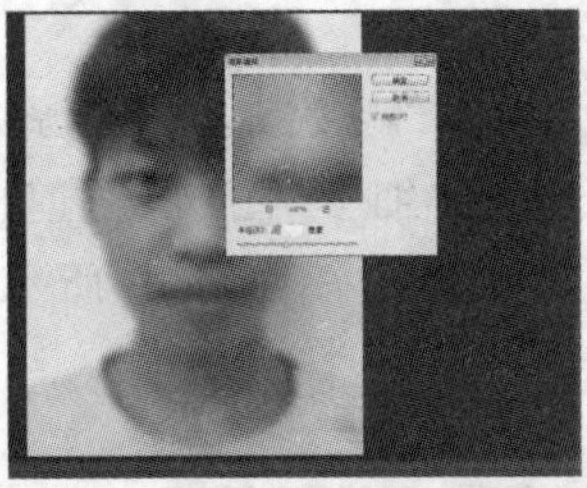

图 3-16-58

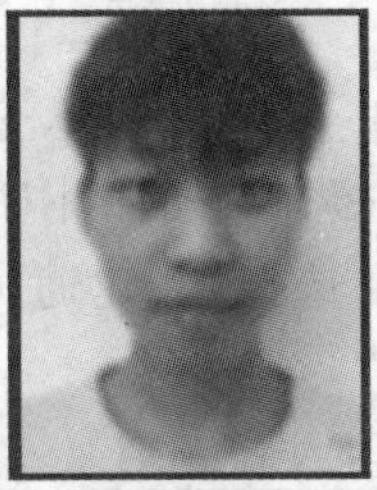

图 3-16-59

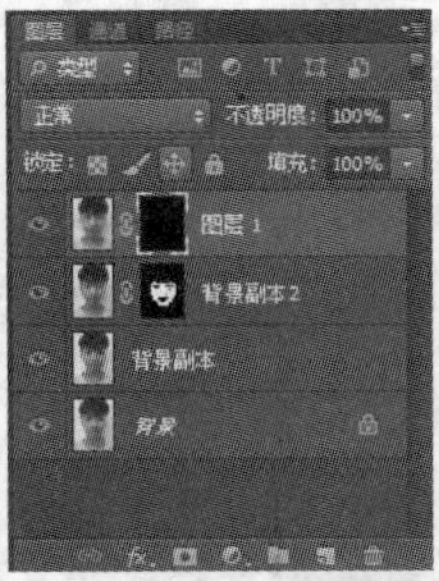

图 3-16-60

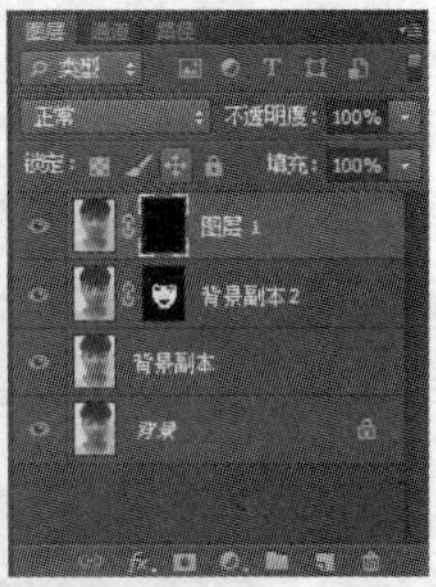

图 3-16-61

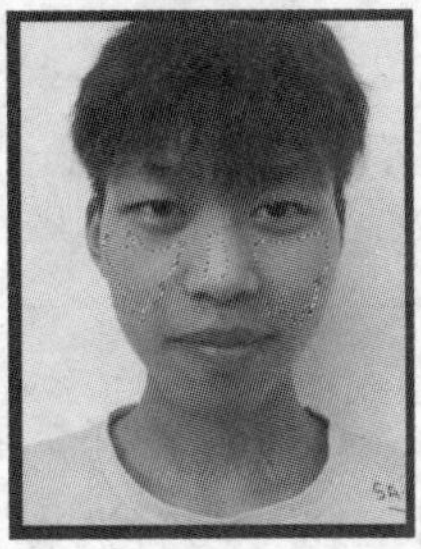

图 3-16-62

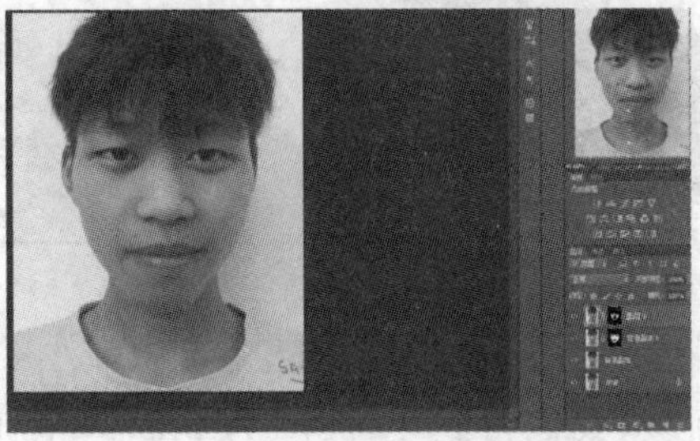

图 3-16-63

新建一个图层，按 Ctrl＋Alt＋Shift＋E 盖印图层，命名为“光滑”(见图 3-16-64)。把下面的“背景副本”复制一层，得到“背景副本 3”，如图 3-16-65 所示。

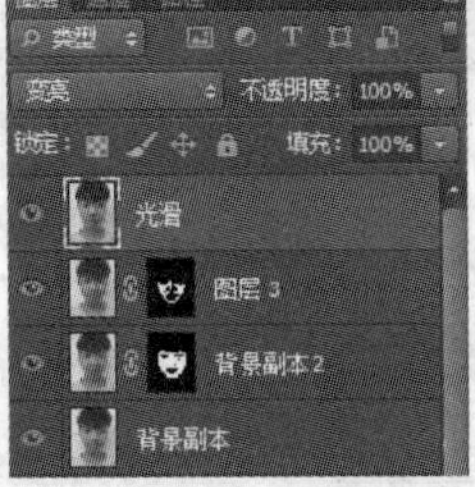

图 3-16-64

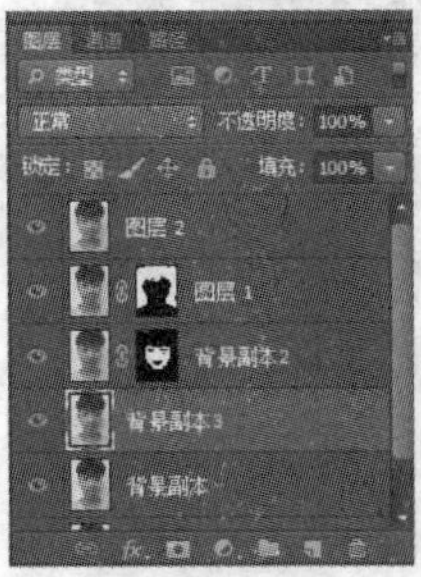

图 3-16-65

把“背景副本 3”移到“光滑”图层的下面，将“背景副本 3”命名为“细节”(见图 3 - 16 - 66)，回到“光滑”图层，把混合模式改为“变亮”(见图 3 - 16 - 67)。

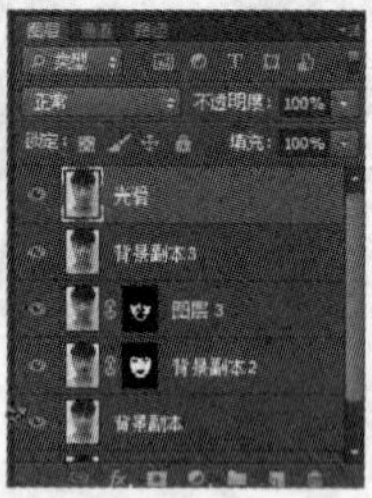

图 3 - 16 - 66

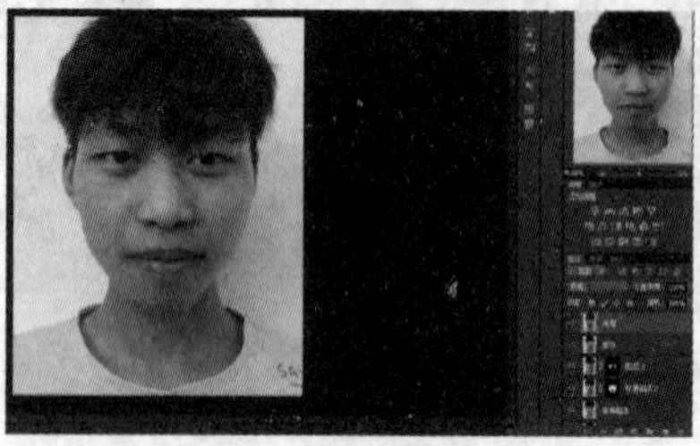

图 3 - 16 - 67

选择菜单“图像”命令下的“计算”，见图 3 - 16 - 68。设置“计算”参数，源 1 和源 2 不用设置；源 1 下面选择“合并图层”，通道为灰色；源 2 下面的图层选择“细节”图层，通道也是灰色；混合选择“差值”，不透明度为 100%；结果选择“新建通道”，如图 3 - 16 - 69 所示，然后确定。

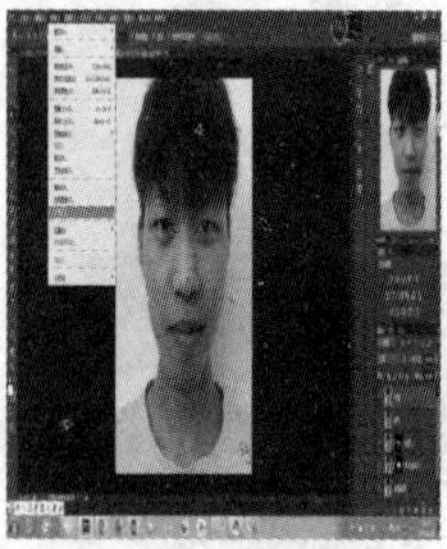

图 3 - 16 - 68

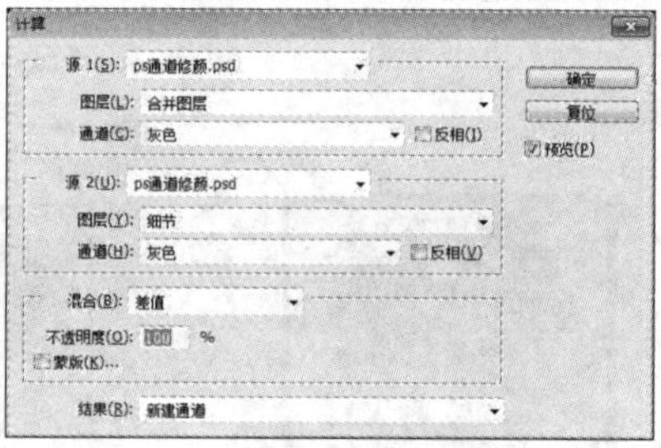

图 3 - 16 - 69

进入通道面板，我们得到了一个“Alpha 1”通道，见图 3 - 16 - 70。选择这个“Alpha 1”通道，按 Ctrl+L 调整色阶，边调整可以边看通道的变化(见图 3 - 16 - 71)，有白点出现后确定，得到如图 3 - 16 - 72 所示的效果。点 RGB 通道返回图层面板，把“图层 2”图层混合模式改为“变暗”，效果如图 3 - 16 - 73 所示。

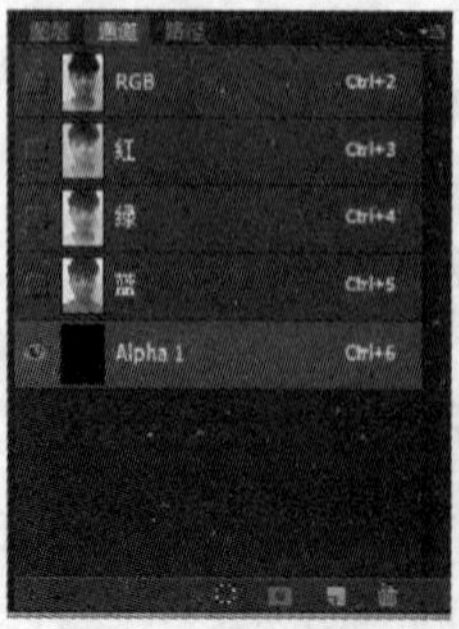

图 3 - 16 - 70

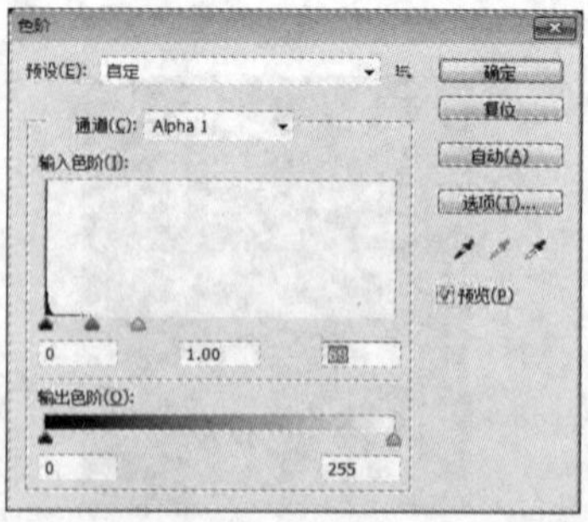

图 3 - 16 - 71

图 3 - 16 - 72

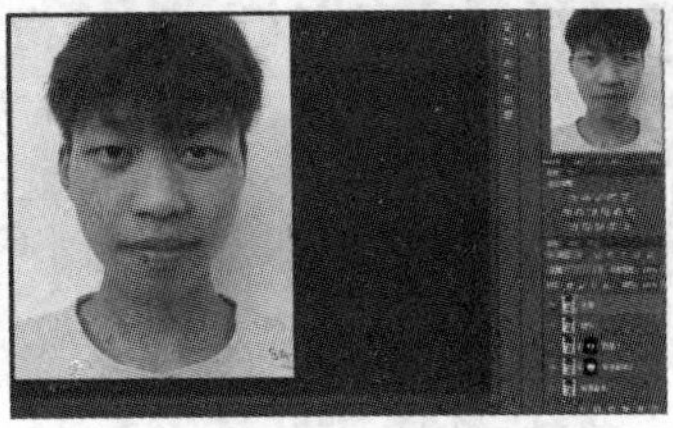

图 3 - 16 - 73

再次选择菜单“图像”下的“计算”(见图 3 - 16 - 74)，参数不需要变，确定后再进入通道面板，这样我们得到一个“Alpha 2”通道。如图 3 - 16 - 75 所示。

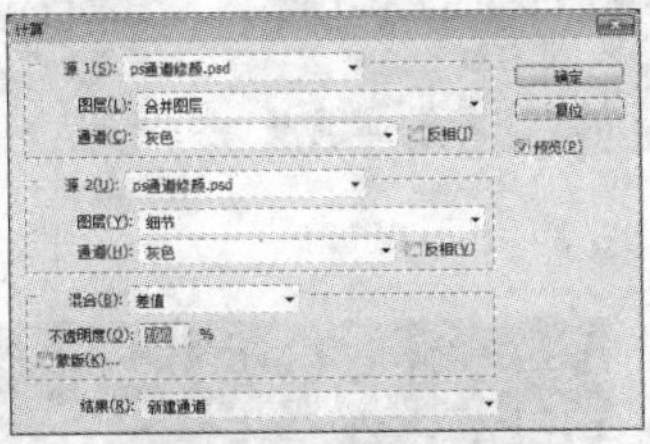

图 3 - 16 - 74

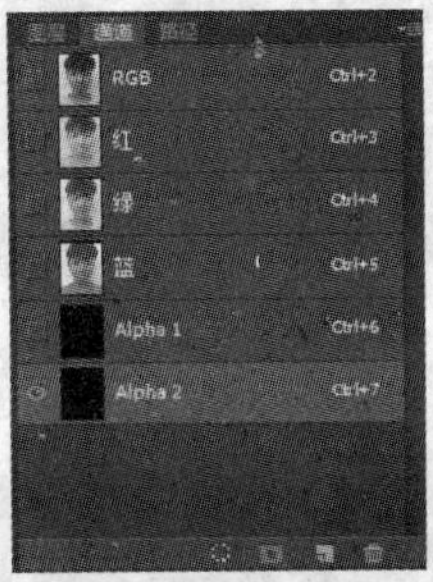

图 3 - 16 - 75

选择“Alpha 2”通道，按 Ctrl＋L 调整色阶(见图 3 - 16 - 76)，同样调亮一点，参数及效果如图 3 - 16 - 77 所示。

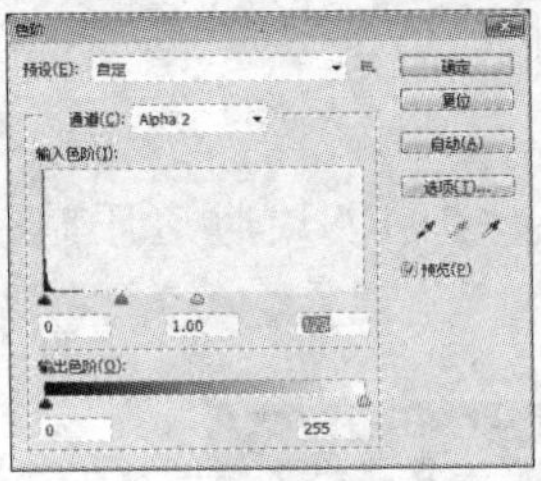

图 3 - 16 - 76

图 3 - 16 - 77

点 RGB 通道返回图层面板，把“光滑”图层混合模式改为“变暗”。按住 Ctrl＋鼠标左键点击“Alpha 1”通道缩略图载入“Alpha 1”通道选区(如果出现：任何像素都不大于 50%，选区将不可见！可以忽略，点确定)，效果如图 3 - 16 - 79 所示。

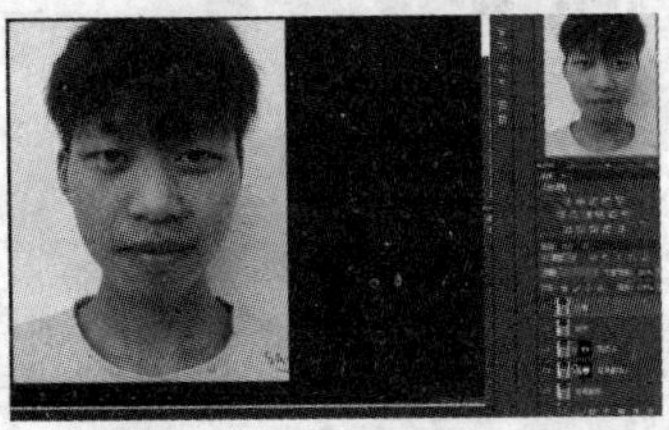

图 3 - 16 - 78

图 3 - 16 - 79

点 RGB 通道返回图层面板，把“光滑”图层前的眼睛点掉，隐藏图层（见图 3－16－80），保持选区，创建曲线调整图层。把 RGB 通道调亮一点，参数如图所示，然后确定。

把曲线调整图层命名为“提亮”，点一下曲线蒙版，选中蒙版状态，使用“高斯模糊”滤镜，数值为 0.5，确定后按 Ctrl＋F 执行两次，回到通道面板，按住“Ctrl＋鼠标左键”点击“Alpha 2”通道将缩略图载入选区，如图所示。

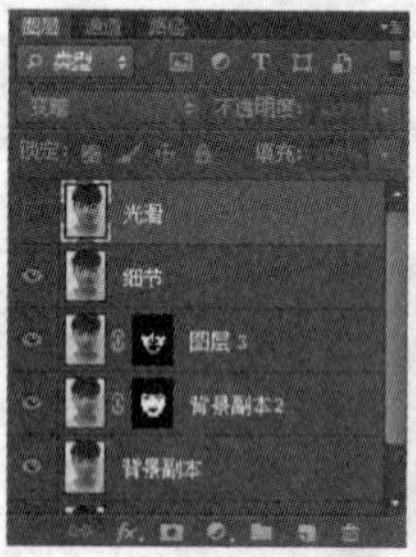

图 3－16－80

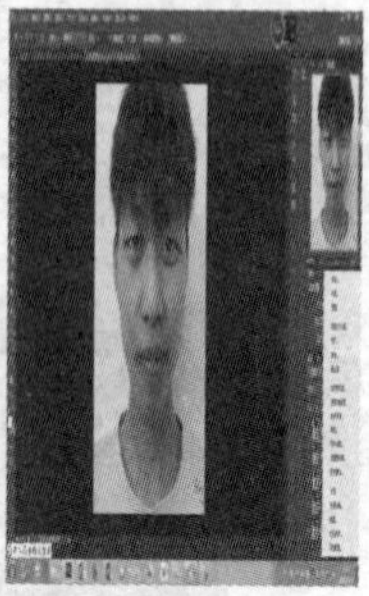
图 3－16－81

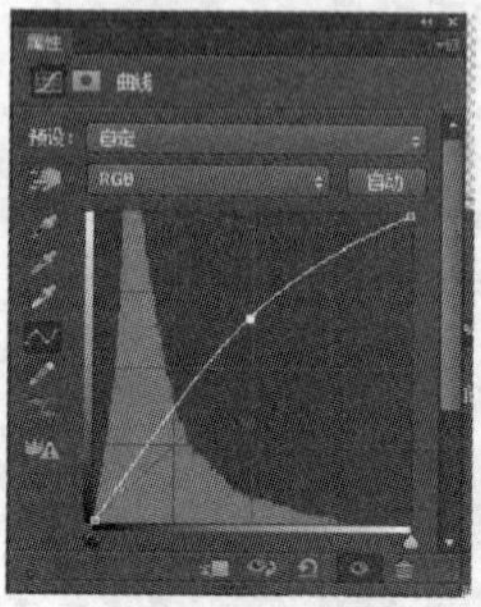

图 3－16－82

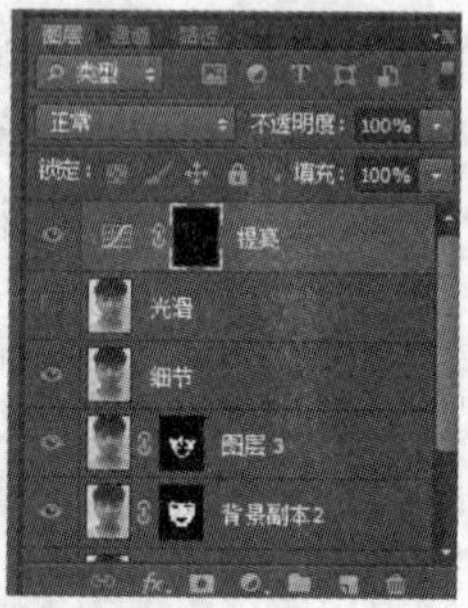

图 3－16－83

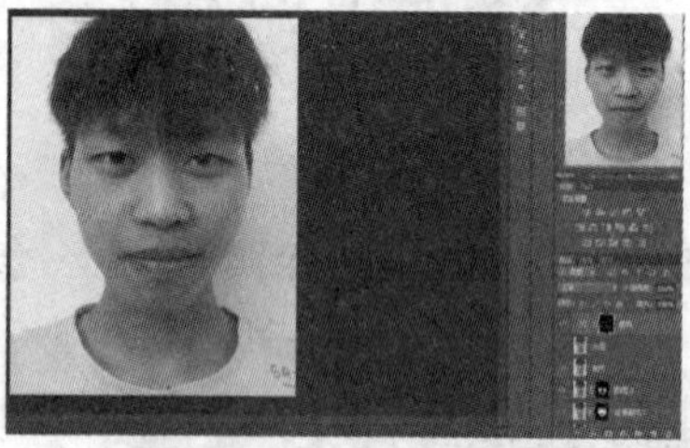
图 3－16－84

图 3－16－85

点 RGB 通道返回图层面板，然后创建曲线调整图层，把 RGB 通道压暗一点，如图 3－16－86、3－16－87 所示。

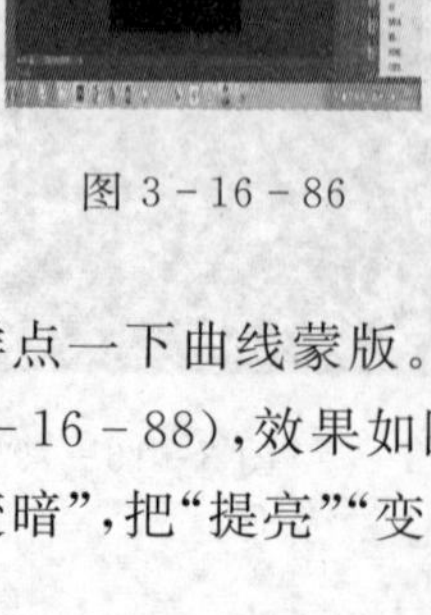
图 3－16－86

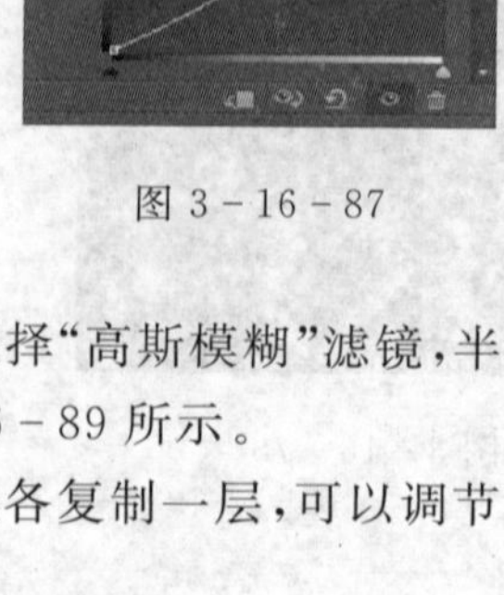

图 3－16－87

确定后，我们同样点一下曲线蒙版。然后选择“高斯模糊”滤镜，半径为 0.5，确定后再按 Ctrl＋F 两次（见图 3－16－88），效果如图 3－16－89 所示。

把曲线命名为“变暗”，把“提亮”“变暗”曲线各复制一层，可以调节副本不透明度（见图 3

－16－90)，得到如图 3－16－91 所示的效果。

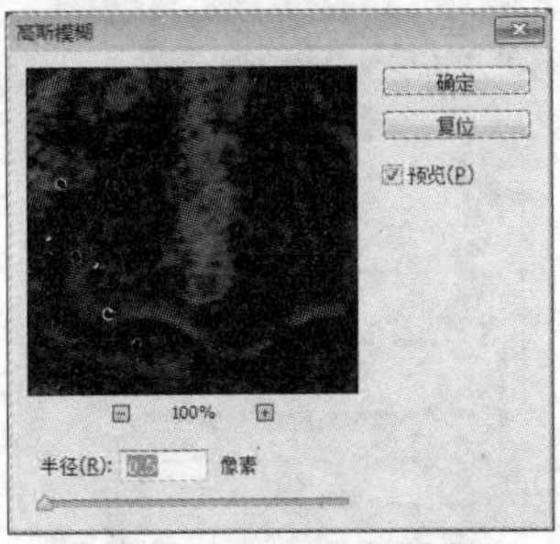

图 3－16－88

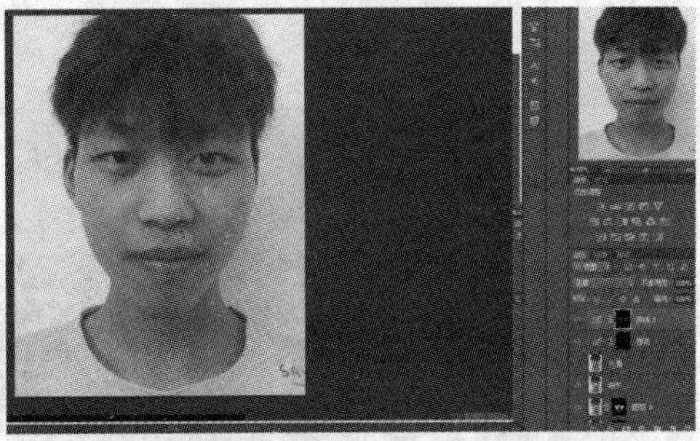

图 3－16－89

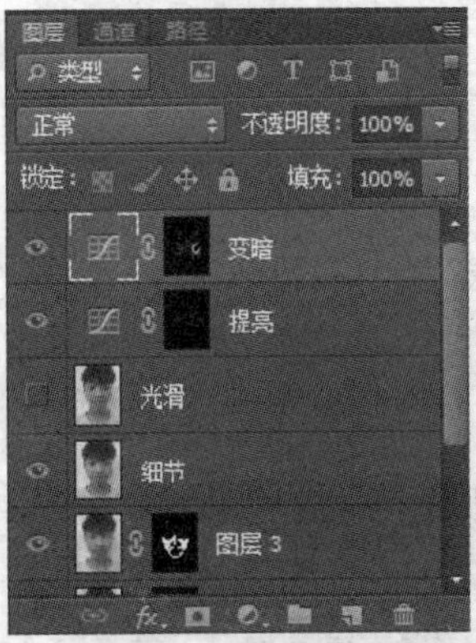

图 3－16－90

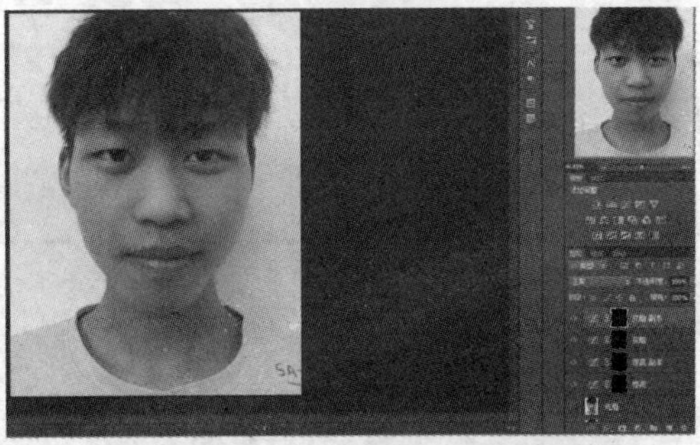

图 3－16－91

新建一个图层，按 Ctrl＋Alt＋Shift＋E 盖印图层，再用污点修复画笔工具，修复一下有瑕疵的部分，看看过度是不是更加自然了。再新建一个图层，盖印图层，按 Ctrl＋Shift＋U 去色，然后选择“滤镜”菜单下的“其它”里面的“高反差保留”，半径为 10，确定。把当前图层混合模式改为“柔光”，不透明度改为 20％，效果如图 3－16－94 所示。

最后加强一下局部明暗，再把整体锐化一下，完成最终效果。请同学们对比下与原图的效果。

关于“磨皮”，在实际工作中还可以使用很多插件去完成，请同学们自己上网搜索并加以训练。其实在 ACR 中有一个“减少杂色”功能，可以快速修复人像脸部的瑕疵，让颜色色调更均匀。请同学们为自己的自拍照试试。

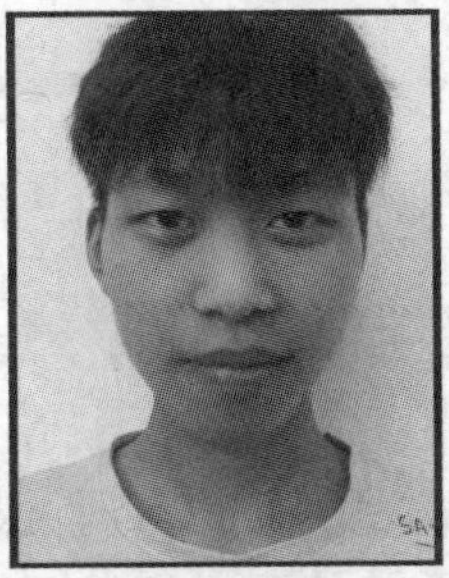

图 3－16－92

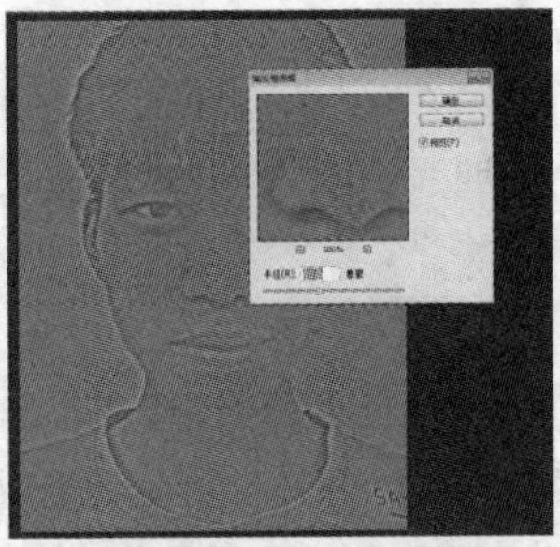

图 3－16－93

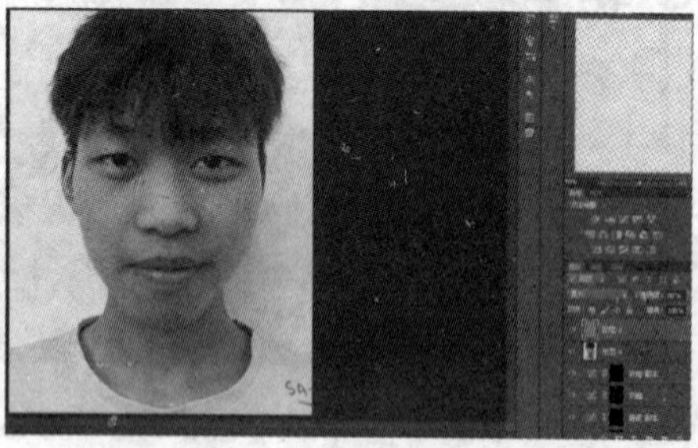

图 3-16-94

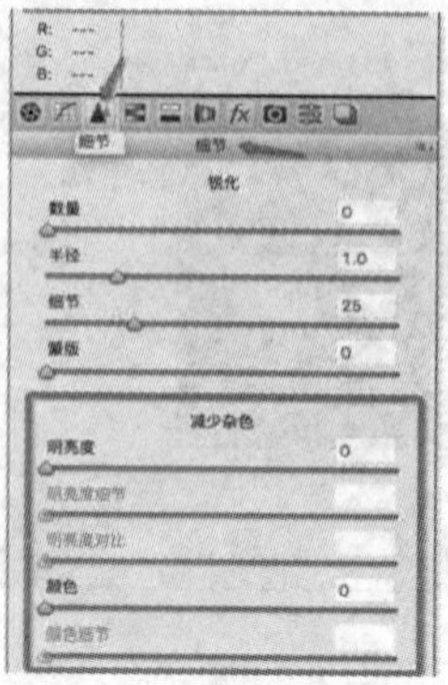

图 3-16-95

玩一玩

请同学们将这张“素材”图(见图 3-16-96)处理成“样张”图效果,如 3-16-97 所示。

图 3-16-96 素材

图 3-16-97 样张

3.16.5 我们一起来说说

(1)什么是通道混合?

(2)通道混合的原理。

(3)亮度与通道的关系。

(4)通道如何调色?

(5)请同学们自行百度使用 PS“磨皮”。

以上除形成书面作业上交外,会在课前通过点名方式进行检查。课外实践作业请通过班级群发送给授课教师批改。

3.16.6　实训报告

图形图像处理 Photoshop CS6 实训报告

班级 姓名		时间	
		实训室	
实训知识点	通道混合		
实训目的	1. 通道混合器　　3. 调整通道 2. 通道混合原理　4. 通道调色		
实训内容 学生填写部分	1. 什么是通道混合器 (1)亮度混合 2. 利用通道调色 (1)偏色 (2)通道混合调色 (3)磨皮	案例实操训练	
实训要求	1. 认真填写实训报告 2. 对问题进行记录 3. 拓展问题认真思考并完成实践 4. 完成思考题并形成书面作业	备注:实训报告以一个知识点的实践完成为依据,教师根据学生实训具体情况来调整学时。这样更有利于实践分数的评定	
成绩评定	优秀　良好　及格　不合格		

3.17 图层蒙版

蒙版在图像合成中经常被用到，蒙版除了可以保护选区以外的内容不被删除外，还可以利用图层蒙版制作透明或者半透明的特殊效果，所以蒙版通常被人们称作是非破坏性的合成工具。

3.17.1 我来说你来记

那么什么是蒙版呢？蒙版有哪些分类呢？一起来学习。

什么是蒙版？蒙版就是选框的外部（选框的内部就是选区）。蒙版一词本身来自生活应用，也就是“蒙在上面的板子”。比如现在有一张黑色的卡纸（见图 3-17-1），要在卡纸上抠出内容图案，那么拿块带有图案的板子遮在卡纸上，然后用喷枪喷一个喜欢的颜色，将板子拿下来后就看到了如图 3-17-2 所示的效果。这张黑色的卡纸，抠出的区域就是选区了，而未被抠出的部分，选框之外的就是蒙版。

图 3-17-1

图 3-17-2

蒙版虽然是种选区，但是它跟常规的选区颇为不同。通常情况下选区表现了一种操作趋向，即将对所选区域进行处理；而蒙版恰好相反，它是对选区进行保护让其免于受损，而对非掩盖的部分进行操作处理。

综上所述，蒙版就是我们选区之外的部分，负责保护选区的内容。蒙版蒙住的就是我们编辑时不受影响的地方，需要完整地留下来。

那么蒙版又有哪些分类呢？在 PS 中蒙版通常分为三种，即图层蒙版、剪贴蒙版、矢量蒙版。而图层蒙版是所有蒙版中使用率最高的一种工具。

如果我们要创建一个图层蒙版，只需单击图层面板下的“添加图层蒙版”即可。蒙版建立后我们可以看到，蒙版默认为白色，相当于一块透明的玻璃。这里请同学注意观察前景和背景为默认的黑白，如果想要让蒙版为黑色时，我们可以按 Alt 键再单击蒙版。

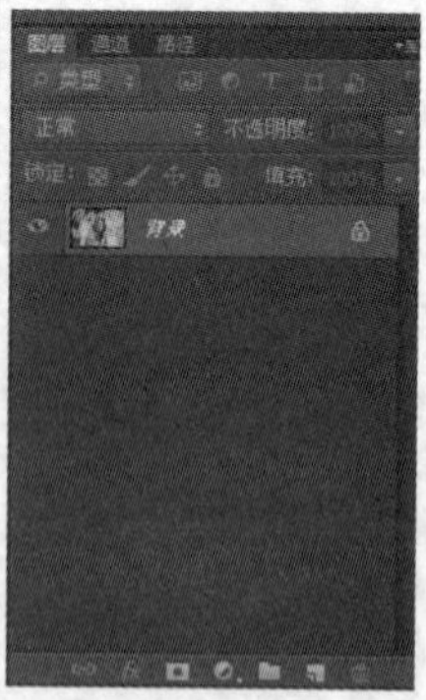

图 3-17-3

在 Photoshop 中蒙版是将不同灰度色值转化成不同的透明度，并作用于图层，使图层不同部位的透明度产生相应的变化。

图层蒙版是位图工具，通过使用画笔工具、填充命令等处理蒙版的黑白关系，从而控制整个画面的图像显示隐藏。在蒙版中，黑色代表完全遮挡，白色代表完全显示，灰色是半透明显示。

在蒙版状态下，请同学们记住黑色是透明的，白色是不透明的，其他的任何颜色都是灰度，也就是所谓的“黑透白不透”。

我们现在要用黑、灰两个颜色的画笔在透明玻璃上作画。

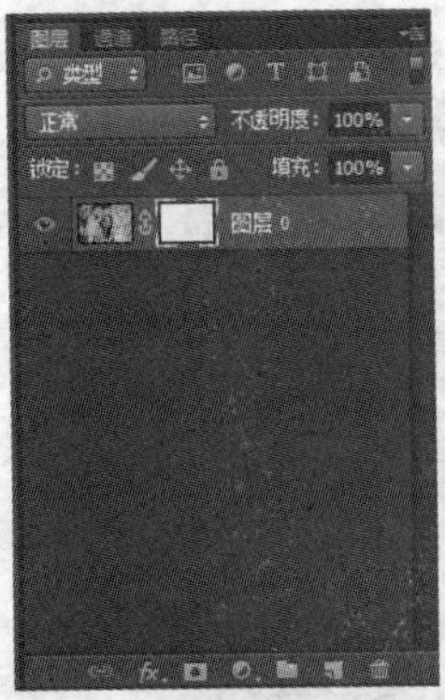

图 3－17－4

图 3－17－5

当这块蒙版为黑色时，相当于我给图层蒙上了一层黑色玻璃，在图层中，等于这块消失了。（见图 3－17－6）

图 3－17－6

当这块蒙版为灰色时，被蒙版覆盖的区域处于显示与被遮盖之间的一种半透明效果显示（见图 3－17－7）。请同学们注意观察它们的区别。

图 3－17－7

3.17.2 我来做你来看

蒙版的用途,第一个当然是抠图了。有的时候对图像进行合成处理时,找到的图案都不尽如人意,那么怎么保留需要的部分,删除不需要的部分,并且让两张图完美融合呢？一起来试试。

打开两张素材图片,并将其拖动到一个文件中,这时在图层中生成了两个图层:图层 1 和图层 2。(见图 3-17-8)

图 3-17-8

图层 2 的这个花朵图片只有一部分需要,那这个时候可以利用蒙版抠图,把不需要的部分去掉,保留需要的。如何让图层 1 与花朵所在的图层 2 融合到一起呢,当然是蒙版,所以我们为图层 2 创建一个蒙版。(见图 3-17-9)

根据黑透白不透的原理,使用黑色画笔工具,将画笔大小调到 80,硬度调到 0,同学们也可以使用柔边圆试下。在不需要保留的地方进行大面积涂抹。效果如图 3-17-10 所示。

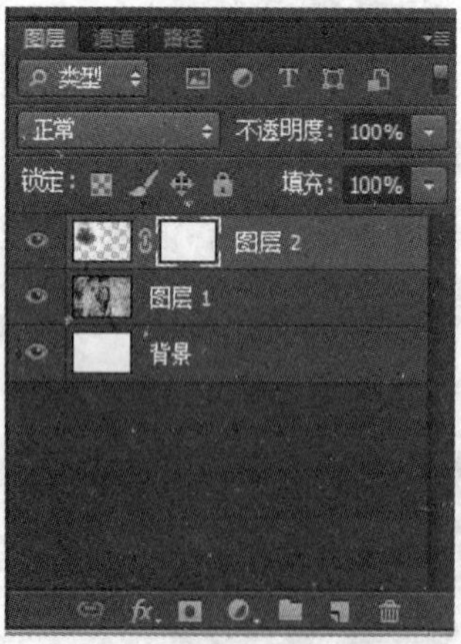

图 3-17-9

图 3-17-10

为了使最终效果更为自然,我们可以把画笔的大小调到 20,进行细部修改。接着使用快捷键 Ctrl+T 调出定界框,然后将其放小,再使用“移动工具”调整位置,还可以使用“变形”

和“透视”让花更加紧贴头发。最终效果如图 3-17-11 所示。

3.17.3　你来做我来看

图 3-17-11

请同学观察下面的这两张水果图片，利用图层蒙版把它们完美结合成一张新的图片，让橙子和猕猴桃完美结合。

使用移动工具将其中一张移动到另一张上，这里让猕猴桃移动到橙子上，此时图层面板中有两个图层，背景层(橙子)、图层 1(猕猴桃)。(见图 3-17-12)

我们将图层 1 的“不透明度”设置为 30%。这时我们在操作时就能看清图片的位置了。(见图 3-17-13)

图 3-17-12

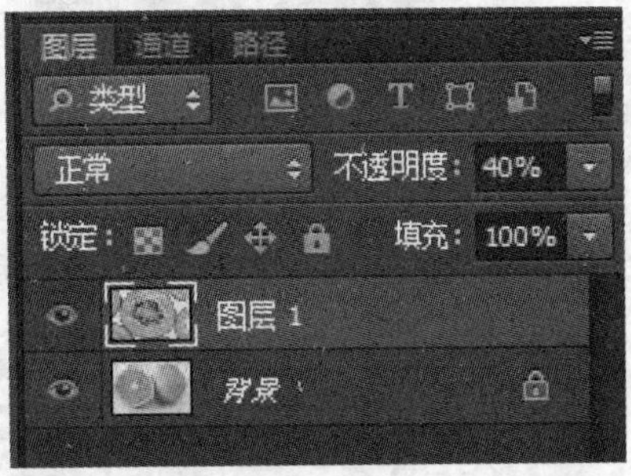

图 3-17-13

接下来将猕猴桃中最大的那块摆放到画面中左侧的橙子上，并进行合成。选择工具箱中的“移动工具”，将图层进行移动，将猕猴桃移动到橙子的上方，因为我们已设置了它的不透明度，所以可以很清楚地看到移动的位置。(见图 3-17-14)

接着使用快捷键 Ctrl+T 调出定界框，然后将图层 1 缩小并摆好位置后调整完成后按一下 Enter 确定。(见图 3-17-15)

图 3-17-14

图 3-17-15

现在就可以为它建立蒙版了，单击图层底部的“添加图层蒙版”为该图层添加图层蒙版。（见图 3-17-16）

利用刚刚创建的图层蒙版将不需要的内容隐藏。选中图层蒙版，选择工具箱中的“画笔”工具，在画笔工具选取器中设置“大小”为 100，“硬度”为 60%，然后将前景色设置成黑色，如图 3-17-17 所示。

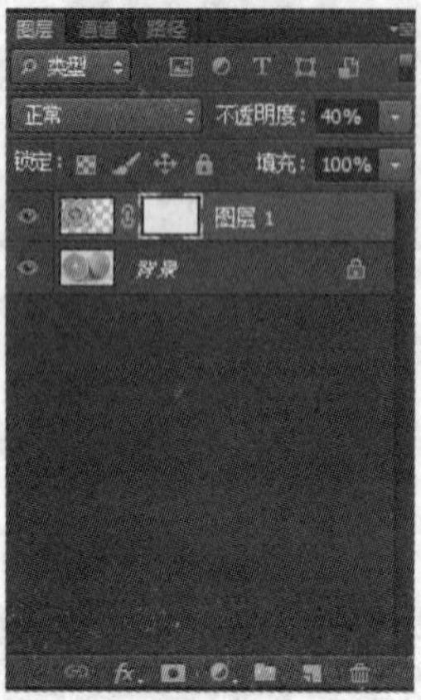

图 3-17-16

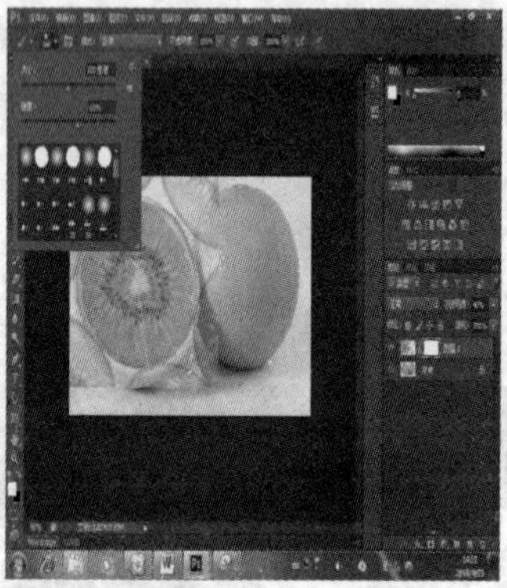

图 3-17-17

按照背景图层，对“橙子”的位置进行涂抹，保留猕猴桃与橙子相交的切面部分。涂抹后将图层 1 的不透明度调成 100%，最终效果如图 3-17-18 所示。

图 3-17-18

如果最后猕猴桃和橙子位置放置有些不对的话，还可以在后期再次借助“移动工具”调整其位置，用上下左右箭头进行微调，至此就完成了蒙版抠图合成。观察还有没有瑕疵？如果更换前景色为白色又会怎样？

3.17.4 我们一起来练练

通过上面所学，给图 3-17-19 换个美丽的背景。打开素材文件“人物”“背景”，合成一张新的效果图。

图 3 - 17 - 19

本次案例请同学们思考如果要用之前的抠图技法，会有哪些困难？利用图层蒙版进行合成时，如何更好地理解“黑透白不透”？为了让效果更好，还可以使用“渐变工具”对蒙版进行相应的处理。（见图 3 - 17 - 19、3 - 17 - 20）

图 3 - 17 - 20

玩一玩

请同学百度一张好看的图片，然后更换成自己的背景。

3.17.5　我们一起来说说

(1)蒙版的原理是什么？

(2)如何理解“黑透白不透”？

(3)如何理解“灰色和其他颜色都是半透明”？

(4)如何让图像合成在蒙版下更加贴切？

以上除形成书面作业上交外，会在课前通过点名方式进行检查。课外实践作业请通过班级群发送给授课教师批改。

3.10.6 实训报告

图形图像处理 Photoshop CS6 实训报告

班级 / 姓名			
		时间	
		实训室	
实训知识点	图层蒙版		
实训目的	1. 理解蒙版　2. 黑透白不透　3. 移动和缩放变形工具		
实训内容 学生填写部分	1. 蒙版原理 2. 黑透白不透(前景和背景) 3. 画笔的灰色和其他颜色 案例实操练习		
实训要求	1. 认真填写实训报告 2. 对问题进行记录 3. 拓展问题认真思考并完成实践 4. 完成思考题并形成书面作业	备注:实训报告以一个知识点的实践完成为依据,教师根据学生实训具体情况来调整学时。这样更有利于实践分数的评定	
成绩评定	优秀　良好　及格　不合格		

3.18　剪贴蒙版

剪贴蒙版是一个以下面图层形状显示上方图层的工具。至少在两个图层之间，才能创建，这两个图层即“基底图层”和“内容图层”，这两部分缺一不可。

3.18.1　我来说你来记

剪贴蒙版的工作原理就是让处于下方的图层形状来限制上方图层的显示状态，也就是说“基底图层”用于限定最终图像的形状，“内容图层”用于限制显示的最终图案。（见图 3 - 18 - 1）

“基底图层”位于最底部，决定了位于基底层上方图层的显示范围，对“基底图层”进行移动、变换的操作上面图层的显示都会受到影响。

“内容图层”是位于基底层上方的图层，可以是一个，也可以是多个。

剪贴蒙版创建的方法快捷键是：Ctrl＋Alt＋G。或者也可以按住 Alt，在要剪贴的两个图层相交的地方点一下。

我们在背景图层的上方创建一个形状图层 1，而图层 1 是一个完整的图层，形状 1 是图层 1 的剪贴蒙版（图层 1 左边会出现一个向下的箭头）。那么此时，图层 1 在画布上的显示范围，就是以形状 1 为标准的。

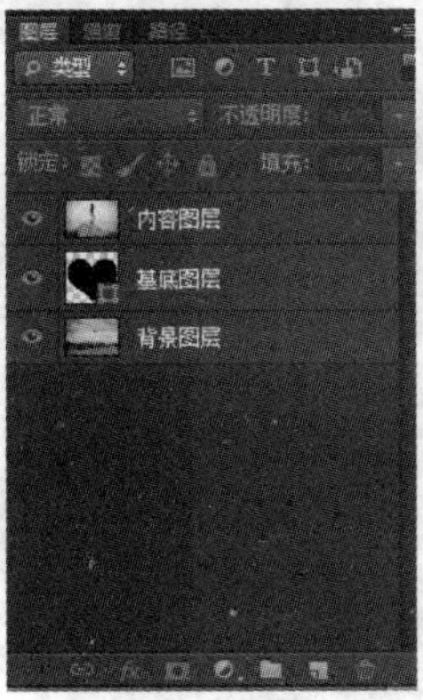

图 3 - 18 - 1

图 3 - 18 - 2

3.18.2　我来做你来看

下面我们就用剪贴蒙版来实际操作一个案例。

执行“文件”→“新建”命令，在视口中新建一个宽 1550 像素、高 800 像素的画布，背景颜色为默认的白色。同学们可自行使用快捷键。

接着选择“多边形工具 ”，我们设置一个六边形，如图 3 - 18 - 3 设置。

图 3 - 18 - 3

这样就在画面中绘制一个正六边形，放在画面的右边。如图 3－18－4 所示。

这样我们将多边形 1 拖拽到“创建新图层”图标上，就产生多份的拷贝(见图 3－18－3)。然后我们再使用移动工具将复制的图层“多边形 1”“多边形 1 副本”“多边形 1 副本 2”等及“多边形 1 副本 7” 进行一个排列组合。如图 3－18－6 所示。

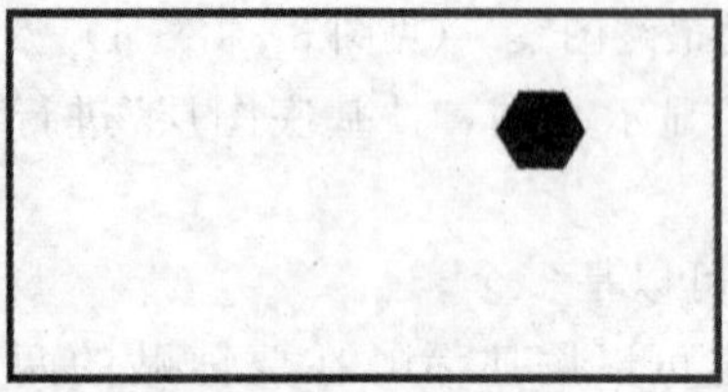

图 3－18－4

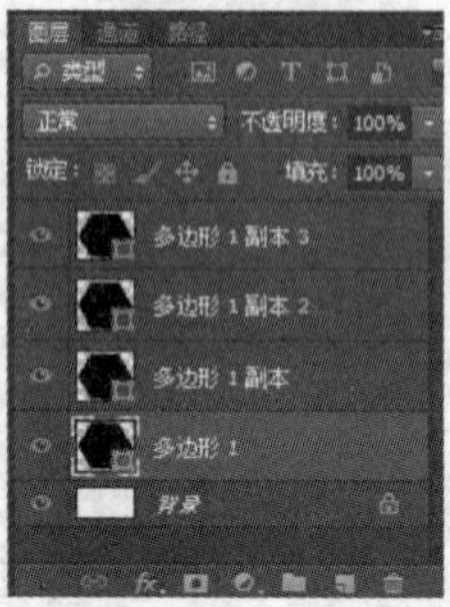

图 3－18－5

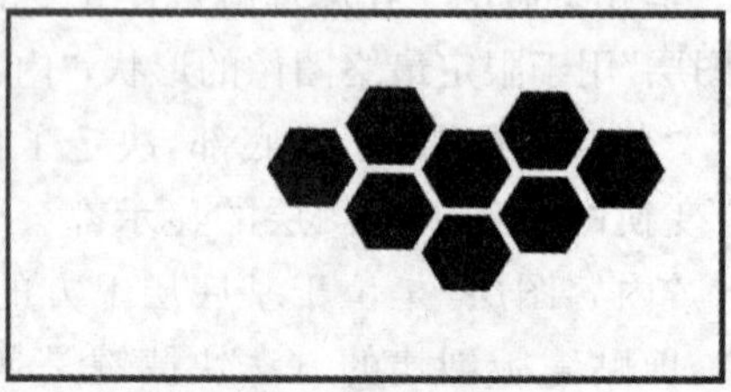

图 3－18－6

在图层的上方右击鼠标，对图层“多边形 1”“多边形 1 副本”“多边形 1 副本 2”等及“多边形 1 副本 7”栅格化，栅格化就是将矢量图形转化为位图，栅格就是像素的意思。在 PS 中我们经常要将矢量图形和文字进行栅格化处理。(见图 3－18－7)

图 3－18－7

使用 Ctrl＋E 键使栅格化的形状图层合并到一个图层上。(见图 3－18－8)

图 3－18－8

我们再将素材图片放置到画面中，最好盖住我们刚合并的这个图形层。（见图 3－18－9）

调整图层 1 位置，将它放置在合适的位置。（见图 3－18－10）

图 3－18－9

图 3－18－10

选择图层 1，按住 Alt 键，鼠标指针变成↓□状，即可创建剪贴蒙版（见图 3－18－11），此时画面效果如图 3－18－12 所示。

图 3－18－11

图 3－18－12

然后我们再使用之前学过的“文字”工具T，键入相应的装饰文字，完成效果如图 3－18－13 所示。

3.18.3　你来做我来看

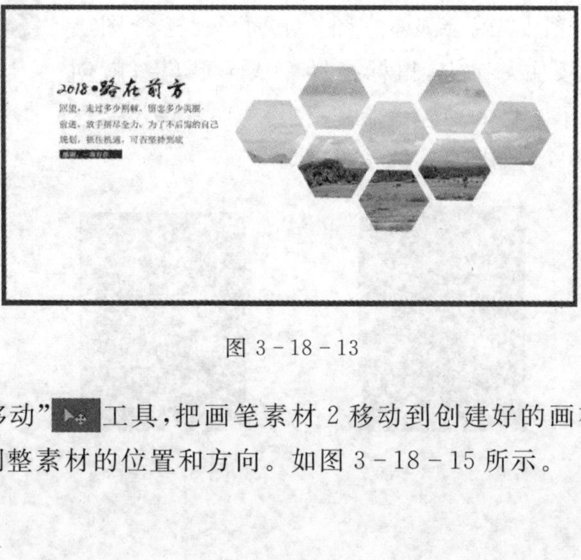

图 3－18－13

这里为同学们提供如下的几张图片，请同学们利用剪贴蒙版进行合成训练。新建一个宽度 860 像素、高度 530 像素的画布。打开提供的画笔 1 素材图片，使用“移动”工具，把画笔素材 1 移动到创建好的画布中，如图 3－18－14 所示。

打开提供的画笔 2 素材图片，使用“移动”工具，把画笔素材 2 移动到创建好的画布中，按键盘上的 Ctrl＋T 键调出调整框，调整素材的位置和方向。如图 3－18－15 所示。

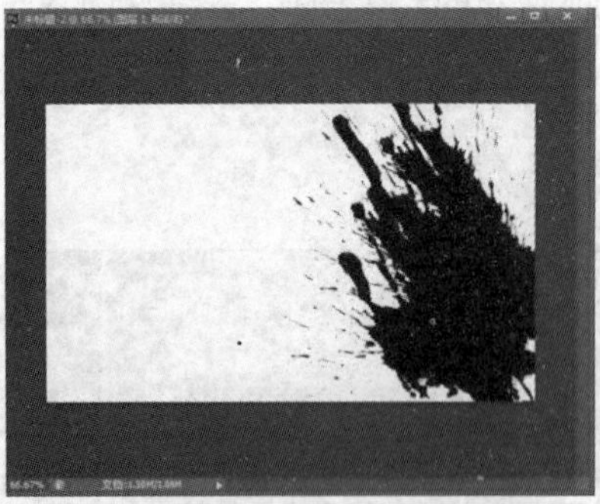

图 3-18-14

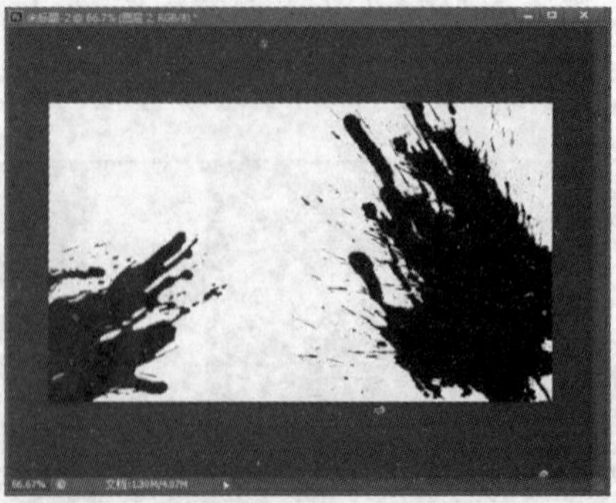

图 3-18-15

将图层 2 的不透明度降到 13%(见图 3-18-16),设置结果如图 3-18-17 所示。

图 3-18-16

图 3-18-17

再打开提供的素材文件“人物”,使用 Ctrl+T 键适当缩放,并将其拖拽到画布的合适位置,如图 3-18-18 所示。

图 3-18-18

接下来,把图层 3 移动到图层 1 的上方,这样图 3 就会显示在图 1 上面了。选择图层 3,按住 Alt 键,鼠标指针变成形状↓□,就创建了它们的剪贴蒙版(见图 3-18-19、3-18-20)。如图 3-18-21 所示。

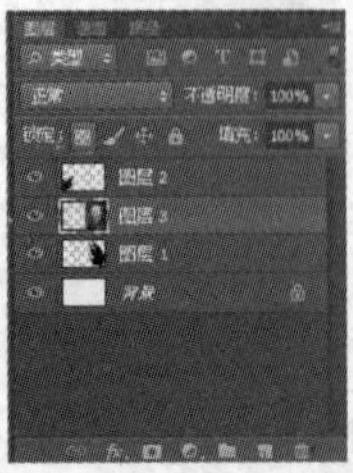

图 3-18-19

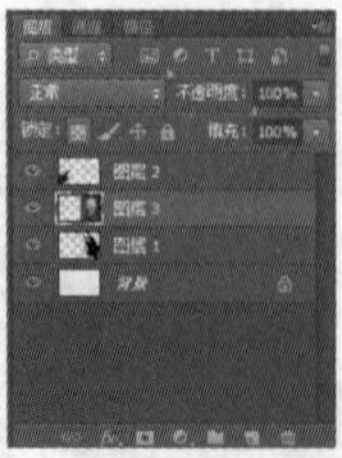

图 3-18-20

图 3-18-21

要想使效果更为立体，我们可以为图层 1 添加阴影及发光效果（见图 3－18－22），设置及结果如图 3－18－23 所示。

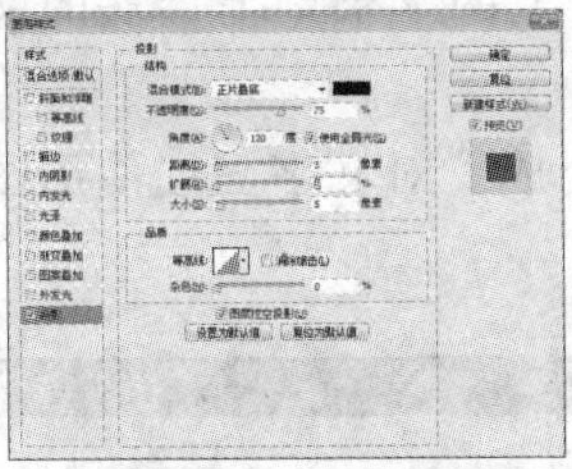

图 3－18－22

图 3－18－23

我们再使用文字工具 T ，加入一些文字，大小、颜色可自行设定。（见图 3－18－24）

接下来我们重复上一步的操作，加入所需的文字。（见图 3－18－25）

图 3－18－24

图 3－18－25

新建图层，使用矩形框工具绘制矩形框，填充深蓝色，如图 3－18－26 所示。

接下来，可以再加上相应的装饰文字，至此我们完成了本案例的所有操作，最终效果如图 3－18－27 所示。

图 3－18－26

图 3－18－27

3.18.4　我们一起来练练

从上面的两个例子中，同学们一定对剪贴蒙版有了些初步的认识。请同学们想一下，文字是什么？文字图层又是什么？文字是不是特殊的形状？如果用文字图层创建剪贴蒙版会是什么效果？

下面就来对文字进行练习，利用剪贴蒙版给这张图片上的苹果刻上喜欢的文字。合成效果如图 3－18－28。

打开素材文件“苹果”，利用剪贴蒙版、文字工具进行合成。对文字图层使用图层样式如下图所示。

图 3－18－28

图 3－18－29

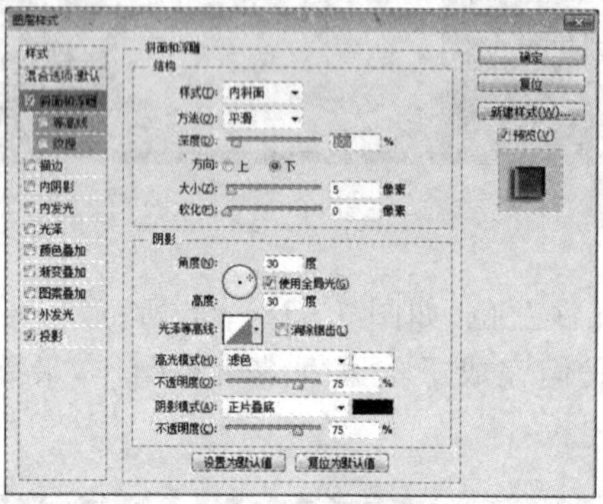

图 3－18－30

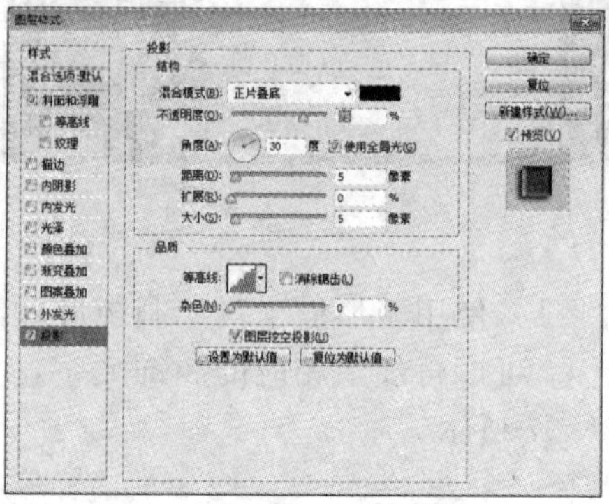

图 3－18－31

玩一玩

把自己的名字“刻”在自己的手机上。

3.18.5 我们一起来说说

（1）如何理解剪贴蒙版？

（2）如何理解 PS 中的文字？

（3）何谓栅格化？

3.18.6 实训报告

图形图像处理 Photoshop CS6 实训报告

<table>
<tr><td rowspan="2">班级
姓名</td><td rowspan="2"></td><td>时间</td><td></td></tr>
<tr><td>实训室</td><td></td></tr>
<tr><td>实训知识点</td><td colspan="3">剪贴蒙版</td></tr>
<tr><td>实训目的</td><td colspan="3">1. 剪贴蒙版　2. 形状与文字　3. 栅格化</td></tr>
<tr><td>实训内容
学生填写部分</td><td colspan="3">1. 剪贴蒙版

2. 形状与文字

3. 栅格化

案例实操练习</td></tr>
<tr><td>实训要求</td><td>1. 认真填写实训报告
2. 对问题进行记录
3. 拓展问题认真思考并完成实践
4. 完成思考题并形成书面作业</td><td colspan="2">备注:实训报告以一个知识点的实践完成为依据,教师根据学生实训具体情况来调整学时。这样更有利于实践分数的评定</td></tr>
<tr><td>成绩评定</td><td colspan="3">优秀　良好　及格　不合格</td></tr>
</table>

3.19 矢量蒙版

矢量蒙版，也叫作路径蒙版，是可以任意放大或缩小的蒙版。简单地说，这是一种不会因放大或缩小操作而影响清晰度的蒙版。矢量蒙版的作用与图层蒙版的作用是一样的，只是在创建或编辑矢量蒙版时要用钢笔或是形状工具，选区和渐变工具还有画笔工具是不能用来编辑的。

3.19.1 我来说你来记

用选区工具来绘制图片中需要显示的区域，之后通过路径选择工具或者直接选择工具或者形状工具编辑路径或形状。这里需要注意的是画笔、橡皮、套索工具等，不能为矢量蒙版绘制图形。

现在以形状工具为例讲解。

选择形状工具里的"自定义形状工具"，在属性栏上，我们选择一个"会话"标志，如图 3-19-1、3-19-2 所示。

按住鼠标左键，绘制出一个会话形状出来。(见图 3-19-3)

图 3-19-1

图 3-19-2

图 3-19-3

按住键盘上的 Ctrl，将形状 1 图层拖到我们想要添加的矢量蒙版的图层上。这个时候图层 1 就被创建了一个矢量蒙版(见图 3-19-4)，接下来，我们只需要选中形状 1，按一下 Delete 键就可以出效果了(见图 3-19-5)。

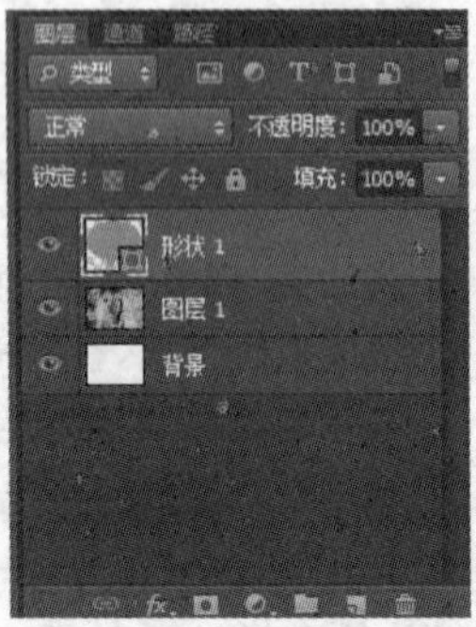

图 3-19-4

图 3-19-5

3.19.2　我来做你来看

下面利用这个矢量蒙版的原理来进行本案例的学习。

新建一个宽度 1000 像素、高度 300 像素的画布。(见图 3－19－6)

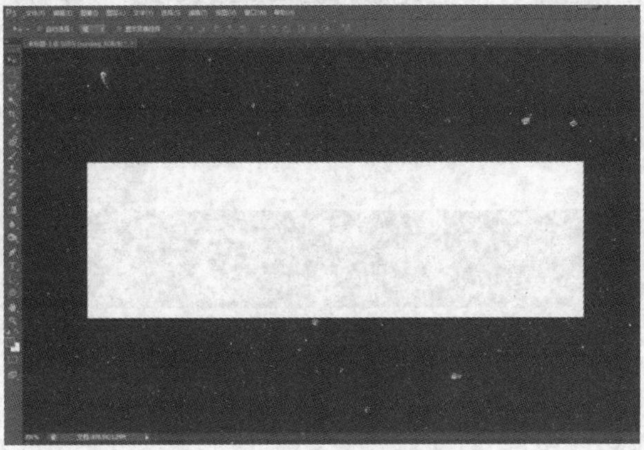

图 3－19－6

使用之前学过的“文字”工具，键入“RUNNING”装饰文字，如图 3－19－7 所示。

图 3－19－7

选择魔棒工具，在空白处单击，选中白色区域，如图 3－19－8 所示。

图 3－19－8

在菜单栏点击，选择，反向，或者按快捷键 Ctrl+Shift+I 即可（见图 3-19-9），这样就选中了字体（见图 3-19-10）。

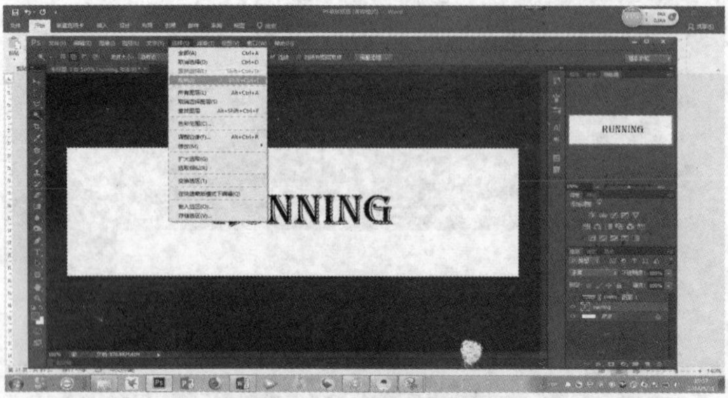

图 3-19-9

图 3-19-10

同学们在路径面板中观察，点击选区转为路径按钮，虚线就变成了直线。（见图 3-19-11）

接下来我们再打开一张漂亮的风景图片，如图 3-19-12 所示。

使用移动工具将新打开的图片移动到文字文件上，效果如图 3-19-13 所示。

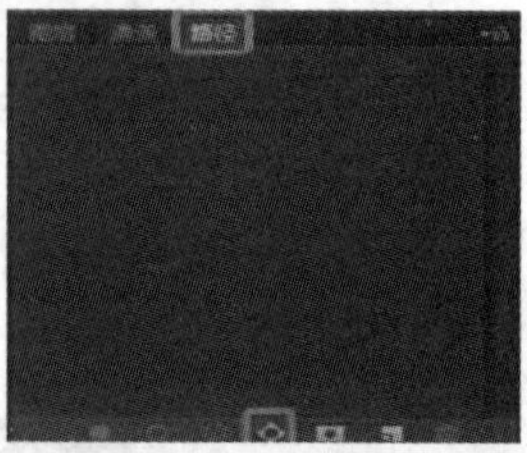

图 3-19-11

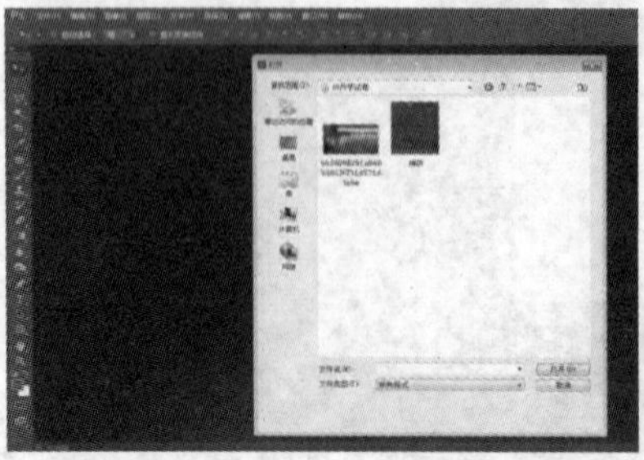

图 3-19-12

图 3-19-13

选中图层 1，也就是风景所在的图层，点击菜单栏“图层”菜单下“矢量蒙版”下的“当前路径”即可(见图 3 - 19 - 14)。这样漂亮的风景图就像浸入字体中一样(见图 3 - 19 - 15)。同学们如果对显示的效果不满意，还可以移动下面的图片进行显示图像的更改。除此之外还可以更改图片的混合模式，切换其他效果，如图 3 - 19 - 16 所示。

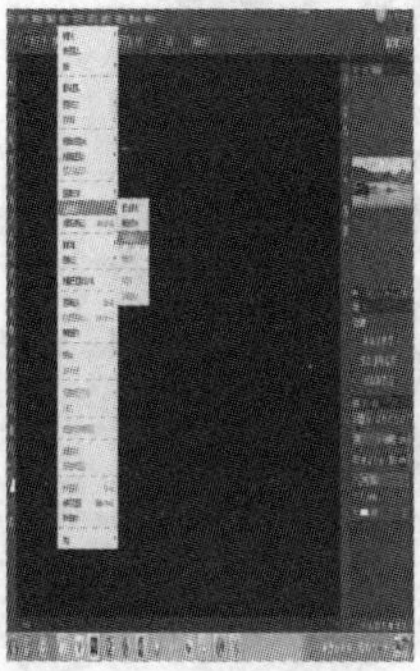

图 3 - 19 - 14

图 3 - 19 - 15

图 3 - 19 - 16

3. 19. 3　你来做我来看

新建一个宽度 1400 像素、高度 800 像素的画布，单击菜单栏 “视图”下“显示”下的“网格”，这样就显示出了网格，或是直接按快捷键。如图 3 - 19 - 17、3 - 19 - 18 所示。

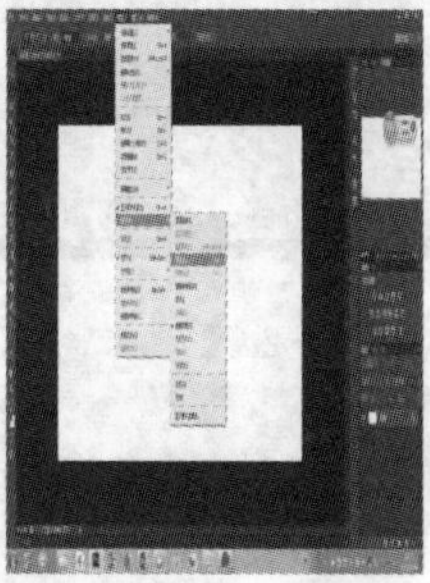

图 3 - 19 - 17

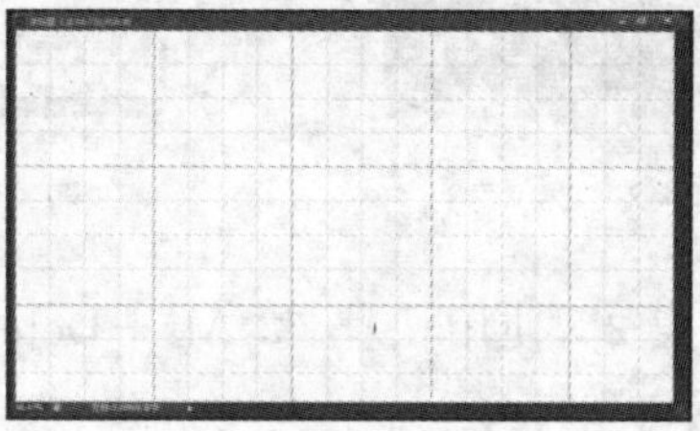

图 3 - 19 - 18

在背景层上新建一个图层 1，将前景色设置成黑色，为图层 1 填充黑色背景，如图 3 - 19 -19、3 - 19 - 20 所示。

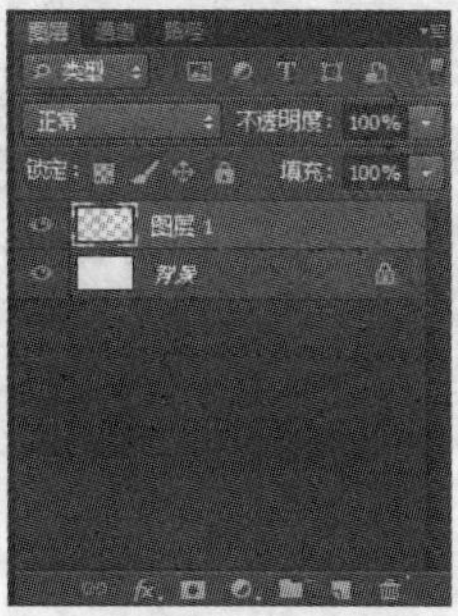

图 3 - 19 - 19

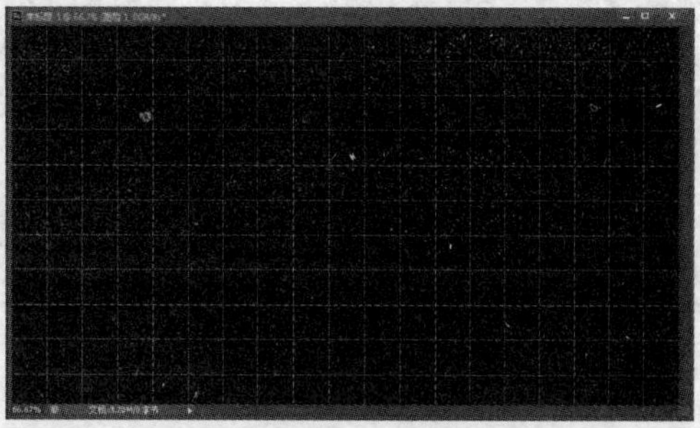

图 3 - 19 - 20

使用矩形工具“ ”在图层 1 上沿着网格线，绘制矩形框。（见图 3－19－21）

选择路径选项下方的“从选区生成工作路径按钮”，单击生成路径图层。选择“图层”菜单下的选择“矢量蒙版”“当前路径”选项。设置如图 3－19－22、3－19－23 所示。

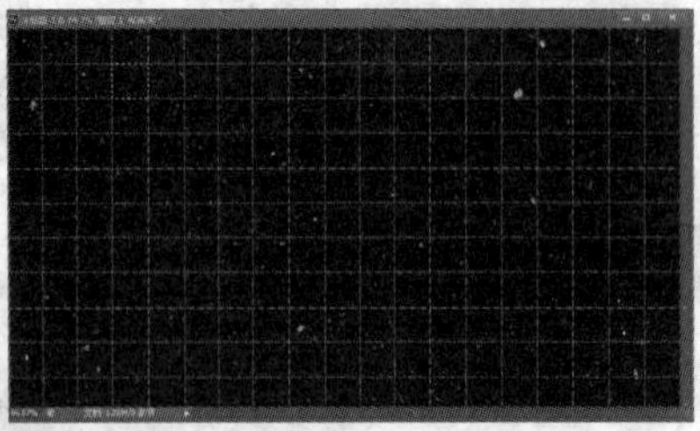

图 3－19－21

图 3－19－22

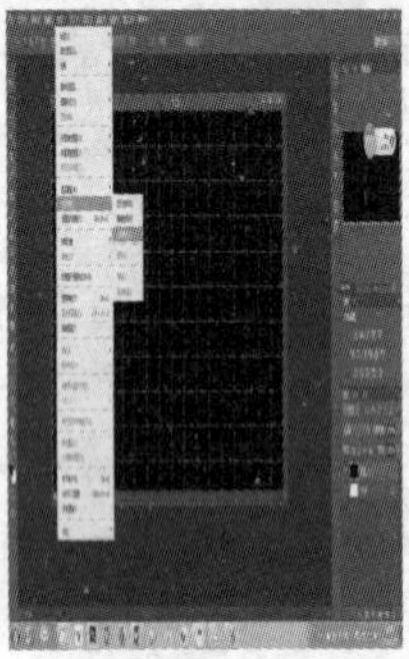

图 3－19－23

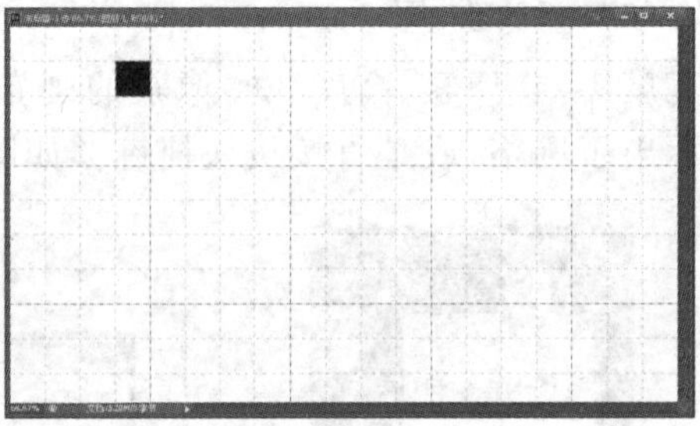

图 3－19－24

同理新建“图层 2”，使用快捷键“Alt＋Delete”为“图层 2”填充黑色背景，如图 3－19－25、3－19－26 所示。

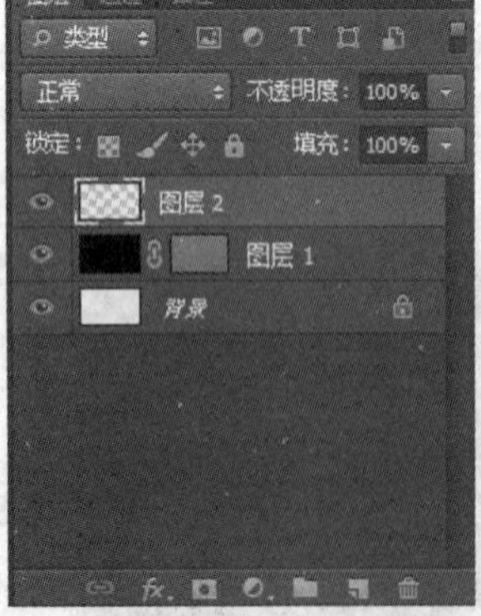

图 3－19－25

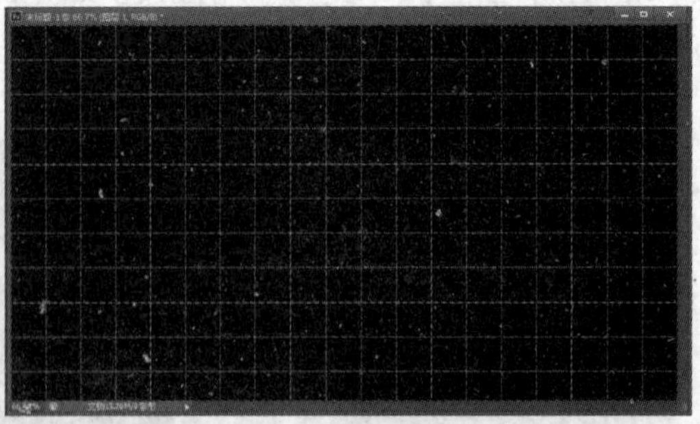

图 3－19－26

使用矩形工具“ ”在图层 2 上沿着网格线，绘制矩形框，效果如图 3－19－27 所示。

选择路径选项下方的“从选区生成工作路径按钮”，单击生成路径图层。再选择“图层”菜单，选择“图层”下的“矢量蒙版”里的“当前路径”选项。（见图 3－19－28）

图 3－19－27

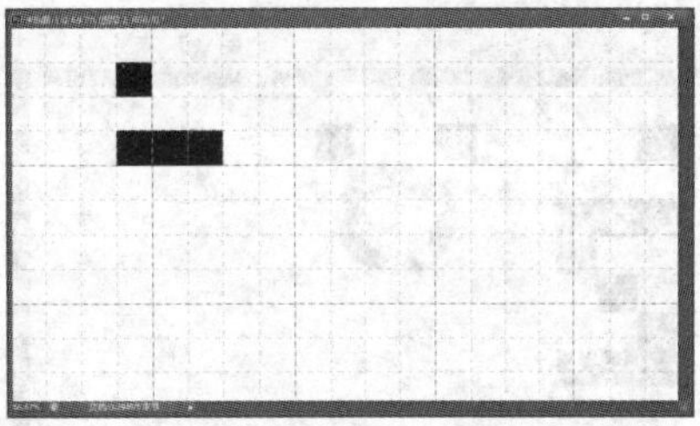

图 3－19－28

同理做出剩余的部分，如图 3－19－29 所示。

接下来我们来做圆形部分，先新建图层 9(图层编号跟之前图层数目有关，效果相同就可以了)，使用快捷键“Alt＋Delete”为“图层 9”填充黑色背景。效果如图 3－19－30 所示。

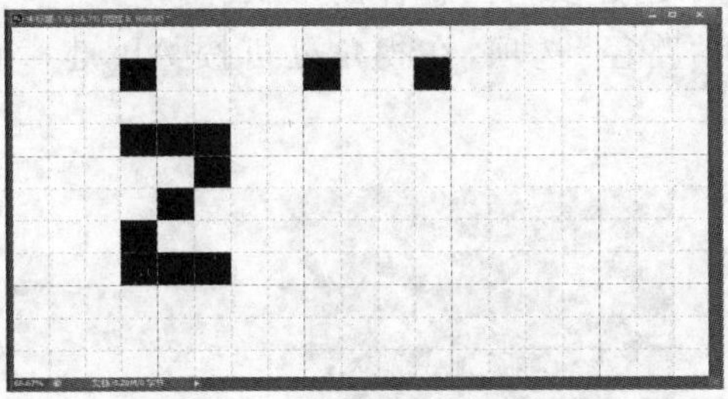

图 3－19－29

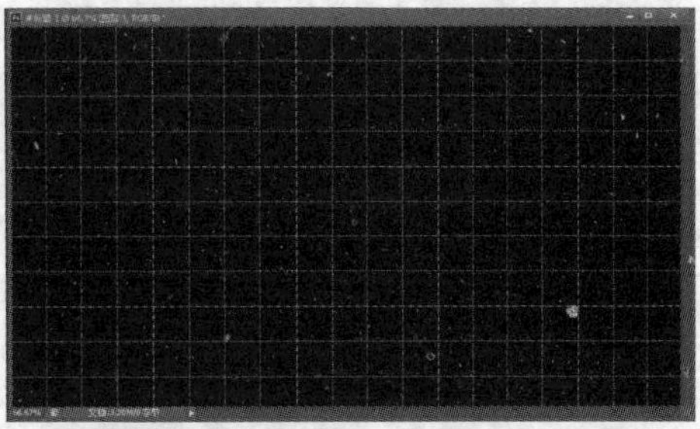

图 3－19－30

使用椭圆工具“”在图层 9 上沿着网格线，按住“Alt＋shift”键绘制圆形选框，如图 3－19－31 所示。

设置椭圆选框工具的属性为“从选框中减去” ，用椭圆选框工具，减掉不需要的地方。（见图 3－19－32）

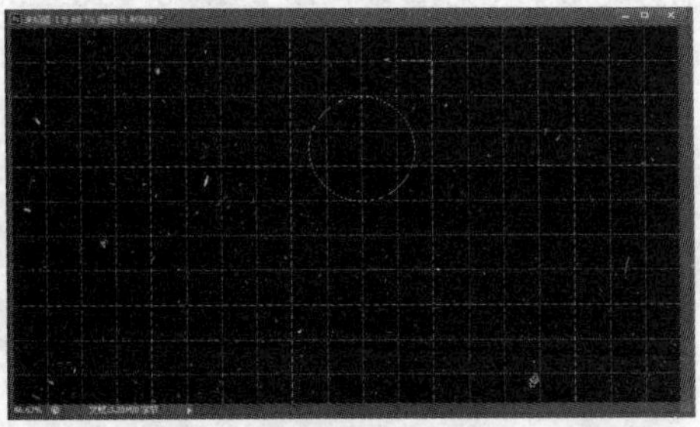

图 3－19－31

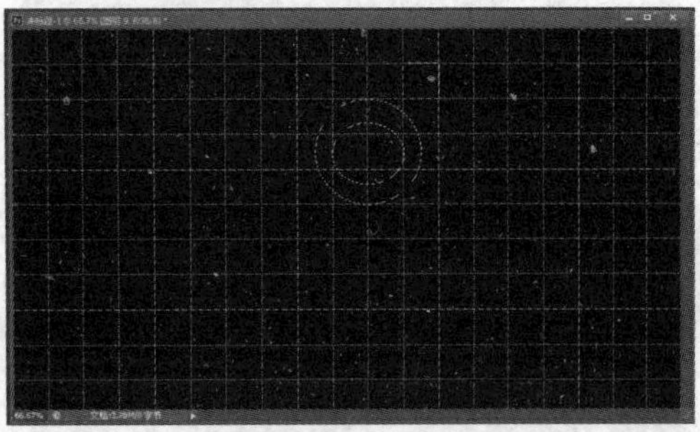

图 3－19－32

选择路径选项下方的“从选区生成工作路径按钮”，单击生成路径图层。选择“图层”菜单，选择“图层”下的“矢量蒙版”里的“当前路径”选项，如图 3-19-33 所示。

重复上述步骤，结果如图 3-19-34 所示。

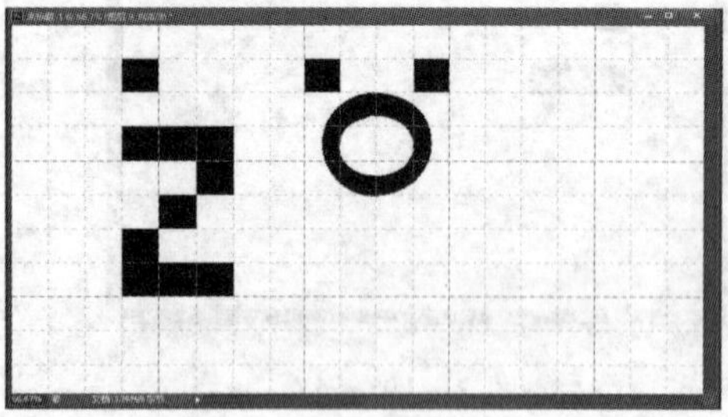

图 3-19-33

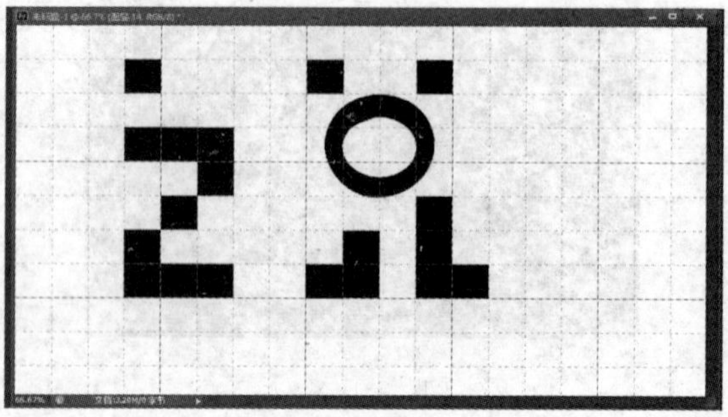

图 3-19-34

3.19.4 我们一起来练练

下面我们利用矢量蒙版来进行抠图，用钢笔来创建要抠出物体的形状。

用钢笔描绘好要抠出的对象“花”，注意使用“路径”选项，在拐角处可按 Alt 键。（见图 3-19-35、3-19-36）

图 3-19-35

图 3-19-36

钢笔描好之后，注意观察路径面板里就有了“工作路径”。按 Ctrl 并点击“添加蒙版”。路径里出现了“图层 0 矢量蒙版”，图层里也有了图层蒙版。（见图 3-19-37、3-19-38）

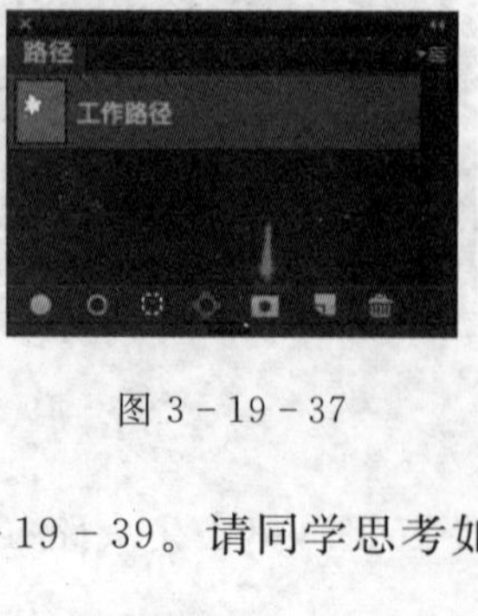

图 3-19-37

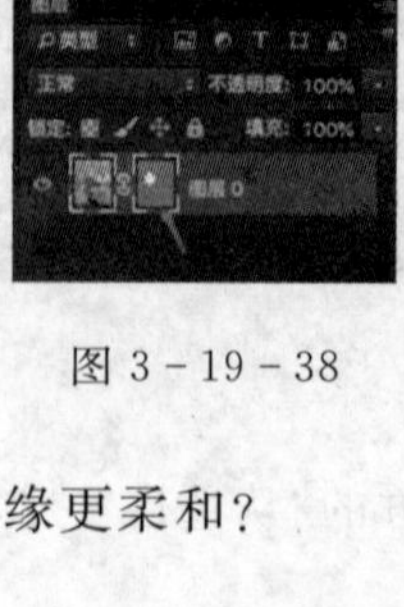

图 3-19-38

最终效果如图 3-19-39。请同学思考如何让边缘更柔和？

再用另一种方法来进行训练，打开这张花的图片后，请同学们注意一定要先按住 Ctrl 键再点击“添加蒙版”才是我们需要的矢量蒙版。通过 3 - 19 - 40、3 - 19 - 41 观察区别。

图 3 - 19 - 39

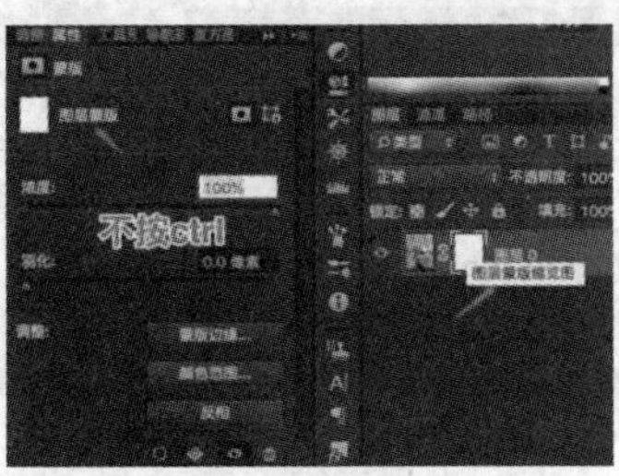

图 3 - 19 - 40

图 3 - 19 - 41

我们选择钢笔的“路径”选项进行绘制(见图 3 - 19 - 42)。

但是当我们进行描绘时，就会发现图像却消失了(见图 3 - 19 - 43)，我们只需进入矢量蒙版中把“浓度”设为 0%就可以了(见图 3 - 19 - 44)。

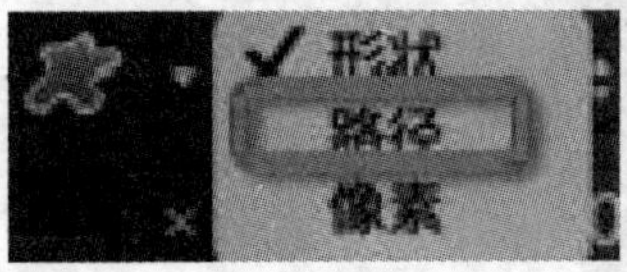

图 3 - 19 - 42

图 3 - 19 - 43

图 3 - 19 - 44

这样就可以在画面中很清楚地进行描绘了，钢笔的使用方法是我们很重要的需要下功夫去练的一个技能，请同学们勤加练习。描绘好后如果对结果不满意请同学们使用“路径选择工具”或“直接选择工具”或“钢笔”和“转换点工具”进行调整(见图 3 - 19 - 46)，当然更是推荐同学们使用快捷键。按 Ctrl 和 Alt 进行切换。还可以羽化边缘。

图 3 - 19 - 45

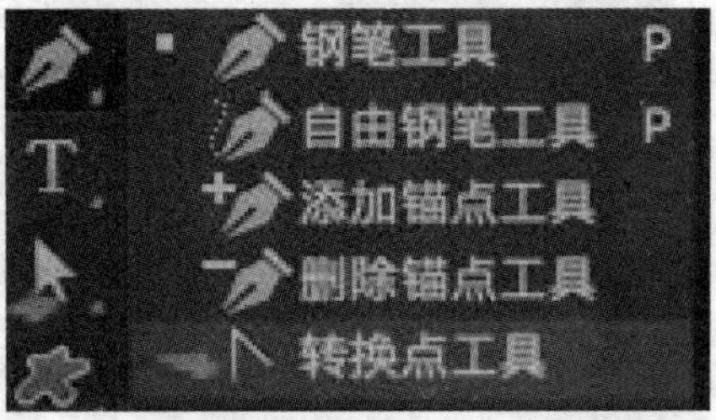

图 3 - 19 - 46

了解了钢笔的一些用法之后，现在我们运用所学的矢量蒙版，绘制如图 3 - 19 - 47 所示的一个冰激淋。

我们新建一个宽度 800 像素、高度 800 像素的画布(见图 3－19－48),并在背景层上新建一个"图层 1",为此图层填充绿色(RGB:131,191,41),结果如图 3－19－49 所示。

图 3－19－47

图 3－19－48

图 3－19－49

选择工具箱中的圆角矩形按钮"",将圆角半径设置为 50。绘制圆角矩形,并选择路径选项下方的路径,右击鼠标选择"建立选区"选项,如图 3－19－50～3－19－53 所示。

图 3－19－50

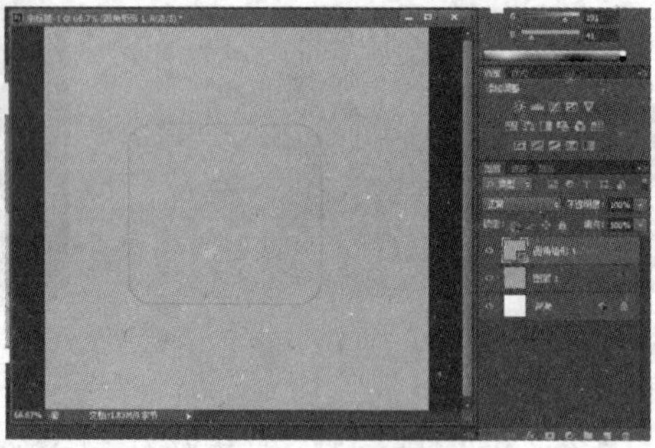

图 3－19－51

图 3－19－52

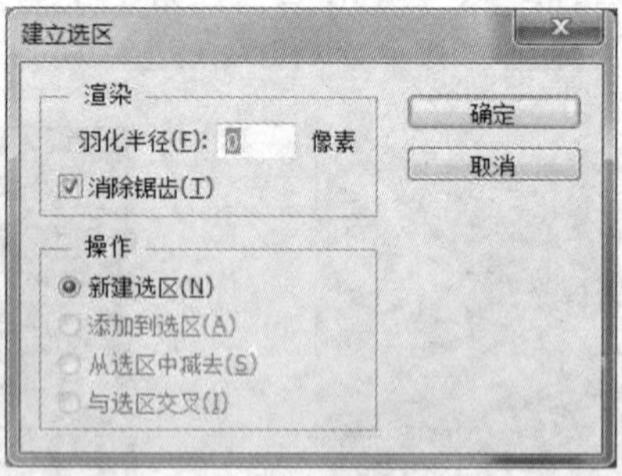

图 3－19－53

选择路径选项下方的"从选区生成工作路径按钮",单击生成路径图层。选择"图层"菜单,单击"图层 1",选择菜单"图层"下的"矢量蒙版"里的"当前路径"选项(见图 3－19－54、

3 -19 - 55)。效果如图 3 - 19 - 56 所示。

图 3 - 19 - 54

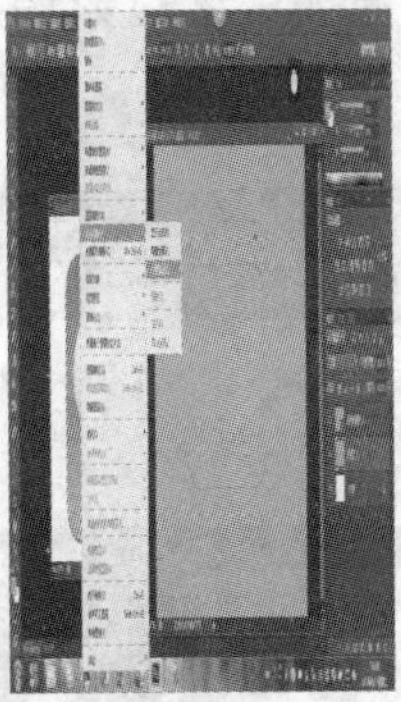

图 3 - 19 - 55

图 3 - 19 - 56

同理新建“图层 2”，填充白色，用“圆形选框”工具绘制图形(见图 3 - 19 - 57)，并选择路径选项下方的“从选区生成工作路径按钮”，单击生成路径图层，如图 3 - 19 - 58 所示。

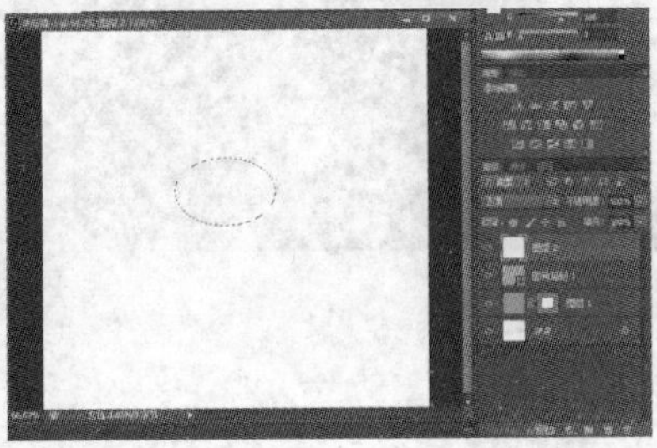

图 3 - 19 - 57

图 3 - 19 - 58

选择“图层”菜单，单击“图层 1”，选择“图层”下的“矢量蒙版”里的“当前路径”选项(见图 3 - 19 - 59)，效果如图 3 - 19 - 60 所示。

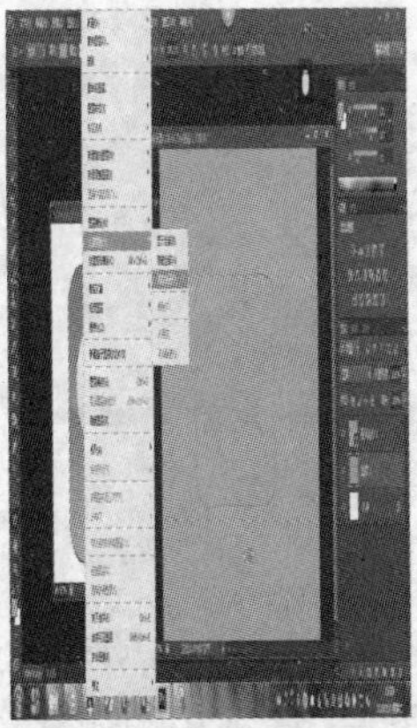

图 3 - 19 - 59

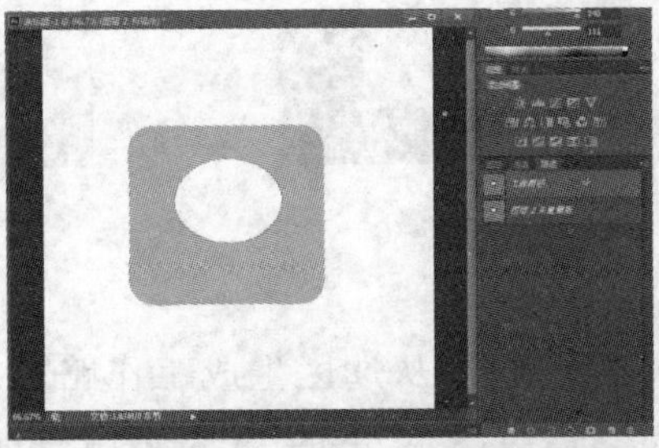

图 3 - 19 - 60

新建“图层 3”，为其填充颜色(RGB：252，240，111)。同理，我们按照上面的步骤来绘制下面的三角形。选择工具箱中的多边形按钮“ ”，将边数调成 3(见图 3－19－61)。绘制三角形，如图 3－19－62 所示。

图 3－19－61

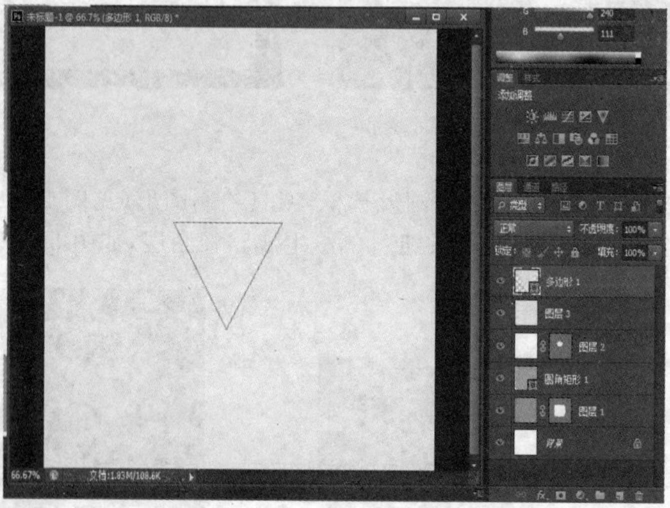

图 3－19－62

选择路径选项下方的路径，右击鼠标选择“建立选区”选项，如图 3－19－63、3－19－64 所示。

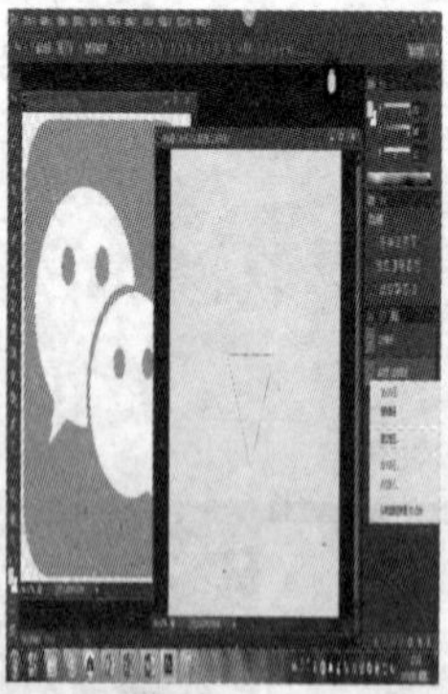

图 3－19－63

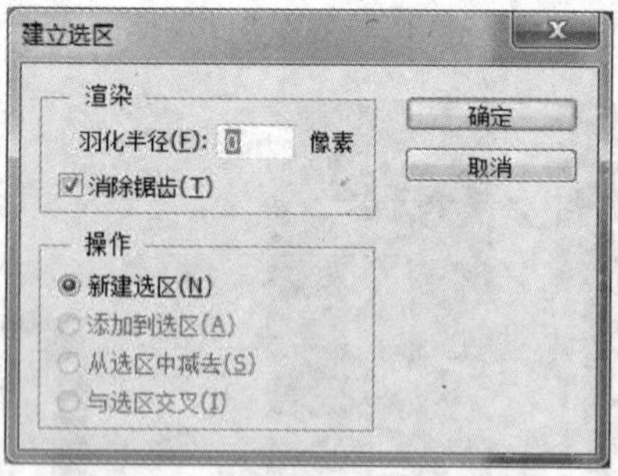

图 3－19－64

选择路径选项下方的“从选区生成工作路径按钮”，单击生成路径图层。选择“图层”菜单，单击“图层 3”，选择“图层”下的“矢量蒙版”里的“当前路径”选项(见图 3－19－65、3－19－66)，效果如图 3－19－67 所示。

图 3-19-65

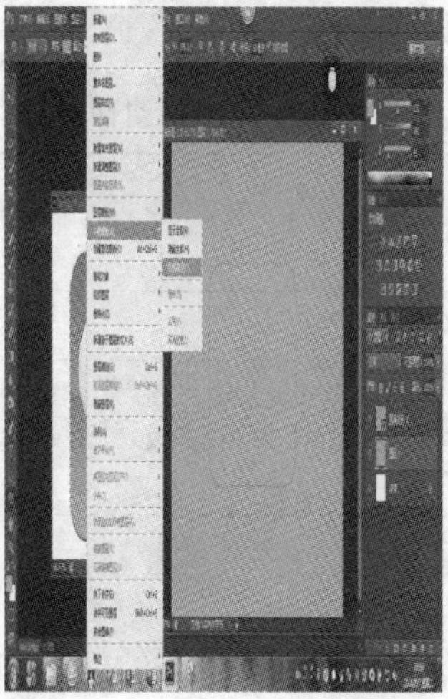

图 3-19-66

同理新建剩余形状，结果如图 3-19-68 所示。

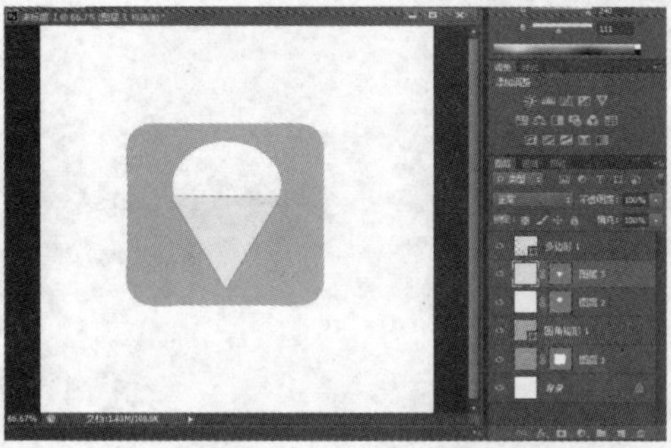

图 3-19-67

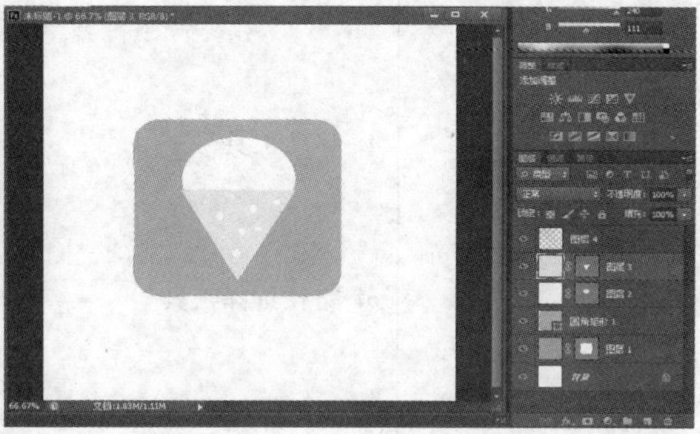

图 3-19-68

玩一玩

请同学们把这张图中的花和草用钢笔完整抠出。

3.19.5　我们一起来说说

(1)矢量蒙版如何使用？

(2)用自定义的形状工具对喜欢的图像做出别致的效果。

(3)尝试使用矢量蒙版制作出别致的字体。

(4)在矢量蒙版中使用移动工具和路径选择工具有何不同？

以上除形成书面作业上交外，会在课前通过点名方式进行检查。课外实践作业请通过班级群发送给授课教师批改。

3.19.6 实训报告

图形图像处理 Photoshop CS6 实训报告

<table>
<tr><td rowspan="2">班级
姓名</td><td rowspan="2"></td><td>时间</td><td></td></tr>
<tr><td>实训室</td><td></td></tr>
<tr><td>实训知识点</td><td colspan="3">矢量蒙版</td></tr>
<tr><td>实训目的</td><td colspan="3">1. 矢量蒙版　2. 钢笔与自定义形状　3. 矢量抠图</td></tr>
<tr><td>实训内容
学生填写部分</td><td colspan="3">1. 矢量蒙版
2. 钢笔与自定义形状
3. 矢量抠图
4. 移动工具
5. 路径选择工具
6. 直接选择工具
案例实操练习</td></tr>
<tr><td>实训要求</td><td>1. 认真填写实训报告
2. 对问题进行记录
3. 拓展问题认真思考并完成实践
4. 完成思考题并形成书面作业</td><td colspan="2">备注:实训报告以一个知识点的实践完成为依据,教师根据学生实训具体情况来调整学时。这样更有利于实践分数的评定</td></tr>
<tr><td>成绩评定</td><td colspan="3">优秀　良好　及格　不合格</td></tr>
</table>

3.20　通道抠图

PS 的通道抠图就是利用黑白原理，白色的能生成选取，黑色的不能，当我们进入通道时，原本像素中亮的就是白色，没亮的就是黑色。在通道中就是为了让黑白更加分明。可以利用调整里面的色阈、色阶以及用画笔的黑白涂抹使整张图产生黑白的两种效果。最后让白色的部分生成选区然后转到图层即可把想要抠的选区调出来。

另外在 Photoshop 中我们会经常用到选区工具，而且有时我们需要经常使用同一个选区。那么如何能在 Photoshop 中经常使用同一个选区？我们可以把选区保存到 PSD 格式文件中，选区将以 Alpha 通道的模式保存，在以后每次打开 PSD 文件的时候都能随时调用 Alpha 通道的选区。

3.20.1　我来说你来记

通道抠图的原理就是让要抠选的内容与背景有很大的反差。

通道和蒙版其实差不多的，Alpha 通道简单说就是一个蒙版，里面有各种灰度信息，纯黑表示完全覆盖，纯白表示透明，其他灰度表示半透明，你用通道建立选区可以直接 Ctrl＋左键点击通道，想精确点就直接自己用选区工具选。

而调色阶的目的就是让抠选的内容变为接近全黑的，通过调色阶，背景变成白的，有时需要进行一些涂抹，就可以让抠选的内容与背景完全分离，当按住 Ctrl 点击通道的时候就可以轻松选到要抠选的内容了。

在“选择”菜单栏下，有个“存储选区”的选项，单击，命名即可存储，想要调用选区，可用通道面板下的“将通道作为选区载入”或者在“选择”菜单栏下单击“载入选区”。

3.20.2　我来做你来看

打开图片，双击并解锁背景图层，然后进入“通道”。会看到 RPG 和红绿蓝 3 个通道，在红绿蓝 3 个通道里面找出和背景图像对比反差较大的一个。(见图 3－20－1)

图 3－20－1

这里可以发现蓝色通道黑白反差较大，并复制此通道，得到蓝色通道副本。(见图 3－20－2)

接着为了让黑白更强烈些，按 Ctrl＋L 弹出色阶窗口，调整色阶，提高水果和背景对比度。(见图 3－20－3)

图 3－20－2

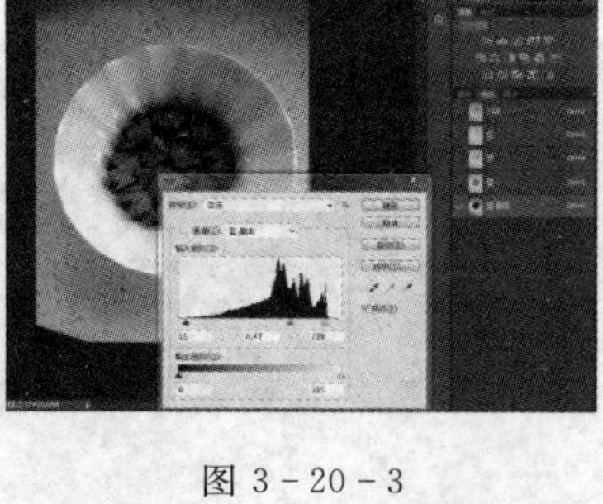

图 3－20－3

然后用白色画笔把阴影擦除，或用高光的减淡工具慢慢擦除。这里的曝光度影响擦除的效果，调整到适中即可。其他暗色背景也用白色画笔擦除。再用黑色画笔，把水果涂抹成全黑色。（见图 3－20－4、3－20－5）

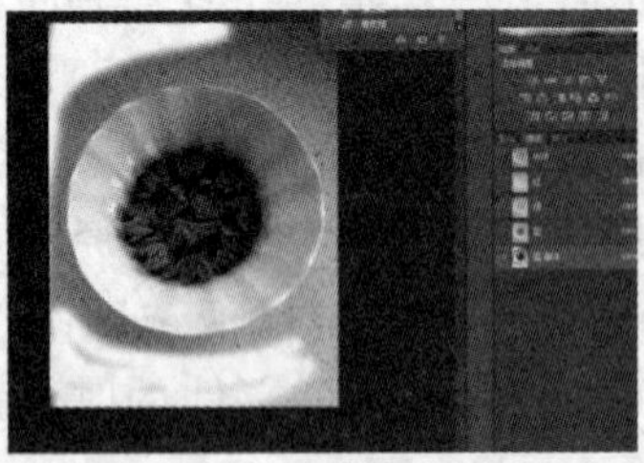

图 3－20－4

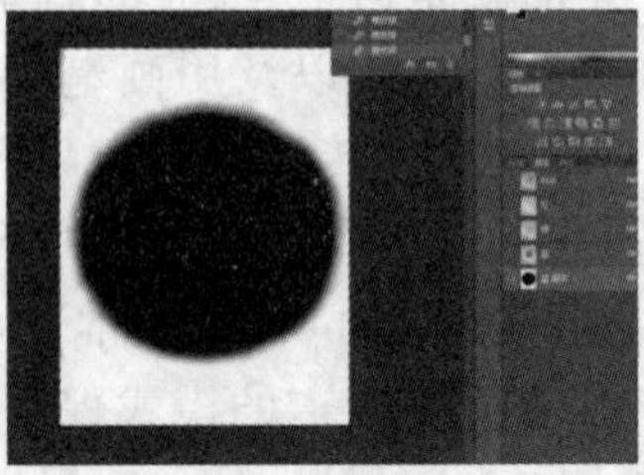

图 3－20－5

按住 Ctrl 鼠标点击蓝色通道副本，会在白色区域形成一个选区。回到图层部分，选区就是背景的选区了。（见图 3－20－6、3－20－7）

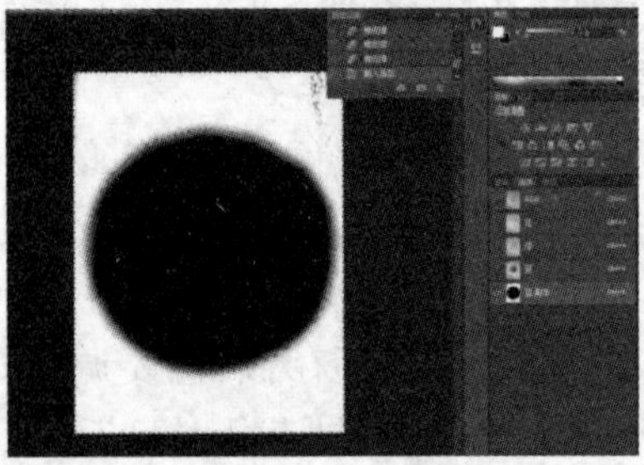

图 3－20－6

图 3－20－7

反选之后，按 Ctrl＋J，复制选区新建图层，大概效果就出现了。（见图 3－20－8）

图 3－20－8

这时再回到原图层，把多余部分，在原图层上用套索工具圈起来，建立选区，然后仍然是按 Ctrl＋J，复制选区新建图层，这样一个简单的盛水果盘就抠好了（见图 3－20－9）。效果如图 3－20－10 所示。

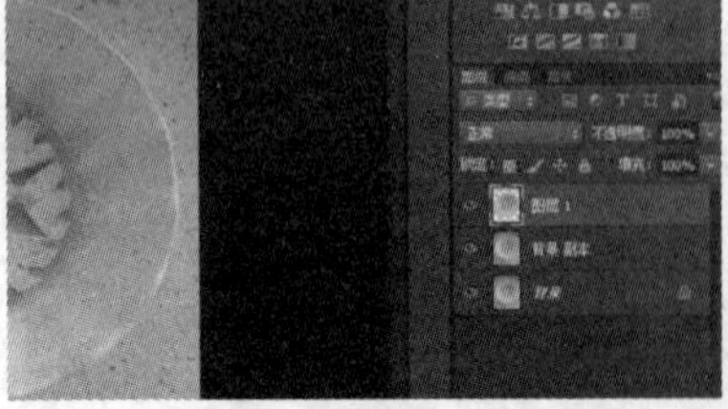

图 3－20－9

图 3－20－10

如果我们要把文档中的一个选区进行保存，以备以后经常用到，那就一定要先把这个选区保存起来。选中这个先区，点击选择菜单存储选区，如图 3－20－12 所示。

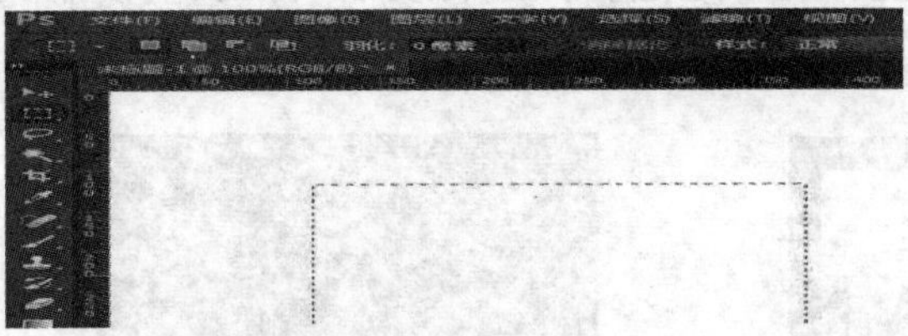

图 3－20－11

图 3－20－12

或者在不切换选区工具的前提下，右键单击，选择存储选区。（见图 3－20－13）

在弹出的存储选区对话框中有目标选项，文档我们选择当前文档，通道选择新建，输入通道名称为“矩形”，如果目标中选择的是新建，那么操作选项只能是新建通道。点击确定保存。这时通道面板中就新添加了一个名称为“矩形”的通道，如图 3－20－14 所示。

点击文件菜单存储，选择 Photoshop（＊. PSD；＊. PDD）文件格式（见图 3－20－15），一定要勾选 Alpha 通道，Alpha 通道就是我们刚才保存的新通道，点击确定保存文件为 PSD 格式。关闭文档，重新打开，点击选择菜单载入选区，如图 3－20－16 所示。

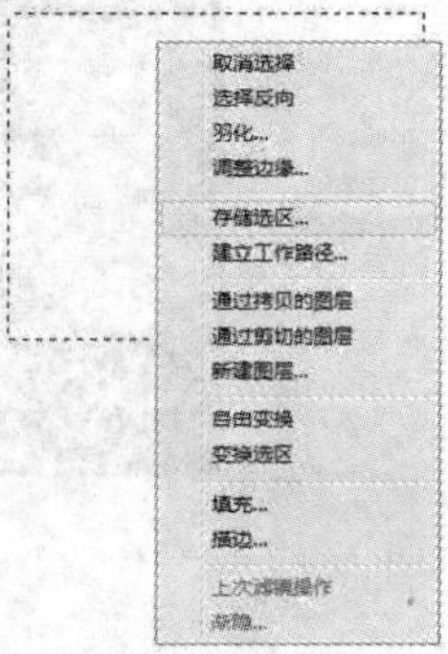

图 3－20－13

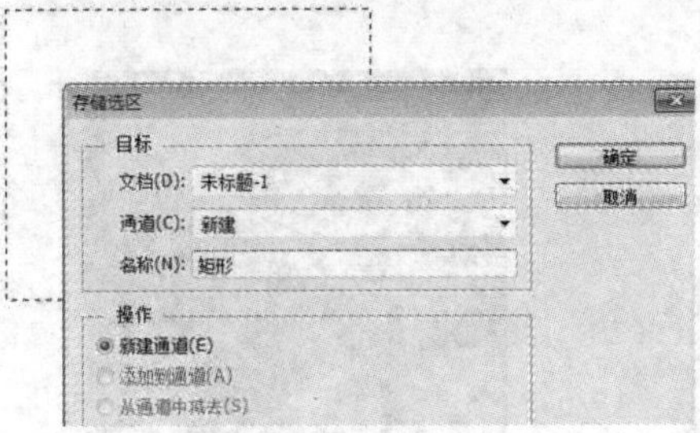

图 3－20－14

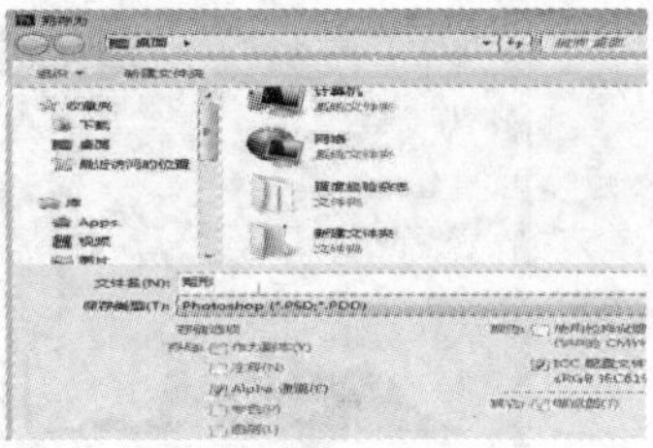

图 3－20－15

在弹出的载入选区对话框中，选择文档为当前文档，通道名称为“矩形”，保存文档之前的选区就被调用出来了，可以随时使用了。（见图 3－20－17）

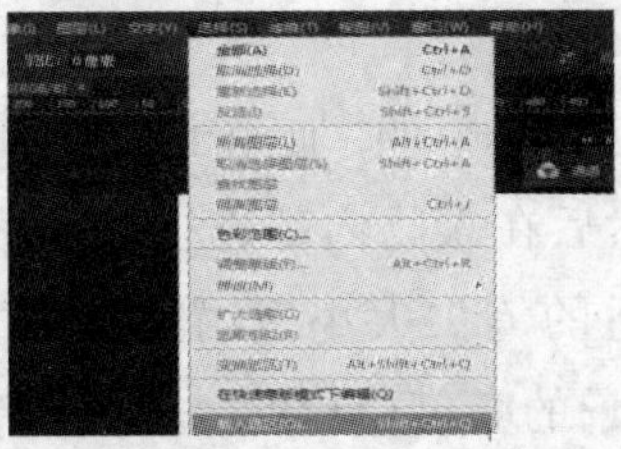

图 3－20－16

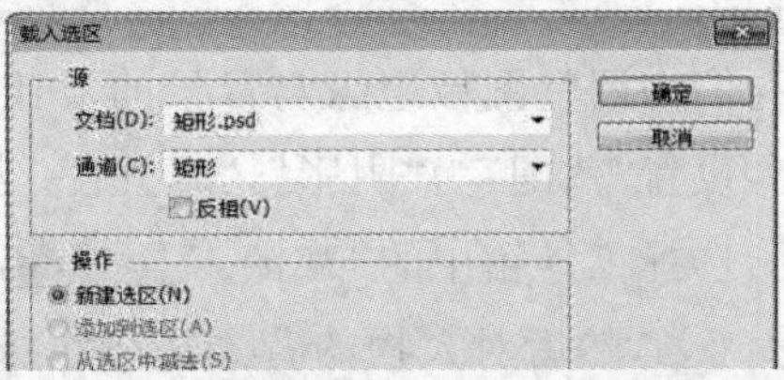

图 3－20－17

下面我们再利用通道抠图为人物换背景，对两张图片进行合成。

打开一张人物图片（见图 3－20－18），进入“通道”面板中，观察各个通道中人物与背景的对比，“蓝”通道对比最为强烈，接着选择“蓝”通道将其进行复制，得到“蓝副本”层，如图 3－20－19 所示。

图 3－20－18

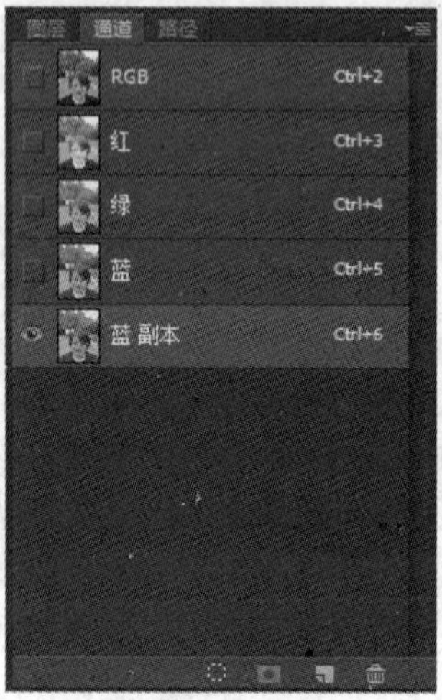

图 3－20－19

选择“蓝副本”层，接下来增加前景与背景的对比，使用菜单选项中“图像”下“调整”里的“色阶”，调出“色阶”对话框，然后将黑色的滑块向右侧拖动，增加黑色的数量（见图 3－20－20），画面效果如图 3－20－21 所示。

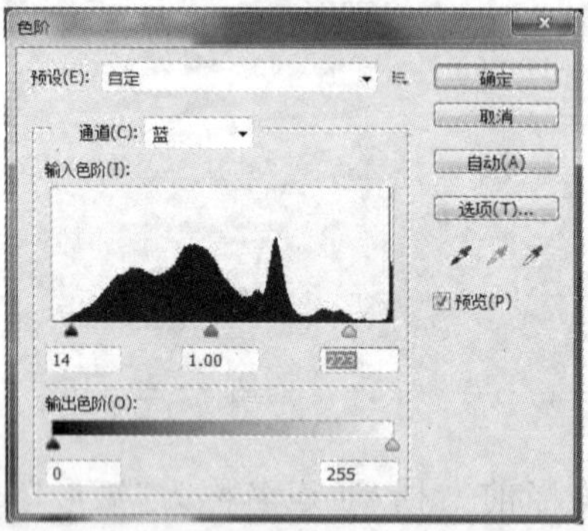

图 3－20－20

图 3－20－21

接着，我们来调整图像边缘与背景的对比。选择工具箱中的“加深工具”，设置合适的笔尖大小，设置“范围”为“阴影”，“曝光度”为 70%，然后在人物内部进行涂抹，使人物变成黑色。同理，选择工具箱中的“减淡工具”，设置合适的笔尖大小，设置“范围”为“高光”，“曝光度”为 60%，然后对人物的背景进行涂抹，提高背景的亮度（见图 3－20－22），效果如图 3－20－23 所示。

图 3 - 20 - 22

图 3 - 20 - 23

接着单击“通道”面板底部的“将通道作为选区载入”按钮，将画面中白色区域作为选区载入，如图所示。但是现在有一个问题：白色区域应该是留下的部分，但是白色现在是“背景区”而不是“人物”。所以，这里我们要使用快捷键“Ctrl＋shift＋I”执行一下反选（见图 3 - 20 - 24），结果如图 3 - 20 - 25 所示。

图 3 - 20 - 24

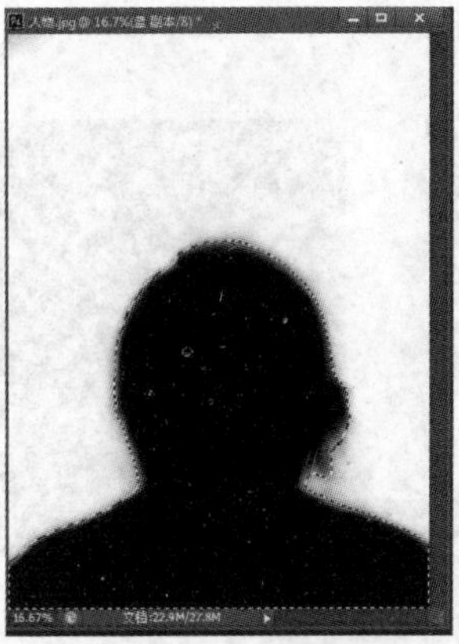

图 3 - 20 - 25

这时候选区就是正确的，接下来返回到“图层”面板，点击“图层”面板下方的“添加图层蒙版”按钮，得到结果如图 3 - 20 - 26 所示。然后我们就完成了人物的抠图。下一步，只需要给人物添加一张合适的背景，最终的效果如图 3 - 20 - 27 所示。

图 3 - 20 - 26

图 3 - 20 - 27

请同学们认真体会通道抠图的强大之处并能熟练掌握技巧。

3.20.3 你来做我来看

下面我们从这张略有些简单的图来开始练习，请同学们多动脑想一想如何运用通道来进行抠图，打开一张图片（见图 3－20－28），然后复制该图层（见图 3－20－29）。

图 3－20－28

图 3－20－29

进入图层通道，选择与背景反差大的通道，利用“色阶”调整黑白关系。（见图 3－20－30、3－20－31）

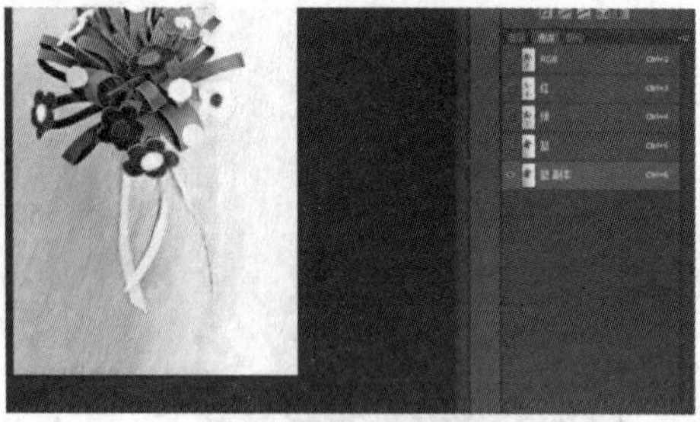

图 3－20－30

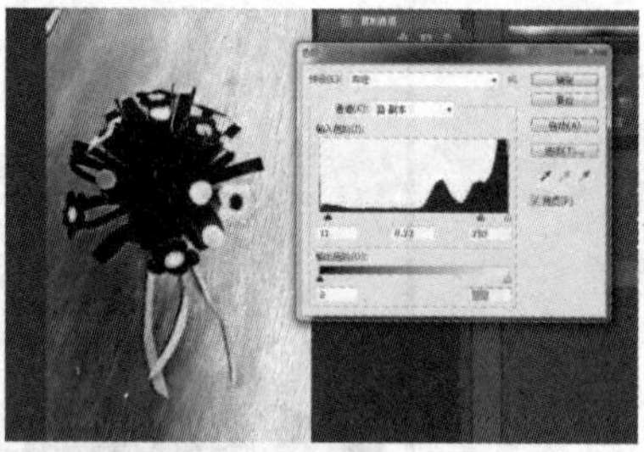

图 3－20－31

利用画笔工具，涂抹需要的部分，让黑白层次更加分明。（见图 3－20－32、3－20－33）

图 3－20－32

图 3－20－33

注意观察画面要不要反选，这里 Ctrl＋I 反向选择，回到图层，复制这个图层。（见图3－20－34、3－20－35）

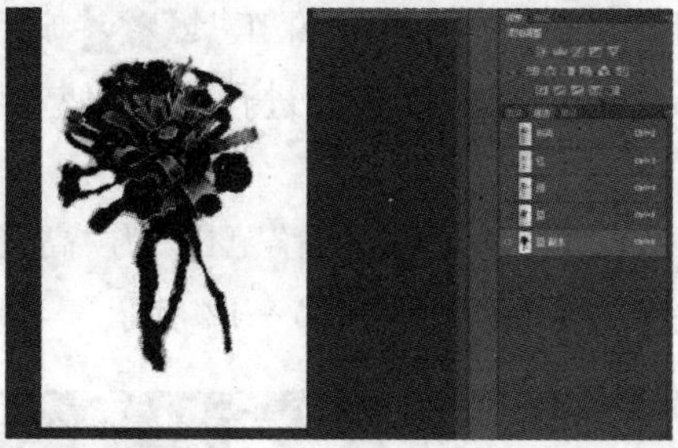

图 3-20-34

图 3-20-35

按 Ctrl+J，再次复制图层，就完成抠图 3，如 3-20-36 所示。

有了前面的练习后，使用两张素材图进行练习，达到某种想要的合成效果。因为之前也说过 PS 最终的目的是合成，所有的技巧都是为这而服务的。

打开这张“猫”图（见图 3-20-37），进入“通道”面板中，观察各个通道中动物与背景的对比，“蓝”通道对比最为强烈，接着选择“蓝”通道将其进行复制，得到“蓝副本”层，如图3-20-38 所示。

图 3-20-36

图 3-20-37

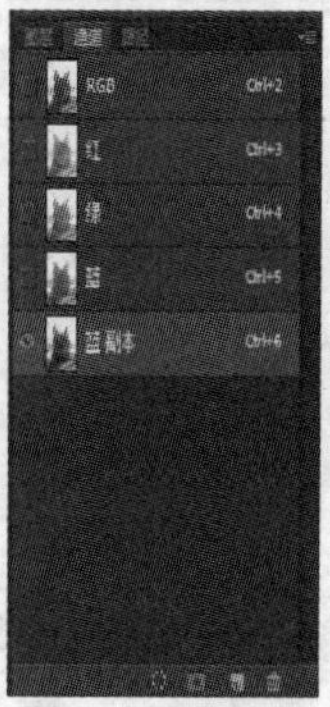

图 3-20-38

选择“蓝副本”层，接下来增加前景与背景的对比，使用菜单选项中“图像”下“调整”里的“色阶”，调出“色阶”对话框，然后将黑色的滑块向右侧拖动，增加黑色的数量，“色阶”面板如图 3-20-39 所示。画面效果如图 3-20-40 所示。

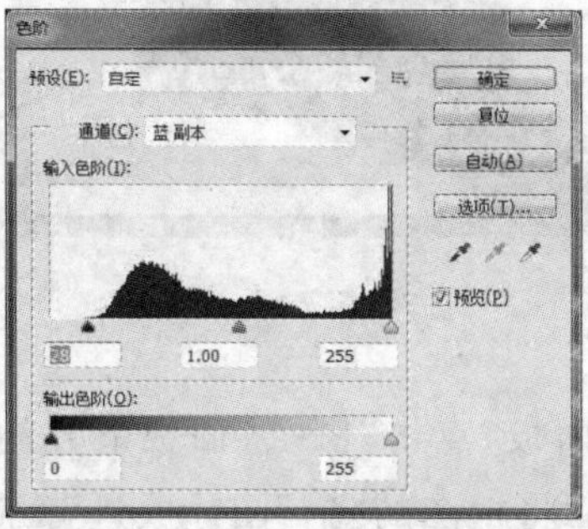

图 3-20-39

图 3-20-40

接着，我们来调整图像边缘与背景的对比。选择工具箱中的“加深工具”，设置合适的笔尖大小，设置“范围”为“阴影”，“曝光度”为70%，然后在动物内部进行涂抹，使动物变成黑色，如图3-20-41所示。

同理，选择工具箱中的“减淡工具”，设置合适的笔尖大小，设置“范围”为“高光”，“曝光度”为70%，然后对背景进行涂抹，提高背景的亮度，效果如图3-20-42所示。

图3-20-41

图3-20-42

接着单击“通道”面板底部的“将通道作为选区载入”按钮，将画面中白色区域作为选区载入，如图3-20-43所示。但是现在有一个问题：白色区域应该是留下的部分，但是白色现在是“背景区”而不是“动物”。所以，这里我们要使用快捷键“Ctrl+shift+I”执行一下反选，结果如图3-20-44所示。

图3-20-43

图3-20-44

这时候选区就是正确的，接下来返回到“图层”面板，点击“图层”面板下方的“添加图层蒙版”按钮，得到结果如图3-20-45所示。然后将抠图的“猫”图片放进背景图，最终会得到如图3-20-46所示的效果。

图 3 - 20 - 45

图 3 - 20 - 46

当然同学们也可以尝试使用自己喜欢的背景图像来进行制作练习。

3.20.4　我们一起来练练

平时在网上自学时去寻找一些关于通道的教学或是案例，大多都会说到本区“婚纱”的一些技巧例子，这里不一定要“婚纱”才能说明什么问题，只要是透明或是半透明的图像就可以很好地对通道抠图进行说明与学习了。只是在生活中婚纱照好像更和同学们接近些罢了。下面我们就来练习，这里的图片来自网络搜索，如果有侵权的话请告诉我们，谢谢理解。

打开下载好的“素材纱巾人物”照片(见图 3 -20 - 47)，想要将人物从背景中分离出来，难点就在于半透明的头纱部分该如何提取，这一部分的抠图我们应用到了“通道抠图”功能，如图 3 -20 - 47 所示。

图 3 - 20 - 47

通常这样的图我们都会先使用钢笔抠图将人物的主体部分单独提取为独立图层，如图 3 - 20 - 48 所示。接着继续使用钢笔工具将纱巾的部分复制到独立图层，接下来纱巾的半透明效果需要利用通道抠图法进行提取，如图 3 - 20 - 49 所示。

隐藏其他图层，只显示“纱巾”图层，进入通道面板中观看各个通道的对比效果，“红”通道的对比最为强烈，所以将“红”通道进行复制，如图 3 - 20 - 50 所示。

图 3 - 20 - 48

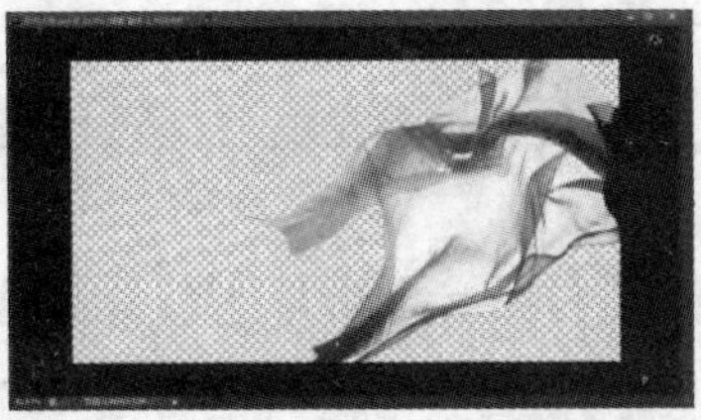

图 3 - 20 - 49

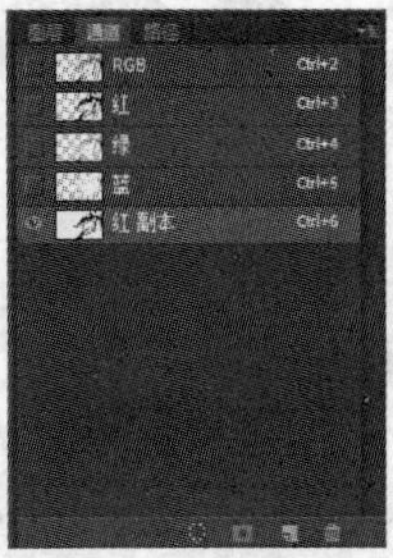

图 3 - 20 - 50

选择“红副本”层，再使用菜单“图像”下“调整”里的“色阶”调出“色阶”对话框，然后将中间的黑色的滑块向右侧拖动，增加黑色的数量，“色阶”面板如图 3－20－51 所示。画面效果如图 3－20－52 所示。

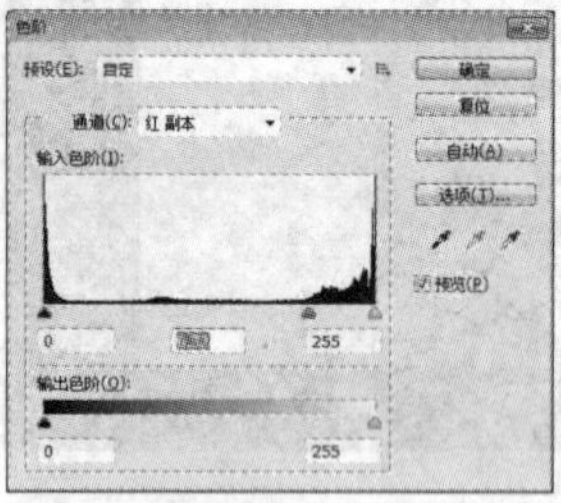

图 3－20－51

图 3－20－52

单击“通道”面板底部的“将通道作为选区载入”按钮，得到画面中白色部分的选区，如图 3－20－53 所示。接着回到图层面板中，单击“添加图层蒙版”按钮，继续为图层添加图层蒙版，抠图效果如图 3－20－54 所示。

图 3－20－53

图 3－20－54

显示人像图层，这时就可以看到完整的抠图效果，人像边缘锐利而准确，头纱部分则出现半透明效果，效果如图 3－20－55 所示。

然后再添加一个新的背景，最终的效果如图 3－20－56 所示。

图 3－20－55

图 3－20－56

玩一玩

试试利用通道将自己手机中的相片进行通道抠图。

3.20.5 我们一起来说说

(1)通道抠图的原理是什么？

(2)在“通道”调板中将选区存储为通道的方法是什么?

(3)如何加强图像的黑白对比,以便更好地进行通道抠图?

以上除形成书面作业上交外,会在课前通过点名方式进行检查。课外实践作业请通过班级群发送给授课教师批改。

3.20.6　实训报告

图形图像处理 Photoshop CS6 实训报告

<table>
<tr><td rowspan="2">班级
姓名</td><td rowspan="2" colspan="2"></td><td>时间</td><td></td></tr>
<tr><td>实训室</td><td></td></tr>
<tr><td>实训知识点</td><td colspan="4">通道抠图</td></tr>
<tr><td>实训目的</td><td colspan="4">1. 调整黑白　2. 存储选区　3. 通道抠图</td></tr>
<tr><td>实训内容
学生填写部分</td><td colspan="2">1. 调整黑白
(1)色阶
(2)通道分析
(3)Alpha 通道
2. 存储选区
3. 通道抠图操作</td><td colspan="2">案例练习</td></tr>
<tr><td>实训要求</td><td colspan="2">1. 认真填写实训报告
2. 对问题进行记录
3. 拓展问题认真思考并完成实践
4. 完成思考题并形成书面作业</td><td colspan="2">备注:实训报告以一个知识点的实践完成为依据,教师根据学生实训具体情况来调整学时。这样更有利于实践分数的评定</td></tr>
<tr><td>成绩评定</td><td colspan="4">优秀　良好　及格　不合格</td></tr>
</table>

3.21　路径文字

汉字，都是方方正正的，就算是不同的字体也是一笔一画，所以在我们的实际操作中，很多人会为了创意而要对汉字进行一些设计改造，这样是要费很大的气力去思考和创作的。而今天的学习只是想让同学们知道通过学习路径与文字工具的结合，也能实现一种全新的排列组合，达到一种不破坏文字本身就可以有效果的目的。

3.21.1　我来说你来记

路径是可以转换选区或使用填充颜色和描边的轮廓，它包括有起点和终点的开放式路径以及没有起点和终点的闭合式路径两种。路径可以用来制作很多图片，也可以用来抠图。那么今天我们来试试利用路径创设文字。这里需要请同学们注意，文字可以是汉字也可以是字母。

路径文字是指创建在路径上的文字，文字会沿着路径排列，改变路径形状，文字的排列就会随之改变。同样，我们也可以将文字转换为路径，我们可以在输入文字后，选择“文字”菜单下的“创建工作路径”，就可将文字转换为路径。同样，也可以将文字转换为形状，方法同上，选择“文字”菜单下的“转换为形状”，文字图层就会被形状路径图层所替代。

在绘制路径时，如果画错了，想取消路径，我们只需要在路径面板的空白处单击鼠标左键就可以了。

PS 中还提供了对文字的变形工具，即变形文字，就是对创建的文字进行变形处理后得到的文字。我们可以将文字变形为花冠、鱼形等形状，方便在制作时进行文字的变形。

3.21.2　我来做你来看

根据以上所说，我们试做一个简单的路径文字的案例。

打开素材(见图 3-21-1)，双击图层，进行背景解锁。

图 3-21-1

选择钢笔工具，在属性选项中选择“路径”，沿着手部轮廓绘制一条路径。

选择横排文字工具，设置字体、颜色、大小。(见图 3-21-2)

图 3-21-2

将光标移到路径上方，单击鼠标设置文字插入点，输入文字可以沿着路径进行排列。按

下 Ctrl＋回车键结束操作，在“路径”面板的空白处单击隐藏路径。（见图 3－21－3）

不必在意出现在文字下面的黑色路径线条，当我们不再选择，或是在画面上任意点击后将不会出现，但它仍然存在于“路径面板”中，如果想进行修改也是可以的。（见图 3－21－4）

图 3－21－3

图 3－21－4

我们还可以对路径文字进行编辑。在“图层”面板中选择文字图层，画面中显示路径。（见图 3－21－5）

选择直接选择工具或者路径选择工具，将光标定位在文字上，单击并沿着路径拖动鼠标可以移动文字，单击并向路径的另一侧拖动文字，可以实现文字翻转。（见图 3－21－6）

图 3－21－5

你可以调整文字到直接设置的路径上来，选择直接选择工具可以显示锚点，移动锚点或者调整方向线可以修改路径的形状，文字会沿着修改后的路径重新排列。（见图 3－21－7）

图 3－21－6

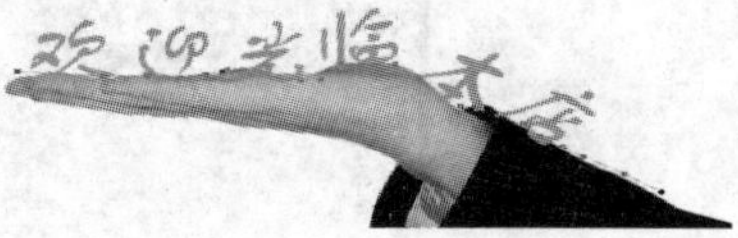

图 3－21－7

3.21.3　你来做我来看

路径文字会经常用于创建各种会员卡和海报中。它的主要作用就是进行特殊排版的设计，能产生一些小情趣。我们通过制作一张卡片来观察一下路径文字的一些妙处。

在“文件”菜单下选择“新建”，在新建的对话框中的名称中输入“卡片”。

在宽度和高度中分别输入 90 和 55，单位选择“毫米”。

在分辨率中选择 300，选择“像素/英寸”，在颜色模式中选择“CMYK”（见图 3－21－8），单击确定。这里选择 CMYK 主要是因为名片是需要印刷的。

新建一个“图层 1”，然后使用“钢笔工具”，绘制路径选区，这里我们就是利用钢笔工具人为地设置了一些路径。设置前景色为自己的喜欢颜色，最后按住 Alt＋Delete 组合键用前景色填充路径选区。（见图 3－21－9）

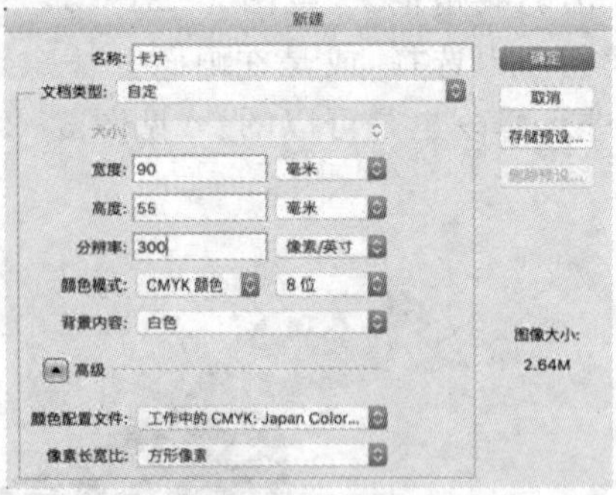

图 3－21－8

图 3－21－9

为了增加效果，我们选择菜单“图层”下“图层样式”里的“阴影”，打开“图层样式”，设置“内阴影”的颜色、不透明度和大小。（见图 3－21－10）

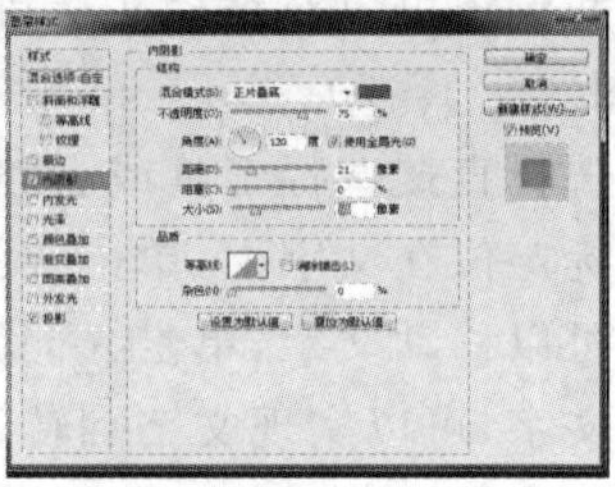

图 3－21－10

再新建一个图层，图层名任意，这里就按序号来排。使用钢笔工具，绘制路径选区。选择渐变工具，打开渐变编辑器，设置第一个色标和第二个色标，并填充线性渐变色。（见图 3－21－11）

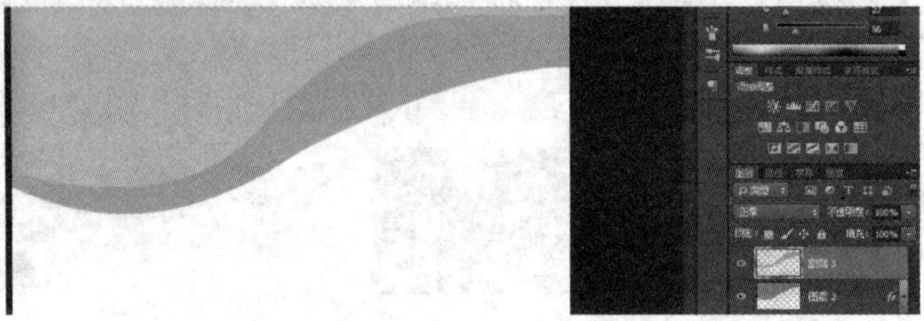

图 3－21－11

按住 Ctrl＋J 组合键复制该图层，然后设置前景色，并填充颜色。（见图 3－21－12）

图 3－21－12

移动图层 3 副本到图层 2 下方。（见图 3－21－13）

图 3－21－13

选择“钢笔”工具，在属性栏中选择工作模式为“路径”，在窗口中绘制路径。（见图 3－21－14）

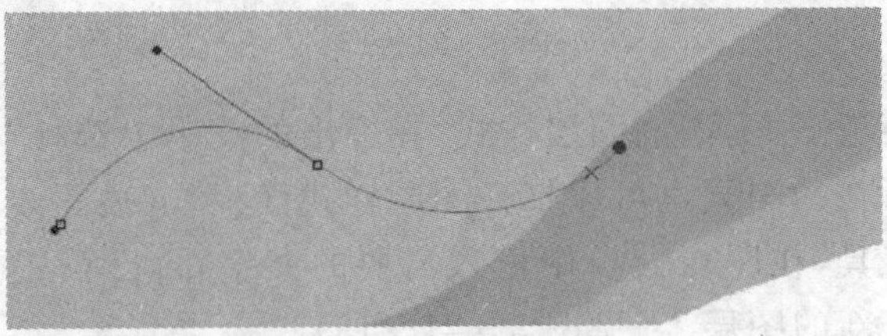

图 3－21－14

选择“横排文字”工具，在属性栏中选择合适的字体并设置大小，当鼠标停在路径上时，单击路径会出现闪烁的光标，输入文字的起点，并设置文字颜色。（见图 3－21－15）

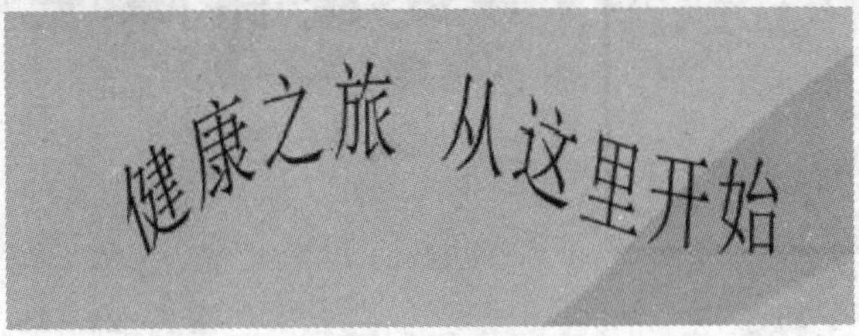

图 3－21－15

选择“横排文字”工具，在图像窗口中输入需要的文字，自己设置大小、颜色等。在图层面板中自动会生成一个新的图层。选择“文字”菜单下的“栅格化文字图层”，将文字层转化为普通层。（见图 3－21－16）

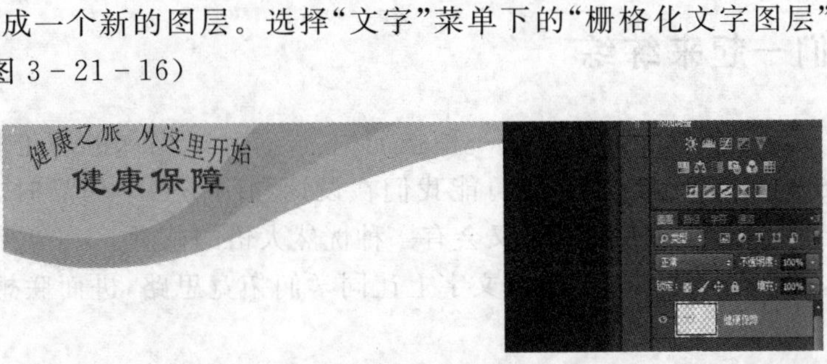

图 3－21－16

在“图层”控制面板中，按住 Ctrl 键的同时，单击文字图层，产生选区，并选择渐变工具，设置渐变颜色。在属性栏中选择“线性渐变”按住 Shift 键的同时，在文字选区中从左到中拖拽渐变色。（见图 3-21-17）

图 3-21-17

单击“图层”控制面板下方，添加图层样式，在弹出的菜单中选择“外发光”。设置参数如下图。或是直接双击所在的图层也可以打开图层样式面板。（见图 3-21-18）

选择“横排文字”工具，在图像窗口中输入需要的文字，自己设置大小、颜色等。在图层面板中自动会生成一个新的图层。（见图 3-21-19）

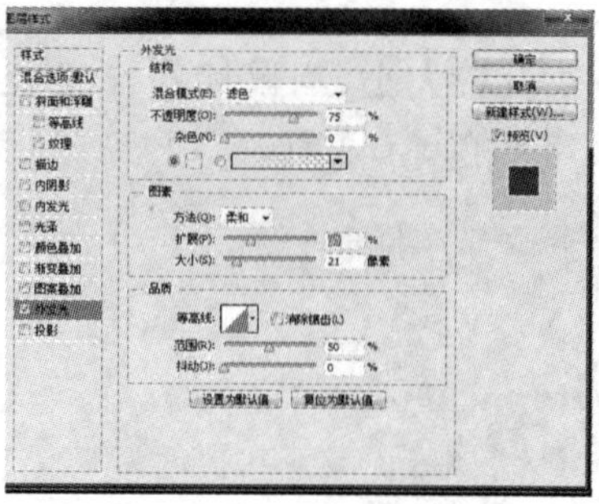

图 3-21-18

图 3-21-19

把提供的“素材 2”的图片放置在图中，一个卡片的制作做完成了。同学们也可以加入其他的相关图片达到一种效果。最终效果如图 3-21-20 所示。

3.21.4 我们一起来练练

路径文字的创建与学习是很简单的一种技能，它没有什么高深的理论和很灵巧的技术含量，最难的地方是在如何运用上。有可能我们在设计和制作一个作品时怎么也想不起来如何去用它，但当我们看到别人应用时又会有一种恍然大悟的感觉。

我们这里希望能从一种圆形的路径文字上让同学们拓宽思路，进而联想到 LOGO 和徽章的文字设计。

新建一个图层（见图 3-21-21），用椭圆工具按住 Shift 键画一个正圆，并添加描边（见图 3-21-22、3-21-23）。

图 3 - 21 - 20

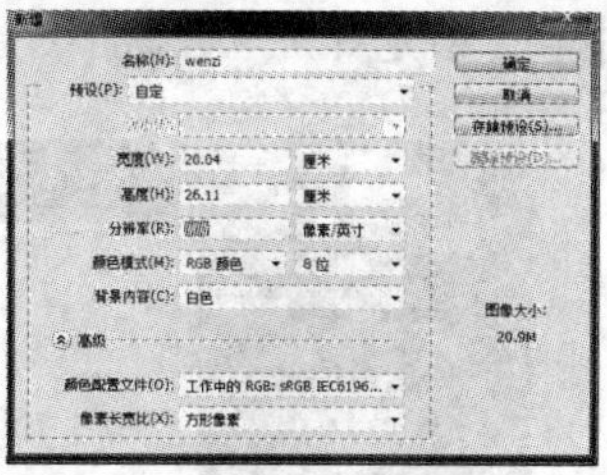

图 3 - 21 - 21

选择文字工具，在圆上进行点击，输入文字，并自行调整文字的颜色和大小。这里的文字请同学们随意。（见图 3 - 21 - 24）

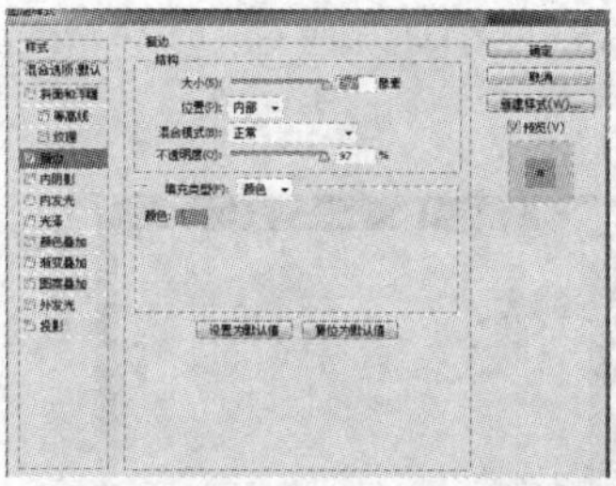

图 3 - 21 - 22

图 3 - 21 - 23

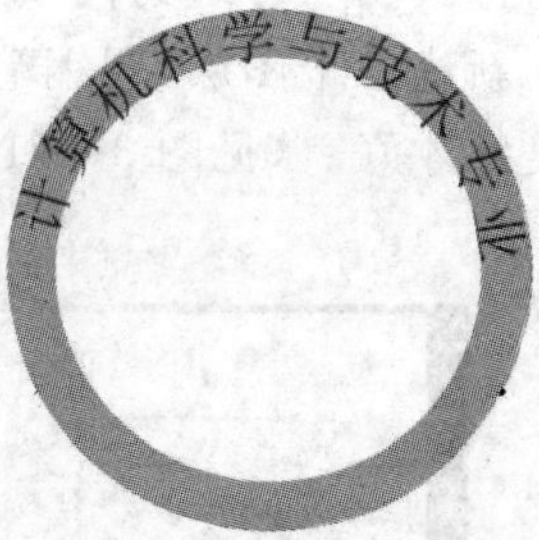

图 3 - 21 - 24

在刚刚的圆上，选择横排文字工具，在路径上单击，会出现一个圆点，把该圆点拖到末尾，则可以实现文字沿着图片的逆时针输入。这里请同学们一定要小心，不可用力过猛。（见图 3 - 21 - 25）

然后在该图章的中间插入一个图片，则一个圆形的路径文字就完成了，效果如图 3 -21 - 26 所示。

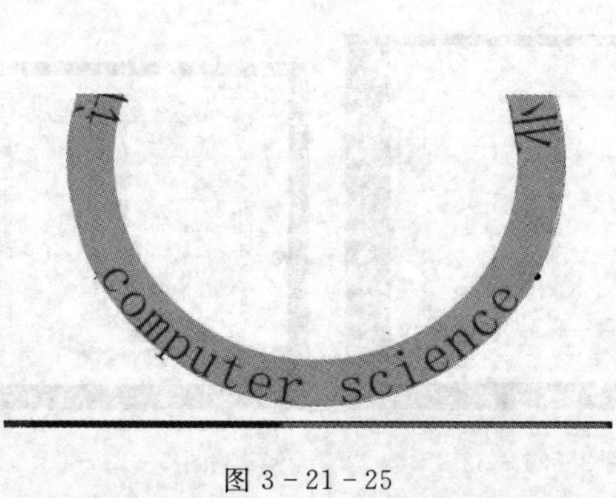

图 3 - 21 - 25

图 3 - 21 - 26

圆形的还是较有些规则的，那么不规则路径文字我们又该怎样呢？道理是一样，技能与技巧也是一样，但如何排列和怎样创建路径才是重点。

新建文件，选择圆角矩形工具，在画板上绘制一个圆角矩形形状。（见图 3-21-27）

同样的给这个形状添加图层样式，描边设置如图 3-21-28 所示。

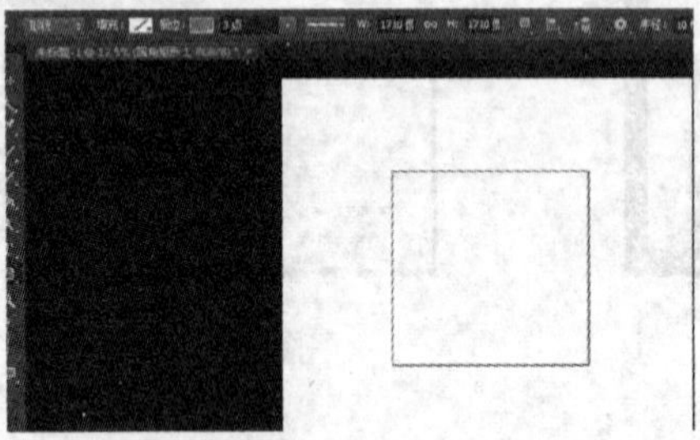

图 3-21-27

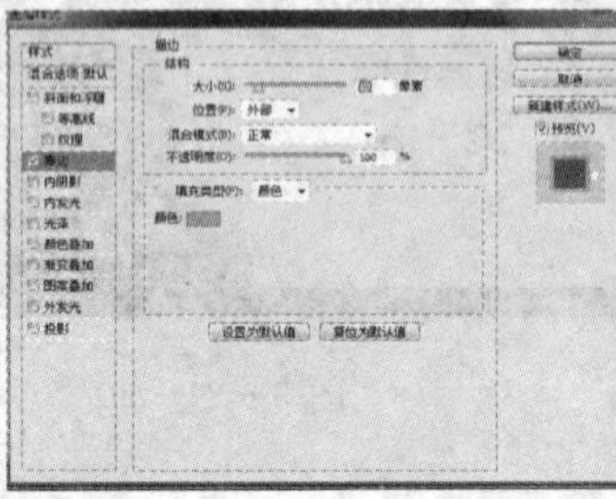

图 3-21-28

再次图层样式为内发光。（见图 3-21-29）

新建一个图层，用钢笔工具绘制不规则图层路径。这里虽然可以任意画，但最好也要有些美感才好。（见图 3-21-30）

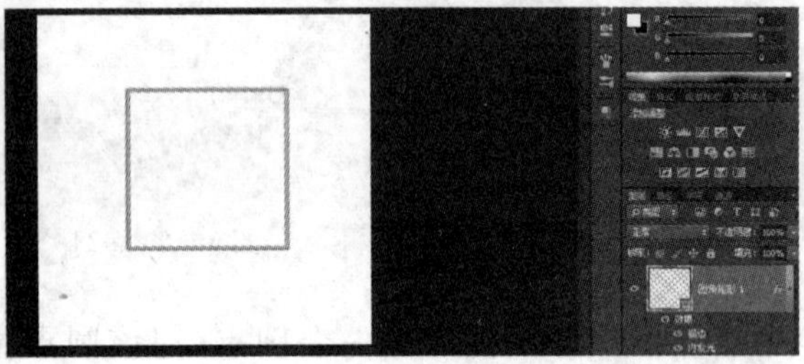

图 3-21-29

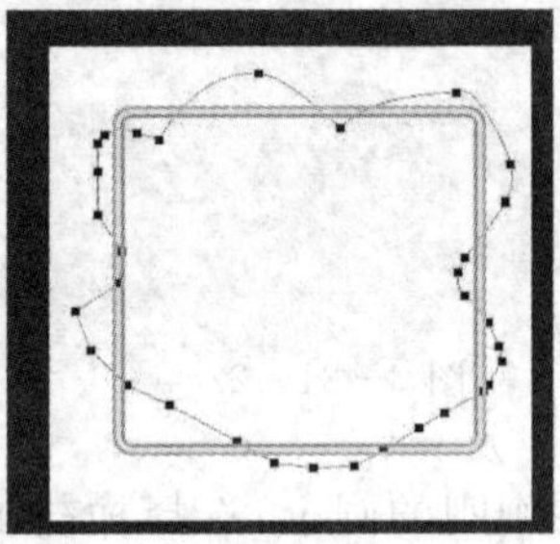

图 3-21-30

选择文字工具，设置合适的大小和颜色，进行文字的输入。（见图 3-21-31）

再新建一个图层，在图像的内部绘制一个正圆的形状（见图 3-21-32）。在正圆的内部输入文字，即可以实现不规则路径的编辑（见图 3-21-33）。

图 3-21-31

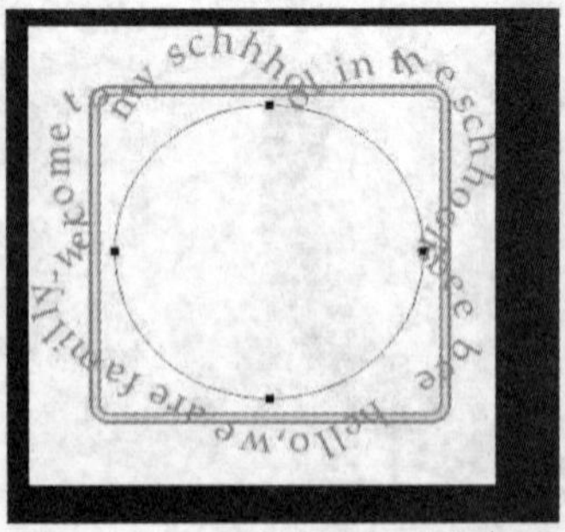

图 3-21-32

图 3-21-33

以上的两种情况都是直接利用了钢笔来绘制路径，然后再进行文字的添加，这当然也是最常用的方法，唯一的技术难点就是你一定要知道路径放在哪和该做什么样的路径。

现在我通过文字本身也来进行一种变化。

打开素材。选择直排文字工具，打开字符面板，设置字体和样式（见图 3 - 21 - 34）。在界面中输入“温馨”两个字（见图 3 - 21 - 35）。

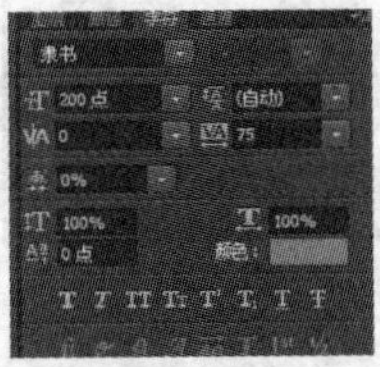

图 3 - 21 - 34

图 3 - 21 - 35

执行“文字”菜单下的“转换为形状”，将文字图层转换为形状图层。（见图 3 - 21 - 36）

在工具箱中选择直接选择工具，选择“温”，调整各个锚点（见图 3 - 21 - 37）。采用同样的方式对“馨”字进行调整（见图 3 - 21 - 38）。

图 3 - 21 - 36

图 3 - 21 - 37

图 3 - 21 - 38

执行钢笔工具，选择形状，在文字的上下绘制装饰花纹。这里的形状同学们任意选择。（见图 3 - 21 - 39）

在图层样式中选择投影，设置阴影样式，并设置内发光，设置透明度和发光颜色。（见图 3 - 21 - 40、3 - 21 - 41）

图 3 - 21 - 39

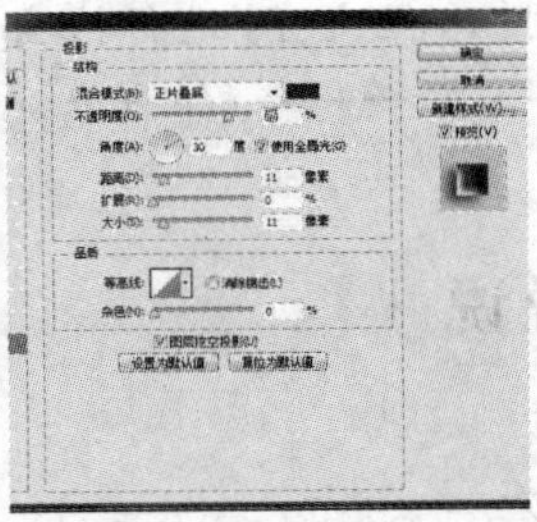

图 3 - 21 - 40

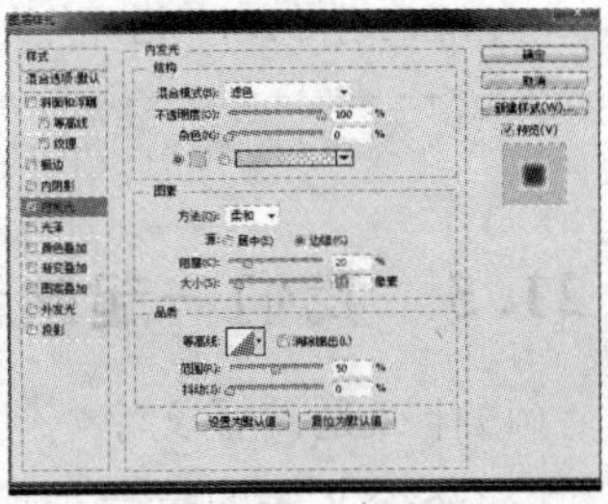

图 3 - 21 - 41

在图层样式中，设置斜面和浮雕。在图层样式中，设置光泽。（见图 3 - 21 - 42、3 - 21 - 43）

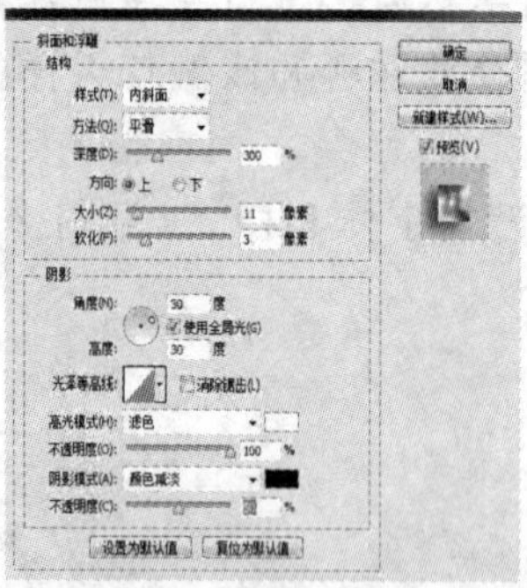

图 3-21-42

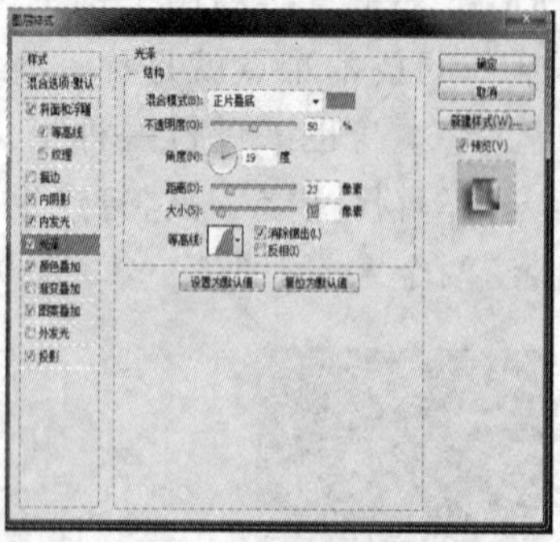

图 3-21-43

在图层样式中，设置描边。（见图 3-21-44）

这样就完成了文字转为形状的设计，效果如图 3-21-45 所示。这里同学们需要知道的就是文字本身也可以是“形状”也可以是“图形”，这些都是需要同学们在今后去认真领悟的。

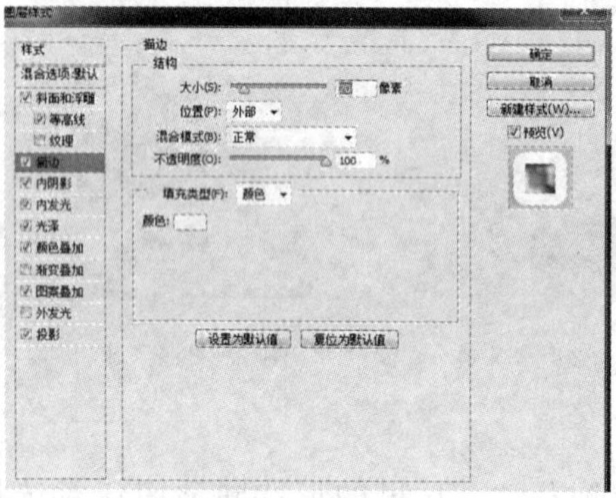

图 3-21-44

图 3-21-45

玩一玩

请同学们对“花环”使用“路径文字”进行恰当的文字内容设置（见图 3-21-46）。

3.21.5　我们一起来说说

（1）什么是路径文字？

（2）路径文字的技巧是什么？

（3）设置路径文字需要注意什么？

图 3-21-46　花环

3.21.6　实训报告

图形图像处理 Photoshop CS6 实训报告

<table>
<tr><td rowspan="2">班级
姓名</td><td rowspan="2" colspan="2"></td><td>时间</td><td></td></tr>
<tr><td>实训室</td><td></td></tr>
<tr><td>实训知识点</td><td colspan="4">路径文字</td></tr>
<tr><td>实训目的</td><td colspan="4">1. 认识路径文字
2. 规则的路径文字
3. 不规则的路径文字
4. 文字本身变化</td></tr>
<tr><td>实训内容
学生填写部分</td><td colspan="4">1. 绘制路径

2. 路径文字
(1)规则的路径

(2)不规则的路径

(3)文字本身设计

3. 案例练习</td></tr>
<tr><td>实训要求</td><td colspan="2">1. 认真填写实训报告
2. 对问题进行记录
3. 拓展问题认真思考并完成实践
4. 完成思考题并形成书面作业</td><td colspan="2">备注:实训报告以一个知识点的实践完成为依据,教师根据学生实训具体情况来调整学时。这样更有利于实践分数的评定</td></tr>
<tr><td>成绩评定</td><td colspan="4">优秀　良好　及格　不合格</td></tr>
</table>

3.22 文字排版

文字是人类文化的重要组成部分。无论在何种视觉媒体中，文字和图片都是其两大构成要素。文字排列组合的好坏，直接影响着版面的视觉传达效果。因此，文字设计是增强视觉传达效果，提高作品的诉求力，赋予版面审美价值的一种重要构成技术。

3.22.1 我来说你来记

我们最早在学习 Office 中接触过文字排版。在 Word 中我们说的“编辑”指对文字、图表的增加、删除、修改，“排版”指将文字、图表排列成出版发行格式。但其实在很多时候我们无时无刻不在接触文字排版，在阅读书本时、在浏览网页时等等。而这些对于我们将要学习的图像中的文字排版也是有帮助的。这里给同学们展示在网络上查找的案例，有些是通过 PS 设计制作的，有些就是网页本身，还有就是一些红头文件等。这里我们重点向同学们介绍在 PS 设计制作中的文字排版(见图 3-22-1～3-22-4)。

图 3-22-1

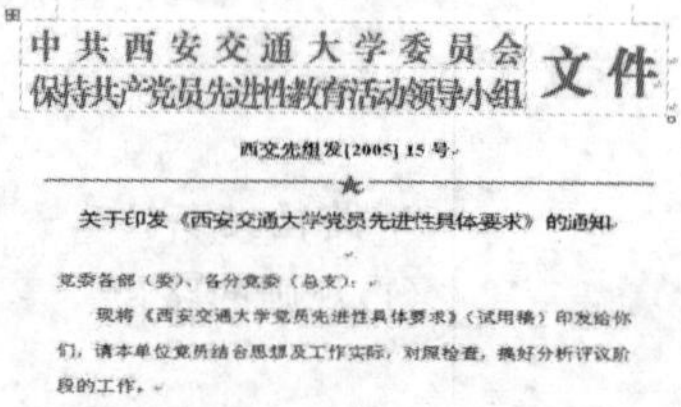

中共西安交通大学委员会
保持共产党员先进性教育活动领导小组 文件

西交先组发[2005] 15 号

关于印发《西安交通大学党员先进性具体要求》的通知

党委各部（委）、各分党委（总支）：

现将《西安交通大学党员先进性具体要求》（试用稿）印发给你们，请本单位党员结合思想及工作实际，对照检查，搞好分析评议阶段的工作。

图 3-22-2

图 3-22-3

图 3-22-4

文字排版有六个原则，分别是对齐、聚拢、对比、强调、留白和重复。具体的就是对文字和图片进行调整。

改变文字之间的距离。疏密有间是文字排版的重要原则，通过改变文字之间的距离，可以更加清晰地表达。文字之间的距离包括字间距和行间距。后面我们在制作时会详细介绍。

文字对齐。在进行文字排版时，相关内容必须对齐，以方便读者视线快速移动，一眼就能看到最重要的信息。文字对齐方式包括文字段落的对齐、文本框之间的对齐以及文字和它所处的空间的对齐等。

当你在同一个 PS 文档中需要使用大量同一类型的文本时，字符和段落格式工具就可以帮助你节省大量的时间。你可以利用字符格式对选中的文本进行修改，但段落格式只能是针对整个段落。你也可以尝试混合这两种类型的格式来处理文本。

而这一切都在文字工具的“字符”和“段落”面板中。

首先来看看“字符”面板，“字符”面板可以用来格式化字符，可以设置字符的各种属性，如字体大小、颜色等（见图 3－22－5）。在默认情况下，设置属性时会影响所选文字图层中的所有文字，如果想要修改部分文字，先选中，然后再编辑。如图 3－22－6 就是字符面板，它提供了比文字工具选项栏更多的功能。

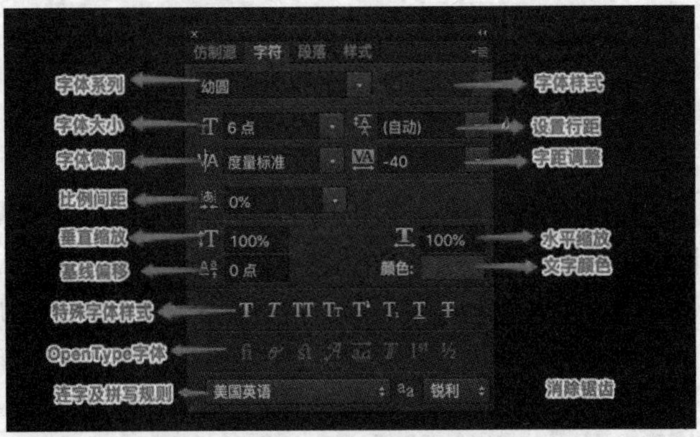

图 3－22－5

字体系列：可以在该选项中选中字体。也可以从外部导入字体。

字体样式：有 Regular(规则的)、Italic(斜体)、Bold(粗体)、Bold Italic(粗斜体)等。

字体大小：可以设置字体大小，也可以直接输入数值进行调整。

设置行距：行距就是文本中上一行文字和下一行文字的垂直间距。同一段落的行与行可以设置不同的行距。如图所示左边文字行距为 60 点，右边文字是行距调整为 100 点的文本。

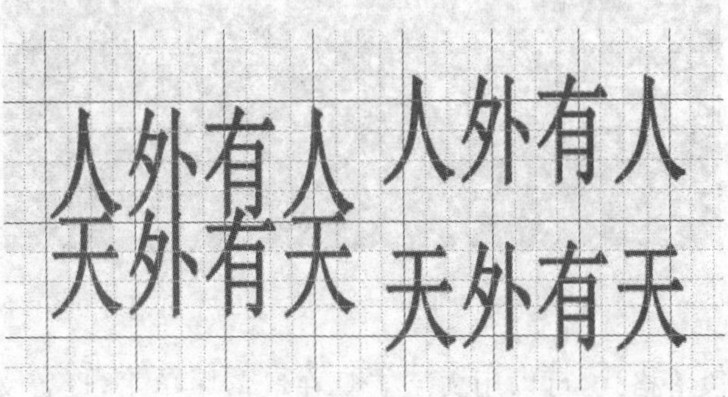

图 3－22－6

字距微调：调整两个字符的间距。在设置之前将插入点放置在要调整的两个字符之间，然后再填写数值进行设置。如图 3－22－7 所示。

比例间距:用来设置所选字符的比例间距。

水平缩放/垂直缩放:水平缩放用来调整字符的宽度。垂直缩放用来调整字符的高度。比例相同时为等比缩放,比例不同时为不等比缩放。

基线偏移:用来设置文字与基线的距离。该选项可以升高或降低所选文字,如图 3-22-8所示。

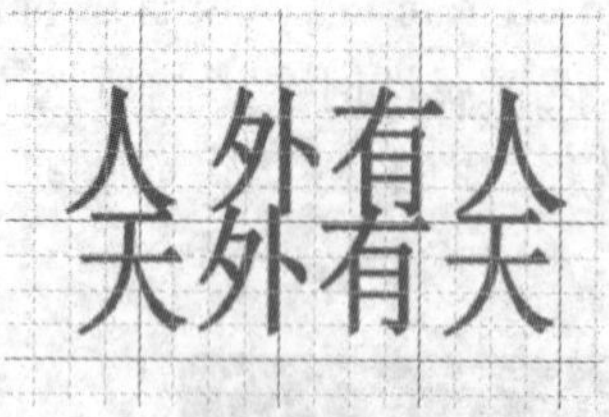

图 3-22-7

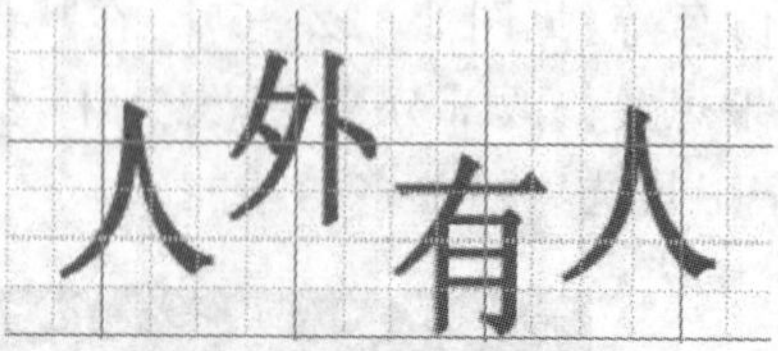

图 3-22-8

文字颜色:可以通过拾色器来改变文字的颜色。

特殊字体样式:分别是仿粗体、仿斜体、全部大小字母、小型大写字母、上标、下标、下划线、删除线。

Open Type 字体:包含了 PostScript 和 True Type 字体不具备的功能。

消除锯齿:处理文字边缘的像素。

介绍完了"字符"面板,我们再来看看"段落"面板。段落面板是用来格式化段落的,即设置文本的段落属性,如段落的对齐、缩进等,如图 3-22-9 所示。

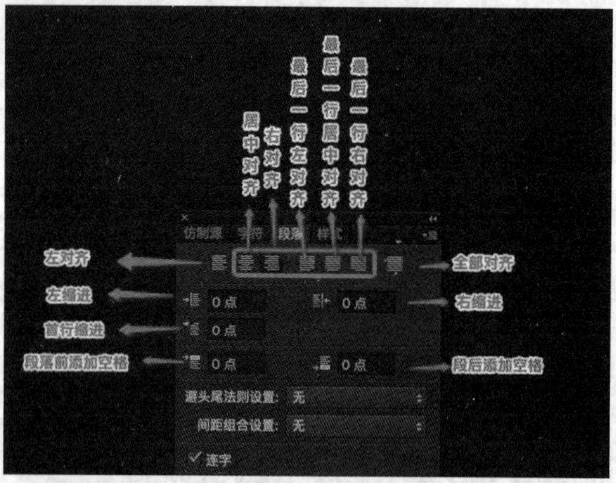

图 3-22-9

如果要设置单个段落格式,可以用文字工具在段落中单击,设置文字拆入点,并设置定界框;如果要设置多个段落的格式,一定要记得选择这些段落才行。最后我们总结下,"字符样式"面板是可以保存文字样式的,即诸多字符属性的集合。而"段落样式"面板是保存字符和段落格式设置属性的,并可以应用于一个或者多个段落。

文字排版的规则有很多,当然最常用的就是黄金分割比例。使用了黄金比例的设计会给人一种自然舒服的感觉。黄金分割原理适用于所有的设计规则。而在我们的文字排版中最重要的就是简洁。因为在商业设计制作中，又小又多的文字是不会出现的，就算有也不会有多少人去关注。所以一些装饰性很强的字体就非常好，用在较少的文字上就能更好地吸引人的眼光。注意字体只起装饰作用，不能不用也不可滥用。对于大量的段落式的说明文字则不要使用，而对于口号类的反而能产生较好的层次作用。但也要注意与你所使用的图像是否协调。

文字排版离不开两个元素：图像和文字，它们在各个设计中担任着不同的角色，相辅相成。那么文字在平面设计中有直接传递信息的直观作用。很多平面设计都是纯文本构成。所以文字设计在平面设计中占有很重要的作用。

这里我们主要谈谈在平面设计中文字设计的几条原则以及文字组合中应注意的几点。请同学们注意记录与学习。

首先要提高文字的可读性。文字的主要功能是在视觉传达中向大众传达作者的意图和各种信息，要达到这一目的必须考虑文字的整体诉求效果，给人以清晰的视觉印象。因此，设计中的文字应避免繁杂零乱，使人易认，易懂，切忌为了设计而设计，忘记了文字设计的根本目的是为了更好、更有效地传达作者的意图，表达设计的主题和构想意念。

再有就是文字的位置应符合整体要求。文字在画面中的安排要考虑到全局的因素，不能有视觉上的冲突。否则在画面上主次不分，很容易引起视觉顺序的混乱，有时候甚至1个像素的差距也会改变你整个作品的味道。

然后一定要在视觉上给人以美感。在视觉传达的过程中，文字作为画面的形象要素之一，具有传达感情的功能，因而它必须具有视觉上的美感，才能够给人以美的感受。

最后要求在设计上要富于创造性。根据作品主题的要求，突出文字设计的个性色彩，创造与众不同的独具特色的字体，给人以别开生面的视觉感受，有利于作者设计意图的表现。设计时，应从字的形态特征与组合上进行探求，不断修改，反复琢磨，这样才能创造出富有个性的文字，使其外部形态和设计格调都能唤起人们的审美愉悦感受。

当然除上述三点，其实更复杂的是如何应用。文字不仅要在字体上和画面配合好，甚至颜色和部分笔画都要加工，这样才能达到更完整的效果，而这些细节的地方需要的是耐心和功力。

文字设计的成功，不仅在于字体的自身书写，同时也在于用的组合时候得当。文字的组合目的不仅是为了增强视觉传达功能，而且要赋予一定的审美情感。人类在阅读文字时的基本规则是从上到下、从左到右的。文案的排版应尽量遵从这一规则，除特殊版式之外，尽可能减少参差不齐或右对齐排列。

字体是组建所有文字排版的基本元素。通常会使用多种字体，为了让这些字体更和谐的，不是那么突兀地出现。文字排版应用的核心是对比，包括了大小、颜色、结构、形状、方向、粗细等方式。主、副标题及描述部分从直观的外形上可以通过粗细、大小、颜色来区分，而最常用的特点：主标题——大、粗、醒目；副标题——可以与主标题同一字体、略细、略小、较规整；描述——常伴有形状搭配来划出分隔，利于阅读，较细、较小，另外在字体的选择上尽量不要使用识别度较低、特型异型的字体。

同时，行距与间距的把握是文字排版中最为点睛的一环，如果控制得好，整个文案都会很和谐，如果控制不好即便上边提到的几个技巧都做得完善也会感觉整体非常不舒服。距离的把控我们一定要慎重考虑承重是否合理，直白地说就是你下方的文案能否撑得住上方的文案，而这个撑的含义就是通过行距与间距去展现的。

以下就是纯文字设计，字体的设计是企业形象识别系统中基本要素之一，具有明确的说明性，可直接将企业或品牌传达给观众，与视觉、听觉同步传递信息，强化企业形象与品牌的诉求力，与标志具有同等重要性。如图 3－22－10 所示。

图 3－22－10

平面设计中的图像创意与文字结合起来，构成了字的新定义，把字进行图像化的处理，用来加深设计的含义。下面就让我们尝试制作一个简单的文字设计。

新建文件，然后选择图形工具中的自定义图案，选择一个心形图案（见图 3－22－11），效果如图 3－22－12 所示。

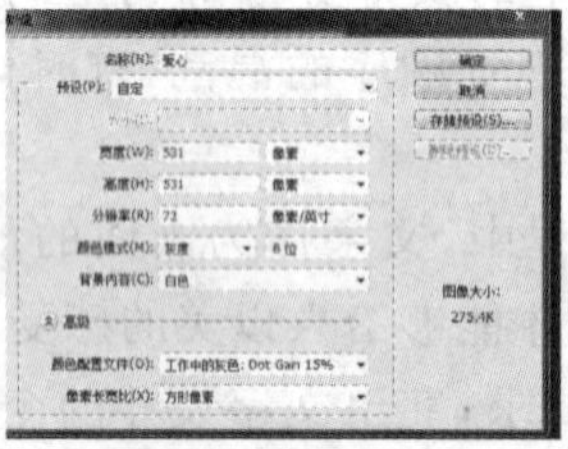

图 3－22－11

图 3－22－12

接下来选择“文字工具”快捷键 T，然后点击图案部分，将需要输入的文字铺满整个图形，这里为了方便随便输入了一些字母，如图 3－22－13 所示。

图 3－22－13

现在使用钢笔工具绘画一个爱心，并使用文本工具对路径进行文字填充，如图 3－22－14 所示。

再次新建一个图层，并使用横排文本工具，输入相关内容，并选择正片叠加的样式，就得到了最终的效果，如图 3－22－15 所示。

图 3－22－14

图 3－22－15

当你在同一个 PS 文档中需要使用大量同一类型的文本时，字符和段落格式工具就可以帮助你节省大量的时间。你可以利用字符格式对选中的文本进行修改，但段落格式只能是针对整个段落。你也可以尝试混合这两种类型的格式来处理文本。

3.22.2　我来做你来看

我们现在就以海报设计为例，让大家一起去学会如何利用 PS 设计制作对文字进行排版。

一般常见的海报尺寸分为 A3、A4、B4、B5 等规格，目前国际标准纸张尺寸都以这些尺寸为基础。接下来就让我们一起为我们学校食堂定制一份菜单吧。

利用我们刚说的规格，建立一个标准的海报设计版式。

新建一个空白文件。在预设中选择国际标准纸张，单位为厘米，设置宽度高度分别为 29.7 和 20.8，分辨率为 300 像素/英寸，颜色模式为 CMYK 模式，设置背景内容为白色，在名称中输入文件名称，单击确定。如 3－22－16 图所示。

然后为其设置排版参考线。打开标尺功能，选择“视图”菜单下的“标尺”，或使用快捷键 Ctrl＋R 打开标尺功能。

有了标尺之后，即可在标尺上拖出参考线。（将鼠标指针移动到左侧标尺上，按住鼠标左键不放向右拖到，就拖出一条参考线。）请同学们依次操作，给图片的上下左右分别留白大约 1 厘米。如图 3－22－17 所示。

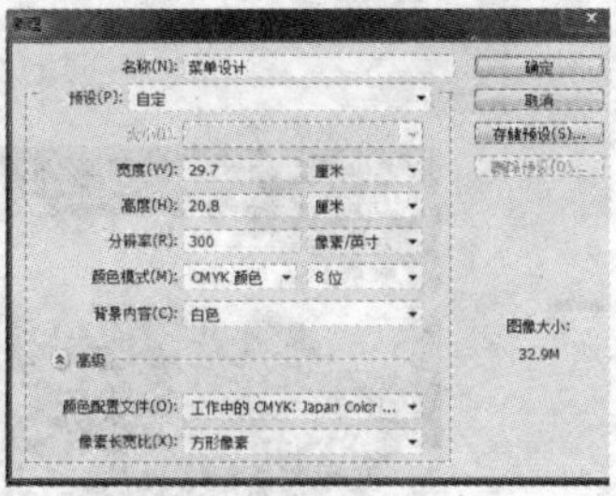

图 3－22－16

图 3－22－17

开启对齐功能。对齐功能除了可在排版时方便对齐参考线或者对象外，还可以在拖动参考线时对齐文件。选择“视图”菜单下的“对齐”，打开该功能。

在拖出一条垂直参考线，将参考线往右拖拽约垂直文件中间处时，参考线会像吸铁石一样吸附。在拖出一条水平参考线，将参考线往下拖拽约水平文件中间处时，来设置水平中间的参考线。如图 3－22－18 所示。

现在就可以置入图像并设置图层剪裁。

当外部置入图像后，利用已经绘制好的形状来整合，可以方便地控制图像的整体设置。绘制图像区域。用矩形工具绘制出需要摆放的区域，待置入图像后即可随意摆放至合适的位置。

在工具面板中选择矩形工具。在选项中设置选择工具模式：形状；填充：白色；描边：无色。如图 3－22－19 绘制由 1→2，绘制一个大约占满左侧一半的矩形。

图 3-22-18

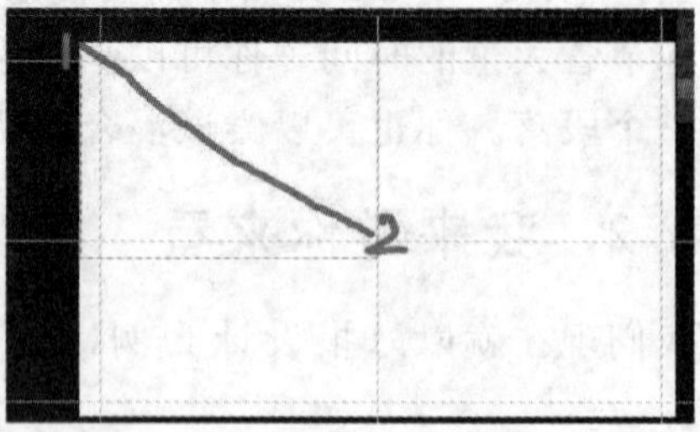

图 3-22-19

下面我们来调整矩形形状。

初步绘制出来的形状可能不符合要求，所以我们要利用路径选择工具进行调整。在工具面板上选择路径选择工具。拖动矩形至左上角对齐，对齐后会出现粉色的线条。按住 Ctrl+T 键可以进行任意变形，拖动中间控制点让矩形右边对齐编辑区的中线。在工具面板上选择直接选择工具。在矩形形状拖动左下角控制点上单击鼠标左键选择该控制点。按住 Shift 不放，拖动左下的控制点，然后放开，就会弹出对话框，单击“是”，就可以把形状转换为一般路径。如图 3-22-20 所示。

现在我们置入图像并根据形状进行裁剪。

选择“文件”菜单下的“置入”，选择我们提供的素材“1. JPG”。记住要按住 Shift 键，拖动图像右下角控制点进行等比例缩放到合适大小。将鼠标移动到图像上，拖动图像到合适的位置。如图 3-22-21 所示。

图 3-22-20

图 3-22-21

我们来建立图层剪贴蒙版。将鼠标移动至图层 1 与矩形 1 图层中间，按住 Alt 键不放。单击鼠标左键，即可将图层 1 嵌入矩形 1 的范围内。按住 Shift 键不放，在图层面板单击矩形 1 图层，与图层 1 一起选择链接图层。完成后即可以在图层右侧出现 图标，表示两个图层已经链接在一起了(见图 3-22-22)。

现在来对菜单的背景进行简单设置。绘制图像区域，在工具面板上选择矩形工具。由左上角拖拽至绘制矩形形状。使用路径选择工具和任意变形来放置图片。

在图层面板上把矩形 2 拖拽至矩形 1 图层下方，这样可以用矩形 1 形状盖住矩形 2 形状。在图层面板上首先选择背景图层，再拖出一个矩形形状。大约为剩下空白部分的一半左右。如图 3-22-23 所示。

图 3－22－22

图 3－22－23

再次置入其他的图像。在图层面板中选择图层 2，置入“图片 2”，将图片 2 置入文件中，调整合适的大小，并拖拽到矩形 2 的上方。按住鼠标至图层 2 与矩形 2 图层的中间，按住 Alt 键不放，建立剪贴蒙版。如图 3－22－24 所示。

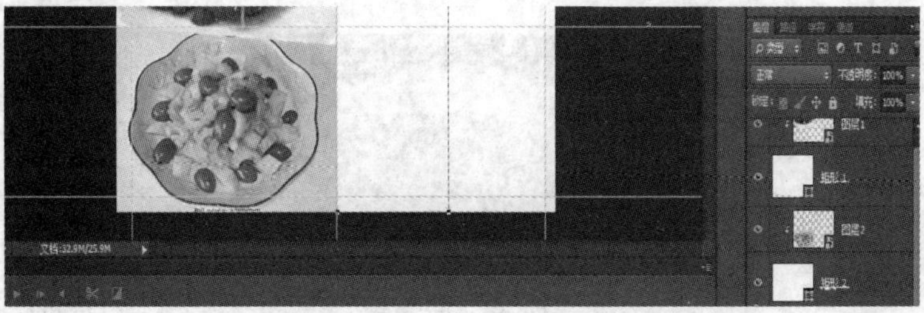

图 3－22－24

在图层面板上选择矩形 3，置入图片 3，并建立剪贴蒙版。（见图 3－22－25）

现在置入背景图片。在图层面板上选择背景，选择置入“图片 4”，按回车键完成图像准备。如图 3－22－26 所示。

图 3-22-25

图 3-22-26

现在就可以输入段落文字了。前面只是简单地设计制作了一些，因为有图有真像。没有图片的文字是苍白的。

段落文字。选择图层 1，这样一会输入的文字就会在图片层的上方。在工具面板选择横排文字工具，在选项中设置如图的文本属性或者自行设置喜欢的样式。拖出一个文本框并输入相关内容介绍。如图 3-22-27、3-22-28 所示。

图 3-22-27

图 3-22-28

输入好段落文字后我们就来设置文本对齐。打开“段落”面板、确定要更改对齐方式的段落，在段落面板中单击最后一行左对齐，就可以看到该段落文字对齐。如图 3-22-29 所示。

然后再来编辑文字大小及颜色。用横排工具选择最上方的两行文字，单击字符面板，设置字体大小 36pt，行距 20pt。

选择菜名，在字符面板中设置字体样式：Bold，然后选择英文和数字部分，设置字体：Arial，价格用红色显示，并设置英文菜名的行距为 30pt。如图 3－22－30 所示。

图 3－22－29

图 3－22－30

以同样的方式完成其他文字内容并完成调整。

对菜品进行设计。同样置入图片。在工具面板选择横排文字工具，设置字体样式及大小。打开“段落”面板，设置右侧对齐。如图 3－22－31 所示。

最后我们来制作标题背景并输入文字。选择矩形工具。选项中选择填充条，单击拾色器，设置颜色。在编辑区单击左键，输入矩形的长为 8 厘米，宽为 5 厘米。将矩形拖动到合适的位置并设置不透明度为 60％。

工具面板中选择横排文字工具，输入文字 SWEET　TIME。选择 SWEET，设置合适的字体、字号、颜色；再选择 TIME 设置合适的字体、字号和颜色。如图 3－22－32、3－22－33 所示。

图 3－22－31

图 3－22－32

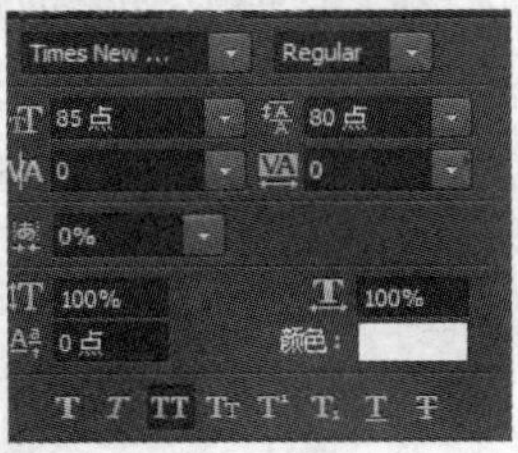

图 3－22－33

输入副标题，完成创作，如图 3－22－34 所示。

3.22.3　你来做我来看

同学们都非常喜欢看电影，每个电影的上映都需要制作相关的海报来吸引人们的眼球，其实也涉及对文字的排版和页面的分配。那就让我们来尝试进行设计吧。首先我们要来设计页面布局。新建文件并按照下图进行参数设置。如图 3－22－35 所示。

图 3－22－34

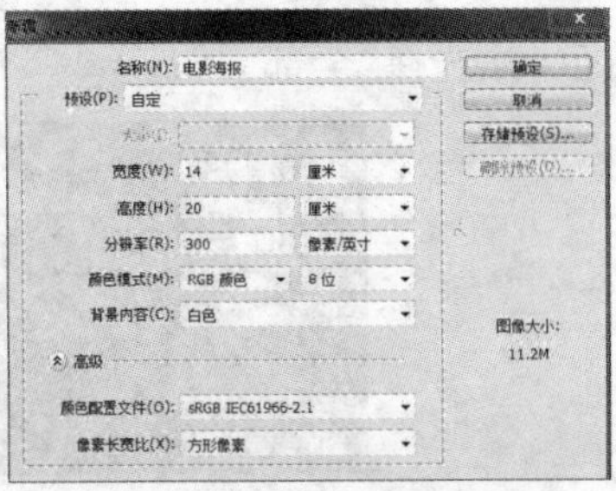

图 3－22－35

选择横排文字工具，打开字符面板，接着设置字体样式为 Aparajita，字体大小为 80 点，行间距为 100 点，颜色为白色。如图 3-22-36 所示。

打开所提供文件中的素材图 1.JPG，使用移动拖拽至当前文档中，并为该图层设置剪贴蒙版（快捷键 Ctrl＋Alt＋G）。

使用矩形选框工具在图层 1 中绘制一个合适的矩形选区，接着按 Ctrl＋J 复制新的图层，并调整大小和位置。最后将副本设为剪贴蒙版。如图 3-22-37 所示。

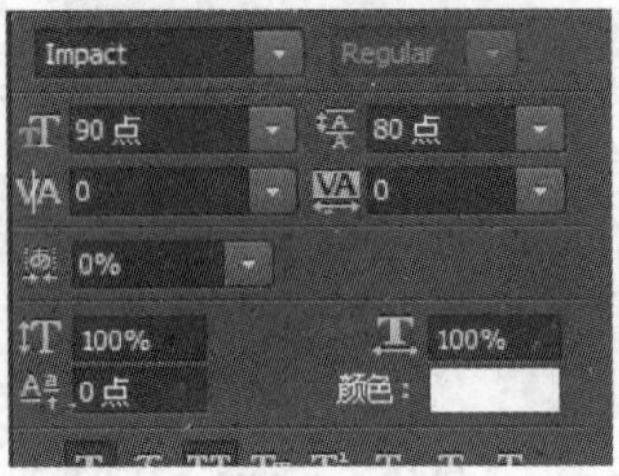

图 3-22-36

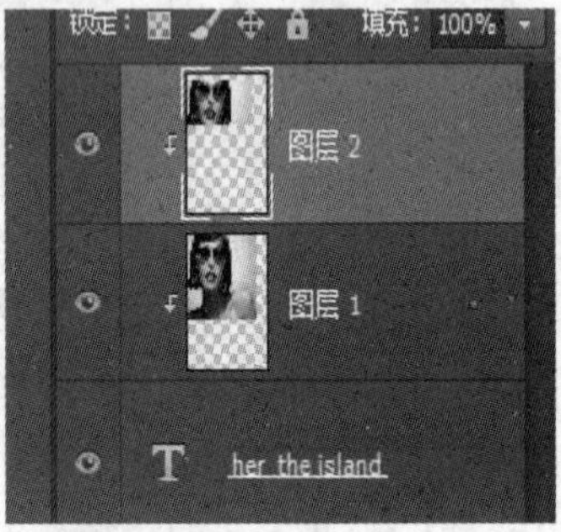

图 3-22-37

选择图层面板中的“创建新的填充或调整图层”按钮，在菜单中选择照片滤镜，在属性面板中设置滤镜为冷却滤镜(LBB)，浓度为 25%。同样的方式选择“创建新的填充或调整图层”按钮，为其增加一个色彩平衡调整图层，在属性里设置如下图的相关配置。如图 3-22-38、3-22-39 所示。

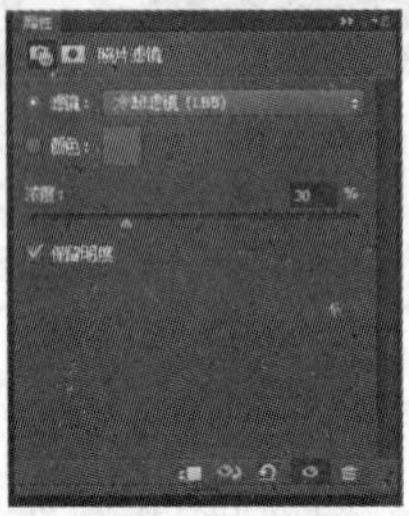

图 3-22-38

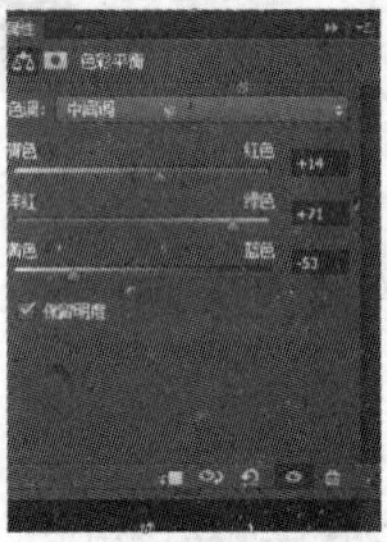

图 3-22-39

请同学们进行文字排版。

选择横排文字工具，打开字符面板，设置字体样式，并设置大小为 30 点，字体间距为 24，颜色为白色，并选择“全部大写字母”，输入相关信息。如图 3-22-40 所示。

图 3-22-40

在字符面板中设置字体样式为自己喜欢的格式，行间距为 24 点，字符间距为－25，颜色等设置为自己喜欢的颜色。然后输入相关文字。如图 3－22－41 所示。

图 3－22－41

在字符面板中设置字体样式为自己喜欢的格式，字体大小为 8 点，选择仿宋，然后输入相关文字。如图 3－22－42 所示。

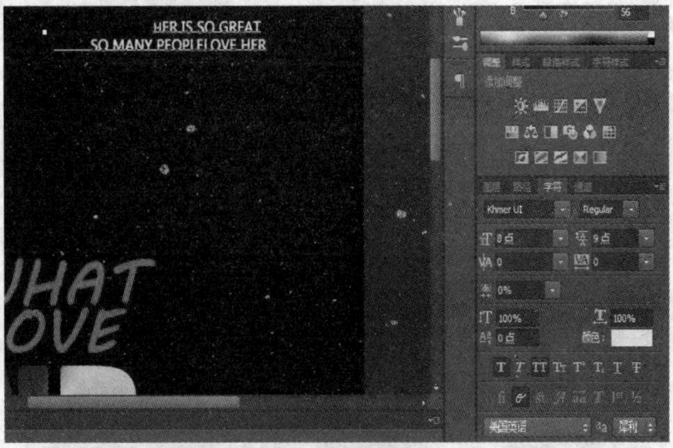

图 3－22－42

在字符面板中设置字体样式为自己喜欢的格式，行间距为 9 点，字符间距为 25，颜色设置为自己喜欢的颜色。然后输入相关文字。如图 3－22－43 所示。

图 3－22－43

同学们可以自己再适当地进行更改或者增加文字。这样一张有意思的海报设计就制作完成了。

这里使用的是英文，同学可以使用中文进行设计，同样也能达到很好的效果，因为汉字本身就是图形符号，喜欢字体设计的同学可以上网自学。

3.22.4 我们一起来练练

下面让我们一起来尝试利用文字排版和图形做一个自己的简历海报。

首先我们来制作背景，这里需要和同学们强调的是，因为是自己的简历海报，所以在背景的制作上尽可能放松，按着自己的感觉来。

新建一个文件进行如下参数设置，并新建图层(见图 3-22-44)，用矩形选框工具绘制一个合适的选区，并选择喜欢的颜色进行填充。如图 3-22-45 所示。

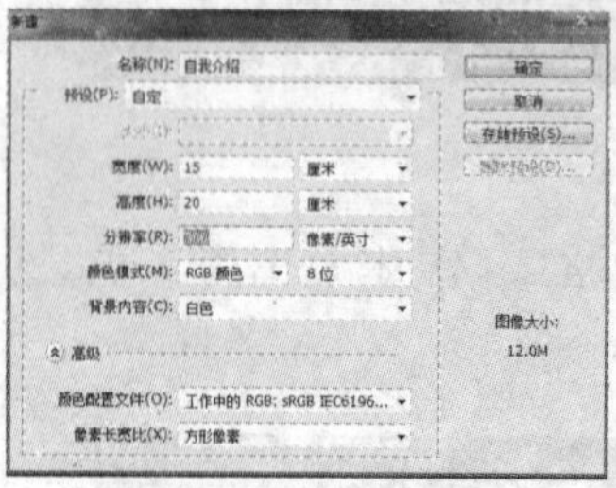

图 3-22-44

图 3-22-45

新建图层，设置前景色为自己喜欢的颜色，使用矩形选框工具，绘制选区，并用前景色填充。如图 3-22-46 所示。

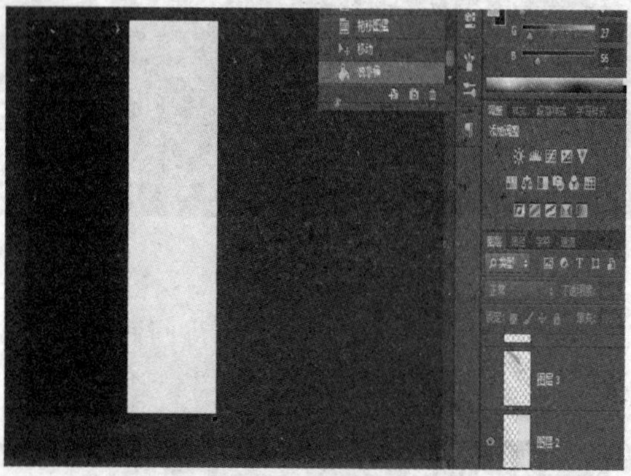

图 3-22-46

新建图层，设置前景色为自己喜欢的颜色，并使用钢笔工具，绘制路径，按 Ctrl+Enter 键将其转换为选区。重复这个步骤 3 次。如图 3-22-47 所示。

图 3-22-47

按住图层 3、4、5 这三个图层放置在图层 2 下方。

现在对文字进行设计。

新建一个“组 1”图层，选择横排文字工具，输入相关文字，并切换文字方向，然后接着输入竖排文字。如图 3－22－48 所示。

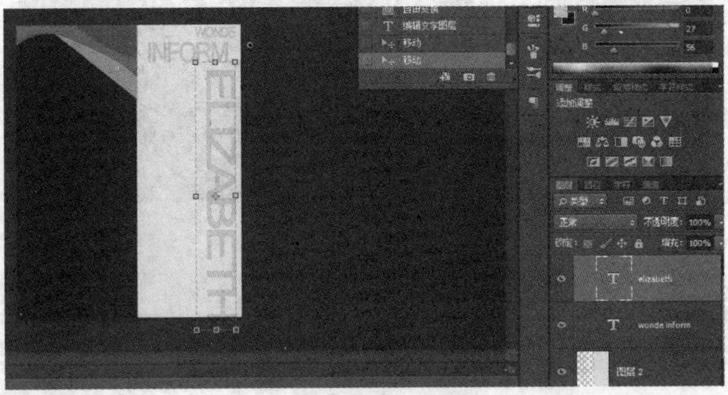

图 3－22－48

设置组 1 的混合模式为滤色，并把图片插入文件中。如图 3－22－49 所示。

图 3－22－49

选择横排文字工具。在字符面板中选择自己喜欢的字体，并按照下图设置。如图 3－22－50 所示。

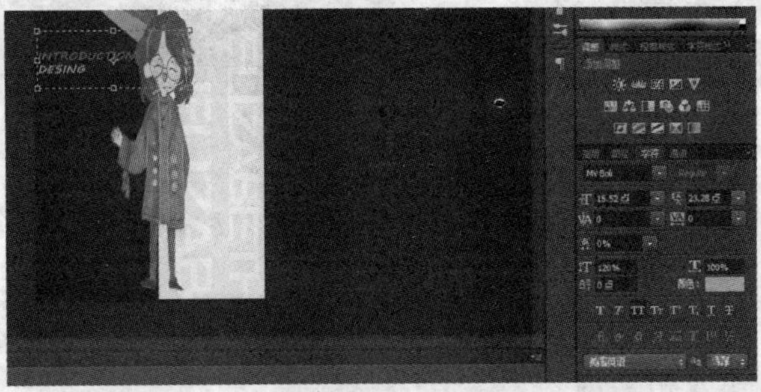

图 3－22－50

在字符面板中设置字体样式为宋体，字体大小为 14 点，字间距为－75，选择喜欢的颜色，输入相应的文字信息。如图 3－22－51 所示。

图 3－22－51

在字符面板中将字体大小调整为 30 点，字间距为－100，然后选择合适的颜色，输入相关内容。如图 3－22－52 所示。

图 3－22－52

在字符面板中设置字符大小为 13 点，行间距为 18 点，字间距为 0 点，并输入相关内容。如图 3－22－53 所示。

图 3－22－53

在字符面板中设置字体样式、字体大小、行间距，然后取消选择仿宋体。输入内容并设置相关颜色。如图 3－22－54 所示。

新建一个图层，设置喜欢的前景色，使用矩形选框工具，绘制出合适的矩形选区，并在该选区中选择横排文字，输入相关内容。

这样个人的简历介绍海报就大功告成了。如图 3－22－55 所示。

图 3-22-54

图 3-22-55

同学们快快尝试制作一个属于自己的介绍海报吧！这里的英文请同学看成是一种可修改的符号，当在制作自己的个人简历时是需要使用中文来进行的。因为我们课时的要求，所以使用了简单的字母来取代中文了。请同学们不要误以为英文比中文好或是英文制作效果好。

玩一玩

请同学们为自己设计和制作一份有意思的简历。

3.22.5　我们一起来说说

(1)什么是文字排版?

(2)文字特排版的规则是什么?

(3)文字与图片的关系是什么?

(4)文字与字体的关系是什么?

(5)请同学们自行百度“黄金分割原理”。

以上除形成书面作业上交外，会在课前通过点名方式进行检查。课外实践作业请通过班级群发送给授课教师批改。

3.22.6 实训报告

图形图像处理 Photoshop CS6 实训报告

班级 / 姓名		时间	
		实训室	
实训知识点	文字排版		
实训目的	1. 字符面板　3. 排版规则 2. 段落面板　4. 案例练习		
实训内容 学生填写部分	1. 什么是排版 2. 工具面板 (1)字符 (2)段落 3. 排版规则 (1)图形 (2)字体 4. 案例练习	案例实操训练	
实训要求	1. 认真填写实训报告 2. 对问题进行记录 3. 拓展问题认真思考并完成实践 4. 完成思考题并形成书面作业	备注:实训报告以一个知识点的实践完成为依据,教师根据学生实训具体情况来调整学时。这样更有利于实践分数的评定	
成绩评定	优秀　良好　及格　不合格		

3.23　文字特效

在设计中，文字是不可缺少的要素，它除了能直接传递设计者的意图外，其本身就是一个很重要的图形要素。所以对文字的设计尤为重要，一方面需表达出字意，另一方面还需表达出形意。而我们学习的 Photoshop 提供了强大的文字处理功能，配合图层、通道、滤镜等相关命令，就可以制作出各种精美的艺术效果。

3.23.1　我来说你来记

图 3-23-1

在 PS 中文字工具的图标为大写的 T ，它可以输入横排文字和直排文字。在下拉工具栏下均会显示。(见图 3-23-1)

当我们选择了一种文字工具后，上方就会出现相应的属性栏。(见图 3-23-2)分解如下：

图 3-23-2

切换文本方向 ：用于选择文字输入的方向。

设置字体 ：可以设置字体类型。

设置字体大小 ：设置字体的大小。

设置消除锯齿的方法 ：用于消除文字的锯齿，其中包括无、锐利、犀利、浑厚、平滑五种选项。通常设置为平滑。

段落格式设置 ：包括左对齐、居中对齐和右对齐。

文本颜色 ：单击可弹出拾色器对话框，在对话框中可以设定文本颜色。

创建文字变形 ：对文字进行变形操作。

显示/隐藏字符和段落面板 ：单击此按钮可打开字符和段落面板。

取消所有的当前编辑：。

提交所有的当前编辑：。

在图层中能承载文字的图层就叫文字图层，它的明显标记就是一个大写的 T 字形。文字图层是唯一能在 PS 中自动建立的图层，其他的都需要先指定好图层。

当我们使用文字工具在图像中创建文字后，在图层面板中会自动创建一个以输入的文字内容为名字的文字图层。(图 3-23-3)

图 3-23-3

但文字图层与普通的图层是完全不一样的。在文字图层中是无法使用画笔等绘制工具进行操作的，因为它只是文字而已，也就只能对文字进行变换与改变颜色等简单的操作。如果我们想对文字进行相应的图形图像功能处理时，必须要将其栅格化为普通图层才可以。

文字图层转为普通图层很简单，选中文字图层，点击“图层”菜单下的“栅格化”里的“文字”命令。或者在文字图层上右击，弹出的快捷菜单中选择“栅格化文字”也可以。

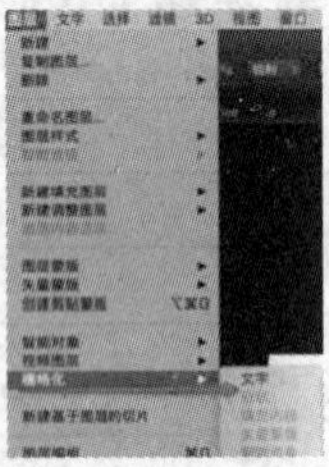

图 3－23－4

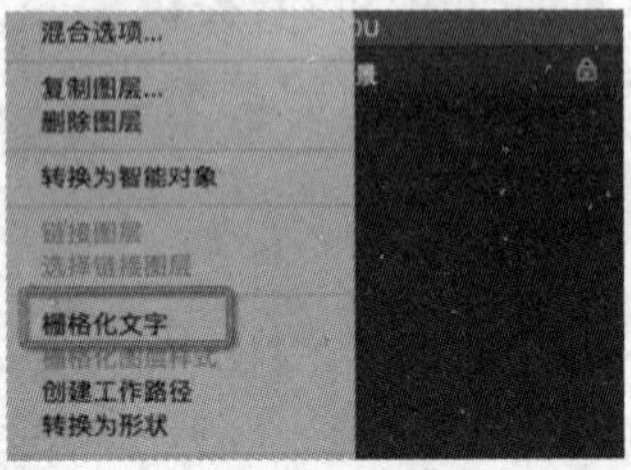

图 3－23－5

在文字工具下分别还有横排和直排文字蒙版工具，它们可以创建文字选区。

选中并右键选择建立工作路径或是打开路径面板，就可以创建工作路径。这样在文字图层上就生成了工作路径。这样也会简化我们使用钢笔制作出效果的过程。（见图 3－23－6、3－23－7）

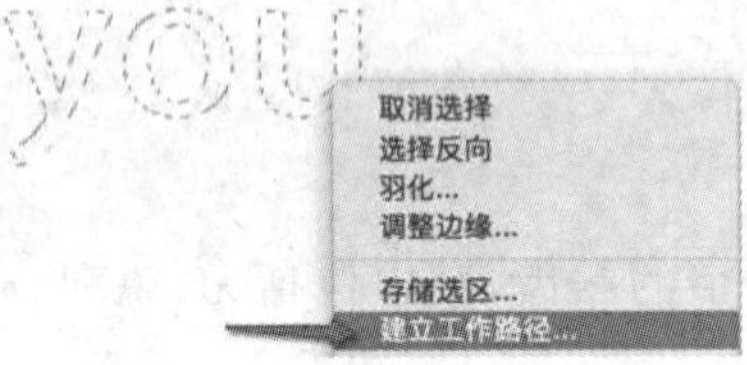

图 3－23－6

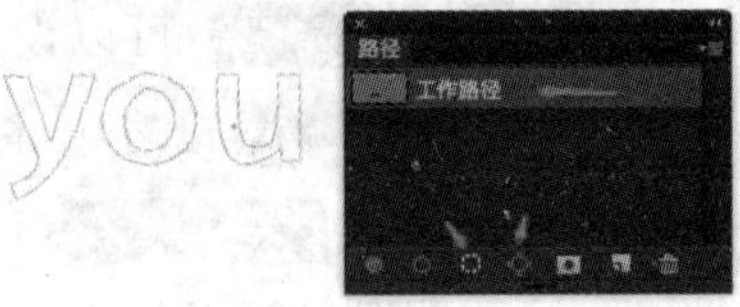

图 3－23－7

3.23.2 我来做你来看

下面我们就利用文字和文字图层的相关特性，配合之前的技能学习来对文字进行特效的制作。

新建一个自己喜欢的背景颜色的新文件，大小不限。在文字工具面板中选择横排文字工具，在属性栏中进行如下的设置。字体选择自己喜欢的字体样式，字体大小：110pt，消除锯齿：犀利，左侧对齐，文字颜色为＃dc931c。（见图 3－23－8）

图 3－23－8

这里输入文字“音乐空间”，然后按 Enter 键移到下一行再输入“音乐空间”（见图 3－23－9）。或是再任选一个工具后再次使用文字工具输入文字到一个新的文字图层（见图 3－23－

10)。注意文字图层的名称是你所输入文字的名称。

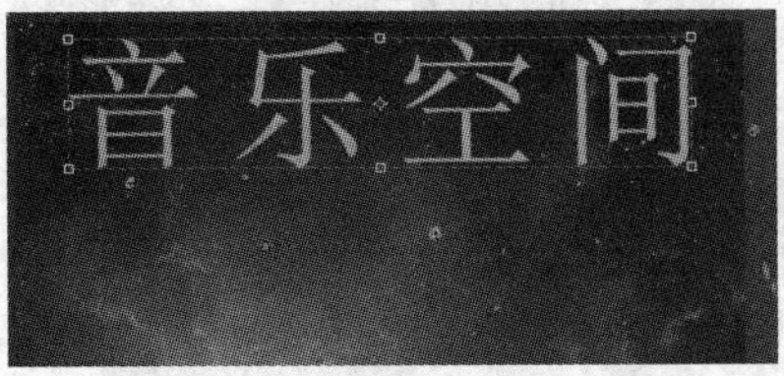

图 3-23-9

图 3-23-10

在属性栏中设置喜欢的字体样式为 Regular，字体大小为 70pt，其他的设置跟原来一样(见图 3-23-11)。效果如图 3-23-12 所示。

图 3-23-11

图 3-23-12

接下来是我们要对文字的行距和字距进行微调，便于我们更好地去制作出想要的效果。在 PS 中有专门的“字符”面板可以让我们进行设置。

选择“窗口”菜单下的“字符”打开它的面板，还有段落和样式。这里根据需要设置行距为 6pt，字距 75，字符缩放比例为 100%，基线偏移为 40pt。(见图 3-23-13)

我们再单独地选择字母“M”，并在字符面板中设置字体大小为 250pt，字符 25，如图 3-23-15 所示。

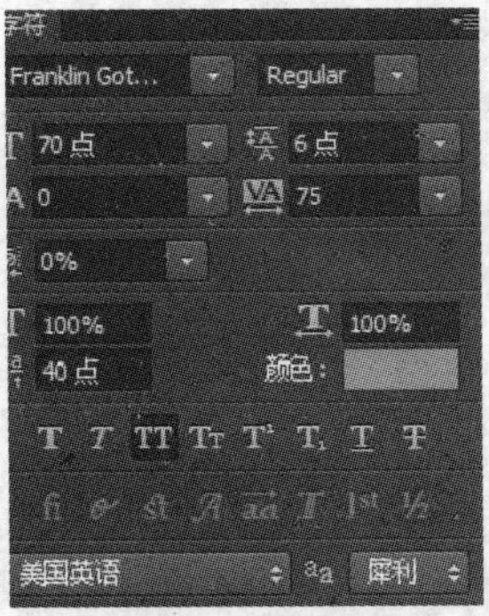

图 3-23-13

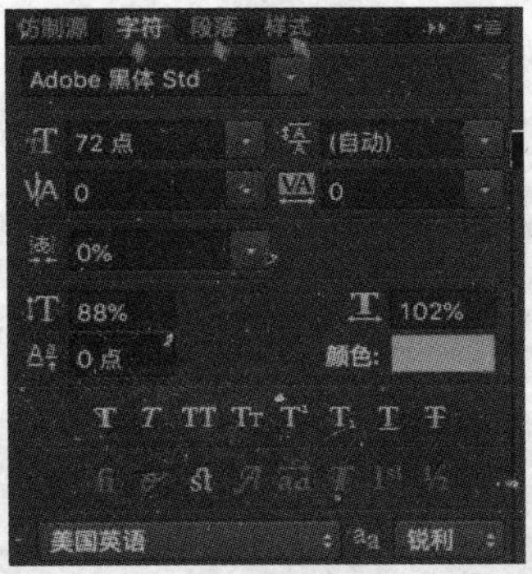

图 3-23-14

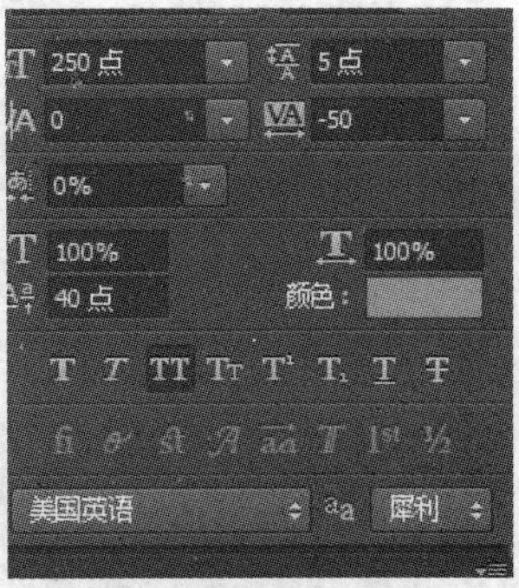

图 3-23-15

英文文字设置好，同学们注意观察，如果有不满意的地方再进行微调。现在我们选择中文文字，并在字符面板中设置行距为 36pt，字距为－50，比例间距为 100％，基线偏移为－40pt。如图 3－23－16 所示。

图 3－23－16

单击段落面板，设置缩排左边界:260pt。效果 3－23－17 如图。

图 3－23－17

至此我们虽然建立了文字图层，但我们并没有对文字图层使用任何图像图形的处理功能。所以我们现在来使用一些功能来制作出我们想要的效果。

首先我们需要给文字图层加一些图层样式，双击文字图层即可调出，或是在文字图层上右键，选择“混合模式”(见图 3－23－18)。在样式里选择斜面和浮雕，在结构与阴影框中参考下图进行设置(见图 3－23－19)。

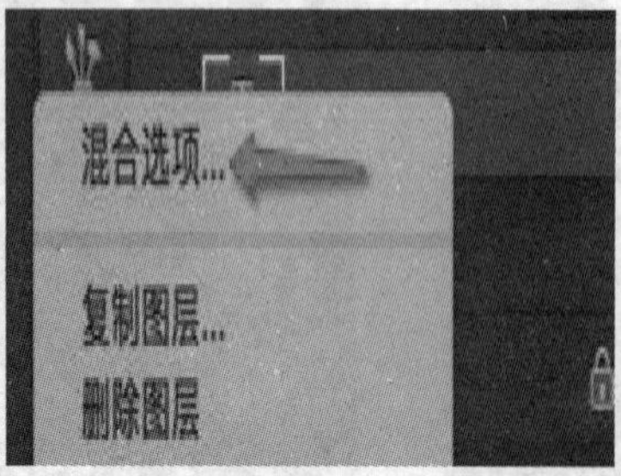

图 3－23－18

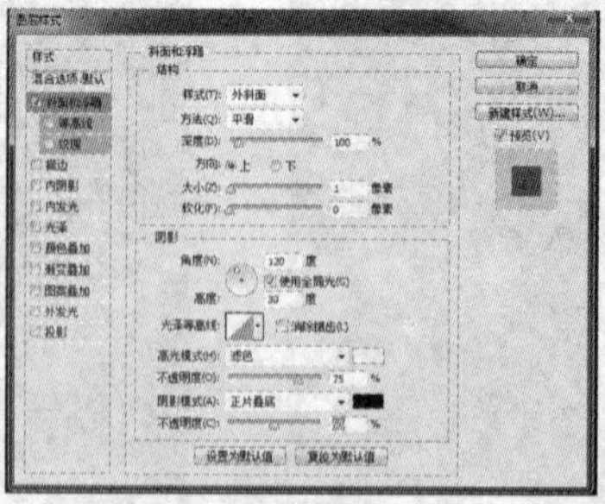

图 3－23－19

在样式中选择渐变叠加，单击渐变框，出现了渐变编辑器。

在预设中选择黑白渐变，在渐变框中上方可以新增色标，分别在 25%、50%、75%处增加色标并设置不透明度为 100%，在渐变框的下方对应的 25%、50%、75%处增加颜色为白色、黑色、白色的色标，并把最右侧的色标设置为黑色。如图 3-23-20 所示。

按此设置好之后的效果如图 3-23-21 所示。

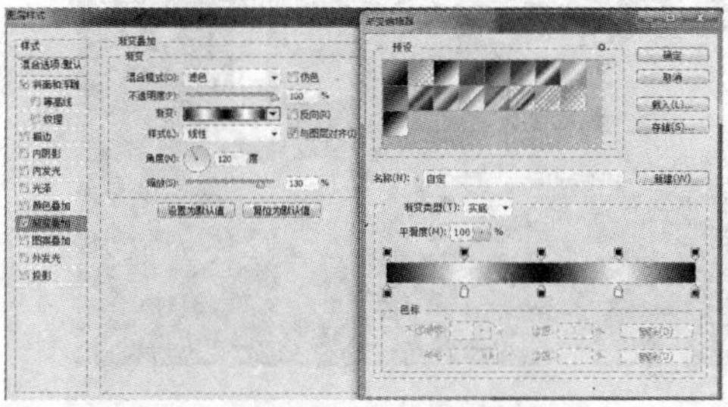

图 3-23-20

图 3-23-21

同学们可以看出，这只是设置好一个图层样式的效果，如果我们再设置其他的图层样式或是再加些其他的功能会不会更加有效果？这里我们接着试试加上其他的方法来看看能得到什么的效果。

为了不破坏我们刚刚的这个效果，所以我们按 Ctrl+J 键复制这个图层，然后把原文字图层进行隐藏。选择好刚复制的文字图层，单击鼠标右键选择转换为形状，这样就可以对文字进行相关的处理操作了。（见图 3-23-22、3-23-23）

Ctrl+T 显示变形控制点，这时显示变形控制点，文字就成了路径，在文字上单击右键选择透视。将鼠标指针移动到右侧上方的控制点，按住鼠标左键往上拖到即可。效果如图 3-23-24 所示。

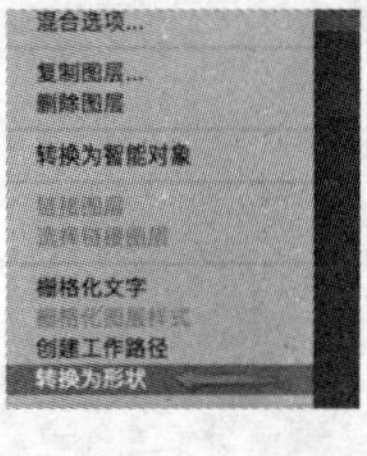

图 3-23-22

图 3-23-23

图 3-23-24

此时虽然拉远了，但却显得有些单薄了，所以我们多复制这个图层来增加一些厚度，来仿真三维的效果。连续按下两次 Ctrl+J，复制出两个相同的文字图层，为了好记，同学们可以更名为“上”“中”“下”。按住 Ctrl 键不放，选择“上”“中”“下”三个图层，然后在下方单击新建组。这样就把“上”“中”“下”三个图层拖入了组文件中，将文件夹更名为“特效”。（见图 3-23-25）

选择移动工具，在“特效”组中选择“下”，按住方向“→”键 10 次，往后移动一定的位置。再选择“中”图层，按住方向“→”键 5 次，往中间移动一定的位置。主要就是为了故意造成一

种立体的感觉。(见图 3-23-26)

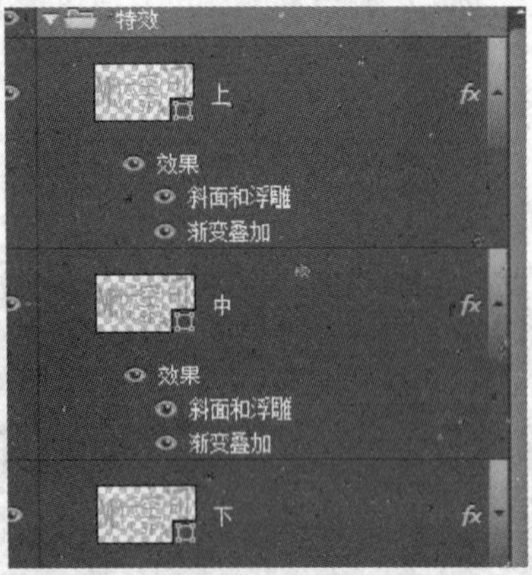

图 3-23-25

图 3-23-26

虽然现在有了立体的感觉，但同学们也发现了不够真实，所以我们还是要进一步加工处理。我们右键“中”图层，选择混合模式，这样也打开了图层样式的对话框。在样式中选择渐变叠加，接着在渐变条上单击，在出现的渐变编辑器中，选择预设为前景色到透明，然后在渐变栏下方分别设置左侧颜色(选择喜欢的颜色)，右侧样式为白色。这里选的是蓝色。(见图 3-23-27)

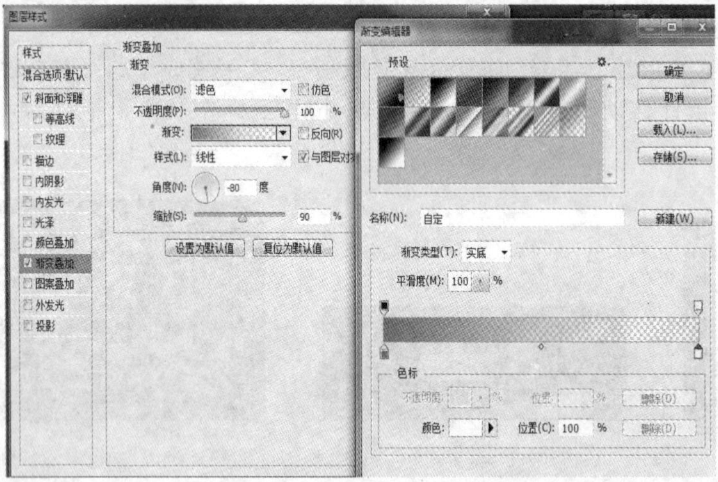

图 3-23-27

这时同学们就会发现效果已经比刚才自然了很多。接着再选择“上”图层，按住 Ctrl 键点击后到新层中建立选区。在新层中用渐变工具填充，从左上往右下角拖动出渐变。设置图层的混合模式为柔光，按 Ctrl+D 取消选区。如图 3-23-28 所示。

在“特效”组的上方新建图层。选择工具面板的油漆桶工具，按 D 键将前景色和背景色恢复成默认的黑和白。

选择滤镜—渲染—镜头光晕，设置亮度为 100%，镜头类型为 105 毫米聚焦，利用鼠标将

光源拖拽到右下角，并设置图层混合模式为柔光。（见图 3－23－29）

图 3－23－28

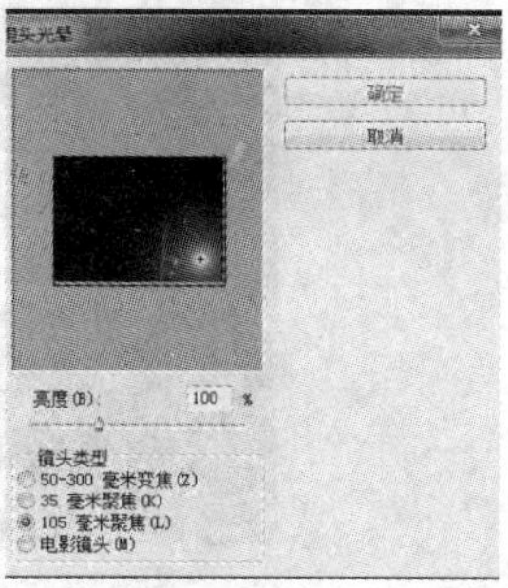

图 3－23－29

按住 Ctrl＋J 复制图层 2，按住 Ctrl＋T，在编辑区上方旋转 180°。在图层面板中，看到图层 2 副本的光源变到了左上角，单击创建图层蒙版。（见图 3－23－30）

图 3－23－30

在工具面板中选择画笔工具，并确定前景色与背景色为黑和白，在选项栏中设置合适的画笔大小，对变暗的地方进行擦拭。（见图 3－23－31）

图 3－23－31

然后按住 Ctrl 键不放，选择图层 2 和图层 2 副本，然后单击新建组 1。在图层面板中选择特效图层，按下 Ctrl＋J 复制，命名为“文字倒影”。

然后我们按 Ctrl＋T 键，在文字上右击选择垂直翻转。按“↓”键，将倒影的文字移到合适的位置。如图 3－23－32 所示。

在变形的状态下，在倒影的文字上单击鼠标右键选择透视。按 Ctrl＋ －键缩小显示，用鼠标移动左侧的控制点，按住鼠标左键不放往上移动，让下方的文字接近上方的文字。如图

3-23-33 所示。

图 3-23-32

图 3-23-33

在图层面板中选择文字倒影图层，创建图层蒙版。在工具面板上选择渐变工具，在渐变工具上单击，在出现的对话框中设置为黑白渐变。鼠标成十字形时，从文字底部拖到文字中部。如图 3-23-34 所示。

图 3-23-34

我们还可以做一些加强文字边缘的光线效果，在组 1 文件夹上方新建图层。

在工具面板上选择油漆桶，按 D 键恢复前景色与背景色为黑白，然后进行黑色的填充。选择滤镜—渲染—镜头光晕，设置亮度为 100%，镜头类型为 105 毫米聚焦，利用鼠标将光源拖拽到左上角，并设置图层混合模式为线性减淡（添加）、填充为 30%，最终效果如图 3-23-35 所示。

图 3－23－35

3.23.3　你来做我来看

请同学们利用提供素材，按照下面的方法和参数设置做出如图 3－23－36 所示的效果。

新建一个图像文件。（见图 3－23－37）

图 3－23－36

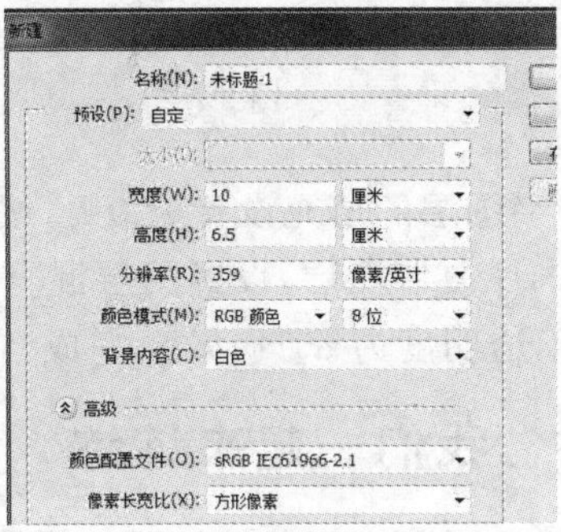

图 3－23－37

调整自己喜欢的前景色和背景色颜色。选择渐变工具，选择径向渐变，运用渐变工具从内到外为其填充你刚刚选择的颜色的渐变。打开文件中的水珠 .jpg，用移动工具将水珠移动到该图像中并放置在最顶层，设置图层混合模式为柔光。

设置前景色为自己喜欢的颜色，单击横排文字工具，在图像中输入文字 sport，单击移动，适当调整文字的位置。对文字进行图层样式调整。如图 3－23－38～3－23－43 所示。

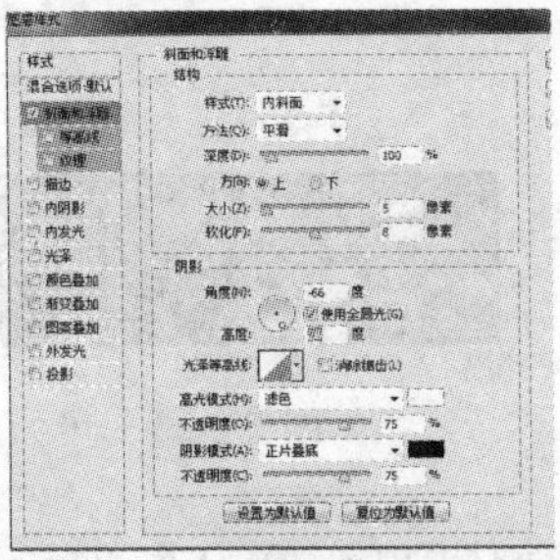

图 3－23－38

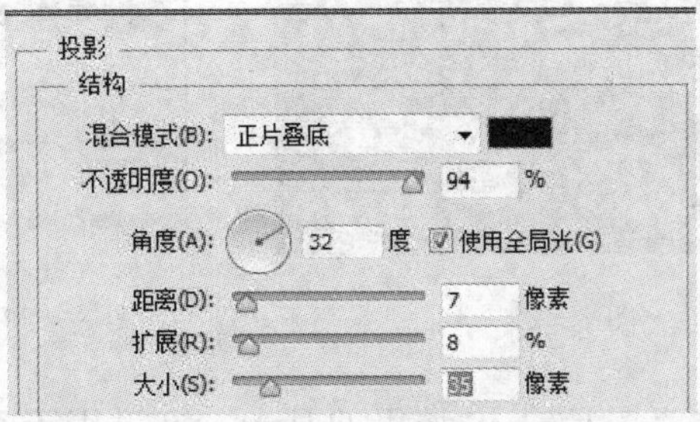

图 3－23－39

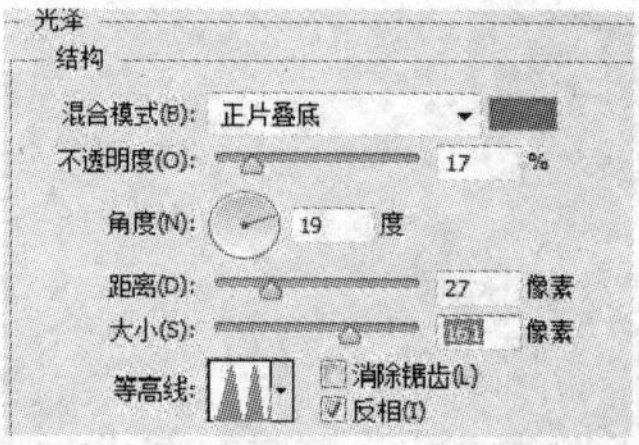

图 3-23-40

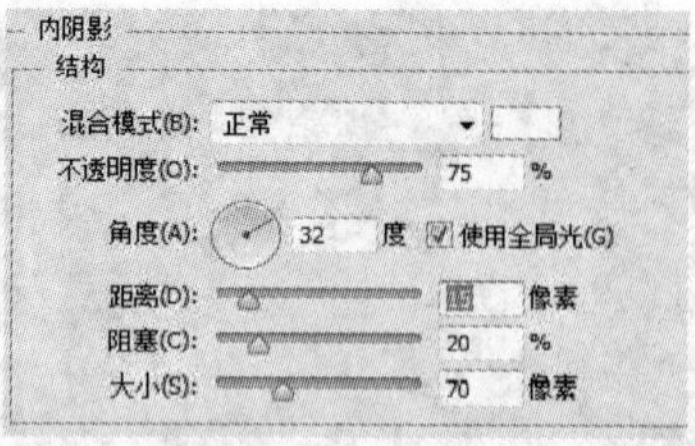

图 3-23-41

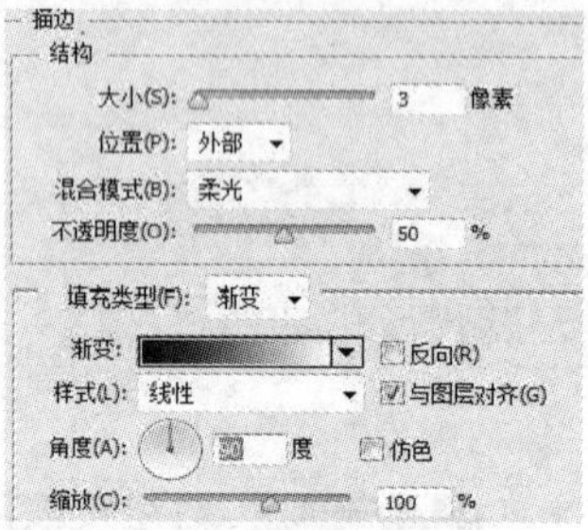

图 3-23-42

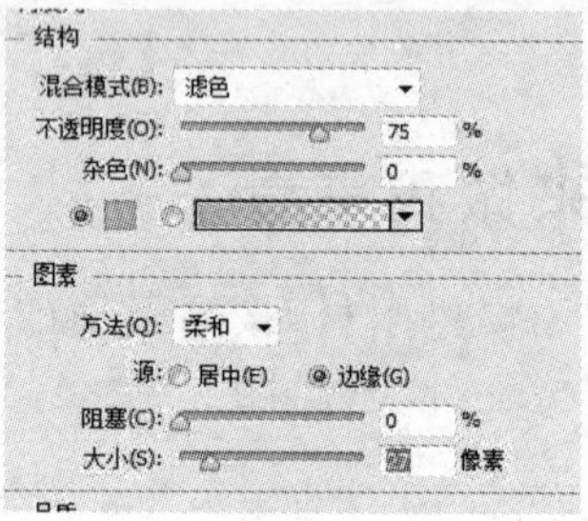

图 3-23-43

将文字图层的填充设置为0%，按住 Ctrl 键的同时单击文字，建立选区，单击水珠图层，按住 Ctrl+J 复制图层，设置图层混合模式为柔光。置入素材冰块图片，选择图层混合模式为变亮，不透明度为80%，效果完成。

3.23.4 我们一起来练练

使用“投影”和“颜色叠加”“内阴影”“斜面和浮雕”样式来制作文字效果。

新建一个大小800×600像素的新文件，填充色随意，这里选#24779d。

新建一个图层并填充渐变色，用G键进行径向渐变，如图3-23-45、3-23-46所示。

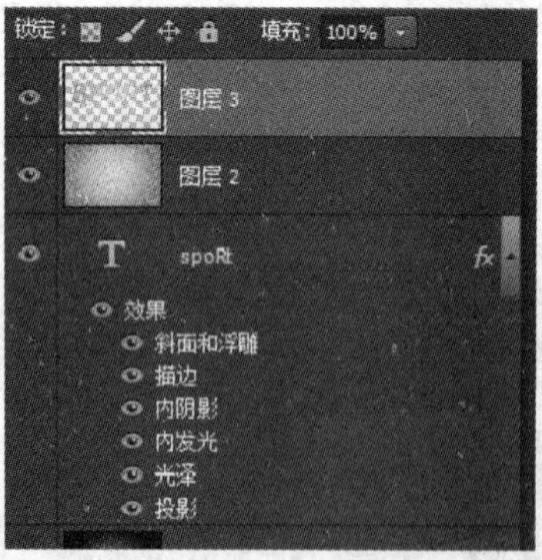

图 3-23-44

图 3-23-45

图 3-23-46

使用文字工具输入“城里的月光”，这里用了百度综艺简体，填充色为# 24bbe3。(见图3-23-47)

然后我们开始为这个文字图层添加图层样式。“斜面和浮雕”参数设置如图 3－23－48～3－23－51 所示。

图 3－23－47

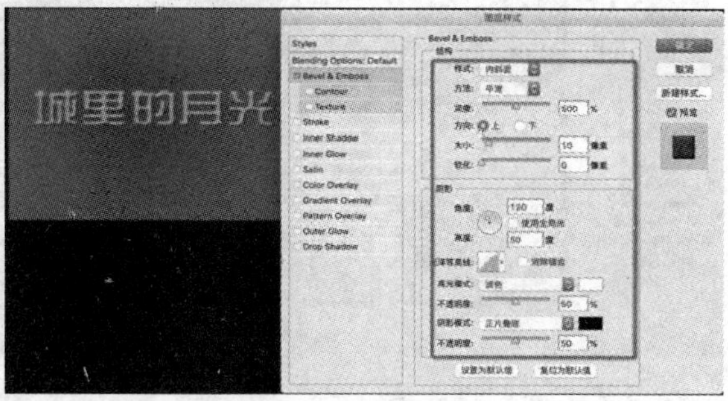

图 3－23－48

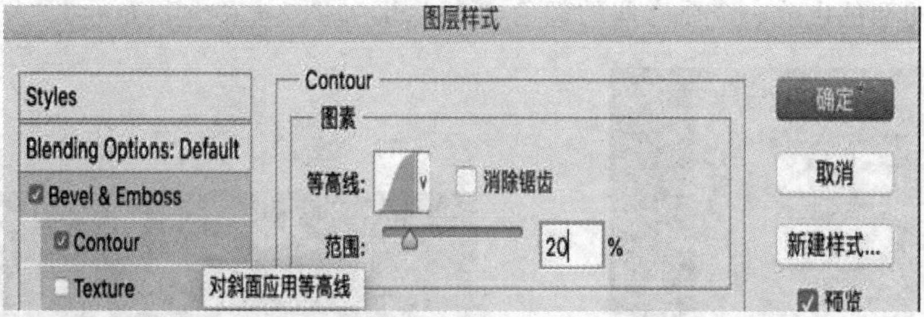

图 3－23－49

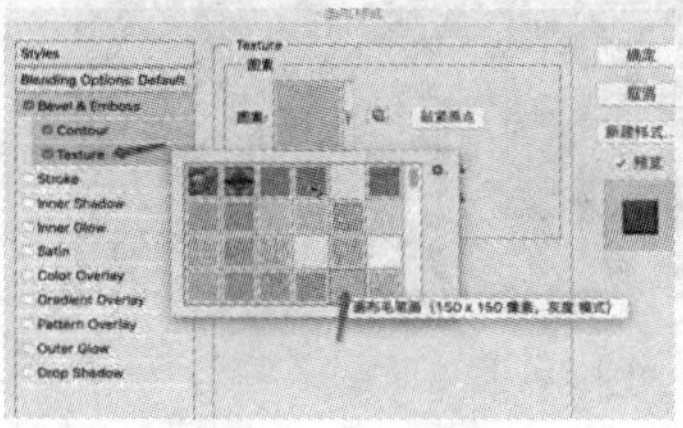

图 3－23－50

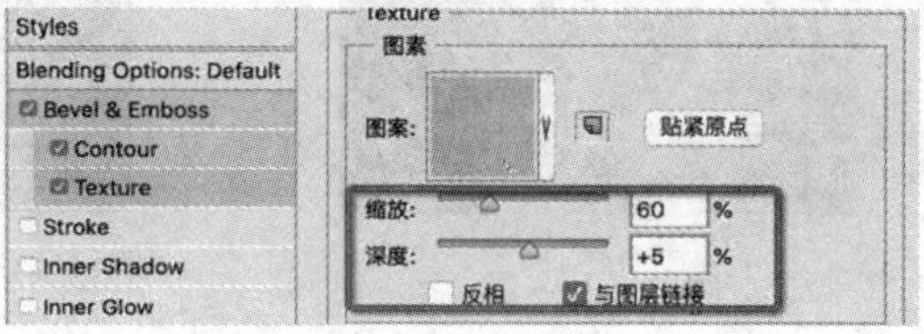

图 3－23－51

“内阴影”的参数设置如图 3－23－52 所示，效果如图 3－23－53。

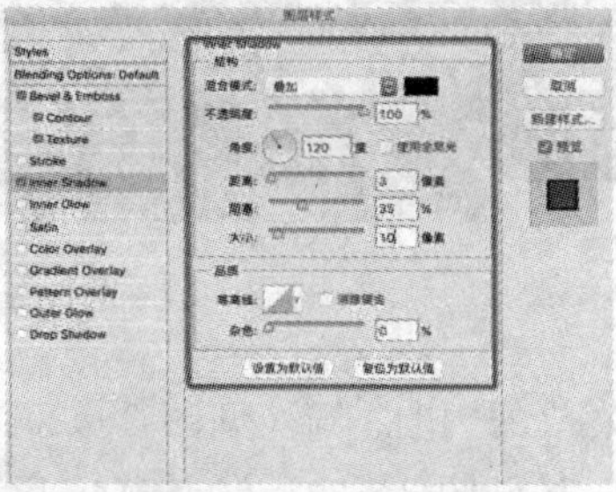

图 3－23－52

图 3－23－53

“投影”的参数设置如图 3-23-54 所示，效果如图 3-23-55 所示。

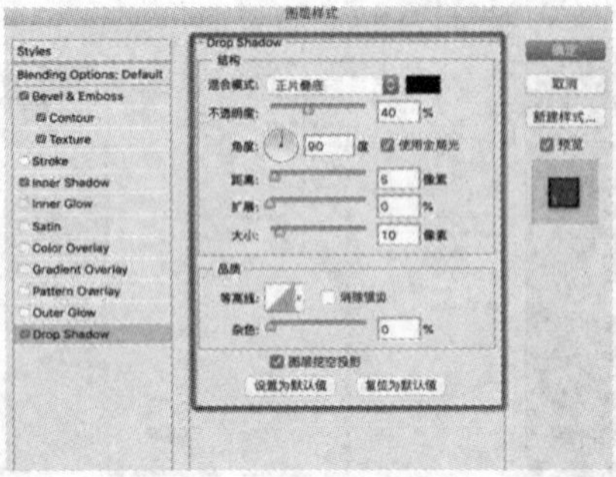

图 3-23-54

图 3-23-55

做好这三个样式后，我们把这个文字图层复制一份，并清除掉这个图层样式(见图 3-23-56)。文字的颜色也改一个更亮些的颜色 #d4eacb，如图 3-23-57 所示。

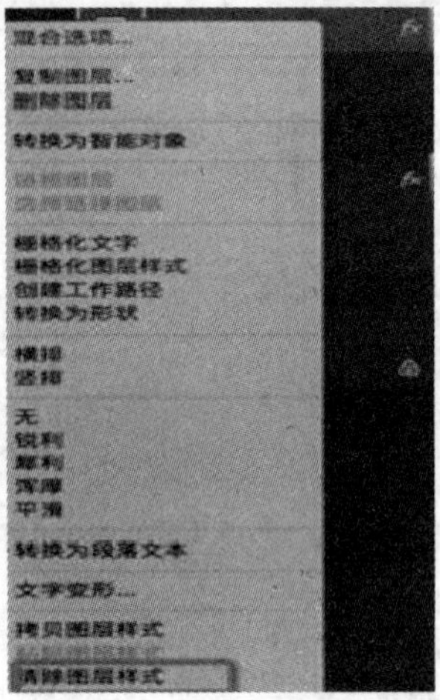

图 3-23-56

图 3-23-57

利用矩形蚂蚁线做出一个选区并对这个文字图层创建蒙版。如图 3-23-58 所示。

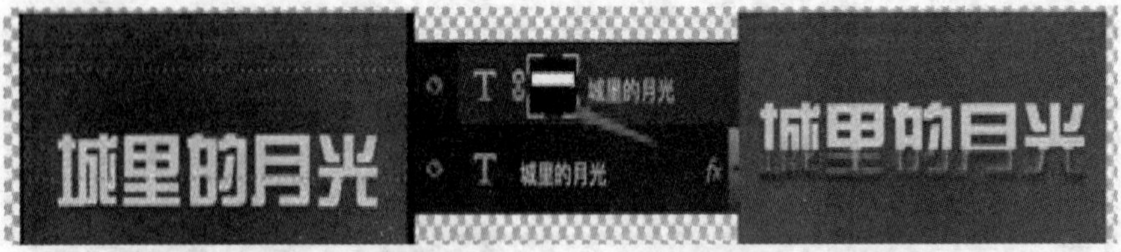

图 3-23-58

最后我们用滤镜加个水波荡漾的感觉，在滤镜菜单的“扭曲”下(见图 3-23-59)。使用时会出现警告提示“要求我们必须要栅格化才能进行”(见图 3-23-60)，确定后，效果为图 3-23-62 所示。

图 3 - 23 - 59

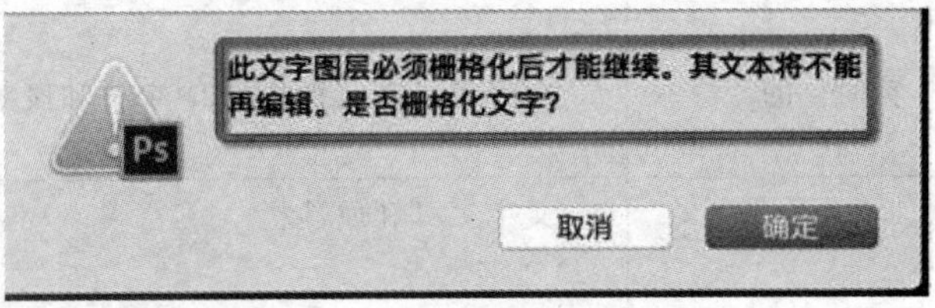

图 3 - 23 - 60

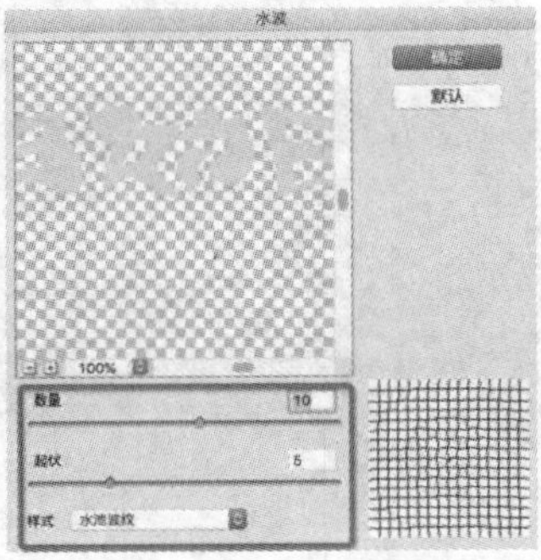

图 3 - 23 - 61

图 3 - 23 - 62

玩一玩

利用 PS 中的 3D 功能制作自己姓名的立体效果。

3.23.5　我们一起来说说

(1)文字蒙版工具如何使用?

(2)请同学们多尝试其他的图层样式为文字做出更好看的特效。

(3)请同学们多用滤镜为文字做出更好的特效。

(4)请同学们思考文字图层为何要栅格化才能使用一些功能和命令。

(5)请同学们思考文字是什么。

以上除形成书面作业上交外,会在课前通过点名方式进行检查。课外实践作业请通过班级群发送给授课教师批改。

3.23.6 实训报告

图形图像处理 Photoshop CS6 实训报告

<table>
<tr><td rowspan="2">班级
姓名</td><td rowspan="2"></td><td>时间</td><td></td></tr>
<tr><td>实训室</td><td></td></tr>
<tr><td>实训知识点</td><td colspan="3">文字特效</td></tr>
<tr><td>实训目的</td><td colspan="3">1. 文字工具和属性栏　2. 字符和段落面板　3. 图层样式　4. 滤镜</td></tr>
<tr><td>实训内容
学生填写部分</td><td colspan="2">1. 文字工具和属性栏
(1)文字蒙版

2. 字符和段落面板

3. 图层样式制作效果
(1)滤镜

4. 案例实操练习</td><td>什么是文字</td></tr>
<tr><td>实训要求</td><td colspan="2">1. 认真填写实训报告
2. 对问题进行记录
3. 拓展问题认真思考并完成实践
4. 完成思考题并形成书面作业</td><td>备注：实训报告以一个知识点的实践完成为依据，教师根据学生实训具体情况来调整学时。这样更有利于实践分数的评定</td></tr>
<tr><td>成绩评定</td><td colspan="3">优秀　良好　及格　不合格</td></tr>
</table>

3.24　滤镜效果

滤镜主要是用来实现图像的特殊效果，你可以将其理解为 PS 中的 PS，合理恰当地运用可以产生非常神奇的作用。但请同学们注意，真正在使用时却很难恰到好处，因为这里面会牵涉到通道与图层，蒙版与工具的联合运用，多一份掌握，多一份理解才会取得最佳的滤镜效果。

3.24.1　我来说你来记

在 Photoshop 中，所有的滤镜都按着各自的类型放置在“滤镜”菜单下。网上也有很多的外挂滤镜，也可以通过安装后显示在这个菜单下。（见图 3－24－1、3－24－2）

图 3－24－1

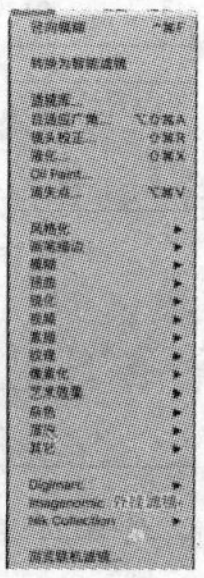

图 3－24－2

对于 PS 来说，本身软件的功能就已经很厉害了，特别是加入了滤镜，有了这个功能就会更加让我们在设计制作与创意时变得更强大。因为各个滤镜还会根据参数的些许不同产生很多意想不到的效果。

我们的学习主要针对的是 PS 自带的内置滤镜，网上的一些破解和磨皮专用的外挂式滤镜不在我们的学习范围之内。而其本身自带的内置滤镜中有一些是我们常用的，但这个常用，请同学们理解好，也就出镜率高一些罢了，比如“模糊”下的“高斯模糊”、“液化”与“风格”下的“风”等，并不是说滤镜我只要学好这些常用的就行了，这肯定是个错误的概念。比如 ACR，其本身就是一个很强大的滤镜，只是因为盗版的原因，很多的软件没有，打不开也就不存在常用罢了。

现将滤镜中的分类进行讲解，请同学们认真理解并通过实践加深理解。

“风格化”意思是可以产生不同风格的艺术效果，风格可以简单地理解为一种行事行为习惯，带有很强的唯一性。艺术风格更是如此，你不会把毕加索的作品看成是伦勃朗。这组滤镜就是专门创造出一些类似艺术效果的。

“画笔描边”可以使用不同的画笔产生不同风格的绘画效果，比如对图像增加颗粒、杂色、边缘或是纹理，达到一种艺术效果。

“模糊”可以模糊图像，它的原理就是将图像中要模糊的区域与邻近区域通过计算而得到平均值产生平滑的过渡效果。

“扭曲”则是可以对图像进行几何变化，创建一些变换的效果。

"锐化"本身就是为了增加像素的对比度使模糊的变清楚。

"视频"主要是针对视频类图像，NTSC 颜色是限制色域，能让电视机接收的颜色。逐行通过移动视频图像中的奇数或偶数隔行线，将在视频上捕捉的运动图像变得平滑。这属于外部接口程序，从摄像机输入或输出。我们真的很少用到这个滤镜。

"素描"可以给图像增加很多种的艺术效果，产生一种素描、速写、纹理等特殊艺术效果。这种滤镜下也有三维效果的制作。

"纹理"不用说是为了给图像添加一些具有感觉的材质。

"像素化"可以让选区内(指定)的相似颜色值结块并且平面化，达到一种像素块状的感觉，现在越来越多的一些商业作品很喜欢这样做。

"渲染"这种滤镜在图像中创建三维图形，来模拟一些光的反射，个人并不推荐在 PS 中制作三维图形，平面设计类的三维制件向同学们推荐 4CD。

"艺术效果"可以模仿很多种我们平时能看到的艺术手法，制作出一些很有意思的绘画效果，比较适合较个性的发挥。

"杂色"可以添加或是去除图像中的杂色，可以创建不同的纹理或是去掉有些瑕疵的区域。

"其他"这个命令下主要包括"高反差"(可以在图像中颜色明显的过度处保留指定半径的边缘细节)、"位移"(移动位置，原位置保留空白)、"自定义"(用户自定义滤镜效果)、"最大值"(扩展白色区域，收缩黑色区域)、"最小值"(扩展黑色区域，收缩白色区域)。

在 PS 中我们会经常使用滤镜制作特殊效果，但有时觉得参数没有设置好效果不理想时，我们能不能返回重做？当然是可以的，在正常状况下我们可以按下快捷键 Ctrl＋Alt＋F 就能再次进入这个滤镜的选项面板进行参数调整设置了。如果对上一次做的参数满意，还想再来一次的话，只要按快捷键 Ctrl＋F 就会按之前的参数自动再做一次，但不会再出现此滤镜的选项面板了。

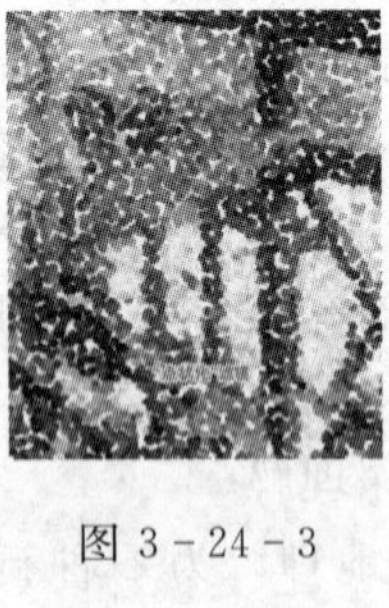

图 3-24-3

图 3-24-4

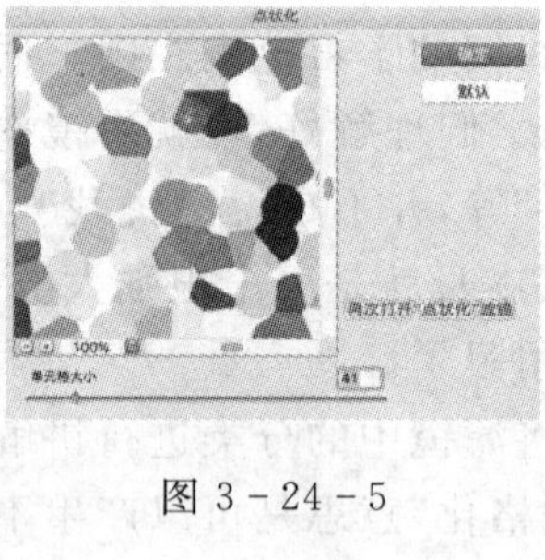

图 3-24-5

但这些都不是我们推荐的，在 PS 中有智能滤镜功能，我们可以先把图层转换成智能对象，这时再添加滤镜就是智能滤镜了。我们可以随时修改滤镜的参数并能随时观察到画面效果。这样会更直观更方便。转换为智能滤镜的方法可以是在我们可以选中图层后，右键单击选择"转换为智能对象"(见图 3-24-6)。或是在选中图层后，点击"滤镜"菜单下的"转换为智能滤镜"(见图 3-24-7)，确定即可(见图 3-24-8)。注意图层上的那个智能对象的标记(见图 3-24-9)。

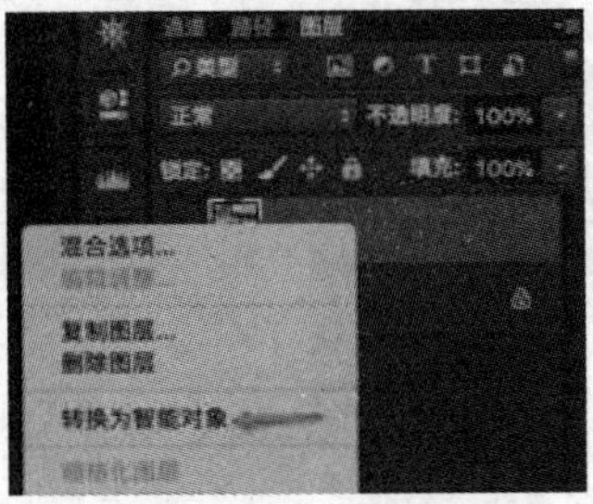

图 3-24-6

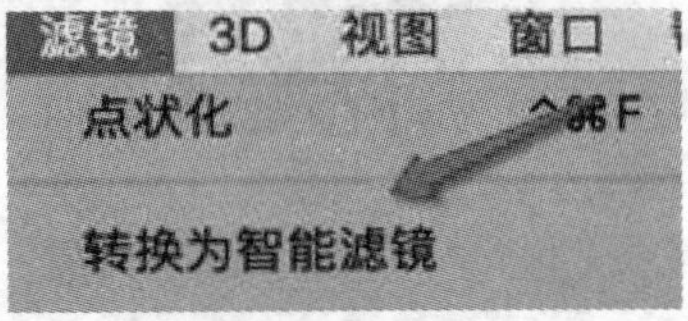

图 3-24-7

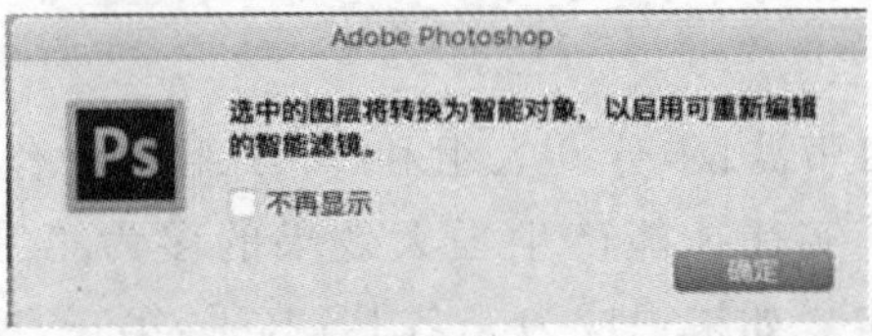

图 3-24-8

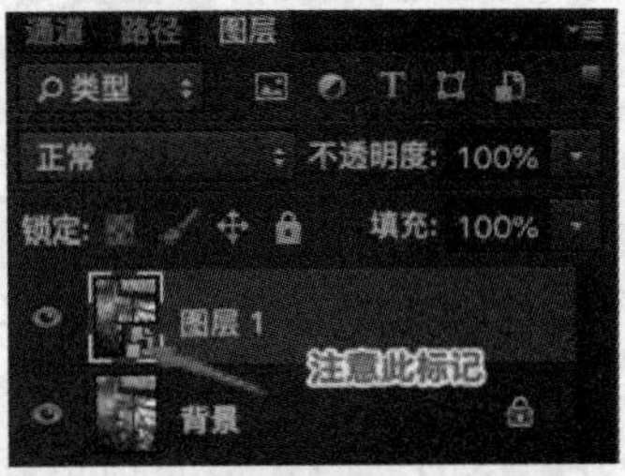

图 3-24-9

这样我们就已经将需要的图层转换为了“智能滤镜”。然后我们随便找个滤镜，大家看下“智能滤镜”好处所在。这里我们使用了“高斯模糊”，参数随便设定就行了，这时请同学们注意观察图层，此刻的图层中出现“智能滤镜”和“高斯模糊”的效果样式(见图 3-24-10)。注意如果没有转换为智能对象图层的话是不会在图层下出现“效果样式”的(见图 3-24-11)。请同学们观察仔细。

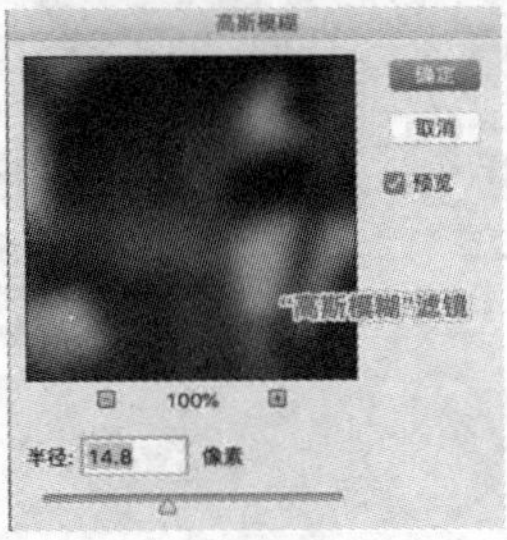

图 3-24-10

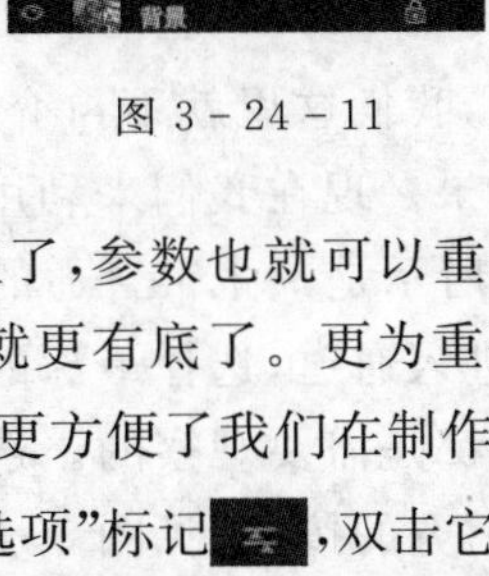

图 3-24-11

双击“高斯模糊”就可以重新打开这个选项面板了，参数也就可以重新设置了。这样在图层中也就能看到你自己所使用的相关滤镜，心中也就更有底了。更为重要的是我们还可以关掉滤镜效果的眼睛标记，这样就会显示出原图，更方便了我们在制作时的观察与对比。在每一个效果样式的最右边还有个小小的“滤镜混合选项”标记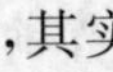，双击它就能编辑滤镜混合选项，各位同学是否能感觉到这个打开的面板有些像图层样式，其实这就是图层样式，是可以调整滤镜的“模式”和效果“不透明度”。也就相当于一个智能滤镜有“滤镜”和“样式”两种效果。

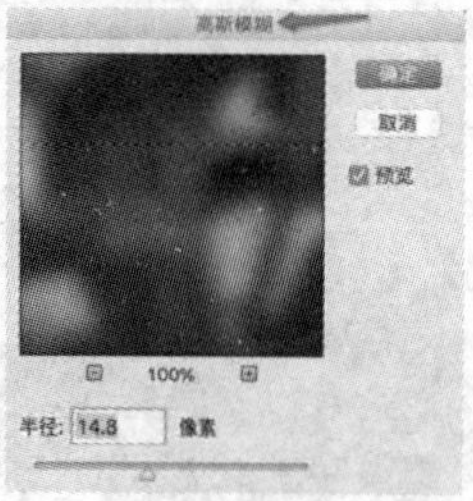

图 3-24-12

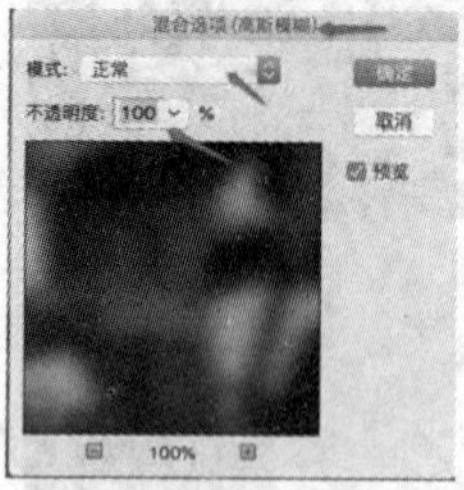

图 3-24-13

但要注意,智能对象相当于矢量图,就没有像素了,所以有些要对像素点才能进行处理的滤镜是无法使用的,比如“液化”与“消失点”和部分“模糊”滤镜。

3.24.2 我来做你来看

PS 的滤镜分为两大类,第一类就是内部自带滤镜,分 6 大组和 12 小组大致有 111 个滤镜。第二类为外挂滤镜,也叫第三方滤镜。其实往往能产生强大效果的多为第三方滤镜。因为第三方滤镜的厂商在不断地更新与创造中。如果想成为一名 PS 高手,第三方滤镜还是必须要了解和掌握一些的。

外挂滤镜的安装目录基本上都在 plug－ins 这个文件下,不管是安装的还是不安装的,只要是滤镜都是在这个目录下的,所以同学们只要在 Photoshop 所在的文件中就能查找到这个文件夹。重启后就会在滤镜菜单的下方自动生成它们自己名称的菜单。这里显示的外挂滤镜同学们可以自行百度下载安装。(见图 3-24-14、3-24-15、3-24-16)

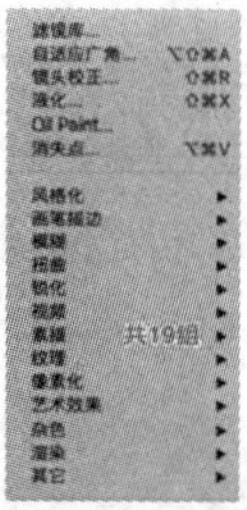

图 3-24-14

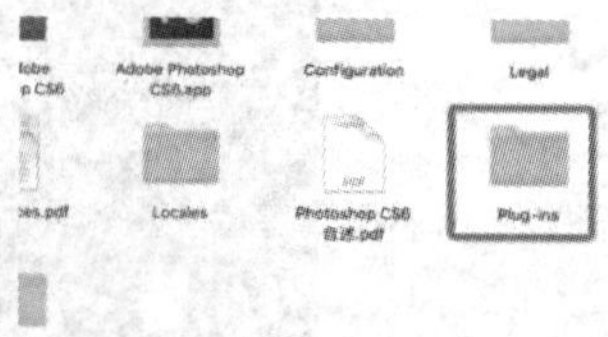

图 3-24-15

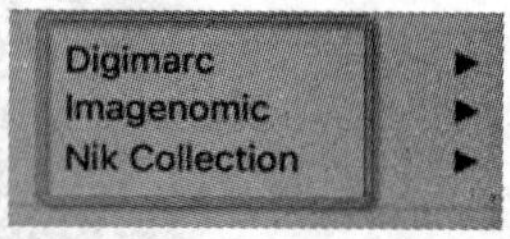

图 3-24-16

因为版权的问题,我们这里就不再介绍第三方滤镜,下面我们来学习内置的滤镜,并希望达到自己满意的效果。现在我们来利用“模糊”里的“径向模糊”做个现在很流行的天光效果。如图 3-24-17 所示是一张很普通的图片,于是我们就开始“做”光了。

打开原始图像,进入通道,选择最深的蓝通道,注意不是所有图像的蓝通道都是最深的,每张图像的深色通道都是需要观察的。选中这个深色蓝通道并转换为选区,按下 Ctrl 并点击此通道,或是点击下方的按钮(见图 3-24-19)。返回 RGB,按 Ctrl+J 新建一个图层,选择一种你想创作的光的颜色为前景色,这里设置 # fff2d8,然后用此颜色填充(见图 3-24-20)。

图 3-24-17

图 3-24-18

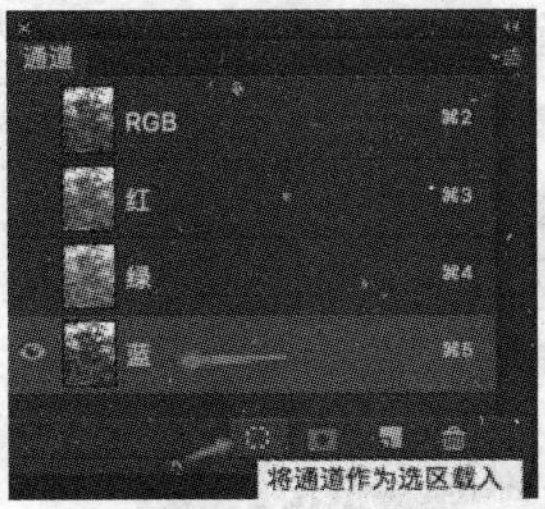

图 3-24-19

图 3-24-20

注意观察在此图像中我们要创造的“光”主要是来自天空，所以如果感觉颜色穿过了树丛在地面上也有的话，可以使用橡皮擦除不需要的地方。所以同学们以后在制作效果时也要考虑图像素材的选择。（见图 3-24-21）

图 3-24-21

现在我们有了新的“图层 1”，按 Ctrl＋D 取消蚂蚁线选区后，就来进行滤镜的制作。我们把刚才的“图层 1”更名为“光”（见图 3-24-22），选择“模糊”滤镜下的“径向模糊”。在此选项面板中，数量里的数字越大代表变化越大，而中心模糊的中心点是可以调整高度的，这里根据需要略加上移了些。模糊的方法和品质这里暂且就用默认。如图 3-24-23 所示。

图 3-24-22

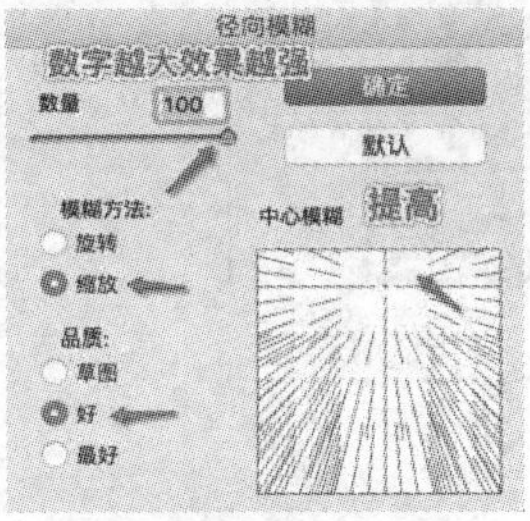

图 3-24-23

确定后，效果也就出来了，如果发现效果不是太明显，有两种方法可以实现，第一种是再次使用此滤镜，快捷方式为 Ctrl＋F。第二种就是把这个刚做过效果的图层再次 Ctrl＋J 下也能达到清晰的效果。这里同学们也发现了光的颜色有些过了，所以请同学练习时自己配色。对“模糊”滤镜概念不是太清楚的同学请通过实践练习来理解。

3.24.3　你来做我来看

如果我们用 PS 来绘制一张水粉画也很简单，只要能合理地运用好相应的滤镜就可以了，下面我们来试一试。打开一张图像(见图 3-24-24)，我们可以先根据需要进行剪裁，这里只选择花为主体，其他的去掉，如图 3-24-25 所示。

图 3-24-24

图 3-24-25

裁剪好后，我们复制这个图层，是为了保护好原图。关于这一点请同学们一定要时时牢记应用 Ctrl+J 这个快捷键。我们先使用“模糊”下的“表面模糊”让画面变得朦胧些。然后我们使用“滤镜”菜单下的“滤镜库”，这是由六大类组构成的滤镜，功能很多也很强大，依次使用“画笔描边”里的“喷溅”、“艺术效果”里的“绘画涂抹”、“纹理”里的“纹理化”，还可以再加些绘画的笔触效果，比如“艺术效果”里的“干画笔”。如图 3-24-26～3-24-30 所示，最终效果如图 3-24-31。

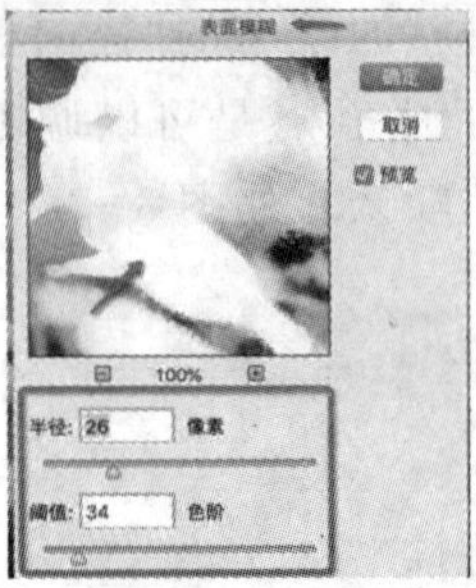

图 3-24-26

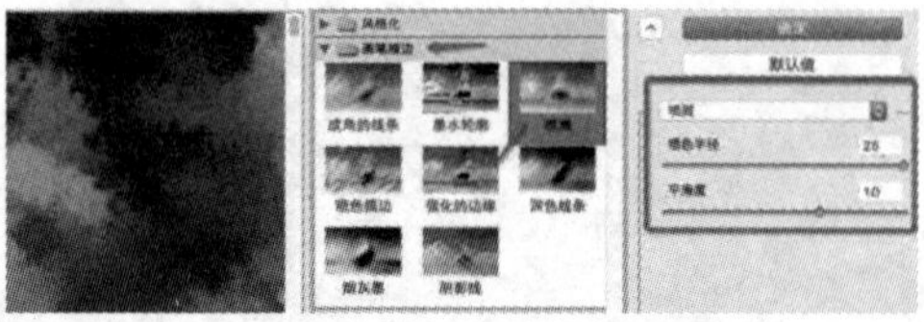
图 3-24-27

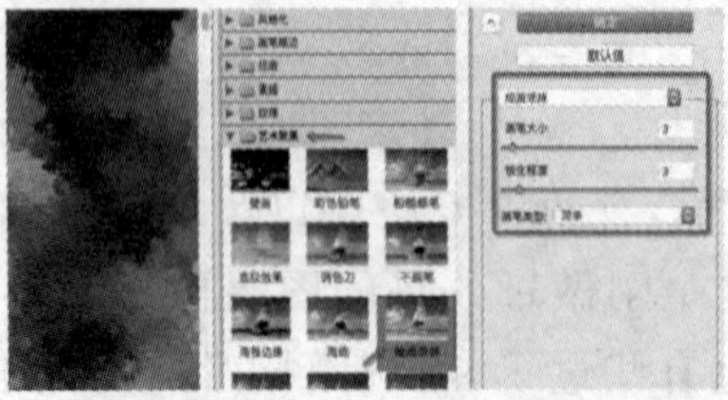
图 3-24-28

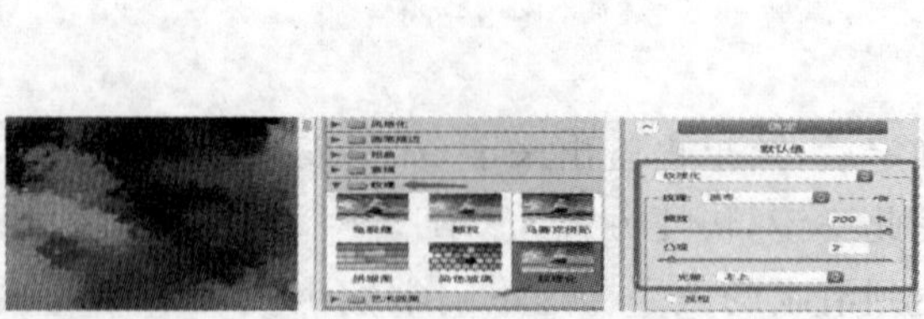
图 3-24-29

请同学在实践操作中，一定不要拘泥于案例中所给的参数设置，大胆尝试变换参数，你就会发现同样的一张图使用同样的滤镜命令，只是参数的更改，效果可能另有一番景象。

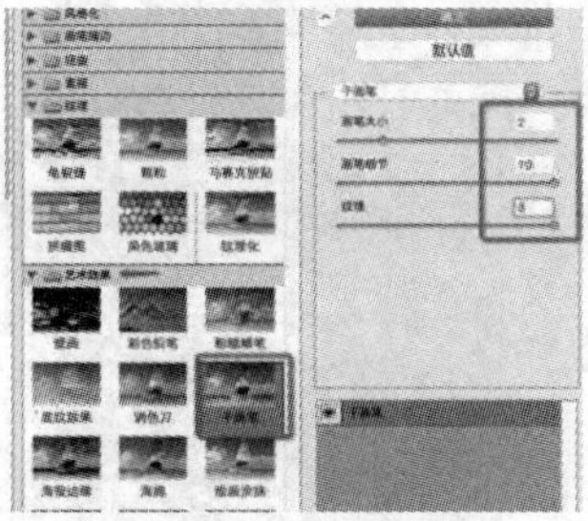

图 3 - 24 - 30

图 3 - 24 - 31

3.24.4　我们一起来练练

我们使用滤镜不但可以为图像做效果，还能使用滤镜制作出有创意的图形，这里我们使用其他工具并结合滤镜制作出波浪的图形效果。

新建一个文件，大小任意，只是最好为方形即可（见图 3 - 24 - 32）。为了让波浪有感觉，这里我们选择背景色为蓝色 ＃0095da 并填充。然后使用“滤镜”下的“渲染”里的“云彩”为它添加一些效果。如图 3 - 24 - 33 所示。

图 3 - 24 - 32

图 3 - 24 - 33

然后我使用“矩形选框工具”任意在画面的下面画出一个选区，因为波浪在下面产生，不能在上面产生，并填充为渐变色，渐变色调整为蓝到白的渐变，＃ 1ea1de 的这种蓝色是直接在画面中吸取的颜色（见图 3 - 24 - 34）。注意要新建图层，渐变色要在新的图层中实现填充，如图 3 - 24 - 35 所示。

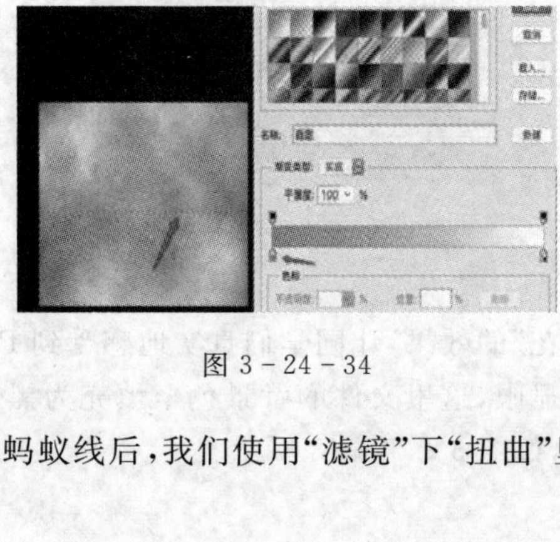

图 3 - 24 - 34

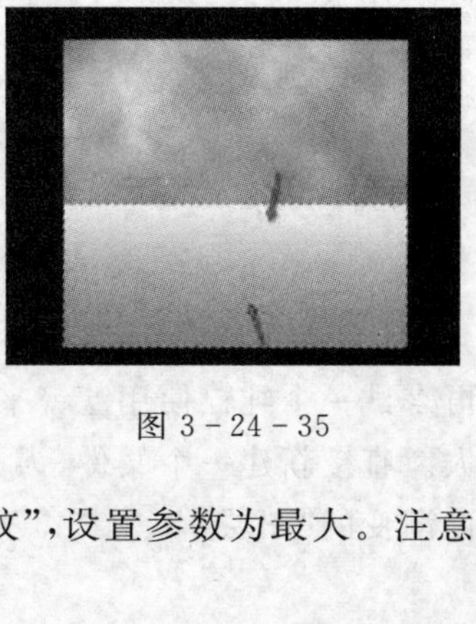

图 3 - 24 - 35

取消蚂蚁线后，我们使用“滤镜”下“扭曲”里的“波纹”，设置参数为最大。注意如果这里同学们忘记取消蚂蚁线，则出现另一种波纹效果，这样的话就很难产生波浪的跳跃感觉。如图 3-24-36、3-24-37 所示。

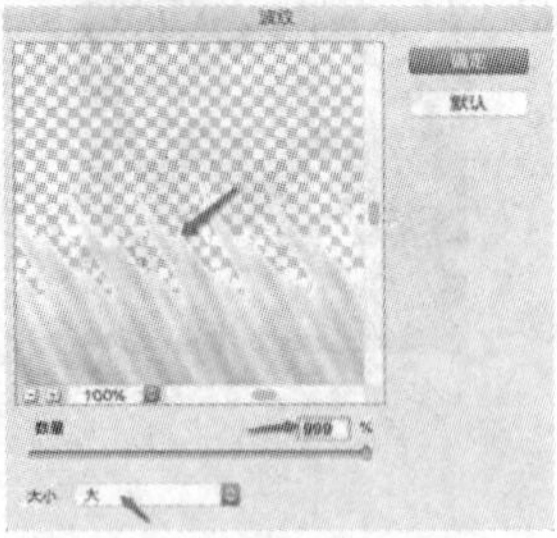

图 3-24-36

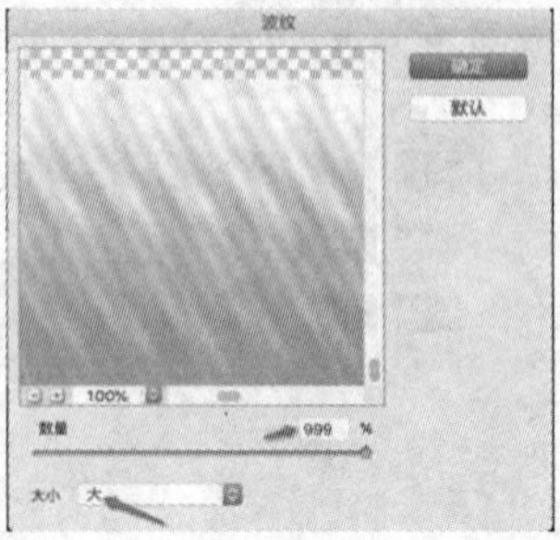

图 3-24-37

再次设置"波纹"的滤镜效果（见图 3-24-38），得到如图 3-24-39 效果才是我们所需要的。

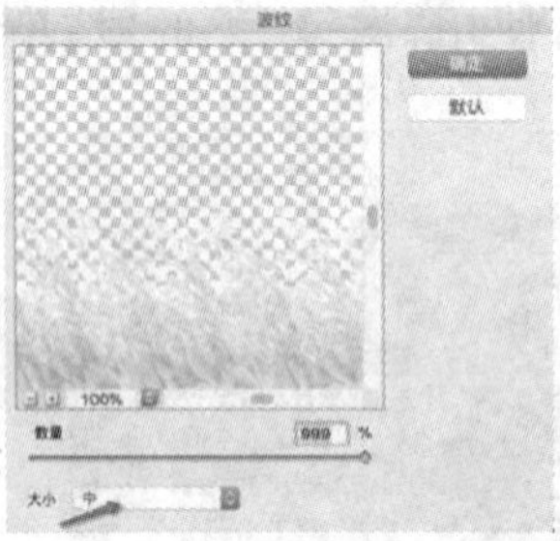

图 3-24-38

图 3-24-39

最后我们执行"滤镜"下的"扭曲"里的"旋转扭曲"来达到一种旋转的水波效果（见图 3-24-40）。很显然扭曲的强度根据自己的感觉来设定，效果如图 3-24-41。

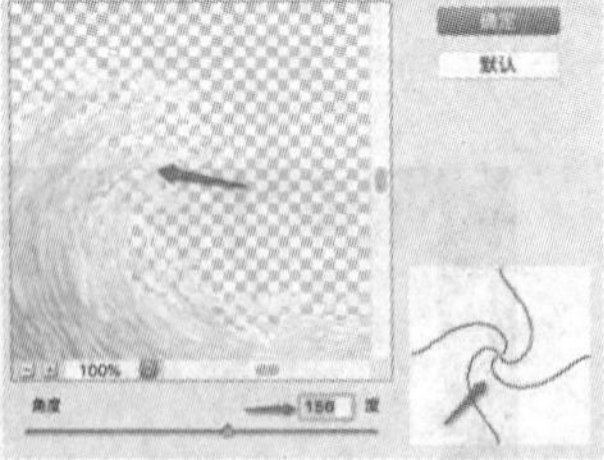

图 3-24-40

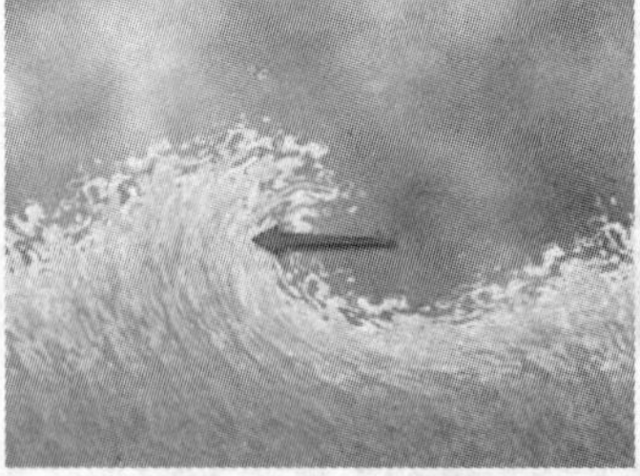

图 3-24-41

我们再来试一个纯粹使用滤镜来制作的"花"的效果，让同学们真实地感受到 PS 中滤镜功能的强大。直接新建一个文件，为了让花更显眼，这里文件的背景色全填充为黑色。再新建一个黑白渐变的"图层 1"（见图 3-24-42），如图 3-24-43 所示。

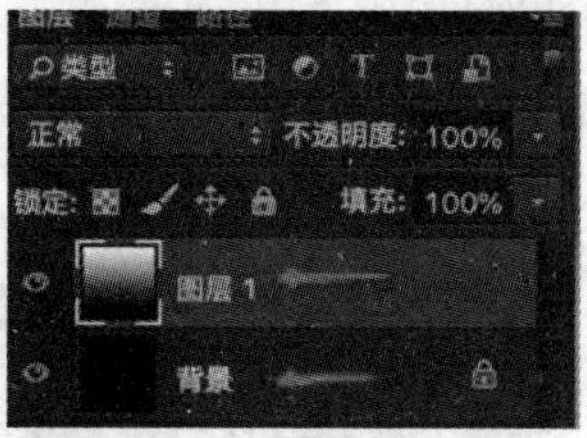

图 3-24-42

图 3-24-43

然后我们对“图层 1”使用“滤镜”下“扭曲”里的“波浪”和“极坐标”，分别设置如图 3-24-44、3-24-46 参数，效果如图 3-24-45、3-24-47。

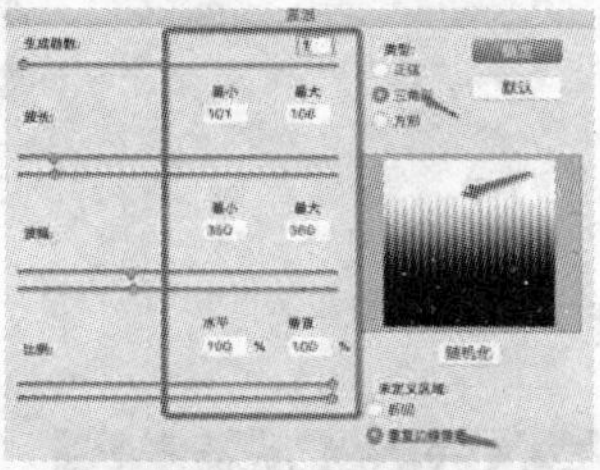

图 3-24-44

图 3-24-45

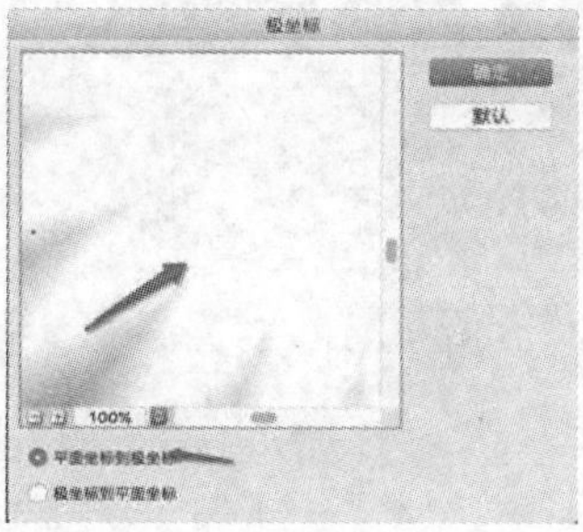

图 3-24-46

图 3-24-47

此处，同学已经能观察到“花形”出来了，但我们还需要给“花”画上美丽的妆容。正所谓：云想衣裳花想容，设计者的快乐也正在此处吧。我们打开“滤镜库”里的“素描”组里的“铬黄渐变”(见图 3-24-48)，会得到另一朵漂亮的花，如图 3-24-49 所示。

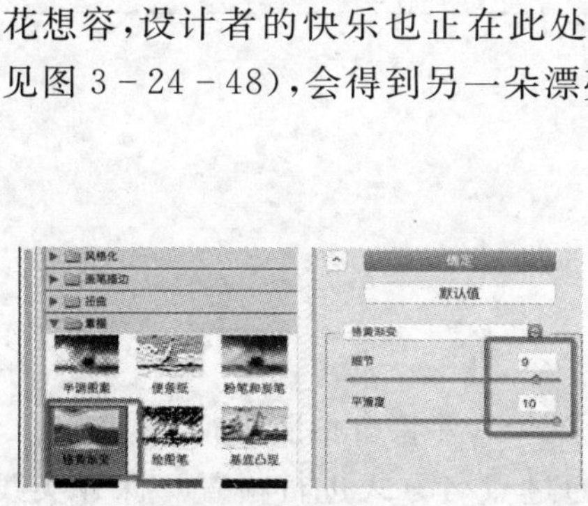

图 3-24-48

图 3-24-49

更加好看的和有意思的花出现了，下面我们来给其化个妆加个色吧。其实很简单，进入此图层的样式中，选择“渐变叠加”，设置好混合模式和渐变颜色（见图 3-24-50～3-24-53）。

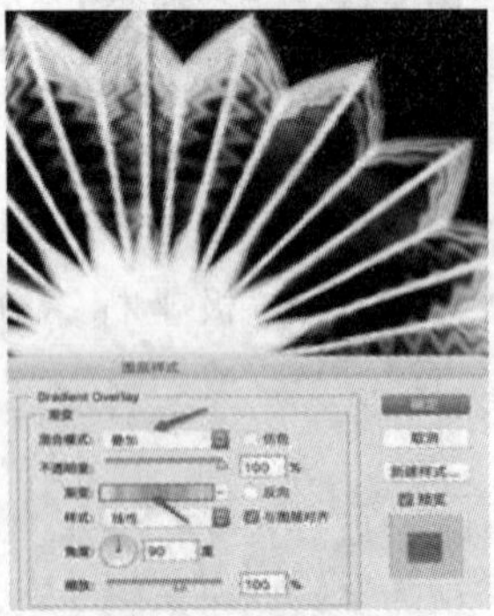

图 3-24-50

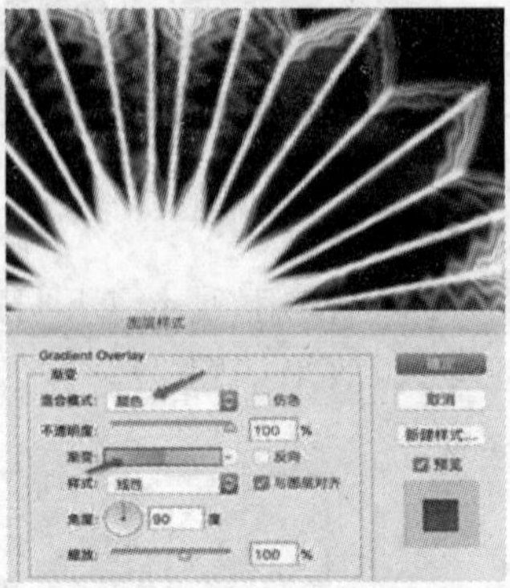

图 3-24-51

图 3-24-52

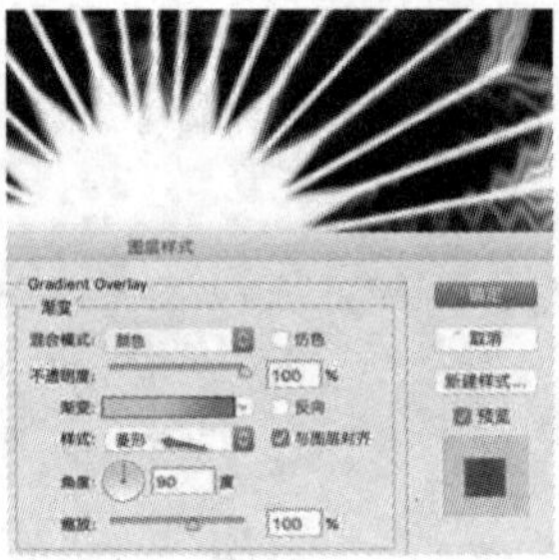

图 3-24-53

玩一玩

请同学们将本节所有案例转换为“智能滤镜”进行训练。

3.24.5 我们一起来说说

（1）滤镜的作用。

（2）滤镜分组的含义。

（3）为什么说滤镜是 PS 中的 PS？

（4）什么是智能滤镜？

（5）请同学们在课后自行百度“滤镜磨皮”学习，并将自拍照进行处理。

以上除形成书面作业上交外，会在课前通过点名方式进行检查。课外实践作业请通过班级群发送给授课教师批改。

3.24.6　实训报告

图形图像处理 Photoshop CS6 实训报告

班级 / 姓名		时间	
		实训室	
实训知识点	滤镜效果		
实训目的	1. 理解滤镜　3. 滤镜功能参数 2. 滤镜分组的含义　4. 滤镜创作		
实训内容 学生填写部分	1. 什么是滤镜 (1)内置 (2)外挂 2. 滤镜分组类型 (1)风格化　(7)画笔描边 (2)模糊　(8)扭曲 (3)锐化　(9)素描 (4)纹理　(10)像素化 (5)渲染　(11)艺术效果 (6)杂色　(12)其他	案例实操训练 智能滤镜	
实训要求	1. 认真填写实训报告 2. 对问题进行记录 3. 拓展问题认真思考并完成实践 4. 完成思考题并形成书面作业	备注:实训报告以一个知识点的实践完成为依据,教师根据学生实训具体情况来调整学时。这样更有利于实践分数的评定	
成绩评定	优秀　良好　及格　不合格		

3.25 动画

我们在网上看到的很多“表情包”和“闪”图，客观地说应当不完全都是由 PS 来制作的，有很多是用其他的专业软件来做的，出来的“动图”效果当然肯定会比 PS 做的“动画”更好更炫更专业。但在 PS 中却并不需要太专业的知识和繁复的功能，一般稍有些意思的动图也是可以迅速做成的，毕竟我们的 PS 是全能王子。

3.25.1 我来说你来记

要想做“动图”，先要搞清楚什么是“动画”。动画就是利用了人眼的“视觉暂留”原理，分解形成一系列的连续画面，让人的视觉造成了连续变化的画面。为什么要连续的画面才能形成动画呢？这是因为人的眼睛看到一个物体后在 0.34 秒内是不会消失的，所以如果在没有消失前就有了下一个物体，就会给人的眼睛造成一种运动变化的效果。

所以动画在技术手段上就是“逐帧”拍摄并连续播放。“帧”在动画中就是一张静止的画面。“逐帧”自然也就是一张张静止的画面。目前我们的电影都是采用了 24 帧的画面频率，也就是一秒要播放 24 张画面，也叫帧速率。当然现在随着电影技术的发展，我们已经从每秒的 24 帧提高到了每秒 48 帧，其实正常的动画帧速率达到每秒 15 帧至 30 帧之间都是没问题的。但不管如何发展，动画的本质没有变，而这个本质就是时间。动画软件里有个叫“时间轴”的，它把所有的故事都用时间轨迹来串联。

3.25.2 我来做你来看

通过以上对动画的理解，各位同学们是不是有些心动呢，也想尝试着做一做动画？好的，心动不如行动。让我们开动吧。

在 PS 中找到菜单“窗口”并在其下拉菜单中找到“时间轴”，点击后可以发现“时间轴”面板并没有出现在右面的控制面板中，而是在工作区的最下面，这也是为了制作时的方便。注意它有视频动画和帧动画两种创建动画的方式。（见图 3-25-1～3-25-4）

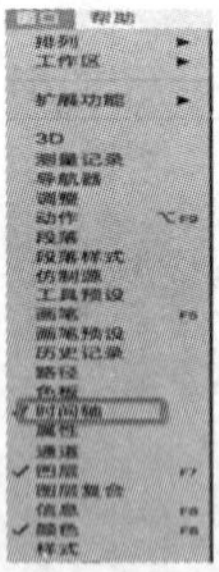

图 3-25-1

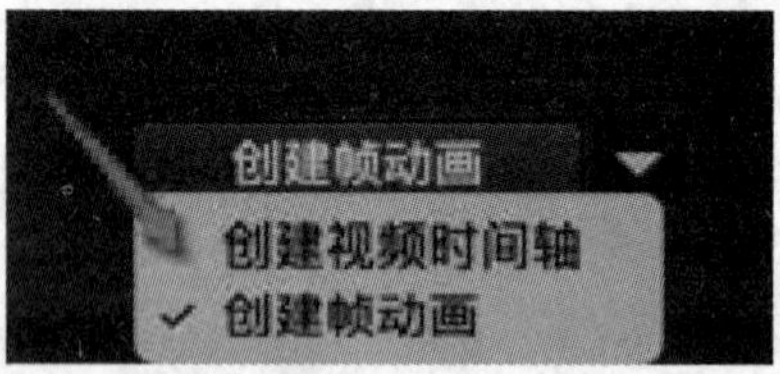

图 3-25-2

图 3-25-3

图 3-25-4

这里我们首先要进行“帧动画”的学习，当然“视频动画”的道理也是一样，只是对于还没有学习过视频剪辑类软件的同学来说有些复杂罢了，在“视频动画”中还可以加入音频。没学过的同学当然也可以尝试使用，也只是习惯问题，没有什么本质区别。理解清楚了，道理都是一样，请同学们在学习的过程中不要纠结类似的问题，比如有的同学就曾问过我，是要学电商美工好还是学平面设计好？都很好，前提是你要学好了才有资格选择。

好了，端正了我们的态度后，我们来通过一个小小的案例阐述动画形成的理论。制作出一个形状，通过对颜色和不透明度的改变来记录每一帧的变化，从而制作出相应的动画效果。

首先新建一个文件，这里注意分辨率为 72 像素/英寸，因为动图一般都是在网观看的。然后使用椭圆形状工具画出一个圆形，填充颜色随意，这里填充 # c50018。（见图 3 - 25 - 5 ～3 - 25 - 6）

图 3 - 25 - 5

图 3 - 25 - 6

然后把这样的椭圆形复制 4 个并依次更名为 1、2、3、4、5。可以先利用 Shift＋方向箭头将其全部移出，再把每个圆形图层的不透明度依次调整为 100％、80％、60％、30％、10％。最后利用移动工具的排列分布将这五个形状图层里的圆形均匀摆放好位置。（见图 3 - 25 - 7 ～3 - 25 - 10）

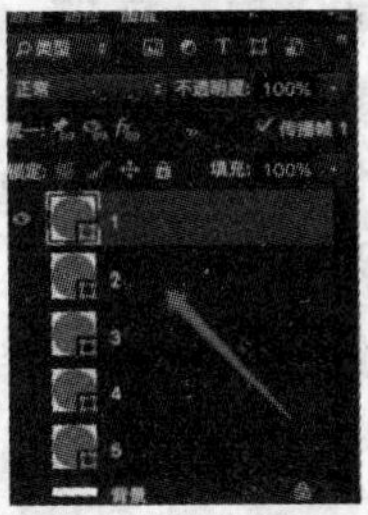

图 3 - 25 - 7

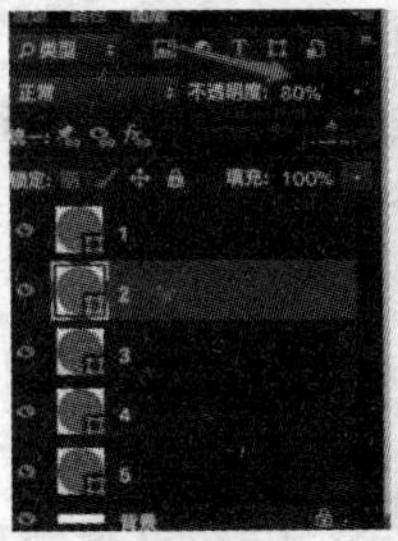

图 3 - 25 - 8

图 3 - 25 - 9

进入“时间轴”面板中，点击“复制所选帧”新建四个帧。选中第一帧下的时间改为“0.1 秒”，并把动画循环时间设为“永远”。这样是为了后期的流畅播放。（见图 3 - 25 -11～3 - 25 - 13）

图 3-25-10

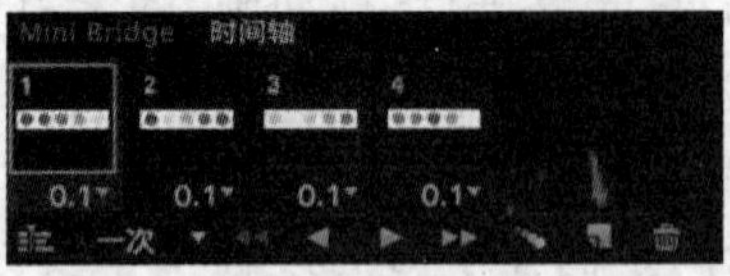

图 3-25-11

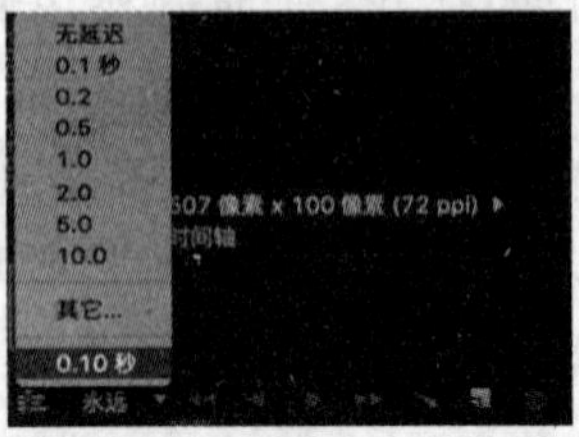

图 3-25-12

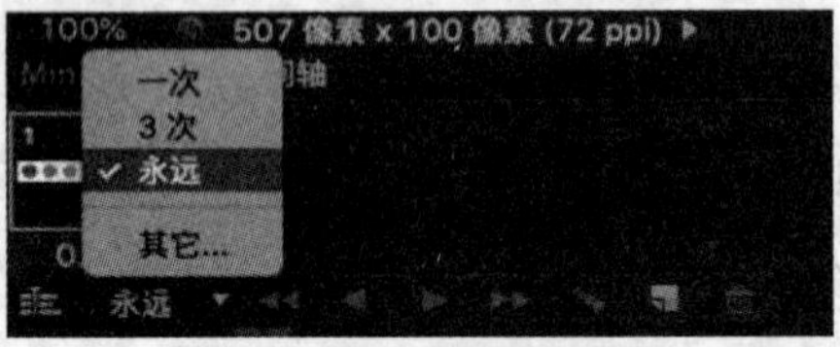

图 3-25-13

我们已经知道动画产生的原因，现在有了四个帧也就是四张图是可以产生动画效果的，可是当我们点击“播放动画”按钮时却发现虽然有了帧与帧之间的画面跳动，但画面却没有动起来。（见图 3-25-14、3-25-15）

图 3-25-14

图 3-25-15

其实动画已经形成，只是因为这四帧上的画面是一模一样的，人的眼睛就很难看出变化了。我们来调整各帧的不透明度，来让画面动起来。

我们选择第二帧，并分别在各形状图层中改变不透明度和颜色，第二帧我们分别将图层 1、2、3、4、5 的不透明度改为 0%、0%、0%、10%、20%；第三帧分别为 0%、10%、20%、30%、40%；第四帧分别为 20%、40%、60%、100%、0%。（见图 3-25-16～3-25-19）

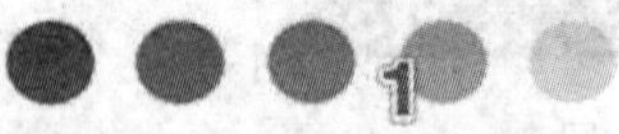

图 3-25-16

图 3-25-17

图 3-25-18

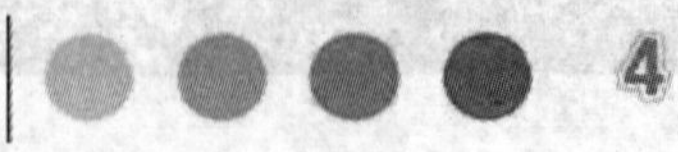

图 3-25-19

动画效果出来后，我们进行保存，但不能使用一般“存储”和“存储为”，需要使用“存储为 Web 所用格式”（见图 3-25-20）。循环选为“永远”，保存格式为“gif”，确定存储。这样一个很简单的动图就在 PS 里做好了，请同学们观看效果，如图 3－25－21 所示。

图 3－25－20

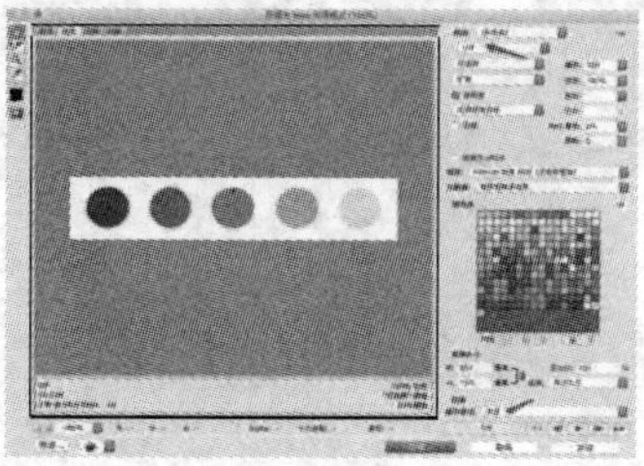

图 3－25－21

如果想更改颜色，直接在形状图层上改色，就会发现所有的帧上的颜色都会发生改变，所以不能这样，我们可以直接双击进入各帧的各图层样式，选择“颜色叠加”选择颜色并改变不透明度。这样才能改变颜色。（见图 3－25－22～3－25－28）

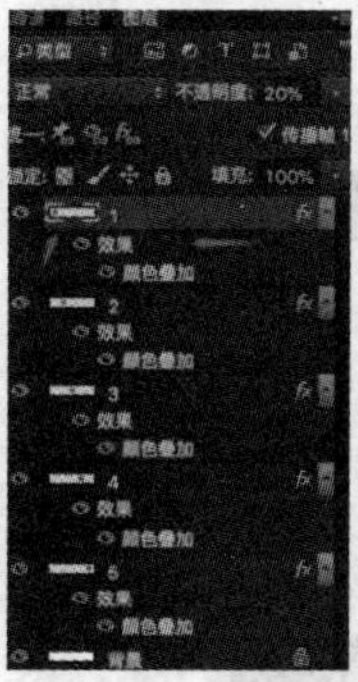

图 3－25－22

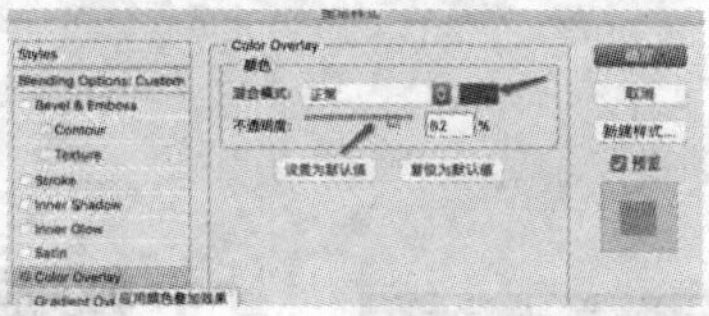

图 3－25－23

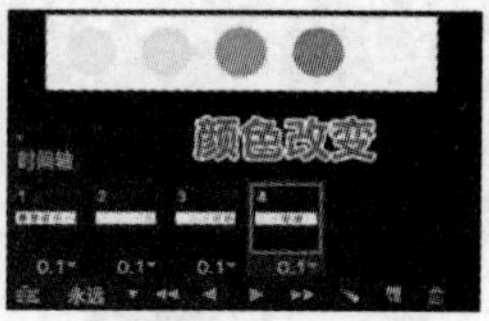

图 3－8－24

图 3－25－25

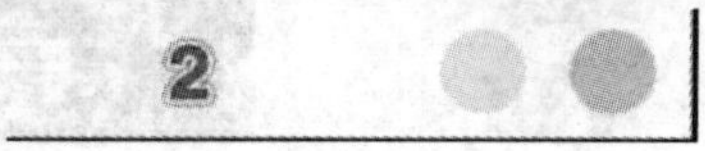

图 3－25－26

图 3－25－27

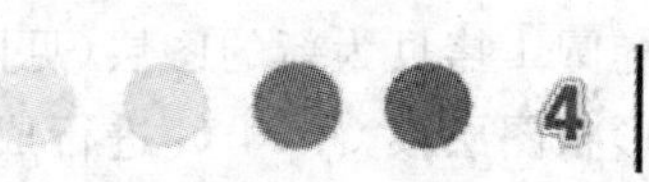

图 3－25－28

在这个案例中，我们可以直接使用形状图层来做图层样式效果，也可以把形状图层栅格化后再处理，或果将其转换为智能对象也是可以的。但请同学们注意不管有多少帧，图层上始终只有你确定的那几个图层。请同学们接着尝试使用图层样式为各帧设置效果，并观察最终的动画效果。

下面我们再来学习“创建视频动画”，我们用一个很有意思的案例来说明。

新建一个文件，这次我们设定为 600×600 像素的正方形，分辨率不变（见图 3－25－29、

3－25－30）。然后在图层中建立一个渐变填充图层。颜色随意，清新些就行。

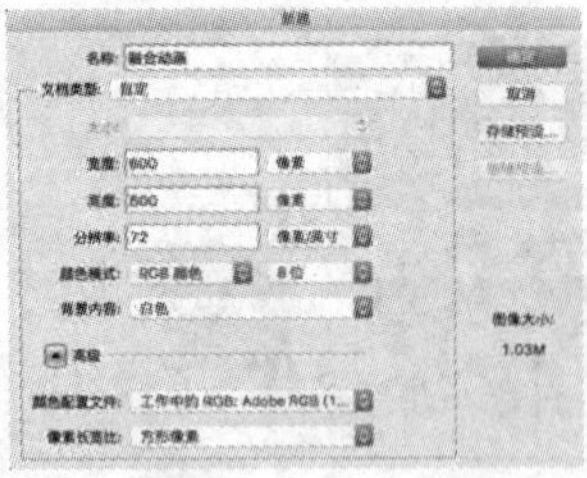

图 3－25－29

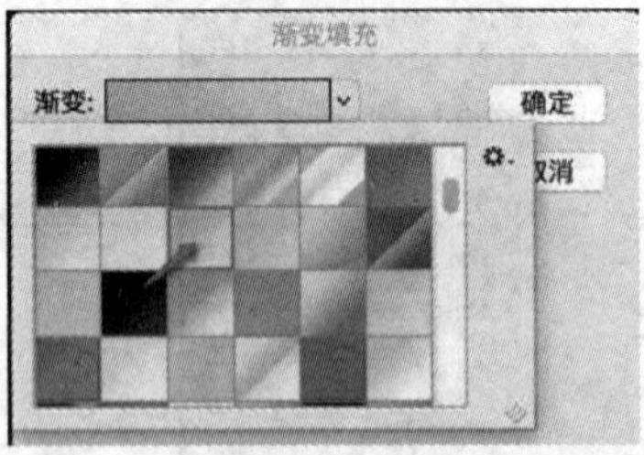

图 3－25－30

再直接新建一个图层，使用 Ctrl＋Del 用前景黑色填充，然后使用椭圆工具拉出一个白色的圆形。注意填充为黑色，无描边。在属性栏中调整羽化值为 30。属性栏在“窗口”菜单下打开。（见图 3－25－31～3－25－35）

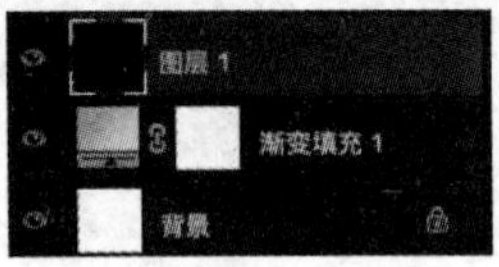

图 3－25－31

图 3－25－32

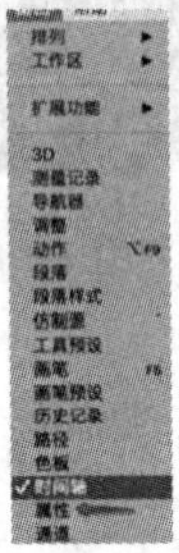

图 3－25－33

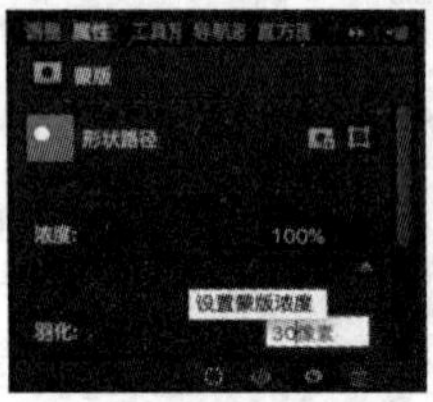

图 3－25－34

图 3－25－35

将这个椭圆 1 拷贝为新的图层（见图 3－25－36），出现融合效果时就会删除的。现在我们将这两个形状图层按 Ctrl＋G 进行成组的打包。这时会出现“组 1”（见图 3－25－37），这里需要说明，有很多同学在按下快捷键没有反应时，除了要注意观察输入法的切换，还有就是要在使用“移动工具”时，注意选项为“图层”还是“组”（见图 3－25－38）。

注意观察这两个圆到现在都是硬边对硬边的，没有产生融合的感觉（见图 3－25－39）。

然后对这个“组 1”使用“色阶”功能，注意是使用调整图层里的色阶（见图 3－25－40）。调整色阶属性，把左右两个色标都拉到中间，目的是为了把这两个羽化的圆调整为硬边的圆。其实左边的黑场是控制黑色的，向中间移是为了减少黑的层次，右边的白场控制白色，向中间移也是为了减少白的层次。这样两个圆都成了硬边的圆了。这时请注意两个圆之间产生了神奇的融合，稍一贴近就会产生融合的现象（见图 3－25－43、3－25－44）。

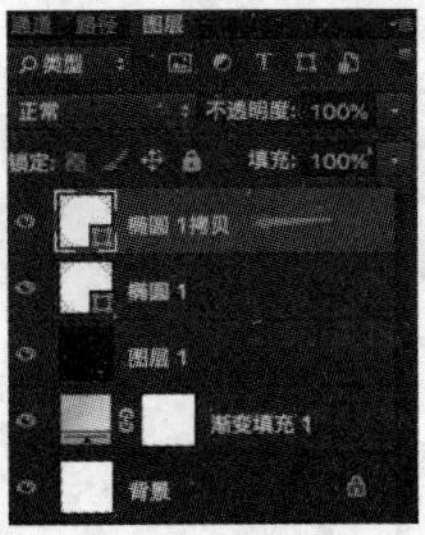

图 3 - 25 - 36

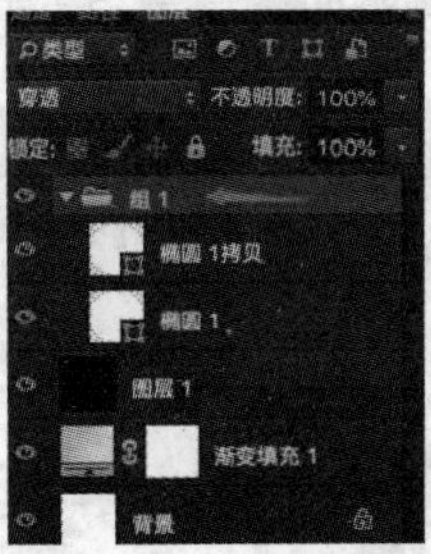

图 3 - 25 - 37

图 3 - 25 - 38

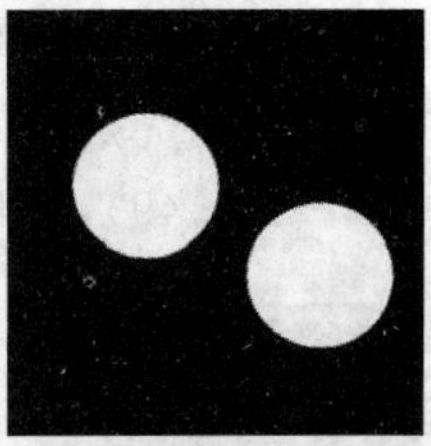

图 3 - 25 - 39

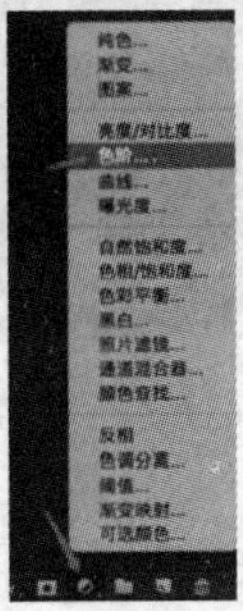

图 3 - 25 - 40

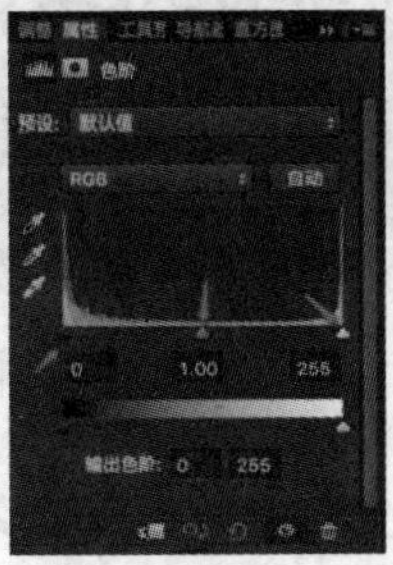

图 3 - 25 - 41

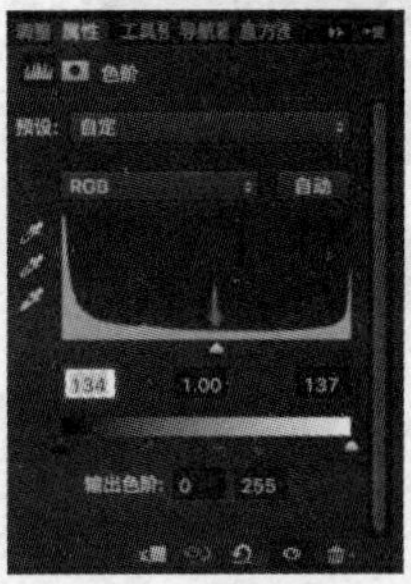

图 3 - 25 - 42

图 3 - 25 - 43

图 3 - 25 - 44

下面可以把那个拷贝的圆删掉了，隐藏黑色的图层(见图 3 - 25 - 45)。双击“组 1”在调出的图层样式里，我们在“混合颜色带”中调整(见图 3 - 25 - 46)。调整黑白也只是为了把组里的黑色和白色去除，效果如图 3－25－47。

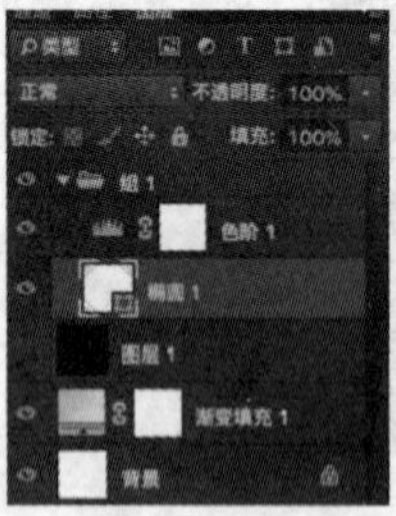

图 3－25－45

图 3－25－46

图 3－25－47

在制作动画之前先把这个椭圆转为智能对象，并要复制一层（见图 3－25－48）。因为智能对象的好处很多，可以完成很多普通对象不能完成的动作。这次我们使用“创建视频时间轴”来制作动画（3－25－49），可以发现这个视频时间轴与帧时间轴有很大的不同。

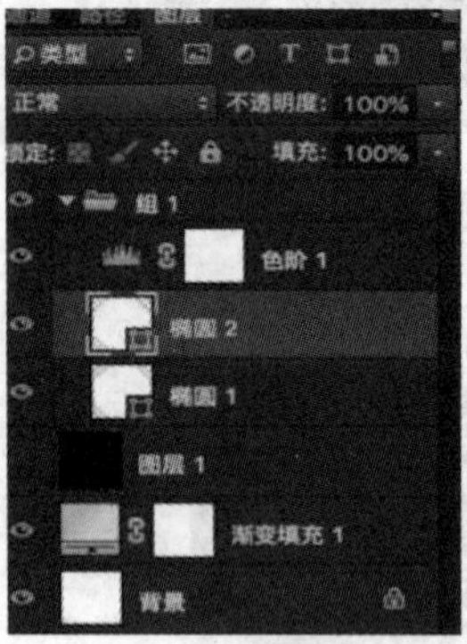

图 3－25－48

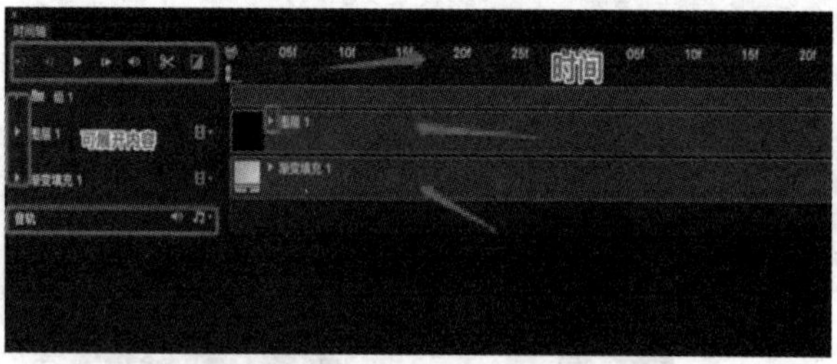

图 3－25－49

如果有同学熟悉视频编辑类的软件就不会陌生了。基本上是一致的，同学们也可以切换比较一下二者的区别。

点击我们的“组 1”前面的小三角，展开后去找“椭圆 1”，可以发现我们做的所有图层都很清楚地在这里。只是每一个后面都有一个长长的紫色，一直到 05:00f 处，这表示动画的时间是 5 秒。为了让同学们更好地观察到效果，我们拖动结束点至 01:00f 处，也就是一秒。（见图 3－25－50～3－25－53）

图 3－25－50

图 3－25－51

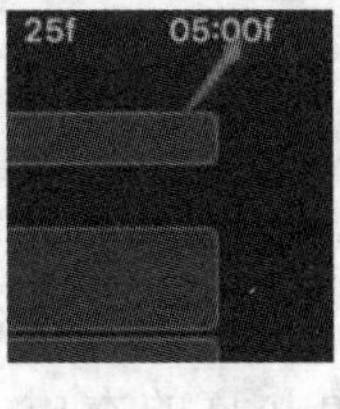

图 3 - 25 - 52

图 3 - 25 - 53

这次点击“椭圆 1”的小三角形，在“椭圆 1”的变换下点击“启用关键帧动画”按钮。如果出现警告语（见图 3 - 25 - 54），则是你忘记转为“智能对象”了。转换为智能对象和没有转换为智能对象所显示的参数也是不一样的（见图 3 - 25 - 55、3 - 25 - 56）。请仔细观察。

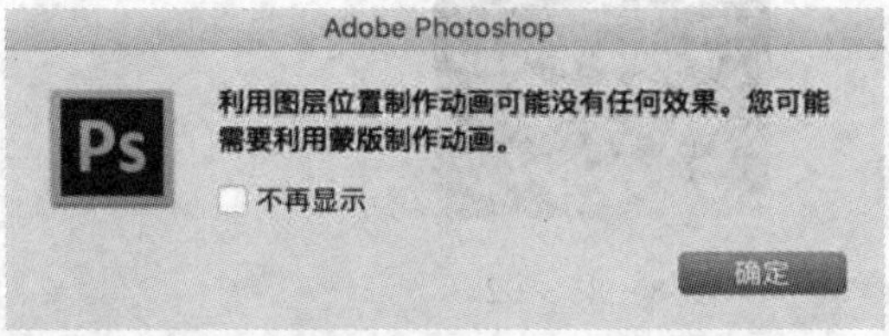

图 3 - 25 - 54

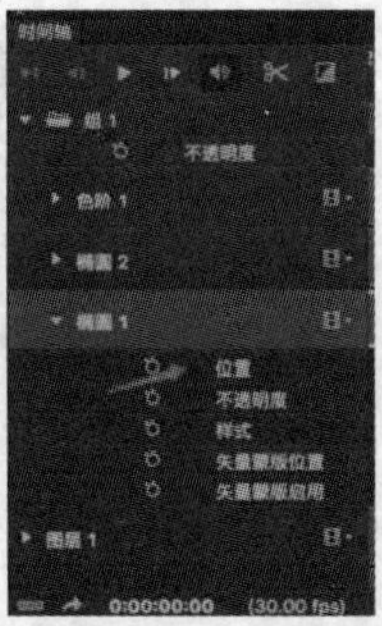

图 3 - 25 - 55

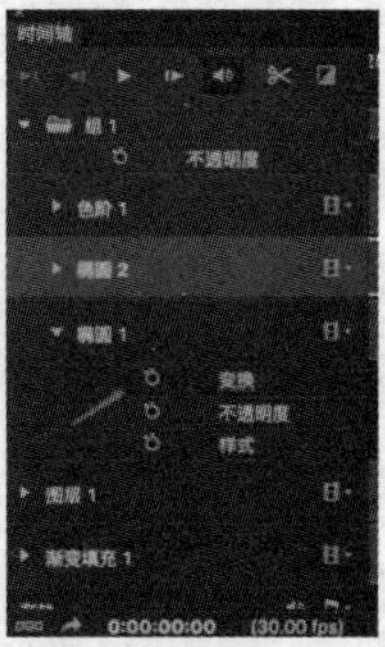

图 3 - 25 - 56

现在我们点击“椭圆 1”下的“变换”前的“开启关键帧动画”按钮，然后注意观察在右边就自动生成了一帧，标记为黄色的小棱角形。任意移动蓝色的时间线到任意位置，然后按 Ctrl + T 来移动“椭圆 1”在画面中进行移动，注意椭圆 1 与椭圆 2 在相互的碰撞时产生了融合。开启循环，点击播放或是拖动时间线观看效果。（见图 3 - 25 - 57～3 - 25 - 60）

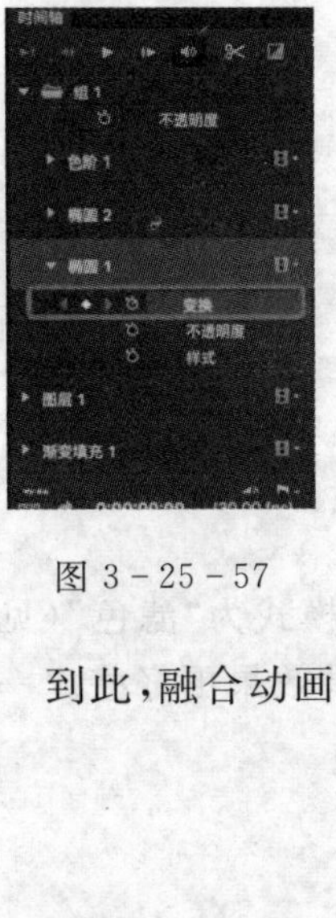

图 3 - 25 - 57

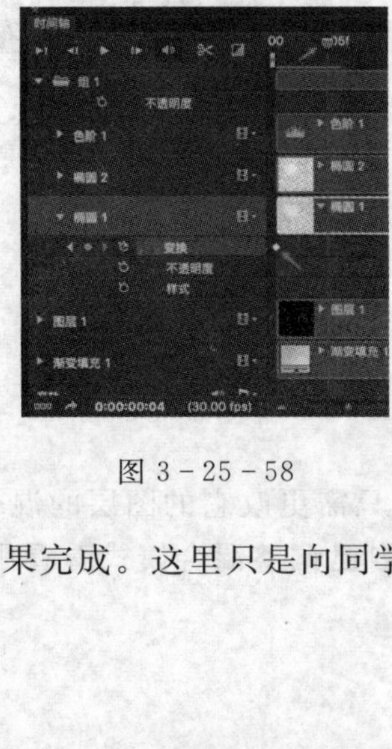

图 3 - 25 - 58

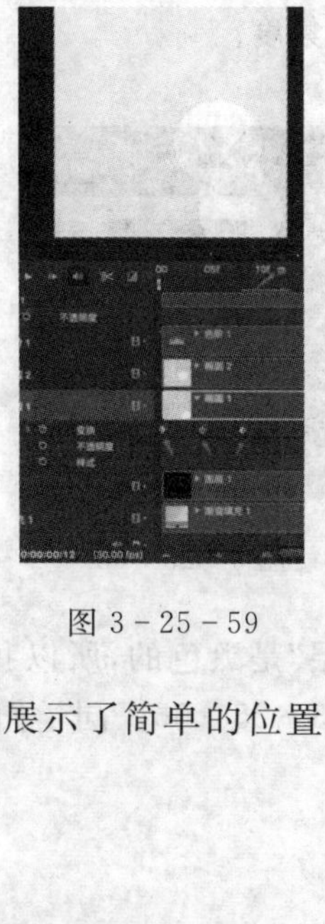

图 3 - 25 - 59

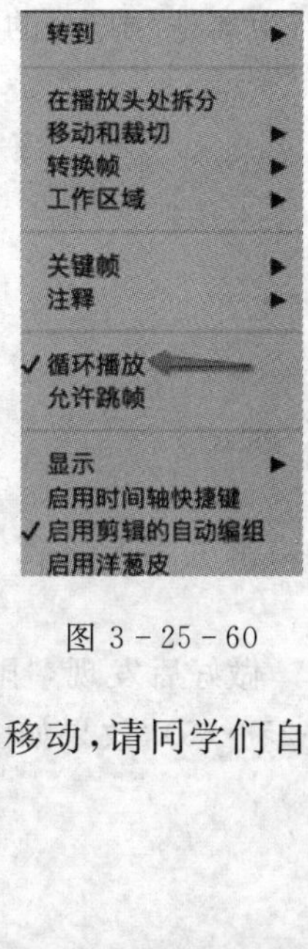

图 3 - 25 - 60

到此，融合动画效果完成。这里只是向同学们展示了简单的位置的移动，请同学们自行练习“不透明度”和“样式”及“椭圆 2”的动画效果。

3.25.3 你来做我来看

我们来为一张图像添加下雨的感觉，并做成一张动画图像。注意这种动图在网上有很多，同学们可以在课后上网自学，以此为案例只是想让同学们从司空见惯的日常生活中多去思考，寻找原因，手机上网的目的不是为了玩游戏，而是为能看到自己在专业上和文化上的差距，然后去弥补自己的不足。这也是互联网资源共享的本质。很多同学老是抱怨自己学不好，其实只是不愿意学罢了。

首先我们打开一张图像（见图 3-25-61），最好能找一张和雨有些搭配的图像，这样才会让下雨更有些意境。Ctrl+J 复制新建这个图像，图 3-25-61 有些亮，所以我们改变下图层模式为“正片叠底”，效果如图 3-25-62。

图 3-25-61

图 3-25-62

然后再新建一个“雨 1”层。同学们想想，这个动画里的“下雨”效果，是通过我们做的“雨”，而图像是要作为背景图而保持不动的，所以只需对“雨”多做几张角度和密度的变化图就可以让“雨”下起来了。你可以自己画出几层不同的“雨丝”也能得到下雨的效果。这里我们用常规的方法，也就是使用“滤镜”里的“添加杂色”和“动态模糊”来做出雨的感觉。

分别建立用黑色填充的图层为“雨 1”“雨 2”“雨 3”。使用“滤镜”里的“添加杂色”，再使用“滤镜”下的“动态模糊”。注意参数的变化，注意角度和距离的变化，角度是“雨丝”的方向，距离是“雨丝”的密集度。

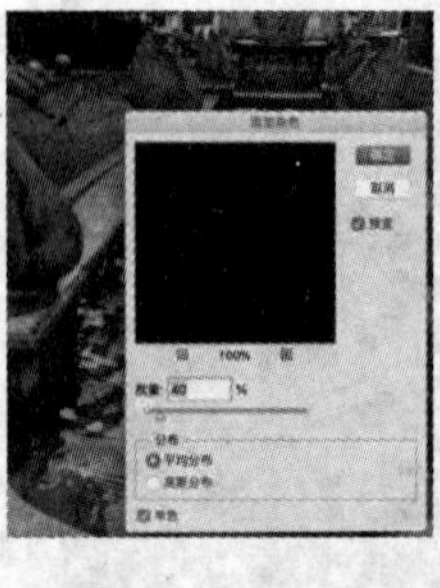

图 3-25-63

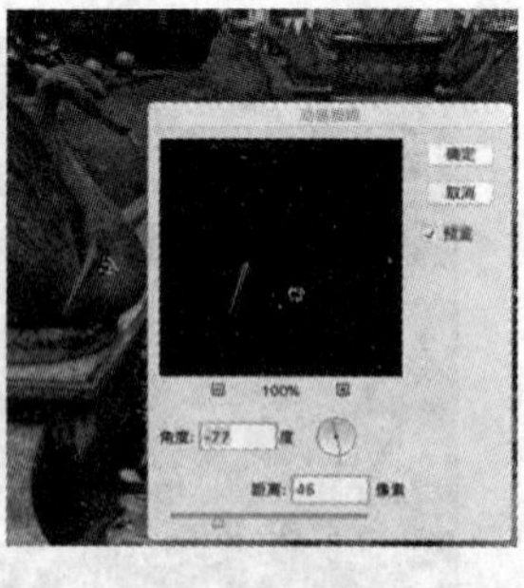

图 3-25-64

做好后发现，“雨层”是黑色的，所以我们只需更改它的图层的混合模式为“滤色”（见图 3-25-65），效果如图 3-25-66。同学们可自己调整混合模式看看哪种效果更好些。一直到我们能在图像上看到有“雨丝”的感觉。每层都使用同样的方法，注意参数的变化。

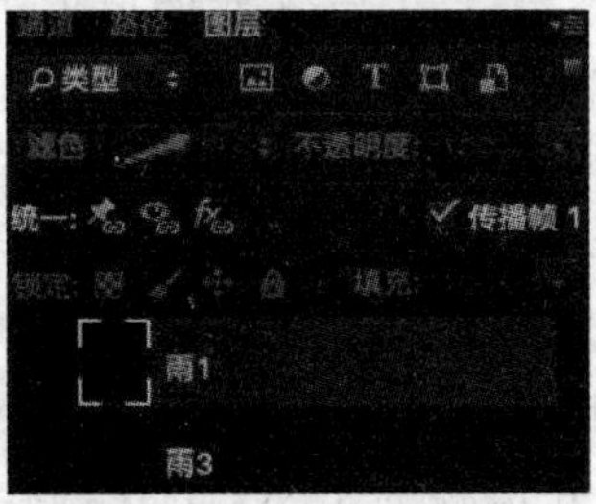

图 3－25－65

图 3－25－66

打开“时间轴”，我们进入帧的编辑，注意处理时“帧与图层”相对应。要隐藏好不需要的与帧对应的图层。还要注意作为雨景的图像始终都要显示的，隐藏和显示的是做出来的“雨”层。注意观察效果，可能会有的同学出现了“不下雨”的情况，这是因为你的“雨”层没有进行移动，没有移动又怎能产生动画呢？还有的同学可能会产生“闪白”的动态效果，这就要请同学们自己检查“雨”层里是不是有异样，异样可能就是参数的选择过大了。如图所示就肯定会出现“闪白”的效果了。

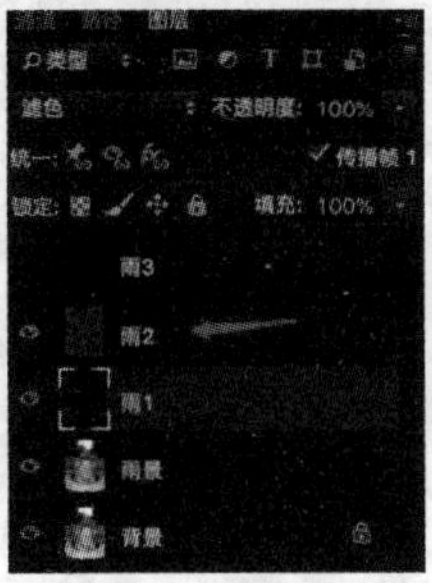

图 3－25－67

图 3－25－68

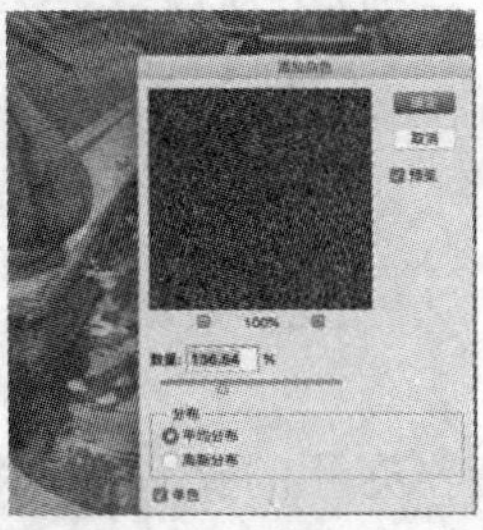

图 3－25－69

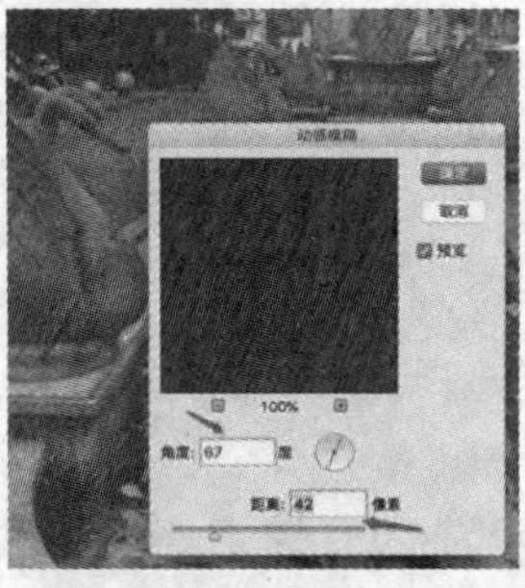

图 3－25－70

3.25.4 我们一起来练练

根据以上我们的所学与所练，我们来做一个花开的动图，根据动画形成的原理，如果我们要让花开起来的话，就需要有一系列花开的图像，最好是在 24 张图以上，然后按顺序放在时间轴上就可以产生动画了。这里我们通过简单绘画来实现这个动画。我们先画出一组花开的图形。同学们可以根据自己的想象或是参考相关的图像来进行绘制。

我们使用画笔工具来进行“花开”图形的绘制，注意一定要使用标尺和参考线定位好图形的位置，否则会出现花一边开一边移动的情况，这样就显得不真实了，所以在开始绘画时就一定要定好位置。还有就是花开的分解动作绘制得越细动画的效果就越好。这里我们只绘制了 6 张图片(见图 3-25-71～3-25-76)，并保存为 PNG 格式，同学们可以在课后补上。

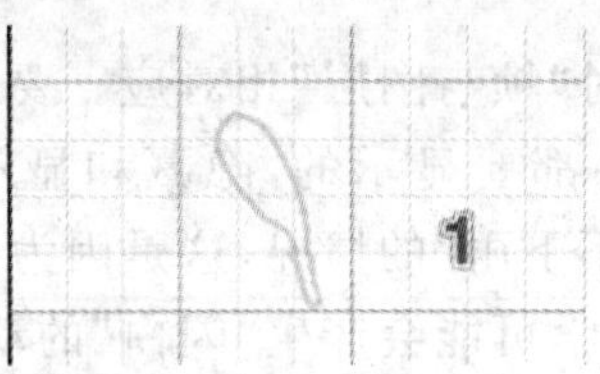

图 3-25-71

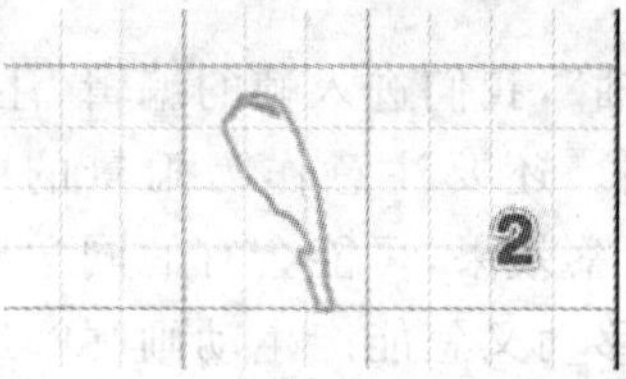

图 3-25-72

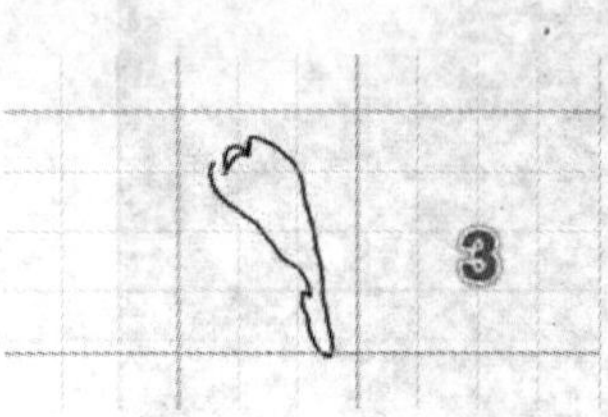

图 3-25-73

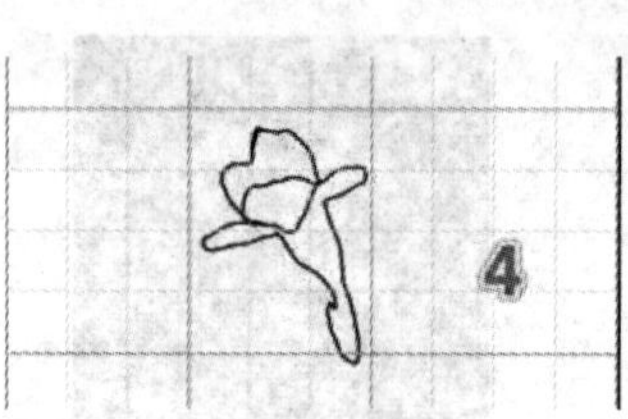

图 3-25-74

图 3-25-75

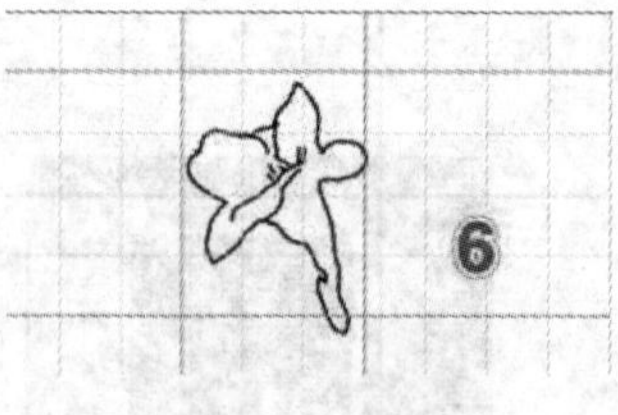

图 3-25-76

然后新建一个 500×300 像素、分辨率为 72 像素/英寸的文件，并将这 6 张绘制的图像拖入这个文件中。分别给其在图层中更名为“花开 1”至“花开 6”(见图 3-25-77)。在时间轴中复制好 6 个帧，注意调整好时间(见图 3-25-78)。

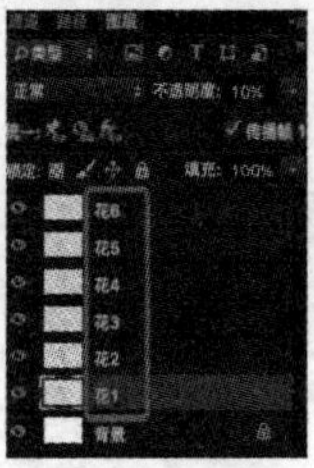

图 3-25-77

图 3-25-78

这里需要注意，第一帧里的内容就是图层“花开 1”里的内容，但我们如果选择“花开 1”层时，就会发现所有的 6 个帧里的内容都是“花开 1”的内容，这个地方的操作技巧就是一定要“选择当前帧并显示当前图层，隐藏其余的图层”。（见图 3-25-79、3-25-80）

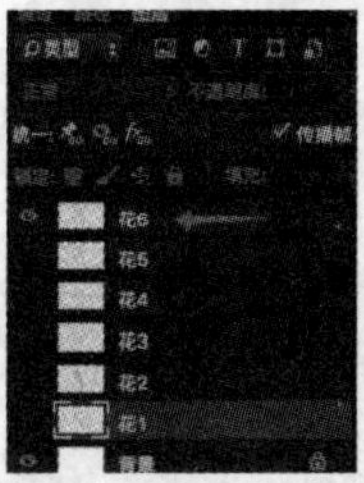

图 3-25-79

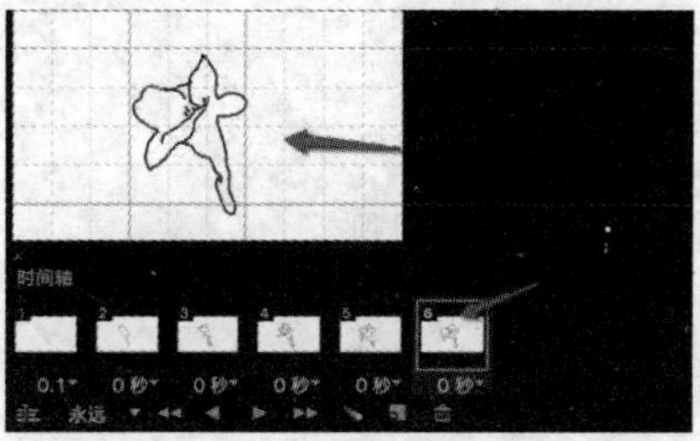

图 3-25-80

依次将所有的帧都设置好，注意观察效果，保存为 gif 动画并观看效果。同学们可以尝试更改时间然后通过播放来感受时间的魅力。时间越长花开的效果就越差，因为有了延迟，动画也就产生了卡顿。但是请注意不可一概而论，比如 QQ 表情包中的眨眼动作，所以正确设置好每帧的时间是很重要的，毕竟万事万物的本质是时间，我们都是活在时间里的，我们的所作所为也就是我们的人生。

玩一玩

请同学们绘制一个“落叶”的动画效果。

3.25.5　我们一起来说说

(1)什么是动画？

(2)如何理解帧？

(3)帧创建动画与视频创建动画有何区别？

(4)尝试做一个 QQ 里的动态表情。

(5)请同学们百度制作动图的软件与方法。

(6)请同学模仿本节素材里的“滑板车”动画。

以上除形成书面作业上交外，会在课前通过点名方式进行检查。课外实践作业请通过班级群发送给授课教师批改。

3.25.6 实训报告

图形图像处理 Photoshop CS6 实训报告

班级 / 姓名		时间	
		实训室	
实训知识点	动画		
实训目的	1. 动画　3. 时间轴面板 2. 帧　4. 绘制动画		
实训内容 学生填写部分	1. 什么是动画 (1)视觉暂留 2. 帧 (1)逐帧动画 (2)初频动画 3. 时间轴 (1)帧与图层 (2)显示与隐藏图层 (3)保存动画 4. 绘制动画		
实训要求	1. 认真填写实训报告 2. 对问题进行记录 3. 拓展问题认真思考并完成实践 4. 完成思考题并形成书面作业	备注:实训报告以一个知识点的实践完成为依据,教师根据学生实训具体情况来调整学时。这样更有利于实践分数的评定	
成绩评定	优秀　良好　及格　不合格		

3. 26　整理快捷键

快捷键的意思是使用键盘上的一个或几个键的组合来完成一个命令，对于 PS 来说 Ctrl、Shift、Alt 是可以和很多其他键组合的万能键。这些快捷键可以提高我们处理图像的速度，也可以让我们的双手和大脑更灵活，也就是我们常在学习中说的要做好的"两手"准备，让我们用双手来迎接美好吧。

3. 26. 1　我来说你来记

我们在学习其他的计算机课程时了也会接触到快捷键，相信同学们也或多或少地知道了一些，比如拷贝和粘贴（Ctrl＋C 和 Ctrl＋V）、全选（Ctrl＋A）。这些依然在 PS 中是通用的，并且在 PS 中是可以按自己的操作习惯进行自定义设置的。

大多数人正常的设计操作方式是一手拿着绘图笔，一手把控着键盘。左手大拇指放在空格键上就会很容易地在画面中进行绘制与移动了。如图 3－26－1 所示。

图 3－26－1

很显然，快捷键是为了让你在制作时能更加得心就手，熟练地掌握了快捷键就可以使用全屏的工作区方式工作了，这样也会大大地开阔自己的视野，充分地利用屏幕空间。

更加重要的是学会熟练地掌握了快捷键，除可以提高自己的工作效率，还能让别人赞赏你，让老板更加赏识你。在我们日常的教学中，教师也是一律使用快捷键来进行教学的。

3. 26. 2　我来做你来看

考虑到中职学校大多没有配置 wacom 绘图板，所以在本实训教程中只和同学们讨论在没有绘图板的情况下使用 Photoshop CS6 软件中的常用的和好用的快捷键。我们先要学的第一个快捷键就是打开"键盘快捷键"的设置。Shift＋Alt＋Ctrl＋K。在 PS 中，我们常在打开一个菜单时看到某个菜单命令的后面跟着一个"或 Shift 或 Alt 或 Ctrl 符号或是其中的二个或是三个和字母"的组合，这就表示是它相应的快捷键（见图 3－26－3）。

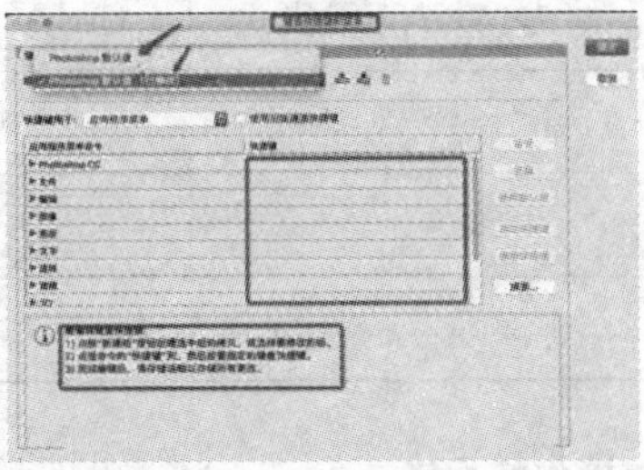

图 3－26－2

图 3－26－3

现将一些我们常用的快捷键整理如下，请同学们在练习中学会熟记。

各个工具的快捷键请参照提示，注意单行和单列选框工具还有涂抹、锐化、模糊工具是没有快捷键的，我们可以在“键盘快捷键”中设置一个。但要注意不要与其他的快捷键冲突。

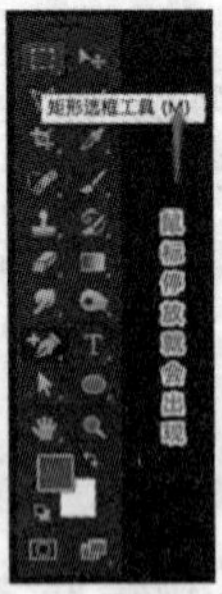

图 3 - 26 - 4

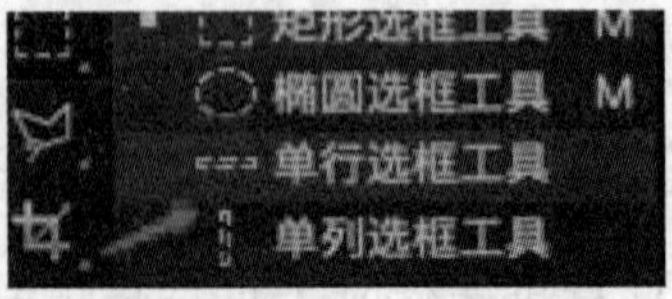

图 3 - 26 - 5

文件操作中，我们一般需要记住以下这几个大类的快捷键就可以了。请同学们依照我的演示来完成快捷键的填写。如图 3 - 26 - 8 所示和表 3 - 26 - 1～3 - 26 - 7 进行配对。

图 3 - 26 - 6

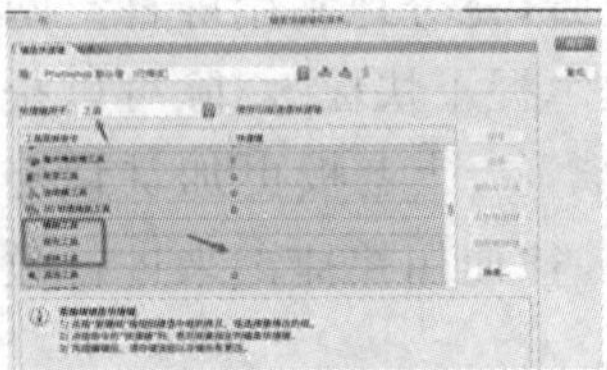

图 3 - 26 - 7

图 3 - 26 - 8

表 3 - 26 - 1　文件操作快捷键

操作	快捷键	操作	快捷键
新建图形文件	Ctrl＋N	另存为…	Ctrl＋Shift＋S
打开已有的图像	Ctrl＋O	存储为 Web 所用格式	Ctrl＋Alt＋ Shift＋S
打开为…	Ctrl＋Alt＋O	打开“预置”对话框	Ctrl＋K
关闭当前图像	Ctrl＋W		
保存当前图像	Ctrl＋S		

表 3 - 26 - 2　功能操作快捷键

操作	快捷键	操作	快捷键
全部选取	Ctrl＋A	路径变选区	Ctrl ＋Enter

（续表）

操作	快捷键	操作	快捷键
取消选择	Ctrl＋D	载入选区	Ctrl＋点按图层缩约图
重新选择	Ctrl＋Shift＋D	上次滤镜再做	Ctrl＋F
羽化	Shift＋F6	上次所做的滤镜但可调参数	Ctrl＋Alt＋F
反向	Ctrl＋Shift＋I	调整边缘	Ctrl＋Alt＋R

表 3－26－3　视图操作快捷键

操作	快捷键	操作	快捷键
显示彩色通道	Ctrl＋2	以 CMYK 校样颜色	Ctrl＋Y
显示单色通道	Ctrl＋数字	放大视图	Ctrl＋＋
满画布显示	Ctrl＋0	缩小视图	Ctrl＋－
实际像素显示	Ctrl＋Alt＋0		

表 3－26－4　编辑操作快捷键

操作	快捷键	操作	快捷键
重做前一步操作	Ctrl＋Z	将剪贴板的内容粘到选框中	Ctrl＋Shift＋V
还原两步以上操作	Ctrl＋Alt＋Z	从中心或对称点开始变换	Alt
重做两步以上操作	Ctrl＋Shift＋Z	自由变换	Ctrl＋T
粘贴	Ctrl＋V	再次变换并产生复制	Ctrl＋Shift＋Alt＋T

表 3－26－5　图像调整操作快捷键

操作	快捷键	操作	快捷键
调整色阶	Ctrl＋L	色相/饱和度对话框	Ctrl＋U
自动调整色阶	Ctrl＋Shift＋L	去色	Ctrl＋Shift＋U
曲线调整	Ctrl＋M	反相	Ctrl＋I
色彩平衡	Ctrl＋B		

表 3－26－6　图层操作快捷键

操作	快捷键	操作	快捷键
拷贝建图层	Ctrl＋J	向下合并或合并连接图层	Ctrl＋E
剪切建图层	Ctrl＋Shift＋J	合并可见图层	Ctrl＋Shift＋E
前一图层编组	Ctrl＋G	盖印或盖印连接图层	Ctrl＋Alt＋E
取消编组	Ctrl＋Shift＋G	盖印可见图层	Ctrl＋Alt＋Shift＋E
当前层下移一层	Ctrl＋[	将当前层移到最上面	Ctrl＋Shift＋]

（续表）

操作	快捷键	操作	快捷键
将当前层上移一层	Ctrl+]	激活下(上)一个图层	Alt+[(Alt+])
将当前层移到最下面	Ctrl+Shift+[		

表 3-26-7　控制面板快捷键

操作	快捷键
打开图层面板	F7
打开动作面板	Alt+F9
打开信息面板	F8
打开颜色面板	F6

请同学们在今后学习中，认真体会并通过自己努力实践来记住和运用这些快捷键。但请注意，不要为了快捷键而去背记快捷键，在不熟悉功能，甚至都不知道你要使用的命令在哪个菜单下时，一味地为了完成任务而去背和记住的快捷键也不可能会牢记的。

其实学习是一件很简单的事情，只要按步骤来就行了，学不好的原因就是老是打乱顺序。对于快捷键的真正掌握更是如此，知其位置与功能，再去应用，在练习中掌握，又何来背诵之说呢？

3.26.3　你来做我来看

请同学们来做如图 3-26-9、3-26-10 所示的效果图，并请在实训报告中记录所用快捷键。

图 3-26-9

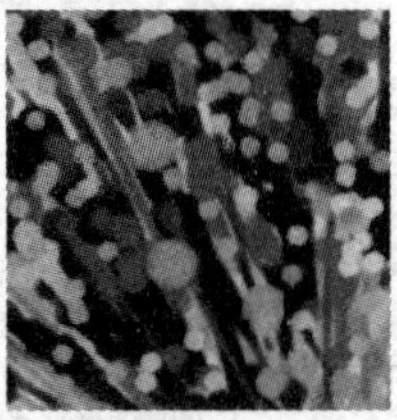

图 3-26-10

注意观察学生的左手是不是闲放在旁边并及时提醒。

3.26.4　我们一起来练练

同学们可以通过一个练习互相来问一问，记一记。这样的话会记得更牢更好。

方法如下：可以自问自答，也可相互合作。

案例：把图中的黄色“天线宝宝”玩具抠出并练习快捷方式。

甲：打开图片 3-26-11　乙：快捷键为 Ctrl+O

甲:选择“快速选择工具”(见图 3 - 26 - 12)　乙:快捷键为按 W 或是 Shift＋W

甲:选择当中黄色的“天线宝宝”玩具部分　乙:快捷键为使用 Alt 减选区或使用 Shift 加选区

图 3 - 26 - 11

图 3 - 26 - 12

图 3 - 26 - 13

图 3 - 26 - 14

甲:打开“羽化”并设好羽化半径值(见图 3 - 26 - 15)　乙:快捷键为使用 Shift＋F6

甲:利用选区建一个新拷贝的图层(见图 3 - 26 - 16)　乙:快捷键为 Ctrl＋J

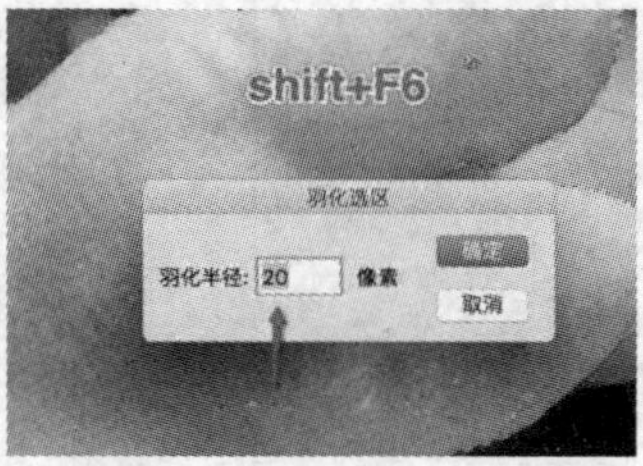

图 3 - 26 - 15

图 3 - 26 - 16

甲:保存或是另存为 JPG 和 PSD 格式　乙:快捷键为 Ctrl＋S 或是 Ctrl＋Shift＋S

完成快捷键的记录和操作任务。

请注意同学的左手在键盘上的位置,不要随便移动。

玩一玩

请同学们找个案例相互来练习。

3.26.5　我们一起来说说

(1)快捷键的好处是什么?

(2)Tab、Enter、空格键有什么妙处?

(3)尝试使用三大功能键和 F1～F12 结合会出现哪些效果?

(4)请同学们自行查询“PS 快捷键”并熟记。

以上除形成书面作业上交外,会在课前通过点名方式进行检查。课外实践作业请通过班级群发送给授课教师批改。

3.26.6 实训报告

图形图像处理 Photoshop CS6 实训报告

<table>
<tr><td rowspan="2">班级
姓名</td><td rowspan="2"></td><td>时间</td><td></td></tr>
<tr><td>实训室</td><td></td></tr>
<tr><td>实训知识点</td><td colspan="3">整理快捷键</td></tr>
<tr><td>实训目的</td><td colspan="3">1. 常用快捷键分类　2. 操作并使用相关快捷键</td></tr>
<tr><td>实训内容
学生填写部分</td><td colspan="2">1. 常用快捷键分类
(1)文件操作快捷键

(2)功能操作快捷键

(3)视图操作快捷键

(4)编辑操作快捷键

(5)图像调整操作快捷键

(6)图层操作快捷键

(7)控制面板快捷键

2. 操作并使用相关快捷键
(1)制作效果并记录相关快捷键

(2)甲

(3)乙</td><td>Tab、Enter、空格键三大功能键和F1－F12结合</td></tr>
<tr><td>实训要求</td><td colspan="2">1. 认真填写实训报告
2. 对问题进行记录
3. 拓展问题认真思考并完成实践
4. 完成思考题并形成书面作业</td><td>备注：实训报告以一个知识点的实践完成为依据，教师根据学生实训具体情况来调整学时。这样更有利于实践分数的评定</td></tr>
<tr><td>成绩评定</td><td colspan="3">优秀　良好　及格　不合格</td></tr>
</table>

第 4 章　实训必达之能力

4.1　抠像合成

其实在 PS 中，最基本的也就是三件事：抠图、调色与合成。基本上我们所有的技能与技巧的学习都是以此为中心展开的。

4.1.1　我来说你来记

合成是将几幅图像通过图层操作、工具应用合成完整的、传达明确意义的图像，这也是学习 PS 的最终目的。利用在 PS 中提供的各种命令与功能来让互不相干的图像在作者的创意中很好地融合，达到一种完美。

而在这其中抠像是图像处理的一个重要手段，就是将一张图像里需要的部分取出来，应用到另外一张图像中去。抠像与图像合成的关系是：抠像是图像合成的前提，图像合成是抠像的目的，也就是说必须要先抠像再合成。

同学们已经知道了在 PS 软件中，有很多种抠图的方法，比如说常用的工具类的魔棒、套索、钢笔，还有功能性的通道等。根据图像情况的不同而选择不同的处理方法，当然更多的是混用。因为 PS 中各个命令与功能之间也是很讲究配合的。

现在来向同学们介绍在 PS 中有一个神奇的功能命令，它就是

“调整边缘”功能。这是从 CS5 时才新增的一个功能，在 CS6 中保持并更加强大，而发展到现在最新的 CC 2018 的版本中则更加强大，已改名为

“选择并遮住”。

这种功能的使用是十分广泛和实用的，也可以是看作 PS 越来越智能化的标志。因为我们在正常的实际抠图时是需要选用不同的工具，也可能是几种工具的混合使用，在抠出图后，如果直接删除多余的部分，图片的周围多多少少会存在一些毛边，而利用“调整边缘”就能很好地解决这一问题。

当我们点击选择类的工具见图 4－1－1，比如选框工具、魔棒或是套索工具时就会在它们的属性栏上发现这个功能按钮了。这里请同学们一定要注意，此功能虽然强大，但一定要有选区才能出现。当我们对图像进行选区设定后，就可以在“选择”下找到它（见图 4－1－3），或是在画面的选区中按右键也可以找到这个功能（见图 4－1－4）。有了选区之后才可使用快捷方式 Alt＋Ctrl＋R。

图 4－1－1

图 4－1－2

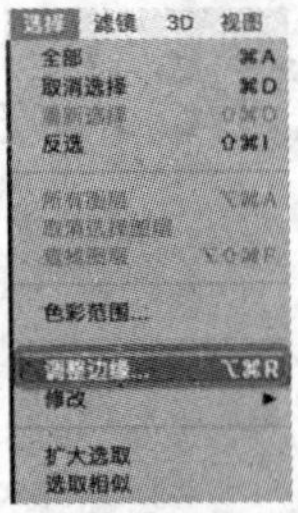

图 4-1-3

图 4-1-4

这样我们就能打开“调整边缘”的功能面板了(见图 4-1-3、4-1-6)。下面分别为同学们进行介绍。请同学们做好笔记和实训报告。

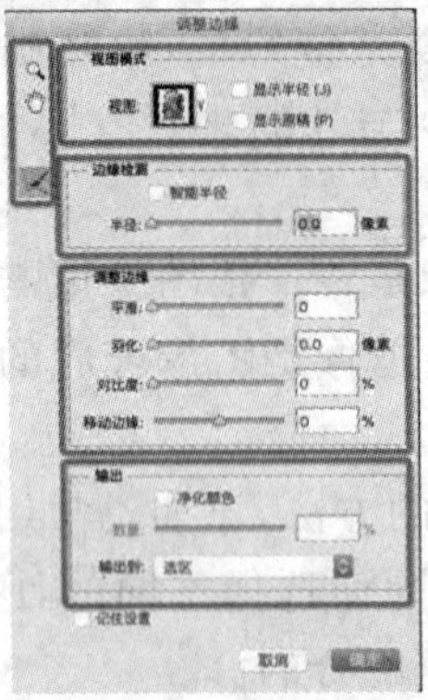

图 4-1-5

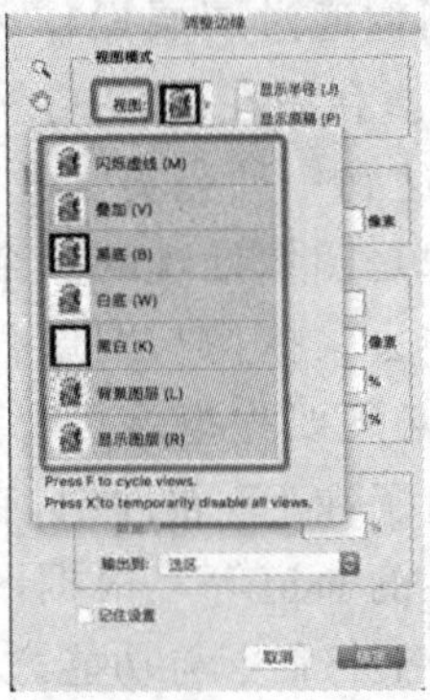

图 4-1-6

从调整边缘对话框中可以看出,这个面板总共有四大模块。为了更好地来说明这四大模块的功能和效果,我们将通过具体的案例来观察。

这里有一张从网上搜索的不需要版权的一张图像“猫”(见图 4-1-7),我们利用“调整边缘”将“猫”与“背景”分离。

当我们打开这张图时就会发现,猫的毛发实在是太多了,用普通的抠图工具应当还是有一定的难度的。背景也还较统一,我们要想使用“调整边缘”,就一定要先有个选区,这里我们使用“快速选择工具”将猫大致选上,也可以用“魔棒”将背景全部选中再反选。

图 4-1-7

图 4-1-8

第一大模块是视图模式(见图 4 - 1 - 9),而这视图模式里又分为七种方式:闪烁虚线是用蚂蚁线来显示的。叠加:用淡淡的红色把不是选区的位置屏蔽掉,而将主图用原始颜色显示。黑底:把选出的图形粘贴到黑色背景上。白色:把选出的图形粘贴到白色背景上(与黑底相似)。黑白:最直观地观察我们的选择区(白色为选择区的内部范围,黑色为没有选择的范围)。背景图层:默认使用 PS 透明背景为底,检验抠出来的图像。显示图层:在没有使用蒙版的情况下,查看整个图层(见图 4 - 1 - 10)。请同学们分别观察并记录在实训报告中。

图 4 - 1 - 9

图 4 - 1 - 10

第二大模块是边缘检测。半径模式:以选区边缘为准向两侧进行扩展,通过半径的调节,起到检测边缘大小的作用。

我们选择视图为闪烁虚线模式,勾选显示半径复选框。通过调整边缘检测里的半径滑块来调整半径大小(见图 4 - 1 - 11),大家注意观察下猫的边缘。是不是移动滑块,以蚂蚁线为中心,旁边会出现一片区域,这块区域会随着半径的变化而不断地扩展。这就是 PS 检测边缘的区域。也就是它会在这个区域内判断哪些像素是抠图的主体,哪些像素是属于背景的,适当地半径调节,能让选区更加准确。

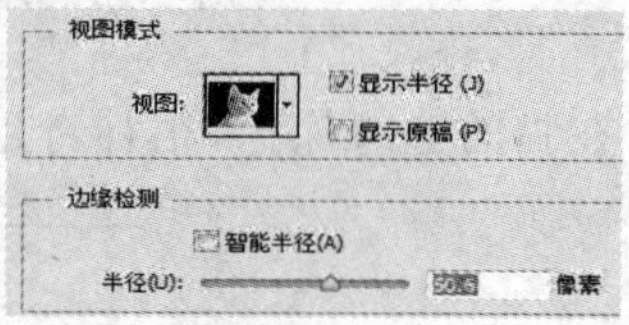

图 4 - 1 - 11

图 4 - 1 - 12
视图为蚂蚁线边缘效果

图 4 - 1 - 13
视图为白底图边缘效果

智能半径:以形状边缘为准,自动进行调整。

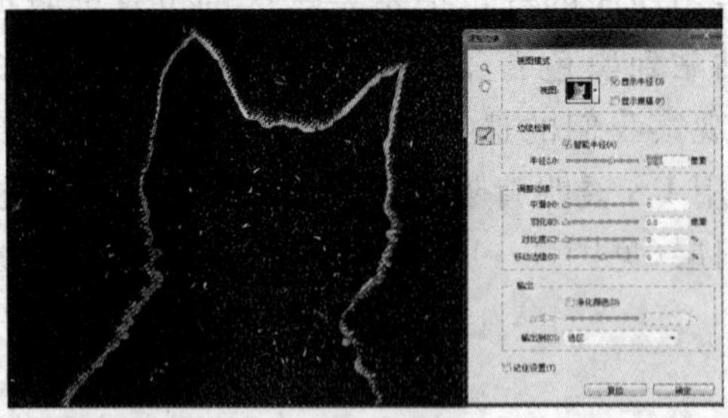

图 4-1-14

在检测边缘的左边还有个工具,调整边缘画笔工具:手动绘制出边缘检测区域。调整半径工具:手动增加检测边缘范围。选择调整半径工具(见图 4-1-15),在工具栏

可以设置,笔触大小调整到合适的大小。(见图 4-1-16)

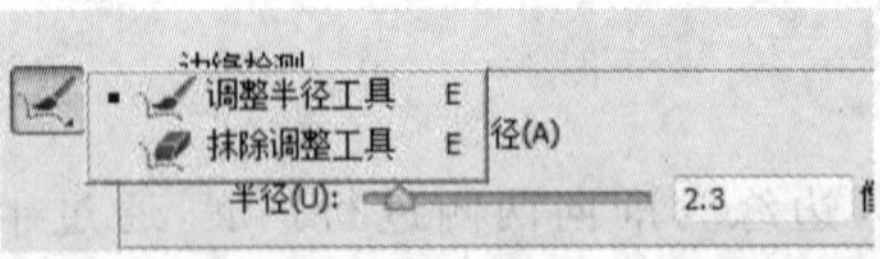

图 4-1-15

图 4-1-16

在猫的边缘涂抹,很神奇地发现,猫的边缘的毛都被抽出来了。(见图 4-1-17)

图 4-1-17

当我们涂抹猫的边缘区域 PS 就自动将毛发列入边缘检测区域,就能自动识别出毛发与背景,把毛发保留出来。注意“抹除调整工具”与“调整半径工具”功能相反,恢复 PS 检测时的损失区域。

第三大模块是调整边缘。平滑:可以让选区的边缘更加平整,让锯齿状的边缘变平滑(细节多的选区影响大)。羽化:柔化边缘,把选区的边缘进行模糊(一般在抠图的时候,用得比较少)。对比度:增加边缘的清晰程度,把模糊的边缘变“清晰”。移动边缘:把选区进行扩大或收缩，向右移动，抠像边缘扩大，向左移动，抠像边缘缩小。

这里我们对“猫”的毛发周边继续调整：这里可以缩小移动边缘，减少边缘的杂色，绘制出一个比较满意的边缘效果，效果如 4－1－18 图。

图 4－1－18

最后的模块就是输出。其中的净化颜色，用来除去边缘的背景杂色，选区边缘在抠图的时候有可能把周围其他颜色/杂色抠进来，勾选净化颜色可以改变/净化边缘的一部分颜色。（见图 4－1－19）

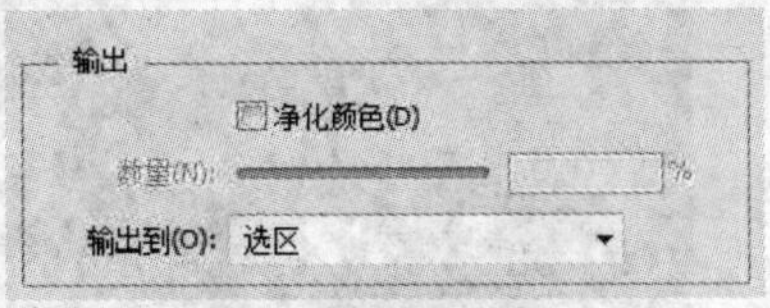

图 4－1－19

图 4－1－20

当一切都调整好之后，我们可以将其输出，输出也是有几种模式可以选择（见图 4－1－21）。选区：确定该选区。图层蒙版：输出为当前图层的蒙版。新建图层：把选区内的图像建立一个新的图层，把选区外的图像删除掉。新建带有图层蒙版的图层：把选区作为图层蒙版附在新的图层上（经常用这种方法，方便后期修改）。新建文档：将选区内的图像建立一个新的文件。新建带有图层蒙版的文档：将选区作为一个蒙版附在新的文档上。

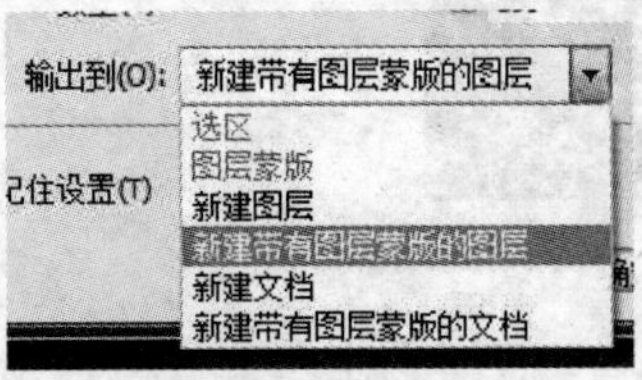

图 4－1－21

图 4－1－22

正常情况下我们喜欢选择输出“新建带有图层蒙版的图层”这种模式，因为有了模版，可以再次进行修改。这样我们在图层面板上，就可以看到猫的图层上是带有模版的，由于透明的图层看不到，猫猫实际输出的效果，我们可以加个背景图层来看下，效果如图 4-1-23 所示。

图 4-1-23

4.1.2 我来做你来看

最简单的合成就是去掉画面中不需要的东西，加上我们想要的东西。在我们日常生活中，总是希望能在某个瞬间拍到很有感觉很时尚的照片，但现实中抓到的效果还是有些差强人意，让现实与理想完美融合起来，其实也就是差了一个 PS 的距离。通过 PS 进行合成来达到我们满意的效果就是我们的使命。比如我们在某公园拍摄了一张照片，出片后发现天又不够蓝，草也不够绿，完全就是一张生活照。没有艺术性，没有感觉，没有内涵。但内容又是那样有意义，很难得的相聚，很值得珍藏和留念的，怎么办？合成啊！要不学 PS 做什么！

图 4-1-24　原图

就像是如图 4-1-24 所示的这种感觉，可以让现实变成理想。

让我们开始吧，打开 PS 软件，新建画布大小：1600×1200 像素。修改背景颜色，设置前景为 RGB(180.224.252)，按住 Alt+Delete 键，对背景图层进行前景颜色填充。主要是绘制天空，蓝天白云效果，找到我们的素材云朵，直接拖动到 PS 中即可(见图 4-1-25)。

图 4-1-25

如果就这么点云朵的话，总是感觉缺少点什么，感觉画面很空，给画面再添加些大的云朵，有远有近的，让天空充满画面感。打开白云素材，导入画面，放在云朵图层的下面，按 Ctrl＋T 键自由变换大小。（见图 4-1-26）

但这样的白云太抢眼，也不是很符合我们主题所需要，设置点滤镜，有点起风的感觉，选择“滤镜”—“滤镜库”打开滤镜库面板，找到“画笔描边”文件夹，选择成角的线条，设置参数的幅度可以大写，方向平衡为 100，描边长度为 50，锐化程度为 10，最终效果如图 4-1-27 所示。

图 4-1-26

图 4-1-27

为了使白云图层跟背景更加融合些，我们把白云图层不透明度设置为 10%；如果想让画面感更加强烈些，我们可以再复制个图层，移动位置，不透明度设置为 14%。（见图 4-1-28、4-1-29）

图 4-1-28

图 4-1-29

天空制作好了，现在要制作海边。打开海滩素材，用魔棒工具进行抠图，笔触大小设置为 5 像素，选择白底，按 Ctrl＋Shift＋I 键，反选，然后建立蒙版。（见图 4-1-30）

图 4-1-30

添加主体人物，点击“文件”→打开人物.jpg 图片，复制一层为图层 1，把原图背景层前面的小眼睛关掉，将其隐藏。在保留原图不破坏背景层的基础上，选中图层 1，我们在新图层即图层 1 上进行操作。(见图 4-1-31)

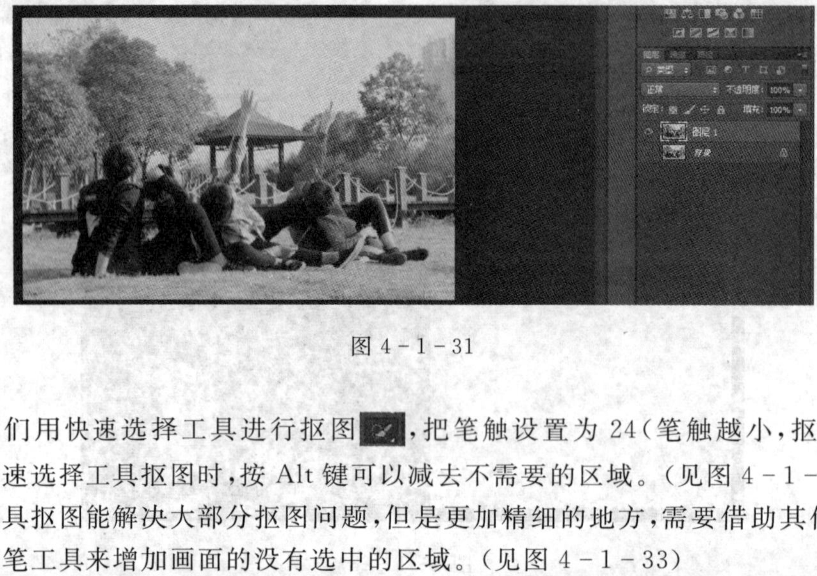

图 4-1-31

这里我们用快速选择工具进行抠图，把笔触设置为 24(笔触越小，抠图范围越精细)，使用快速选择工具抠图时，按 Alt 键可以减去不需要的区域。(见图 4-1-32)

快速工具抠图能解决大部分抠图问题，但是更加精细的地方，需要借助其他的工具，这里我们用钢笔工具来增加画面的没有选中的区域。(见图 4-1-33)

图 4-1-32

图 4-1-33

用钢笔勾选手部位置，然后按 Ctrl+Shift+Enter 键，增加画面选区区域，变成选区状态。画面还有很多地方，需要同样的操作。用钢笔勾选手部位置，然后按 Ctrl＋Alt＋Enter 键，减去画面选区区域，变成选区状态。（见图 4－1－34～4－1－38）

图 4－1－34

图 4－1－35

图 4－1－36

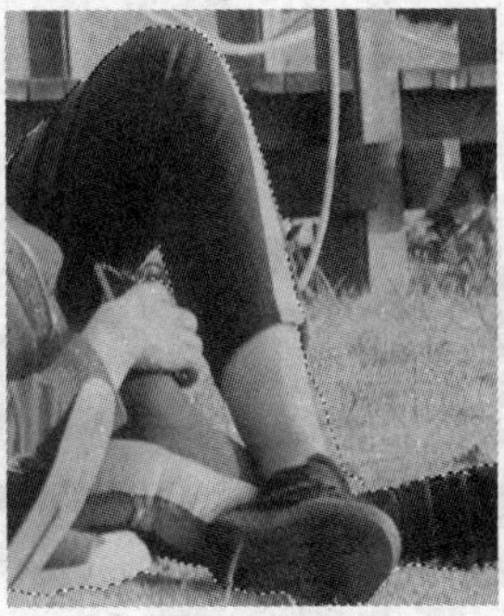

图 4－1－37

图 4－1－38

打开调整边缘，对图片进行设置，设置半径为 2.3 像素，平滑设置为 13 像素，对比度增加到 18％让边缘更加清晰，移动边缘稍微缩小点设置为－10％，注意：人物的头发需要用调整半径工具进行涂抹，手动抽出头发，最后输出到新建带有图层蒙版的图层。（见图 4－1－39）

图 4－1－39

用裁剪工具，把画面裁剪成 1600×1200 像素大小。（见图 4－1－40）

这样就能把抠好的图放进背景图层里面，调整成合适的大小。但我们发现手指的地方很细，跟原有的图有很大的区别，选择人物的蒙版，把前景颜色调成白色，用画笔工具稍微调整下。（见图 4－1－41）

图 4-1-40

图 4-1-41

注意人物图是从草地上抠过来的，如果直接放在沙滩上肯定穿帮的，所以我们要制作出看海的感觉，在人物图层的上面添加一个草坪图层。（见图 4-1-42）

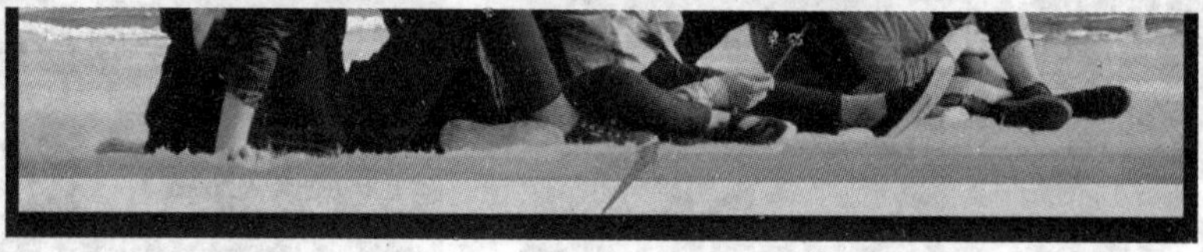

图 4-1-42

找到草素材，导入画面中，放在人物图层的下边。如图 4-1-43 所示。

图 4-1-43

草图层完全挡住了所有的物体，这里我们要给草图层添加蒙版，把前景颜色设置成黑色，背景色设置为白色，渐变工具也设置成黑色到白色的渐变，在草的蒙版图层上进行拖动，效果如图 4-1-44 所示。

图 4-1-44

为了让人物和草之间更加真实，我们需要用画笔工具调整人物的蒙版图层。（见图 4-1-45）

图 4-1-45

为了让人物主体颜色更加鲜明，与整个画面更加融合，我们需要给人物主体添加曲线和饱和度。(见图 4-1-46、4-1-47)

图 4-1-46

图 4-1-47

海边一般都有海鸥，为了画面更加有活力，我们添加海鸥素材。(见图 4-1-48)

图 4-1-48

整个画面抠像合成已完成，如果我们添加些文字，给画面一个解释说明，效果会更好些，下面我们来制作左上角的文字说明。

选择“文字工具”，输入 Four boys，设置颜色为灰色，RGB 为(67.67.67)，字体大小为 40 点。正常输入的文字都是横向的，选择切换文本取向按钮，改变文字的方向，改成垂直，效果如图 4-1-49 所示。

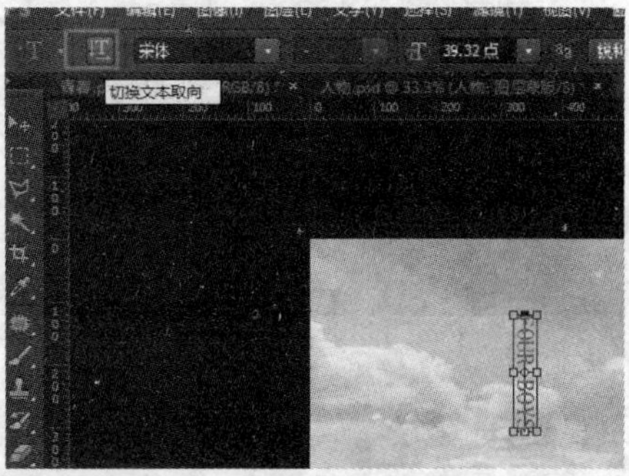

图 4-1-49

在画布上输入“一生中至少要有两次冲动，一次为奋不顾身的爱情，一次为说走就走的旅行”，把文字方向设置成垂直方向，颜色 RGB 设置成 115.115.11，字体大小为 32 点。效果如图 4－1－50 所示。

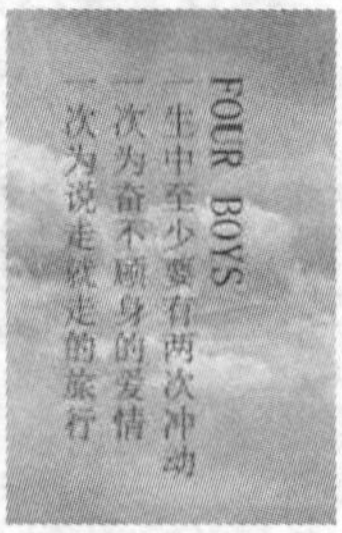

图 4－1－50

给文字说明添加一个标题，用矩形工具绘制一个矩形，绘制类型为形状，填充颜色设置为关闭状态，设置描边颜色为 RGB126.62.65，边框大小为 3.8 点。效果如图。在矩形图层上输入“青春就是一场旅行”，把文字方向设置成垂直方向，颜色 RGB 设置成 126.62.65，字体大小为 28 点（见图 4－1－51）。最终效果如图 4－1－52 所示。

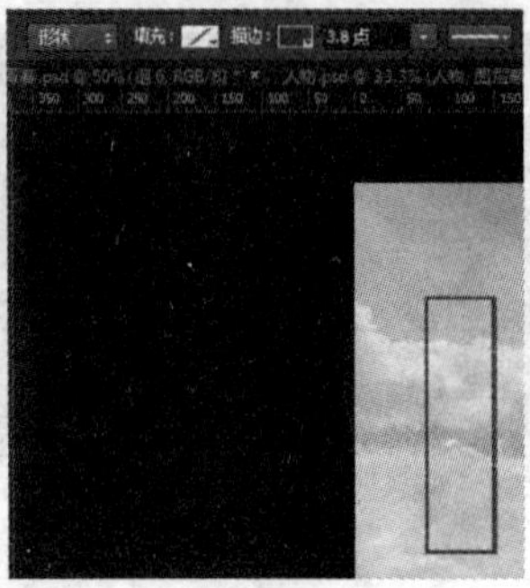

图 4－1－51

图 4－1－52

4.1.3 你来做我来看

请同学们利用所提供的素材，合成一张有意思的图片（见图 4－1－53）。比如我们海报中，给你的鞋子如何设计合成出飞溅的效果。

首先打开我们要用到的“鞋子”图片，然后使用快速选择工具选择鞋子主体。

选择区域后，打开调整边缘对话框，设置半径为 1.7 像素，平滑设置为 9 像素，对比度增加到 26％让边缘更加清晰，移动边缘稍微缩小点设置为－16％。（见图 4－1－54）

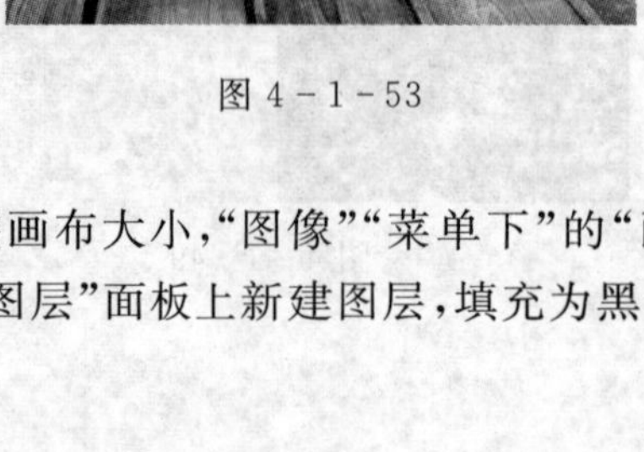

图 4－1－53

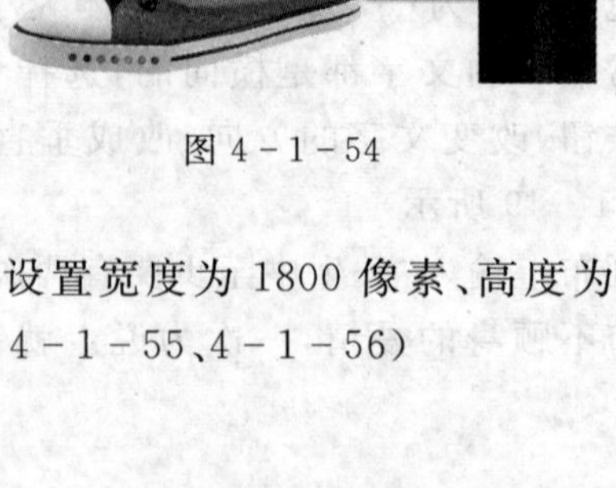

图 4－1－54

调整画布大小，“图像”“菜单下”的“画布大小”设置宽度为 1800 像素、高度为 1200 像素。在“图层”面板上新建图层，填充为黑色。（见图 4－1－55、4－1－56）

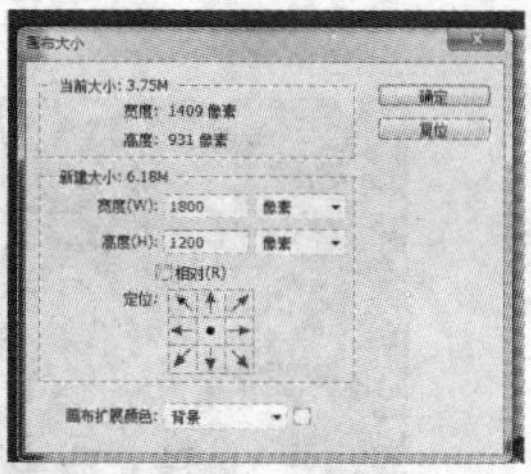

图 4-1-55

图 4-1-56

再导入 02.jpg 图片，按 Ctrl+T 键进行自由缩放以及旋转，效果如图 4-1-57 所示，把 02 素材图层移动到鞋子图层下边，根据背景调整鞋拖动标尺表可以创建标尺线，也可以通过“视图”菜单下的“新建参考线”打开“新建参考线”对话框，设计具体位置即可。或是直接按 Ctrl+R 键，调出标尺(见图 4-1-58)。

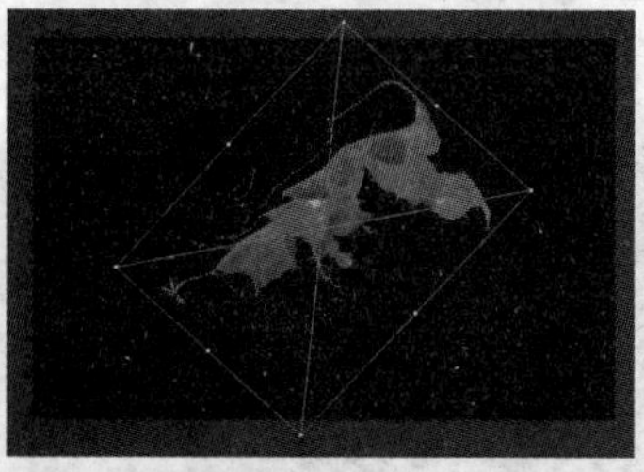

图 4-1-57

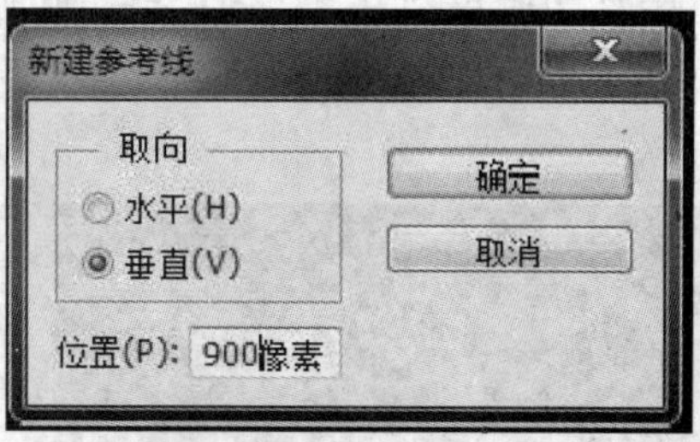

图 4-1-58

按 Ctrl+T 键进行缩放，缩放为 65%，调整角度为 -9.07，将鞋子放在画面的正中间。(见图 4-1-59、4-1-60)

图 4-1-59

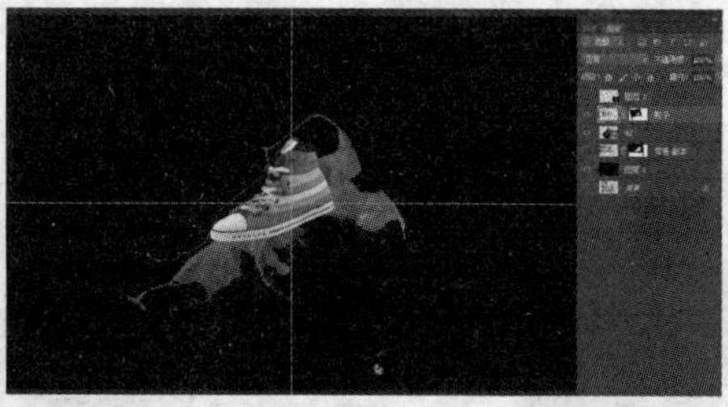

图 4-1-60

我们再来给 02 图层稍微添加点色相饱和度，色相为 -15 像素，让颜色更加明亮些，与鞋有个呼应的效果。(见图 4-1-61)

现在来制作出飞溅的效果，就需要让图层更加丰富，复制 02 图层，按 Ctrl+T 键，进行旋转，旋转角度如图 4－1－62 所示。

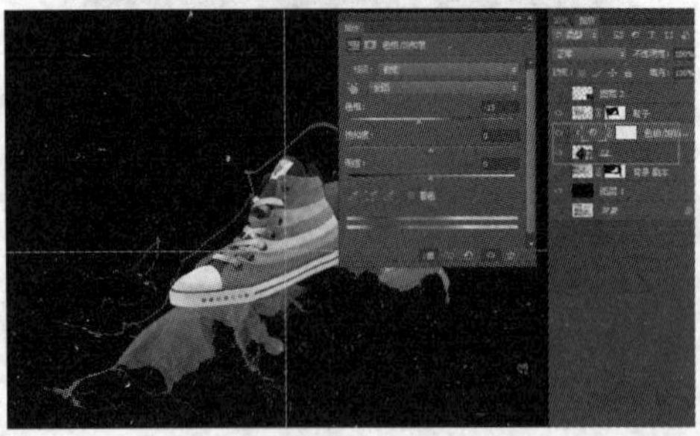

图 4－1－61

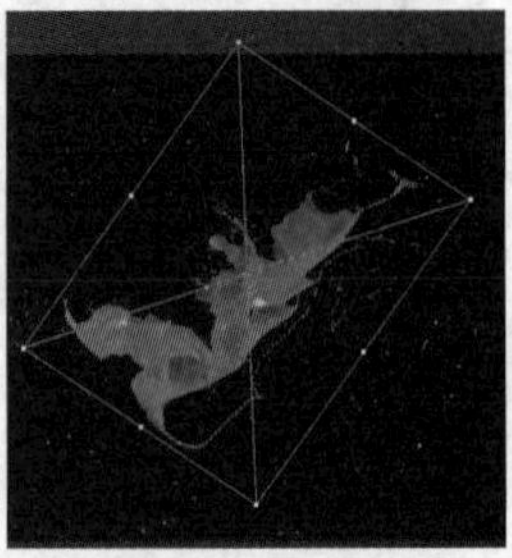

图 4－1－62

给 02 副本建立一个图层蒙版，把不要的地方用画笔工具擦除即可。同时把 02 和 02 副本图层的图层混合模式设置为浅色。观察效果如图 4－1－63 所示。

为了让图片明暗度对比更加强烈些，我们可以调整色阶，最暗部分调整为 32，中间值调整为 0.84。（见图 4－1－64）

图 4－1－63

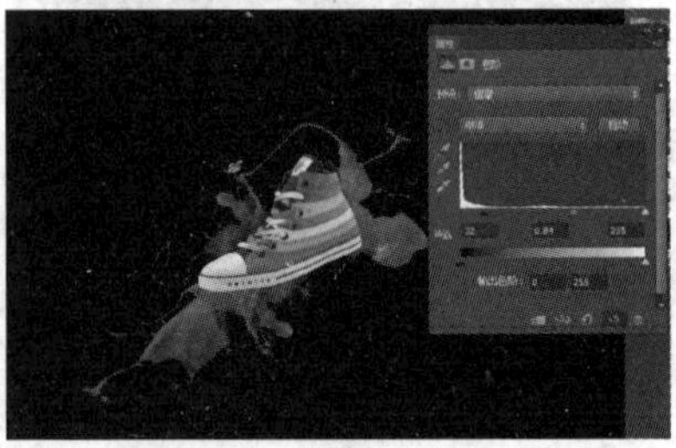

图 4－1－64

为了让鞋子飞溅起来，我们可以在鞋子的后跟制作些特效，打开飞溅素材 .psd，把整个素材组拖动到我们的画布中来，根据画面的需要，按 Ctrl＋T 键，将素材组进行缩放，效果如图 4－1－65 所示。

我们是要制作鞋后跟里面的特效，把这些飞溅的素材都根据鞋子的纹路的颜色摆放好。

选择图层 1 与鞋子黑色边缘相衔接，衔接边缘不是很好，给图层 1 添加蒙版，用画笔工具进行涂抹，达到满意的效果，效果如图 4－1－66 所示。

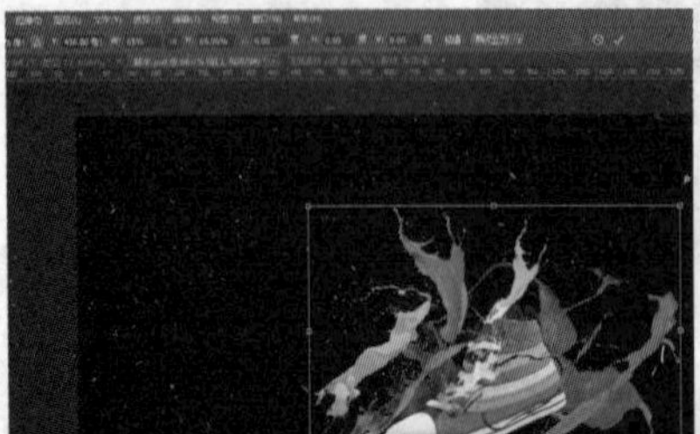

图 4－1－65

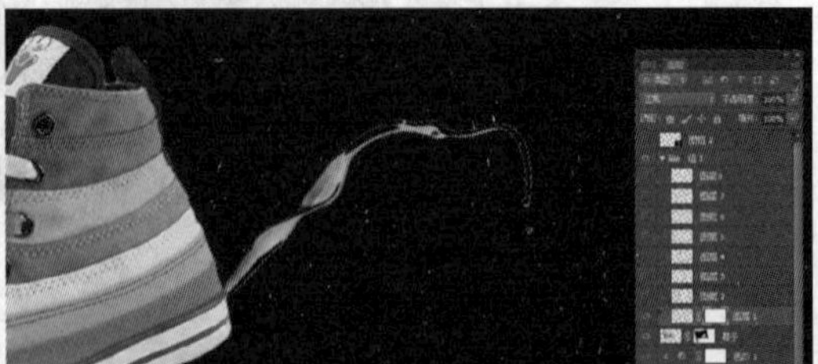

图 4－1－66

鞋子边缘飞溅物都是同样的制作方法，按照如图 4-1-67 所示的效果图摆放。

再次导入 03.jpg 素材，缩放大小位置如图 4-1-68 所示。

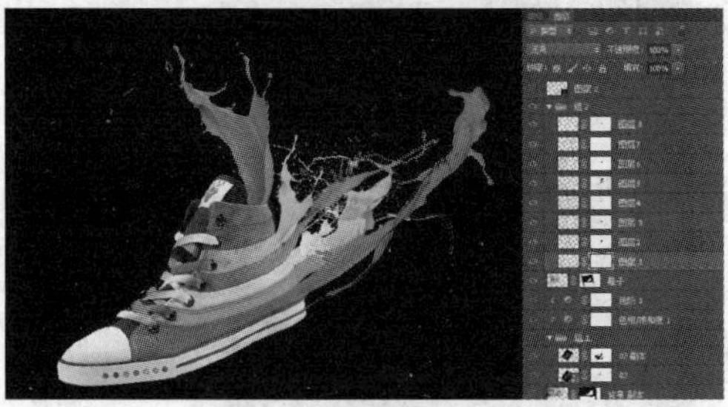

图 4-1-67

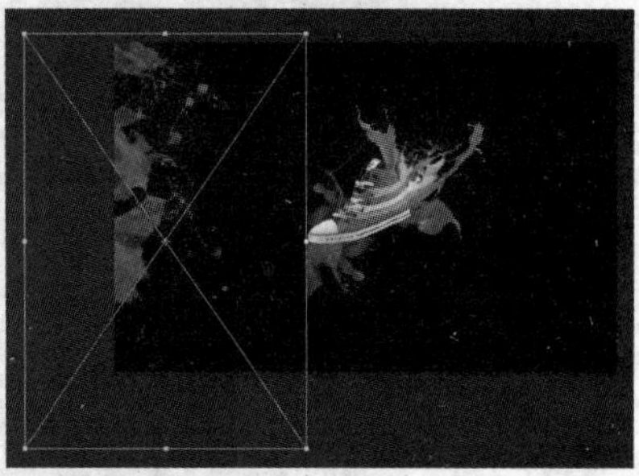

图 4-1-68

同学们也发现了 03 图层挡住了下面的物体，由于是黑色的，我们可以把图层混合模式设置为变亮，让下面的图层显示出来。(见图 4-1-69)

这里我们可以给 03 图层上的素材调整些冷色调，设置色相/饱和度中的色相为－120。效果如图 4-1-70 所示。

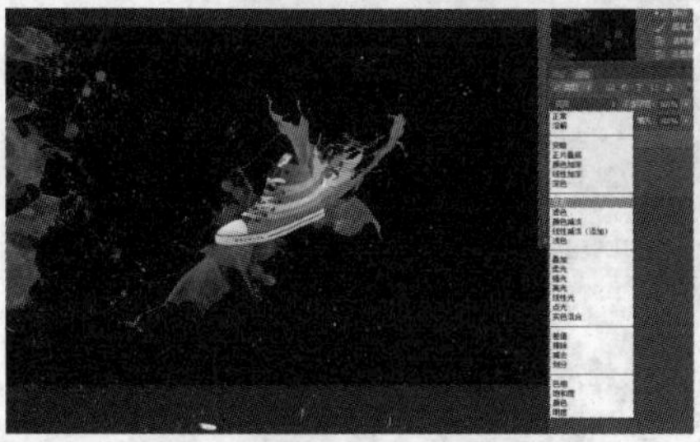

图 4-1-69

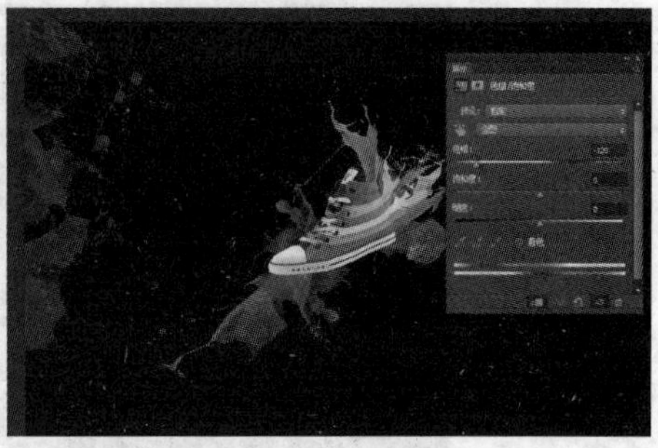

图 4-1-70

复制 03 图层，对 03 副本图层进行水平翻转和垂直翻转，效果如图 4-1-71 所示。

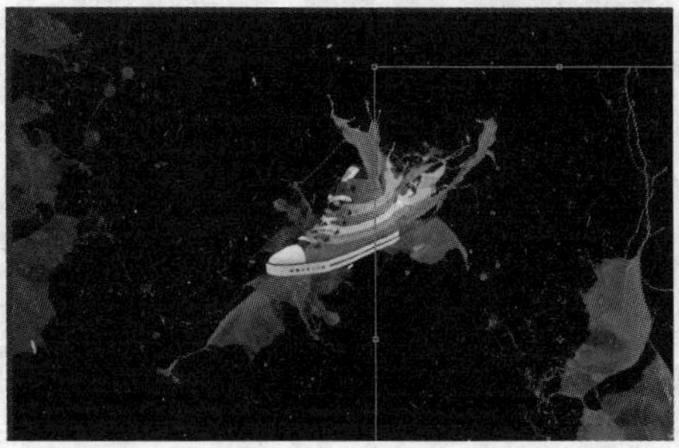

图 4-1-71

可以对 03 副本图层弧度进行调整，按 Ctrl＋T 键，选择变形选项，按照图 4-1-72 进行变形，更改 03 副本图层的色相/饱和度，色相为 50，让整体颜色跟鞋子有呼应，效果如图

4－1－73所示。

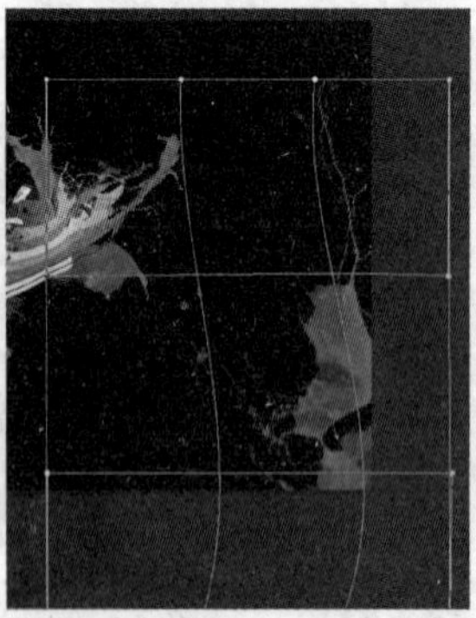

图 4－1－72

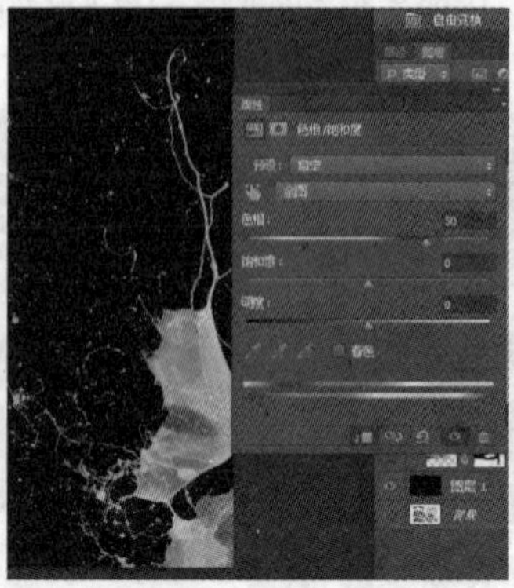

图 4－1－73

复制图层 03 和图层 03 副本，制作出更多的飞溅物，让画面更加逼真，效果更好看，让整个画面的明暗度更加明显些，给画面设置色阶，设置值最暗部分为 5，中间值调整为 1.22，最亮区域设置为 243(见图 4－1－74)。效果如图 4－1－75 所示。

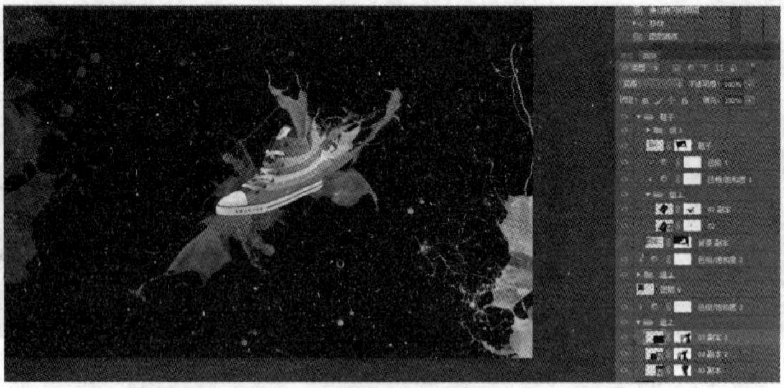

图 4－1－74

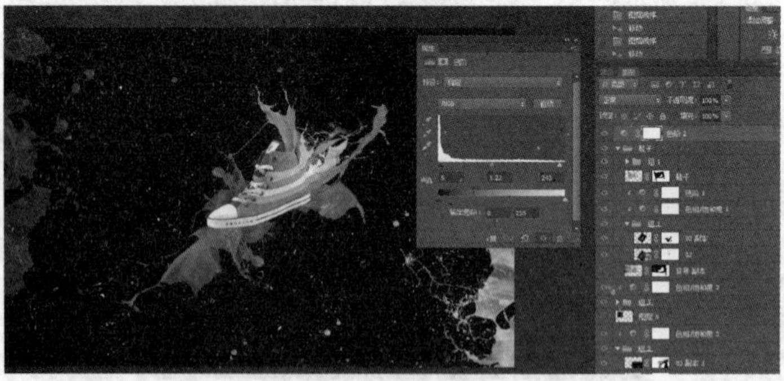

图 4－1－75

效果基本上出来了，可以再添加些文字，让画面更有层次感。用文字工具，输入 Seven rainbow，设置字体颜色为 RGB(50.57.225)，字体大小为 62 点，字体为 Curlz MT，让字体有立体感些，给字体设置斜面浮雕效果，选择图层面板上的添加图层样式里面的斜面和浮雕选项，打开斜面和浮雕对话框，设置效果时注意观察画面效果(见图 4-1-76)，最终效果如图 4-1-77 所示。

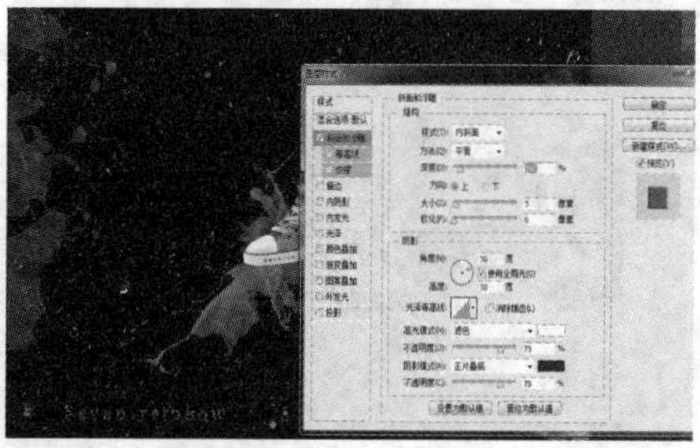

图 4-1-76

图 4-1-77

通过这样的练习，同学们是不是对合成有了新的想法？请记住 PS 再强大也只是工具，而想法与设计理念才是我们需要认真提高的部分。当我们提升了自己的知识层次，自然也就会有好的创意，也就会产生更多更好的作品。

4.1.4　我们一起来练练

下面我们一起来制作一个有些意思的商品广告，效果如图 4-1-78。

从图 4-1-78 上，同学们可以发现，这肯定是由不同的图片合成的效果图，肯定也不是简单的组合，而是有了一些艺术效果的。为了让同学们更好地练习，我们在素材包中都有提供。图片都来源于网络，同学也可以自己搜索相关的图片。让我们开始吧。

打开“啤酒”图片观察，然后用快速选择工具，选择背景区域，按 Ctrl＋Shift＋I 键反选，选中啤酒瓶。选择工具栏上的调整边缘，打开“调整边缘”对话框，从图中看出，因为背景颜色比较纯，抠出来的图还是挺干净的，边缘稍作调整即可，半径设置为 0.5 像素，对比度设置为 11％，移动边缘设置为－10％，输出到新建带有图层蒙版的图层。

图 4-1-78　效果图

调整画布大小为 1250×1800 像素，在“图像”菜单下找到“画布大小”(见图 4-1-80)。

把啤酒瓶移动到画面的右边，把背景素材导入进来(见图 4-1-81)。

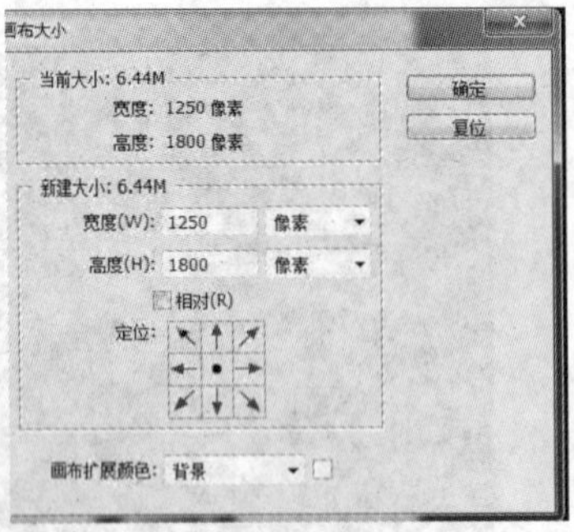

图 4-1-79

图 4-1-80

更换天空，虽然背景图层是一张整图，但要根据海报的思想进行调整，导入天空素材。把天空图层移动到背景图层的上面。(见图 4-1-82)

观察天空与田野衔接不是很好，给天空图层建立蒙版，把前景颜色设置为黑色，背景颜色设置为白色，选择渐变工具，设置线性渐变类型，在天空图片蒙版上拖动渐变工具，方向从下往上

。(见图 4-1-83)

啤酒底部，还有空白区域，让啤酒在山间吸收日月之精华，有冲出天际的感觉，导入山间图片。(见图 4-1-84)

图 4-1-81

图 4-1-82

图 4-1-83

我们只要山间的部分，用快速选择工具，抠出主体，用调整边缘工具进行调整，半径设置为 1.2 像素，平滑设置为 10，对比度设置为 11%，移动边缘设置为 -35%，输出到新建带有图层蒙版的图层，具体参数设置如图 4-1-85 所示，效果如图 4-1-86 所示。

给山调出一个悬崖峭壁的感觉，与田间的颜色稍微有点区分。给山间图层调色，创建剪贴蒙版效果。调整可选颜色，颜色类型为黄色，青色：-43%，洋红：20%，黄色：100%，黑色：100%。(见图 4-1-87)

图 4－1－84

图 4－1－85

画面已经偏铜色了，但是颜色还是有点亮，给画面稍微压暗些，我们添加曲线，具体设置如图 4－1－88 所示。

图 4－1－86

图 4－1－87

给山间图层的整个画面添加阴影，稍微再暗些，用色彩平衡工具，色调选择中间调，增添蓝色部分，数值为 36，给山间画面曝光度调低些，曝光度设置为－0.55。具体设置如图 4－1－89、4－1－90 所示。

图 4－1－88

图 4－1－89

给山间添加些树，导入树的素材，调整第一棵树位置以及缩放大小，缩放比例为 31%（见图 4-1-91）。第二棵树位置，按 Ctrl+J 键复制树的图层，移动位置如图 4-1-92、4-1-93 所示。

图 4-1-90

图 4-1-91

图 4-1-92

第三棵树位置以及倾斜度，按 Ctrl+J 键复制树的图层，倾斜度为 36.51°（见图 4-1-94）。第四棵树位置，按 Ctrl+J 键复制树副本 2 的图层，如图 4-1-95、4-1-96 所示。

图 4-1-93

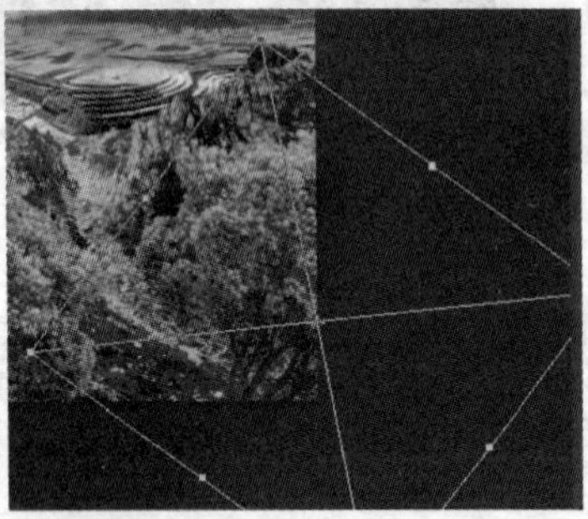

图 4-1-94

图 4-1-95

这里树摆放的位置仅供同学们参考，同学们可以根据自己的经验与喜好来调整改善。

把这四棵树建立组，命名为"山"，给山的组调整颜色，都创建剪贴蒙版效果，只针对"山"组里面的图层，设置色阶，让明暗度对比更加明确，最暗为 0，中间调为 0.56，最亮部分为 255，设置如图 4-1-97 所示。

图 4-1-96

为了让树的颜色更加绿些，设置色相饱和度，色相设置为 12。让树梢稍微有点光源照射，增加些黄色，用可选颜色工具进行设置，颜色：黄色，青色：－22％，洋红：0％，黄色：－35％，黑色：－3％。（见图 4－1－98、4－1－99）

图 4－1－97

图 4－1－98

制作啤酒瓶放在树墩上，导入树根素材，建立蒙版，前景颜色设置为黑色，用画笔涂抹不用的地方。（见图 4－1－100）

图 4－1－99

如果感觉啤酒瓶是悬空在树上时，可以用椭圆选框工具，羽化设置为 20 像素，选择树根上半部分，按 Ctrl＋J 键进行复制，放在啤酒瓶下边（见图 4－1－101），效果如图 4－1－102 所示。

图 4－1－100

图 4－1－101

让啤酒有吸取树根的精华效果，让树根环绕啤酒瓶，打开树根1素材，用快速选择工具抠出树根，用调整边缘工具进行调整，半径设置为1.6像素，平滑设置为21，对比度设置为20%，移动边缘设置为0%，输出到新建带有图层蒙版的图层，设置具体参数。

按Ctrl+J键，选择变形工具，对树根进行局部调整，制作树根环绕，导入素材图片，效果如图4-1-104、4-1-105所示。

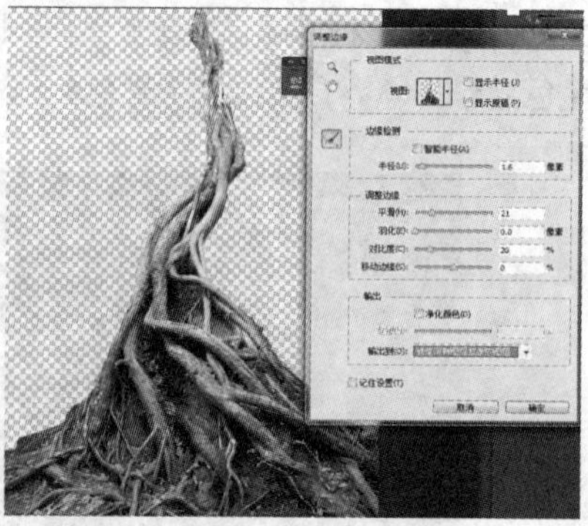

图4-1-102

图4-1-103

图4-1-104

现在调整树根颜色为绿色，用色彩平衡工具进行调整，色调为：中间调，青色为12，洋红为63，黄色为0，注意观察在画面中出现的效果，要根据具体的情况进行相应的调整。（见图4-1-106）

制作啤酒喷出来的效果，首先复制树根图层，旋转方向，其次还要制作啤酒飞溅出来的效果，导入啤酒喷溅素材，放置位置如图4-1-107、4-1-108所示。

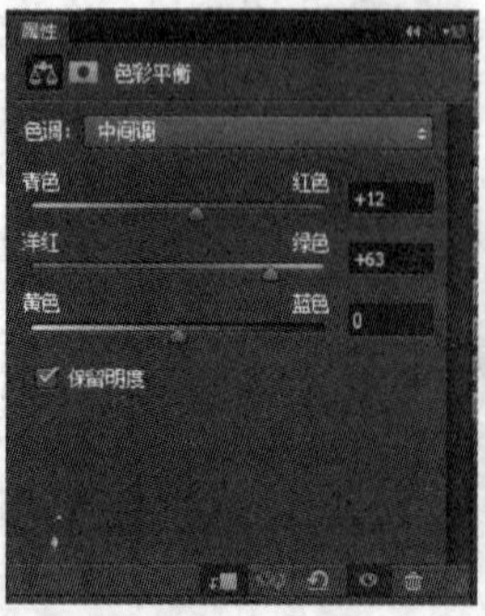

图4-1-105

图4-1-106

图4-1-107

啤酒喷溅出来用黄色和白色，在啤酒喷溅图层上面，再导入水素材，放置位置如图，导入的图片，有跟主体不衔接的地方，给啤酒喷溅和水的图层建立蒙版，前景颜色设置为黑色，用画笔工具擦除即可。(见图 4－1－109)

如果发现颜色跟主体颜色不符，调整树根副本以及啤酒喷溅和水的颜色为绿色，给它们三个图层创建组，命名为：啤酒喷溅，用色彩平衡工具进行调整，色调为：中间调，青色为 4，洋红为 70，黄色为 0，具体设置如图 4－1－110、4－1－111 所示。

图 4－1－108

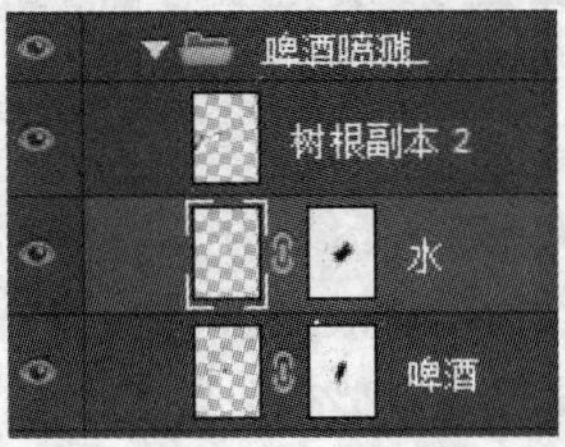

图 4－1－109

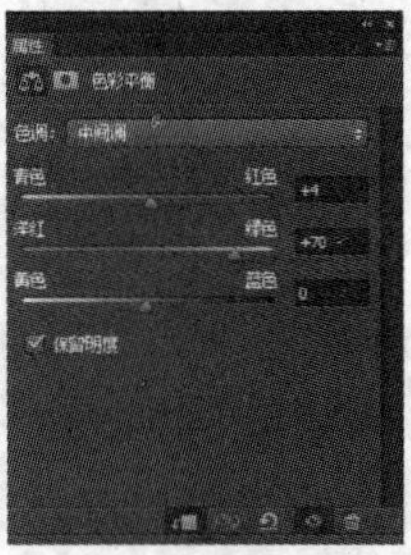

图 4－1－110

这时可能有的同学会发现我们的树根是腾空而出的，这里需要给树根部分添加地面。导入地面素材，给地面图层建立蒙版，前景颜色设置为黑色，背景颜色设置为白色，用渐变工具进行拖动，类型选择为线性渐变，效果如图 4－1－112 所示。

图 4－1－111

图 4－1－112

整体效果还不错，我们可以给树根稍微修饰下，让整个树根充满活力，把树叶和瓢虫添加进来，树叶可以添加阴影，选择树叶图层，在图层面板上选择添加图层样式，选择阴影，默认值即可，树叶和瓢虫大小如图 4-1-113 所示。

图 4-1-113

最后给啤酒瓶添加一个黄色的光线，用椭圆选框工具绘制一个椭圆，羽化选择为 20 像素，颜色设置为：RGB(248.243.77)，效果如图 4-1-114 所示。

把光线图层的不透明度设置为 62%，图层混合模式为柔光，添加蒙版，前景颜色为黑色，把画笔不透明度设置为 70%对光线图层进行涂抹，最终效果如图 4-1-115 所示。

图 4-1-114

图 4-1-115

通过以上的练习，同学们有没有发现抠像合成的套路是什么？对，合成就是要让某些完全不搭的物体通过你的想象力重新整合成感觉很搭的过程。但既然是抠像合成，所以最重要的就是一定选择我们所需要的那一部分来进行抠取。一张图中有很多好东西，但只有适合自己想法的那一部分才是我们所需要的，所以这也就是为什么搞 PS 创意设计制作的人都需要大量图片的原因。图片越多选择也就越多，实现想象的可能也就更好走。

玩一玩

请同学们用自己的生活照与风景图片为自己合成有意思的图像。

4.1.5 我们一起来说说

(1)何谓合成？

(2)合成有套路吗？

(3)抠像的目的是什么?

(4)请同学们在课后将自己手机里的图像合成。

以上除形成书面作业上交外,会在课前通过点名方式进行检查。课外实践作业请通过班级群发送给授课教师批改。

4.1.6　实训报告

图形图像处理 Photoshop CS6 实训报告

<table>
<tr><td rowspan="2">班级
姓名</td><td rowspan="2" colspan="2"></td><td>时间</td><td></td></tr>
<tr><td>实训室</td><td></td></tr>
<tr><td>实训知识点</td><td colspan="4">抠像合成</td></tr>
<tr><td>实训目的</td><td colspan="4">1. 合成　　　3. 想象力
2. 抠像的目的　4. 案例练习</td></tr>
<tr><td>实训内容
学生填写部分</td><td colspan="2">1. 什么是合成

2. 常用抠图工具
(1)选择

(2)调整边缘

3. 合成套路
(1)适合才是最好的

4. 抠图目的

5. 想象力的练习</td><td colspan="2">案例实操训练</td></tr>
<tr><td>实训要求</td><td>1. 认真填写实训报告
2. 对问题进行记录
3. 拓展问题认真思考并完成实践
4. 完成思考题并形成书面作业</td><td colspan="3">备注:实训报告以一个知识点的实践完成为依据,教师根据学生实训具体情况来调整学时。这样更有利于实践分数的评定</td></tr>
<tr><td>成绩评定</td><td colspan="4">优秀　良好　及格　不合格</td></tr>
</table>

4.2 调修图像

在 Photoshop 中，我们可以使用修图工具对图像来进行调修整理，常用的调修工具有图章、修补工具、修复画笔、污点修复、高低频、双曲线等等。除了这些我们还可以用图层调整来调修图像。

调修图像的第一要素是要先分析图像特征，有针对性地进行调修整理。通过之前我们学习的“直方图”，利用数据来分析。第二个就是要多练习，多总结、多欣赏优秀作品，提高对图像的感觉敏锐性。

总的来说，一张图像的调修需要在曝光、主色调、对比度、饱和度等方面进行增减或改变。所以每次在调修图像之前，心中可以预判大致效果。

4.2.1 我来说你来记

本次案例中将学习调修图像功能里的亮度/对比度、色阶、曲线、可选颜色。

“亮度/对比度”：亮度就是图片的明亮程度，对比度是图片中的黑与白的比值。对比度越大，颜色的分别就越明显。

“色阶”表示图像亮度强弱。只与亮度有关。

“曲线”除能调亮度，还能调颜色。

黑场和白场的目的就是为了减少黑白间的过渡间距，更好地实现灰度过渡。

“可选颜色”选定要修改的颜色，通过增减 CMYK 四色油墨改变选定的颜色，只会改变选定的，不会影响其他颜色的表现。

4.2.2 我来做你来看

让我们来把一张有些灰蒙图片里的云彩调修的通透丰富些。步骤如下：

打开这张图并仔细观察。整片的云彩虽然丰富但有些灰蒙蒙的。（见图 4－2－1）

复制此图层后对其使用“亮度/对比度”进行调修，我们可以根据图像自行调整，也可以直接使用“自动”选项功能。（见图 4－2－2、4－2－3）

图 4－2－1

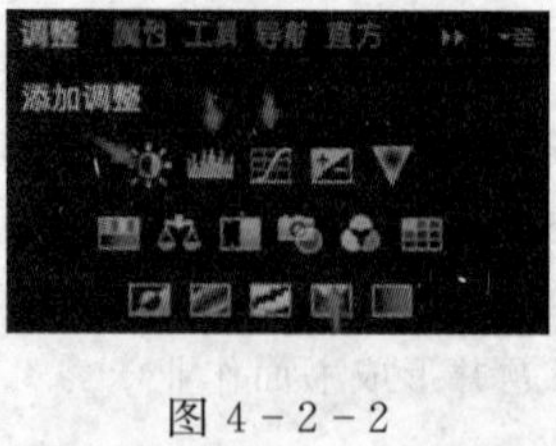

图 4－2－2

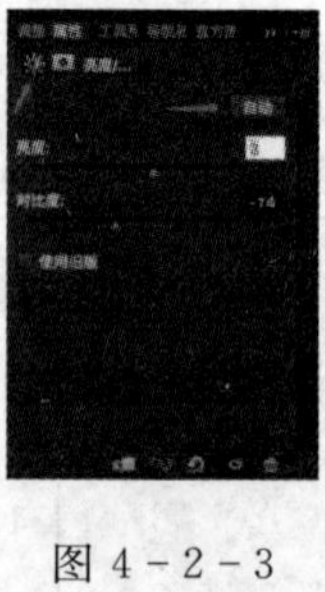

图 4－2－3

注意观察在图层上出现了“亮度/对比度”图标和它的图层蒙版。（见图 4－2－4）

接着再使用“色阶”进行调修，可以先试下“自动”选项（见图 4－2－5），再使用手动的方式让画面达到理想状态，效果如图 4－2－6 所示。

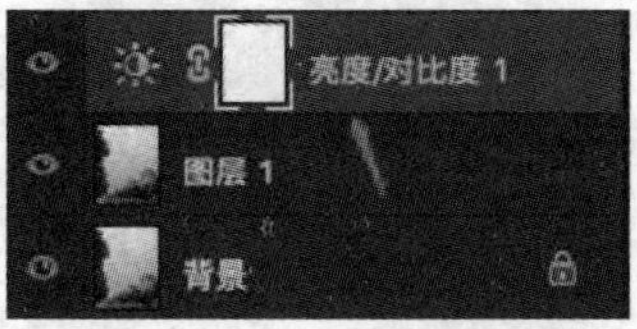

图 4－2－4

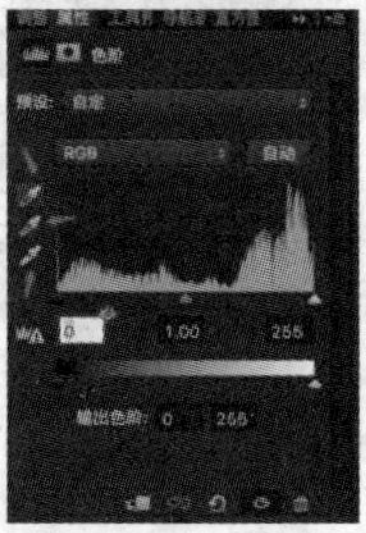
图 4－2－5

图 4－2－6

然后使用“曲线”进行调修，手动调整如图 4－2－7 所示，注意图像虽然暗了但对比更强了。因为我们的重点是为了调整云彩，所以用这种方法将云彩再次调整，效果如图 4－2－8。

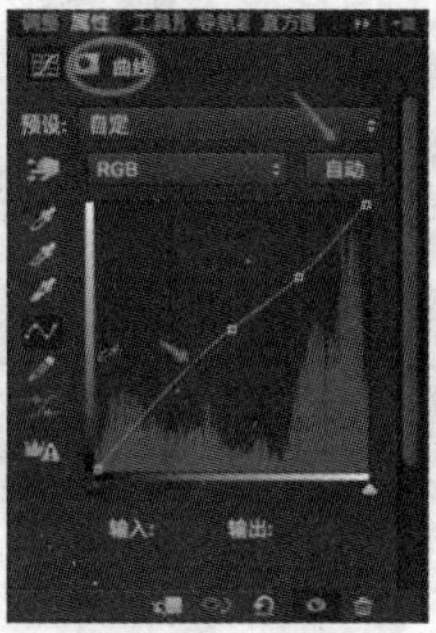
图 4－2－7

图 4－2－8

再次使用“曲线”功能（见图 4－2－9），但要先用选择工具将要调修的云彩选中（见图 4－2－10）。

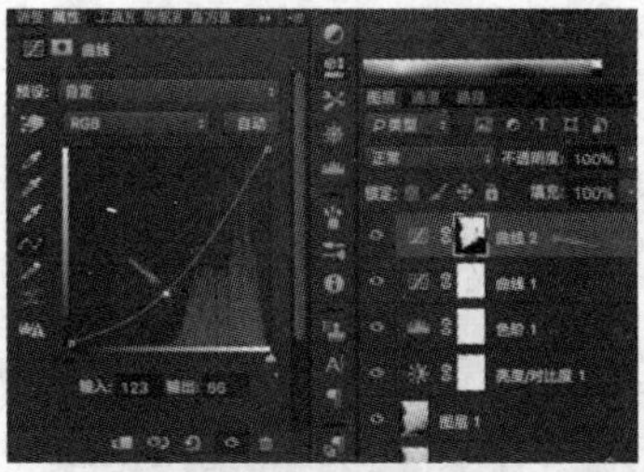
图 4－2－9

图 4－2－10

这时注意观察云彩与建筑物的边缘处好像不是太和谐，一般情况下我们会用此处的蚂蚁线羽化来解决这个问题。而在“曲线”里我们看到有个羽化功能可以让我们很方便地解决这个问题。

图 4-2-11

图 4-2-12

图 4-2-13

此时的云彩已有些通透了，但在颜色上似乎还有些杂，我们利用“可选颜色”来进行增减相关颜色。这一步除需要相关的颜色知识还需同学们多看多欣赏优秀作品来提升自己的色彩感觉。

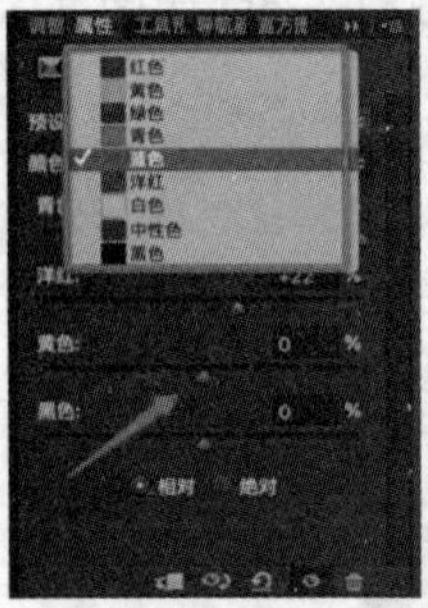

图 4-2-14

图 4-2-15

图 4-2-16

注意，在使用“色阶”或“曲线”功能时可以同时试下黑场与白场并观察效果。

4.2.3 你来做我来看

请同学们对所提供的素材图像(见图 4-2-17、4-2-18)进行调整，并请将步骤记录在实训报告中。

图 4-2-17

图 4-2-18

4.2.4 我们一起来练练

图 4-2-19 所示的是来自校园花坛中的一株无名花草。拍摄时有些暗有些灰蒙，我们

利用所学将其调修成一张有些艺术效果的图片。

因为我们的 PS 是关联到 ACR 的，所以打开图像就直接调用了。

点击“自动”可以调整相应的曝光、对比度、高光、阴影等，目的就是为提亮，也可以手动调修。(见图 4－2－20)

图 4－2－19

图 4－2－20

再创建一个新的填充或调整图层，在调整按钮里选择“纯色”，并在选取颜色时选一种淡些的色，这里选色要根据你后期想要达到的效果来设。(见图 4－2－21～4－2－23)

图 4－2－21

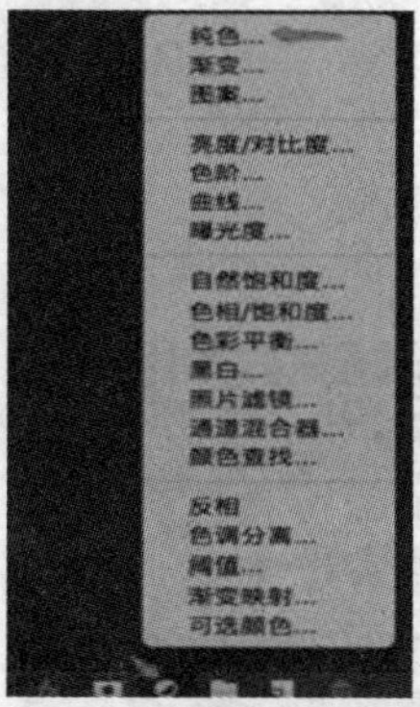

图 4－2－22

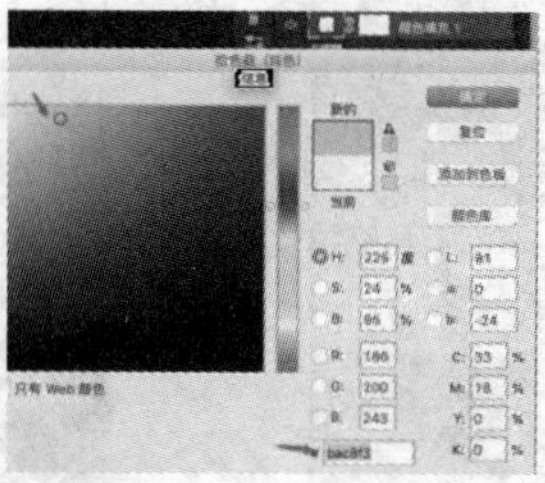

图 4－2－23

这里选择一个淡些的蓝色来进行设置，＃97d9ee，同学们也可以选择其他的颜色来进行设置，即时观察画面呈现的效果是不是自己想要的效果。(见图 4－2－24)

图 4－2－24

我们可以根据需要再创建一个新的填充或调整图层，也是用“纯色”填充。这次可以任意地选取颜色，但要注意画面上反映出的效果和预想的是不是一样。（见图 4－2－25、4－2－26）

图 4－2－25

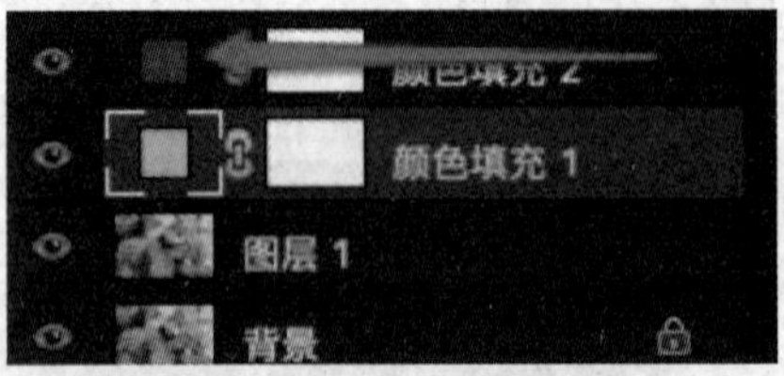

图 4－2－26

因为调整后，有些地方的颜色并未达到饱和的色彩，我们可以用“自然饱和度”来调整其颜色（见图 4－2－27），它可以提升画面中比较柔和（饱和度低）的颜色，而原本饱和度够的颜色会保持原状，相当于补光。注意要选择那个背景层的复制层。这里要选择图层调整而不要选择“图像”菜单下的“调整”，因为图层调整是对某个图层的，而“图像”菜单下的“调整”命令是针对整个图像（见图 4－2－28），最终效果见 4－2－29 所示。

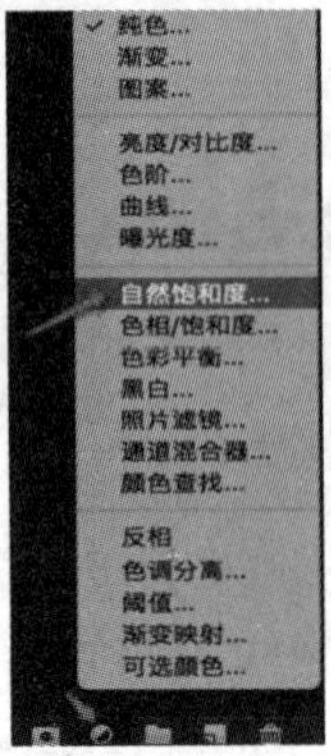

图 4－2－27

图 4－2－28

图 4－2－29

玩一玩

请同学把自己的自拍照也修一修。

4.2.5 我们一起来说说

（1）请同学们结合修图工具对图像进行调修。

（2）请同学们想想如何对人物进行形体塑身。

（3）试着把自己普通的个人照变成艺术照。

（4）请同学们自行百度 PS 调修图像案例，并试着模仿出效果。

以上为实践作业，请同学们在课后通过班级 QQ 群上交。

4.2.6 实训报告

图形图像处理 Photoshop CS6 实训报告

班级 姓名		时间	
		实训室	
实训知识点	调修图像		
实训目的	1. 通透的案例 2. 艺术效果案例		
实训内容 学生填写部分	1. 通透案例 (1)亮度/对比度 (2)色阶 (3)曲线 (4)可选颜色 2. 艺术效果案例 (1)Acr (2)填充或调整图层 (3)选色看效果 (4)自然饱和度		
实训要求	1. 认真填写实训报告 2. 对问题进行记录 3. 拓展问题认真思考并完成实践 4. 完成思考题并形成书面作业	备注:实训报告以一个知识点的实践完成为依据,教师根据学生实训具体情况来调整学时。这样更有利于实践分数的评定	
成绩评定	优秀 良好 及格 不合格		

4.3　装饰图像

在我们实际的设计制作中，除了对图像本身进行的一些调修外，还有的就是需要自行设计与创意一些有意思的图形装饰，通过与图像、背景或是文字的搭配，让画面内容更加充实与完整，让设计意图更加清晰，也让作品展示非凡的效果。

4.3.1　我来说你来记

在 PS 中我们可以通过自定义特殊的画笔，或是自定义相关的形状，对要表达的创意理念进行创作。我们就通过对“画笔”面板的参数设置和自定义形状来对一些图像或图形进行效果的装饰制作。

4.3.2　我来做你来看

自定义特殊效果的画笔可以让笔触多样化，可以满足很多的图像装饰需要。具体步骤如下：

选择“画笔工具”，打开“画笔”面板来进行设置。选择柔边圆，大小设 20 像素，硬度调 70%，间距设 25%，注意观察笔触的显示图。如图 4-3-1、4-3-2 所示。

这样就把我们需要的最基本画笔笔触设定好了，但这里请注意，所用的参数是根据你想要的效果来进行设置的，同学们可以自行改变并查看笔触效果。

我们再对此基本笔触进行一些特殊效果的设定。在画笔面板中选中“形状动态”并设大小抖动为 80%，最小直径 2%，角度抖动 50%，圆度抖动 0%。继续选中“散布”面板并设置散布 500%，选中“两轴”，数量 1，数量抖动 11%。这时注意笔触的显示效果如图 4-3-3、4-3-4 所示。

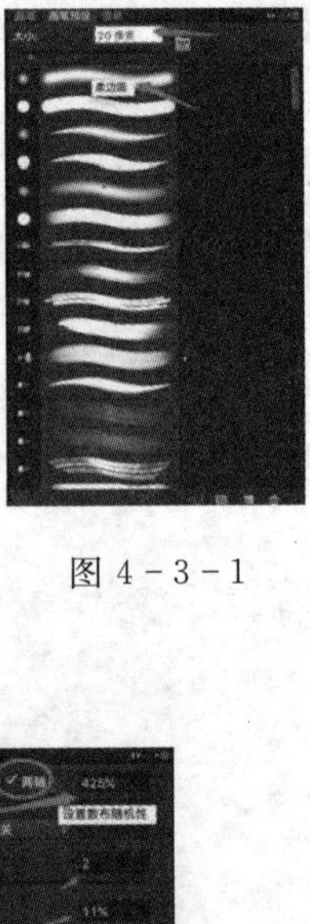

图 4-3-1

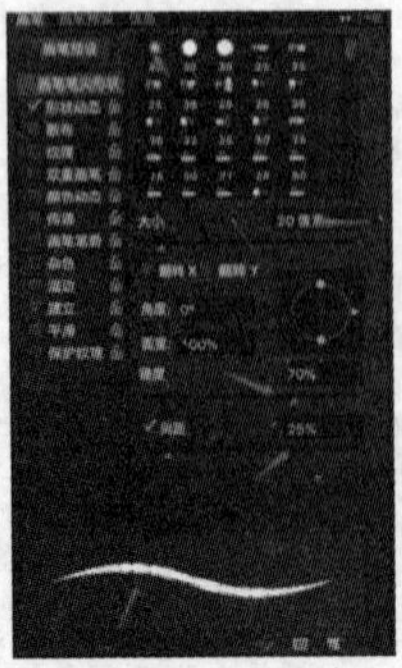

图 4-3-2

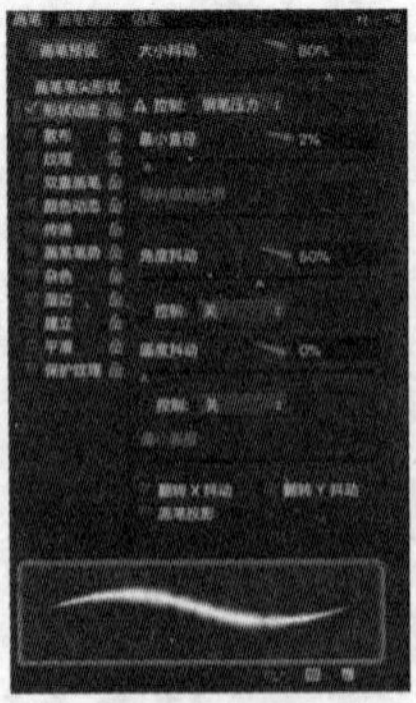

图 4-3-3

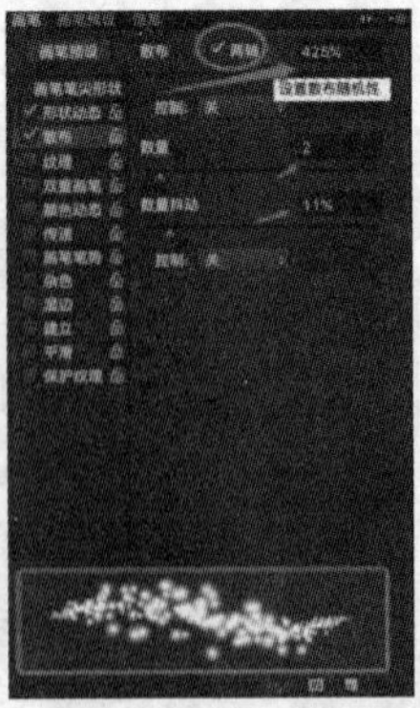

图 4-3-4

我们利用这个笔触在页面中画一画，看看会有什么效果(见图 4－3－5、4－3－6)。

图 4－3－5

图 4－3－6

但这种效果其实并不是我所需要的效果，我希望一个笔触就可以出现不同的颜色，而不是现在这样的一个笔触一种颜色。所以我们再次选中“颜色动态”并设置前景/背景抖动 60％，勾选应用每笔尖，色相抖动 100％，饱和抖动、亮度抖动、纯度也可以尝试着设下。接着再选中“传递”，不透明抖动设 100％。这样笔触的颜色也就会有相应的随机动态。这时一定要注意把前景色和背景色都设得较艳些，这里设前景色＃FB080A，背景色＃FCD626(见图 4－3－7、4－3－8)。再来看下笔触效果(见图 4－3－9)。

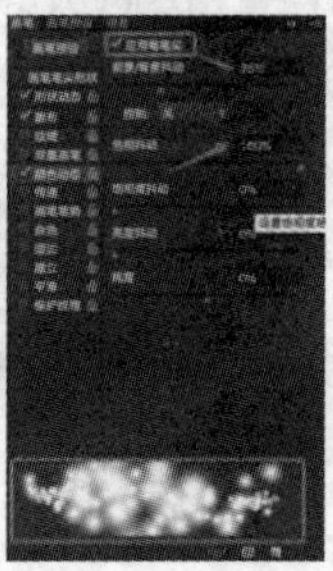

图 4－3－7

图 4－3－8

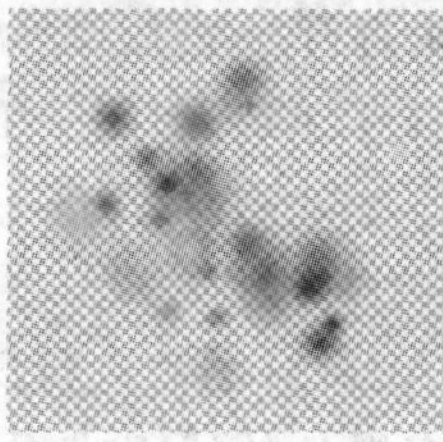

图 4－3－9

这样我们基本上就设好了画笔，我们来把它应用到自定义形状“小鸟”上。

直接按 Shift＋U 使用“自定义形状工具”(见图 4－3－10)，找到需要的“小鸟”形状(见图 4－3－11)。

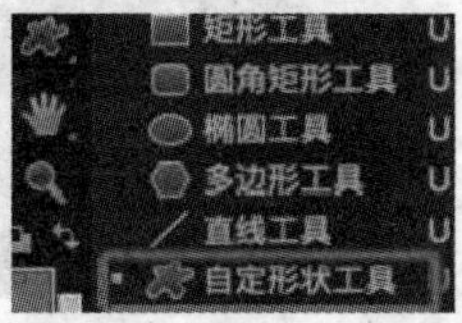

图 4－3－10

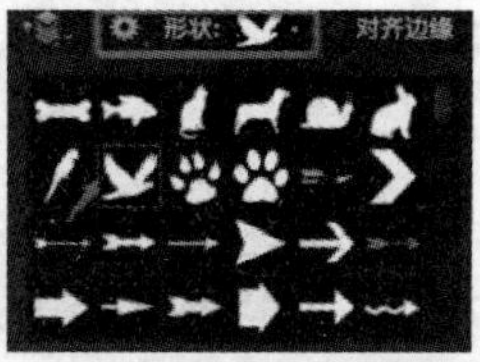

图 4－3－11

新建一个图层，把小鸟拖上去摆好位置。按 Ctrl＋回车转为曲线，栅格图层后我们就可

以使用刚设的画笔进行涂抹效果了。(见图 4-3-12～4-3-15)

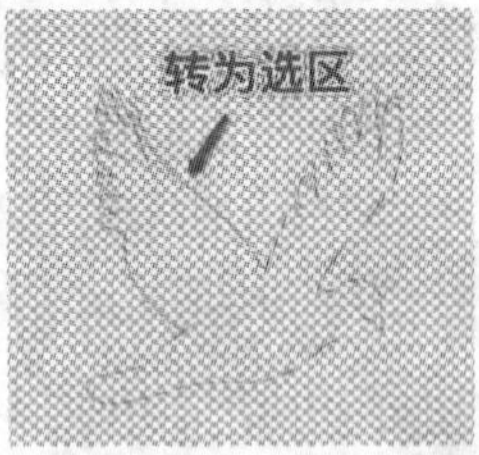

图 4-3-12

图 4-3-13

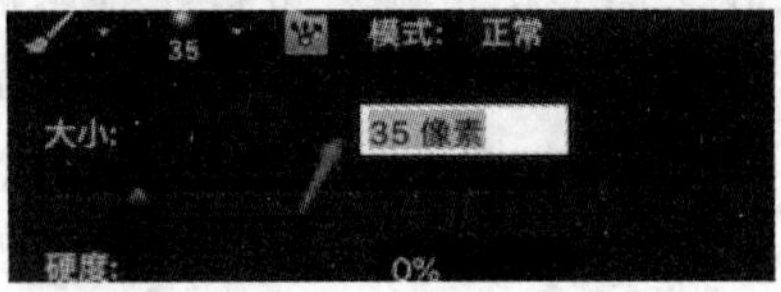

图 4-3-14

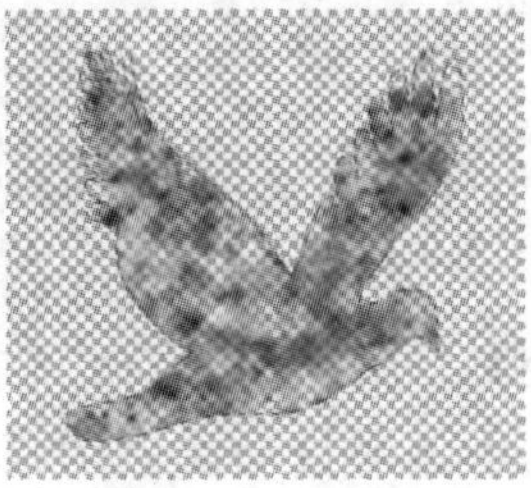

图 4-3-15

这里我们使用的是自定义的形状，当然在很多实践的创意设计中，我们大多会使用钢笔工具来进行创意描绘，我们在今后的学习实践中也提倡同学们多进行创意。

我们接着来打开一张校园角落里拍的图片，这是丁香树正在开花，但这样美的花却在一个很一般的背景墙上，显得有些寒酸了，我们要对这面墙进行改变，希望能更符合花的气质。

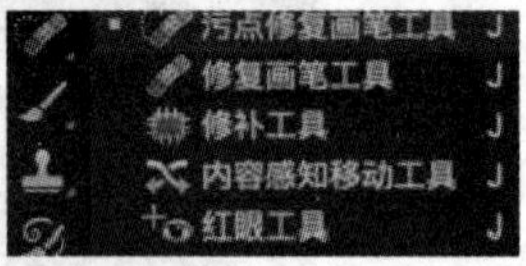

图 4-3-16

首先利用 ACR 对图片进行简单的亮度和对比度处理，这面墙上面有很多黑色的线很难看，所以我们按 J 使用“污点修复画笔工具”先把这些黑线去除。(见图 4-3-16)，效果如图 4-3-17 所示。

然后再使用“魔棒”或是“快速选择工具”选择好要处理的墙体(见图 4-3-18)。使用 Ctrl+J 复制一个墙体层，再复制一个花层(见图 4-3-19)。(需要反选)

图 4-3-17

图 4-3-18

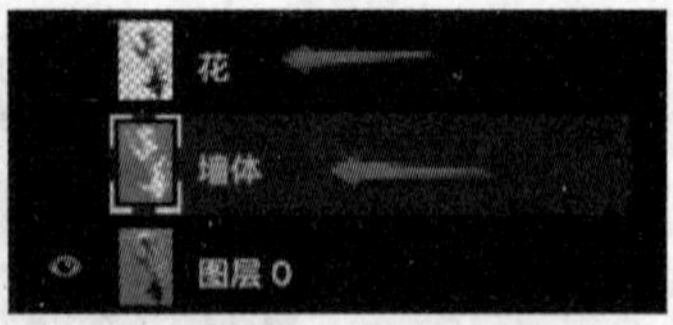

图 4-3-19

然后我们使用刚才的画笔在墙体上进行涂抹，这里重新选择了一个“散布叶片”的画笔预设(见图 4－3－20)。效果如图 4－3－21 所示。

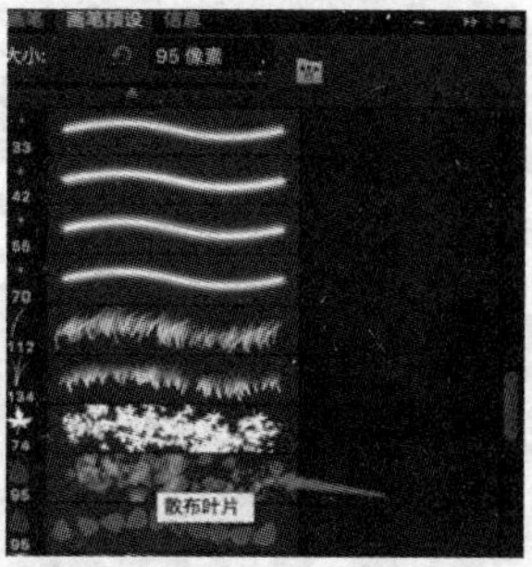

图 4－3－20

图 4－3－21

下面我们再来为这棵丁香树进行一个自定义的炫光,也是用画笔工具,我们设大小是 30 像素,硬度 10%,前景色换为白色。这里我们用钢笔工具绕着这棵树来一个简单的小环绕,但不要闭合。

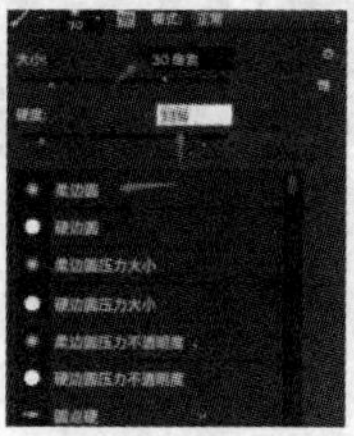

图 4－3－22

图 4－3－23

图 4－3－24

然后我们再对画笔进行设置,可以重复使用上述所设置的笔触,在钢笔状态下选右键下的“描边路径”(见图 4－3－25),用“画笔”描边并勾选“模拟压力”(见图 4－3－26),效果如图 4－3－27 所示。

图 4－3－25

图 4－3－26

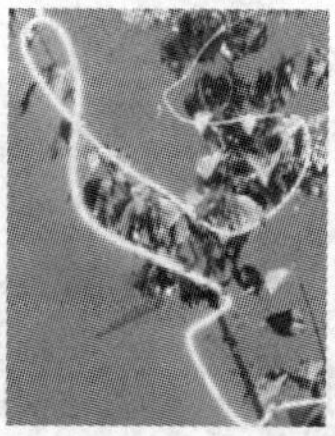

图 4－3－27

为了再多些效果,我们可以为这条线再加上图层样式,这里使用了“阴影”和“外发光”效果。也可以把同样的效果再复制几层并移动好位置。设置如图 4－3－28、4－3－29 所示。

我们再多画一些环绕的线条并设置效果(见图 4－3－30)。效果如图 4－3－31 所示。

这样我们就利用画笔和自定义的钢笔创意对这张图进行了装饰性的处理。当然我们还可以利用“纹理”滤镜下的“染色玻璃”和“扭曲”滤镜下的“海洋波纹”做出一些别样的效果。如图 4 - 3 - 33 所示。

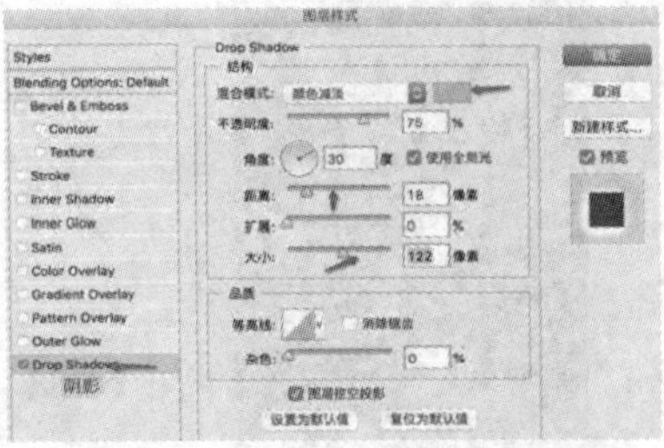

图 4 - 3 - 28

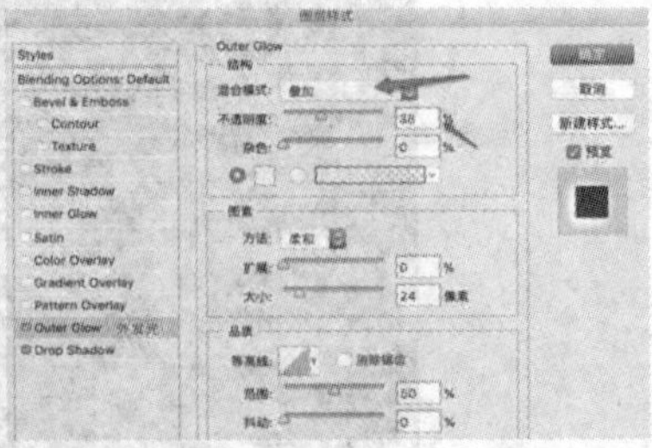

图 4 - 3 - 29

图 4 - 3 - 30

图 4 - 3 - 31

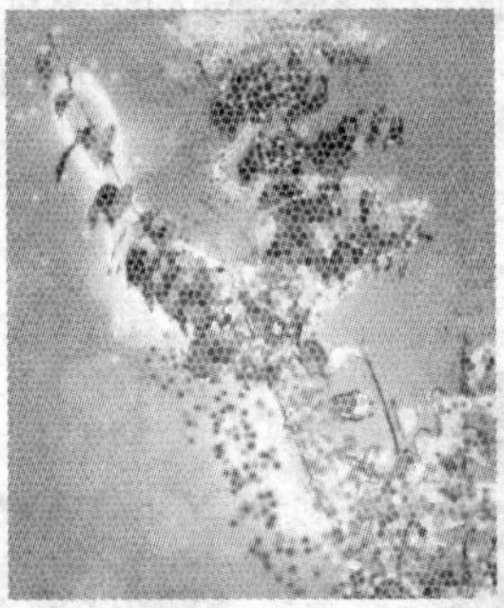

图 4 - 3 - 32

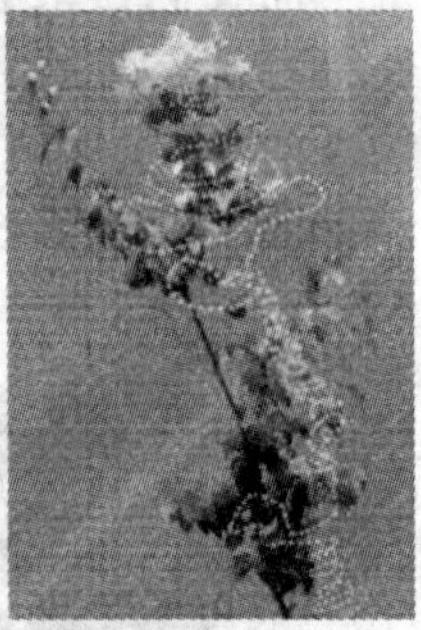

图 4 - 3 - 33

4.3.3 你来做我来看

同学们利用画笔工具来设置笔触的参数，为自己的生活照进行装饰，自己动手画一个任意的形状，然后进行装饰。

4.3.4 我们一起来练练

这里有张班级的图片(见图 4 - 3 - 34)，很平实也很简单，也真的是太普通的，是真实的场景，但却一点也不好看，通过我们的装饰来让这种场景好看一些吧。

所以我们第一步要先把这些个杂物清理掉(见图 4 - 3 - 35)，我们使用“污点修复画笔工具”把一些没必要的杂物去除(见图 4 - 3 - 36)，效果图为 4 - 3 - 37 所示。

然后我们再利用以前学过的知识，使用选区工具任意创作一张风景图。同学们也看到这张图的地面实在是太难看了，同学们可以自行百度一张地板的图片，这里为同学们提供了一张。

有了图 4 - 3 - 38、4 - 3 - 39，我们可以对图 4 - 3 - 34 中难看的墙壁和地面进行装饰处理了，这里我们使用蒙版功能。请同学们利用画笔工具和“黑透白不透”口诀。注意不透明度和位置的变化。这样整体感觉要比之前的洁净好看多了，但同学们注意还有一些细节部分需要再认真处理，如果还想对图像再做一些装饰效果的话，可以再耐心绘制一些有趣的小装饰品再用相应的技术来进行点缀。效果如图 4 - 3 - 41 所示。

图 4-3-34

图 4-3-35

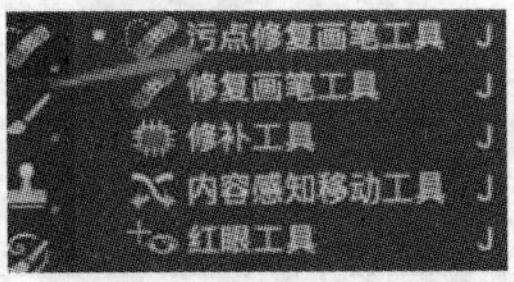

图 4-3-36

图 4-3-37

图 4-3-38

图 4-3-39

图 4-3-40

图 4-3-41

玩一玩

请同学装饰自己的生活照片。

4.3.5 我们一起来说说

(1)请同学们认真设置画笔参数并把效果记录在实训报告中。

(2)认真练习钢笔来创意图形。

(3)装饰图形的意义。

以上请形成书面作业上交。实践作业请同学们在课后通过班级 QQ 群上交。

4.3.6 实训报告

图形图像处理 Photoshop CS6 实训报告

<table>
<tr><td rowspan="2">班级
姓名</td><td rowspan="2"></td><td>时间</td><td></td></tr>
<tr><td>实训室</td><td></td></tr>
<tr><td>实训知识点</td><td colspan="3">装饰图像</td></tr>
<tr><td>实训目的</td><td colspan="3">1. 画笔装饰　2. 创意装饰</td></tr>
<tr><td>实训内容
学生填写部分</td><td colspan="3">1. 设置画笔

2. 笔触装饰

3. 创意装饰</td></tr>
<tr><td>实训要求</td><td colspan="2">1. 认真填写实训报告
2. 对问题进行记录
3. 拓展问题认真思考并完成实践
4. 完成思考题并形成书面作业</td><td>备注:实训报告以一个知识点的实践完成为依据,教师根据学生实训具体情况来调整学时。这样更有利于实践分数的评定</td></tr>
<tr><td>成绩评定</td><td colspan="3">优秀　良好　及格　不合格</td></tr>
</table>

4.4　图像处理

经过这么长时间的学习，老师相信同学们对 PS 的技能技巧有了不错的掌握，为了让同学们能有更大的进步，我们将会通过几个实际的案例引导同学们思考如何才能让技能与技巧为实际操作服务，明白理论与实践结合的重要性，真正地让自己的 PS 技术腾飞起来。来吧，让我们一起遨游在 PS 的天堂中吧！

老师在和你们一般年纪时，科技还没有这么发达，手机是不能照相的，拍照要到专门的“小黑屋”才能拍出好看的照片，不像现在这么方便，所以你们要珍惜现在的生活。当时留下的照片已经很旧了，可是我想把照片变得美一点，怎么办呢？还有青春期的小男孩小女孩脸上会有青春痘，怎么把它去掉，给他一个漂亮的脸蛋呢？美丽的图片需要发现美的眼睛，如何把毫不相关的图片合成在一起呢？以上就是我们这节课需要解决的问题，让我们开始吧！

4.4.1　我来说你来记

图像处理是一门学问，而在整个 PS 的学习中，对图像的处理就是对图像进行编辑和处理的过程，是完全贯穿整个软件的。简单的修图包括调整图片的尺寸、调整歪斜、裁剪或者翻转图像，调整图片的亮度和饱和度，调整色偏。

本节课我们可以通过 PS 提供的命令和工具对不完美的图像进行处理与修复，使之符合用户的需求或审美要求。这些工具包括图章工具、修补工具、修复画笔工具等。处理图像的目的是为了能更好地为图像合成服务。

图章工具是修复图像的利器。PS 中提供了两种仿制图章和图案图章两种类型图章工具。

一是仿制图章工具(见图 4-4-1)。它可以从图像中拷贝信息，将其应用到其他区域或者图像中，该工具经常用于复制内容或者去除照片中的缺陷。下图为仿制图章的工具选项栏，除了“对齐”和“样本”外，其他选项与画笔工具相同。

图 4-4-1

对齐。勾选该项，可以连续对像素进行取样；取消选择，则每单击一次，都使用初始中的样本像素，每次单击是作为另一次复制。

样本。用来选择从指定的图层中进行数据取样。如果从当前图层级以下方的可见图层中取样，应该选择“当前和下方图层”；如果仅从当前图层中取样，可选择“当前图层”；如果要从所有的图层中取样，可以选择“所有图层”；如果要调整图层以外的所有可见图层中取样，可选择“所有图层”，然后单击选项右侧的忽略调整图层按钮就可以。

另一个是图案图章工具(见图 4-4-2)。就是利用 PS 提供的图案或者用户自定义的图案进行绘画。在图案图章的工具选项栏中，“模式”“不透明度”“流量”等与仿制图章和画笔工具基本相同。

图 4－4－2

对齐。勾选该选项之后，可以保持图案与原始起点的连续性，即使多次单击鼠标也不例外，取消选择，则每次单击鼠标都重新应用图案。

印象派效果。勾选该选项后，可以模拟出印象派效果的图案。

污点修复工具可以快速去掉照片中的污点、划痕和其他不理想的部分。污点修复工具可以自动从所修饰区域的周围取样。如图 4－4－3 所示。

图 4－4－3

模式。用来设置修复使用的模式。除了一些常见的模式外，该工具包含了一个“替换”模式。选择该模式，则可以保留画笔描边的边缘处的杂色、胶片颗粒和纹理。

类型。用来设置修复方法。选择“近似匹配”，可以使用选区边缘周围的像素来查找用作选定区域修补的图像区域，如果该选项的修复效果不能令人满意，可还原修复并尝试“创建”纹理选项。选择内容识别，可以使用选区周围的像素进行修复。

对所有图层取样。如果当前文档中包含多个图层，勾选该选项后，可以从所有可见图层中对数据进行取样。

修复画笔工具与仿制图章工具类似。即利用图像或者图中的样本像素进行绘画。但是该工具可以从修饰区域的周围取样，并将样本的纹理、光照、透明度等与所修复的像素匹配，从而去除照片中的污点和划痕，修复结果人工痕迹不明显。下图为修复画笔工具栏。工具与其他工具类似。不再做详细介绍。（见图 4－4－4）

图 4－4－4

修补工具的特别之处就是需要用选区来定位修补范围，是对修复画笔工具的一个补充。修复画笔工具是使用画笔对图像进行修复，而修补工具是通过选区对图像进行修复的。使用该工具还可以仿制图像的隔离区域。如图 4－4－5 所示。

图 4－4－5

选区建立。第一个是建立新选区，第二个是添加新选区，第三个是从选区中减去，第四个是原选区与当前创建的选区相交叉的部分。

修补方法。“源”，将选区拖至要修补区域后，会用当前选区中的图像修补原来选中的图像。选择“目标”，则或将选中的图像复制到目标区域。

而红眼工具可以去除用闪光灯拍摄人物照片中的红眼以及动物照片中的白色或绿色反光。

4.4.2　我来做你来看

了解了修图几种常用工具，下面我们来试着对一张老照片进行修复。

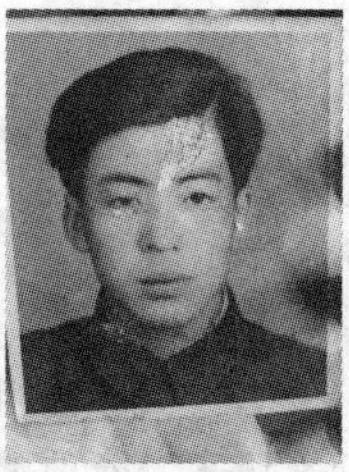

图 4-4-6

请同学们打开我们所提供的“素材 1”，如图 4-4-6 所示。

在图层面板中选择背景图层，按住 Ctrl＋J 键进行图层复制，默认命名为图层 1。

然后建立选取之后调出调整边缘，把它整体再修改一下，修复照片其实就是一个合成与修改的过程，这点要记清楚。调整边缘改变一下平滑度，使图片的边缘锯齿没那么多。

调整完边缘之后把图片输出为“新建带有图层蒙版的图层”，如图 4-4-7 所示。

新建带有蒙版的图层：点箭头所指的地方按住 Ctrl 键，获得选区，然后在 Shift＋Ctrl＋I 反选，快捷键不能使用的也可以使用在菜单“选择”，那里有反选，如图 4-4-8 所示。

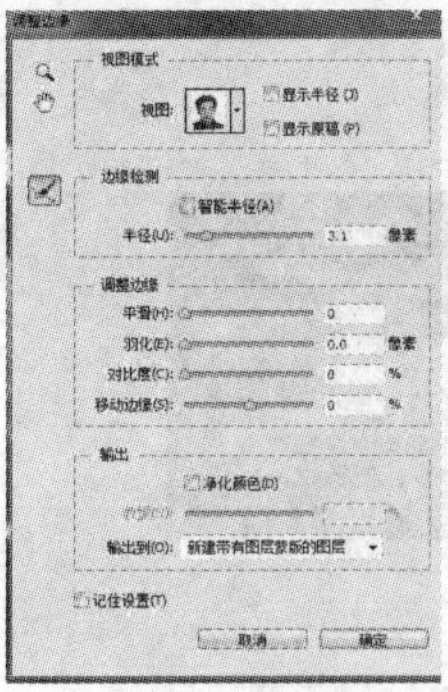

图 4-4-7

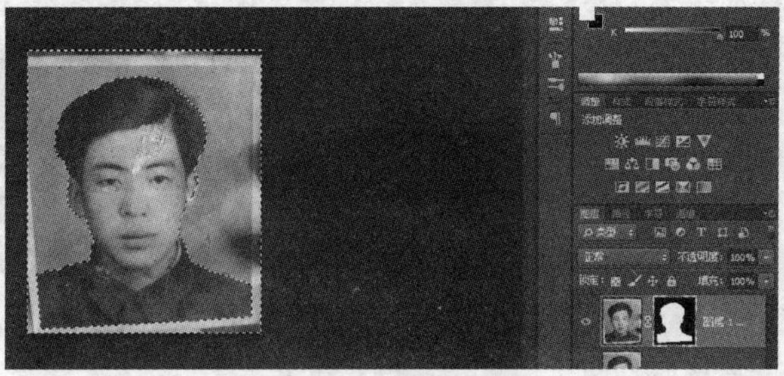

图 4-4-8

点击右下角新建空白图层，然后选择工具栏的“污点修复工具”，进行相框边缘的修复，如图 4-4-9、4-4-10 所示。

图 4-4-9

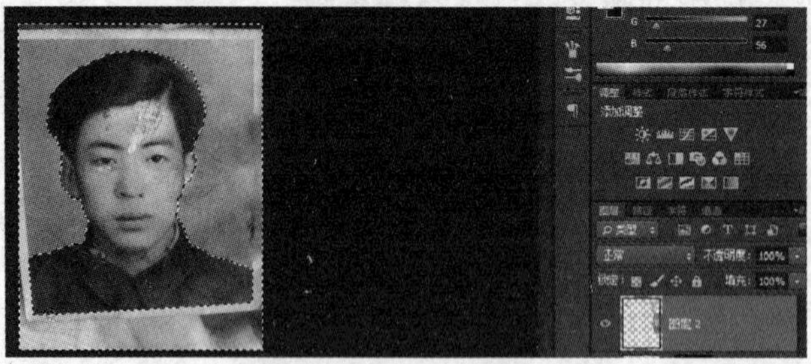

图 4-4-10

新建一个空白图层，这里选择“图章工具”来进行衣领修复。选择“套索工具”，把需要的地方圈起来，避免修复的时候对照片进行二次破坏。

使用仿制图章工具，把破损的地方修补过去。选择“仿制图章”，选择对所有图层中需要修补地方周边完好的地方，按住 Ctrl 点一下，然后再点修补的地方一点一点地修补过去。如图 4-4-11 所示。此时一定要细心和耐心。注意观察好画面变化。

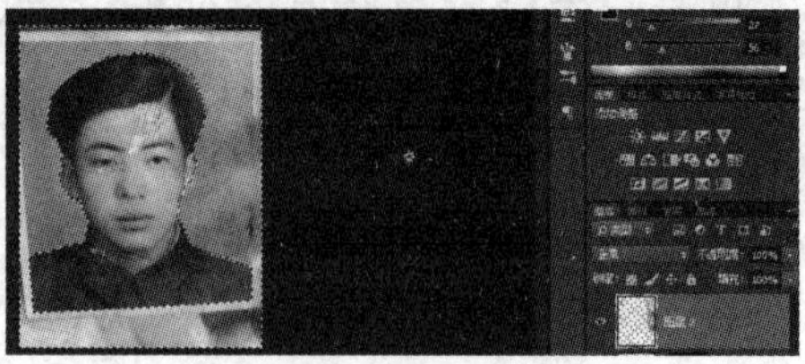

图 4-4-11

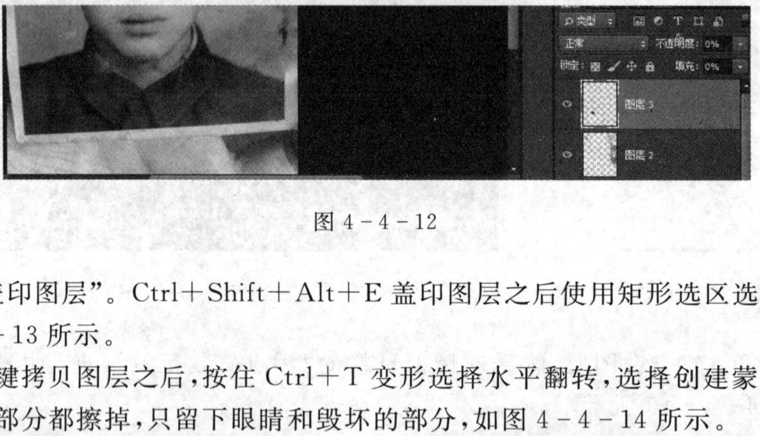

图 4-4-12

我们来“盖印图层”。Ctrl+Shift+Alt+E 盖印图层之后使用矩形选区选择人脸的另一半，如图 4-4-13 所示。

再点击右键拷贝图层之后，按住 Ctrl+T 变形选择水平翻转，选择创建蒙版，并选择“画笔”，把多余的部分都擦掉，只留下眼睛和毁坏的部分，如图 4-4-14 所示。

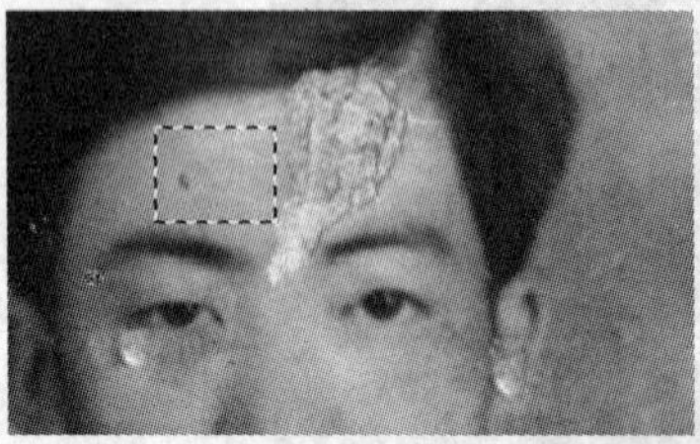

图 4-4-13

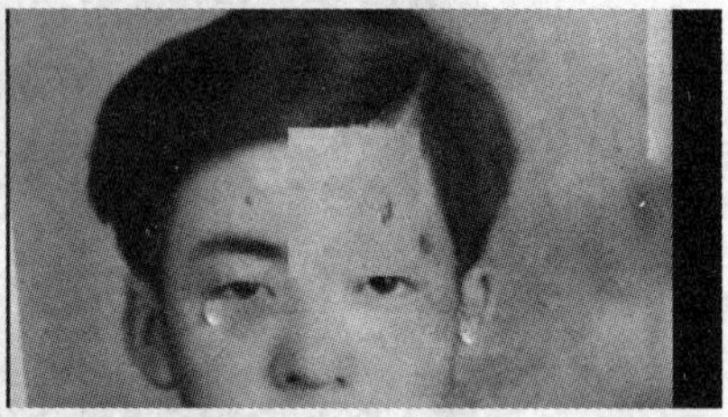

图 4-4-14

新建空白图层对这部分进行修复，使用“仿制图章工具”进行慢慢的修复，如图 4-4-15 所示。

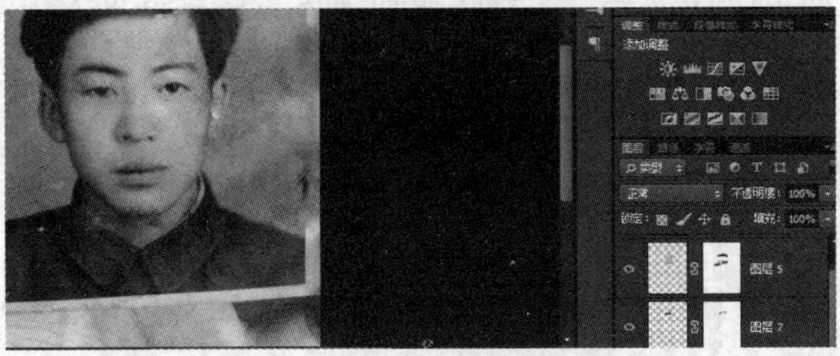

图 4-4-15

最后在耳朵周围，也是用“仿制图章工具”，点出一个“耳蜗”出来！这个要慢慢来！一张老照片修复 6～7 次都是很正常的。如图 4-4-16 所示。对五官不熟悉的同学也可以参考网上“耳朵”的相关图片进行修复。

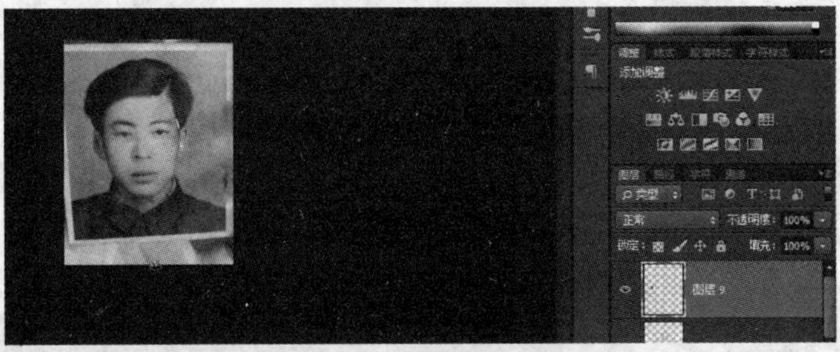

图 4-4-16

这里请同学们注意，网上也有很多修复老相片的案例，同学们可以参考学习，但在这里我想向同学们说，修复就是修复，不要再进行“磨皮”了，明明是一张有时代感的父辈爷辈的老相片，结果你处理成了现代的明星“小鲜肉”，这是对历史的模糊，也是对人的不尊重。我们对老相片修复的态度是擦干净，调清楚，唤起回忆。

刚刚和同学们学习的是对老相片的修复，下面我们来学习如何制作一张老照片。

打开“素材 3”，执行菜单“滤镜”下的“镜头滤镜”。单击“自定义”选项卡，然后调整“晕影”参数，使得画面的四个角变暗。如图 4-4-17 所示。

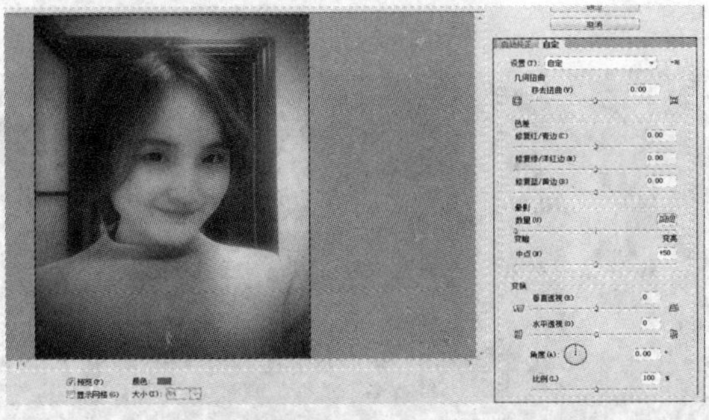

图 4-4-17

再次执行菜单“滤镜”下的“杂色”里的“添加杂色”，修改数量为 15%。如图 4-4-18 所示。

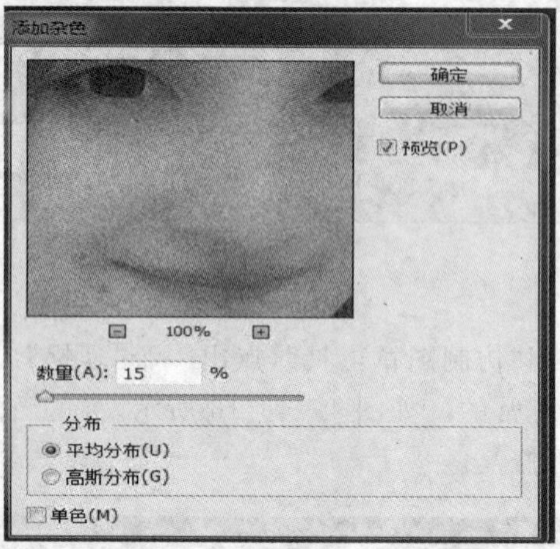

图 4-4-18

选择菜单“图层”下的“新建填充图层”中的“纯色”，打开拾色器设置喜欢的颜色，创建填充图层，将填充图层的混合模式设置为颜色(见图 4-4-19)。如图 4-4-20 所示。

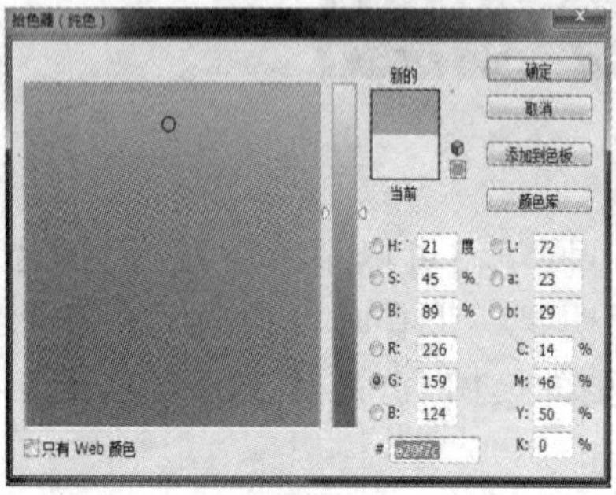

图 4-4-19

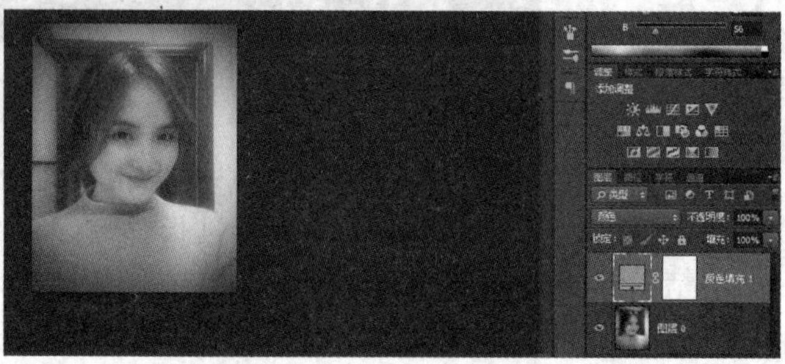

图 4-4-20

按下 Alt+Ctrl+Shift+E 快捷键(盖印图层)，将当前图像效果保存到一个新的图层中。如图 4-4-21 所示。

图 4-4-21

再打开一张素材图，使用移动工具将其置入，并放置在“图层 1”的下方。如图 4－4－22 所示。

图 4－4－22

按下 Ctrl＋T 快捷键显示边界框，移动控制点，使其图像缩小并确定。如图 4－4－23 所示。

图 4－4－23

打开“素材 3.2”，使用移动工具拖入，设置混合模式为“柔和”，使其叠加在照片上，产生旧照片的效果，并在最后用横排文字工具输入一行文字。如图 4－4－24 所示。

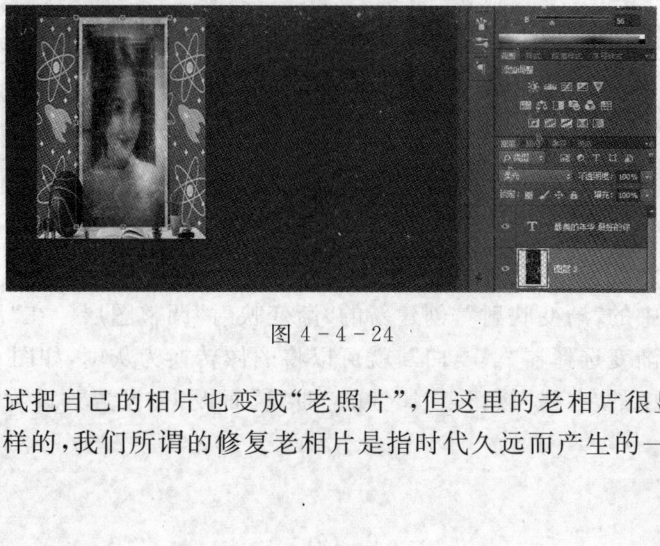

图 4－4－24

同学们可以尝试把自己的相片也变成“老照片”，但这里的老相片很显然和我们刚才给同学们说的是不一样的，我们所谓的修复老相片是指时代久远而产生的一种损伤的修补，而这种就是一种纯粹的做旧了，意义也是完全不同的。但不管如何，这也算是一种手段吧。

4.4.3 你来做我来看

我们已经尝试将一张美丽的照片营造出复古的感觉，体验一把复古风，同学们肯定跃跃欲试。那下面我们就来用一张场景图来尝试做一做。

打开“素材 3”，并按住 Ctrl+J 复制图层。选择菜单“图像”下的“调整”里的“黑白”，打开对话框，设置预设为“最黑”，单击确定，如图 4-4-25 所示。

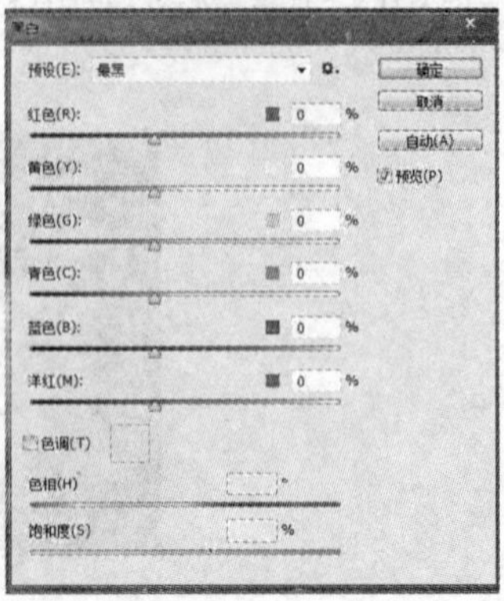

图 4-4-25

在图层 1 中，设置图层混合模式为叠加，如图 4-4-26 所示。

图 4-4-26

单击调整面板中的曲线，在属性中的曲线面板中设置预设为“中对比度”，如图 4-4-27 所示。

图 4-4-27

单击调整面板中的“渐变映射”，创建新的“渐变映射”调整图层。在“属性”面板的“渐变映射”面板中，单击渐变选择器“黑—白”，就可以将图像转换为灰度，如图 4-4-28 所示。

单击调整面板中的“曲线”按钮，在属性的“曲线”面板中，设置预设为“较亮”，如图 4-4-29 所示。

图 4－4－28

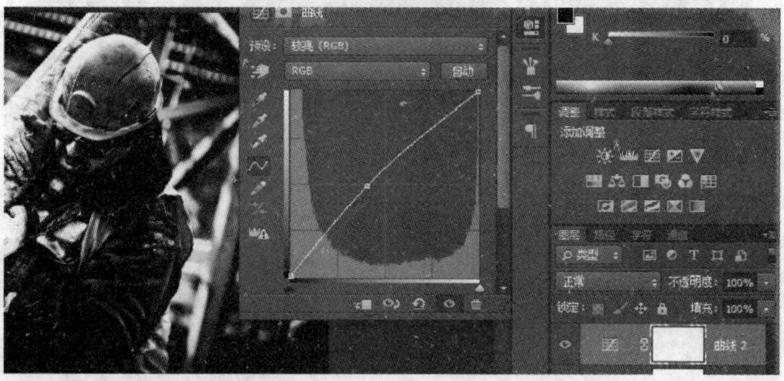

图 4－4－29

单击调整面板上的“色阶”按钮，在属性“色阶”面板中设置阴影、中间值、亮度、来增加沧桑感，如图 4－4－30 所示。

图 4－4－30

这样一张有彩色的图片变成一张类似版画效果的艺术作品了，也具有沧桑感和一些意义。所以同学们在今后的实践中多进行这样的练习才能提高自己的审美。再普通的相片在你的手中也能为你表达出你的情感与思想，形式与内容是混合一体的。

这里请同学思考，为什么要把图片变成黑白呢，就是彩色行不行？

下面的这个案例应当是同学们最为关心的问题，但在这里需要说明的是，现实中的去痘去斑，可没有在 PS 中这样爽快！

青春期的同学们难免会有些“痘”困惑，特别是爱自拍的同学们，现实中我们要注意清淡饮食和保持精神良好，有问题看医生。而相片中的我们则简单了很多，今天就让我们一次性解决所有问题。

祛痘。打开“素材 4”，双击图片进行解锁，如图 4-4-31 所示。

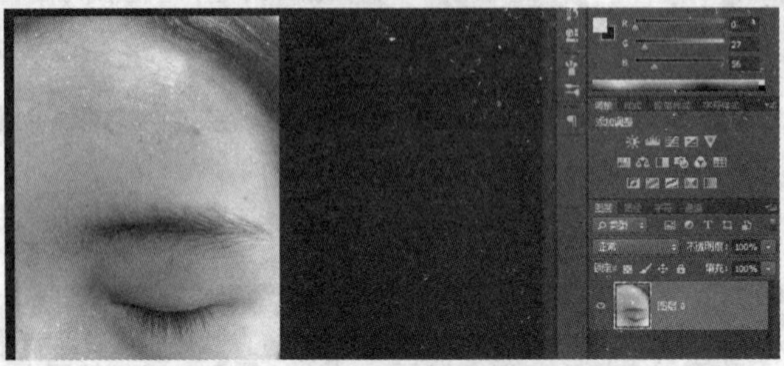

图 4-4-31

右击工具箱中的“污点修复画笔工具”，在弹出的隐藏工具条中选择“修复画笔工具”。

在“修复画笔工具”选项栏中设置画笔大小和模式等参数，然后按住 Alt 键对皮肤较好的地方进行取样。

在人物面部有痘痘的位置单击并涂抹，去掉人物面部的痘痘。自己尝试并把所有的痘痘都去掉，如图 4-4-32 所示。

修图完毕后，可以单击“调整”面板中的“色阶”，创建色阶按钮，调整图层。在“属性”面板中调整阴影和中间调的亮度来完成本次修图，如图 4-4-33 所示。

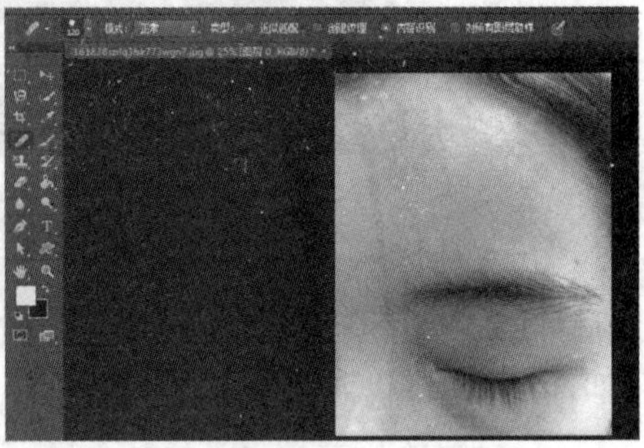

图 4-4-32

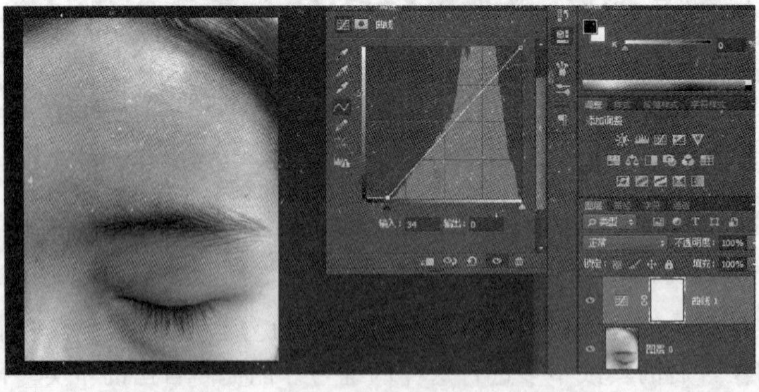

图 4-4-33

再请同学们利用同样的方法对下图较为复杂的情况进行处理，思考如何用其他的方式对痘印进行去除。如图 4-4-34 所示。

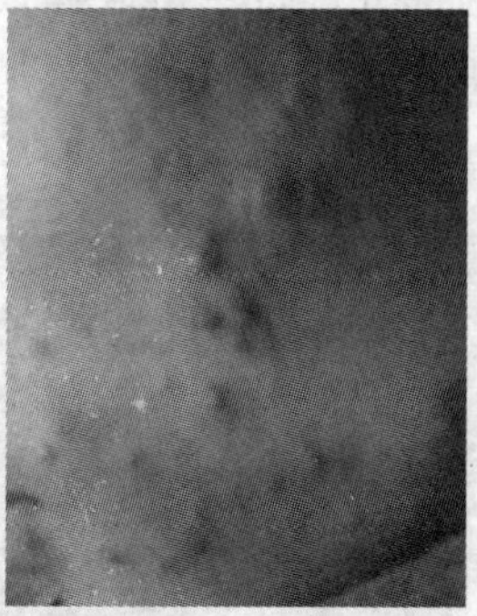

图 4－4－34

去痘之后我们来进行美白磨皮。

打开素材图(见图 4－4－35),并按住 Ctrl＋J 进行图层复制,得到“图层 1”,如图 4－4－36 所示。

图 4－4－35

图 4－4－36

单击工具箱中的“修复画笔工具”,然后设置参数,如图 4－4－37 所示。

图 4－4－37

按住 Alt 键，在人物面部光滑的部分进行单击取样。

将鼠标移动到人物色斑位置，单击并涂抹，清除雀斑，并去除其他位置的雀斑，如图 4-4-38 所示。

图 4-4-38

按住 Ctrl+J 键，复制图层，得到“图层 1”拷贝。

执行菜单“滤镜”下的“模糊”里的“高斯模糊”，打开“高斯模糊”，在半径中输入 5，设置完成后单击确定，如图 4-4-39 所示。

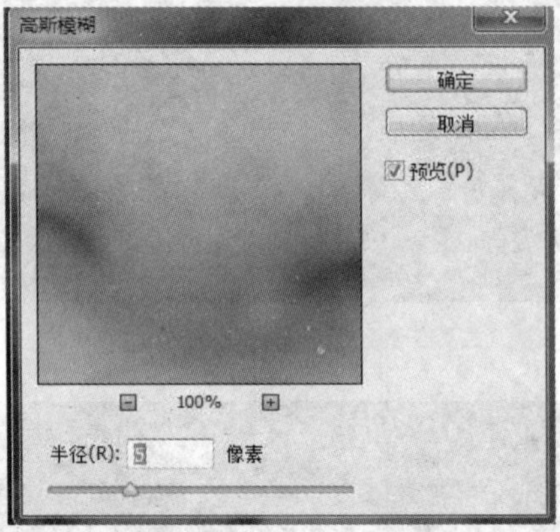

图 4-4-39

为此图添加图层蒙版，并填充黑色，如图 4-4-40 所示。

图 4-4-40

将前景色设置为白色，使用画笔工具，设置不透明度为 50%，单击并进行涂抹，如图 4 - 4 - 41 所示。

图 4 - 4 - 41

设置图层样式为“变亮”，并按住 Shift＋Ctrl＋Alt＋E，得到合并“图层 2”，如图 4 - 4 - 42 所示。

图 4 - 4 - 42

可以用调整中的色阶，根据图片进行相应调整，让人物的皮肤变得更好，如图 4 - 4 - 43 所示。

图 4 - 4 - 43

同学们，生活中除了祛痘祛斑其实还有美图的功能，比如单眼皮变成双眼皮、磨皮打造细腻的肌肤、去除黑眼圈、去除皱纹、去除红眼。请同学们在课后自行百度来进行相关的学习。

4.4.4 我们一起来练练

在实际的制作中，我们都是要对图像素材进行美化然后再合成的。正如我们前面所说，山还是那山，但在你的手中，山已然不再是之前的那座山了，可能变成一座神山或是其他的影像了。比如电影阿凡达中的创造的“潘多拉星球”里的场景其实就是由现实中的多处名山大川虚构而成。

下面也让我们来对图像进行处理并完成一个简单合理的构建吧。

选择文件新建，在弹出的对话框中设置各项属性和参数，完成后单击确定，如图 4-4-44 所示。打开素材图片。将其拖拽至文件中并调整位置，如图 4-4-45 所示。

调整照片冷色调。

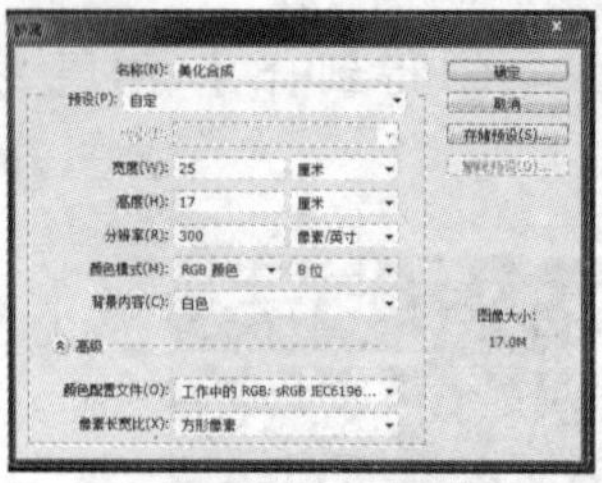

图 4-4-44

图 4-4-45

单击仿制图章工具，在属性栏中设置参数，按住 Alt 键在屋顶空白区域单击以取样图像，然后在吊扇处涂抹，以仿制图像，如图 4-4-46 所示。

图 4-4-46

新建图层，使用多边形套索工具，在房顶创建一个不规则的选区，单击画笔工具，替换不同的前景色在该区域多次涂抹，如图 4-4-47 所示。

图 4-4-47

单击“创建新的填充或者调整图层”，应用“照片滤镜”，在属性面板中设置滤镜为水下，浓度为 57%，并取消勾选“保留明度”复选框，以调整照片淡绿色调，如图 4-4-48 所示。

图 4-4-48

再次单击“创建新的填充或调整图层”，应用“饱和度/色相”，在属性面板中设置全图和青色的参数，来降低整个画面的色调饱和度，如图 4-4-49、4-4-50 所示。

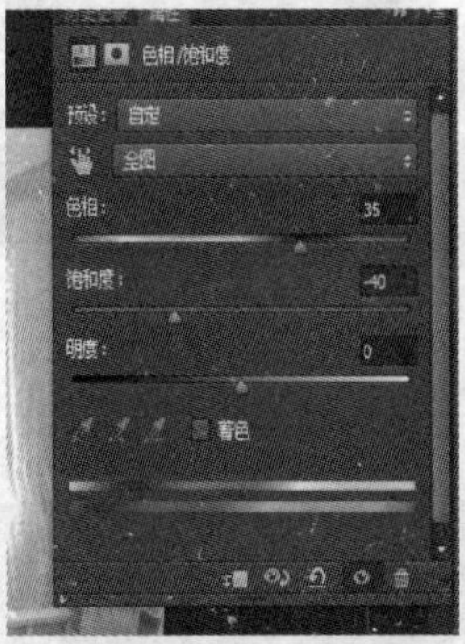

图 4-4-49

图 4-4-50

再次单击“创建新的填充或调整图层”，应用“可选颜色”，在属性面板中设置白色和中性色的参数，来降低整个画面的色调饱和度，如图 4-4-51、4-4-52 所示。

图 4-4-51

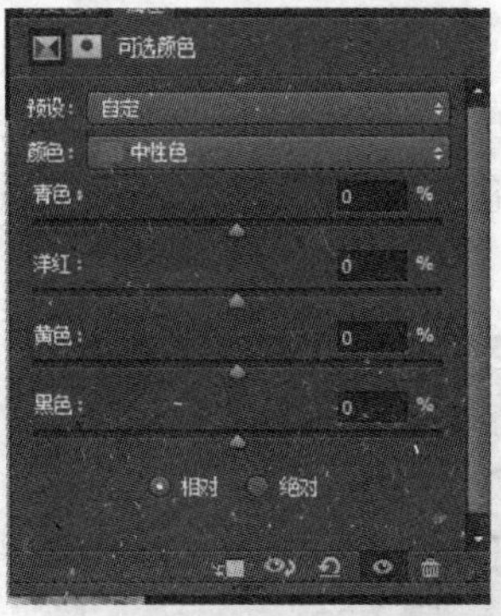

图 4-4-52

按住 Ctrl 键选中“图层 1”，载入选区，单击“创建新的填充或调整图层”，应用“曝光度”，在属性中设置各选项的参数，以提亮画面色调。再次单击“创建新的填充或调整图层”，应用

“纯色”命令，设置为冷色调，然后设置该图层的混合模式为色相，使其融为一体（见图 4-4-53），效果如图 4-4-54 所示。

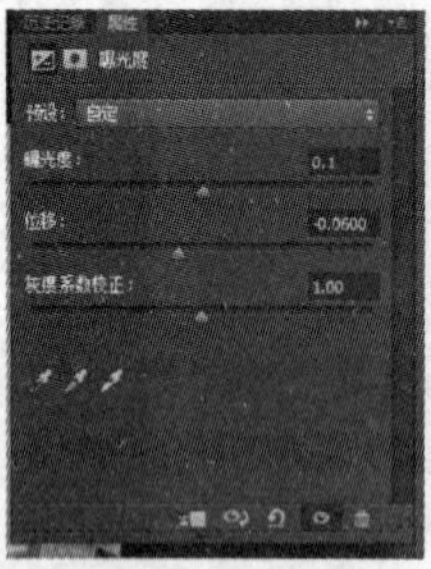

图 4-4-53

图 4-4-54

这样我们就简单地把一张普通的卧室相片变成了一张神秘的室内相片，同学们想一想阿凡达电影中那些神秘的花。如图 4-4-55 所示是从网络上搜索的一张电影阿凡达场景中的花的效果，我们就叫它“阿凡达花”吧。我们来尝试做出这种效果。

图 4-4-55　阿凡达花

新建 1280×720 像素画布。背景填充黑色，拖入背景素材，调至合适大小，设置前景色为黑色，使用柔边笔刷均匀涂抹蒙版四周。（见图 4-4-56、4-4-57）

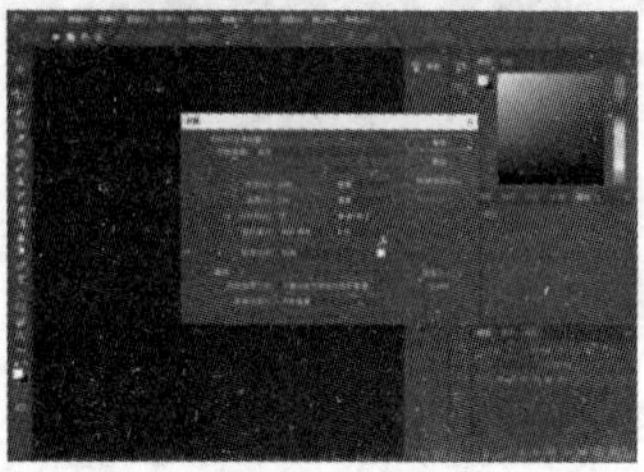

图 4-4-56

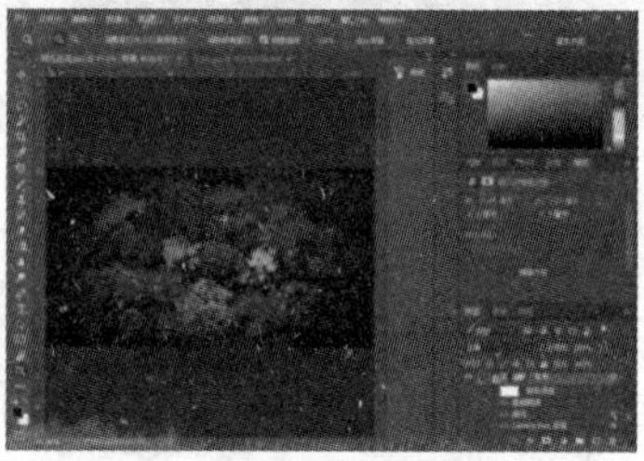

图 4-4-57

再进行模糊调低、暗度调冷、色调等一系列的操作，如图 4-4-58 所示。

将所需素材拖入并摆放到合适位置，这里的素材均来自网络图片，如图 4-4-59 所示。

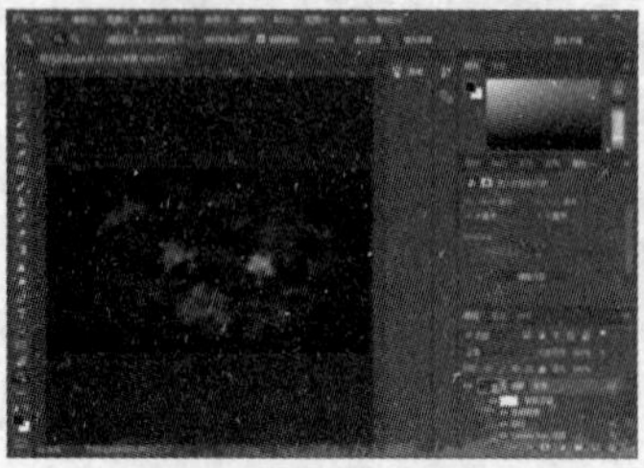

图 4-4-58

图 4-4-59

使用曲线工具来调整花的亮度，靠前的花稍微亮，靠后的花稍微暗。这里请同学们一定要注意观察好画面效果（见图 4－4－60）。

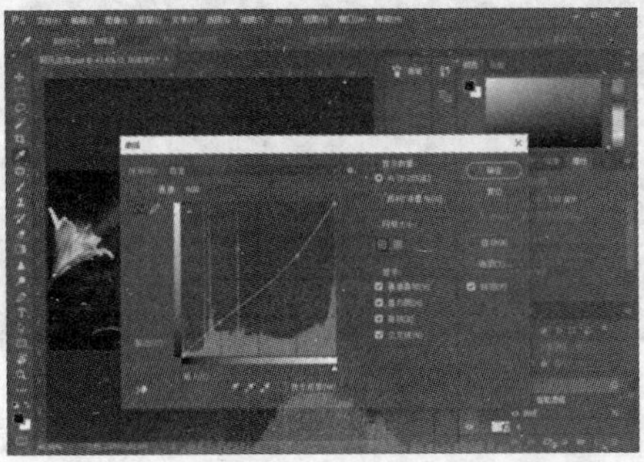

图 4－4－60

合并图层，使用 USM 锐化工具来让花更精细，参考数值如图 4－4－61 所示。

图 4－4－61

图 4－4－62

拖入“荷花”素材，摆放至合适位置。新建中性灰图层，使用加深工具和减淡工具结合环境在荷叶上进行涂抹，使荷叶看起来更有层次。这里同学们也可以尝试用其他的花来进行练习。（见图 4－4－63、4－4－64）

图 4－4－63

图 4－4－64

我们再来添加调整色相/饱和度图层。（见图 4－4－65）

图 4-4-65

再来添加色彩平衡调整图层。调整中间调及阴影，调整参数如图 4-4-66、4-4-67 所示。

请同学们一定要观察画面效果。

图 4-4-66

图 4-4-67

再来添加选取颜色图层，选择蓝色和青色选项，通过增加黄色来中和蓝色。（见图 4-4-68）

图 4-4-68

我们还要再新建个“光效”文件夹，新建图层用柔边画笔在荷花上涂抹青蓝色。重复此步骤，将图层 1 的混合模式改为柔光、图层二的混合模式改为叠加。添加曝光度图层，降低

荷花暗度。(见图 4-4-69～4-4-71)

图 4-4-69

图 4-4-70

图 4-4-71

新建图层,用柔边画笔在底部刷出偏蓝的黑色,用来营造神秘氛围。添加桃花素材,复制一层,旋转位置使它们重叠,降低不透明度。(见图 4-4-72、4-4-73)

图 4-4-72

图 4-4-73

从花上截取根部,成为藤蔓素材,用同样的方法调整颜色后放到合适位置。继续在背景前添加荷花素材,摆放至合适位置。(见图 4-4-74、4-4-75)

现在我们来修改颜色和光影。用黑色柔边笔刷在荷花边缘涂抹,适当调节图层不透明度。(见图 4-4-76、4-4-77)

新建图层,使用柔边笔刷在荷花周围刷上一层深紫色,图层混合模式改为柔光。再使用钢笔配合画笔工具,描出花瓣外轮廓,图层混合模式改为滤色,此处做的是荷花反射的高光。(见图 4-4-78、4-4-79)

图 4-4-74

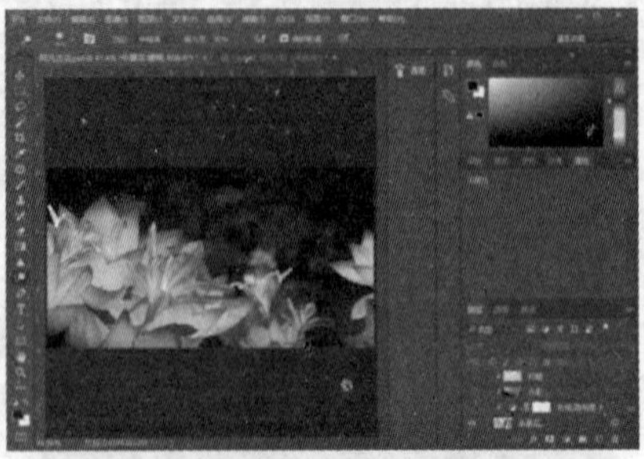

图 4-4-75

图 4-4-76

图 4-4-77

图 4-4-78

图 4-4-79

修改画笔预设，得到散布圆点画笔，在背景前新建层涂抹。复制背景圆点图层，放到最前端，放大图层，制造前景的大的圆点。（见图 4-4-80、4-4-81）

图 4-4-80

图 4-4-81

添加“颜色查找”图层，找到适合的滤镜文件。这里可直接使用软件自带效果。最后我们可以盖印图层后继续锐化一次。（见图 4－4－82）

图 4－4－82

此案例为了让效果更突出，我们特意选择了颜色相近的图像来进行处理，当然同学们在制作时，可以将一些正常的图像处理成像这种感觉的效果，那样的话才能达到本章学习的目的。在以上的步骤中，其实我们也有让同学们练习到了一些改变的相关技巧，需要同学们认真去领悟。最终效果如图 4－4－83 所示。

图 4－4－83

玩一玩

请同学们将一片树叶处理成一张奇妙有意思的图像。

4.4.5　我们一起来说说

（1）图像处理是处理图像的什么？

（2）如何将不相干的图片进行美化合成？

（3）照片的美化有哪些工具可以实现？

以上请形成书面作业上交。实践作业请同学们在课后通过班级 QQ 群上交。

4.4.6 实训报告

图形图像处理 Photoshop CS6 实训报告

<table>
<tr><td rowspan="2">班级
姓名</td><td rowspan="2" colspan="2"></td><td>时间</td><td></td></tr>
<tr><td>实训室</td><td></td></tr>
<tr><td>实训知识点</td><td colspan="4">图像处理</td></tr>
<tr><td>实训目的</td><td colspan="4">1. 会使用各种修复工具
2. 会对人物进行修补和美化
3. 会对图像有个整体把握，学会发现美，利用美进行图像合成</td></tr>
<tr><td>实训内容
学生填写部分</td><td colspan="4">1. 工具
(1)修复

(2)修补

2. 图像处理
(1)修复老相片

(2)变成老相片

(3)场景改变

(4)祛痘与美白

3. 案例练习</td></tr>
<tr><td>实训要求</td><td colspan="2">1. 认真填写实训报告
2. 对问题进行记录
3. 拓展问题认真思考并完成实践
4. 完成思考题并形成书面作业</td><td colspan="2">备注：实训报告以一个知识点的实践完成为依据，教师根据学生实训具体情况来调整学时。这样更有利于实践分数的评定</td></tr>
<tr><td>成绩评定</td><td colspan="4">优秀　良好　及格　不合格</td></tr>
</table>

第 5 章　实力提升与拓展

5.1　班级主页

班级主页的建设依赖于学校的网站平台。建构各个班级的主页，可以让学生、老师与家长进行有效的沟通。在班级主页中我们可以看到学生在校学习生活的足迹，也能看到班主任、老师对同学们的关心与要求。

5.1.1　我来说你来记

本节我们设计制作一个班级的主页，希望通过我们的学习让每个同学都能做出自己的个人主页。

因为大多数同学们是第一次接触到网站和网页的建设，所以我们来进行一些必要的讲解，如果通过这样的学习能让同学们对建设网站和制作网页产生兴趣的话，请认真学习"网页制作"和"网站建设"相关课程。

在本案例中我们所需要使用和掌握的快捷键如表 5-1-1 所示。

表 5-1-1

路径选择工具	A	钢笔工具	P	放大镜	Z
画笔工具	B	文字	T	复制图形	Alt+鼠标左键
油漆桶/渐变工具	G	移动工具	V	自由变换工具	Ctrl+T
复制	Ctrl+C	粘贴	Ctrl+V	取消选区	Ctrl+D

正常标准下一个成熟的网站一般都是由首页(也叫主页)和子页组成的，而我们今天练习的就是制作一个首页。

一个主页上通常由导航栏、栏目展示、Banner 和版权等组成。

首页：通常被称为主页，即一个网站的起始页面，一般它的文件名为 index，而它的扩展名却为 html 或是 php 等，这和我们在 PS 中所学的 jpg 是不一样的，整个网站的构成是由某种程序语言代码架构的，而我们的图片只是它其中的一部分。

这里需要向同学们说明，网站也是分动态与静态的，而现在大部分都是动态网站交互式网页，但在我们的 PS 教学中，教给同学们的都是静态的图片制作。一个是因为 PS 目前无法具备编程功能，还有就是不管哪一种网站，都是需要一些图片来支撑的。而我们今后的工作岗位也只是与图像处理和装饰设计相关。而网站建设与网页制作它们是另一种工作岗位。

如果网站是一幢楼的话，我们就是应用 PS 来给这幢楼里的各个房间进行装修，把每个房间都尽可能地搞得漂亮上档次。但这幢楼不一定是要我们来盖的，或者是要求我们一定要能看懂结构图。装修这个大屋子和我会不会盖、懂不懂建筑原理都没关系。因为盖起这幢楼所需的知识也不是我们所擅长的，我们只要负责把自己的这一部分做好就行了。

但如果有同学在装修这幢楼的时候产生了也要盖这样的一幢楼的想法，想去深入了解内部结构，或者只是单纯地认为盖房子挣的钱比装修房子的多，那么就请认真学习“网站建设”和“网页制作”还有相关“编程语言”类的课程。

不管如何，都要请同学们端正学习态度，触类旁通，多学习、多读书，趁着年轻多掌握些技能才是正道。青春如果不拿来奋斗，要它何用？

栏目页：栏目页分为 news 页面和 List 页面两类。通俗地讲就是栏目板块页面，也就是分栏分项目。这地方请注意一般我们是通过导航栏来实现。

专题分栏是在主页上对单个项目做个简单的介绍，然后会有链接让你能在点击时进入到它的专页。因为此种详情专页不在我们今天要讲授的范围，感兴趣的同学请百度。

Banner：可以作为网站页面的横幅广告，也可以作为游行活动时用的旗帜，还可以是报纸杂志上的大标题。Banner 主要体现中心意旨，形象鲜明表达最主要的情感思想或宣传中心。

网页尺寸一般是由高度和宽度组成：

高度：是可以向下延展的，所以一般对高度不限制。因为每个人的浏览器的工具栏不同，所以高度没有确切值。

宽度：要根据电脑的分辨率来定。如果是 1024 的分辨率，你的网页不如设成 1000 安全一点。（这里单位是像素）

设成 900 两侧空白更大，视觉上更舒服一点，也方便做一些浮动层的设计。如果是 800 的分辨率一般都设成 770 或者 760。但是因为有些浏览器加了插件或者其他的东西宽度会有变化，所以 800 的分辨率一般设定 760 左右，1024 的设定 990 左右。

网页设计标准尺寸：

1. 800×600 下，网页宽度保持在 778 以内，就不会出现水平滚动条，高度则视版面和内容决定。

2. 1024×768 下，网页宽度保持在 1002 以内，如果满框显示的话，高度是 612～615 之间，就不会出现水平滚动条和垂直滚动条。

3. 在 PS 里面做网页可以在 800×600 状态下显示全屏，页面的下方又不会出现滑动条，尺寸为 740×560 左右。

前面也提到了 Banner，我们通过网络来具体了解一下。看看网络是怎么对它定义的（见图 5-1-1）。

Banner 是网络广告中最常见的广告形式。一般翻译为网幅广告、旗帜广告、横幅广告等，常使用 GIF 格式的图像文件，可以是静态图形，也可用多帧图像拼接为动画图像。

举个例子，我们打开一个网站，首先映入眼帘的一般都是一张广告图片。简单地来说这张广告图就是 Banner 的一种，网站会把最想推广的广告放在这里，让游客第一眼就看到，点击量一般是最高的。所以在整个网页的学习中，我们的重点是做图片。

我们从网络上为同学们搜索了“站酷海洛”和“京东商城”的 Banner 图片。同学们自己在课后请多多搜索相关的图片进行学习。

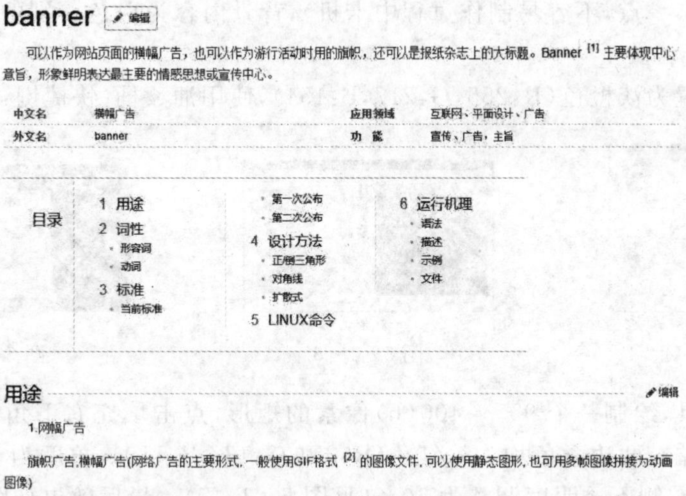

banner ✎编辑

可以作为网站页面的横幅广告，也可以作为游行活动时用的旗帜，还可以是报纸杂志上的大标题。Banner [1] 主要体现中心意旨，形象鲜明表达最主要的情感思想或宣传中心。

中文名	横幅广告	应用领域	互联网、平面设计、广告
外文名	banner	功　能	宣传、广告，主旨

目录

1 用途
2 词性
- 形容词
- 动词

3 标准
- 当前标准

- 第一次公布
- 第二次公布

4 设计方法
- 正倒三角形
- 对角线
- 扩散式

5 LINUX命令
6 运行机理
- 语法
- 描述
- 示例
- 文件

用途 ✎编辑

1.网幅广告

旗帜广告,横幅广告(网络广告的主要形式,一般使用GIF格式 [2] 的图像文件,可以使用静态图形,也可用多帧图像拼接为动画图像)

图 5－1－1

图 5－1－2

图 5－1－3

5.1.2　我来做你来看

了解了一些基本的关于网页的知识后，现在我们开始进行班级主页的制作。

新建文件，输入本次文件名称“班级网页”，设置网站尺寸为 955×1140(h)像素(做窄一点的尺寸，两侧空白更大，视觉上更舒服一点，也方便如果后期用到网站上，可以随时添加一些浮动层的设计)。

颜色模式设置为 RGB(一般我们如果只是为了电子浏览，放个幻灯片，或者说只需要一个电子图片给人看看，都会选用 RGB，RGB 颜色色域范围大，可以运用很多颜色来表达绚丽的效果)。

分辨率调为 150 像素/英寸(因为是用于网站上，所以不需要分辨率太大，分辨率小一点文件相对来说也小一点，不容易制作过程中卡机），背景内容为白色。别的不用调整，使用默认的数值即可。

将前景色设置为淡橙色（R：255，G：217，B：154），使用油漆桶（快捷键：G）填充画面。

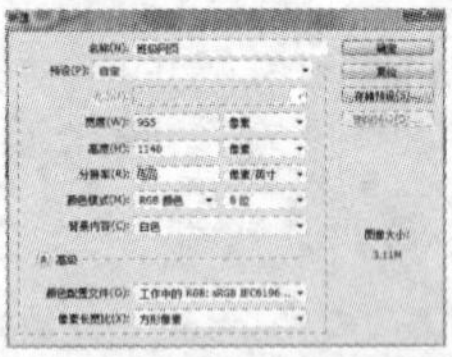

图 5－1－4

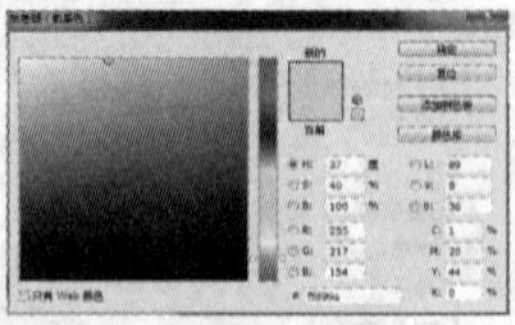

图 5－1－5

图 5－1－6

使用矩形工具，绘制一个 955×400(h)像素的矩形，点击填充右下角的三角形，调整为渐变。调整渐变左右两边颜色均为粉红色（R：251 G：137 B：110），角度为－90°，左侧不透明度调整为 100％，右侧不透明度调整为 50％（见图 5－1－7）。最后效果如图 5－1－8 所示。

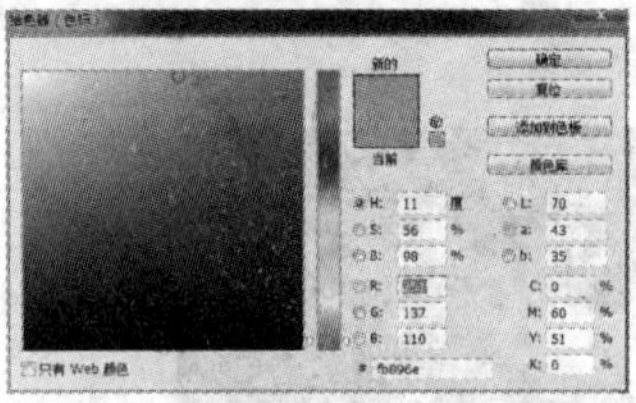

图 5－1－7

图 5－1－8

在渐变矩形下方，使用矩形工具绘制一个 955×40(h)像素的矩形，颜色设置为黑红（R：164 G：0 B：0）。按住 Shift 键或者 Ctrl 键，同时选择该矩形与背景工具，使用移动工具，使该矩形与背景左对齐。（见图 5－1－9～5－1－10）

图 5－1－9

图 5－1－10

图 5－1－11

将素材“城市剪影”打开，将素材中的“矢量智能对象”拖入“班级网页”的画面中，成比例缩放，调整城市剪影的大小与位置，使其与黑红条稍保持一段距离，位于画面中的合适位置。设置该图层的混合模式为“正片叠底”，使整体画面更加和谐，完成操作。（见图 5－1－12～5－1－14）

图 5－1－12

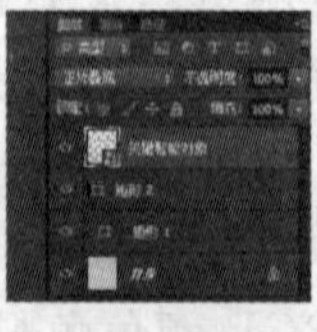

图 5－1－13

图 5－1－14

使用矩形工具中的圆角矩形工具绘制一个 220×30(h)像素、半径为 15 像素、颜色为背景色的淡橙色(R:255 G:217 B:154)的圆角矩形,放置到如图 5－1－15 所示的位置。(这没有具体数值的要求,在画面的中心偏左的位置即可)

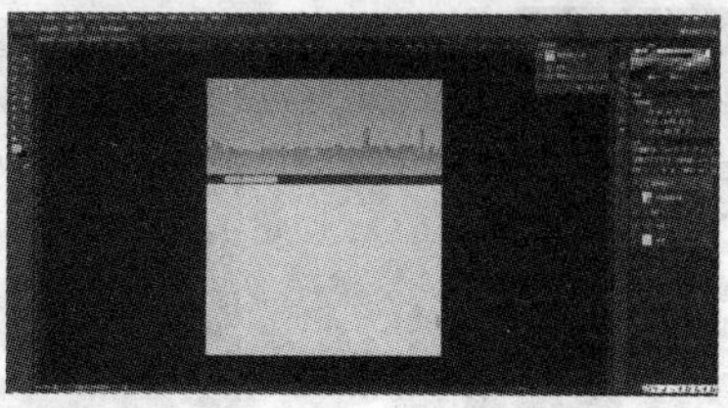

图 5－1－15

回到圆角矩形工具中(注意一定要回到圆角矩形工具这里),选择“路径操作”中的“与形状区域相交”,点击完毕后选择矩形工具,从刚绘制的圆角矩形中线处绘制一个矩形,大小为圆角矩形的一半。(见图 5－1－16、5－1－17)

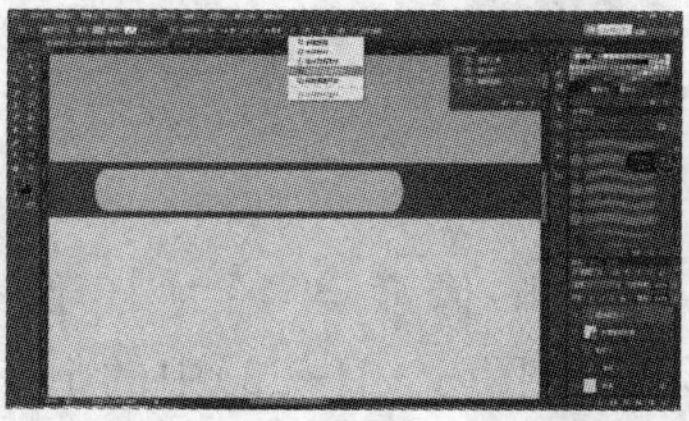

图 5－1－16

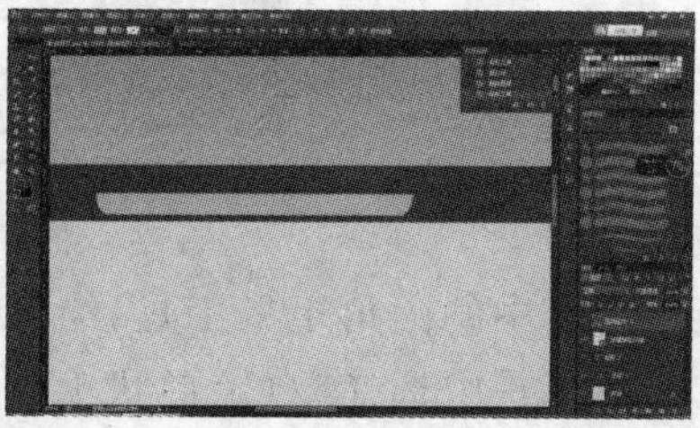

图 5－1－17

按住键盘上 Alt 键,点击上一步做出来的半个圆角矩形,复制一个半个圆角矩形(如果做不好的话也可以复制上一步的半个圆角矩形的图层),随后使用自由变换工具(快捷键 Ctrl＋T)旋转调整,使两个半个圆角矩形拼凑成一个圆角矩形。点击矩形工具,调整颜色刚复制出的半个圆角矩形颜色为“蜡笔黄橙”(R:250 G:205 B:137)。(见图 5－1－18、5－1－19)

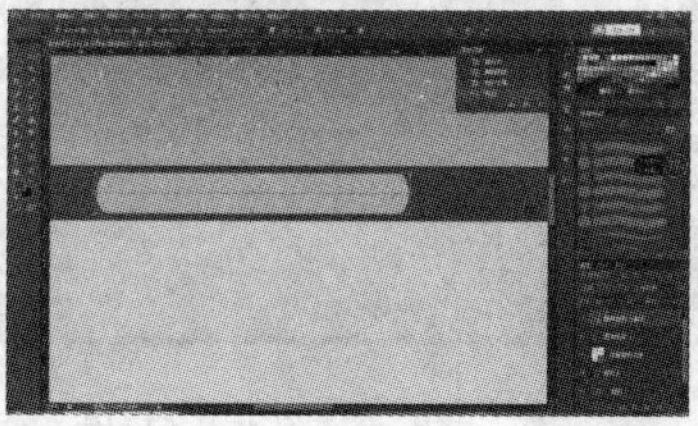

图 5－1－18

图 5－1－19

我们在平时制作过程中可以多观察色板,在 PS 色板上每个颜色都对应着有相应的名称,记录在实训报告中。平时同学们在练习中也可以把这些名称记录下来,方便下次作图时调整颜色,也方便后期处理以及平时与同学老师的交流。记住这些名称,在作图时可以方便快捷准确地找到想要的颜色,而不需要记下每个的数值,不需要一个个颜色调试。

使用矩形工具绘制 19×19(h)像素的正方形,选择路径选择工具(黑箭头)选择该正方形,再使用直接选择工具(白箭头)点击矩形右上方的角,点击键盘上 Delete 键将其删除,做出正三角形。使用自由变换工具(快捷键为 Ctrl＋T)旋转 45°该三角形,按住 Alt 键点击该三角形,复制出另一个三角形,右击选择水平翻转,做出箭头的效果。(见图 5－1－20～5－1－22)

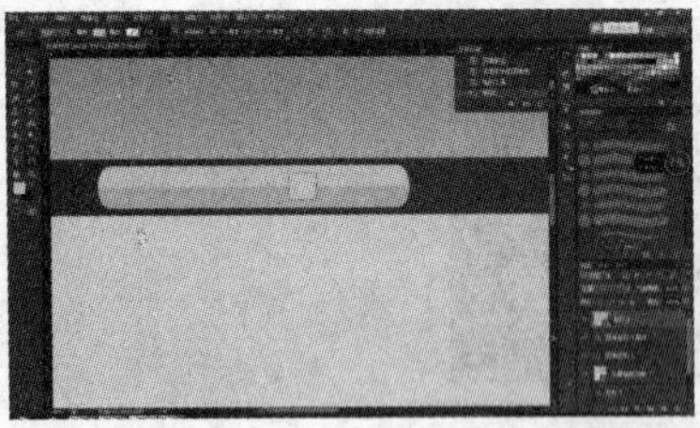

图 5－1－20

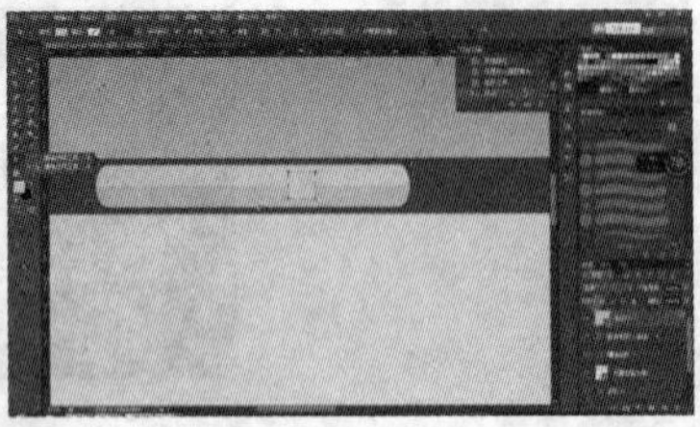

图 5－1－21

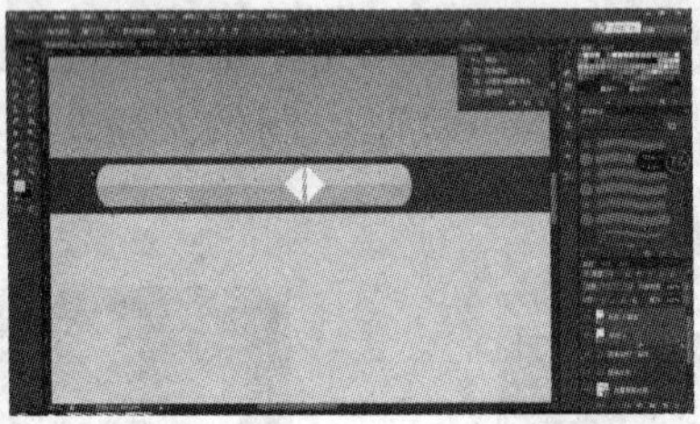

图 5－1－22

使用矩形工具中的圆角矩形工具,绘制一条 300×30(h)像素、半径为 10 像素的白色圆角矩形。在矩形工具中选择“自定形状工具”,点击形状(见图 5－1－23)中的下三角,之后点击右方的齿轮形状按钮,找到“全部”按键,打开,点击“追加”(追加就是在原有的形状图形的基础上继续添加一些形状工具,确定就是把之前的形状全部都替换成新的,一般情况下都选择“追加”)。选择“搜索”图标,勾选“保留比例”,设置宽度为 30 像素,颜色为“浅青蓝”(R:68 G:138 B:202)。使用矩形工具,在放大镜左边绘制一个 2×25(h)像素的浅青蓝的矩形。(见图 5－1－24～5－1－29)

图 5－1－23

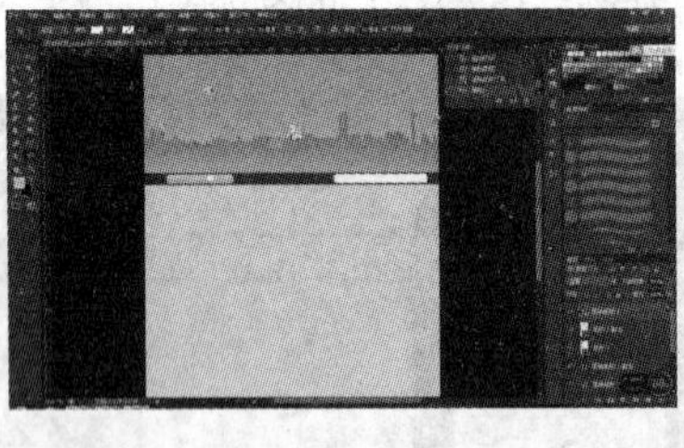

图 5－1－24

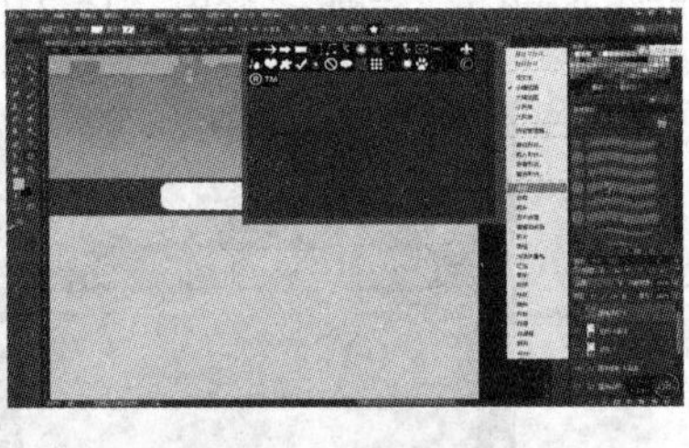

图 5－1－25

图 5－1－26

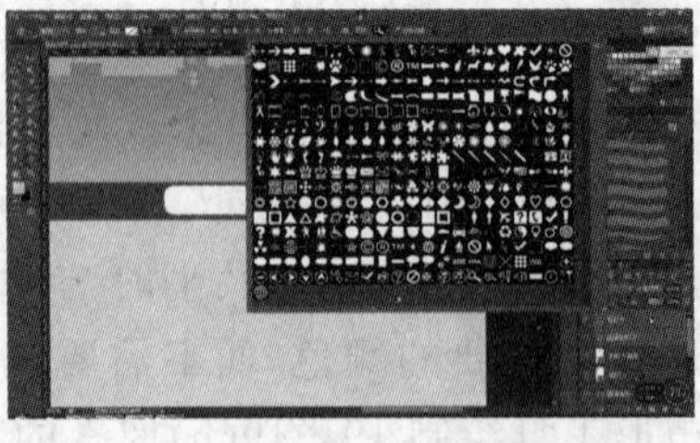

图 5－1－27

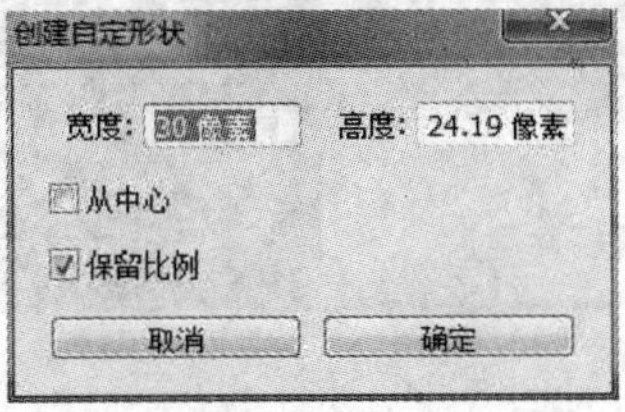

图 5-1-28

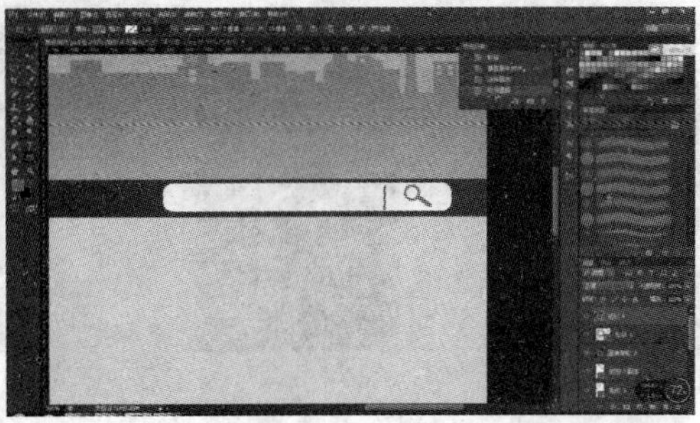

图 5-1-29

将素材中的“学校图标”拖入画面中(见图 5-1-30),放置在画面的左上角。在右上角输入文字“2018 年 6 月 7 日 星期四 21:47 合肥 25℃～13℃”,黑体,7 号字。一般我们网页制作中,都需要有企业/学校/单位的 LOGO 和当地时间、气温等资料,分布在画面上方的左右两边。

图 5-1-30

打开素材“学生”,先将小女孩拖入画面中,再将男孩子拖入画面中,复制两个学生(可以按住键盘上“Alt”键复制,也可以直接将图层拖入新建图层处,复制图层),最后得到一共六个学生。按住 Shift 键选择六个图层,回到移动工具,使用水平居中对齐使学生与学生之间距离相同。(见图 5-1-31、5-1-32)

图 5-1-31

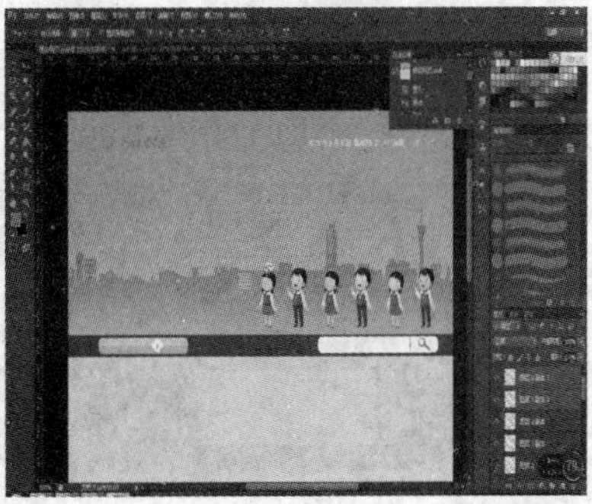

图 5-1-32

使用矩形工具,在最右边的男学生脚下绘制一个 56×23(h)像素的矩形,使用自由变换工具(快捷键 Ctrl+T),右击选择透视,调整一下角度,做出近大远小的效果,再右击选择缩放,调整至如图所示的梯形。将颜色调整为浅黄橙色(R:248 G:181 B:81),设置该图层的混合模式为“正片叠底”。

图 5-1-33

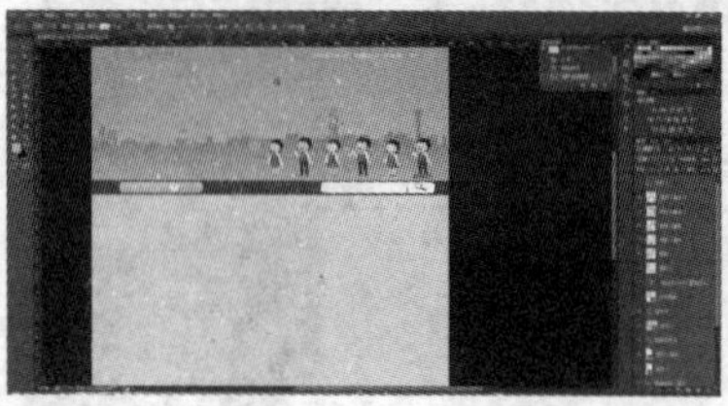

图 5 - 1 - 34

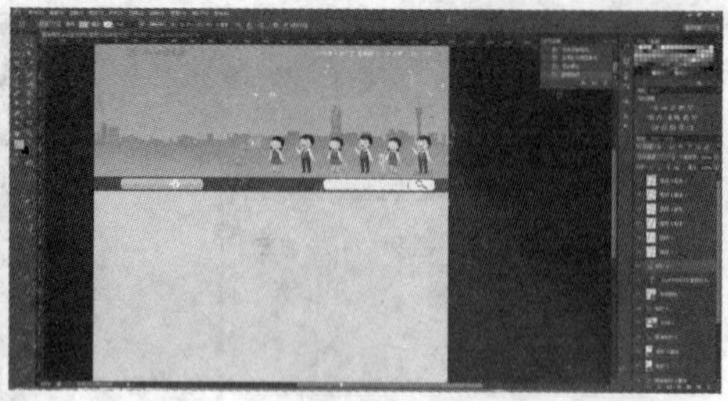

图 5 - 1 - 35

在矩形工具中选择自定义形状工具，找到“会话 5”，在最后一个男学生头顶上方绘制一个成比例的宽为 94 像素的会话框。在会话框中输入文字“联系我们”，字体为黑体，字号为 8 号。输入英文“Contact us”，字体为 Arial，字号为 8 号，字间距为－25。中英文两行字的字行距为 8。（字体、字号可以自己试着替换，在不影响画面的情况下，可以换成自己喜欢的）

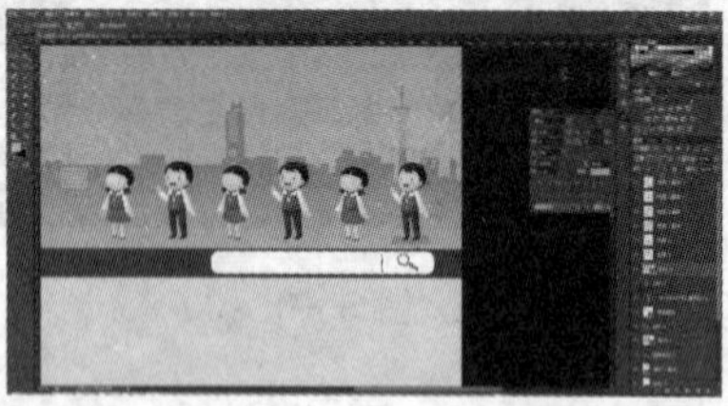

图 5 - 1 - 36

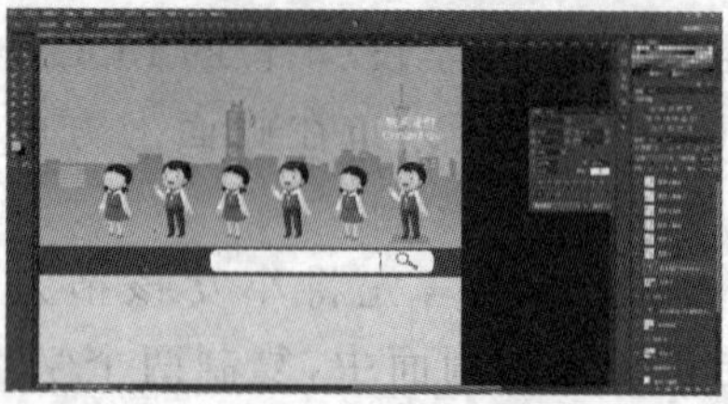

图 5 - 1 - 37

在矩形工具中的“自定义形状工具”中找到“云彩 1”（见图 5 - 1 - 38），颜色为白色，将不透明度调至 36%，在城市剪影的高楼上随意画几朵云彩，可以遮盖住部分楼房，使整个画面更加生动（见图 5 - 1 - 39）。

图 5 - 1 - 38

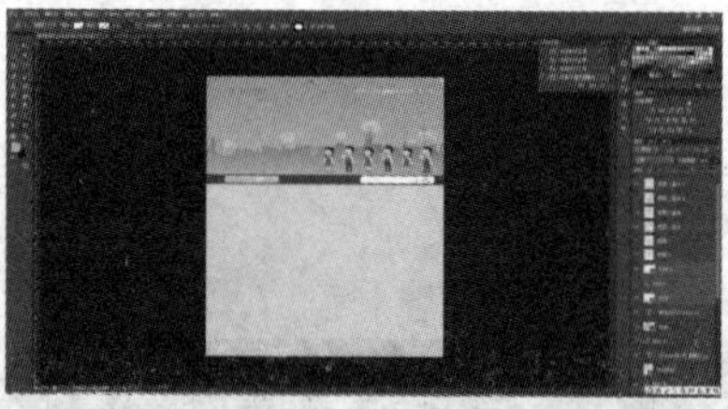

图 5 - 1 - 39

打开素材中的 Word“班级介绍”，在画面偏上位置，时间温度的下方，输入文字“班级介绍”，字体为黑体，字号为 8 号，白色。输入文字“The class introduces”，字体为 Arial，字号为 6 号，白色。

选择文字工具，按住鼠标左键，向右下角拖，拖出一个大小适中的文字框，在 Word 中找到对应的文字，复制粘贴（快捷键：复制为 Ctrl＋C，粘贴为 Ctrl＋V）进去。（见图 5 - 1 - 40、5 - 1 - 41）

图 5-1-40

图 5-1-41

在窗口中选择“字符”，在弹出的“段落”中选择“最后一行左对齐”，这样使整段文字看上去更整齐。（这一步需要牢记，在处理整段文字时，每行的最后一个字符容易对不齐，如果字符对不齐的话，整段文字会显得很混乱。而点击这个按键，软件会自动让整段文字的每一行最后一个字符都对齐。不用吃力不讨好地分开处理每行文字的最后一个字符）

最后，文字放置完毕之后，整体调节文本框大小，让文字在画面上更协调。我们在刚开始置入文字的时候不知道整体效果如何，所以在每一步骤结束之后还需要根据整体画面做一些微调。（见图 5-1-42～5-1-43）

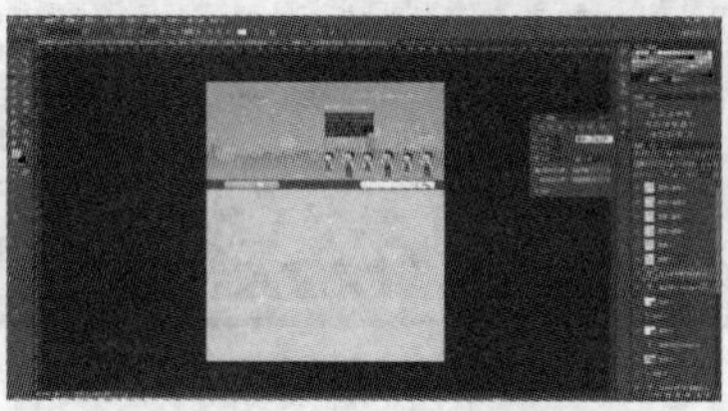

图 5-1-42

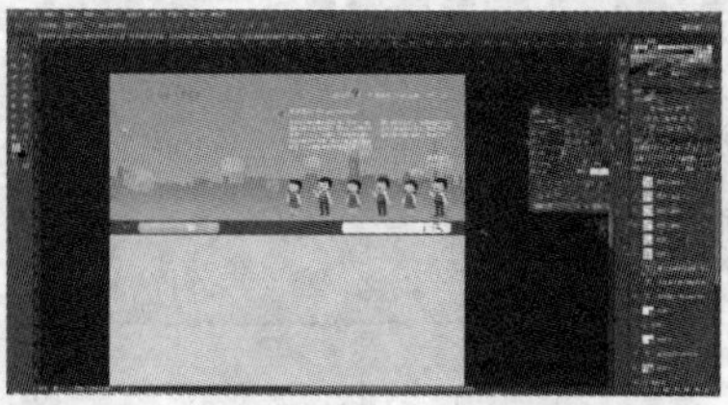

图 5-1-43

在矩形工具中找到自定义形状工具，在自定义形状工具中找到十角星（也可以点击多边形工具，选择边为 10）在画面左边绘制一个十角星。

使用直接选择工具，调整十角星的边角，做成如图所示的图形（如果感觉边数不够，可使用钢笔工具添加锚点，在十角星的边上添加点，然后继续使用直接选择工具调整）。（见图 5-1-44～5-1-47）

图 5-1-44

图 5-1-45

图 5-1-46

图 5-1-47

将不规则图形的颜色调整为从浅蓝(R:183 G:255 B:251)到深蓝(R:26 G:112 B:131)的渐变。

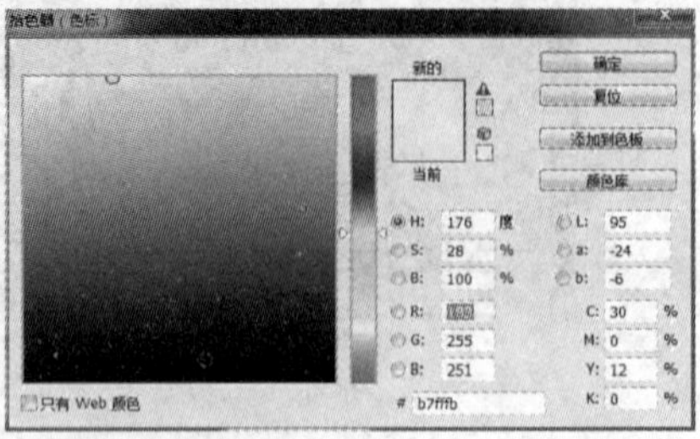

图 5-1-48

新建图层,将前景色设置为白色,使用钢笔工具,选择“形状”,沿不规则图形的边,绘制出几个边角线,使不规则图形更加立体生动。(可依照自己的心愿绘制出不一样的边角线,兴许会有更好的效果,我们作图时没有那么死板的要求,很多时候要添加一些自己的创意进去,才会让画面更加多姿多彩)

选中本步骤的所有图层,建立分组(建立分组的目的是有助于后期查找和调整)。

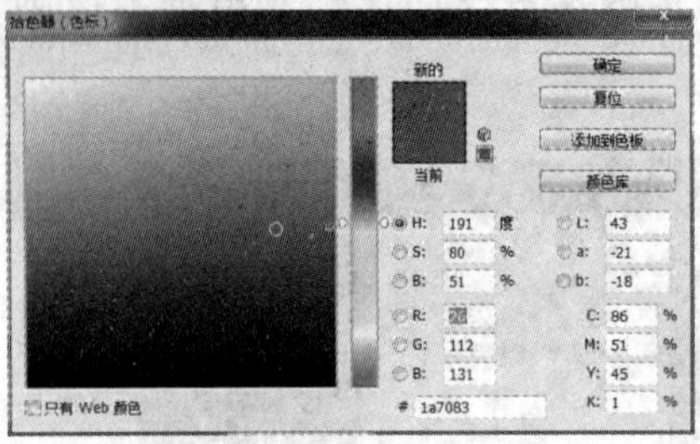

图 5-1-49

图 5-1-50

图 5-1-51

图 5-1-52

使用字体工具,选择合适的字体,设置字号为 30 号,颜色为黄色(R:255 G:241 B:0),输入“17G2”几个字。(见图 5-1-53、5-1-54)

图 5-1-53

图 5-1-54

点击“创建文字变形”工具，将文字变为弯曲 25%，水平扭曲 −30%。使用变形工具(快捷键：Ctrl＋T)将文字调整倾斜角度为−26°。(见图 5-1-55、5-1-56)

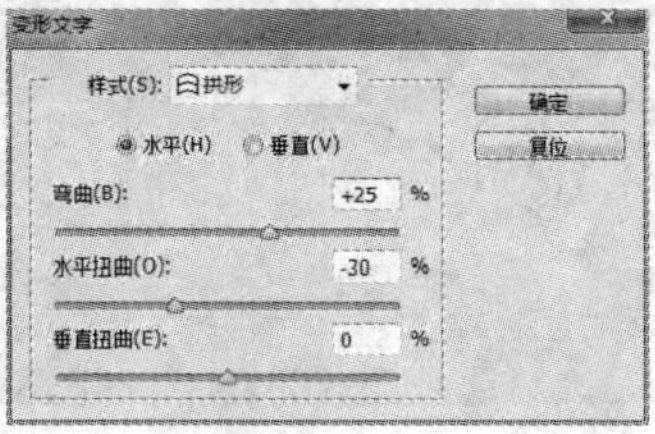

图 5-1-55

图 5-1-56

使用钢笔工具，选择“形状”，将前景色设置为深橙色(R：243 G：152 B：0)。沿 17G2 文字绘制出边角，使整个图形更有层次感。

将颜色调整为“白色”，继续沿字边绘制，做出高光与阴影的感觉，使整个文字显得更有立体感。

建立新的分组，将本步骤的所有图层拖入该组，方便后期修改与查找。(见图 5-1-57～5-1-59)

图 5-1-57

图 5-1-58

图 5-1-59

复制图层“17G2”，在复制的图层上右击选择“栅格化文字”。按住键盘上 Ctrl 键，选择该图层，出现沿文字边缘的蚂蚁线。(见图 5-1-60、5-1-61)

图 5-1-60

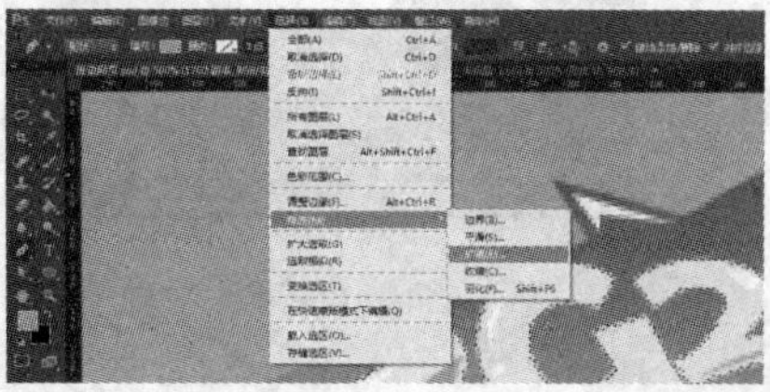

图 5-1-61

在菜单栏中找到“选择”，点击选择栏中的“修改”，选择“扩展”(见图 5-1-62)。扩展量为 3 像素。将前景色调为深黑蓝紫(R：3 G：0 B：76)，点击油漆桶工具，

图 5-1-62

将蚂蚁线中填充为深黑蓝紫。(见图 5-1-63、5-1-64)

图 5-1-63

图 5-1-64

使用钢笔工具,对深黑蓝紫部分加以装饰。在深色上添加白色可以使文字更加立体。选择图层样式,给“17G2 副本”添加投影,数值不需要变动,选择默认的数值即可。(见图 5-1-65～5-1-66)

图 5-1-65

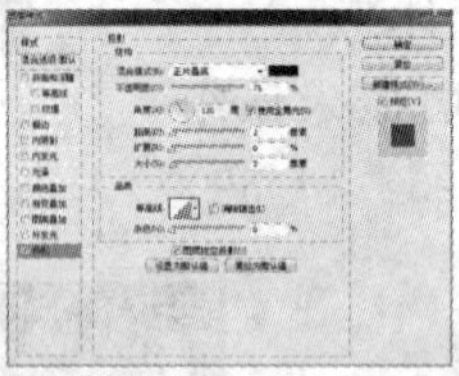

图 5-1-66

图 5-1-67

点击文字工具,选择合适的字体,文字大小为 18 号,字体颜色为黄色(R:255 G:241 B:0),输入文字“YEAH!”。(见图 5-1-68)

复制该图层两次(可以按住键盘上 Alt 键,也可以直接点击复制图层),调整图层颜色[分别为白色和橙色(R:243 G:152 B:0)]和微调其位置,利用浅色和深色的对比,做出简单的立体的效果。(见图 5-1-69)

图 5-1-68

图 5-1-69

使用矩形工具,绘制一条矩形,颜色为深黑暖褐(R:106 G:57 B:6),复制该矩形,使用自由变换工具(快捷键 Ctrl+T),右击选择透视,将矩形修改为平行四边形,颜色为浅暖褐(R:178 G:136 B:80),做出简易棍子的效果。复制该棍子,做出广告牌的效果。(见图 5-1-70)

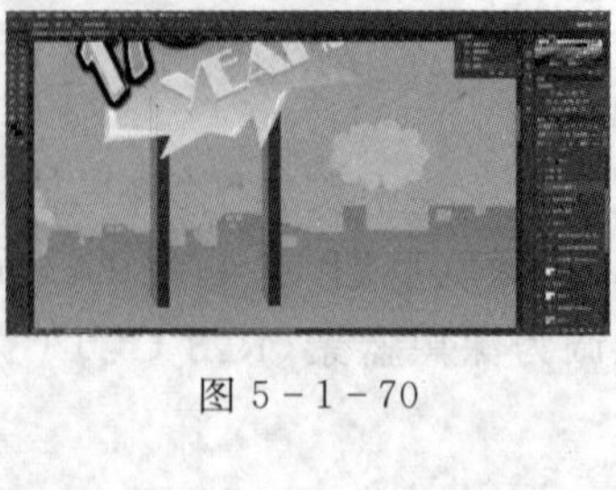

图 5-1-70

复制“形状 6”，使用变换工具(快捷键：Ctrl＋T)，右击先点击透视按钮，做出近大远小的效果，再使用缩放命令，将其变成“形状 6 副本”的影子的效果。调整颜色为黑黄橙(R：172 G：106 B：0)，选择图层混合模式为“正片叠底”。调整该图层位置，使其位于两根棍子的图层下方。

图 5－1－71

图 5－1－72

将素材“18 开学季”打开，将其分开拖入画面中，调整其大小位置，做出如图所示的效果，使画面更加生动。(见图 5－1－73)

图 5－1－73

使用放大镜，按住 Alt 键，可以看到整个画面，这时候我们发现牌子在整个画面中的所占比例有点小。选择牌子上的所有图层(此处说明了编组的重要性)，使用自由变换工具(快捷键 Ctrl＋T)，将其变大。

这时我们发现标牌在画面上有点太偏左了，选择标牌处所有图层，将其整体往右边微调一些。(见图 5－1－74、5－1－75)

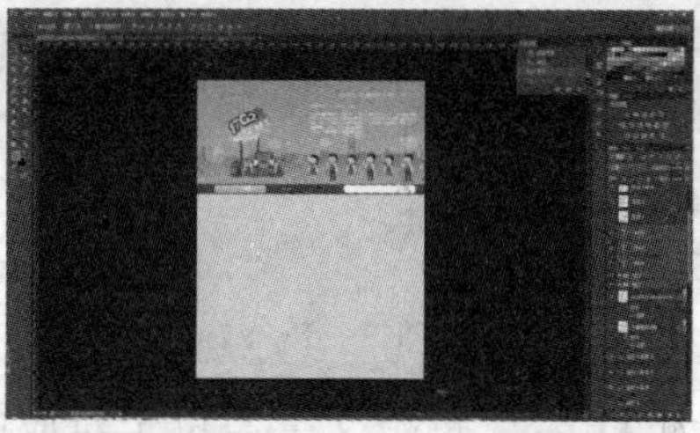

图 5－1－74

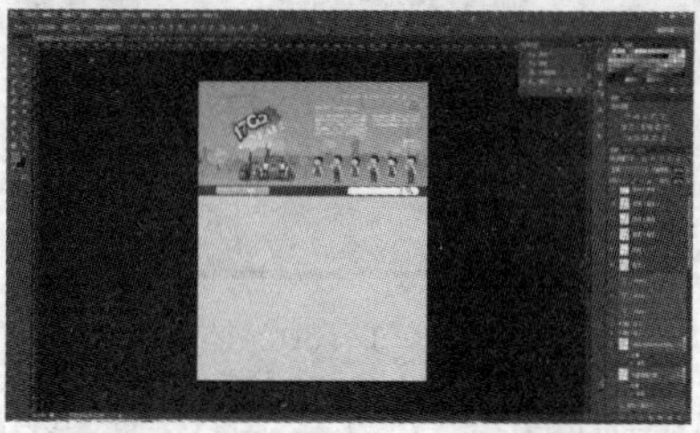

图 5－1－75

我们在作图的时候，很多情况下都会出现这样的情况，一开始做的时候感觉位置大小刚刚好，但当图做出来之后会发现，某一部分在整体中所占的比例或大或小，不合人意。这时候不要偷懒，还是需要将不合适的部分放大或者缩小或者调整其位置，这就是反复强调同一部分需要编成一组的重要性，不然一个个查找起来过于麻烦，也容易漏掉某一部分。

选择字体“黑体”，字号为 10 号，颜色为深黑冷褐(R：54 G：46 B：43)，输入文字“页数”，“页”和“数”中间约空有 6 个字符。下方输入英文“PAGE NUMBER”，字体为“Calibri”，字号为 8 号，字间距为 100。中英文对齐。

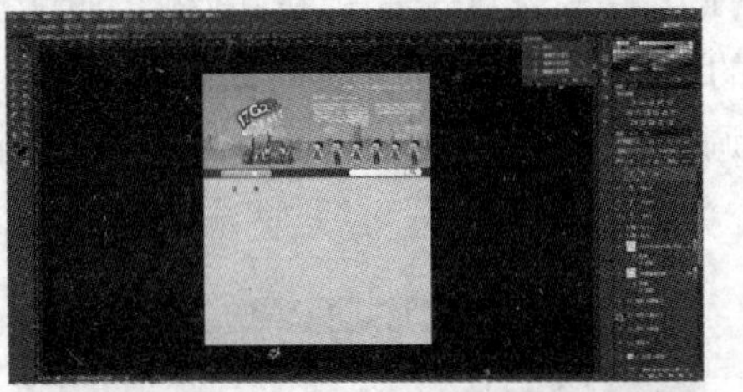

图 5-1-76

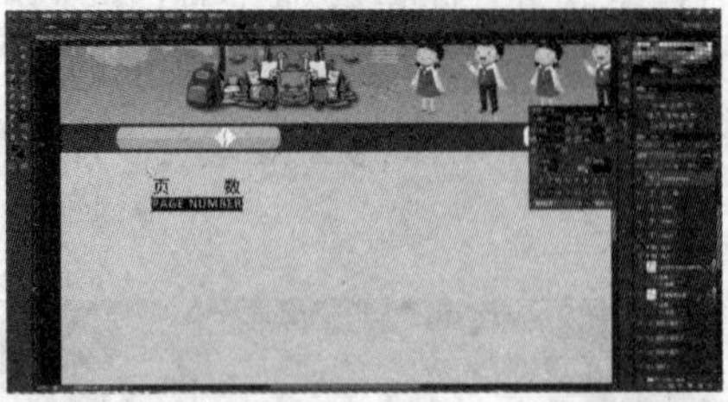

图 5-1-77

使用椭圆工具,绘制直径为 30 像素的纯洋红(R:229 G:0 B:79)的正圆。添加投影,指数为默认的数值。

复制该圆,将其颜色修改为与背景颜色一致的颜色(R:250 G:205 B:137)。随即将其复制六个,一共在画面上的是八个圆。

点击移动工具,按住 Shift 或者 Ctrl 键,选择所有圆形图层,点击水平居中对齐,让每个圆之间距离相等。

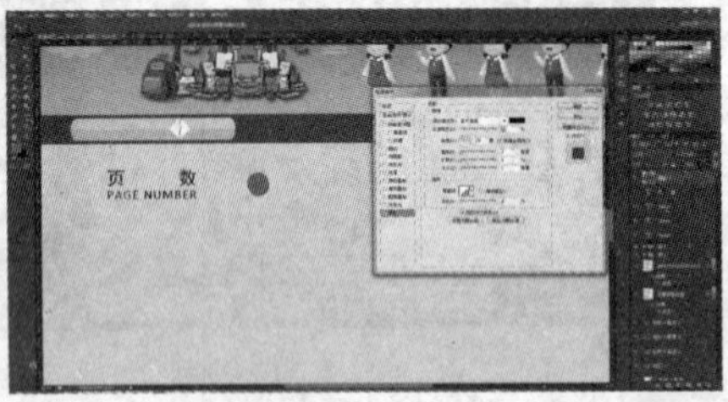

图 5-1-78

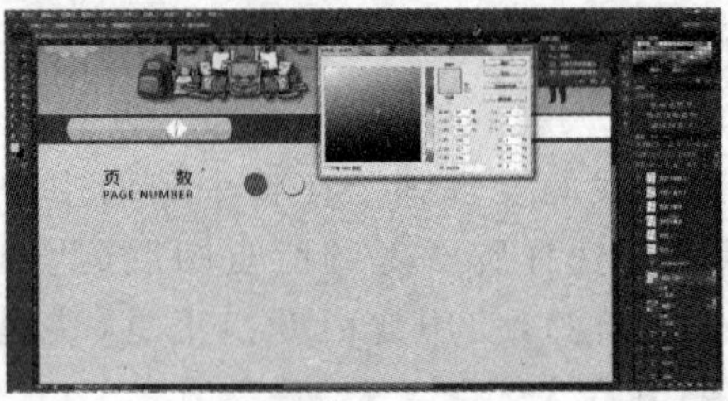

图 5-1-79

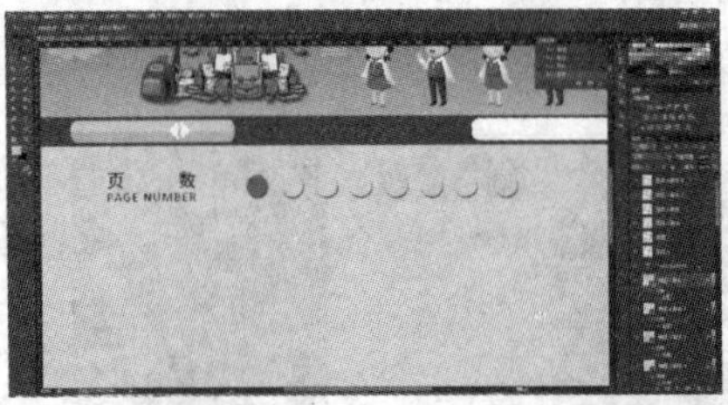

图 5-1-80

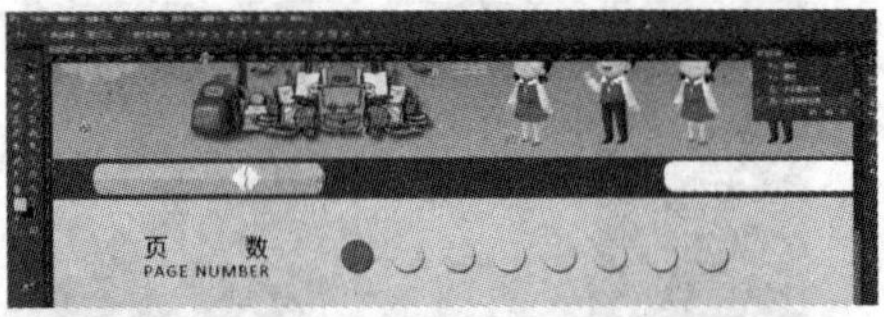

图 5-1-81

在每个圆圈中打上数字,字体为“Arial”,字号为 11 号。每个文字需位于对应的圆圈的正中央。将所有圆圈和其对应的页数以及“页数”和英文文字设为一组,更改名称为“页数”。(见图 5-1-82、5-1-83)

图 5-1-82

图 5-1-83

添加文字“学校简介”，字体为黑体，字号为 9 号字，颜色为黑红(R:164 G:0 B:0)。正文文字字体为幼圆，颜色为黑冷褐(R:89 G:73 B:63)，字号为 6 号字(具体文字见素材 Word 文件)。(见图 5-1-84)

在矩形工具中找到圆角矩形工具，使用圆角矩形绘制一个 168×120(h)像素、半径为 15 像素的圆角矩形。

将素材“校园全景”拖入画面中，缩放至合适位置。(注意“校园全景”的图层一定要位于圆角矩形图层的正上方)在“校园全景”图层中，右击鼠标，选择创建剪切模版。将图片置入圆角矩形中。(见图 5-1-85～5-1-87)

图 5-1-84

图 5-1-85

图 5-1-86

图 5-1-87

在“校园全景”右边绘制一个 180×120(h)像素、半径为 15 像素的圆角矩形。同理，将图片置入圆角矩形中。

给两个图片添加图层样式，勾选描边，将颜色设置为白色。勾选阴影，调整阴影距离和大小均为 5 像素，其余保持不变。

输入文字“班级简介”，字体为黑体，字号为 9 号，颜色为黑红(R:164 G:0 B:0)。输入完毕之后，按住 Shift 或者 Ctrl 键，同时选择“班级简介”与“学校简介”，回到移动工具，点击左对齐。(见图 5-1-92)

图 5-1-88

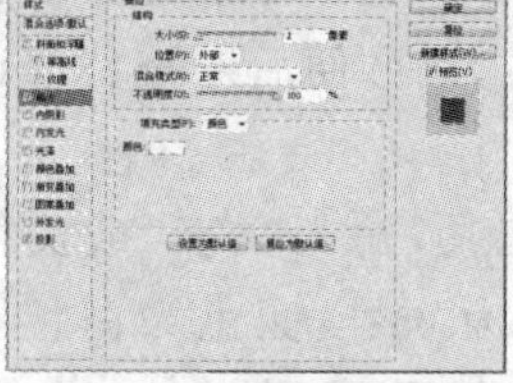

图 5-1-89

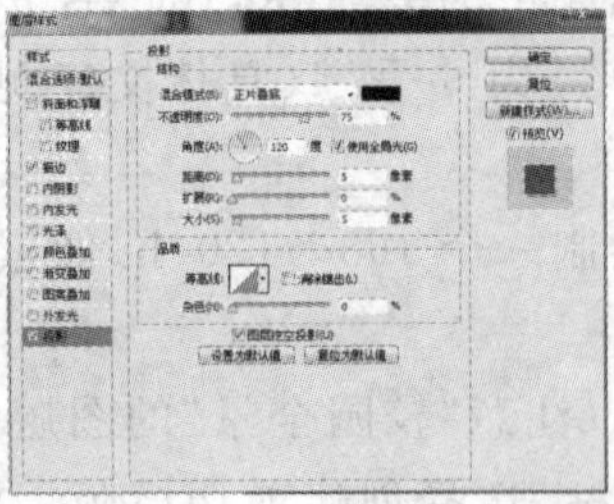

图 5-1-90

图 5-1-91

图 5-1-92

使用圆角矩形工具绘制 96×129(h)像素、半径为 15 像素的圆角矩形，颜色为黑青豆绿(R:99 G:140 B:11)。添加图层样式，勾选描边，设置颜色为白色。

按住 Alt 键复制三个同样的圆角矩形，颜色分别为纯洋红(R:229 G:0 B:79)、浅紫(R:137 G:87 B:161)、纯青蓝(R:0 G:104 B:183)。(见图 5-1-93、5-1-94)

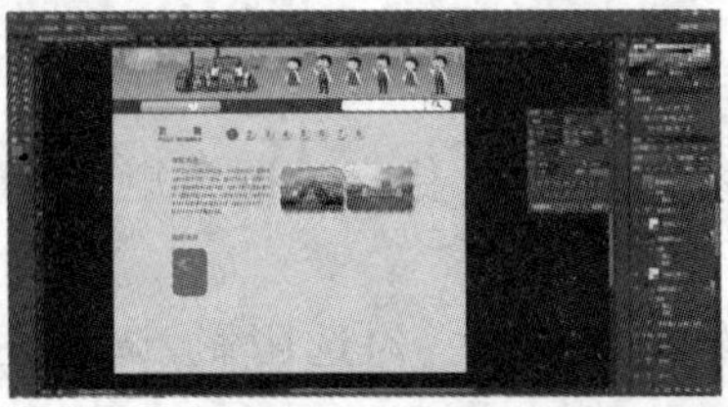

图 5-1-93

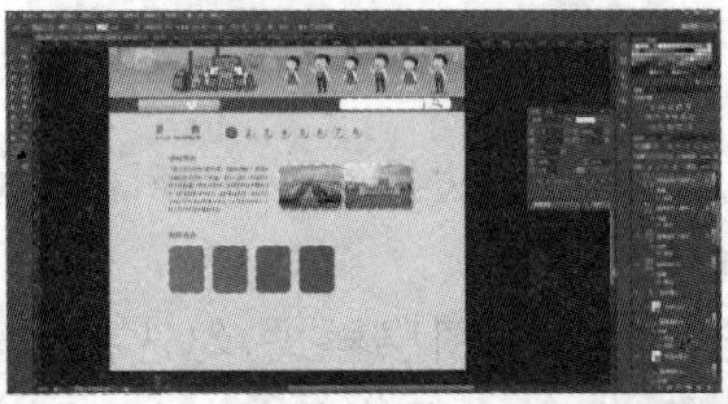

图 5-1-94

打开素材“小朋友”，将小朋友头像放入圆角矩形中。四个小朋友差不多大小，下方对齐(注意：每个小朋友的图层都应位于相应的圆角矩形图层上方，以方便后期查找修改)。(见图 5-1-95)

图 5-1-95

使用文字工具，输入文字“成员简介”，字体为黑体，字号为 6 号，颜色为白色。输入文字“Member Profile”，字体为 Arial，字号为 5 号，颜色为白色。(见图 5-1-96～5-1-98)

课程介绍 Course Introduction　课堂教学 Classroom Teaching

业余生活 Amateur Life

将本步骤的所有图层编为统一分组。

图 5-1-96

图 5-1-97

添加配文，字体为幼圆，字号为 6 号字，颜色为黑冷褐(R:89 G:73 B:63)，字间距为－25(配文可在素材 Word 中查找)。(见图 5-1-99)

图 5-1-98

图 5-1-99

在矩形工具里找到自定义形状工具，选择像放大镜一样的“搜索”按钮，在画面下方绘制一个 20×16(h)像素的深黑冷褐(R:54 G:46 B:43)的放大镜。

在放大镜右侧输入文字“加入收藏”，字体为黑体，字号为 8 号，字体颜色为深黑冷褐。

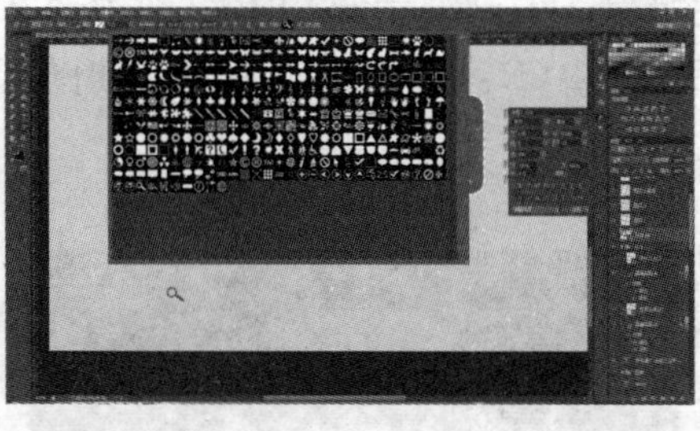

图 5-1-100

图 5-1-101

在自定义工具中找到像小房子一样的“主页”按钮，在加入收藏旁边绘制一个 19×16(h)像素的小房子。在房子旁边输入文字“设为主页”，字体为黑体，字号为 8 号字，字体颜色为深黑冷褐。(见图 5-1-102)

这些按钮在我们平时生活中都会见到，特别是上网时，不知道大家平时有没有留意过，以后可以多留意一下，看看自己用所学知识能不能给这些图形绘制出来。

输入地址“安徽省合肥市新站区烈山路与学林路交叉口　合肥工业学校”，字体为幼圆，字号为 6 号，字体颜色为深黑冷褐，右对齐文本。（见图 5-1-103）

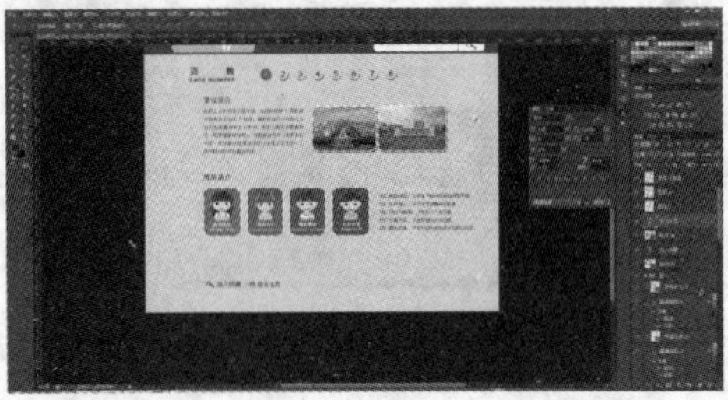

图 5-1-102

图 5-1-103

找到“组 2”，复制，右击点击合并组，将组 2 副本调整为一个图层，方便变换大小。用鼠标将其拖到画面右下方，使用自由变换工具（快捷键：Ctrl＋T）将其缩小，旋转调整角度，变换成如图所示的图标。

图 5-1-104

图 5-1-105

再次复制“组 2”，将其移动到画面右下角，调整大小。打开组，调整 17G2 图层与 17G2 副本图层在组中的上下位置。

17G2 字体颜色调为背景颜色淡橙色（可直接用吸管工具吸取背景颜色），选择 17G2 副本的图层，添加图层效果“颜色叠加”，叠加颜色为深黑暖褐（R：106 G：57 B：6）。如图所示调整整个组的大小、方向、位置。

图 5-1-106

图 5-1-107

图 5-1-108

图 5-1-109

使用钢笔工具，选择“路径”，在右下方两个图标中间绘制一条直线。

新建图层，选择“画笔工具”，打开“切换画笔面板”的面板，大小为 4 像素，间距为 200%，其余保持原数据不动。回到钢笔工具，鼠标点到刚刚绘制的那条直线处，右击选择“描边路径”，在弹出的窗口中选择画笔。绘制一条虚线。完成操作，效果如图 5-1-111 所示。

图 5-1-110

图 5-1-111

5.1.3　你来做我来看

整个网页还是有很多地方可以更加完善的。我们先来看一下整体画面，可能会觉得网页下方的内容有点少，我们可以在素材网站上自己找一些素材，又或者就是利用本次课程所给的素材，想办法将画面下方空余部分继续丰富起来。自己试试吧！（小提示：可以试着运用城市剪影制作！）

图 5-1-112

图 5-1-113

这里给同学们一些提示：

将城市剪影拖入画面中，新建图层，调整好前景色背景色，使用渐变工具添加颜色。最后调整图层的混合模式以及不透明度和填充，达到如图所示效果。将导航栏完整化，添加首页、成长轨迹、风采展示等子页项目，将“页数”改为“学习生活”并在将来的日子里收集材料继续完善。（见图 5-1-114、5-1-115）

图 5－1－114

图 5－1－115

对于很多中职生来说，来到学校是人生中第一次走出家门并离开父母。一个人在学校的时候，虽然有电话和视频还能和家人联系，但渐渐长大的同学们是不是觉得光对家里报个平安略有些单薄？在网络时代里如何能让家人和朋友们更好地关注自己的动态，自己同时也能得到家人和朋友们的帮助？比如你上了一堂很有趣的课，碰到一些有趣的同学，做了一些有趣的事情，是不是都会急着想跟家长分享？

特别是在学习了班级主页之后，是不是会有一种建立自己的个人主页的冲动呢？这样同学们就可以将自己的主页挂在班级的主页上，通过学校网络平台发布，好处就是除了能记录自己在校期间的点点滴滴，还可以让父母通过这个网站知道自己在学校的生活学习情况，也能在自己毕业时让用人单位了解生活中真实的自己。

同学们在课后也可以自己百度相关的个人主页的图片或模板，多模仿多练习，强化技能的训练，慢慢地有了感觉就会做出自己满意的个人主页了。

5.1.4 我们一起来练练

通过以上的学习，你以为网页做好了吗？并不是这样的！

这里需要着重申明，单凭 PS 是没法完成网页制作的。此班级主页的页面部分虽然是完工了，但它还并不是网页，这只是网页的一种静态图像，无法用浏览器进行浏览，也没有建立起超级链接。当我们在观看时并没有出现“小手”的标记就是没有超级链接。

在 PS 中，我们可以选择切片工具（见图 5－1－116），把图像和文字进行切片分割，它的目的是分开独立存储。这样我们在 DW 中制作网页时，就可以随时更换相应的图片了。我们先将主页保存为 jpg 格式，注意保存好原始的 psd 文件（见图 5－1－117）。

图 5－1－116

图 5－1－117

但是一定要记住切片之后的保存一定要使用“保存为 web”(见图 5-1-118)并选择保存格式为“jpg”(见图 5-1-119)。当点击“存储”时会出现一些选项,有“仅限图像”“仅限 HTML”和“HTML 和图像”,这里请同学们分别尝试保存。注意保存的文件格式也会发生变化。(见图 5-1-120～5-1-125)

图 5-1-118

图 5-1-119

图 5-1-120

图 5-1-121

图 5-1-122

图 5-1-123

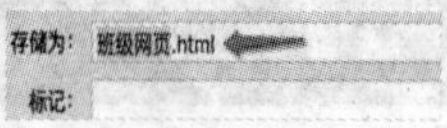

图 5-1-124

图 5-1-125

在这个“images”文件夹里我们能看到我们切片过的小图(见图 5-1-126),我们也有了带“html”格式后缀名的网页,也可以直接用浏览器打开了。这里使用了“火狐”浏览器打开(见图 5-1-127)。

图 5-1-126

图 5-1-127

至此,我们才算是真正将我们的静态图像转换成了可以浏览的网页,但实际上这也还是不够的,因为 PS 在制作网页上主要就是负责了图像部分,我们可以在 Dreamweaver Dw 软件中进一步制作与修改。至于动态与交互的问题可以让这方面更专业的人去完成。

另外同学们在制作中也看到了,在班级主页上有很多很有趣的小装饰图片点缀,比如按钮和数字钮。这种做起来不难、看起来又炫的图片是我们在制作网页时的最佳配角。

下面我们就使用形状工具和颜色渐变工具做出一个太阳，如图 5-1-128 所示。使用形状工具在我们之前的内容中也有专门的介绍，这里只是实际的应用，拓展同学们的思路。

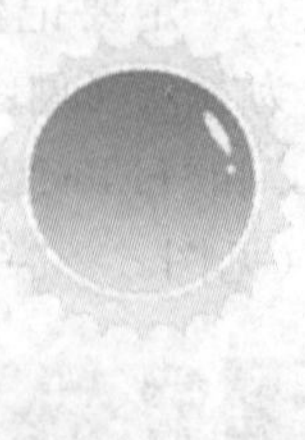

图 5-1-128

新建文件，设定长宽为 50×50 毫米的一个正方形。找到形状工具，点击多边形工具按钮，点击齿轮按钮，勾选上星型、平滑缩进，缩进边为 20%。将颜色更改为黄色，调整位置到画面中间。（见图 5-1-130～5-1-132）

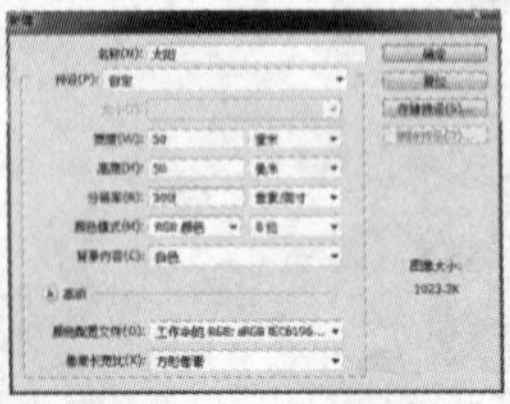

图 5-1-129

图 5-1-130

图 5-1-131

图 5-1-132

点击椭圆工具（见图 5-1-133），按住 Shift＋Alt 键从画面中间画出正圆。Ctrl＋J 复制椭圆图层，Ctrl＋T 并按住 Alt＋Shift 成比例缩小圆。调整中间小圆为从黄色到橙色的渐变颜色。添加修饰，完成一个很简单又有些效果的太阳图形。（见图 5-1-134～5-1-136）

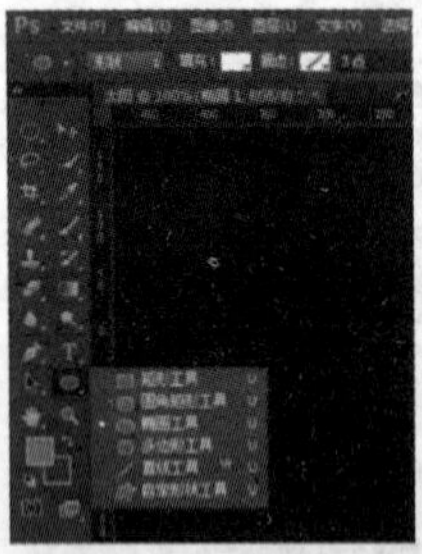

图 5-1-133

图 5-1-134

图 5-1-135

图 5-1-136

当然同学也可以根据自己的喜好，利用其他的方法做出更好看更炫的装饰点缀性的小图片。

我们现在再来练习制作一个好看的 Banner 图片。有兴趣的同学可以上网去搜索相关的 Banner 图片进行模仿，也可以直接进入“天猫商城”和“京东商城”参考和学习它们正在使用的 Banner 广告。

这里我们模仿一张从网上找到的 Banner 图片，和同学们一起练习。

新建文件，设置尺寸为 1920×482(h)像素、分辨率为 150，设置名称为 Banner，颜色模式为 RGB。(见图 5－1－138)

图 5－1－137

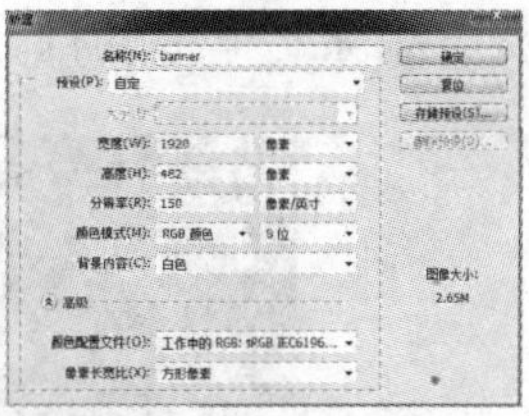

图 5－1－138

将素材“学生”拖入画面中，调整大小至合适位置。使用吸管工具(快捷键:I)，吸取图片左边的颜色。在图层 1 下方新建图层，使用油漆桶工具填充。(见图 5－1－139、5－1－140)

图 5－1－139

图 5－1－140

给图层 1 添加蒙版，设置前景色为白色、背景色为黑色(快捷键 D)，选择渐变工具，自右向左拉一条直线，使其过渡自然。(见图 5－1－141)

图 5－1－141

添加文字“灿烂”“开学季”，“灿烂”颜色为纯红橙，“开学季”颜色为“纯绿青”。微软雅黑，60 号字，Bold。复制图层，在文字列表中选择“转换为形状”。(见图 5－1－142、5－1－143)

图 5-1-142

图 5-1-143

使用黑箭头、白箭头与钢笔工具配合，做出如下图的效果。注意使用“路径操作”里面的“排除重叠形状”，删除字体上的部分，使整个文字更立体。（见图 5-1-144）

图 5-1-144

复制图层，按住 Ctrl 键选择文字区域，在“选择”里选择修改“扩展”，扩展数为 8 像素。使用形状工具、钢笔工具、文字工具，丰富画面。添加 LOGO，完成操作。

图 5-1-145

图 5-1-146

玩一玩

收集与自己相关的材料做出个人主页。

5.1.5 我们一起来说说

(1)什么是网站？

(2)Banner 是什么意思？

(3)网页制作与图像处理有何关联？

(4)如何用钢笔和形状工具制作出好玩的效果?

(5)为什么要让图层分组?

(6)如何将图像转换为网页?

以上除形成书面作业上交外,会在课前通过点名方式进行检查。课外实践作业请通过班级群发送给授课教师批改。

请同学们进一步完善我们的班级网页,创意设计并制作分页:班级主页下的“学习生活”分页;班级主页下的“校园风采”分页;班级主页下的“成长轨迹”分页。

5.1.6　实训报告

图形图像处理 Photoshop CS6 实训报告

<table>
<tr><td rowspan="2">班级
姓名</td><td rowspan="2" colspan="2"></td><td>时间</td><td></td></tr>
<tr><td>实训室</td><td></td></tr>
<tr><td>实训知识点</td><td colspan="4">班级主页</td></tr>
<tr><td>实训目的</td><td colspan="4">1. 了解网站与主页　2. 理解网页与图像处理的关系　3. 制作个人主页</td></tr>
<tr><td>实训内容
学生填写部分</td><td colspan="3">1. 什么是网站
(1)主页的几大要素

2. 理解与制作 Banner
(1)班级主页

(2)Banner

3. 装饰小图
(1)钢笔工具

(2)形状工具

4. 保存为网页</td><td>案例训练
个人主页</td></tr>
<tr><td>实训要求</td><td colspan="2">1. 认真填写实训报告
2. 对问题进行记录
3. 拓展问题认真思考并完成实践
4. 完成思考题并形成书面作业</td><td colspan="2">备注:实训报告以一个知识点的实践完成为依据,教师根据学生实训具体情况来调整学时。这样更有利于实践分数的评定</td></tr>
<tr><td>成绩评定</td><td colspan="4">优秀　良好　及格　不合格</td></tr>
</table>

5.2 校园文化艺术节节目单

中职的学习生活是非常精彩的,学校经常会举办一些活动来活跃气氛,也是为增强学校师生的凝聚力,提高学校档次。比如我们学校就举行过“食神”争霸赛、校园文化艺术节、还有谁是“歌王”等一系列的比赛。为了能让这些活动更好地激发同学们的才艺,也为了能更好地深入人心,势必要先进行广告宣传。而说到宣传,我们的 Photoshop 就派上了用场。

本次案例我们就通过一个校园文化艺术节节目单的设计与绘制,来和同学们一起深入学习,加深对 PS 软件的技能掌握。

5.2.1 我来说你来记

本案例中我们需要使用和掌握的快捷键如表 5-2-1 所示。

表 5-2-1

路径选择工具	A	画笔工具	B	橡皮	E
油漆桶/渐变工具	G	钢笔工具	P	文字	T
移动工具	V	放大镜	Z	复制图形	Alt+鼠标左键
自由变换工具	Ctrl+T	取消选区	Ctrl+D		

虽然在 PS 中颜色模式中经常使用的颜色模式是 RGB,但考虑到宣传作品一般都是需要印刷出来的,所以我们需要选择 CMYK。如果前期忘记了,也不要紧,当要对图像进行印刷时,必须将它的颜色模式转换为 CMYK 模式。

需要同学们注意的是,在印刷时如果包含了四色的纯色,则必须为100%的纯色。例如,黑色如果在印刷时不设置为纯黑,则在印刷胶片时不会发送成功,即图像无法印刷。由于在 CMYK 模式下 Photoshop 的许多滤镜效果无法使用,所以一般都使用 RGB 模式,只有在即将进行印刷时才转换成 CMYK 模式,这时的颜色可能会发生改变。

另一个值得注意的重点就是分辨率。分辨率跟文件尺寸是相对的,在一个固定的图片中(特指位图),尺寸越小相对的像素就越大,也就是感觉越清晰。尺寸调得越大像素就会越小,就会很模糊。也就是说像素越大,图片的精度就越大。因为我们只是用于印刷宣传单,一般设置到 300 就可以了。

在 PS 中有 27 种图层混合模式,但最常用的有 10 种。

正常:默认混合模式,图层为不透明状态,遮盖下方图层中的所有颜色。

加深:与下方相比较,亮色将被下方的画面内容替代,深色保持不变。

正片叠底:得到更为饱和的画面色彩,常用来给画面添加阴影之类的。

颜色加深:增强不同颜色之间的反差,但白色对应的部分不会对下方造成影响。

变亮:与下方图层相比较亮的部分不会发生改变,而较暗的部分则被下方图层替代。

滤色:与正片叠底效果恰好相反,可以提亮画面色调。黑色区域不影响下方图层。

颜色减淡:颜色减淡能得到更加艳丽的颜色,同时提高画面反差。深色部分不会对下方造成影响。

叠加:保持下方图层高光与阴影部分不受影响的情况下改变图层画面色彩。

差值:与白色像素混合颜色被反向,与黑色像素混合颜色不变。

明度:上方图层中的所有颜色被下方图层的颜色替代。

还有一点就是关于字号的大小,有的同学在电脑上看感觉 6 号、8 号字体非常小,就会担心会不会打印出来的字特别小。这时候我们需要告诉自己,我们设计的海报/单页大小是“210×297(h)毫米”的尺寸,这是 A4 纸的大小,平时大家也都有见过 A4 纸,心里面对 A4 纸大概有多大有点概念。那么其实我们平时看到的课本、报刊上的字号也只有 6～8 号,字号如果太大会使整张画面显得非常臃肿、过于饱满,就会显得有些土气。而过小的字(小于 6 号字)又会给人阅读上增加烦恼,同时也会在打印过程中出现无法打印出来的情况。正常情况下,我们最小字号用到 6 号就可以了(见图 5-2-1)。PS 里面最大的字号只有 72 号字,如果再想放大,可以直接输入更大的字号,或者按 Ctrl+T 自由变化大小。

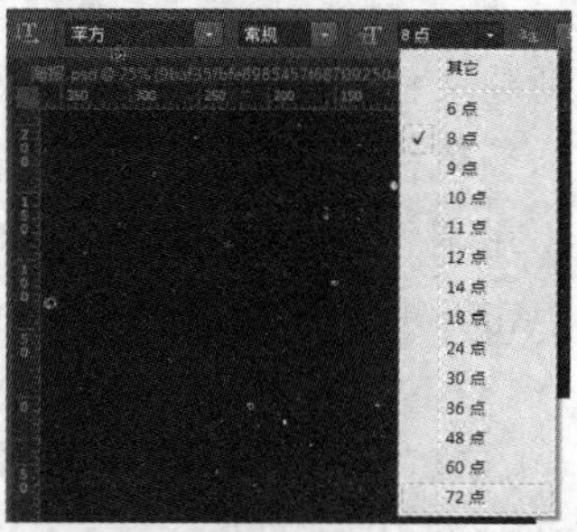

图 5-2-1

同学们可以用一张 A4 纸,将每种号的字体用同样的文字打在一行,放在一张纸上用打印机打印出来看一下效果(见图 5-2-2),以方便更好地观察每一个字号的字占整张纸的多大位置,在心里有点谱,以免在设计的过程中字体过大或者过小。

21pt 微软雅黑微软雅黑微软雅黑微软雅黑微软雅黑微软雅黑

18pt 微软雅黑微软雅黑微软雅黑微软雅黑微软雅黑微软雅黑

14pt 微软雅黑微软雅黑微软雅黑微软雅黑微软雅黑微软雅黑

12pt 微软雅黑微软雅黑微软雅黑微软雅黑微软雅黑微软雅黑

11pt 微软雅黑微软雅黑微软雅黑微软雅黑微软雅黑微软雅黑

10pt 微软雅黑微软雅黑微软雅黑微软雅黑微软雅黑微软雅黑

9pt 微软雅黑微软雅黑微软雅黑微软雅黑微软雅黑微软雅黑

8pt 微软雅黑微软雅黑微软雅黑微软雅黑微软雅黑微软雅黑

7pt 微软雅黑微软雅黑微软雅黑微软雅黑微软雅黑微软雅黑

6pt 微软雅黑微软雅黑微软雅黑微软雅黑微软雅黑微软雅黑

图 5-2-2

如果我们说到这,仍有同学还没法想象出来字号到底占纸多大位置,我们可以再与 Word 上的字号大小作以对比:

大特号:63;特号:54;初号:42;小初号:36;大一号:31.5;

一号:28;二号:21;小二号:18;三号:16;四号:14;小四号:12;

五号:10.5;小五号:9;六号:8;小六号:6.875;七号:5.25;八号:4.5

图 5-2-3

最后必须要特别提下“字体”问题。网上有很多地方可以下载，但大多是有版权的，不能免费拿来商用的。如果有的同学直接拿来商用并营利，那么有可能会引起不必要的麻烦。

在此我推荐几个比较好用的良心(免费)好看的字体：苹方(苹果电脑专用的字体，如果有用别的品牌电脑的同学们可以下这个字体来使用)、思源黑体、思源宋体、站酷高端黑、站酷快乐体，还有我们这次用的庞门正道标题体。(下载之前先查一下，不保准这些字体一直都免费)其实还有一些，我在这就不一一举例了。当然正常我们电脑里面自带的字体是可以放心大胆使用的。

5.2.2　我来做你来看

新建文件，输入名称“海报”，设置海报尺寸为“国际标准纸张”的 A4 大小[210×297(h)毫米]，颜色模式设置为 CMYK 的印刷格式，分辨率调为 300 像素/英寸，背景内容为白色。别的不用调整为默认的即可。(见图 5－2－4)

点击渐变工具(快捷键为 G)，将颜色调整为由橙色(C：0 M：71 Y：92 K：0)－黄色(C：14 M：0 Y：84 K：0)－绿色(C：61 M：0 Y：100 K：0)的渐变。用放大镜(快捷键为 Z)把整体画板缩小(为了更好地看到图片整体效果)，拉出如图 5－2－5 所示的少量橙色，大面积黄色和绿色的渐变出来。(见图 5－2－6)

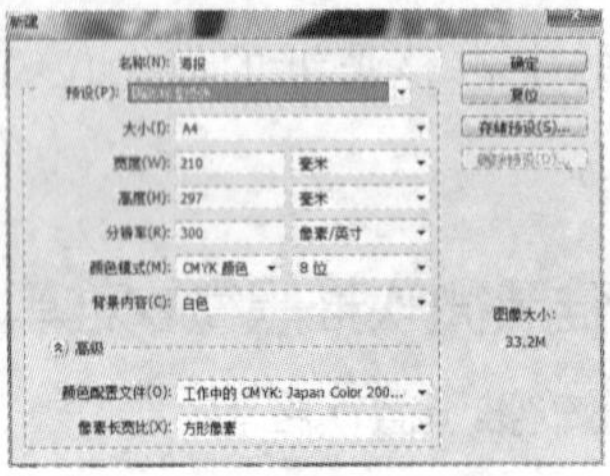

图 5－2－4

图 5－2－5

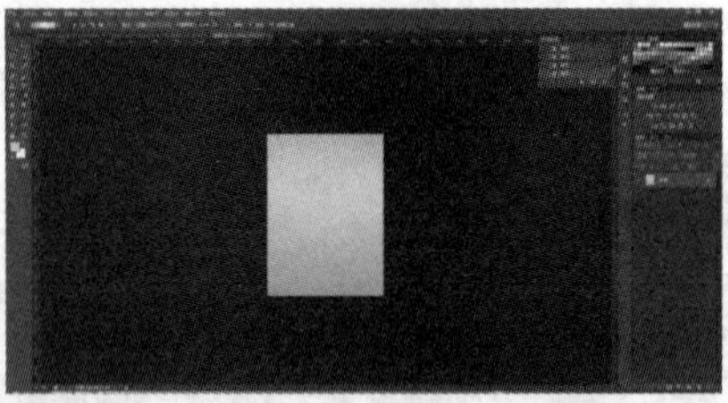

图 5－2－6

用钢笔工具(快捷键 P)在画面左方画出一个“R”的形状。新建图层，右击鼠标选择“建立选区”。使用渐变工具从左上到右下斜着拉出由橙色－黄色－绿色的渐变。(见图 5－2－7～5－2－9)

复制图层 1。(方法有二：其一可直接将图层 1 拖至新建图层处；其二将鼠标移动至所需要复制的图像处，按住键盘上 Alt 键，在出现一黑一白两个三角形时按住鼠标左键不松手，向右侧拉动。)

图5-2-7

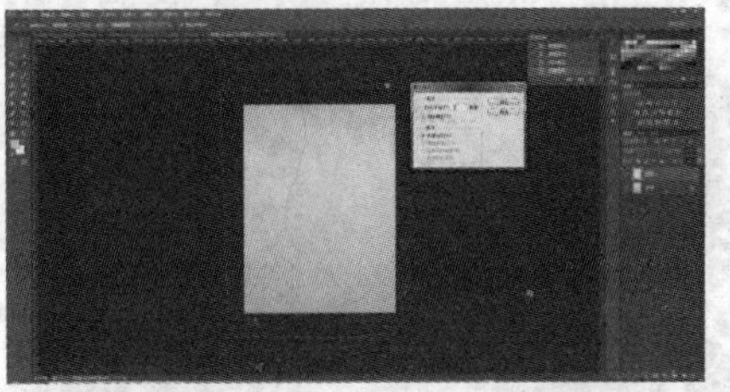

图5-2-8

将图层1副本拖至右手边，利用自由变换图形（快捷键Ctrl+T），水平翻转图层1副本，将图层1副本放大，并调整其位置。

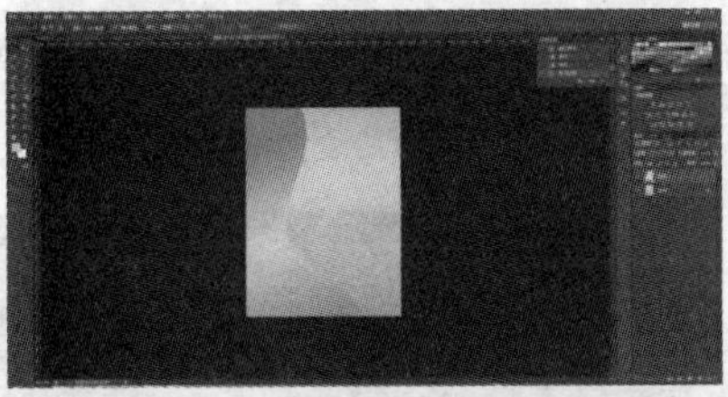

图5-2-9

图5-2-10

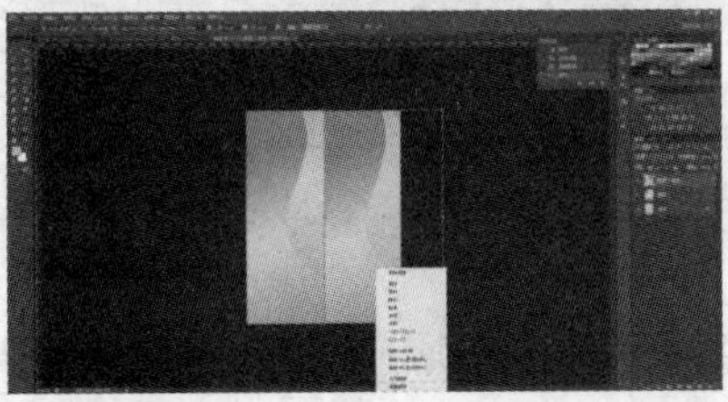

图5-2-11

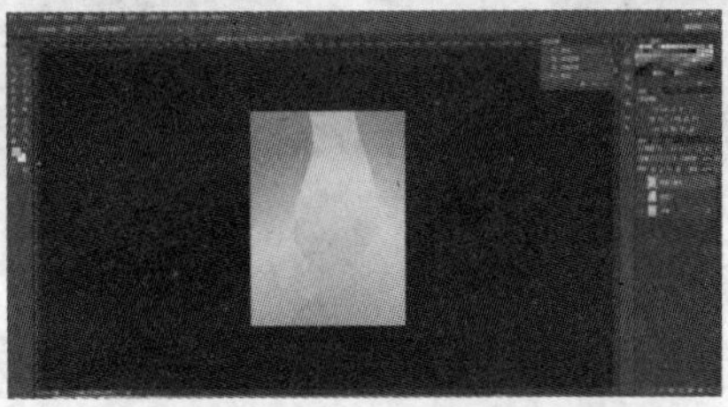

图5-2-12

我们利用上层图层会遮盖住下层图层的原理，虽然是同样的颜色，但利用颜色的位置不同，将背景图片做出一个立体的效果。在同学们自己平时训练时也可以灵活运用这个原理，以做出更加具有立体感的平面图像。

打开素材“花边”，将花边拖入海报中，旋转180°，Enter键置入。调整图层上下顺序，利用上层图层上的图像会将下层图层上的图像遮盖住的原理，将花边只保留中间一部分可见。（见图5-2-13～5-2-15）

图5-2-13

我们知道上一图层的图像会覆盖住原位置下一图层的图像，所以我们利用图层之间的遮盖关系，只将花纹保留一部分可见。这样做出来的效果既不会显得整张图片都很满，又不会使整张图片都很空。在平时作图时我们也需要牢记不要让整张图太满，让图片也有呼吸，注意张弛有度。但同时也不能太空，得把握好中间这个度。

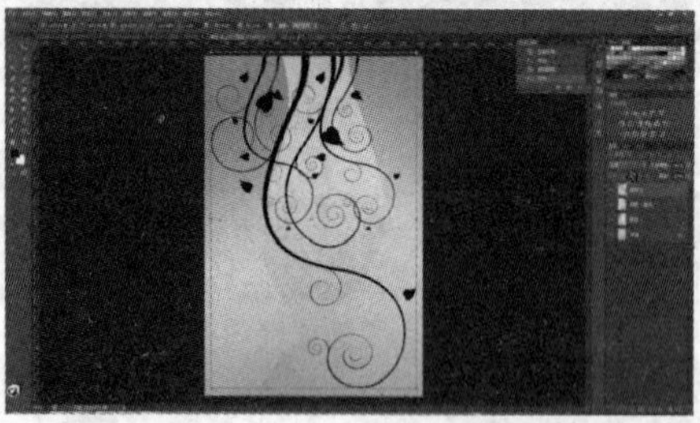

图 5 - 2 - 14

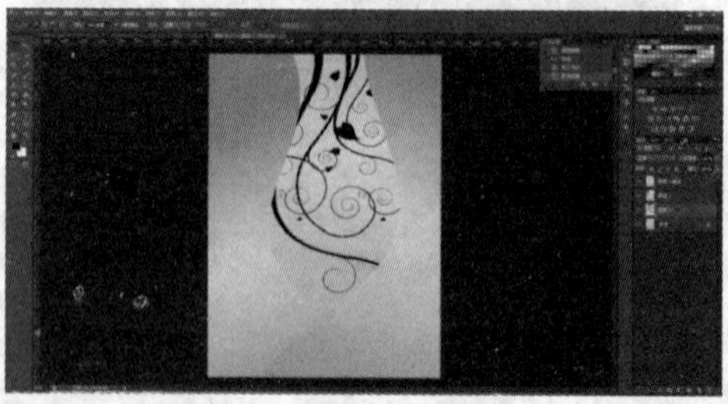

图 5 - 2 - 15

按住 Ctrl 键，点击花边的图层，建立花边选区。新建图层，将前景色设置为橙色(C：0 M：53 Y：91 K：0)，用油漆桶填充该图层。将花边颜色填充为跟底色颜色相近的橙色，不至于太突兀。

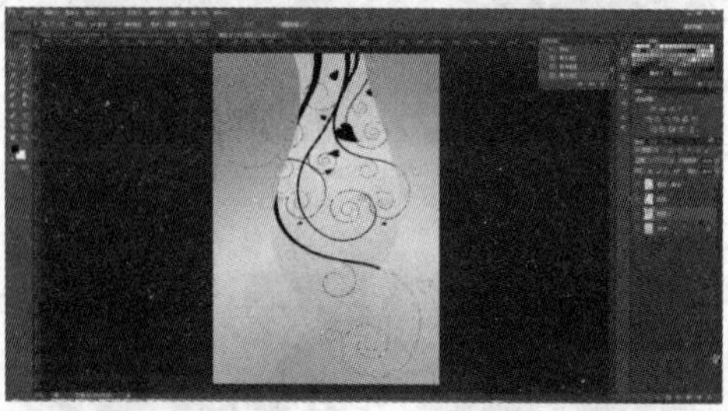

图 5 - 2 - 16

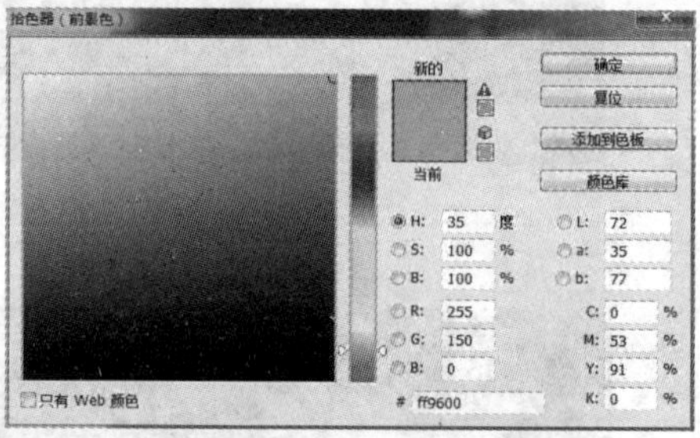

图 5 - 2 - 17

将图层 2 设置为不可见(可以将眼睛关上，也可以删除该图层). 调整图层 3 的混合模式为“正片叠底”，将不透明度设置为 64%，填充为 50%。(见图 5 - 2 - 19)

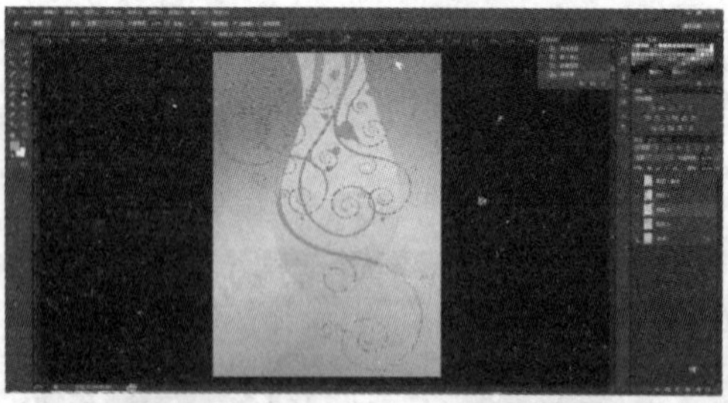

图 5 - 2 - 18

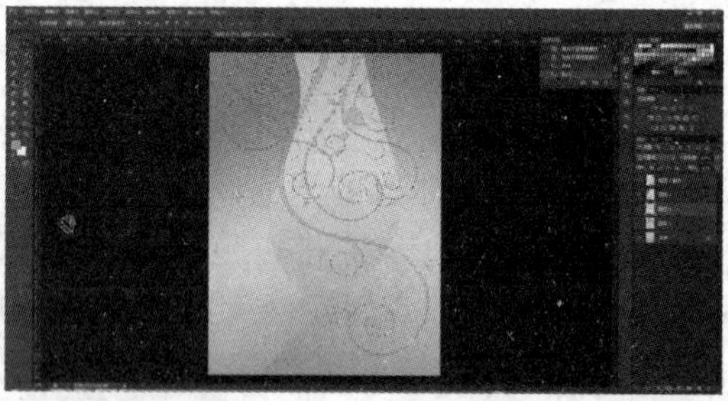

图 5 - 2 - 19

在平时作图时，需要灵活运用图层的混合模式。正片叠底会让上一图层的图颜色变深，以适应下一张图，使两张图仿佛是一张图，减少两个图层之间的不和谐感。同学们也可以试着用一下别的效果看看会不会出来意想不到的结果。

复制图层 3(可参考前面方法)，调整“图层 3 副本”图层位置(位于图层 1 与图层 1 副本之间)。随即，使用自由变换工具(快捷键 Ctrl+T)旋转图层 3 副本 180°后，水平翻转，调整

大小和位置(具体参考下图),将图层 3 副本调整至合适位置。(见图 5-2-20、5-2-21)

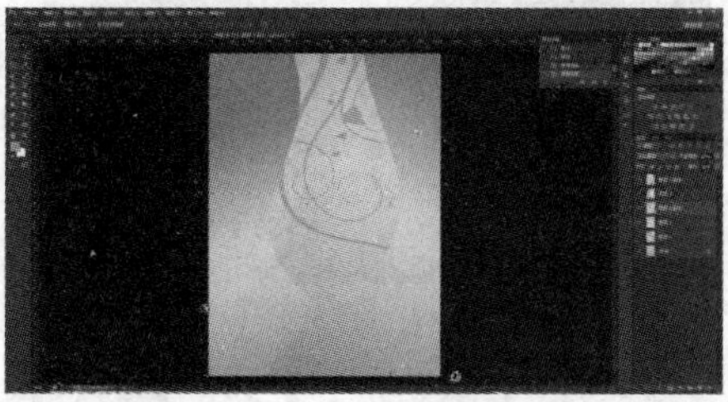

图 5-2-20

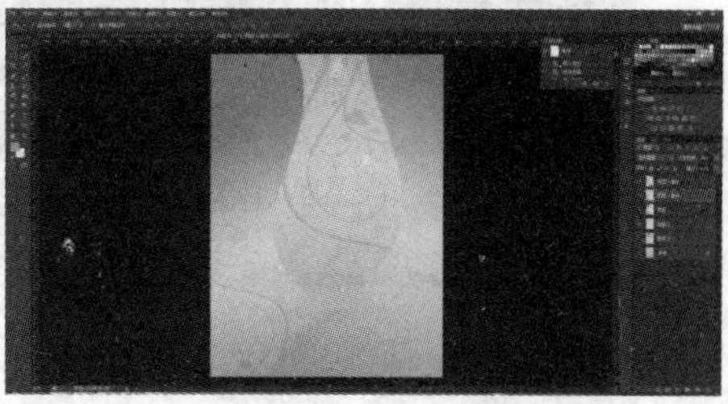

图 5-2-21

按住 Ctrl 键,将图层 3 副本内容载入选区。打开渐变工具,仍设置为橙一黄一绿(具体数值参考步骤 2),在选区中拉出渐变。取消选区(Ctrl＋D),调整图层 3 副本图层混合模式为正常,不透明度为 100%,填充为 60%。(见图 5-2-22～5-2-24)

图 5-2-22

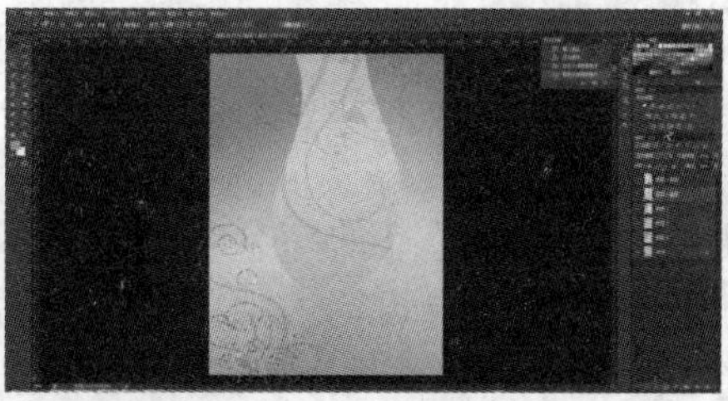

图 5-2-23

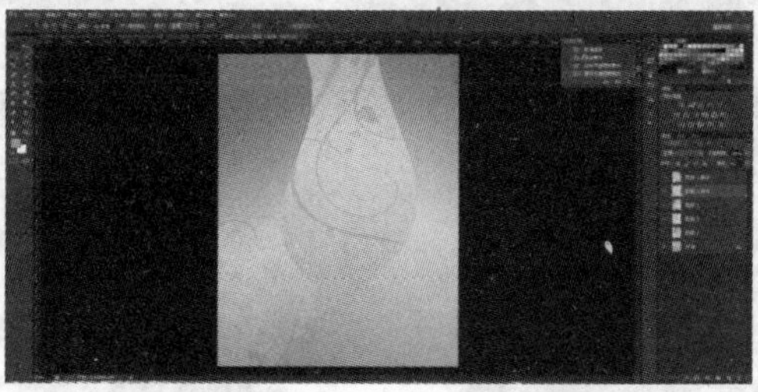

图 5-2-24

新建图层,使用钢笔工具(快捷键:P)画出一条如图所示的弧线。打开画笔工具(快捷键:B),点击(见图 5-2-25)画笔面板。选择画笔为尖角 30,大小为 12 像素,间距为 200%,打开“平滑”。回到钢笔工具,右击选择“描边路径”,单击确定。到路径面板,将该条路径删除(点击“垃圾桶”)。

图 5-2-25

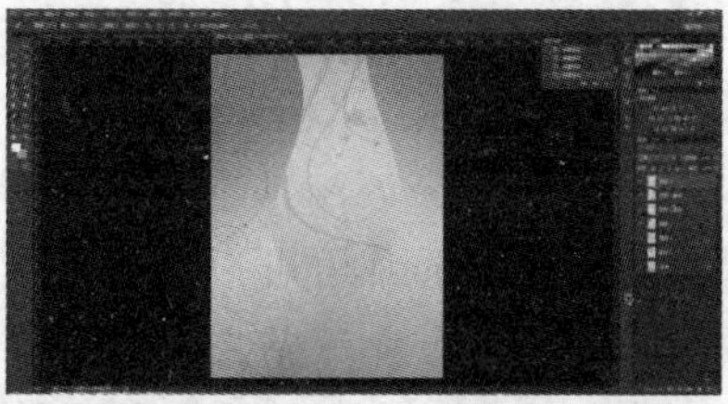

图 5-2-26

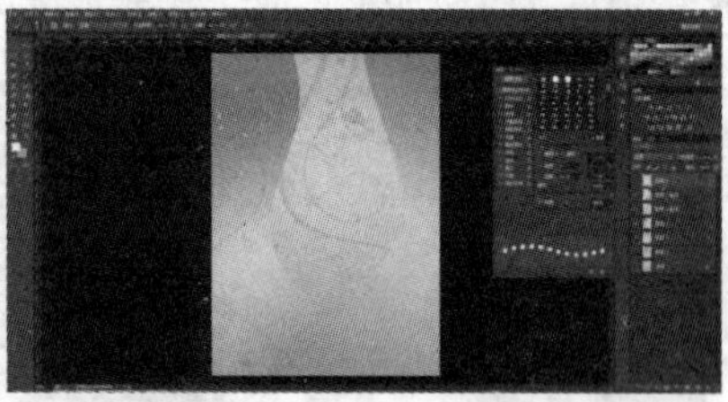

图 5-2-27

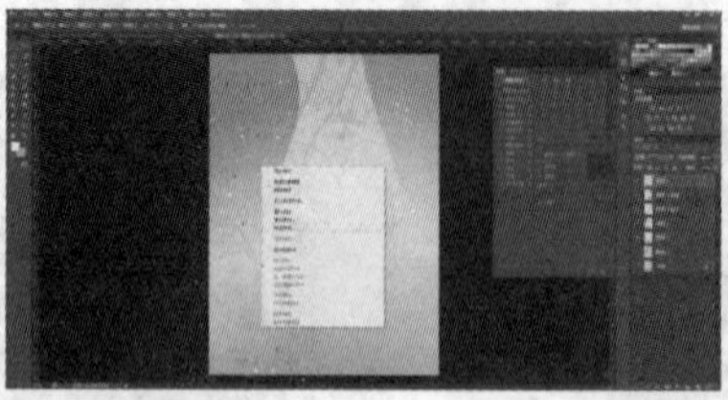

图 5-2-28

图 5-2-29

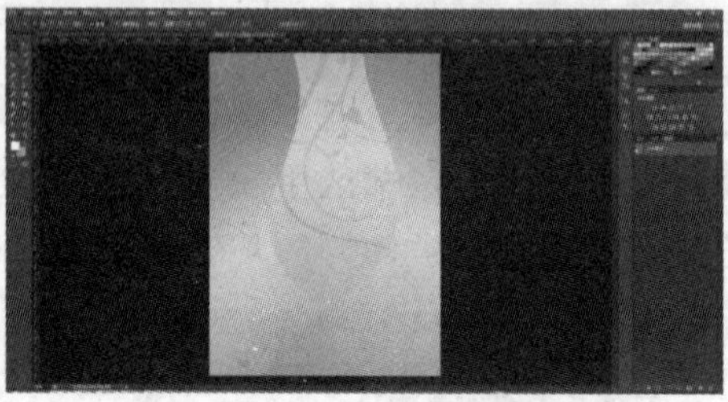

图 5-2-30

利用钢笔工具与画笔工具的结合,有时可以碰撞出不一样的视觉效果。大家可以在这一步试试用其他画笔样式与画笔大小、间隔,说不定能出现意想不到的效果。

用同样方法画出剩下几条线。调整图层位置顺序,图层 5 稍微多出来一点问题不大,在后面的制作中我们可以用文字将其遮挡住[当然,可以用将图层栅格化后用橡皮工具(快捷键:E)将其多余部分擦除]。(见图 5-2-31、5-2-32)

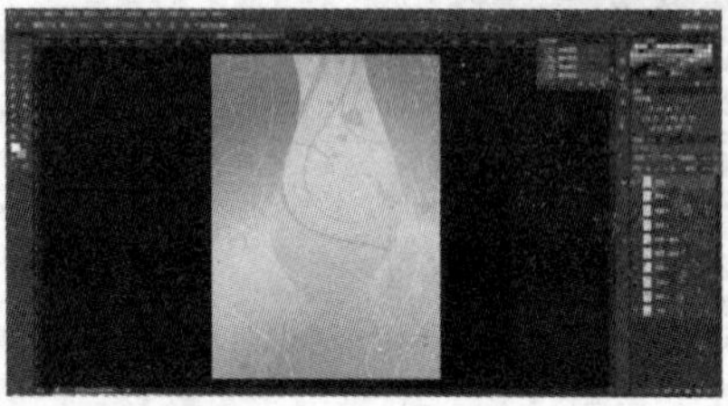

图 5-2-31

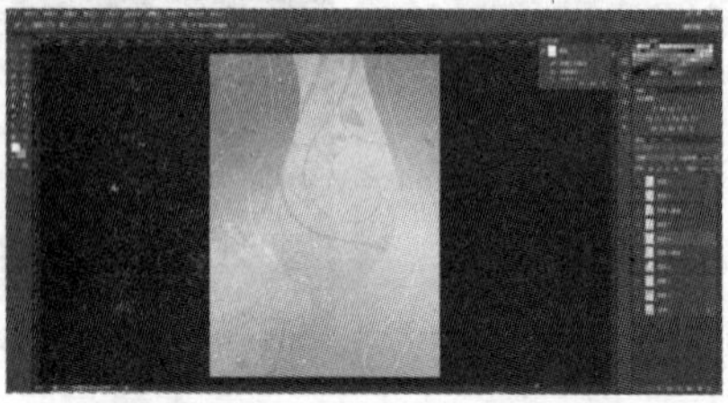

图 5-2-32

使用文字工具(快捷键:T),输入海报主标“点亮人生”。设置字体为“庞门正道标题体”,字体大小为 72 点,颜色为白色。另外再点击文字工具,输入“放飞梦想”,设置字体为“庞门正道标题体”,字体大小为 72 点,颜色为白色。(见图 5-2-33)

图 5-2-33

两行字分开建立图层的原因是可以分开调整文字,而不用两行字一起变换。在之后大家作图的过程中,不要害怕麻烦,尽量不同的文字放置在不一样的图层中,方便后期修改。

点击自由变换工具(快捷键 Ctrl+T),将“放飞梦想”放大至 150%,旋转角度为-15°。随即将“点亮人生”也放大至 150%,旋转角度为-15°。选中“点亮人生”图层,在菜单栏中找到“文字”一栏,点击“转换为图形”。

图 5-2-34

图 5-2-35

在工具箱中点击路径选择工具(快捷键:A)。找到直接选择工具(白箭头),调整已经转换为图形的文字“点亮人生”中的“点”的转折点(黑色小方块)以调整图形大小和位置。在所有方块都为白色,所需要调整的转折点处的方块为黑色时,可以调整该转折点位置,若都为白色则无法调节。之后,使用“白箭头”与“黑箭头”配合自由变换工具(Ctrl+T),调整整个“点亮人生”文字。(见图 5-2-37)

图 5-2-36

图 5-2-37

在之前的课程中我们学习过使用形状工具和钢笔工具时,知道通过钢笔工具绘制出来叫作工作路径,一段已经绘制完成的工作路径如果需要再次编辑需要使用路径选择工具+直接选择工具。此时调整该段工作路径,一定要配合着“黑箭头”(路径选择工具)(见图 5-2-38)和“白箭头”(直接选择工具)(见图 5-2-39)一起使用。

在路径选择工具(黑箭头)时,单击一下工作路径,工作路径会出现方块,此时工作路径处于可整个一起编辑状态。(比如整体放大缩小,或者调整整体在图片上的位置)(见图 5-2-40)如果要退出可编辑状态只需要鼠标左键点击一下非路径区域即可。在整体调整时,可以配合自由变换工具(Ctrl+T)来调整区域位置。

在直接选择工具(白箭头)时点击角点,所有角点都变成白色的方块,用鼠标左键拖动需要变换的转折点,可以发现该处转折点与其他白色方块不同,变为黑色的方块了,便表示可以开始调整该转折点的位置以调整图像。(见图 5-2-41)

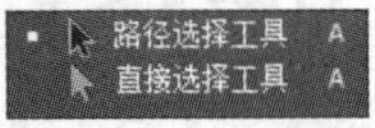

图 5 - 2 - 38

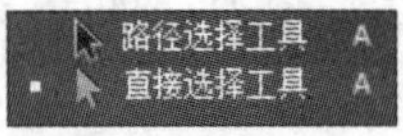

图 5 - 2 - 39

图 5 - 2 - 40

图 5 - 2 - 41

根据上个步骤的方法，调整“放飞梦想”几个字。如图 5 - 2 - 42 所示。

输入副标题“合肥工业学校 经济与信息技术学部”，字体为“苹方 粗体”，字号 20 点。“首届文化艺术节汇演”，字体“苹方 粗体”，字号 30 点。选择“合肥工业学校 经济与信息技术学部”，使用自由变换工具(Ctrl＋T)旋转字体角度为－12°，同理旋转“首届文化艺术节汇演”为－12°。最后调整文字在画面上的位置。(见图 5 - 2 - 46、5 - 2 - 47)

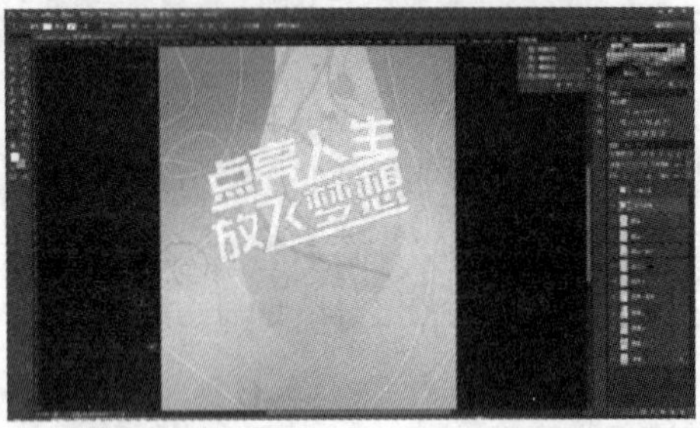

图 5 - 2 - 42

图 5 - 2 - 43

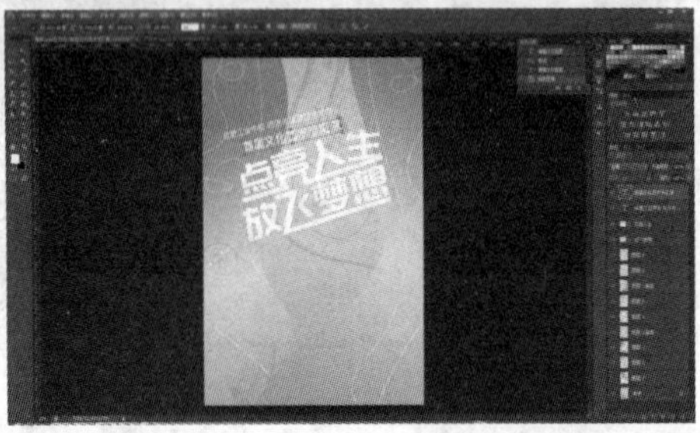

图 5 - 2 - 44

图 5 - 2 - 45

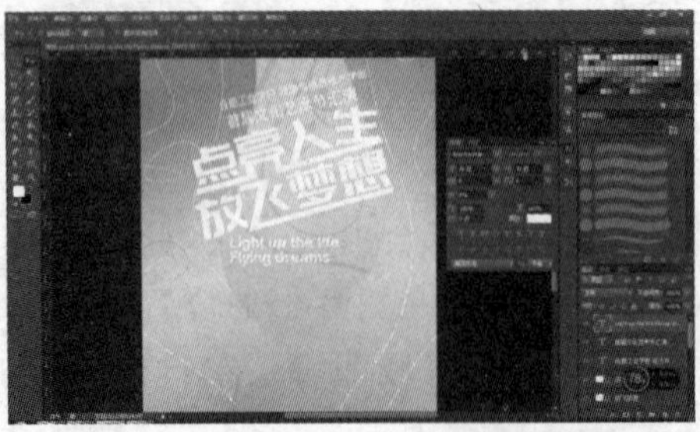

图 5 - 2 - 46

图 5 - 2 - 47

输入文字“Light up the life Flying dreams”，字体为电脑自带的“Arial Rounder MT Bold”，大小为 30 点，字行距为 30 点。旋转文字角度为－12°，调整文字位置。

使用钢笔工具在标题文字下方画出围绕文字走向的不规则图形。新建图层，右击不规则图形区域，选择建立选区，点击确定。在选区内拉出渐变效果，从深蓝(C:100 M:100 Y:62 K:39)到浅蓝(C:67 M:1 Y:1 K:0)过渡。

图 5-2-48

图 5-2-49

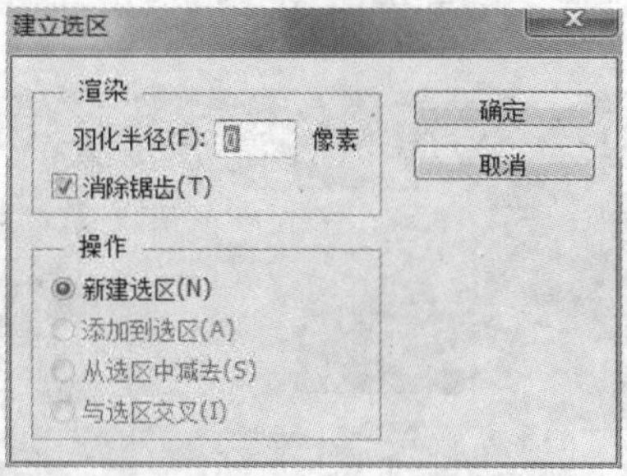

图 5-2-50

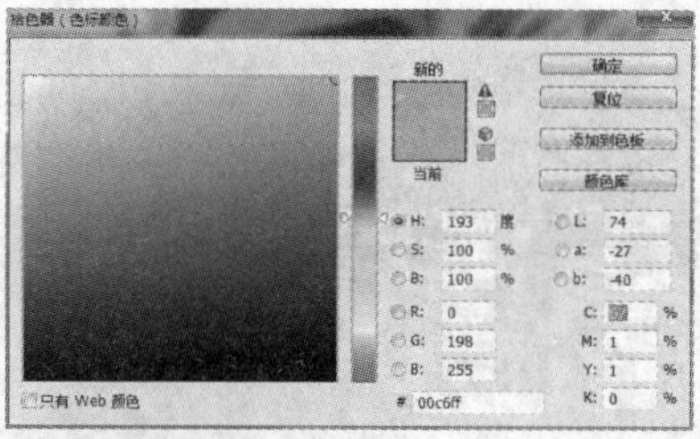

图 5-2-51

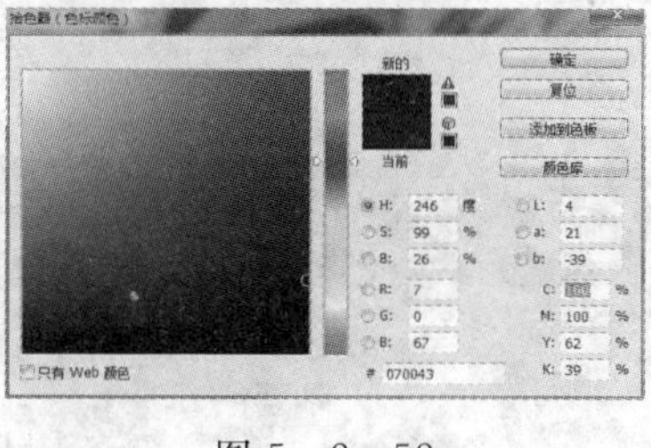

图 5-2-52

图 5-2-53

用圆形形状工具和钢笔工具，在不规则图形周围画出类似油漆喷溅效果的不规则圆点。(见图 5-2-54)

图 5-2-54

用圆形形状工具和钢笔工具，给油漆喷溅点加上呼吸白孔。使整张图更加有灵动感，充满青春气息。（见图 5－2－55）

我们在平时作图时，面对沉闷的深色调，可以尝试着使用在深色调的图形上加上白点或浅色点，这样可以让原本单一颜色的图形变得灵动起来。就像在阳光下吹泡泡时，点点阳光洒在泡泡上，就会显得很好看。我们可以利用浅色和深色的撞色做出高光的效果。

图 5－2－55

选择"点亮人生"图层，使用黑箭头选择"人"字，当出现黑色方块时，右击鼠标，建立选区。新建图层，选择前景色为黄色（C：0 M：0 Y：100 K：0），填充"人"字选区。随即根据文字走向，添加一些边角使文字更加生动。

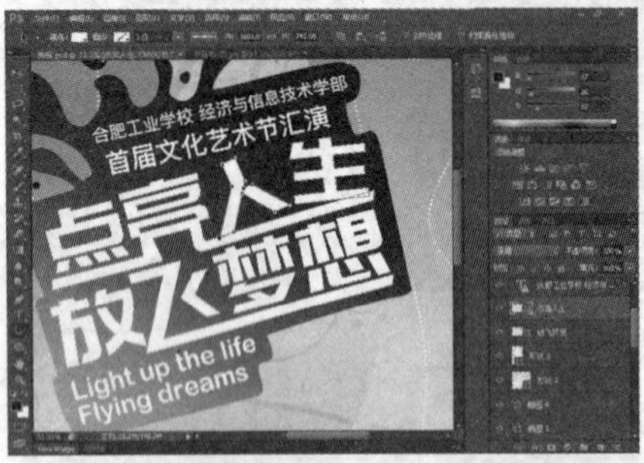

图 5－2－56

图 5－2－57

图 5－2－58

图 5－2－59

在大面积的字体都是同样颜色的时候，可以尝试用一下跳一点的颜色（比如这次的白色里面突然跳出的黄色），使整体文字不那么平，也可以利用跟随文字走向的边角上小素材的添加，让整张图的文字都生动起来。

回到"点亮人生"图层，给该图层添加图层样式（见图 5－2－60）中的"投影"，设置角度为 120°，距离 24 像素，扩展 35％，大小 40 像素，单击确定（见图 5－2－61）。在该图层处右击，点击"拷贝图层样式"，到"放飞梦想"图层

图 5－2－60

处右击，点击“粘贴图层样式”（见图 5－2－62），效果如图 5－2－63。

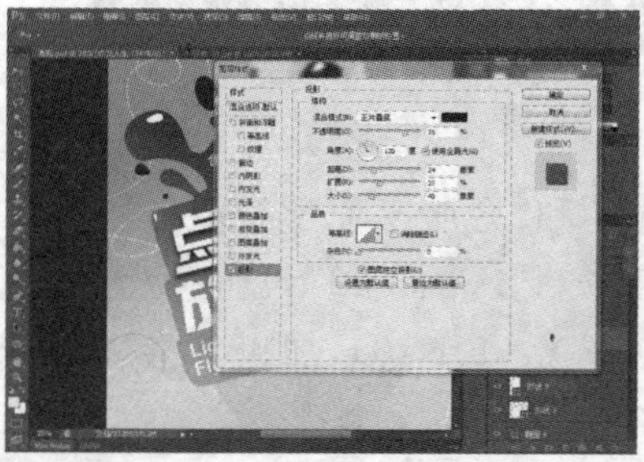

图 5－2－61

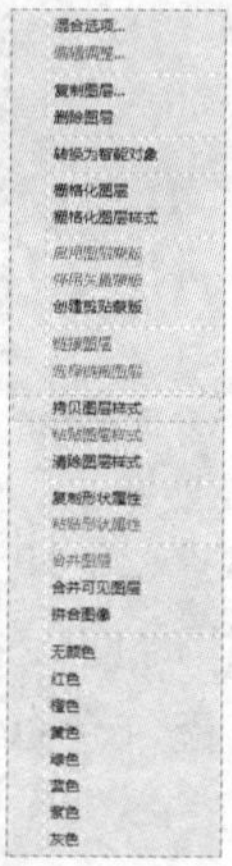

图 5－2－62

图 5－2－63

“拷贝图层样式”也可以在鼠标移动到已经设置好图层样式的图层处，点击鼠标左键不放按住键盘 Alt 键，在出现一黑一白两个箭头时[隐约还可以看到 f(x)图标]，拖入需要相同复制该图层样式的图层处，即可复制图层样式了。

将主标所有图层文件按住 Shift 全部选中，拖入组处（见图 5－2－64），创建新的分组。（见图 5－2－65）

图 5－2－64

图 5－2－65

在 PS 中建立分组是非常重要的环节，因为在后期制作时，有时我们会建立非常多的图层，在后期转回头来修改图片时，就容易忘记哪个画面对应的是哪个图层，如果需要修改的话就要找很长时间，这时就显示出建立明确的分组的重要性了。可以给每个分组重新命名，方便之后查找修改。在平时作图的时候就养成一些好的习惯，对今后会有很大的帮助。

选择文字工具（快捷键：T），输入文字“文艺汇演节目单”，设置字体为“幼圆”，字号为 48 点，字间距为 200，加粗（见图 5－2－66）。旋转文字角度为－15°，调整文字位置。（见图 5－2－67、5－2－68）

图 5－2－66

图 5-2-67

图 5-2-68

选择文字工具，分别添加文字“2018.05.22 19:00p.m.”和“合肥工业学校田径场”，将所有文字都设置为华文细黑，24 点。将具体时间变换颜色，突出。“05.22”设置为橙色(C:0 M:91 Y:72 K:0)，加粗。“19:00”设置为橙红色(C:0 M:93 Y:95 K:0)，加粗。将“田径场”这几个字加粗。

图 5-2-69

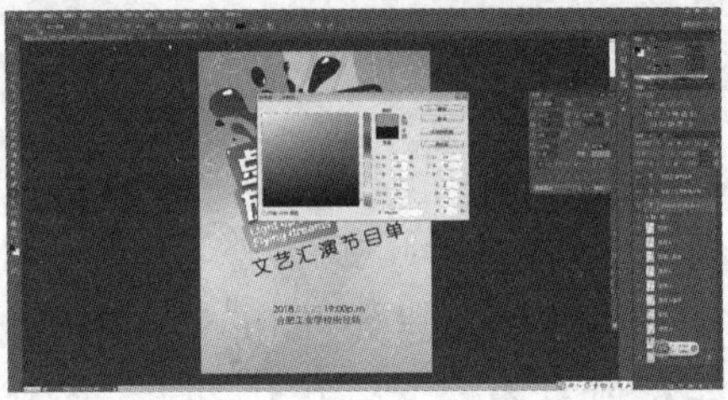

图 5-2-70

在矩形工具中，选择圆角矩形工具(见图 5-2-72)，在时间地点处拖动鼠标左键，拉出稍微比两行字大一点的圆角矩形。设置圆角矩形颜色为白色，宽度为 1400 像素，高度为 280 像素，半径为 100 像素。调整该图层透明度为 40%，稍微移动一下圆角矩形位置，文字前方大概留有 1～2 个字符的位置，以方便后期放置图标。

图 5-2-71

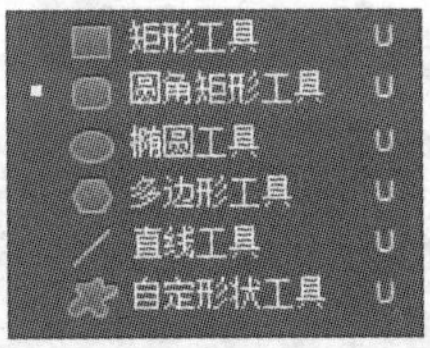

图 5-2-72

图 5-2-73

图 5-2-74

需要注意一下图层之间的位置关系，之前说过上方的图层会对下方的图层有个遮盖的效果。所以如果制作的时候与步骤不相符，可能需要看一下是否图层位置有差。

有时候我们制作出的图形的颜色与背景颜色区分不是很大，就可以试着使用一下绘画工具（比如图形工具、钢笔工具、画笔工具）给该图形加个底图，使所需要突出的部分稍微突出一些。如果底图效果太突兀了，可以试着调整一下不透明度与填充度，让画面更加和谐。

将“2018.05.22 19:00p.m”“合肥工业学校田径场”与圆角矩形图层稍微往上抬一点。在“合肥工业学校田径场”下方添加文字“合肥工业学校 经济与信息技术学部”，字体为华文细黑，字号为 10 点。（见图 5-2-75）

图 5-2-75

设计制作“时间”的小图标。

新建文件，命名为“时间”，设置宽度与高度都为 100mm，分辨率为 200 像素/英寸，CMYK 格式。使用形状工具，绘制一个长宽都为 500 像素、从中心出发的圆，设置描边为黑色 3 点。在圆形内部，使用直线工具分别绘制横竖两条直线，在圆中心处相交，使用移动工具（快捷键：V）让两条直线在中心位置相交，合并图层。选择减去顶层形状（见图 5-2-76），使用圆形工具，绘制比外框小一些的圆形，利用上方圆形减去下方直线部分，制作出所需要的表盘的效果。选择回新建图层（见图 5-2-77），使用矩形工具和圆形工具，绘制出时针和分针，做出时钟的效果。删除背景图层，存储为 PNG 格式。（见图 5-2-78～5-2-82）

图 5-2-76

图 5-2-77

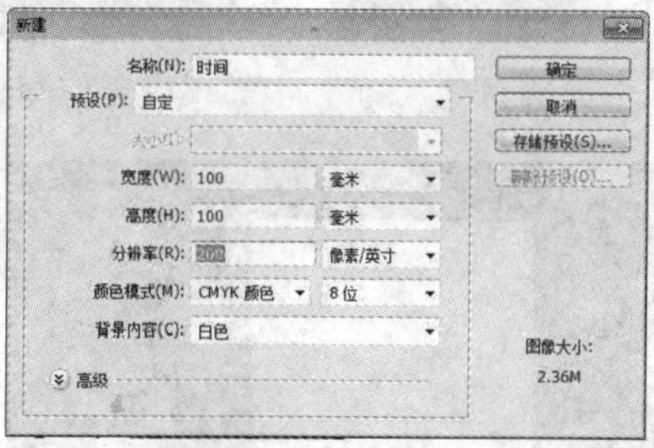

图 5-2-78

图 5-2-79

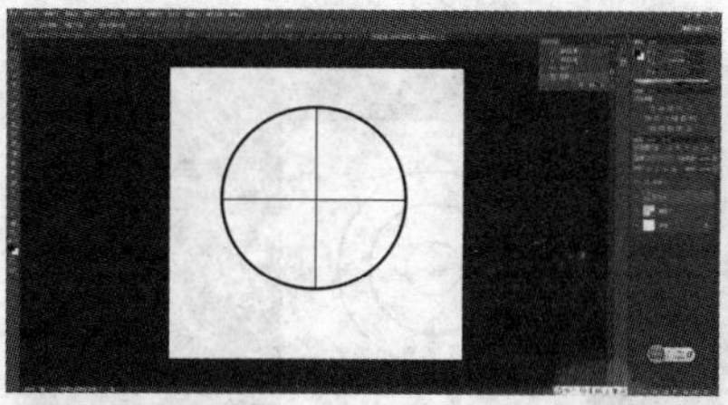
图 5-2-80

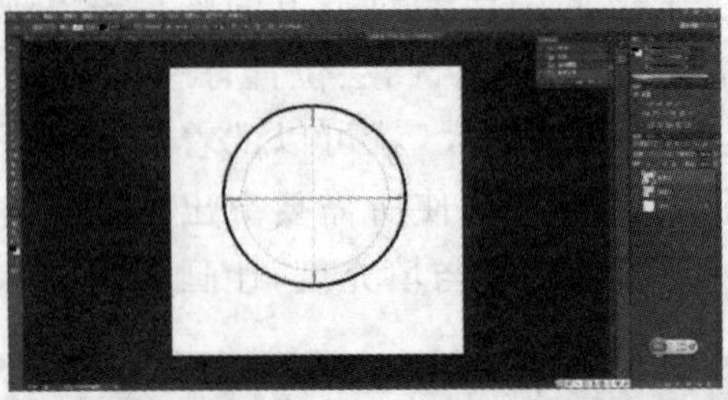

图 5-2-81

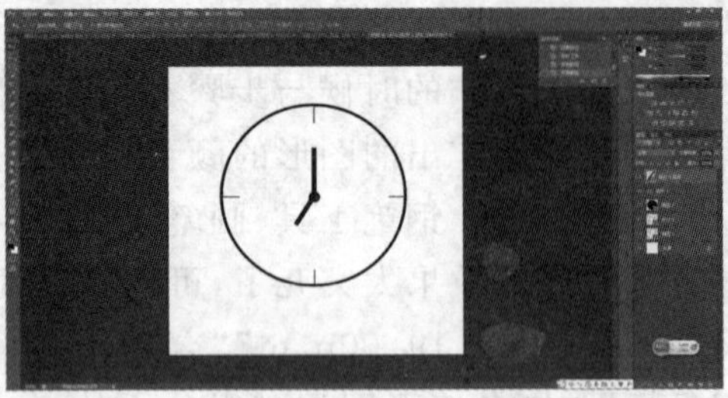

图 5-2-82

设计制作“定位”的小图标。

新建文件，命名为“定位”，设置宽度与高度都为 100 毫米，分辨率为 200 像素/英寸，CMYK 格式。使用直线工具绘制两条相交的直线，设置纵向的直线长为 500 像素，横向的直线宽为 500 像素。选择移动工具（快捷键：V），让两条直线水平居中对齐（见图 5-2-83）和垂直居中对齐（见图 5-2-84）。使用椭圆工具，按住 Shift 键以两条线的交叉点为中心绘制三个正圆，设置描边为 3 点黑色。使用椭圆工具在第二个圆边处绘制两个实心圆形。使用钢笔工具（形状）绘制出一个扇形，将该图层拖到图层顺序最底处。删除背景图层，将图片存储为 PNG 格式。（见图 5-2-85～5-2-89）

图 5-2-83

图 5-2-84

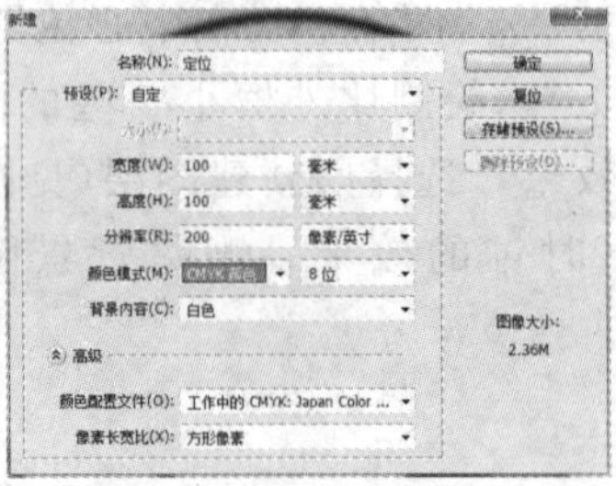

图 5-2-85

图 5-2-86

图 5-2-87

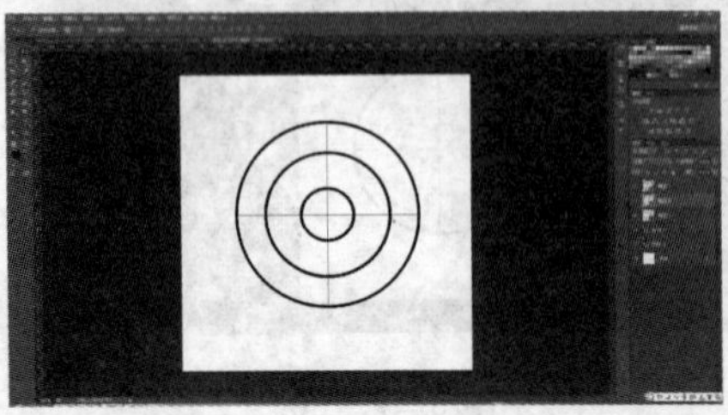

图 5-2-88

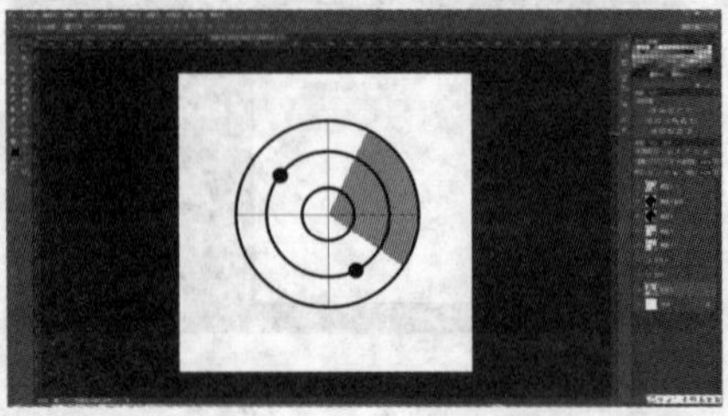

图 5-2-89

将制作完成的“地点”“定位”图标拖进海报的时间地点的内容前。设置图层混合模式为“正片叠底”，调整图标大小位置，完成操作。（见图 5－2－90）

图 5－2－90

打开画笔工具，点击画笔预设下的三角形，打开之后点击右上角齿轮形状右边的小三角，见图 5－2－91。点击载入画笔，将素材中的蝴蝶画笔载入。在“组 1”图层下方新建一个组（可重命名为“蝴蝶”），在该组中新建图层，将前景色设置为白色，调整画笔大小，根据画面，在画面上印上大小不一、有层次感的蝴蝶。

在画每一个蝴蝶之前，我们都需要先新建一个图层，随后再印上蝴蝶，这样可以在后期修改时只旋转这一个蝴蝶，而不让别的蝴蝶跟随它一起转动。在执行本步骤时，一定要静下心来慢慢画，不要急不要躁，这样最后才能出现一个我们想要的效果。

图 5－2－91

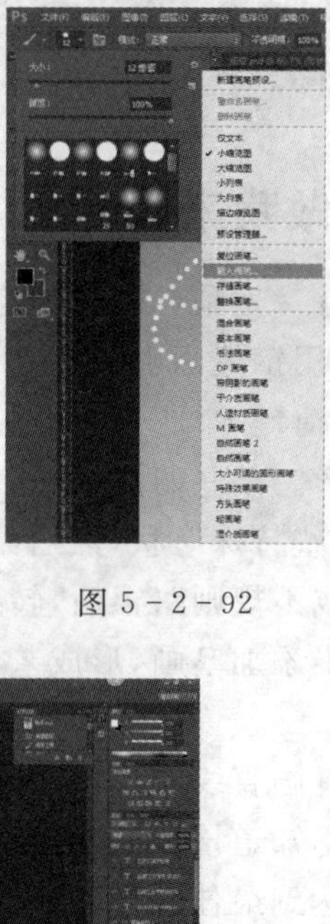

图 5－2－92

图 5－2－93

在画蝴蝶的时候，注意一下蝴蝶要错综排列，有的地方多有的地方少，同时要注意一下图层位置。利用上面图层会遮盖住下面图层的原理，有些蝴蝶可以放在主标上方，可以在“组 1”上方再新建一个分组，里面存放着所有标题上方的蝴蝶，方便后期修改。

新建分组的好处在之前的步骤中已经交代过了，再次加以强调。我们新建图层，新建分组，都是为了之后修改方便，使在整张图做完之后修改的过程中可以快速地找到图层。如果两三个素材放在一个图层中，后期不方便分开修改。

在蝴蝶间隙之间放置大小不一的圆形，让整个画面更加丰富生动。（见图 5-2-94）

最后将素材“蝴蝶”的文件打开，拖入颜色、形状好看的蝴蝶素材放置在画面中，让画面更加丰富多彩，完成整个作品。（见图 5-2-95）

有些素材我们可以在一些素材网站上找到，运用得当时可以使整个画面更加完整，更加丰富。

图 5-2-94

图 5-2-95

5.3.3 你来做我来看

整张海报还有一处是可以更加完善的。我们看到文艺汇演节目单几个字处感觉有点单薄，同学们可以利用钢笔画出形状制作底图，进行调整。

钢笔工具（快捷键 P）是 PS 中必须要掌握的工具之一，使用钢笔工具不光可以抠图，还可以画出所需图形。某些商品的照片需要抠成白底，拿钢笔工具可以做到这一点。也可以用来描边，比如画些特殊形状，然后给定某些颜色和笔刷，可以描成想要的边缘。也可以用来创建各种规则或不规则路径后，转换成选区，然后可以对选定区域进一步编辑。还可以在文字图层上进一步添加笔画，形成艺术文字。或者将文字图层直接转换成形状图层，直接进行变形。

使用钢笔工具画直线同学们现在应该都掌握得还不错了，但是画弧线，可能还是画不出想要的效果。仍不知道该如何灵活使用钢笔工具，这时就需要我们多加练习，有的时候投机取巧是没有办法达到最佳效果的，做人还是要踏踏实实一步一个脚印地往前走。

在平时作图的时候，有的时候文字给到手里，需要仔仔细细地阅读一遍，找出每一句话里面最主要的信息点是什么。此时，可以利用文字加粗、变换颜色等小技巧，使主体部分的内容更加突出显眼。

同学们如果想成为一名优秀的平面设计师，光有好的灵感还远不够，还需要多方面的知识的支撑，处处留心皆学问，只有拥有深厚的文化知识底蕴，才可以完成一幅幅内涵丰富不流于表面的作品。平时生活中也需要处处留心，看看有没有什么可以运用在作图上的。不要自我暗示说学设计的不需要语数外知识，恰巧是这些文化课知识才能使作品更加有底蕴和深度。

图 5-2-96

5.3.4　我们一起来练练

(1)如何使用形状工具画出指南针的效果？

图 5-2-97

(2)如何使用渐变工具做出书页的效果？

图 5-2-98

(3)深色与浅色的撞色做出想要的效果。

玩一玩

尝试自己设计和绘制一张有特色的课程表。

5.3.5　我们一起来说说

(1)图像印刷的颜色模式中的 CMYK 和 RGB 分别代表哪几种颜色？

(2)画笔工具的注意技巧和步骤。

(3)在 Photoshop 中“白箭头”“黑箭头”分别代表什么？

(4)混合模式的使用技巧。

以上除形成书面作业上交外，会在课前通过点名方式进行检查。课外实践作业请通过班级群发送给授课教师批改。

请同学们创意设计并制作校园文化宣传海报：以“启航”为主题、授课老师的个性名片、班级的宣传画册。

5.3.6 实训报告

图形图像处理 Photoshop CS6 实训报告

班级 姓名		时间	
		实训室	
实训知识点	校园文化艺术节节目单设计		
实训目的	1. 钢笔工具的使用　3. 渐变工具的运用 2. 画笔工具的使用　4. 混合模式的使用		
实训内容 学生填写部分	1. 背景的制作 2. 主标的制作 操作步骤 3. 辅助素材的添加		
实训要求	1. 认真填写实训报告 2. 对问题进行记录 3. 拓展问题认真思考并完成实践 4. 完成思考题并形成书面作业	备注：实训报告以一个知识点的实践完成为依据，教师根据学生实训具体情况来调整学时。这样更有利于实践分数的评定	
成绩评定	优秀　良好　及格　不合格		

5.3　校际交流宣传设计

在中职学习生涯中，经常会和兄弟学校的同学们以才艺的方式来相互沟通，主要围绕着学校环境、学习氛围、就业情况、对口升学与技能大赛等情况来进行宣传与学习交流。

而从同学们自身来说，特别是中职院校的学生，除了正常上课之外肯定更希望能通过这样的宣传交流让个人能力得到训练与加强。都说兴趣是最好的老师，那我们这节的内容从交流型的宣传海报着手，利用海报的宣传功能，让大家来进行互动，换个角度来了解平面设计。

本次课程别具匠心地将折纸效果运用到海报设计中来，使整张海报显得非常新颖独特，我们在平时做海报的时候也可以尝试运用其他效果，不光能使整个画面显得非常立体，还可以更多地吸引人们的眼球，让大家过目不忘。

5.3.1　我来说你来记

本节课所需要掌握的快捷键如表 5-3-1 所示。

表 5-3-1

路径选择工具	A	画笔工具	B	橡皮	E
油漆桶/渐变工具	G	钢笔工具	P	文字	T
移动工具	V	放大镜	Z	复制图形	Alt+鼠标左键
自由变换工具	Ctrl+T	取消选区	Ctrl+D	矩形工具	U
新建文件	Ctrl+N	复制	Ctrl+C	粘贴	Ctrl+V
标尺	Ctrl+R	羽化	Shift+F6		

为了让同学们能更深入地做好宣传交流设计的准备，这里我们需要学习一些必备的知识，比如我们再来从字面上了解一下什么是平面设计。平面设计(Graphic Design)也称为视觉传达设计，是以“视觉”作为沟通和表现的方式，透过多种方式来创造和结合符号、图片和文字，借此作出用来传达想法或信息的视觉表现。平面设计师可能会利用字体排印、视觉艺术、版面(Page Layout)、电脑软件等方面的专业技巧来达成创作计划的目的。平面设计通常可指制作(设计)时的过程以及最后完成的作品。

设计是有目的的策划，平面设计是这些策划将要采取的形式之一，在平面设计中你需要用视觉元素来传播你的设想和计划，用文字和图形把信息传达给受众，让人们通过这些视觉元素了解你的设想和计划，这才是我们设计的定义。一个视觉作品的生存底线，应该看它是否具有感动他人的能量，是否顺利地传递出背后的信息，事实上它更像人际关系学，依靠魅力来征服对象。你的设计有抓住人心的魅力吗？是一见钟情式的还是水到渠成式的？你需要像一个温文尔雅的绅士还是一个不修边幅的叛逆之子，或是治学严谨的学者？

也就是说，在设计图片的时候不光是要考虑到以怎么样的形式可以更好地展现所要表述的内容，更多的还要考虑这张图片会给观者带来一个怎样的视觉感受，又能从这张图中获取怎样的更深层次的内容。也就是说在作图的过程中,不光是好看便可,更多的是要通过图片透露出自己的想法心思,给画面赋予温度。

这里向同学们介绍一些在平面设计中常用的展示方式。

直接展示法:将某产品或主题直接如实地展示在广告版面上,充分运用摄影技巧写实表现。着力渲染产品的质感、形态和功能用途,将产品精美的质地完美地呈现出来,给人以逼真的现实感,使消费者对所宣传的产品产生一种亲切感和信任感。

突出特征法:运用各种方式抓住和强调产品或主题本身与众不同的特征,并把它鲜明地表现出来,将这些特征置于广告画面的主要视觉部位或加以烘托处理,使观众在接触言辞画面的瞬间即很快感受到,对其产生注意和发生视觉兴趣,达到刺激购买欲望的促销目的。

对比衬托法:对比是一种趋向于对立冲突的艺术美中最突出的表现手法。它把作品中所描绘的事物的性质和特点放在鲜明的对照和直接对比中来表现,借彼显此,互比互衬,从对比所呈现的差别中,达到集中、简洁、曲折变化的表现。通过这种手法更鲜明地强调或提示产品的性能和特点,给消费者以深刻的视觉感受。

合理夸张法:借助想象,对广告作品中所宣传的对象的品质或特性的某个方面进行相当明显的夸大,以加深或扩大这些特征的认识。文学家高尔基指出:夸张是创作的基本原则。通过这种手法能更鲜明地强调或揭示事物的实质,加强作品的艺术效果。

以小见大法:在广告设计中对立体形象进行强调、取舍、浓缩,以独到的想象抓住一点或一个局部加以集中描写或延伸放大,以更充分地表达主题思想。这种艺术处理以一点观全面、以小见大、从不全到全的表现手法,给设计者带来了很大的灵活性和无限的表现力,同时为接受者提供了广阔的想象空间,获得生动的情趣和丰富的联想。

运用联想法:合乎审美规律的心理现象。在审美的过程中通过丰富的联想,能突破时空的界限,扩大艺术形象的容量,加深画面的意境。

富于幽默法:幽默法是指广告作品中巧妙地再现喜剧性特征,抓住生活现象中局部性的东西,通过人们的性格、外貌和举止的某些可笑的特征表现出来。幽默的表现手法,往往运用饶有风趣的情节,巧妙地安排,把某种需要肯定的事物无限延伸到漫画的程度,造成一种充满情趣、引人发笑而又耐人寻味的幽默意境。幽默的矛盾冲突可以达到出乎意料又在情理之中的艺术效果,勾引起观赏者会心的微笑,以别具一格的方式,发挥艺术感染力的作用。

借用比喻法:比喻法是指在设计过程中选择两个在本拷贝各不相同,而在某些方面又有些相似性的事物,以此物喻彼物,比喻的事物与主题没有直接的关系,但是某一点上与主题的某些特征有相似之处,因而可以借题发挥,进行延伸转化,获得婉转曲达的艺术效果。

以情托物法:艺术的感染力最有直接作用的是感情因素,审美就是主体与美的对象不断交流感情产生共鸣的过程。艺术有传达感情的特征,感人心者,莫先于情这句话已表明了感情因素在艺术创造中的作用,在表现手法上侧重选择具有感情倾向的内容,以美好的感情来烘托主题,真实而生动地反映这种审美感情就能获得以情动人、发挥艺术感染人的力量,这是现代广告设计的文学侧重和美的意境与情趣的追求。

悬念安排法:在表现手法上故弄玄虚,布下疑阵,使人对广告画面乍看不解题意,造成一种猜疑和紧张的心理状态,在观众的心理上掀起层层波澜,产生夸张的效果,驱动消费者的好奇心和强烈举动,开启积极的思维联想,引起观众进一步探明广告题意之所在的强烈愿望，然后通过广告标题或正文把广告的主题点明出来，使悬念得以解除，给人留下难忘的心理感受。

选择偶像法：在现实生活中，人们心里都有自己崇拜、仰慕或效仿的对象，而且有一种想尽可能地向他靠近的心理欲求，从而获得心理上的满足。这种手法正是针对人们的这种心理特点运用的，抓住人们对名人偶像仰慕的心理，选择观众心目中崇拜的偶像，配合产品信息传达给观众。由于名人偶像有很强的心理感召力，故借助名人偶像的陪衬，可以大大提高产品的印象程度与销售地位，树立名牌的可信度，产生不可言喻的说服力，诱发消费者对广告中名人偶像所赞誉的产品的注意，激发起购买欲望。偶像的选择可以是柔美风流的超级女明星、气质不凡举世闻名的男明星，也可以是驰名世界体坛的男女高手，其他的还可以选择政界要人、社会名流、艺术大师、战场英雄、俊男美女等。偶像的选择要与广告的产品或劳务在品格上相吻合，不然会给人牵强附会之感，使人在心理上予以拒绝，这样就不能达到预期的目的。

谐趣模仿法：这是一种创意的引喻手法，别有意味地采用以新换旧的借名方式，把世间一般大众所熟悉的名画等艺术品和社会名流等作为谐趣的图像，经过巧妙的整形履行，使名画名人产生谐趣感，给消费者一种崭新奇特的视觉印象和轻松愉快的趣味性，以其异常、神秘感提高广告的效果，增加产品身价和吸引度。

神奇迷幻法：运用畸形的夸张，以无限丰富的想象构织出神话与童话般的画面，在一种奇幻的情景中再现现实，造成与现实生活的某种距离，这种充满浓郁浪漫主义、写意多于写实的表现手法，以突然出现的神奇的视觉感受，很富于感染力，给人一种特殊的美感受，可满足人们喜好奇异多变的审美情趣的要求。在这种表现手法中艺术想象很重要，它是人类智力发达的一个标志，干什么事情都需要想象，艺术尤其这样。可以毫不夸张地说，想象是艺术的生命。从创意构想开始直到设计结束，想象都在活跃地进行。想象的突出特征是它的创造性，创造性的想象是新的意蕴的挖掘开始，是新的意象的浮现展示。它的基本趋向是对联想所唤起的经验进行改造，最终构成带有审美者独特创造的新形象，产生强烈打动人心的力量。

连续系列法：画面，形成一个完整的视觉印象，使通过画面和文字传达的广告信息十分清晰、突出、有力。

这一理论部分内容在我们的教学 PPT 中都有所展示，请同学们自行观看。

5.3.2　我来做你来看

做一个校际交流宣传的海报，同学的构思尽量以活泼和鲜明为主。所应用的展示方法也并不局限于哪一种方法，只要能表达出设计理念就行了。这一点请同学们在今后的学习中不要学死，不可为方法而方法，不可为了用技能而任意使用技巧。

新建文件，输入文件名称为“宣传交流”，设置海报尺寸为 A4 大小，即 210×297(h)毫米[因为是课堂教学为了方便起见，设置为 210×297(h)毫米的尺寸，如果是真正印刷制图需要调整为标准尺寸：210×285(h)毫米，并且留有 3 毫米的出血位置，换句话说要将尺寸设置为 216×291(h)毫米才可以]。

颜色模式设置为 CMYK 的印刷格式，分辨率调为 300 像素/英寸，背景内容为白色。别的不用调整设为默认的即可。

我们在百度图片上找到一张吉他的正面照，将素材“吉他”拖入画面中，调整其大小位置，放在画面中间偏左的位置。（见图 5-3-2）

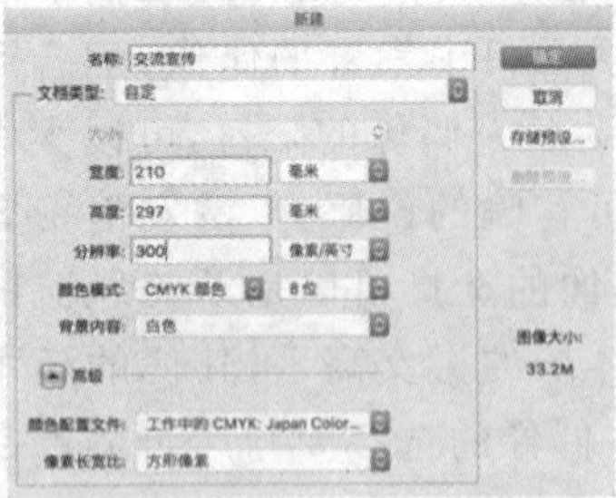

图 5-3-1

图 5-3-2

将前景色设置为 CMYK 红（C：0 M：100 Y：100 K：0），新建图层，使用油漆桶（快捷键：G）填充背景。（见图 5-3-3）

使用钢笔工具（快捷键：P）勾勒出吉他面板轮廓（暂时只需要勾勒吉他主体部分），新建图层，选择钢笔工具，右击点击建立选区。将前景色设置为 CMYK 红（C：0 M：100 Y：100 K：0），使用油漆桶工具（快捷键：G）填充。（见图 5-3-4）

图 5-3-3

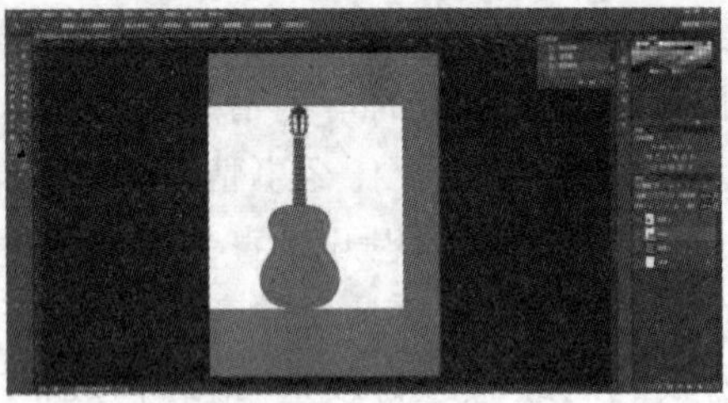

图 5-3-4

将图层设置为不可见（将眼睛关上），图 5-3-5 使用钢笔工具继续勾画出吉他琴头和指板。（不需要完全按照吉他原型来，按照示范图绘制出即可）将前景色设置为 CMYK 红（C：0 M：100 Y：100 K：0），使用油漆桶工具（快捷键：G）填充。（见图 5-3-6）

图 5-3-5

图 5-3-6

按住 Ctrl 键点击图层 1，选择吉他轮廓，新建图层，选择矩形选框工具，将框选位置向左上位置微移。

在菜单栏中找到“选择”，找到“修改”，在修改中选择“羽化”（快捷键：Shift＋F6），羽化半径为 50 像素。将前景色设置为 85％灰色（C：76 M：70 Y：67 K：31），使用油漆桶工具（快捷键：G）填充该部分。

设置图层的混合模式为正片叠底，调整图层上下位置。最后，将面板图层更改一下名称，以方便后期查找调整。

图 5－3－7

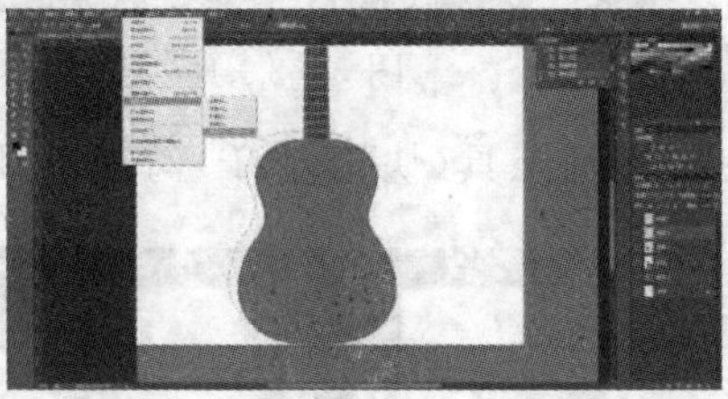

图 5－3－8

图 5－3－9

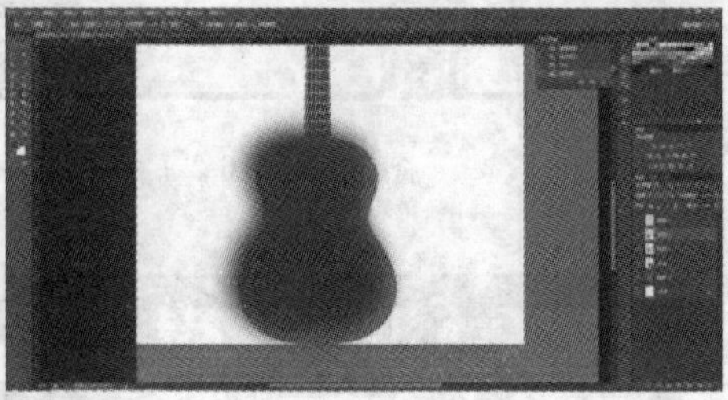

图 5－3－10

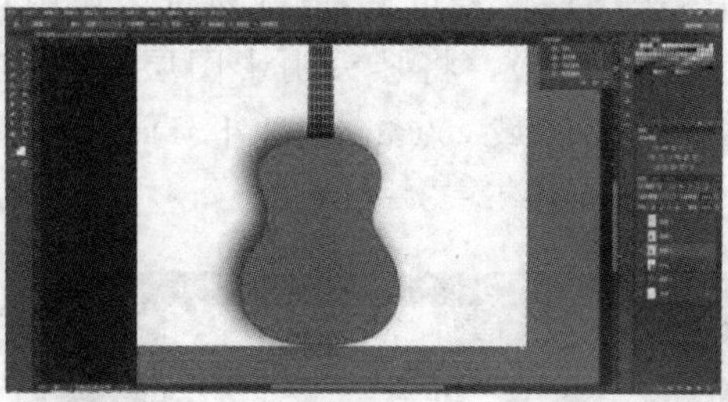

图 5－3－11

取消选区（快捷键：Ctrl＋D）。将琴头和指板图层名称重命名，方便后期查找修改。按住 Ctrl 键点击该图层载入选区，新建图层，选择矩形选框工具，将框选位置向左上位置微移。

在菜单栏中找到“选择”，找到“修改”，在修改中选择“羽化”（快捷键：Shift＋F6），羽化半径为 50 像素。将前景色设置为 85％灰色（C：76 M：70 Y：67 K：31），使用油漆桶工具填充该部分。设置图层的混合模式为正片叠底，调整图层上下位置。（见图 5－3－12、5－3－13）

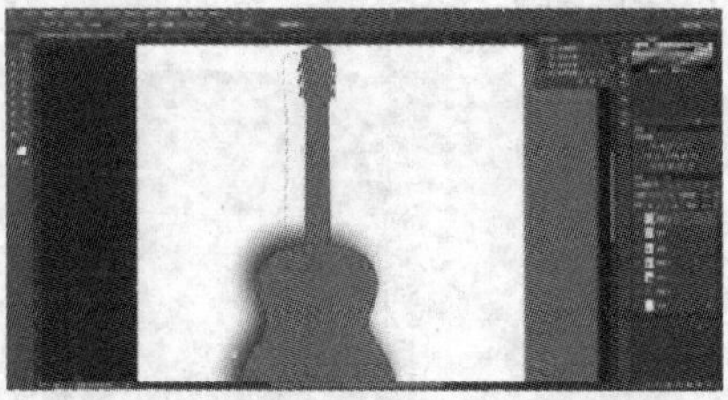

图 5－3－12

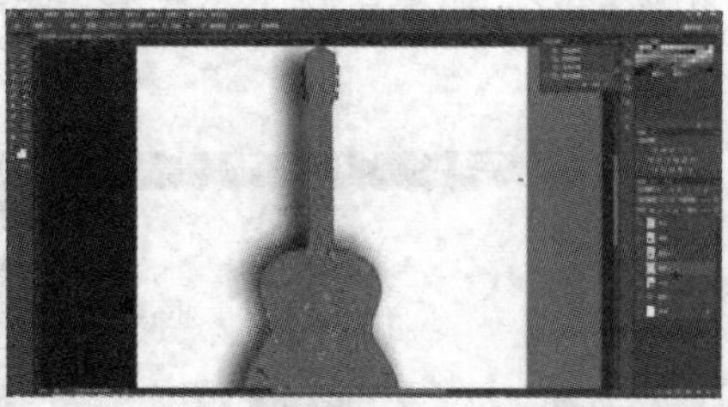

图 5－3－13

将吉他原图可见关闭，观察一下阴影的位置，根据吉他本体的位置，做适当的微调。按住 Ctrl 键选择“琴头”图层选定琴头轮廓区域，新建图层，在选择－修改－羽化（快捷键：Shift＋F6）中调整羽化大小，数值设定为 10 像素。调整图层上下位置以及阴影位置，至为如图 5－3－15 所示位置。

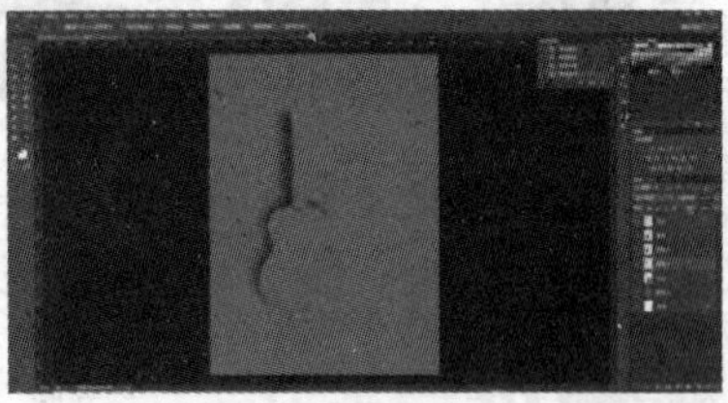

图 5－3－14

图 5－3－15

将除原图之外剩余图层设置为不可见。使用钢笔工具（快捷键：P）勾勒出琴头上部弦槽的位置，使用钢笔工具先行勾勒出左方弦槽位置，点击鼠标右键选择建立选区。紧接着使用钢笔工具勾勒右方弦槽位置，点击鼠标右键，在建立选区的对话框中选择添加到选区。

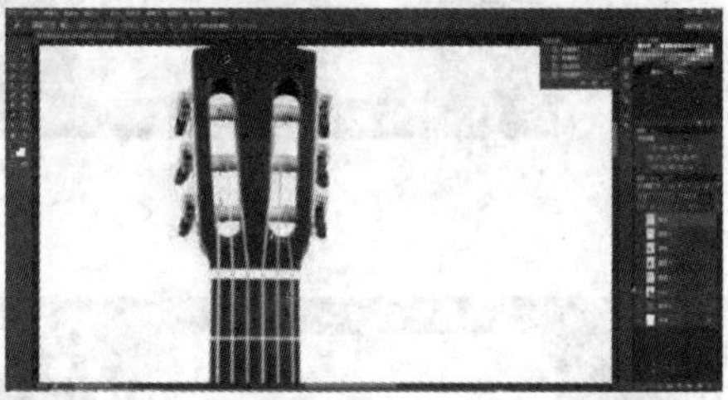

图 5－3－16

将琴头图层恢复可见，删除所选区域（点击键盘上 Delete 键）。将琴头阴影图层恢复为可见，删除所选区域（点击键盘上 Delete 键）。（见图 5－3－16～5－3－18）

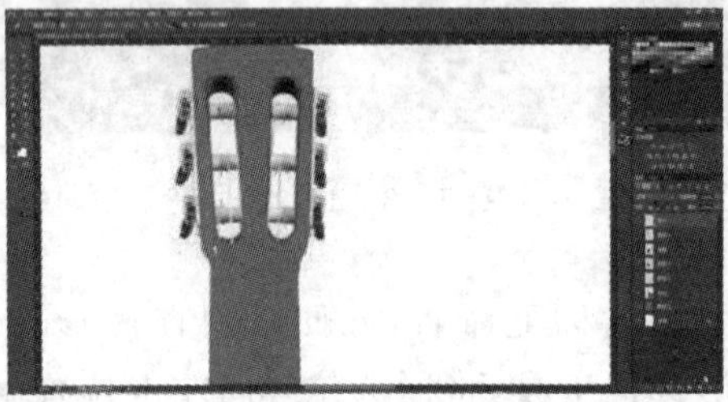

图 5－3－17

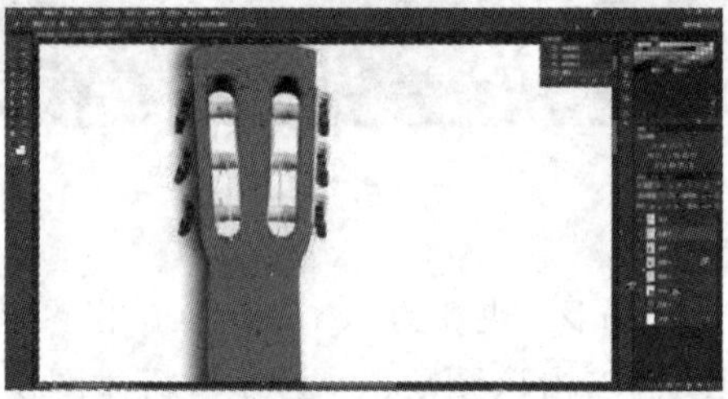

图 5－3－18

取消除参考图之外所有图片的可见。选择矩形工具（快捷键：U），绘制 3 条 174×19（h）像素的 CMYK 红的矩形。添加图层样式，选择渐变叠加，混合模式设置为正片叠底，不透明度为 80％。最后调整图层上下位置，使其在琴头下方位置。（见图 5－3－19～5－3－22）

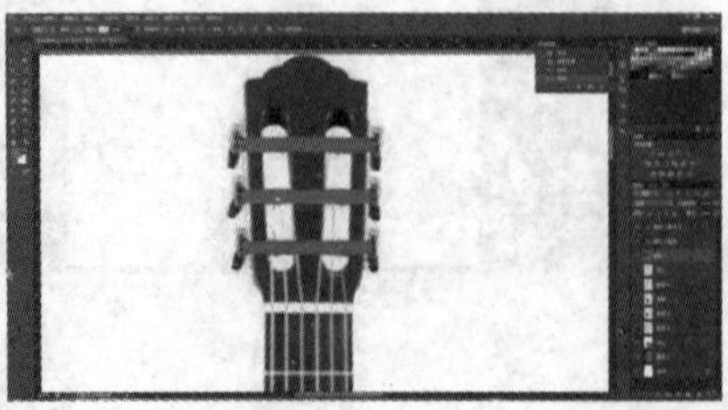

图 5－3－19

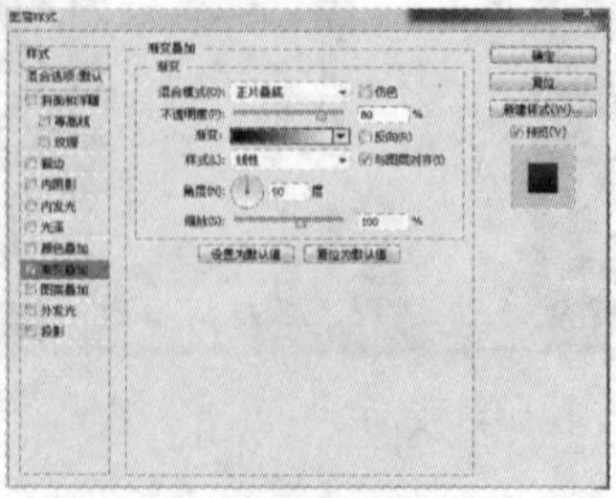

图 5－3－20

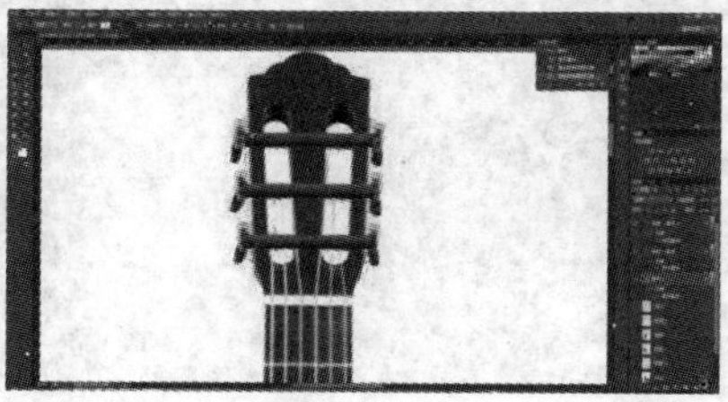

图 5-3-21

图 5-3-22

接下来我们来看一下吉他的旋钮怎么表现。我们打开吉他的图片，分析一下，发现旋钮可以看作是两个梯形组合而成，为了方便起见我们把旋钮整体看成一个不规则图形。

使用钢笔工具绘制出如图所示的不规则图形[当不确定上下是否垂直、左右是否在一条线上时，可以使用标尺辅助绘图，在菜单栏－视图－标尺(快捷键 Ctrl＋R)]，右击选择“填充路径”，复制该路径(按住 Alt 键拖动)，使用选框工具(快捷键：M)与移动工具(快捷键：V)配合，调整每个弦轴的位置。左边旋钮绘制完毕之后，整体复制该图层，右击选择水平翻转，绘制出右边旋钮。根据实际情况作以调整。

图 5-3-23

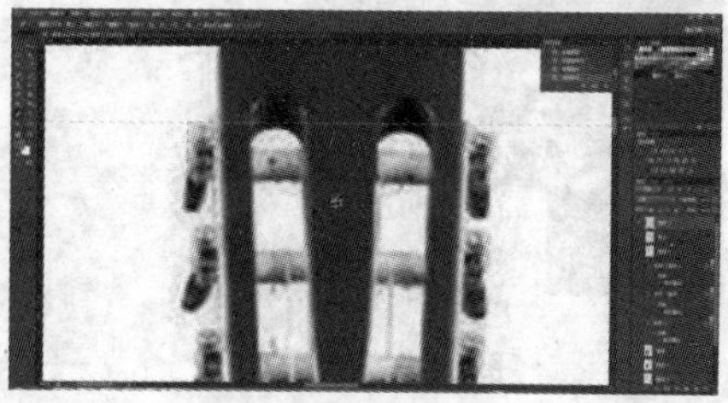

图 5-3-24

图 5-3-25

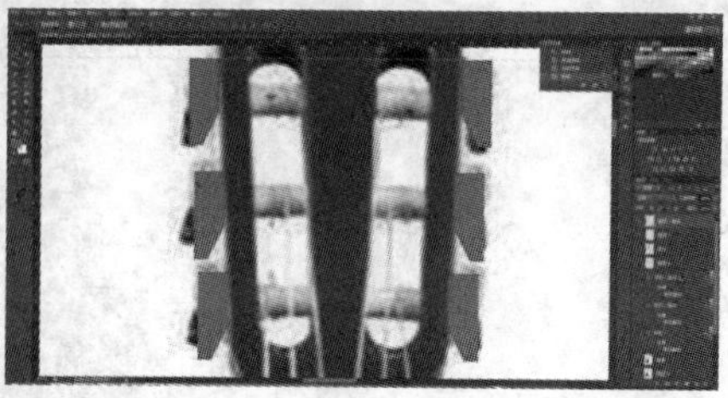

图 5-3-26

有的时候我们在作图的时候，特别是根据现实物品进行加工时，可以不全部按照原型来绘图，最主要的是考虑到绘制出来的图形是否简洁美观大方，与画面其他区域是否和谐，这么绘图是否会影响到图片当中的其他区域。我们要做的是艺术的加工，而不是单纯的按部就班地把现实生活中的物品搬到图片上。我们作图时更多地需要源于生活而又高于生活。

将其他图层设置为可见，对旋钮作以微调。给左边旋钮添加图层样式，设置投影，不透明度为36％，角度为－47°，距离为9像素，扩展为10％，大小为13像素。随即调整右边旋钮的图层样式，添加投影，除角度为94°外，其余与左边数值一致。重新命名左右两边旋钮的名称，以方便后期查找修改。

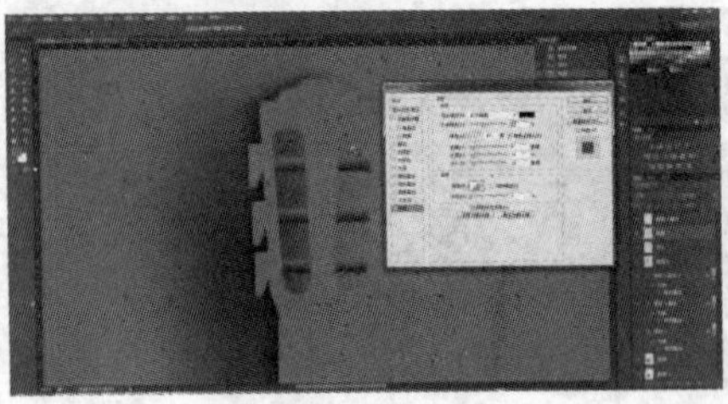

图 5-3-27

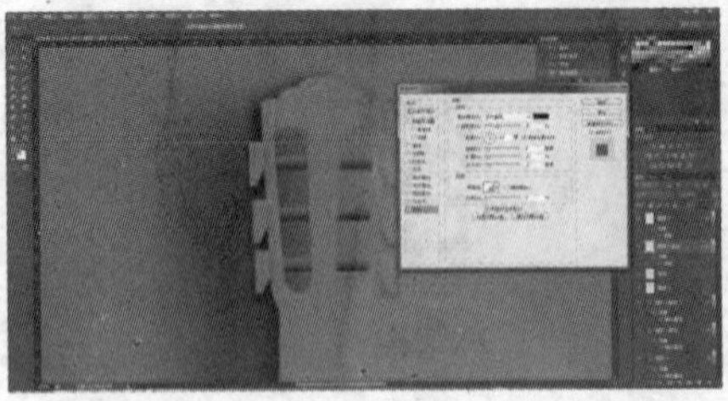

图 5-3-28

使用钢笔工具(快捷键:P)勾勒出如图所示的弦。使用钢笔工具沿原图弦的位置勾勒出直线,点击画笔工具,调整画笔大小为 4 像素(见图 5-3-30),点击钢笔工具,右击鼠标选择描边路径(见图 5-3-31)。根据原图所示的位置绘制出六根弦。绘制完毕之后,添加图层样式中的投影,不透明度 73%,角度为-28°,距离为 2 像素,扩展为 3%,大小为 5 像素。(见图 5-3-31)

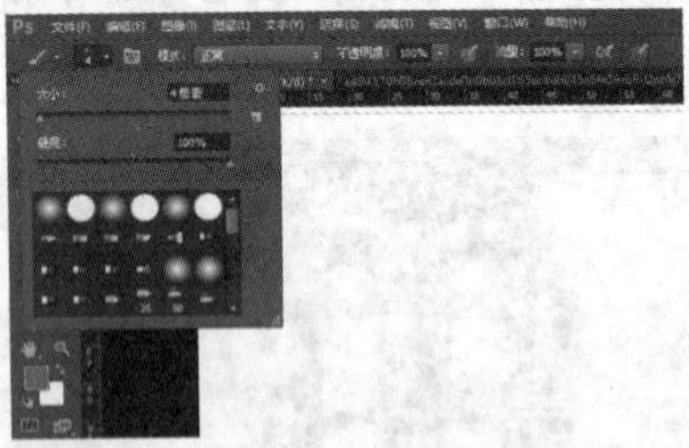

图 5-3-29

图 5-3-30

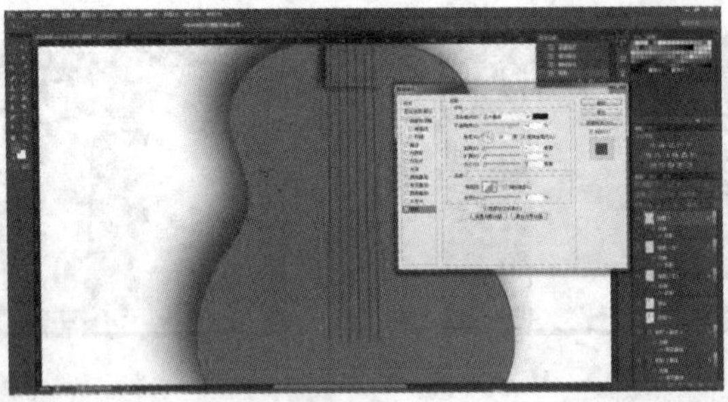

图 5-3-31

使用椭圆工具,在弦下方区域绘制直径为 10 像素的正圆(绘制时可按住 Shift 键即可绘制出正圆),复制六个,添加图层样式,投影,不透明度 50%,角度为-28°,距离 4 像素,扩展 6%,大小为 9 像素。给每个圆添加同样的投影(可按住 Alt 键选择第一个图层样式复制给其他图层)。新建分组,将弦和圆形添加进去,重命名组为“弦”。

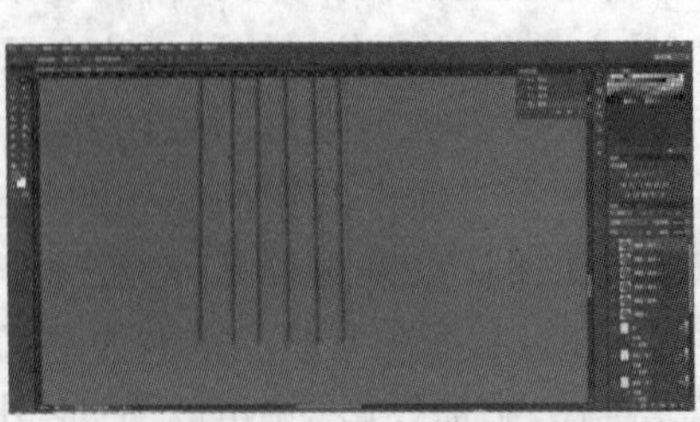

图 5-3-32

点击椭圆工具，在吉他面板上方绘制出直径为 292 像素的正圆形音孔部分。复制该图形(按住键盘上 Alt 键点击圆形向外拖拽)，移动至音孔右边空白区域。

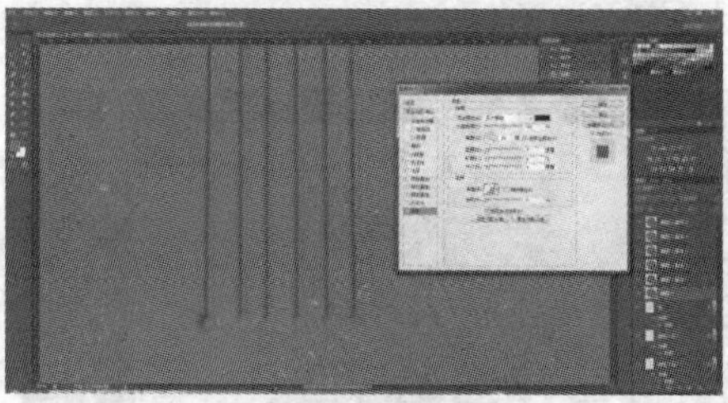

图 5-3-33

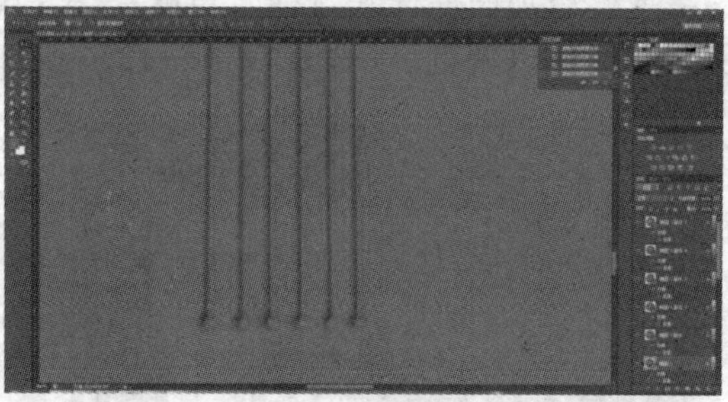

图 5-3-34

在路径操作中选择减去顶层形状，在刚刚复制的圆形中绘制一个比音孔稍小一点的圆形。将颜色调整为 80% 灰色，右击该图层，选择“栅格化图层”。在菜单栏中找到滤镜—模糊—高斯模糊，右击鼠标选择水平翻转，调整其在画面中的位置。

将音孔部分颜色更改为蜡笔绿(C:50 M:0 Y:50 K:0)，做出立体效果。调整图层上下位置，使音孔图层位于弦图层下方。

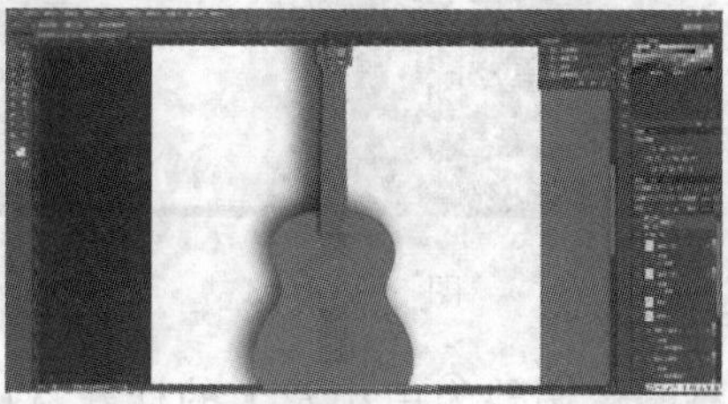

图 5-3-35

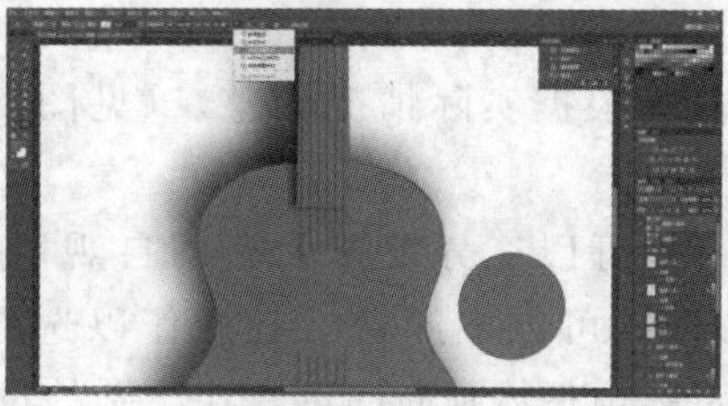

图 5-3-36

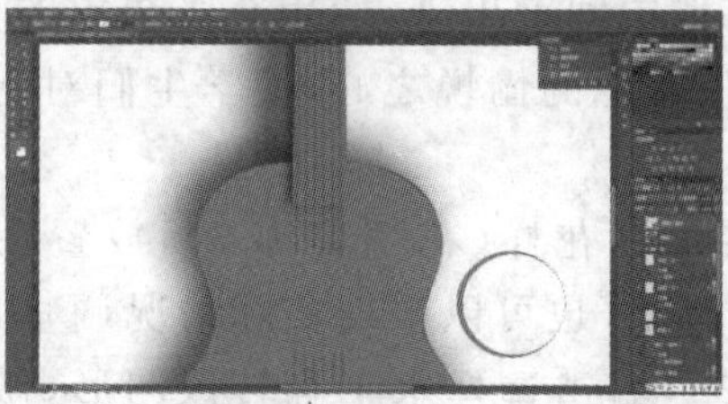

图 5-3-37

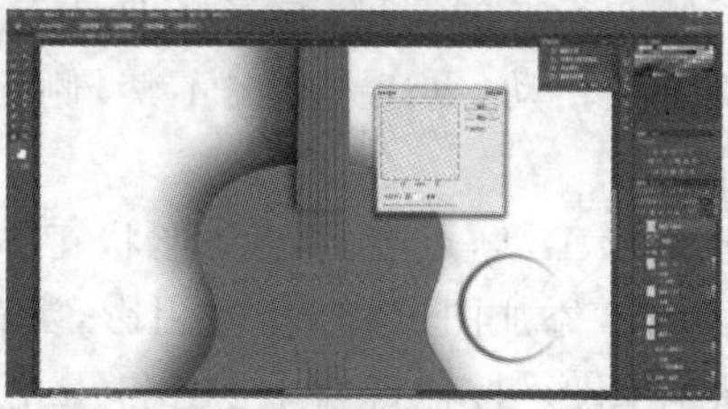

图 5-3-38

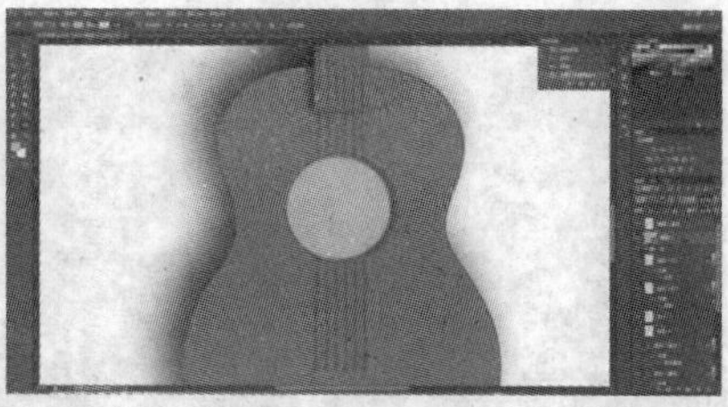

图 5-3-39

图 5-3-40

添加新分组,重命名为“剪影”。在素材“剪影”中找到如图所示的剪影,拖入画面中。按住键盘上 Ctrl 键选择剪影区域,新建图层,将该区域填充为蜡笔绿(C:50 M:0 Y:50 K:0)。

给剪影添加图层样式,投影,角度—28°,其余为默认数值(见图 5-3-41)。剪影需要根据实际情况作以调整。(见图 5-3-42)

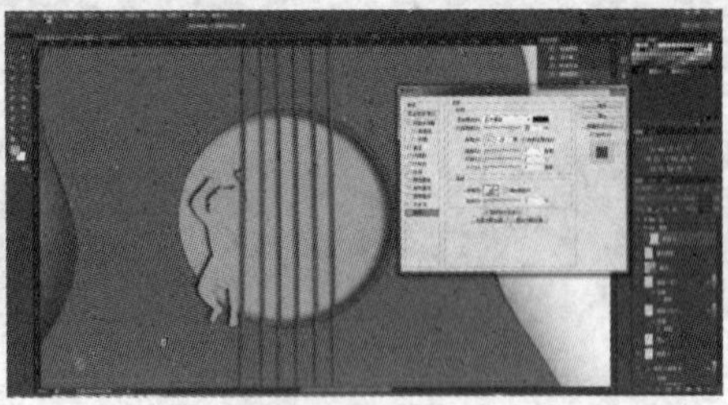

图 5-3-41

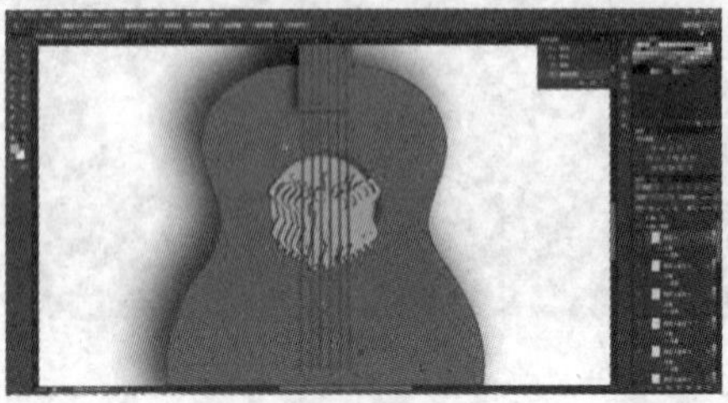

图 5-3-42

选择矩形工具,点击自定义形状工具,找寻到一些可用的装饰性图形,比如:鸟 2、蝴蝶、五彩纸屑、溅泼、八分音符、叶形装饰 3……同时给这些图形添加图层样式、投影。图形的样式、在画面中的位置、图层样式投影的数值可根据实际情况调整。(见图 5-3-43)

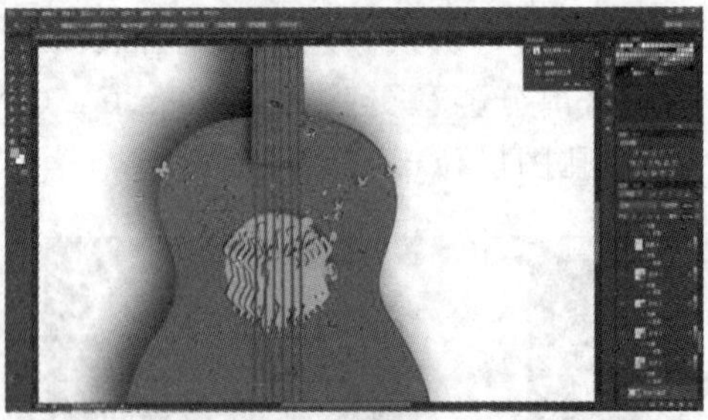

图 5-3-43

这一步可以充分发挥大家的自观能动性,图形样式可以按照自己心意作以选择,只需要不影响整体画面即可。在绘制的过程中,可将图像调整为由小及大的样式,以出来由远及近的效果。我们也可以看出来,找的剪影大都是在欢快跳舞的人物,好像在表现吉他社让学生们开心玩耍的情景,看着好像是人们要从吉他中间跳出来,运用夸张想象的手法,使整个画面更加生动,也让人忍俊不禁,侧面反映了弹吉他的愉悦之心,使学生们对吉他社充满了好奇。

选择矩形工具,点击自定义形状工具,选择装饰性花样(花型装饰 3),放置在吉他面板下方区域。添加图层样式,内阴影,数值为原始尺寸(也可以根据实际情况调整)。复制该装饰花样图形(按住键盘上 Alt 键点击花样图形),右击选择水平翻转该图形,做出对称的效果。

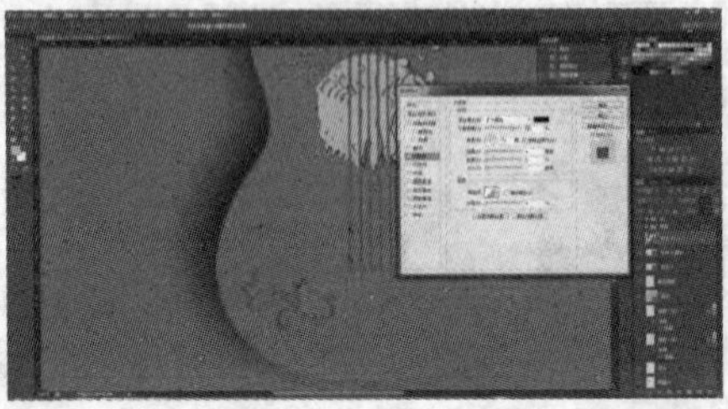

图 5-3-44

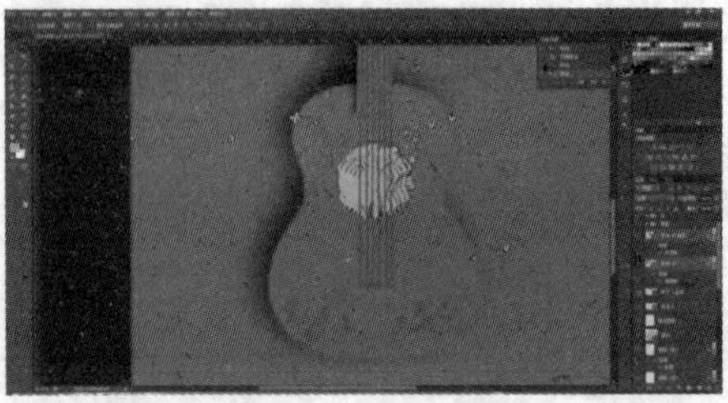

图 5-3-45

在吉他面板图层的上方点击新建图层，选择矩形工具中的圆角矩形工具，绘制 288×48 像素圆角半径为 8 像素的红色琴码。添加图层样式，投影，角度为 82°，距离为 4 像素，大小为 46 像素。（见图 5-3-46）

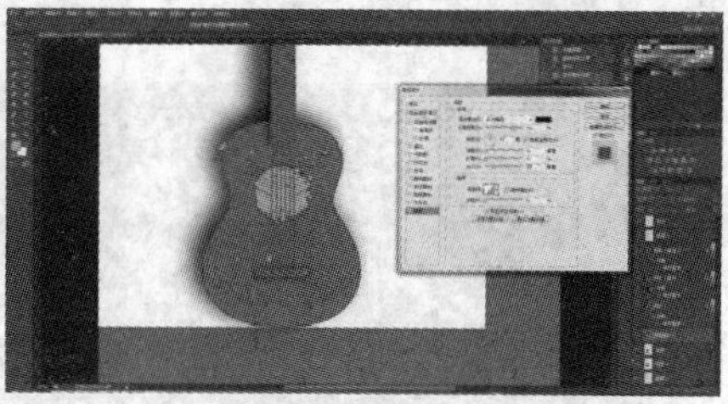

图 5-3-46

使用文字工具，输入文字“交流宣传”，点击切换文本取向使文字竖向自上而下，设置字体为“思源宋体”，颜色为白色，字号为 60 像素。输入符号“&”（意思是“和”）。点击鼠标右键选择该图层，选择“转换为形状”。（见图 5-3-47、5-3-48）

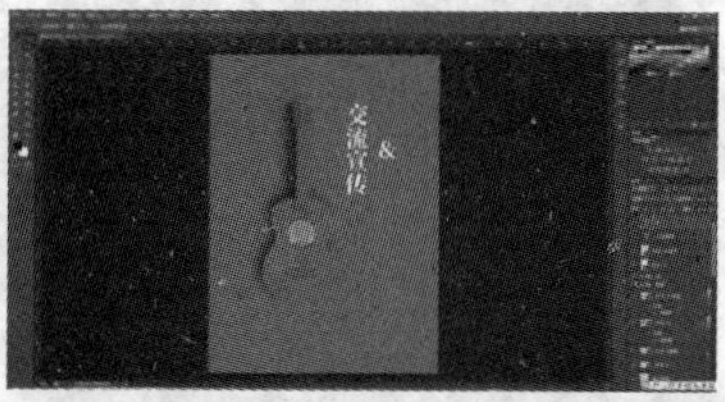

图 5-3-47

图 5-3-48

使用路径选择工具（黑箭头，快捷键：A），将“交流”字调大，向画面上方稍作调整，将“宣”向画面左方稍作调整，将“传”字调大，向画面下方稍作调整，使每个文字移动至如图所示大小位置（也可以按照自己想法对文字稍作调整），使文字更有韵律感，显得活泼生动。（见图 5-3-49）

点击矩形工具，绘制矩形遮盖部分原文字方便对文字作以加工。点击矩形工具，选择自定义工具，找到装饰性图形。按照如图 5-3-50 所示，配合黑白箭头调整文字化为的图形的大小宽窄，将文字装饰得更加生动活泼。同时将素材中的吉他剪影打开，拖入画面中，如图所示将标题文字装饰得当。

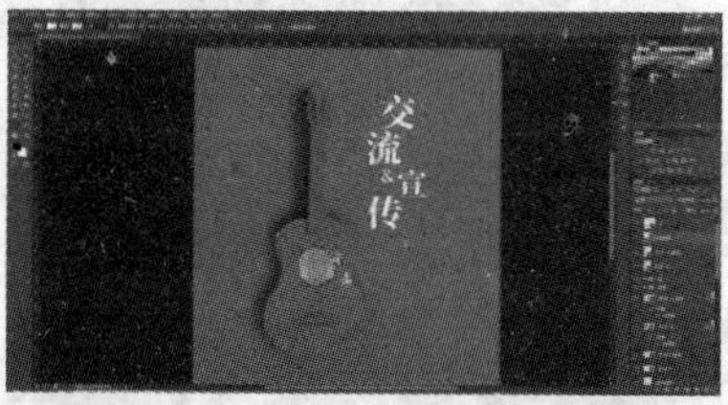

图 5-3-49

图 5-3-50

这一步骤中需要大量地运用到同学们自己的想法和思路，可以根据画面中文字形状配合相应的装饰性图形，将文字制作得更加生动活泼。

选择文字工具，在“交流与宣传”文字中间输入文字“交流宣传”，字体为“Algerian”，字号 18 点，行距为 18 点，颜色为白色。（见图 5-3-51）

选择文字工具，在主标题文字下方输入“展示才艺”，字体为思源宋体，字号 30 号，颜色

为白色。(见图 5-3-52)

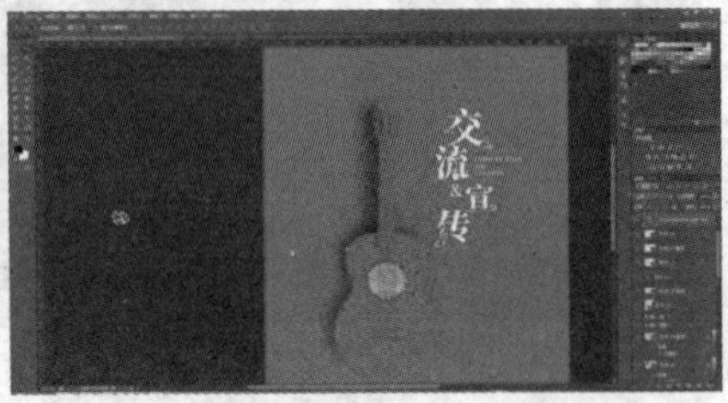

图 5-3-51

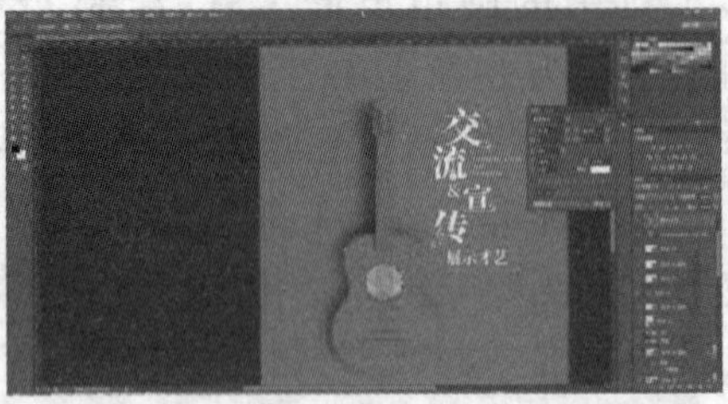

图 5-3-52

选择椭圆工具(快捷键:U),在文字下方绘制出直径为 150 像素的白色圆形。选择文字工具,在圆形中间输入文字“校际交流”,字体为楷体,文字大小为 24 点,颜色为白色,字间距为 220 号。(见图 5-3-53)

图 5-3-53

选择文字工具,在“校际交流”的文字下方拖出一个文本框,输入文字“这是一个相互交流的平台,增进友谊的平台,也更是一个学习的平台,会更加促进我校的成长与进步。真诚希望大家积极参与,畅所欲言、真诚交流,使我们的学校教研活动越办越好”。

字体为黑体,字号为 8 号,字体颜色为白色。点击段落,选择最后一行左对齐,避头尾法则设置为 JIS 严格。

图 5-3-54

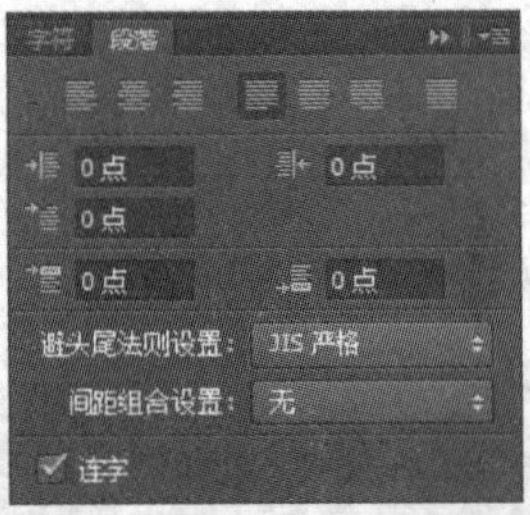

图 5-3-55

选择文字工具,在吉他下方区域输入文字“春风送爽,百花盛开,笑迎宾客,喜满校园”。字体为黑体,字号为 10 号,颜色为白色。(见图 5-3-56)

图 5-3-56

选择文字工具,在“春风送爽,百花盛开,笑迎宾客,喜满校园”下方输入有关其他的介绍文字:这里采用了汉字与拼音的方法。

“相聚就是最美的时刻,心有灵犀,分享青春时光。来过这里，让交流有了专属于你的味道，给时光留个有意思的印记。”

“Xiang Ju Jiu Shi Zui Mei De Shi Ke，Xing You Ling Xi，Fen Xiang Qing Chun Shi Guang. Lai Guo Zhe Li，Rang Jiao Liu You Le Zhuan Shu Yu Ni De Wei Dao，Gei Shi Guang Liu Ge You Yi Si De Yin Ji.”

中文字体为黑体，字号为 8 号，字体颜色为白色。

英文字体为“Arial”“ Narrow”，字号为 8 号，字体颜色为白色。（见图 5－3－57）

图 5－3－57

点击矩形工具，在文字图层下方绘制一个 1312×124 像素的无填充、边框为白色的 1 像素的矩形。使用矩形工具，白色边框矩形图层下方绘制一个 1237×226 像素的红色矩形，正好遮盖住文字区域。利用遮盖的效果做出大括号的形状。

图 5－3－58

图 5－3－59

将除背景图层外所有图层选中（按住 Shift 键选中所有图层，按住 Ctrl 键取消背景图层的选择），整体向上偏移。在之前的课程中我们说过，有的时候在做完大部分步骤的时候需要将图整体缩小，以方便看整体效果。本步骤可根据实际情况进行调整。（见图 5－3－60）

有的时候我们在作图的时候并不能看得很清楚做出来的图形在画面中的位置，有的时候会偏上或者偏下，也有可能会整体左偏或者右偏，这个时候就需要我们在整体图形基本绘制完成之后，使用放大镜将整体画面缩小，看绘制的图形是否在居中偏上的地方。一般从视觉上说，主题画面在中间偏上的位置是最为合适、视觉上看最为舒服的。

选择矩形工具，点击圆角矩形工具，使用圆角矩形工具绘制出描边为白色 0.8 点的半径为 30 像素的圆角矩形。

使用直接选择工具（白箭头，快捷键：A），将几个圆角矩形的圆角点删除（选中点之后点击键盘上 Delete 键），根据如图所示的图形调整直线的长度，以做出祥云的效果。选中调整完毕的几个图层，点击鼠标右键，选择链接图层，方便后期查找修改。

复制祥云图案（将祥云图案拖至新建图层处），将复制之后的祥云图案放置在画面左上方，调整祥云大小、位置。继续复制一个祥云图案，选中复制之后的所有祥云图层，右击鼠标选择水平翻转，放置在画面左下方，复制之后使用直接选择工具（白箭头，快捷键：A）对祥云图案稍作调整，使画面不会重复乏味。

最后，将学校图标置于画面右上方，因为是社团活动，所以需放入学校 LOGO，如果有社团 LOGO 也可以放入图片中，完成该图。

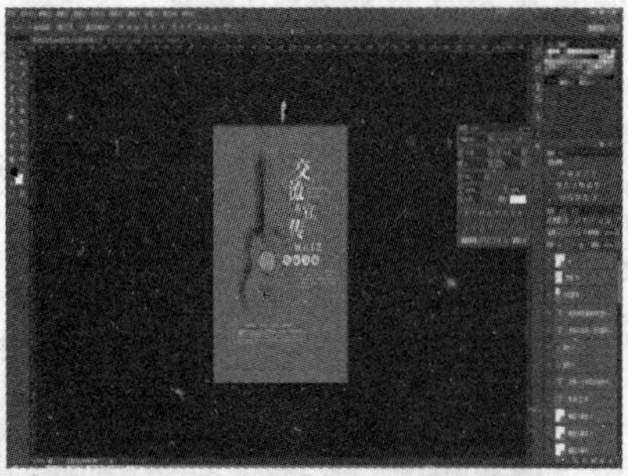

图 5-3-60

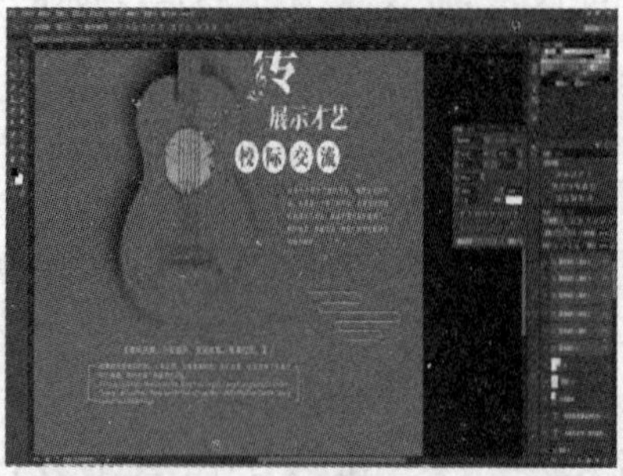

图 5-3-61

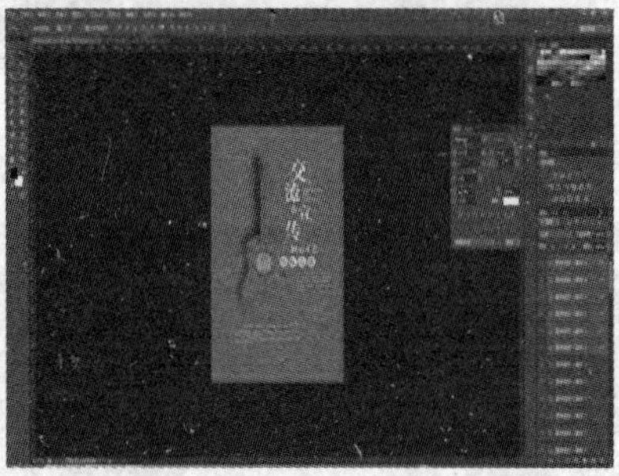

图 5-3-62

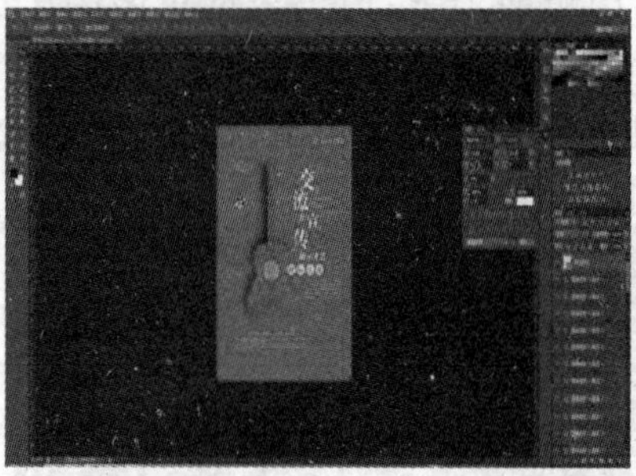

图 5-3-63

5.3.3 你来做我来看

整个画面还是有很多地方可以更加完善的。

我们先来看一下整体画面(见图 5-3-64),可能会觉得图片下方的内容有点少,我们可以试着用钢笔工具勾勒出山的形状,与祥云呼应,并且多加一些祥云在画面中,使整张画面东西合璧,既有留白区域也有紧凑的区域。

这里请同学们尝试着做出下方小 Banner。(提示:使用矩形工具、钢笔工具与文字工具相结合,利用上方图层遮盖住下方图层的原理绘制出来)提示步骤如下。

图 5-3-64

图 5-3-65

使用矩形工具绘制描边为 3 点和 1 点的两个矩形。(见图 5-3-66)
使用白色矩形工具绘制矩形遮盖住矩形边框。(见图 5-3-67)

图 5-3-66

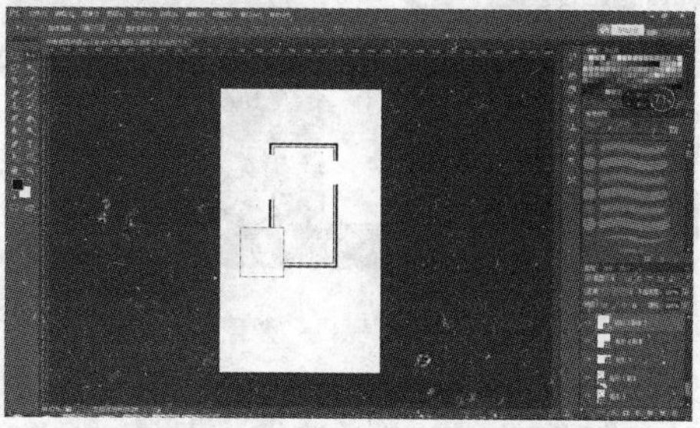
图 5-3-67

输入文字“4”,右击选择转换为形状,使用黑白箭头将文字进行变形。(见图 5-3-68)
使用钢笔工具在图片中绘制如图 5-3-69 所示的三角形。

图 5-3-68

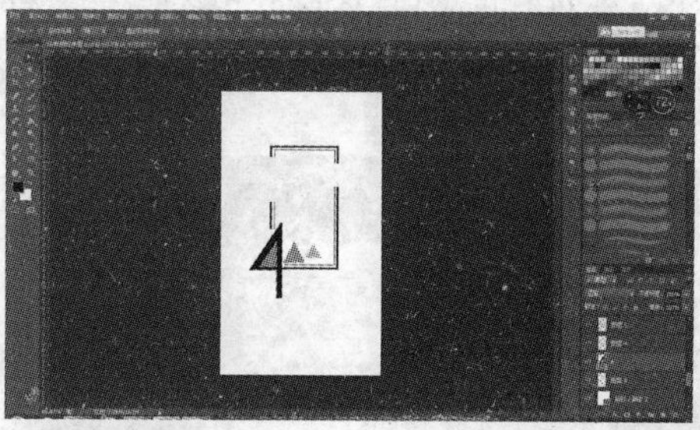
图 5-3-69

使用钢笔工具绘制不规则圆,输入文字“30”。(见图 5-3-70)
使用钢笔工具在画面右上方绘制波浪线。同时复制该波浪线至画面左下角。(见图 5-3-71)

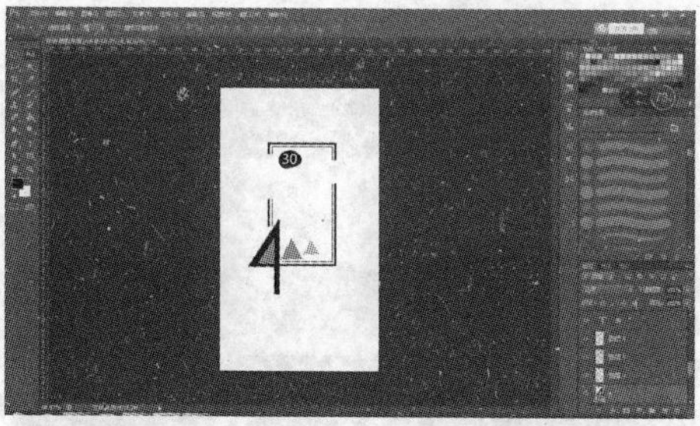

图 5-3-70

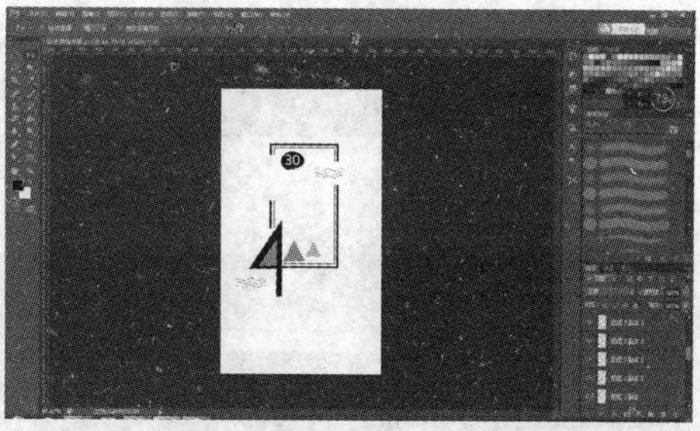

图 5-3-71

使用椭圆工具绘制描边 1 点的正圆。(见图 5-3-72)
输入文字,完成画面。(见图 5-3-73)

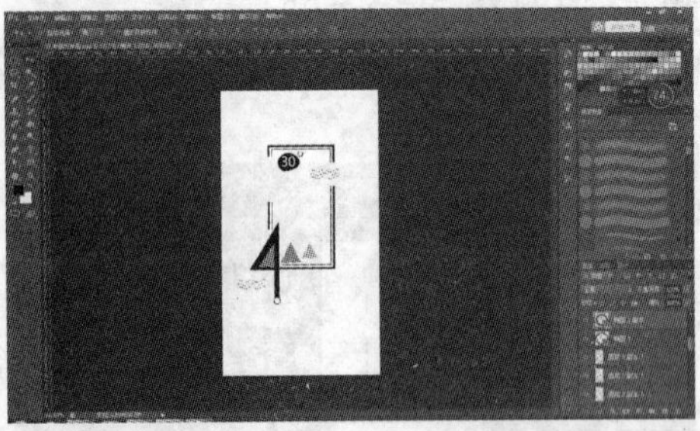

图 5-3-72

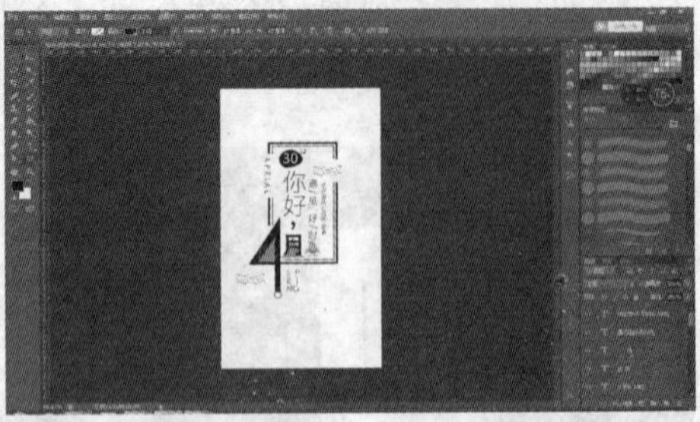

图 5-3-73

虽然很简单，但请同学们一是要在速度上反复训练，二是要在思想上多加练习，往往复杂的图形都是由最基本的形状构成，关键是你能不能想到。

5.3.4 我们一起来练练

下面我们就以文字入手，来看看如何利用渐变工具和高斯模糊工具做出立体的效果。

新建文件，设置尺寸为297×150(h)毫米。(见图 5-3-74)

使用渐变工具，由10%灰色—75%灰色—10%灰色渐变。(见图 5-3-75)

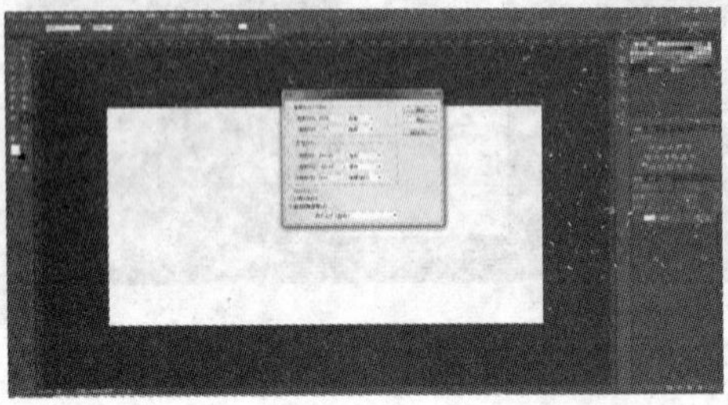

图 5-3-74

图 5-3-75

输入文字“宣”“传”“与”“交”“流”，字号72号，字体宋体，黑色。(见图 5-3-76)

将其全部转换为形状。(见图 5-3-77)

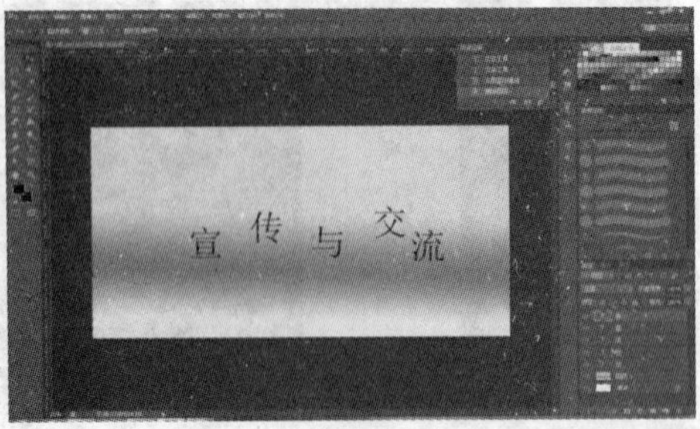

图 5-3-76

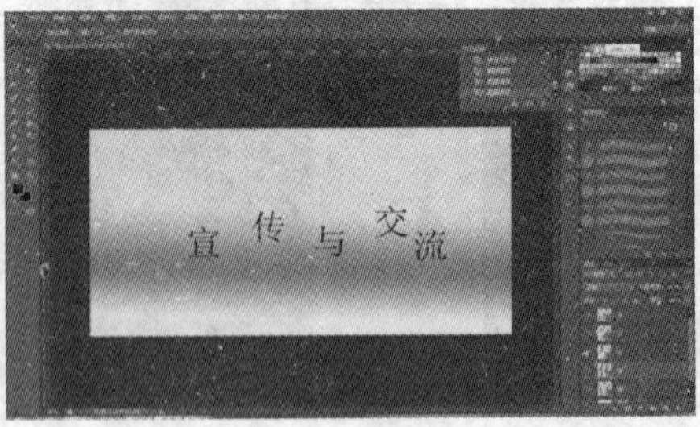

图 5-3-77

点击形状工具，将所有字体颜色变换为渐变色。利用渐变色，做出金属质感的效果(具体颜色根据实际情况进行调整，在这不一一列出)。(见图 5-3-78～5-3-81)

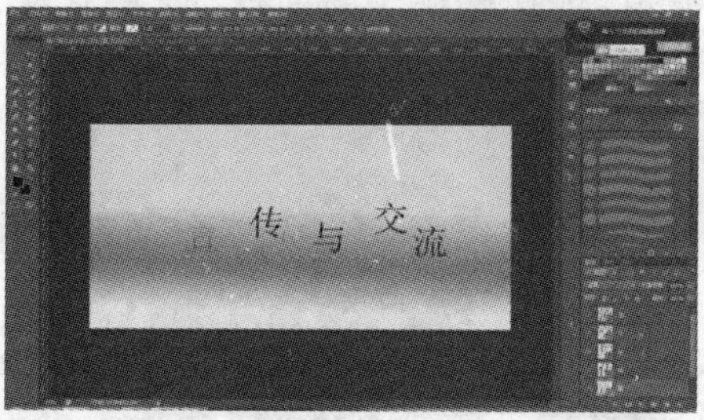

图 5 - 3 - 78

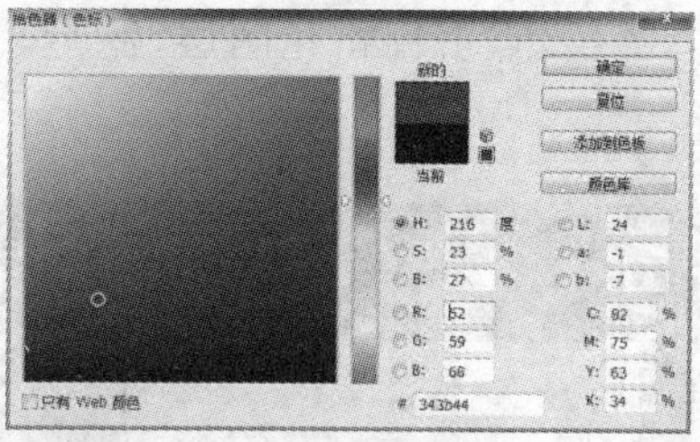

图 5 - 3 - 79

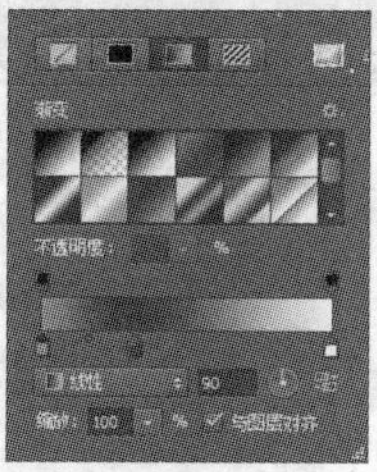

图 5 - 3 - 80

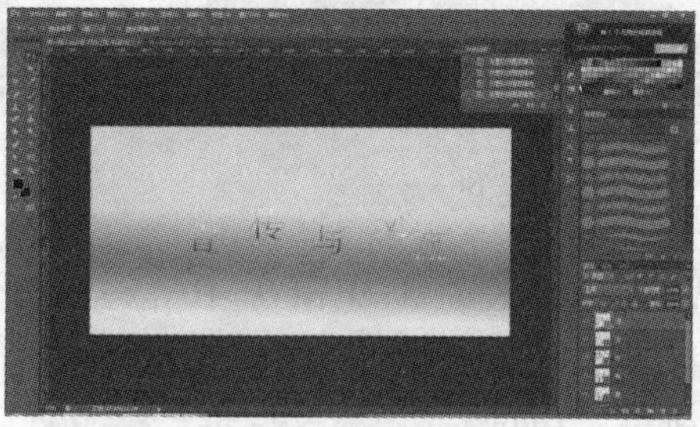

图 5 - 3 - 81

使用自由变换工具(快捷键:Ctrl＋T)调整文字大小位置至如图所示区域。注意图层上下位置。(见图 5 - 3 - 82)

给“宣”“传”添加图层样式,斜面与浮雕,深度 72%,大小 18 像素,软化 9 像素。给“与”添加图层样式,斜面与浮雕,深度 100%,大小 13 像素,软化 0。给“交”“流”添加图层样式,斜面与浮雕,深度 52%,大小 16 像素,软化 6 像素。(见图 5 - 3 - 83～5 - 3 - 85)

图 5 - 3 - 82

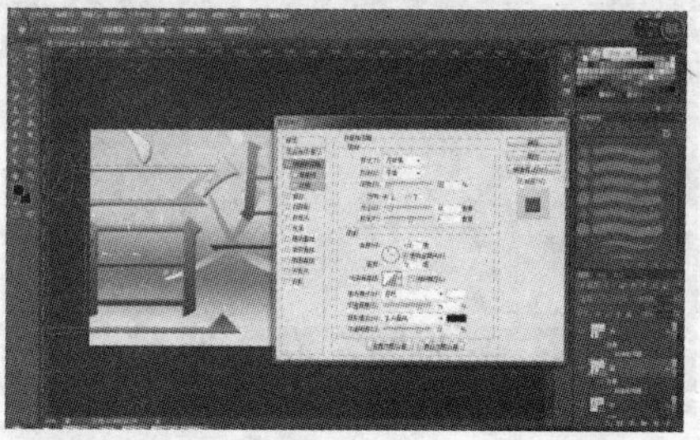

图 5 - 3 - 83

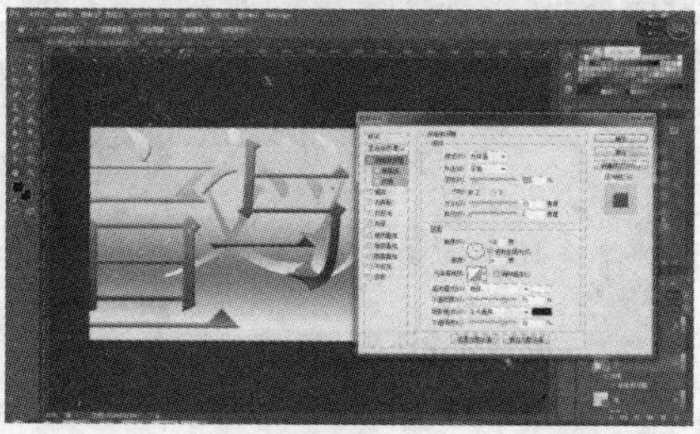

图 5 - 3 - 84

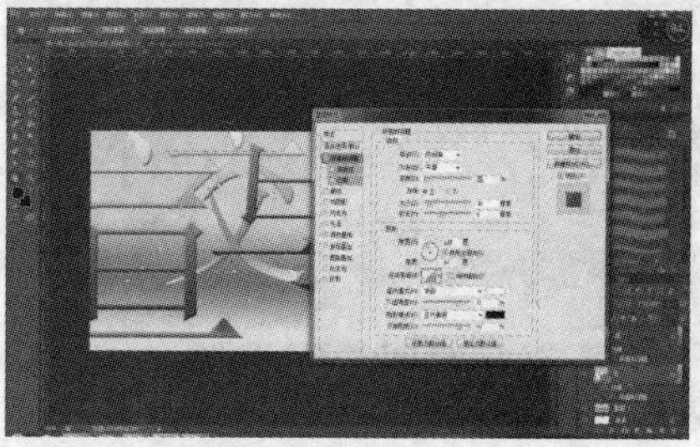

图 5 - 3 - 85

选择“宣”图层，右击选择栅格化图层。点击滤镜，选择模糊—高斯模糊，大小为 7 像素。选择“传”图层，点击栅格化图层，滤镜—模糊—高斯模糊，大小 4 像素。（见图 5-3-86、5-3-87）

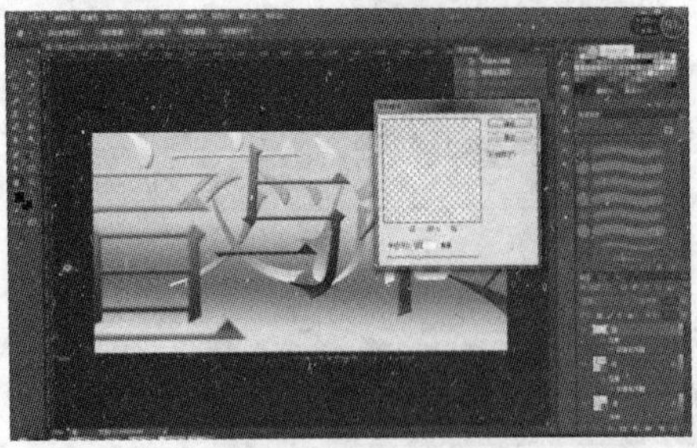

图 5-3-86

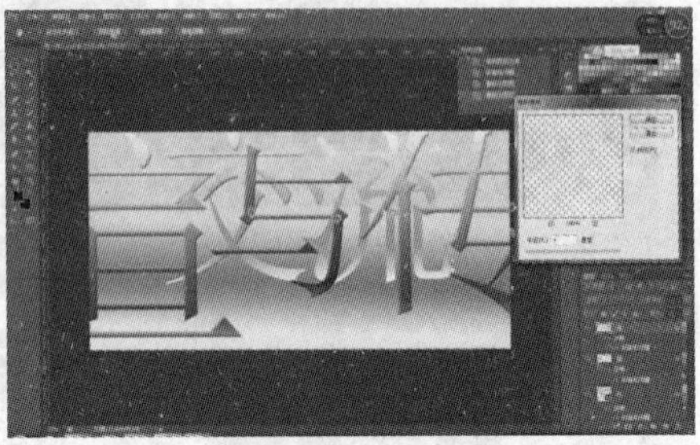

图 5-3-87

图 5-3-88

使用椭圆选区工具，设置羽化值为 10 像素，使用渐变工具，设置渐变，注意调整不透明度。设置图层样式为正片叠底，做出阴影的效果。（见图 5-3-88～5-3-90）

在画面右下方输入文字“宣传与交流研讨会”。使用椭圆工具绘制正圆，再使用椭圆工具绘制描边为 1 点的正圆，中间输入文字“2018”。字体为思源宋体，颜色为深红黑（C：0 M：100 Y：100 K：60），字号 32 号，字间距 100。输入翻译文字“宣传与交流”，字体为 Calibri，字号 12 号，字间距 220。（见图 5-3-91）

最后在图片下方加入学校 LOGO，完成作品。（见图 5-3-92）

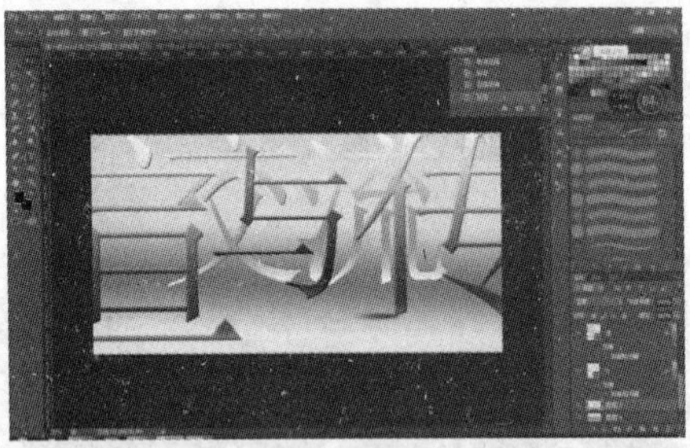

图 5-3-89

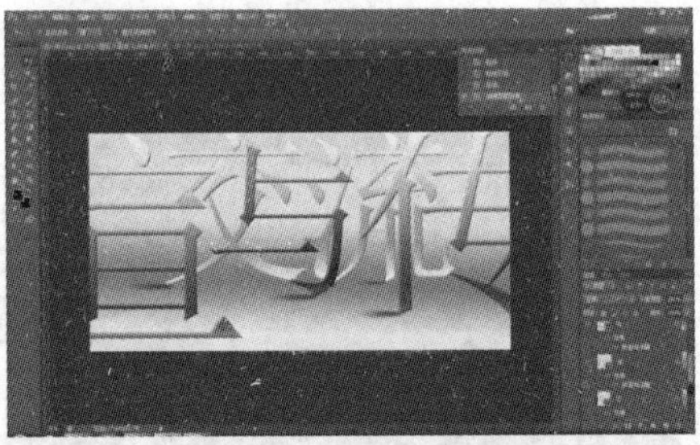

图 5-3-90

图 5-3-91

图 5-3-92

玩一玩

制作出一组关于校际联谊的海报。

5.3.5　我们一起来说说

(1)正规的印刷品 A4 大小的尺寸为多少？要留多少毫米的出血？

(2)你怎么理解平面设计？为什么会这么理解平面设计？

(3)平面设计一般有哪几种展示方式？分别都是什么？

以上除形成书面作业上交外，会在课前通过点名方式进行检查。课外实践作业请通过班级群发送给授课教师批改。

5.3.6　实训报告

图形图像处理 Photoshop CS6 实训报告

<table>
<tr><td rowspan="2">班级
姓名</td><td rowspan="2" colspan="2"></td><td>时间</td><td></td></tr>
<tr><td>实训室</td><td></td></tr>
<tr><td>实训知识点</td><td colspan="4">校际交流宣传设计</td></tr>
<tr><td>实训目的</td><td colspan="4">1. 设计中常用的展示方法　2. 案例制作　3. 拓展思想</td></tr>
<tr><td>实训内容
学生填写部分</td><td colspan="4">1. PPT 介绍
展示方法

2. 拓展思路
多思多想

3. 案例的制作</td></tr>
<tr><td>实训要求</td><td>1. 认真填写实训报告
2. 对问题进行记录
3. 拓展问题认真思考并完成实践
4. 完成思考题并形成书面作业</td><td colspan="3">备注：实训报告以一个知识点的实践完成为依据，教师根据学生实训具体情况来调整学时。这样更有利于实践分数的评定</td></tr>
<tr><td>成绩评定</td><td colspan="4">优秀　良好　及格　不合格</td></tr>
</table>

5.4 校园运动会风采

学校的体育运动会,作为学校教育教学工作的一个组成部分,不仅在学校的体育工作,重要的是在学校的德育工作中发挥着巨大的作用。一次运动会不仅能活跃校园气氛,还能增强学生的集体观念,培养学生的团体精神。而中职学校的运动会则更是素质教育的重要组成部分。

又到了开运动会的季节了,我们一起来为学校的运动会做一个风采展示吧,让广大师生们在我们的设计宣传更能感受到集体的温暖和情感的愉悦。

5.4.1 我来说你来记

作为学校一年一度的体育盛会,会徽是传播和体现学校运动文化的重要载体,对于宣扬运动会的主题思想有着很重要的作用,所以我们先要进行会徽的设计与制作。

而设计的前提是你要先去了解这个学校的一些基本情况,比如它的治学理念是什么、它的校史情况、学生状况和尊崇的文化传统是什么,然后我们才能去构想设计的点,从而才能有效地切入。

设计没有好坏,只有适合与否。这也就是为什么有很多商业的广告设计大多数人是看不懂的,而为什么能使用的原因。对于我们职教的学生而言,在今后的工作中更是要注意,尽可能地收起自己的想法,表达出顾客想要的信息。

就运动会而言,构思的点是很多的,团结、运动、青春、荣誉等一系列的词语会很迅速地拥入我们的大脑。而学校运动会又会有哪些关键性的点更适合呢?青春和运动似乎更好一些。因为毕竟主体是学生,一帮年轻的孩子们。但设计是要把所有思考都转化为图形来表示的,颜色和图形是我们接着要考虑的问题。青春与运动的颜色用什么会更好些,那什么样的形状又能更好地表达出这个概念呢?是用具象的还是抽象的会更好些?经过这一系列的分析,我们大体上已经有了稍清晰的思路,本次的学校的运动会会徽的设计表达“青春与运动”,使用一些跳跃的颜色与抽象的形状可能会更好。所以针对这些我们再来进行图形化的设计思考。

会徽的思路理清之后,就是一些关于宣传方面的设计制作了,比如宣传栏的设计和制作、会旗和宣传海报的设计与制作、电子屏的宣传设计等。这些都需要我们去构思并找到切入点的。

5.4.2 我来做你来看

根据我们的创作思路,来进行会徽的设计与制作。一般情况下,会徽设计好之后除了需要打印出来,还要把它应用到其他的宣传品上,所以我们在设置尺寸时尽可能的大些,这里为 1200×1000 像素。分辨率 300 也是为了最后的印刷效果。这里根据多年的实际经验,不赞成同学们先把颜色模式设为“CMYK”,可以先直接为“RGB”模式,因为现在一些数码打印设备都支持直接打印了。就算真的要分色印刷,也是可以进行转换的。(见图 5-4-1)

颜色分别选择了最有代表性的红黄绿来作为本会徽的主色。这里请同学们注意，个人的审美不同，对颜色的感觉也不同，但颜色是有共性的，比如红色代表热情，绿色象征生命，黄色代表活跃。当然这虽也不是绝对，但也是大多数人所遵守的规则。（见图 5－4－2）

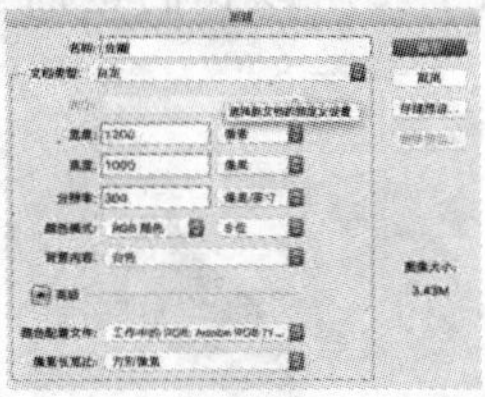

图 5－4－1

图 5－4－2

下面就是对图形的思考了，什么样的图形能反映出青春，你不可能去画出一个十六七岁的人物形象来表现吧。当然肯定也有这样的创意，只是在这个案例中我们无法表达罢了。用小鸟、用树叶、用阳光都太具象了，所以就想到了抽象，利用一些形状来表达一种像火焰飘动的感觉，这样就有了运动又有了热情。有了这样的思路，就开始来绘制类似于火焰的感觉，当然也不能太具象。于是我使用了“自定义形状工具”里的“形状”，希望能从里面找到一些灵感。虽不是太好，但好像那个“营火”和“草 3”动态的感觉正好和我所想一样。于是我们使用画笔工具来试着画两笔确定下自己的感觉对不对。说到这，同学们大概就能明白我们要求把简笔画的练习作为每日必练的重要性了。没有大量的绘画草稿是很难让创意成型的。（见图 5－4－3、5－4－4）

图 5－4－3

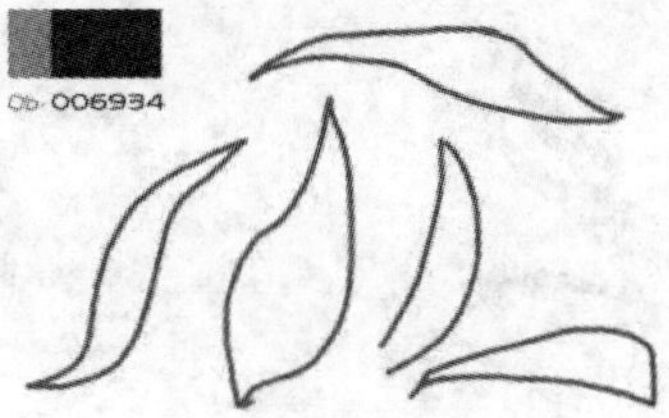

图 5－4－4

经过反复多次的绘画草稿，最后确定了一个动态的抽象形状符合了自己的设想。注意草稿确定好之后一定要使用钢笔工具进行绘制，这样才会让形状更加平滑也符合了徽标的设计。顺着这个思路，接着画下去，多找一些类似的感觉。（见图 5－4－5、5－4－6）

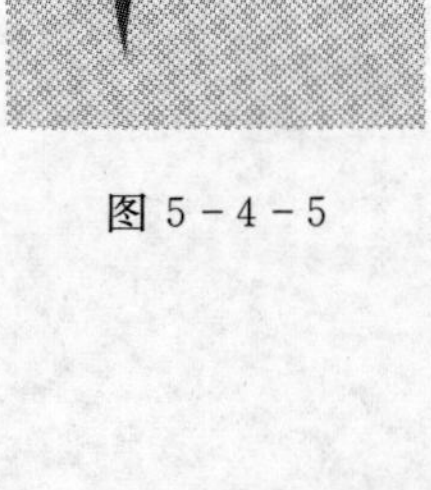

图 5－4－5

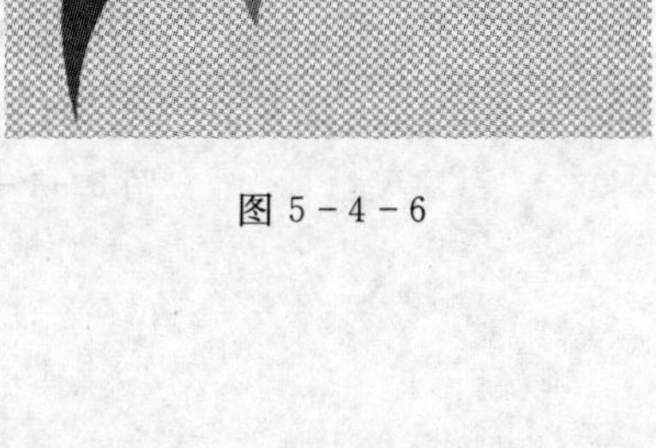

图 5－4－6

确定好这些图形后，再仔细想下是否和刚开始的图形构思出现了差别，如果没有的话就开始要按最初的想法来进行组合，以期达到最后的目的。这里有必要说下，大多数的会徽和标志都是圆形，因为圆形能给人一个整体的感觉、一种团结的力量。是不是地球本身就是圆的，所以我们人类也更倾向于圆形，那就不得而知了。所以我们也需要将其设计为圆形。摆放位置，寻找最适合的表达方式。（见图 5－4－7、5－4－8）

图 5－4－7

图 5－4－8

因为还要考虑到加入的学校名称或是口号，所以图形不能填满了圆形。基本上做到这个程度时，就需要来重新思考最初关于“青春和运动”的想法了，如果完全表达了青春与运动，却表达不了运动会的感觉肯定是失败的。那就需对图形重新进行思考，甚至可能会重新进行创意。所以在设计和绘制的过程中要时时反思，时不时停下来多想想是否跑题了。很显然，这里最下角的那条绿色曲线挽救了运动会。我们试着换其他的颜色来感觉一下，可能就会跑题了。（见图 5－4－9～5－4－11）

图 5－4－9

图 5－4－10

图 5－4－11

最后加上需要的文字，效果如图 5－4－12 所示。这里需要说明的是有些学校的名称可能是由某位名家或领导题写的，这个需向校方负责人询问清楚。有的话就要复制好原件为电子档并做好处理。其他的字体使用时要注意版权。推荐使用“思源”字体。

图 5－4－12

5.5.3　你来做我来看

下面我们来训练同学们的设计思路，请同学们尝试着为学校的演讲比赛做个徽标，把自己的设计思路写在实训报告中。现在试着帮助同学们分析：

演讲是以声音语言为主要手段，以体态为辅助，阐明意思和抒发情感。同学们从这几个关键词中能找到哪些在脑海中形成一个画面的词语？声音、语言、体态、阐明、抒发，还是情感？

我们试着来带着同学们思考，并一个个分析，“声音”我们可以用什么来表达？有人可能会想到说用话筒，用夸张的嘴角，这些当然都是可以的，但目前对于同学们来说，最重要的是它的表达方式对于现在的你来说有没有难度。话筒在找不到相关的素材时，你能不能自主绘制一个？夸张的嘴角你会不会能正确地表现出来？如果这些对你来说没有问题那就去做，如果有问题那就去重新换个思考点。

用同样的方法去思考“语言”用什么表现？我能不能做出来？“体态”是用全彩真人的还是一种剪影的效果，或是用一种炫丽的图像处理效果？“情感”是通过颜色还是通过形态来表达？同学根据自己的想法把这些问题搞清楚并记录在实训报告中，最后确定好自己的几个构思点。

确定好了自己的关键词语后，再针对各自的词去搜索相关的图片或是绘制出自己的意思草图。这里可能会在寻找或是绘制草图时，慢慢有了其他新的感觉或是新的构思，这对于同学来说都是最好的事情，同学们一定要把这些出来的感觉或是草稿图样紧紧抓住，很可能这就是你最好的创意设计。

最后送给同学们一句鲁迅的话：“希望本是无所谓有，无所谓无的。这正如地上的路；其实地上本没有路，走的人多了，也便成了路。”同学们谁也不是天生就能搞得好创意和设计的，老师也是这样，这世上当然有天才，但大多数人的成功都来自自身的努力。坚持是一种修养。不忘初心，方得始终。

5.4.4　我们一起来练练

接着我们设计好的会徽，我们来进行宣传海报或是电子屏显图像的设计与制作。这里我们就和同学们来设计制作一个常用的宣传海报的练习。

首先我们要知道海报也就是常说的招贴画，是贴在墙上展示的。要醒目，不然吸引不了路人。还是就是海报的三大要素是图像、文字和色彩，当然构图与排版更重要。海报要表达的内容要精炼，不能太多，要突出诉求点。

色彩是对人来说最敏感的东西，协调是画面中最重要的，整体的大色调一定要和谐，小局部可以搞些对比强烈的来突出效果。

所以当我们在进行设计制作前，可以先通过多多绘制草图来完成自己的一些构思理念。比如此案例的构思理念是“运动”，为了达到画面的运动感，所以尽可能地运用了抽象的曲线来表达。这样我们的草图上就是一些凌乱的曲线来表达理念了，并在绘制时也可以写上自己的一些设想并初步分解组成结构。同学们可在纸上草稿，也可在电脑上草稿。这里都是直接在 PS 中构思的草稿图。通过自己反复地草稿绘制，最后就会得到一个差不多的理念草

稿图。(见图 5－4－13、5－4－14)

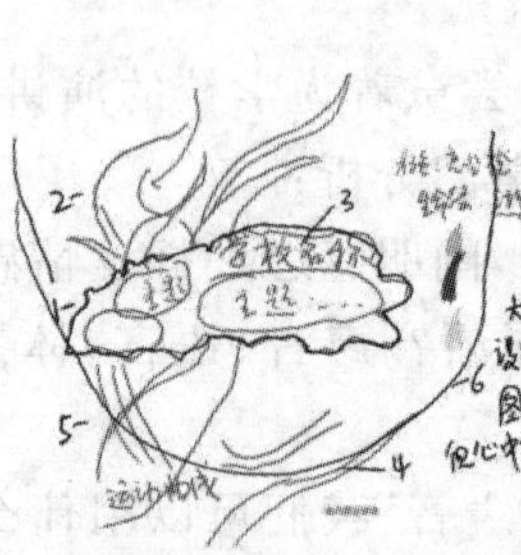

图 5－4－13

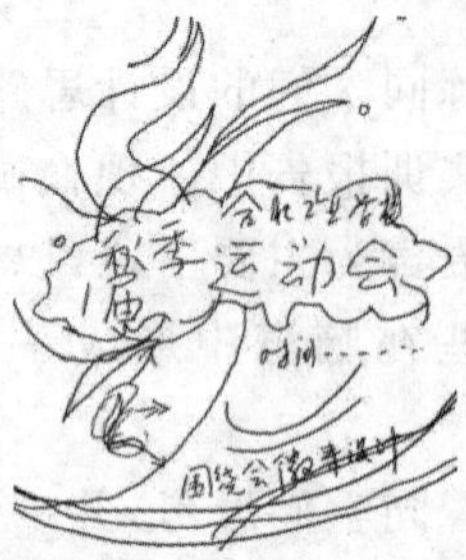

图 5－4－14

经过草图的反复推敲,确定了这张海报的主体图形的制作就是一些抽象的曲线。以抽象的曲线飘动为主体,颜色上为绿的同类渐变,上下构图,所有的主题都居于中上位置,这样是为了更好地观看效果。确定好了之后,我们来进行绘制。

新建一个 900×1200 像素的文件,分辨率 300(见图 5－4－15)。根据自己和草图,使用钢笔工具进行绘制曲线。注意分好图层,并分别拉出渐变层、上半部图层和下半部图层里的一些图形,请同学们灵活运用相关的技能技巧来制作(见图 5－4－16)。

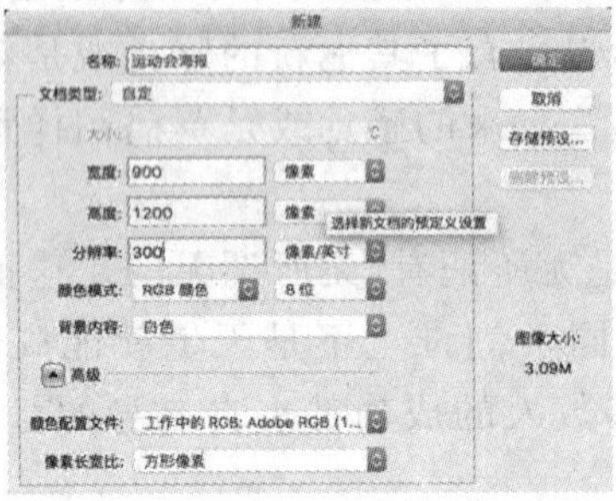

图 5－4－15

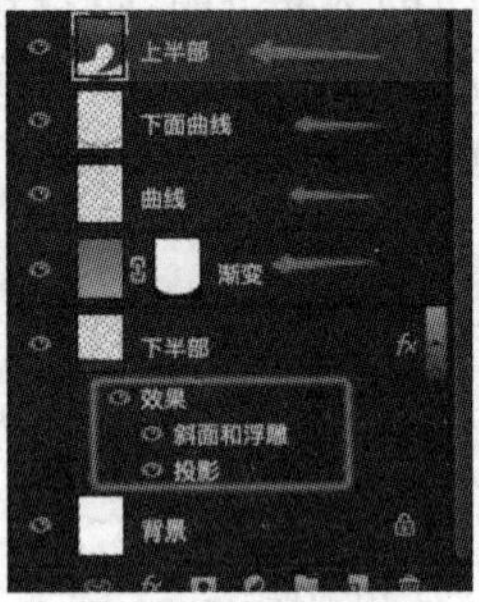

图 5－4－16

钢笔的绘制方法请同学们随意,注意使用好 Alt 和 Ctrl 功能键的切换。这里可以根据自己的草图来进行绘制,也可以随时修改。注意要转换为选区后再在新图层中填充上渐变色。当然也可以使用选区的加减法来进行图形的绘制。(见图 5－4－17～5－4－19)

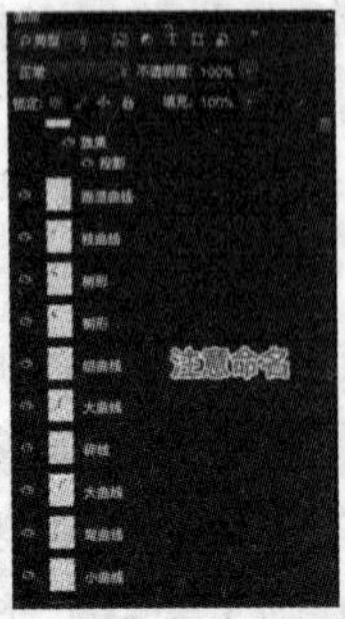

图 5－4－17

图 5－4－18

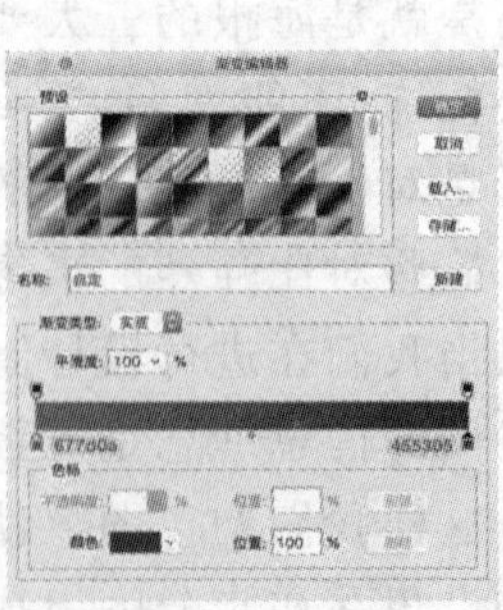

图 5－4－19

画出这些曲线后，注意摆放好位置，我们再从自定义形状里找到一些关于跑步的形状，或者是参考网上的一些运动图片进行边的描绘，我们再把相关的文字输入，然后再为它们做一些相应的图层样式效果。

图 5－4－20

图 5－4－21

注意人物的摆放要与所绘制的曲线达成一种和谐，产生一种深远的感觉。当然人物也要使用渐变填充，总体上就是为了协调，当中主体部分的文字我们可以使用对比较强些的黄白色来填充。

到此，本海报的设计和制作就算是完成得差不多了（见图 5－4－23），当然还有很多细节需要我们去打磨，还有很多的效果也需要我们去制作出来。请同学们在课后进一步来补充和完善制作。

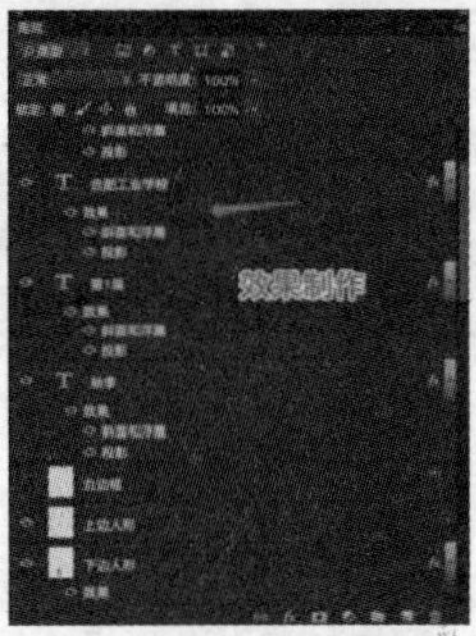

图 5－4－22

图 5－4－23

玩一玩

请同学们设计一张以“青春”为主题的运动会海报。

5.4.5　我们一起来说说

（1）什么是创意设计？

（2）如何理清设计前的思路？

(3)如何绘制草稿图样?

(4)海报设计的要素有哪些?

以上除形成书面作业上交外,会在课前通过点名方式进行检查。课外实践作业请通过班级群发送给授课教师批改。

请同学们创意设计并制作:班级展示牌(包括班旗与口号)、运动员风采展示(宣传栏或电子屏)、校园广播体操比赛会徽与宣传海报。

5.4.6 实训报告

图形图像处理 Photoshop CS6 实训报告

班级 姓名		时间	
		实训室	
实训知识点	校园运动会风采		
实训目的	1. 创意　3. 分析关键词 2. 理清设计思路　4. 海报的要素		
实训内容 学生填写部分	1. 什么是创意 2. 理清设计思路 (1)分析要素 (2)关键词 (3)草稿图绘制 (4)理清 3. 案例实操 (1)会徽 (2)海报		
实训要求	1. 认真填写实训报告 2. 对问题进行记录 3. 拓展问题认真思考并完成实践 4. 完成思考题并形成书面作业	备注:实训报告以一个知识点的实践完成为依据,教师根据学生实训具体情况来调整学时。这样更有利于实践分数的评定	
成绩评定	优秀　良好　及格　不合格		

参考文献

[1] 曾宽，潘擎编著. 抠图+修图+调色+合成+特效 Photoshop 核心应用 5 项修炼[M]. 北京:人民邮电出版社,2013.

[2] 江奇志编著. 案例学:Photoshop 商业广告设计[M]. 北京:北京大学出版社,2017.

[3] 凤凰高新教育编著. Photoshop CC 从新手到高手[M]. 北京:北京大学出版社,2017.

[4] 创锐设计编著. 画笔圣经 Photoshop 专业绘画技法[M]. 北京:人民邮电出版社,2014.

[5] (美)戴顿，吉莱斯皮编著. Photoshop CS3/CS4 WOW! Book[M]. 北京:中国青年出版社,2011.

[6] (美)Cher Threinen-Pendarvis 著. 数位板这样玩 Photoshop+Painter 数码手绘必修课[M]. 北京:人民邮电出版社,2015.

[7] 人像摄影杂志社编. Photoshop 人像摄影后期调色终极实战宝典[M]. 北京:人民邮电出版社,2015.

[8] (美)Corey Barker 著. Photoshop 特效技法精粹(第 2 版)[M]. 涂颖芳译. 北京:清华大学出版社,2015.

[9] 李金明，李金荣编著. Photoshop 专业抠图技法[M]. 北京:人民邮电出版社,2012.

[10] 王红卫，聂阳，杨猛编著. PS 抠图秘技[M]. 北京:机械工业出版社,2013.